国家社科基金重大项目
——汉民族历史形成过程的生物学考察
（批准号：11&ZD182）

南水北调中线工程文物保护项目
河南省考古研究报告

荥阳薛村遗址人骨研究报告

河南省文物局 编 著

科学出版社
北 京

内 容 简 介

本书是河南省郑州市荥阳薛村遗址所出的早商至明清时代人骨遗骸的专题研究。通过分析荥阳薛村遗址出土人骨遗骸的性别组成、年龄结构、身高发育程度、骨骼病理创伤和人种特征等问题，从多个角度对这批人类骨骼遗存进行了系统的体质人类学研究。在此基础上，结合郑州市新郑出土的多处汉唐宋墓葬人骨标本，着重对中原地区以郑州汉唐宋居民为代表的汉民族的人种成分构成及其演变等问题进行了推测和归纳。本书的种系研究将为探讨当今南、北方汉民族体质类型的形成和发展等问题提供一份有价值的古代参考资料。

本书可供体质人类学、考古学、博物馆学、历史学、民族学和古病理学等相关领域的人员阅读、参考。

图书在版编目（CIP）数据

荥阳薛村遗址人骨研究报告 / 河南省文物局编著. —北京：科学出版社，2015. 11

（南水北调中线工程文物保护项目河南省考古研究报告）

ISBN 978-7-03-046204-6

Ⅰ. ①荥… Ⅱ. ①河… Ⅲ. ①人体–骨骼–研究报告–荥阳市–古代 Ⅳ. ①Q983

中国版本图书馆CIP数据核字（2015）第261989号

责任编辑：张亚娜 / 责任校对：彭 涛

责任印制：肖 兴 / 封面设计：陈 敬

科学出版社 出版

北京东黄城根北街16号

邮政编码：100717

http://www.sciencep.com

中国科学院印刷厂 印刷

科学出版社发行 各地新华书店经销

*

2015年12月第 一 版 开本：889 × 1194 1/16

2015年12月第一次印刷 印张：22 插页：42

字数：630 000

定价：228.00元

（如有印装质量问题，我社负责调换）

Reports on the Cultural Relics Conservation
in the South-to-North Water Diversion Project

A Research on Human Skeletons from Xuecun Site in Xingyang

Administration of Cultural Heritage of Henan Province

Science Press
Beijing

南水北调中线工程文物保护项目

河南省考古研究报告

《荥阳薛村遗址人骨研究报告》

主　　　编　孙　蕾

项目承担单位　河南省文物考古研究院

序

我于2011年承担了一个国家社科基金重大项目——汉民族历史形成过程的生物学考察（批准号：11&ZD182），希望通过与体质人类学、分子考古学等学科的国内同行学者合作，开展联合攻关的方式对近年来地下出土的、与汉民族形成问题有关的古人类遗骸进行全方位、多视角的综合研究，以便为进一步探讨该问题提供来自生物考古学领域的科学证据。

河南省文物考古研究院的孙蕾同学当时恰好在我的指导下在职攻读吉林大学体质人类学方向的博士学位，因此，我便吸收她为该重大项目的课题组成员，重点收集河南省汉、唐、宋、元时期的古代人骨标本，并以这些资料为依托完成她的博士论文写作工作。在此期间，我与孙蕾同学经过多次讨论，并在她的陪同下亲赴郑州、新郑等地的考古实验室、标本库实地考察、鉴别研究样本。在河南省文物考古研究院领导和专家们的支持和帮助下，经过两年来的辛勤工作，孙蕾同学于2013年最后完成了她的博士论文《郑州汉唐宋墓人骨研究——以荥阳薛村遗址和新郑多处遗址为例》。目前摆在我案前的这本《荥阳薛村遗址人骨研究报告》就是孙蕾博士论文中的一些主要内容。

汉民族的形成、发展、分化、融合等问题长期以来一直是学术界密切关注的重大问题。作为世界上人口最多的民族，现代汉族在她漫长的历史形成和发展过程中不断吸收、融入了许多古代周边地区族群的血液，这一点已成为学术界的基本共识。然而，现代汉族的体貌特征形成的时间，以及其与先秦时期的华夏居民在体貌特征上是否存在差异等问题一直没有科学的资料加以证实。孙蕾博士的这部研究报告通过对荥阳薛村遗址以及郑州地区出土的汉、唐、宋墓人骨的大量数据的多元统计分析得出的结论是：郑州地区的汉代居民在体质特征上基本上保留了先秦时期“古中原类型”居民的特点；这种“古中原类型”体质特征在该地区唐代居民中有所削弱；郑州地区宋代居民在体质特征上已明显区别与先秦时期的“古中原类型”，而与现代北方汉族非常接近了。因此，作者指出“就本书研究的资料而言，现代北方汉族体质特征最终形成的时间应不早于宋代”。这一结论，应该是这部古人骨研究报告的最大亮点。

朱　泓

2015年12月于长春怡众名城寓所

前　　言

作为举世瞩目的特大型水利建设项目，南水北调中线工程的文物保护工作在河南是史无前例的；无论是工程涉及区域之广大，还是文物点分布的密集程度和价值之高，在河南的考古史上都是前所未有的。因此，在黄河小浪底水利枢纽工程和长江三峡库区的文物保护工作结束后不久，随着南水北调中线工程设计规划和施工的渐次展开，世人的目光便开始聚焦古老的中原大地。如何在配合特大型工程建设的同时，使中原大地珍贵的文化遗产得到有效保护，成为河南文物部门的重要任务。

南水北调中线工程包括水源地和总干渠两个主要项目。水源地丹江口水库地跨河南、湖北两省，总淹没面积达370平方千米，其中河南省境内占170平方千米，约占总面积的46%。总干渠起自河南省淅川县的陶岔，流经河南、河北、北京、天津等省市，全长1276千米，其中河南境内达731千米，约占总长度的58%。从南阳盆地沿太行山东麓北行，流经南阳、平顶山、许昌、郑州、焦作、新乡、鹤壁、安阳8个省辖市32个县（市、区），南水北调中线工程纵贯了古代中原的核心区域。在淹没区和总干渠沿线及其附近分布的文物点，既有旧石器时代的化石地点和古人类遗迹，也有新石器时代的大型聚落，更有数量众多、内涵丰富的反映不同文化风格及其交融过程的历史时期的城址、墓葬群、古代建筑和石刻艺术等。可以说，纵贯河南南北的总干渠，在中原大地形成了一条极为难得的融汇各个文化发展时期和各种文化因素的古代文化廊道。

南水北调中线工程河南段的文物保护工作有以下四个显著特点。

一是全国文物考古队伍积极参与。1994~2005年，河南省组织协调省内外有关文物考古、科研和工程设计单位，对南水北调中线工程丹江口河南淹没区和总干渠沿线进行文物调查、复核和确认工作。经国家有关部门复核确认，南水北调中线工程共涉及河南境内文物点330处。2005年，南水北调中线工程河南段文物保护抢救工作正式启动。河南省文物考古研究所和中国社会科学院考古研究所、武汉大学历史系、陕西省考古研究院等来自全国各地的50余家文物考古单位，先后参加南水北调中线工程河南段的文物保护抢救工作。河南省文物局积极组织协调，在工作中强化大局意识、质量意识、安全意识和服务意识，组织专家现场指导，安排部署市县文物部门进行巡视，为考古发掘单位提供优良的工作环境，确保工程建设和文物保护工程顺利进行。

二是保护抢救了一大批珍贵文物。南水北调文物保护不仅工程浩大，而且总干渠绝大部分是开挖明渠，更容易造成文物的破坏和损害。我们组织考古队伍提前介入，对将要开工渠段的已知文物点进行抢救发掘，有效地保护了文物。其中不乏历史价值、科学价值、艺术价值颇高的珍贵文物。例如，徐家岭墓地清理的一座战国早期楚国贵族墓葬，出土的一件小口鼎上铸有多达49字的清晰铭文，铭文上有岁星纪年和墓主人身份等，对于研究墓葬年代及墓主人身份提供了重要资料；鹤壁关庄墓地发现的清代西安府守备之墓出土了一批金质头饰，造型优美，制作精细，特别是一件印有喜鹊登梅图案的金冠，工艺精良，有极高的艺术价值；博爱聂村墓地出土的四件唐代三彩钵，做工精湛，造型精美，是唐三彩器物中不可多得的精品。

三是考古发现具有重要的科学研究价值。鹤壁刘庄遗址在全国首次发现分布密集、排列规律的大面积先商文化墓地，填补了先商文化发掘和研究工作的一项空白，是该研究领域的重大学术突破；安阳固岸墓地在我国第一次发现了以二十四孝为题材的东魏时期围屏石榻，首次发现了有明确纪年的东魏墓葬，出土了大批北齐时期陶俑、瓷器和多方北齐、东魏墓志等重要文物，是研究豫北地区北朝时期的丧葬习俗和陶塑艺术，白瓷、黑瓷的起源和制作工艺，以及北齐和东魏时期的书法艺术的宝贵资料；卫辉大司马墓地唐代乞扶令和夫妇合葬墓的发掘，为研究我国隋唐时期的官吏体制、书法艺术和社会的繁盛提供了新证据；温县徐堡发现了龙山、西周、春秋、战国、汉、宋、明和清时期连续叠压的古城址，是目前黄河流域所发现的龙山文化城址中保存较好、规模较大的一座城址，填补了豫西北龙山城址发现的空白；荥阳薛村遗址为二里头文化晚期到早商文化时期的大型遗址，该遗址的发掘保护工作，对于研究薛村遗址聚落的结构、内部功能区的划分及其特点，探讨夏、商文化的演变态势和更替有重要的学术意义和科学研究价值；荥阳关帝庙遗址发现了保存完整的商代晚期小型聚落。聚落功能齐全，分居住区、制陶区、祭祀区、墓葬区四部分，在我国商代考古发掘中尚属首次；新郑唐户遗址发现了大面积裴李岗文化时期的居住基址，房址形制结构特点和排水系统的使用，反映了裴李岗文化时期较为先进的建筑理念。

四是考古发掘与课题研究有机结合。在发掘过程中，不仅注重各类文物的抢救保护，而且采用现代科技手段，最大可能地采集各类标本。特别是对于出土的人骨、兽骨进行了性别、年龄、病理以及DNA等方面的鉴定；按照国家地理信息标准，对每处文物点都测量绘制了要素齐全的总平面图，为今后文物普查和保护奠定了基础。例如，武汉大学历史系对辉县大官庄墓地的一座九个墓室的大型汉墓，进行了发掘现场三维重建和近景摄影测绘技术的全面测绘，通过数字测绘技术、计算机虚拟现实技术，建立了三维的考古对象模型；山东大学在博爱西金城遗址发掘中，设立了主要涉及古地貌、动物、植物、石器、陶器以及遗址资源域十余个子课题的环境考古课题，是开展多学科综合研究的一次重大尝试。

河南省南水北调中线工程文物保护工作度过了艰辛而光荣的历程。我们积极探索大型项目建设中文物保护抢救工作的新路子，更新管理理念，创新管理机制，培育专业队伍，提升研究层次，取得了非凡的荣誉。安阳固岸墓地、鹤壁刘庄遗址、荥阳娘娘寨遗址、荥阳关帝庙遗址、新郑唐户遗址、新郑胡庄墓地6个项目先后被评为“全国十大考古新发现”。鹤壁刘庄遗址、荥阳娘娘寨遗址、荥阳关帝庙遗址、新郑唐户遗址、新郑胡庄墓地、淅川沟湾遗址6个项目荣获“全国田野考古质量奖”。国家文物局授予河南省文物局南水北调文物保护办公室“全国文化遗产保护工作先进集体”荣誉称号。

河南省南水北调中线工程文物保护工作一直受到各级领导的关心和社会各界的支持。全国政协张思卿副主席曾率团视察河南省南水北调工程文物保护工作。国务院南水北调办公室和国家文物局各位领导多次亲临一线检查指导，帮助排忧解难。河南省委、省政府多次召开会议，研究解决文物抢救保护工程中的重大问题。南水北调中线干线工程建设管理局、南水北调中线水源有限责任公司、河南省南水北调中线干线工程领导小组办公室、河南省人民政府移民工作领导小组办公室对南水北调文物保护工作也给予了大力支持和帮助。国家诸多考古学家多次深入到文物保护抢救现场，对重大学术问题和考古发掘质量给予帮助指导。社会各界特别是新闻媒体给予极大关注和广泛宣传。

为了更好地利用考古资料开展学术研究，充分展示河南省南水北调中线工程文物保护项目考古发掘的巨大成果，河南省文物局积极组织考古发掘单位及时对考古发掘资料进行整理和研究，编辑出版考古发掘报告，以期进一步推动文物保护和考古学研究工作。

河南省文物局

2010年5月

目　　录

序……………………………………………………………………………………………………朱泓（i）
前言…………………………………………………………………………………………………（iii）
第一章　绪论………………………………………………………………………………………（1）
一、河南郑州荥阳的自然地理概况与历史沿革…………………………………………………（1）
二、荥阳薛村遗址的考古学背景…………………………………………………………………（2）
三、本书的研究目的及相关说明…………………………………………………………………（3）
第二章　性别年龄的鉴定与统计…………………………………………………………………（7）
第一节　性别和死亡年龄的统计…………………………………………………………………（7）
一、荥阳薛村遗址早商人骨死亡年龄统计………………………………………………………（7）
二、荥阳薛村遗址汉至明清时期人骨死亡年龄分布统计………………………………………（7）
三、郑州汉代组死亡年龄分布统计………………………………………………………………（10）
四、郑州唐代组死亡年龄分布统计………………………………………………………………（11）
五、郑州宋代组死亡年龄分布统计………………………………………………………………（13）
六、郑州汉代组、郑州唐代组、郑州宋代组居民人口平均死亡年龄…………………………（14）
第二节　与中原地区各古代组居民的比较………………………………………………………（16）
一、死亡年龄分布特点的比较分析………………………………………………………………（16）
二、男、女两性死亡年龄分布特点分析…………………………………………………………（18）
第三节　小结………………………………………………………………………………………（20）
第三章　成年居民的身高研究……………………………………………………………………（22）
第一节　荥阳薛村遗址早商与汉至明清时期成年居民身高的推算……………………………（23）
第二节　与其他古代组、近现代组的比较………………………………………………………（38）
第三节　小结………………………………………………………………………………………（41）
第四章　古病理学研究……………………………………………………………………………（43）
第一节　骨骼创伤…………………………………………………………………………………（44）
一、创伤（Trauma）………………………………………………………………………………（44）
二、施莫尔结节（Schmorl's nodes）……………………………………………………………（51）

第二节　骨骼疾病…………………………………………………………………………………（51）
一、骨骼非特异性感染类疾病（Infectious Diseases and Associated Manifestations）……（51）
二、关节疾病（Arthritis）…………………………………………………………………………（54）
三、骨瘤（Osteoma）……………………………………………………………………………（64）
四、新陈代谢和内分泌疾病（Metabolic and Hormonal Imbalance）…………………………（65）
五、发育缺陷（Developmental defect）…………………………………………………………（68）
第三节　牙齿的疾病………………………………………………………………………………（72）
第四节　小结………………………………………………………………………………………（78）
第五章　颅骨形态特征及种族类型的研究……………………………………………………（80）
第一节　荥阳薛村遗址早商居民颅骨形态特征及种族类型……………………………………（80）
第二节　荥阳薛村遗址汉至明清时期颅骨形态特征的观察与测量……………………………（82）
一、汉代颅骨的形态特征…………………………………………………………………………（82）
二、唐代颅骨的形态特征…………………………………………………………………………（84）
三、宋金元颅骨的形态特征………………………………………………………………………（87）
四、明清颅骨的形态特征…………………………………………………………………………（88）
第三节　郑州汉代组居民颅骨形态特征及种族类型……………………………………………（91）
一、颅骨非测量性形态特征………………………………………………………………………（91）
二、颅骨测量性形态特征…………………………………………………………………………（94）
三、与现代亚洲蒙古人种各区系类型的比较……………………………………………………（97）
第四节　郑州唐代组居民颅骨形态特征及种族类型……………………………………………（99）
一、颅骨非测量性形态特征………………………………………………………………………（99）
二、颅骨测量性形态特征…………………………………………………………………………（103）
三、与现代亚洲蒙古人种各区系类型的比较……………………………………………………（106）
第五节　郑州宋代组居民颅骨形态特征及种族类型……………………………………………（108）
一、颅骨非测量性形态特征………………………………………………………………………（108）
二、颅骨测量性形态特征…………………………………………………………………………（112）
三、与现代亚洲蒙古人种各区系类型的比较……………………………………………………（114）
第六节　小结………………………………………………………………………………………（117）
第六章　种族类型的多元统计分析……………………………………………………………（120）
第一节　研究方法…………………………………………………………………………………（120）
第二节　荥阳薛村遗址早商颅骨种系的多元统计分析…………………………………………（121）
第三节　郑州汉代组、唐代组、宋代组颅骨种系的多元统计分析……………………………（128）
一、对比材料介绍…………………………………………………………………………………（128）
二、郑州汉代组与先秦时期各古代颅骨组的比较………………………………………………（138）

三、郑州汉代组与汉代以后各古代颅骨组的比较…………………………………（145）
四、郑州唐代组与汉代以后各古代颅骨组的比较…………………………………（152）
五、郑州宋代组与汉代以后各古代颅骨组的比较…………………………………（158）
六、郑州汉代组、唐代组、宋代组与近现代各颅骨组的比较………………………（165）
第四节 荥阳薛村遗址明清颅骨种系的多元统计分析…………………………………（169）
第五节 结论与讨论……………………………………………………………………（171）
第七章 结论……………………………………………………………………………（178）
附表……………………………………………………………………………………（183）
后记……………………………………………………………………………………（335）
Abstract…………………………………………………………………………………（337）

第一章 绪　论

一、河南郑州荥阳的自然地理概况与历史沿革

荥阳市位于郑州西15千米，西望古都洛阳，南眺中岳嵩山，北临九曲黄河，属于豫中地区。豫中地区北临黄河、西依嵩山，东南为广阔的黄淮平原，气候类型属暖温带大陆性季风气候。在太阳辐射、地形地势、大气环流等因素的共同作用下，形成了冷暖适中、四季分明、雨热同期、干冷同季、气象灾害频繁等特征①。

荥阳是历史上富冠海内的“天下名都”。公元前360年，战国时的魏国在荥阳开凿了鸿沟，自荥阳引黄河水流向东南，与淮水、泗水、济水、汝水等汇合，把荥阳同陈（今淮阳）、山东定陶等著名城市，以及江淮一带连成一个商业贸易网。鸿沟既可以用于水运，又能灌溉农田，在战国至秦汉魏晋长期的历史发展中，对促进郑州地区的经济发展起了很大作用。鸿沟与黄河交汇处的荥阳，由于水陆交通方便，春秋战国以后地位日升。西汉至西晋、北魏时期，荥阳一直为郡治之所，管辖今郑州、开封的大部分地区。这时的荥阳，不但是郑州地区的中心，而且是中原地区的政治、经济、文化中心之一，这是荥阳的繁荣时期。西汉时期主管财政的大司农桑弘羊，就把荥阳列为“天下名都”之一，与蓟（今北京市）、邯郸、洛阳等著名城市并列②。

荥阳是历史上的军事重镇，在有记载以来的历史上，荥阳是历代兵家必争之所：春秋时，晋楚争霸，曾大战于此；公元前230年，秦灭韩国后，为加强对中原地区的控制，在荥阳广武山麓建敖仓，储积大量粮食并派驻重兵，使荥阳一跃成为著名的军事重镇；公元前209年，陈胜、吴广亲率大军围攻荥阳，在这里与秦军大战，后吴广战死于荥阳；楚汉战争时，荥阳更是争夺的中心，刘邦与项羽在这里长期对峙、反复争夺，最终以鸿沟为界中分天下；三国时，刘备、关羽、张飞与吕布在荥阳的虎牢关（今荥阳市汜水镇）大战，这就是历史上有名的“三英战吕布”；唐初，秦王李世民在荥阳虎牢关、牛口峪一带与割据势力窦建德决战，以三千铁骑败敌十万大军，迫使盘踞洛阳的王世充投降唐朝，奠定了唐朝统一天下的根基，这就是史上著名的“虎牢之战”。③

---

① 李永文.河南地理［M］.北京：北京师范大学出版社，2010：144-145.

② 荥阳市人民政府·走进荥阳·历史文化［EB/OLI http://www.Xingyang. gov. cn/zjxy/lswh/I2014-05-25］

③ 荥阳市人民政府·走进荥阳·历史文化［EB/OLI http://www.Xingyang. gov. cn/zjxy/lswh/I2014-05-25］

二、荥阳薛村遗址的考古学背景

薛村遗址位于河南省荥阳市王村乡薛村村北，遗址地处邙山南麓，南距薛村约1千米，北距黄河约1.5千米，西南距著名的虎牢关故址4～5千米。地理坐标为东经 113° 13 '、北纬 34° 52 '，海拔 150～160米，总面积约 50 万平方米，为一处夏代晚期至早商时期小型聚落和汉唐宋明清墓葬区重叠的大型遗址（墓地）。2005~ 2006年，为配合南水北调中线干渠工程，河南省文物考古研究院对该遗址作抢救性发掘保护工作（图1.1）。

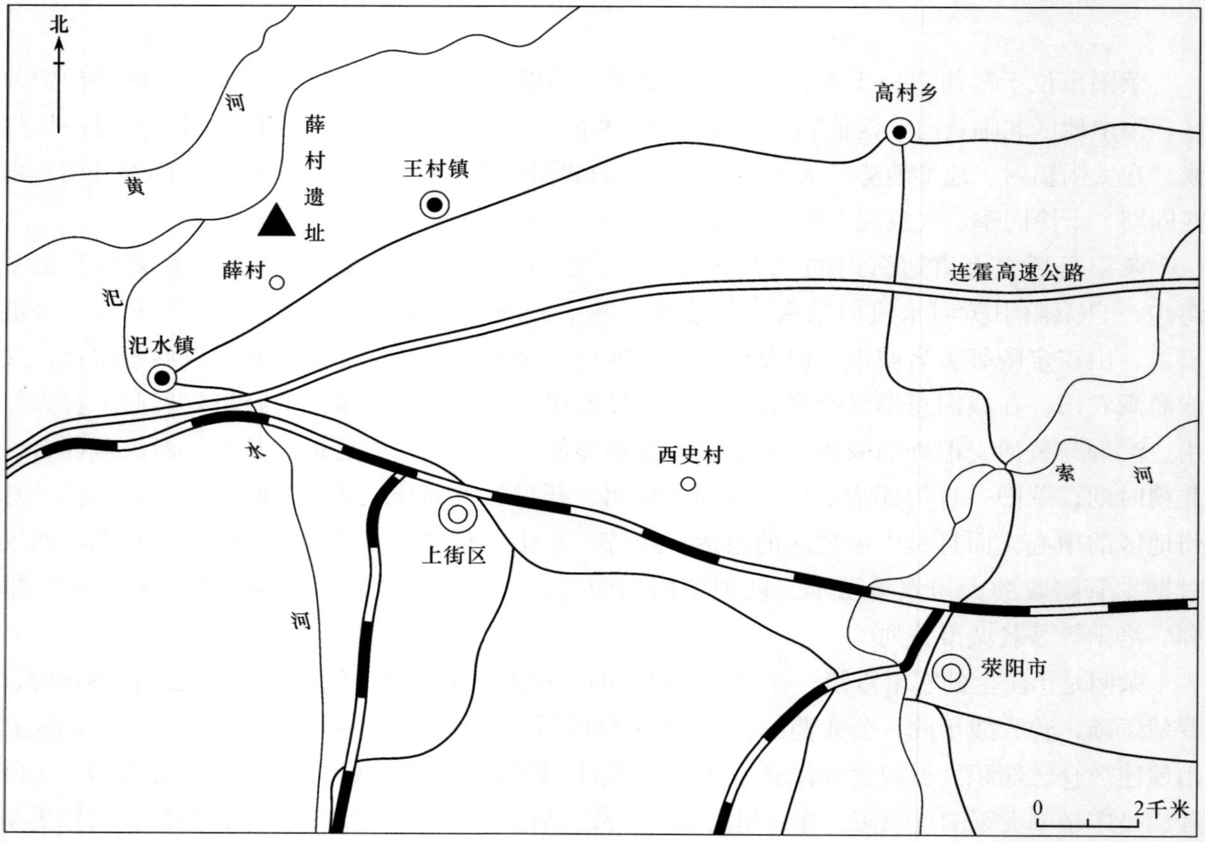

图1.1　荥阳薛村遗址位置示意图[①]

由于受20世纪六七十年代平整土地的破坏，二里头文化晚期到二里冈文化时期的聚落遗址保存不好。遗址绝大部分地层堆积已经不存。但出土遗迹的种类比较丰富，有灰坑、祭祀坑、窖穴、水井、陶窑、房子、墓葬等。其中，墓葬（7座）和部分灰坑等遗迹中也出土了较为完

① 河南省文物局南水北调文物保护办公室，河南省文物考古研究所，荥阳市文物保护管理所.河南荥阳市薛村遗址唐代纪年墓［J］.考古，2010，（11）：52-57.

整的人骨①。

汉代墓葬是本次发掘墓葬数量中最多的，共计近300座，出土文物比较丰富②，年代跨度从西汉晚期到东汉末期，但汉代以后墓葬形制大多为带竖穴墓道的洞室墓，墓道平面基本为长方形或梯形。绝大部分为土洞墓，少数墓为砖券。汉代墓葬大多遭受不同程度的盗扰，而唐代及唐以后墓葬则多保存完好。唐代墓葬在此次发掘区分布集中，均为中小型墓葬，从墓葬分布和随葬品等来看，该墓葬群可能为家族墓地。唐代墓葬形制绝大部分为带竖穴墓道的洞室墓，另有少量带墓道和天井的砖室墓。与汉墓相比，唐墓埋藏不是很深，绝大多数出土有一两件瓷器，少数墓葬的出土物较丰富。该墓地坐拥邙山，北面黄河，加上邙山黄土土层深厚，故从古至今就是理想的茔域之所③。

本书研究该地点的材料共包括早商时期18例、汉代163例、唐代52例、宋金元时期30例和明清时期64例人骨标本。

本书研究的材料还包括河南省郑州市新郑天成隔热、羚锐、丽都花园、中华北路、宏基、华联、防疫站、圣昊、华瑞④和众康等遗址和墓葬群出土的汉代（14例）、唐代（3例）和宋代（49例）的人骨材料。以上地点位置详见图1.2。

三、本书的研究目的及相关说明

本书运用人类学研究中常用的观察与测量的方法对郑州薛村遗址出土的早商和汉至明清时期人骨标本进行性别构成与年龄结构、身高、病理及人种特征等方面的考察，其中着重对薛村遗址汉代、唐代、宋代人骨及新郑多处遗址汉代、唐代、宋代时期人骨所组成的郑州汉代组、唐代组、宋代组古代居民进行研究，以期对郑州地区汉民族形成之后的汉代、唐代、宋代居民的人口组成、健康状况以及人种构成情况的演变等问题做较为深入的了解。

我国是一个以汉族为主体的多民族统一国家。自古以来，黄河中下游地区，即中原地区一直是这个统一国家的核心地区。她不仅是孕育了汉民族及其前身——华夏族的摇篮，同时由于其所具有的特殊的地理位置和由此而派生出来的政治、军事、经济、文化地区，还不断地吸引周边地区的诸多族群投身于这个民族的大熔炉之中⑤。

“华夏”一词首见于《左传·襄公二十六年》语“楚失华夏”，其又可单称“华”

① 河南省文物考古研究所.河南荥阳市薛村遗址2005年度发掘简报［J］.华夏考古，2007，（3）：3-4.

② 周立刚，楚小龙.河南荥阳薛村墓地汉代合葬墓探微［J］.江汉考古，2009，（4）：87-95.

③ 河南省文物局南水北调文物保护办公室，河南省文物考古研究所，荥阳市文物保护管理所.河南荥阳市薛村遗址唐代纪年墓［J］.考古，2010，（11）：52-57.

④ 河南省文物考古研究所新郑工作站.新郑市郑韩故城内近年发现的几座唐墓［J］.中原文物，2006，1：6.

⑤ 朱泓.中原地区的古代种族［A］//吉林大学边疆考古研究中心.庆祝张忠培先生七十岁论文集［C］.北京：科学出版社，2004：549.

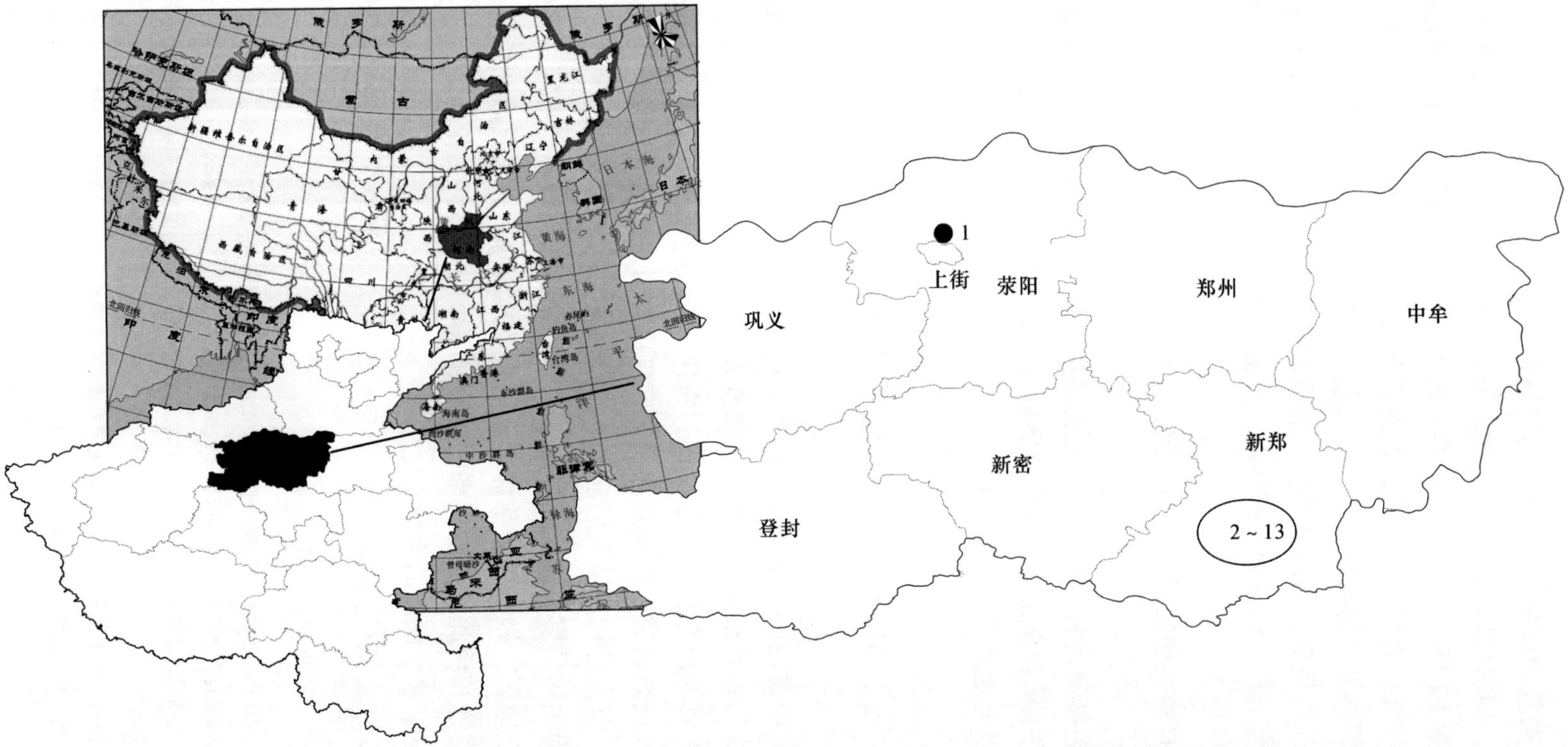

图1.2　郑州地区出土汉代、唐代、宋代墓葬人骨的荥阳薛村遗址和新郑多处遗址位置示意图

1.薛村遗址　2～13.分别属于宏基工地、羚锐工地、丽都花园工地、武大幼儿园工地、防疫站工地、圣昊工地、华联工地、文化路中段工地、中华北路工地、众康工地、天成隔热工地和华瑞工地；另有新郑北街考古探沟中的1例汉代人骨

“夏”，又可称为“中国”，主要指生活在中原，以农业为生产生活方式，尊奉周礼，使用雅言，并有共同族群意识的人群[①]。目前学界多认为华夏族为汉族的前身。华夏族是在夏、商、周民族的基础上，融合其他一些民族而形成的高于夏、商、周族的统一民族共同体。作为先秦时期我国主体民族的华夏族，在秦朝统一后，又一般被称为“秦人”，西域各国就有称华夏民族为“秦人”的习惯。汉建立后，汉这个名称就被广泛使用了，王朝强大的时候，在对外交往中，其他民族称汉朝的军队为“汉军”、汉朝的使者为“汉使”，慢慢地“汉人”逐渐被称呼开来。在汉以后的朝代，这个族称则越来越固定和普遍地使用了。汉族的族称，虽源于汉朝，但一经形成就有了稳定性，以后就与朝代无关了[②]。

夏人的主要活动区域在豫西、晋南一带，其都城为阳城（今河南登封），后来虽然屡次迁都，但都没有超出这个范围。商起源于夏的北方，其活动范围主要分布在黄河中下游地区，商朝建立后，经过多次迁都，最后把都城定在殷（今河南安阳），虽然商人分布地区的范围超过夏人，但仍在黄河中下游的豫、鲁西南、冀南、晋南一带地区。周起源于商的西方，其活动范围主要在渭水流域关中一带，周朝建立后把都城定在镐（今陕西长安），周人分布于西周直接统治的各个地区，不仅涵盖了夏人和商人分布地区，而且东起山东半岛，西至陕西西部，南及长江流域，北达河北北部，都有周人的封国。所以，夏、商、周三朝统治的中心地域都在黄河中下游地区。华夏族自其于西周时期形成以后，经过春秋战国（前期）各族群间的互动，之前那些被视为或自认为戎狄蛮夷诸族成为华夏的成员，而经过秦汉时期的统一措施，华夏族群最终发展为一个统一、稳定的汉民族。至秦汉时期，汉民族相较于华夏族向南、西、西南这些适宜农业生产的地区扩展。由汉朝的疆域图就可以清楚地看到，西汉时期华夏边界的扩展所至地域与今日汉族的主要分布地域已非常接近[③]。

从现有的古人骨资料来看，“古中原类型”居民在先秦时期曾广泛分布在黄河中下游地区，是中原地区先秦时期原始的土著居民，属于该类型的人群主要包括仰韶文化、大汶口文化、庙底沟二期文化、山东龙山文化、河南龙山文化的居民，以及由殷墟中小墓中大多数墓主人所代表的殷商民族中的平民和西村组、瓦窑沟组所代表的周人[④]。因此，“古中原类型”居民应该属于我国先秦时期华夏民族的主体。

自20世纪20年代西方的人类学与民族学理论被介绍到中国以来，中国的学者受其影响，多把注意力集中到我国少数民族的问题上，而对汉民族形成与发展问题的研究，也主要着眼于历史学文献资料的角度。近年来，诸多学者虽在汉民族形成与发展问题的研究上做了较大的努力，但仍然仅仅依靠文献，未能获得突破[⑤]。

---

① 李龙海.汉民族形成之研究［M］.北京：科学出版社，2010：7.

② 程妮娜.中国地方史纲［M］.长春：吉林大学出版社，2007：159.

③ 程妮娜.中国地方史纲［M］.长春：吉林大学出版社，2007：102-103.

④ 朱泓.中原地区的古代种族［A］//吉林大学边疆考古研究中心.庆祝张忠培先生七十岁论文集［C］.北京：科学出版社，2004：556.

⑤ 转引自 李龙海.汉民族形成之研究［M］.北京：科学出版社，2010：5-7.

李龙海博士以前人的研究成果为基础，在其著作《汉民族形成之研究》一书中，主要以文献材料为引导，充分运用古文字学与考古学的成果，将三者做了正确的利用和有机的结合，对汉民族的形成问题进行了较为全面与深入的分析、探讨，但对于汉民族形成之后的汉代及其以后时期汉民族的发展问题未做涉及。同时，书中虽参考了体质人类学及其他自然科学的相关成果，但仍然主要以历史文献、古文字和考古材料为依据进行研究①。

对于从人种特征的演变等体质人类学角度探讨汉民族形成与发展过程中人群的迁徙与融合等问题的研究工作才刚刚开始②。就目前我国考古学界对古人骨资料的研究成果而言，先秦时期的各地居民（包括"古中原类型"居民）基本上都是属于古代人种类型范畴，各现代人种类型的形成也至少应该是从汉代才开始发生的历史事件。但民族的融合、群体遗传基因的改变都必然是一个过程，因此，古代人种类型与现代人种类型之间应该存在着反映人种类型渐变的若干中间环节③，对郑州地区荥阳薛村遗址和新郑各遗址汉、唐、宋时期人骨所组成的郑州汉、唐、宋组居民的种系研究将为探讨当今南、北方汉民族体质类型的形成和发展等问题提供一份有价值的古代参考资料。

---

① 李龙海.汉民族形成之研究［M］.北京：科学出版社，2010：5-7.

② 原海兵.殷墟中小墓人骨的综合研究［D］.长春：吉林大学博士学位论文，2010：1-304.

③ 朱泓.中原地区的古代种族［A］//吉林大学边疆考古研究中心.庆祝张忠培先生七十岁论文集［C］.北京：科学出版社，2004：557.

第二章　性别年龄的鉴定与统计

第一节　性别和死亡年龄的统计

性别年龄鉴定有助于探讨盛行的葬俗、婚姻制度和社会组织形式，了解古代社会居民的社会及劳动分工，并判断死者身份、死亡年龄，探寻古代居民生活条件[①]。本书中性别和年龄的鉴定方法主要依据吴汝康等[②]和邵象清[③]在其有关论著中提出的各项标准。

一、荥阳薛村遗址早商人骨死亡年龄统计

本书对二里头文化晚期到二里冈文化时期的墓葬和灰坑共18 例人骨进行了性别和年龄的估计（详见附表二）。年龄的划分主要依据耻骨联合面的发育情况、牙齿磨耗程度、颅骨骨缝愈合情况等，而性别的鉴定主要依靠髋骨的重要性别特征，同时参考了头骨和肢骨的特点。共鉴定墓葬出土的人骨7例，皆为成年个体，男性4个、女性3个；鉴定灰坑出土的人骨11例，其中除1例为年龄约10岁的儿童和1例小于6个月的婴儿外，另9例成年个体可确定性别，男性3个、女性5个，性别不明者1个[④]。

二、荥阳薛村遗址汉至明清时期人骨死亡年龄分布统计

薛村遗址汉至明清时期可鉴定的骨骼标本共309例，性别明确者为259例，鉴定率为83.5%；年龄段明确者241例，鉴定率77.7%，鉴定结果详见附表三至附表六。汉代、唐代、宋金元、元明清的性别比分别为1.31、1、1.09和0.89。薛村汉至明清时期居民死亡年龄的分布状况详见表2.1至表2.4和图2.1。从图表可知，各时期死亡年龄均主要集中在中年期，壮年期次之，青年期和老年期也占一定的比重，而老年期两性的死亡比例从汉唐时期的6.71%、7.69%，

---

① 汤卓炜.环境考古学［M］.北京：科学出版社，2004：70.

② 吴汝康，吴新智，张振标.人体测量方法［M］.北京：科学出版社，1984：11-101.

③ 邵象清.人体测量手册［M］上海：上海辞书出版社，1985：34-56.

④ 孙蕾，楚小龙，朱泓.河南荥阳薛村遗址早商人骨种系研究［J］. 华夏考古，2013，（1）：55-64.

到明清时期的14.06%，虽然宋金元时期老年期死亡比例为6.67%，略低于汉代，这可能与宋金元时期人骨个体数较少有关，可以总结为老年期死亡比例随着时代的发展基本呈上升的趋势，而这一趋势可能与薛村汉至明清时期居民随着时代的发展，生活水平有相应的提高有密切的关系。

表2.1 薛村汉代两性死亡年龄分布

年龄分期	男性	女性	性别不明	合计
婴儿期	0（0%）	0（0%）	0（0%）	0（0%）
幼儿期	0（0%）	0（0%）	1（4.55%）	1（0.61%）
少年期	0（0%）	0（0%）	7（31.82%）	7（4.29%）
青年期	10（12.5%）	10（16.39%）	0（0%）	20（12.27%）
壮年期	17（21.25%）	16（26.23%）	0（0%）	33（20.25%）
中年期	37（46.25%）	23（37.7%）	0（0%）	60（36.81%）
老年期	5（6.25%）	6（9.84%）	0（0%）	11（6.75%）
成年	11（13.75%）	6（9.84%）	14（63.64%）	31（19.02%）
合计	80（100%）	61（100%）	22（100%）	163（100%）

表2.2 薛村唐代两性死亡年龄分布

年龄分期	男性	女性	性别不明	合计
婴儿期	0（0%）	0（0%）	0（0%）	0（0%）
幼儿期	0（0%）	0（0%）	0（0%）	0（0%）
少年期	0（0%）	0（0%）	1（12.5%）	1（1.92%）
青年期	3（13.64%）	2（9.09%）	0（0%）	5（9.62%）
壮年期	4（18.18%）	9（40.91%）	0（0%）	13（25%）
中年期	10（45.45%）	6（27.27%）	0（0%）	16（30.77%）
老年期	2（9.09%）	2（9.09%）	0（0%）	4（7.69%）
成年	3（13.64%）	3（13.64%）	7（87.5%）	13（25%）
合计	22（100%）	22（100%）	8（100%）	52（100%）

表2.3 薛村宋金元时期两性死亡年龄分布

年龄分期	男	女	性别不明	合计
婴儿期	0（0%）	0（0%）	1（14.29%）	1（3.33%）
幼儿期	0（0%）	0（0%）	0（0%）	0（0%）
少年期	0（0%）	0（0%）	0（0%）	0（0%）
青年期	0（0%）	2（18.18%）	0（0%）	2（6.67%）
壮年期	1（8.33%）	2（18.18%）	0（0%）	3（10%）
中年期	7（58.33%）	5（45.45%）	0（0%）	12（40%）
老年期	1（8.33%）	1（9.09%）	0（0%）	2（6.67%）
成年	3（25%）	1（9.09%）	6（85.71%）	10（33.33%）
合计	12（100%）	11（100%）	7（100%）	30（100%）

表2.4　薛村明清时期两性死亡年龄分布

年龄分期	男性	女性	性别不明	合计
婴儿期	0（0%）	0（0%）	0（0%）	0（0%）
幼儿期	0（0%）	0（0%）	0（0%）	0（0%）
少年期	0（0%）	0（0%）	3（23.08%）	3（4.69%）
青年期	2（8.33%）	5（18.52%）	0（0%）	7（10.94%）
壮年期	0（0%）	6（22.22%）	0（0%）	6（9.38%）
中年期	14（58.33%）	11（40.74%）	0（0%）	25（39.06%）
老年期	5（20.83%）	4（14.81%）	0（0%）	9（14.06%）
成年	3（12.5%）	1（3.7%）	10（76.92%）	14（21.88%）
合计	24（100%）	27（100%）	13（100%）	64（100%）

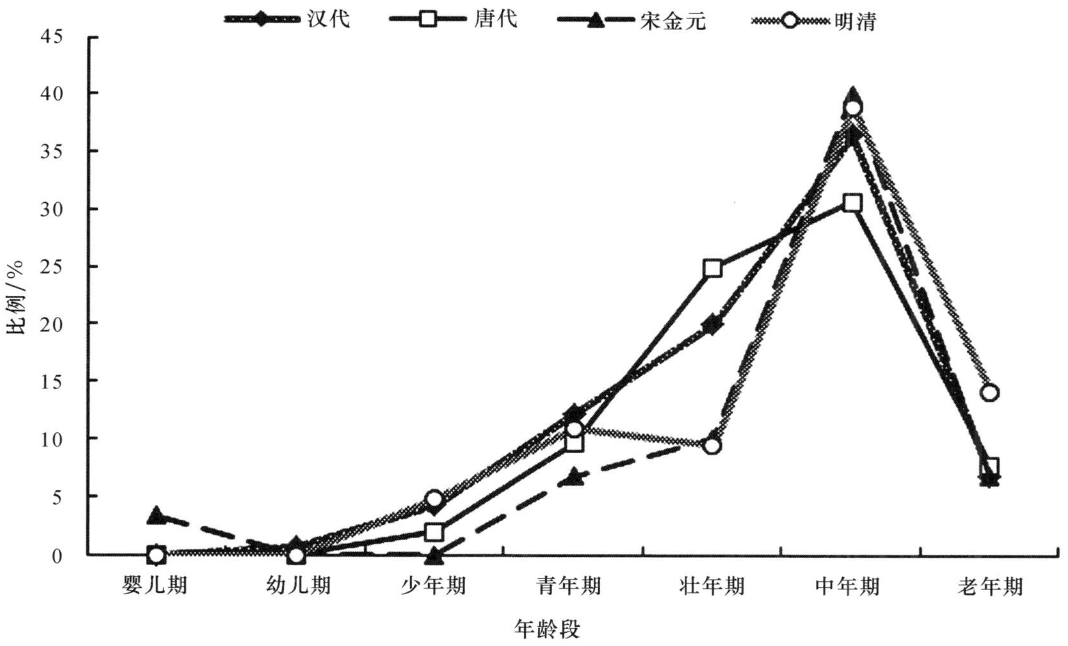

图2.1　薛村遗址汉至明清时期古代居民死亡率比较

图2.2显示了薛村汉至明清时期两性死亡率差异的比较情况，其中在壮年期的死亡率上，女性高于男性，而在中年期死亡率上则是男性高于女性，可知男性的死亡年龄高于女性；汉至明清时期，除了唐代，在青年期的死亡率上基本是女性高于男性，这可能是因为青年女性生育条件差而导致的育产期死亡率的增加。薛村汉代、唐代、宋金元时期和明清时期四段历史时期居民总人口的平均寿命分别为36.59岁、37.35岁、39.77岁和41.85岁。男性分别为38.00岁、40.03岁、45.83岁和47.62岁，女性分别为38.67岁、36.45岁、39.50岁和40.40岁。总人口的平均年龄及两性的平均年龄均大致呈上升的趋势。

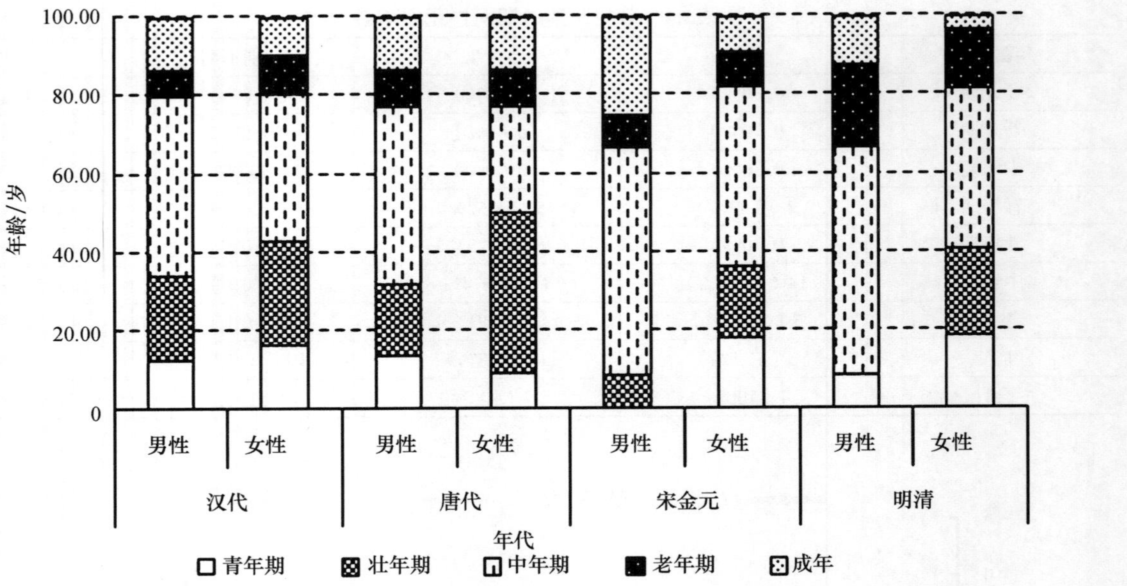

图2.2　薛村遗址汉至明清时期两性死亡年龄比较

三、郑州汉代组死亡年龄分布统计

现选择新郑天成隔热遗址5例、羚锐遗址3例、中华北路遗址2例，北街遗址、文化路中段遗址、丽都花园和众康遗址各1例的汉代居民标本，与荥阳薛村遗址汉代居民163例人骨合并，组成郑州汉代组，共177例人骨标本。新郑多处遗址人骨鉴定结果详见附表七。

在郑州汉代组的人骨标本中，性别明确者为155例，鉴定率为87.57%；年龄段明确者148例，鉴定率83.62%。汉代组的性别比为1.31。

郑州汉代组居民死亡年龄的分布状况详见表2.5和图2.3、图2.4。从图表可知，郑州汉代组居民的死亡年龄主要集中在中年期，壮年期和青年期次之，其中青年期的12.99%也比老年期的7.34%高出较多比重。汉代组男、女两性死亡率分布阶段大致是相同的，所不同的是，女性在青年期和壮年期的死亡率要稍高于男性，而在中年期的死亡率上又明显低于男性，在老年期的死亡率上，两性则基本相当。

表2.5　郑州汉代组居民死亡年龄分布统计

年龄分期	男性	女性	未知性别	合计
婴儿期	0（0%）	0（0%）	0（0%）	0（0%）
幼儿期	0（0%）	0（0%）	1（4.55%）	1（0.56%）
少年期	0（0%）	0（0%）	6（27.27%）	6（3.39%）
青年期	10（11.36%）	11（16.42%）	2（9.09%）	23（12.99%）
壮年期	19（21.59%）	18（26.87%）	0（0%）	37（20.9%）
中年期	41（46.59%）	26（38.81%）	1（4.55%）	68（38.42%）
老年期	7（7.95%）	6（8.96%）	0（0%）	13（7.34%）
成年	11（12.5%）	6（8.96%）	12（54.55%）	29（16.38%）
合计	88（100%）	67（100%）	22（100%）	177（100%）

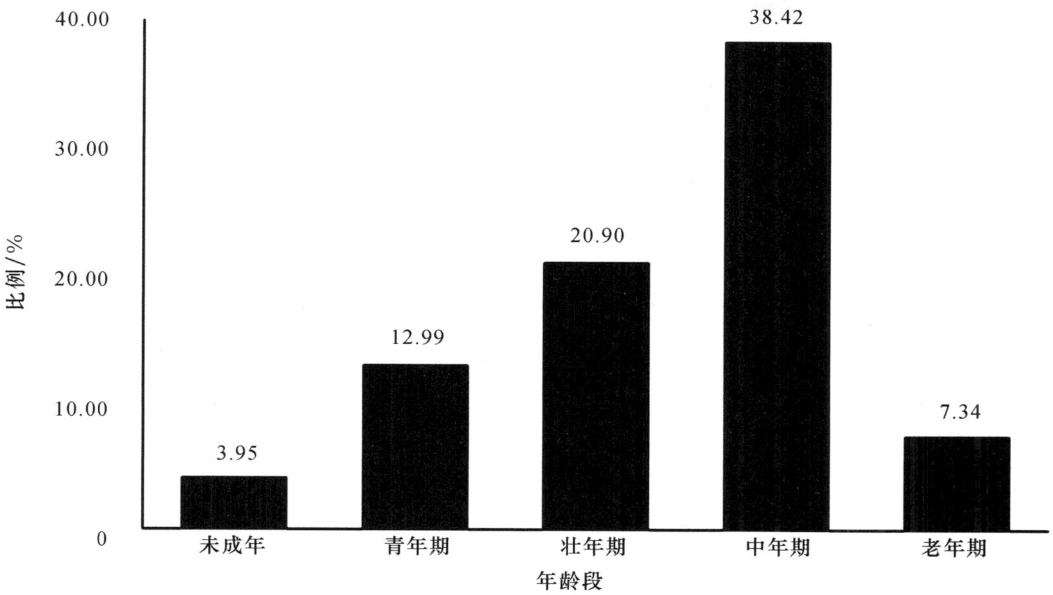

图2.3　郑州汉代组各个年龄段死亡率

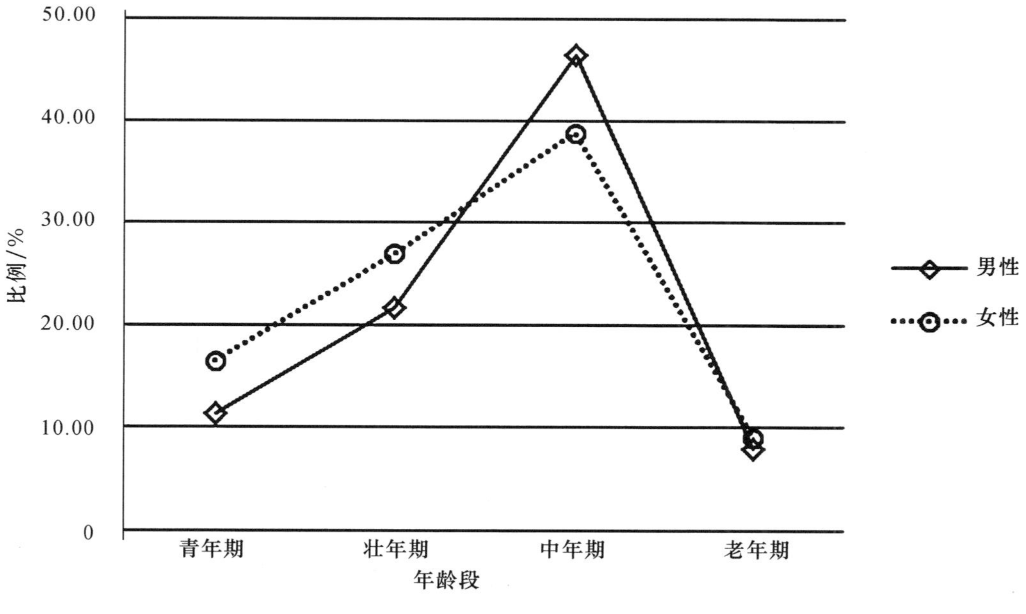

图2.4　郑州汉代组男、女两性居民在各个年龄段死亡率

四、郑州唐代组死亡年龄分布统计

现选择新郑宏基遗址的2例人骨和新郑华瑞路遗址的1例人骨，与荥阳薛村遗址唐代居民52例人骨，组成郑州唐代组，共55例人骨标本。

在郑州唐代组的人骨标本中，性别明确者为47例，鉴定率为85.45%，年龄段明确者44例，鉴定率为80.00%，唐代组的性别比为1.04。

郑州唐代组居民死亡年龄的分布状况详见表2.6和图2.5、图2.6。从图表可知，郑州唐代组居民的死亡年龄主要集中在中年期和壮年期，在青年期和老年期也占一定的比重，但差别不大。而唐代组男、女两性死亡率分布阶段却存在较大的差异，女性的死亡高峰集中在壮年期，而男性死亡高峰则在中年期。在老年期的死亡率上，两性相同。

表2.6　郑州唐代组居民死亡年龄分布统计

年龄分期	男性	女性	未知性别	合计
婴儿期	0（0%）	0（0%）	0（0%）	0（0%）
幼儿期	0（0%）	0（0%）	0（0%）	0（0%）
少年期	0（0%）	0（0%）	1（12.5%）	1（1.82%）
青年期	3（12.5%）	2（8.7%）	0（0%）	5（9.09%）
壮年期	5（20.83%）	9（39.13%）	2（25%）	16（29.09%）
中年期	11（45.83%）	7（30.43%）	0（0%）	18（32.73%）
老年期	2（8.33%）	2（8.7%）	0（0%）	4（7.27%）
成年	3（12.5%）	3（13.04%）	5（62.5%）	11（20%）
合计	24（100%）	23（100%）	8（100%）	55（100%）

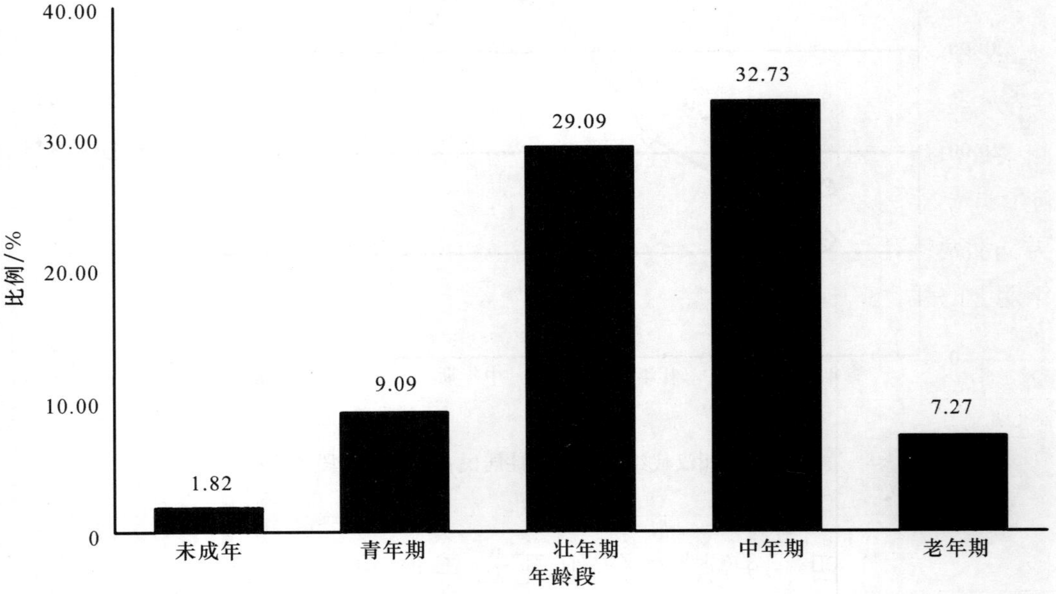

图2.5　郑州唐代组各个年龄段死亡率

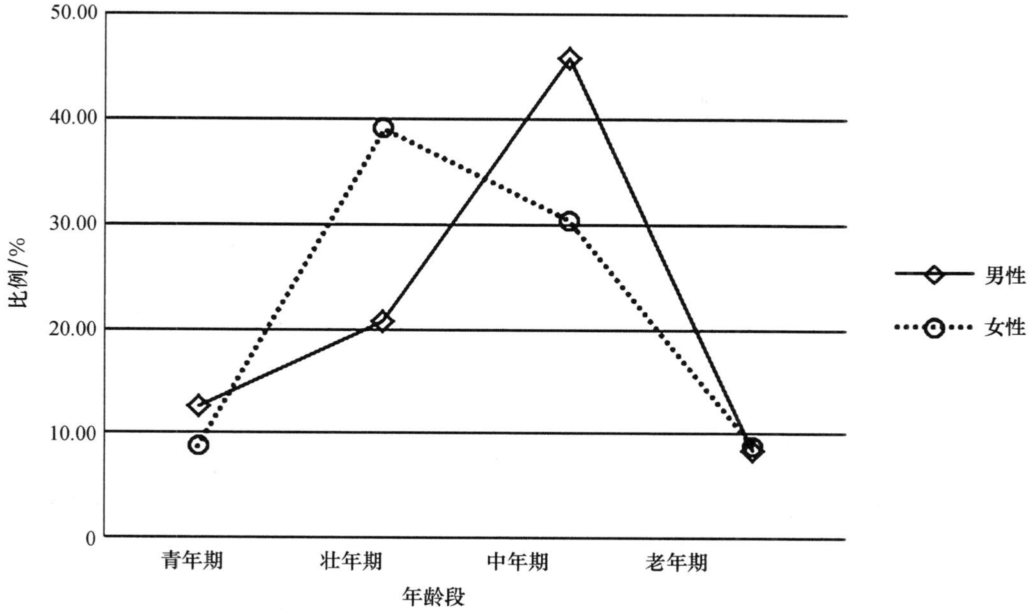

图2.6　郑州唐代组男、女两性居民在各个年龄段死亡率

五、郑州宋代组死亡年龄分布统计

现选择新郑华联、圣昊、防疫站、中华北路、武大幼儿园、羚锐和众康7处遗址所出土的49例人骨标本，与荥阳薛村遗址的19例宋金时代人骨标本，组成郑州宋代组，共计68例。

在郑州宋代组的人骨标本中，性别明确者为60例，鉴定率为88.24%，年龄段明确者63例，鉴定率为92.65%，宋代组的性别比为1.22。

郑州宋代组居民死亡年龄的分布状况详见表2.7和图2.7、图2.8。从图表可知，郑州宋代组居民的死亡年龄主要集中在中年期，其次是老年期和壮年期，青年期和未成年均仅占5.80%。宋代组男、女两性死亡率分布阶段大致相同，女性在中年期和老年期的死亡率均略高于男性，而在壮年期上的死亡率则低于男性。

表2.7　郑州宋代组居民死亡年龄分布统计

年龄分期	男性	女性	未知性别	合计
婴儿期	0（0%）	0（0%）	0（0%）	0（0%）
幼儿期	0（0%）	0（0%）	2（25%）	2（2.94%）
少年期	0（0%）	0（0%）	2（25%）	2（2.94%）
青年期	1（3.03%）	1（3.7%）	2（25%）	4（5.88%）
壮年期	7（21.21%）	4（14.81%）	0（0%）	11（16.18%）
中年期	15（45.45%）	13（48.15%）	0（0%）	28（41.18%）
老年期	8（24.24%）	8（29.63%）	0（0%）	16（23.53%）
成年	2（6.06%）	1（3.7%）	2（25%）	5（7.35%）
合计	33（100%）	27（100%）	8（100%）	68（100%）

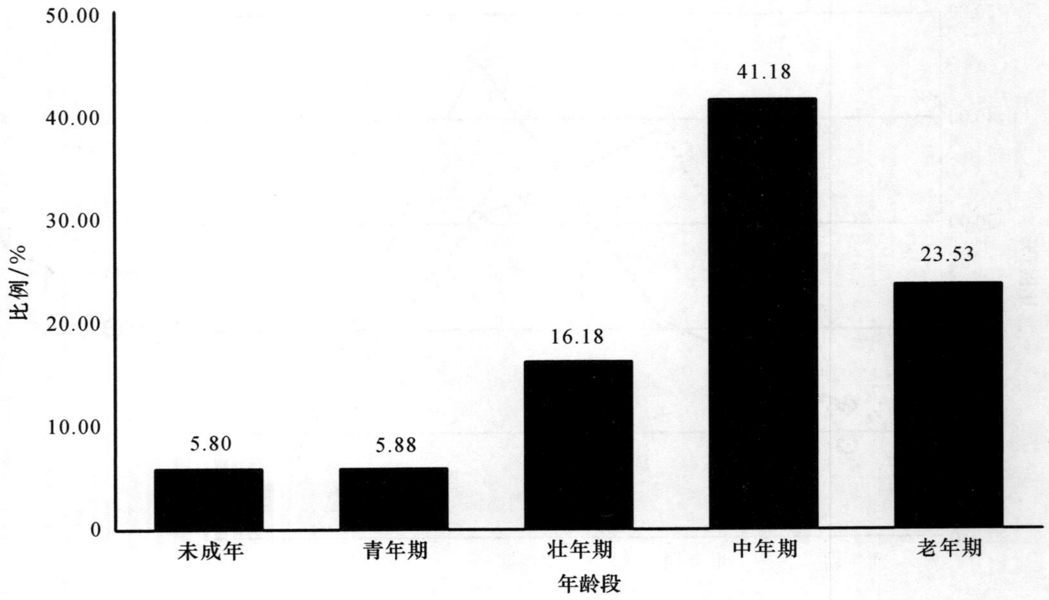

图2.7　郑州宋代组各个年龄段死亡率

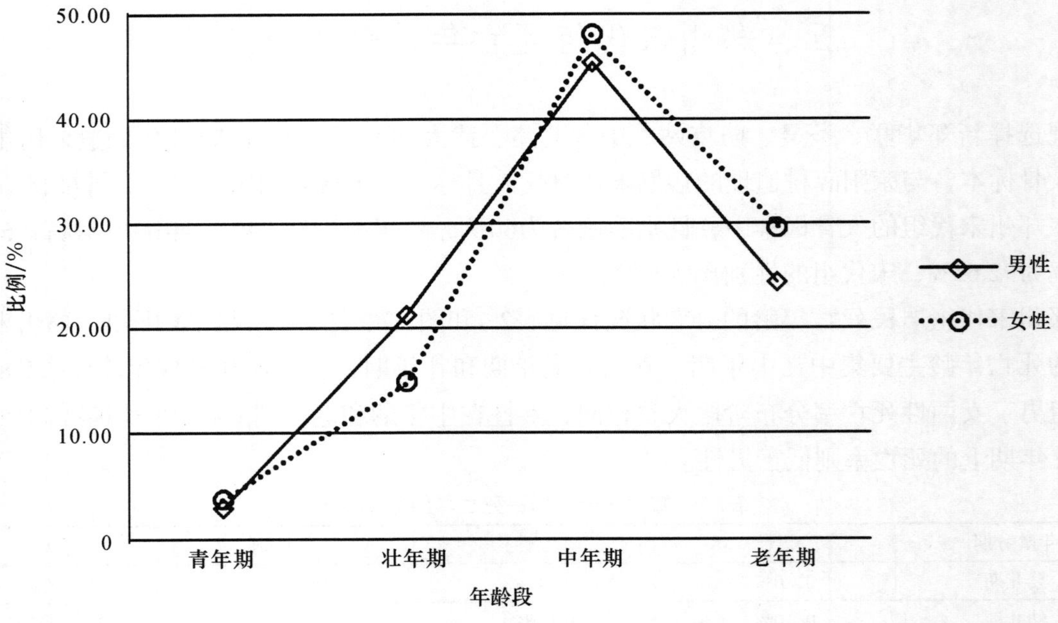

图2.8　郑州宋代组男、女两性居民在各个年龄段死亡率

六、郑州汉代组、郑州唐代组、郑州宋代组居民人口平均死亡年龄

本书所指的平均死亡年龄是墓地所有已知年龄个体的估计年龄总数与个体总数的比

值[①]。根据性别年龄鉴定结果计算，将郑州汉代组至宋代组古代居民整个年龄段的平均死亡年龄和男、女两性的平均死亡年龄分别列入表2.8。其中，"成年"个体因为不能被详细划分死亡年龄阶段，未参与居民全组平均死亡年龄的统计，而未知性别的"未成年"和"成年"个体，因为不能确切区分性别，所以也未参与男、女两性平均死亡年龄的统计。

由表2.8和图2.9可知，郑州汉代组、唐代组、宋代组居民的平均死亡年龄在不同时代和不同性别之间都显示出很大的差异特征。郑州汉代组、唐代组、宋代组居民男性的各时代的平均死亡年龄均超出了各自全组平均死亡年龄，这可能是全组平均死亡年龄受到了未成年个体数量的影响；但是，各个时代女性平均死亡年龄却有较大的波动，郑州唐代女性平均死亡年龄低于汉代组的女性，也低于唐代全组的死亡年龄，郑州宋代女性平均死亡年龄则高于宋代男性居民，同时也远远地高于汉代和唐代女性平均死亡年龄；自汉代至宋代，无论是全组平均死亡年龄还是男性平均死亡年龄均呈现了上升的趋势。

表2.8　郑州汉代组、唐代组、宋代组居民平均死亡年龄的比较　（年龄：岁）

	全组	男性	女性
郑州汉代组	36.82	38.76	38.00
郑州唐代组	37.76	40.02	37.13
郑州宋代组	42.26	43.47	47.12

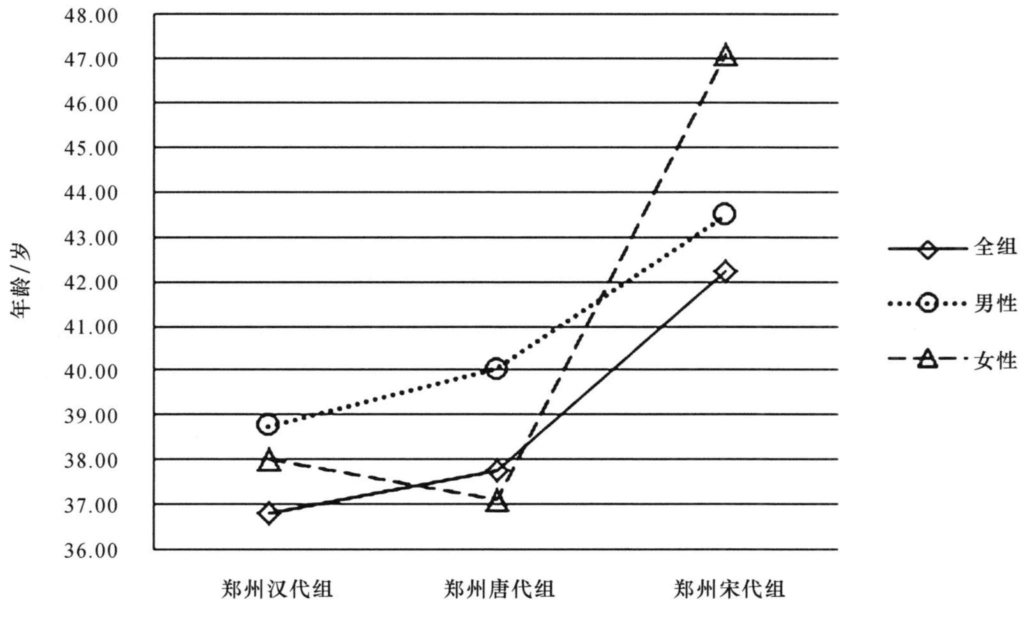

图2.9　郑州汉代组、唐代组、宋代组居民平均死亡年龄的比较

① 张敬雷.青海省西宁市陶家寨汉晋时期墓地人骨研究［D］.长春：吉林大学博士学位论文，2008：8.

第二节　与中原地区各古代组居民的比较

一、死亡年龄分布特点的比较分析

为了分析郑州汉代组、唐代组和宋代组居民的死亡年龄分布特点，揭示当时人口的死亡状况，本书选择了中原地区史前至汉代及汉代以后的各古代组居民与之进行比较，包括雕龙碑（新石器时代）组①、游邀（夏代）组②、刘家庄北地（商代）组③、后李官（周代）组④、临淄（周—汉代）组⑤、大同北魏组⑥、紫薇（唐代）组⑦等7个对比组。各组居民的死亡年龄分布详见表2.9及图2.10。

表2.9　郑州汉代组、唐代组、宋代组居民各年龄段死亡率与其他古代组的比较（%）

年龄分期	雕龙碑（新石器时代）组	游邀（夏代）组	刘家庄北地（商代）组	后李官（周代）组	临淄（周—汉代）组	郑州汉代组	大同北魏组	紫薇（唐代）组	郑州唐代组	郑州宋代组
未成年	44.4	30.26	15.83	16.3	5.9	3.95	4.26	3.9	1.82	5.80
青年期	15.5	26.32	24.46	17.78	24.1	12.99	16.18	15.7	9.09	5.88
壮年期	18.3	15.79	29.14	27.41	25.4	20.90	28.29	11.8	29.09	16.18
中年期	9.9	18.42	29.14	35.56	40.9	38.42	40.01	43.1	32.73	41.18
老年期	0	6.58	1.44	2.96	3.6	7.34	12.14	23.5	7.27	23.53

通过表2.9和图2.10可以看出，自新石器时代的雕龙碑组至夏代的游邀组、商代的刘家庄北地组、周代的后李官组、周—汉代的临淄组、郑州汉代组、大同北魏组、唐代的紫薇组至郑州唐代组、宋代组，未成年的死亡率基本是随着时代的发展呈下降的趋势，其中以雕龙碑组、游邀组、刘家庄北地组和后李官组居民最为突出，其未成年死亡率虽从新石器时代的高达44.40%、夏代的30.26%，降至商代的15.83%和周代的16.30%，但与周—汉代的临淄组的5.90%和郑州汉代组的3.95%、大同北魏组的4.26%、唐代紫薇组的3.90%相比较，仍然显示出了较高

① 张君.湖北枣阳市雕龙碑新石器时代人骨分析报告［J］.考古，1998，（2）：76.

② 朱泓.忻州遗址夏代居民的人类学特征［A］.//吉林大学边疆考古研究中心，山西省考古研究所，忻州地区文物管理处，忻州考古队.忻州游邀考古［M］.北京：科学出版社，2004：188-214.

③ 原海兵.殷墟中小墓人骨的综合研究［D］. 长春：吉林大学博士学位论文，2010：10-36.

④ 张雅军.山东临淄后李官周代墓葬人骨研究［A］//山东省文物考古研究所，土井浜遗址·人类学博物馆.探索渡来系弥生人大陆区域的源流［M］. 2000：164—171.

⑤ 韩康信，松下孝幸.山东临淄周—汉代人骨体质特征研究及西日本弥生时代人骨比较概报［J］.考古，1997，（4）.

⑥ 张振标，宁立新.大同北魏时期墓葬人骨的种族特征［J］.文物季刊，1995，（3）：21-22.

⑦ 陈靓.西安紫薇田园都市唐墓人骨种系初探［J］.考古与文物，2008，（5）：95.

的比例。根据国内外的研究成果，在史前时代，婴儿的死亡数一般占总人口的40%左右①。处于河南与湖北两省交界的雕龙碑新石器时代遗址共发掘了墓葬197座，其中土坑墓133座，瓮棺葬64座，均为3岁以下幼儿。可见，新石器时代未成年人的死亡率是相当高的。

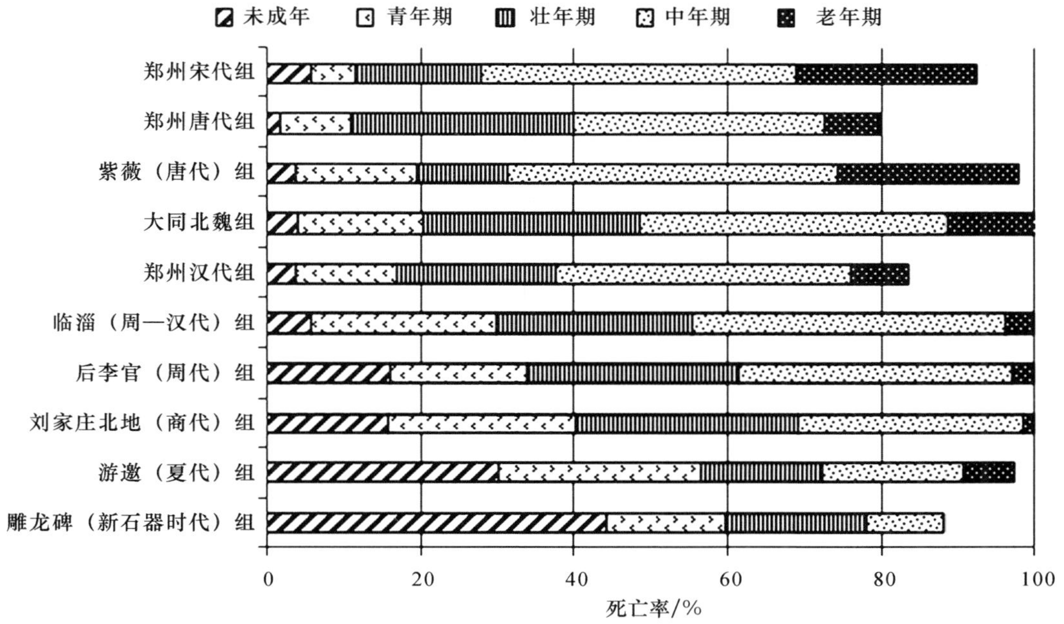

图2.10　郑州汉代组、唐代组、宋代组古代居民死亡率与其他古代组的比较

平均期望寿命是根据各个年龄段人群死亡率计算出的生命期望值，常被作为衡量和评价一个国家或地区疾病死亡模式和人口健康状况的重要指标②。一般说，死亡率越低，平均寿命越长。值得注意的是，平均期望寿命同前文提到的平均死亡年龄不是一回事，它们的区别在于，前者涉及全体人口，后者只涉及死亡人口。通常所说的平均期望寿命都是指某一时段的新生儿，此外，各个年龄也都可以计算出相应的平均期望寿命。其中，传染性、营养性和寄生虫疾病对少年儿童尤其是婴幼儿威胁很大，往往过早夭折，人口的平均期望寿命难以延长③。因此，史前至先秦时期未成年阶段的高死亡率也证明了当时社会的平均期望寿命是相当低的。

中原地区先秦时期古代居民除了在未成年阶段有很高的死亡率外，在青年期和壮年期的死亡率也相对于汉代以后时期的居民高出一定的比重，而在老年期的死亡率上，先秦时期古代居民又明显地低于汉以后居民。可能是因为自新石器时代至周代，社会经济和卫生状况相对于具有中央集权安定统治的汉代及其以后时期要落后，并且居民的生活条件普遍很差，抵御各种自然灾害和疾病的能力极弱，加上各种天灾人祸使得先秦时期居民在未成年和青壮年时期的死亡

① 转引自 王建华.黄河中下游地区史前人口年龄构成研究［J］.考古，2007，（4）：63-73.

② 饶克勤，陈育德.中国城市人口死亡率变化对平均期望寿命的影响［J］.中国人口科学，1992，（3）：19-22.

③ 张善余.中国人口地理［M］（中国人文地理丛书）.北京：科学出版社，2003：75-98.

率很高，所以刘家庄北地组的商代居民和后李官组的周代居民相对于汉代及其以后时期，在老年期上也均有着极低的死亡率。由前文可知，郑州汉代组、唐代组、宋代组居民的全组平均死亡年龄随着时代的发展呈现上升的趋势，与周—汉代的后李官组居民、大同北魏组居民及唐代的紫薇组居民相比较，中原地区汉代以后居民在中年期和老年期上的死亡率也随着时代的发展呈现增高的趋势，可见至汉代以后，推测因为中原居民较先秦时期的生存条件有了大幅度的改善，医疗保健条件的提高，使得中原地区古代居民的死亡高峰与先秦时期相比大大延后了。汉代以后，未成年阶段的低死亡率和中年阶段、老年阶段的高死亡率也说明，随着经济、文化水平的提高，以及医疗卫生条件和营养条件的改善，传染性疾病和营养性疾病的发病率可能有所降低，所以，婴幼儿和少年儿童的死亡率得到下降，全部人口的平均死亡率也趋于下降，平均期望寿命变长。与此同时，当传染性等疾病日渐减少，人口的平均期望寿命大大延长以后，主要与老年人有关的一些疾病，即所谓“老年病”，如恶性肿瘤、心血管疾病、脑血管疾病等逐渐成为死亡的主要原因，死亡构成也相应地发生明显变化①。

二、男、女两性死亡年龄分布特点分析

为了进一步揭示郑州汉代组、唐代组、宋代组居民死亡年龄的特点，现在分性别比较各组男、女两性居民的死亡率。男、女两性居民的死亡率见表2.10、表2.11和图2.11、图2.12。

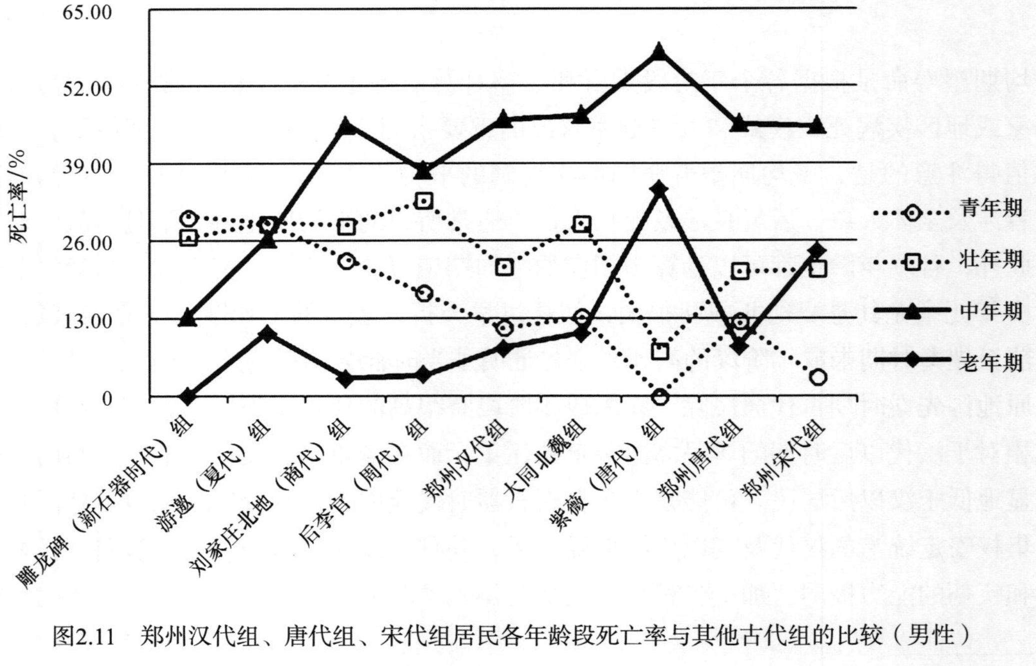

图2.11　郑州汉代组、唐代组、宋代组居民各年龄段死亡率与其他古代组的比较（男性）

① 张善余.中国人口地理［M］（中国人文地理丛书）.北京：科学出版社，2003：75-98.

表2.10　郑州汉代组、唐代组、宋代组居民各年龄段死亡率与其他古代组的比较（男性）（%）

年龄分期（男）	雕龙碑（新石器时代）组	游邀（夏代）组	刘家庄北地（商代）组	后李官（周代）组	郑州汉代组	大同北魏组	紫薇（唐代）组	郑州唐代组	郑州宋代组
青年期	30.00	28.95	22.86	17.24	11.36	13.20	0	12.50	3.03
壮年期	26.67	28.95	28.57	32.76	21.59	29.00	7.7	20.83	21.21
中年期	13.33	26.32	45.71	37.93	46.59	47.30	57.7	45.83	45.45
老年期	0.00	10.53	2.86	3.45	7.95	10.50	34.6	8.33	24.24

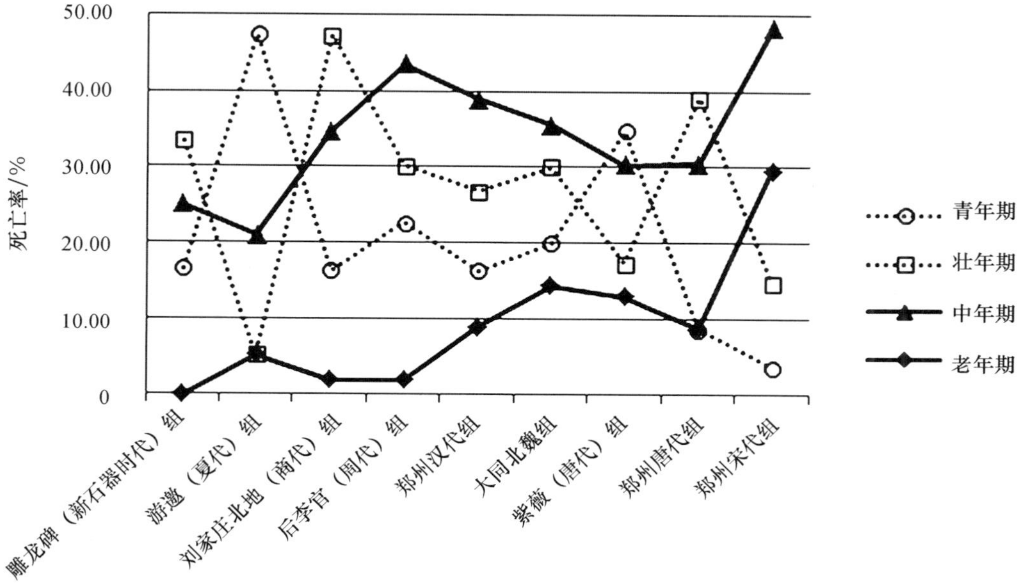

图2.12　郑州汉代组、唐代组、宋代组居民各年龄段死亡率与其他古代组的比较（女性）

通过对比可知，中原地区男性居民虽然在不同时代的不同年龄段上死亡率存在一些波动，但从总体看，自新石器时代至汉唐宋时期，男性居民在中年期和老年期上的死亡率随着时代的发展大致呈现上升的趋势，相反的，在青年期和壮年期上则呈下降的趋势。中原地区女性居民与男性居民相比较具有大致相同的变化规律，所不同的是，女性居民自新石器时代至汉唐宋时期，与男性居民相比，一直存在着青年期、壮年期的高死亡率，只是其下降的趋势相对轻微些。这表明在青年期、壮年期，确实存在着女性较男性严重的或特殊的致死原因。在进行人群死亡模式研究时，母婴和营养缺乏性疾病通常被划分为三大类疾病之一，而母婴和营养缺乏性疾病与生活环境、卫生条件和生活习惯密切相关①。所以，在青年期、壮年期的高死亡率，除了说明女性在社会和经济生活中一直处于较低的地位外，生育条件差也是导致女性在育产期高

① 黄正京，王丽敏，李晓燕等.1973—2005年中国居民传染病、母婴和营养缺乏性疾病死亡趋势［J］. 中华预防医学杂志.2010，（4）：289，292.

死亡率的重要原因。

表2.11　郑州汉代组、唐代组、宋代组居民各年龄段死亡率与其他古代组的比较（女性）（%）

年龄分期（女）	雕龙碑（新石器时代）组	游邀（夏代）组	刘家庄北地（商代）组	后李官（周代）组	郑州汉代组	大同北魏组	紫薇（唐代）组	郑州唐代组	郑州宋代组
青年期	16.67	47.37	16.35	22.64	16.42	20.00	34.8	8.70	3.70
壮年期	33.33	5.26	47.12	30.19	26.87	30.00	17.4	39.13	14.81
中年期	25.00	21.05	34.62	43.4	38.81	35.50	30.4	30.43	48.15
老年期	0.00	5.26	1.92	1.89	8.96	14.50	13	8.70	29.63

第三节　小　　结

本章对荥阳薛村遗址早商和汉至明清人骨的性别、年龄进行了鉴定和统计，并选用新郑地区多处遗址的汉代组、唐代组、宋代组人骨标本，与薛村汉代组、唐代组、宋代组人骨分别组成郑州汉代组、唐代组、宋代组，并通过对郑州汉代组、唐代组、宋代组居民的性别、死亡年龄分布，以及与中原地区其他古代组居民性别、年龄的比较分析，大致可以得出以下几点认识：

（1）荥阳薛村遗址二里头文化晚期到二里冈文化时期的墓葬和灰坑的18例人骨标本中，成年个体男性7例、女性8例、未知性别1例，另分别有1例儿童和婴儿。

（2）荥阳薛村遗址汉至明清时期居民的性别、年龄鉴定结果表明，死亡年龄均主要集中在中年期，壮年期次之，青年期和老年期也占一定的比重；其中，老年期死亡比例随着时代的发展基本呈上升的趋势，而这一趋势可能与薛村汉至明清时期居民随着时代的发展，生活水平有相应的提高有密切的关系。薛村汉代、唐代、宋金元时期和明清时期四段历史时期的男性平均年龄分别为38.00岁、40.03岁、45.83岁和47.62岁，女性分别为38.67岁、36.45岁、39.50岁和40.40岁，所以，薛村遗址汉至明清时期居民两性的平均年龄均大致呈上升的趋势。

（3）郑州汉代组居民的死亡高峰期主要集中在中年期，壮年期和青年期次之；郑州唐代组居民的死亡高峰期集中在中年期和壮年期，在青年期和老年期也占一定的比重；而郑州宋代组居民的死亡高峰期则主要集中在中年期，其次是老年期和壮年期。男、女两性居民死亡年龄段基本表现出相同的特征，所不同的是，郑州唐代组女性主要集中在壮年期，而男性则集中在中年期。

（4）对郑州汉代组、唐代组、宋代组各个时代全组和男、女两性平均死亡年龄进行了对比分析，自汉至宋时期，无论是全组平均死亡年龄还是男性平均死亡年龄均呈现了上升的趋势；虽然各个时代女性平均死亡年龄有较大的波动，但从总体发展看，也呈现了上升的趋势。

（5）将郑州汉代组、唐代组和宋代组居民与中原地区史前至汉代以后的各古代组进行比较，中原地区先秦时期古代居民除了在未成年阶段有很高的死亡率外，在青年期和壮年期的死亡率也相对于汉代以后时期的居民高出一定的比重，而在老年期的死亡率上，先秦时期古代居民又明显地低于汉以后居民。而中原地区汉代以后居民在中年期和老年期上的死亡率也随着时代的发展呈现增高的趋势。自汉代以后，正是随着经济、文化水平的提高，以及医疗卫生条件和营养条件的改善，导致未成年人死亡的传染性疾病和营养性疾病的发病率降低，所以，社会的平均期望寿命变长；同时，汉代组、唐代组、宋代组时期，当平均期望寿命延长之后，主要与老年人有关的所谓“老年病”，如恶性肿瘤、心血管疾病、脑血管疾病等可能逐渐成为死亡的主要原因，死亡构成也相应地发生明显变化。

分别将郑州汉代组、唐代组、宋代组男、女两性古代居民与中原地区其他古代组进行比较，中原地区男性居民虽然在不同时代的不同年龄段上死亡率存在一些波动，但从总体看，自新石器时代至汉唐宋时期，男性居民在中年期和老年期上的死亡率随着时代的发展大致呈现上升的趋势，相反的，在青年期和壮年期上则呈下降的趋势。女性与男性相比较虽然具有大致相同的变化规律，但是在青壮年期的高死亡率则表明自史前至汉唐宋时期，女性在社会、经济生活中一直处于较低的地位，由生育条件差而导致的育产期高死亡率也是其重要的原因。而相较于男性，女性在青壮年期（生育阶段）的高死亡率，也恰恰说明了汉代组、唐代组、宋代组的社会经济环境和医疗保健水平虽然比先秦时期有所改善，但仍然是比较低下的。

第三章　成年居民的身高研究

身高的变化不仅体现了体质特征的变换，而且蕴含了食物结构、疾病现象及功能压力等方面的信息。这些信息不仅反映了人类健康状况的变化，也反映了经济模式甚至生活风俗等的变化，对于全面研究古代人群具有重要的作用①。

虽然根据人类长骨的测量值推算身高不仅受种族、年龄等影响，而且还有性别、侧别的差异，但是，根据荥阳薛村遗址早商与汉至明清时期人骨的实际保存情况，为了最大限度地对所观察、测量的个体进行身高的推测，获得尽可能多的个体数据，采用一元回归方程分别计算男、女两侧肱骨、股骨和胫骨的最大长来推算身高值，然后再计算两侧的肱骨、股骨和胫骨一元回归方程所得身高的平均值，分别推算出成年男、女两性的平均身高。

男性居民的身高推算公式选择了陈世贤②计算黄色人种身高公式：

①	21~30岁	身高=左侧肱骨最大长×2.66+826.39毫米±41.31毫米
		身高=右侧肱骨最大长×2.91+744.62毫米±40.13毫米
	31~40岁	身高=左侧肱骨最大长×3.05+704.10毫米±46.01毫米
		身高=右侧肱骨最大长×2.88+751.77毫米±44.24毫米
	41~50岁	身高=左侧肱骨最大长×3.15+679.24毫米±43.62毫米
		身高=右侧肱骨最大长×3.11+685.92毫米±41.37毫米
	51~60岁	身高=左侧肱骨最大长×2.68+817.29毫米±51.60毫米
		身高=右侧肱骨最大长×2.67+808.85毫米±41.38毫米
②	21~30岁	身高=左侧股骨最大长×2.30+643.62毫米±34.81毫米
		身高=右侧股骨最大长×2.31+644.84毫米±34.86毫米
	31~40岁	身高=左侧股骨最大长×2.32+640.21毫米±33.32毫米
		身高=右侧股骨最大长×2.33+635.64毫米±32.98毫米
	41~50岁	身高=左侧股骨最大长×2.36+617.48毫米±31.16毫米
		身高=右侧股骨最大长×2.20+687.57毫米±32.35毫米
	51~60岁	身高=左侧股骨最大长×1.96+784.03毫米±34.30毫米
		身高=右侧股骨最大长×1.98+780.19毫米±35.85毫米

---

① 王明辉.人骨综合研究［A］//中国社会科学院考古研究所，河南省文物考古研究所.灵宝西坡墓地［M］.北京：文物出版社，2010：130.

② 陈世贤.法医人类学［M］.北京：人民卫生出版社，1998：83-86.

③	21~30岁	身高=左侧胫骨最大长×2.22+853.39毫米±38.74毫米
		身高=右侧胫骨最大长×2.28+833.10毫米±38.13毫米
	31~40岁	身高=左侧胫骨最大长×2.44+776.34毫米±38.66毫米
		身高=右侧胫骨最大长×2.49+759.27毫米±38.02毫米
	41~50岁	身高=左侧胫骨最大长×2.52+742.77毫米±36.51毫米
		身高=右侧胫骨最大长×1.71+1033.92毫米±47.31毫米
	51~60岁	身高=左侧胫骨最大长×2.33+811.68毫米±36.93毫米
		身高=右侧胫骨最大长×2.34+810.40毫米±36.50毫米

女性个体身高推算公式则选择了张继宗[①]计算中国汉族女性身高推算公式：

① 身高=638.470mm+3.242×左肱骨最大长±50.27毫米
身高=741.288mm+2.875×右肱骨最大长±55.69毫米

② 身高=483.913mm+2.671×左股骨最大长±47.92毫米
身高=459.290mm+2.752×右股骨最大长±50.00毫米

③ 身高=597.332mm+2.899×左胫骨最大长±48.88毫米
身高=603.069mm+2.908×右胫骨最大长±51.46毫米

第一节　荥阳薛村遗址早商与汉至明清时期成年居民身高的推算

表3.1和表3.2中，薛村遗址早商男性组共测量股骨标本4例，胫骨标本3例，据股骨推算平均身高是158.31厘米，据胫骨推算平均身高是159.53厘米，薛村遗址早商男性组平均身高是158.92厘米，变异范围是157.00~160.97厘米。薛村遗址早商女性组共测量肱骨标本6例，股骨标本3例，胫骨标本5例，所得三种平均身高分别为157.94厘米、159.13厘米和162.17厘米，据以上三种平均身高得出早商女性平均身高为159.75厘米，变异范围是152.35~171.97厘米。薛村遗址早商肢骨测量值详见附表二十九。

表3.1　薛村遗址早商居民男性身高推算

项目	侧别	肱骨最大长/毫米	股骨最大长/毫米	胫骨最大长/毫米	肱骨/毫米	股骨/毫米	胫骨/毫米
ⅡH506	左	/	404.00	331.50	/	1577.49	1585.20
	右	/	401.00	334.00	/	1569.97	1590.93
ⅡH551	左	/	411.50	344.00	/	1588.62	1609.65
	右	/	413.00	/	/	1596.17	/
平均值		/	407.38	336.50	/	1583.06	1595.26

① 张继宗.中国汉族女性长骨推断身高的研究［J］.人类学学报，2001，（4）：302-307.

续表

项目	侧别	肱骨最大长/毫米	股骨最大长/毫米	胫骨最大长/毫米	肱骨/毫米	股骨/毫米	胫骨/毫米
标准差		/	5.02	5.40	/	10.06	10.44
最大值		/	413.00	344.00	/	1596.17	1609.65
最小值		/	401.00	331.50	/	1569.97	1585.20
例数		/	4.00	3.00	/	4.00	3.00
两侧合计平均身高					/	1583.06	1595.26
平均身高					1589.16		

注：斜杠代表肱骨保存不完整，无法测量到最大长；空白表示无测量数据。下同

表3.2　薛村遗址早商居民女性身高推算

项目	侧别	肱骨最大长/毫米	股骨最大长/毫米	胫骨最大长/毫米	肱骨/毫米	股骨/毫米	胫骨/毫米
ⅡH464	左	273.00	399.00	323.50	1523.54	1549.64	1535.16
	右	279.00	397.50	325.00	1543.41	1553.21	1548.17
ⅡH460	左	281.00	/	/	1549.47	/	/
	右	283.50	/	346.00	1556.35	/	1609.24
ⅡH183	左	314.50	444.50	379.00	1658.08	1671.17	1696.05
	右	314.50	/	384.00	1645.48	/	1719.74
平均值		290.92	413.67	351.50	1579.39	1591.34	1621.67
标准差		16.97	21.81	25.80	52.28	56.47	75.09
最大值		314.50	444.50	384.00	1658.08	1671.17	1719.74
最小值		273.00	397.50	323.50	1523.54	1549.64	1535.16
例数		6.00	3.00	5.00	6.00	3.00	5.00
两侧合计平均身高					1579.39	1591.34	1621.67
平均身高					1597.47		

表3.3～表3.10中，薛村遗址汉代男性组共测量肱骨标本24例，股骨标本42例，胫骨标本39例，据肱骨推算平均身高是169.06厘米，据股骨推算平均身高是170.07厘米，据胫骨推算平均身高是167.98厘米，薛村遗址汉代男性组平均身高是169.04厘米，变异范围是160.46~180.51厘米。薛村遗址汉代女性组共测量肱骨标本13例，股骨标本26例，胫骨标本21例，所得三种平均身高分别为160.68厘米、160.11厘米和158.32厘米，据以上三种平均身高得出汉代女性平均身高为159.70厘米，变异范围是146.38~173.90厘米。薛村遗址唐代男性组共测量肱骨标本是7例，股骨标本13例，胫骨标本8例，其推算的平均身高分别为168.73厘米、166.90厘米和164.54厘米，计算唐代男性平均身高为166.72厘米，变异范围是159.69~173.86厘米。薛村遗址唐代女性组共测量肱骨标本9例，股骨和胫骨标本各11例，推算平均身高为156.58厘米、156.05厘米和158.60厘米，推算唐代女性平均身高为157.08厘米，变异范围是148.15~170.81厘米。薛村遗址宋金元时期男性组共测量1例肱骨和2例胫骨标本，所推算平均身高分别为164.46厘米和170.70

厘米，所以宋金元时期男性平均身高为167.58厘米，变异范围是164.46~176.09厘米。测量薛村遗址宋金元时期女性组肱骨和股骨标本各9例，胫骨标本4例，推算平均身高分别为155.66厘米、154.00厘米和158.52厘米，所以宋金元时期女性平均身高为156.06厘米，变异范围是148.79~163.25厘米。薛村遗址明清时期男性组共测量肱骨标本18例、股骨标本15例和胫骨标本16例，推算平均身高分别为164.84厘米、163.94厘米和166.01厘米，所得明清时期男性平均身高为164.93厘米，变异范围是154.26~174.95厘米。薛村遗址明清时期女性组共测量肱骨标本27例、股骨标本34例和胫骨标本24例，推算平均身高分别为155.83厘米、154.89厘米和154.58厘米，所得明清女性平均身高为155.10厘米，变异范围是146.99~167.02厘米。薛村遗址汉至明清肢骨测量值详见附表三〇～附表五二。

表3.3　薛村遗址汉代居民男性身高推算

项目	侧别	肱骨最大长/毫米	股骨最大长/毫米	胫骨最大长/毫米	肱骨/毫米	股骨/毫米	胫骨/毫米
ⅡM49	左	/	449.00	/	/	1676.32	/
	右	/	/	/	/	/	/
ⅡM281东侧棺室	左	/	480.00	388.00	/	1747.62	1714.75
	右	/	480.00	/	/	1753.64	/
ⅣM99	左	/	/	367.00	/	/	1668.13
	右	/	455.00	367.00	/	1695.89	1669.86
ⅠM63	左	/	/	/	/	/	/
	右	/	/	363.00	/	/	1660.74
ⅡM217.1	左	/	468.00	383.00	/	1720.02	1703.65
	右	/	466.00	380.00	/	1721.30	1699.50
ⅡM5R2	左	307.00	445.00	/	1643.01	1667.12	/
	右	304.00	444.00	364.50	1629.26	1670.48	1664.16
ⅣM10北室	左	/	505.00	380.00	/	1805.12	1696.99
	右	/	/	379.00	/	/	1697.22
ⅡM168	左	316.00	440.00	357.00	1667.90	1661.01	1647.42
	右	321.00	443.00	359.50	1676.25	1667.83	1654.43
ⅡM206北	左	/	467.50	/	/	1724.81	/
	右	/	/	/	/	/	/
ⅡM165	左	/	/	/	/	/	/
	右	/	491.00	/	/	1779.67	/
ⅡM106	左	327.00	/	/	1701.45	/	/
	右	/	452.00	/	/	1688.80	/
ⅣM56北.1	左	/	/	/	/	/	/
	右	/	470.00	/	/	1730.74	/
ⅡM50右	左	328.50	467.00	376.00	1706.03	1723.65	1693.78
	右	/	460.00	373.50	/	1707.44	1689.29
ⅣM59	左	315.50	442.00	363.50	1666.38	1665.65	1663.28
	右	316.50	448.00	356.00	1663.29	1679.48	1645.71

续表

项目	侧别	肱骨最大长/毫米	股骨最大长/毫米	胫骨最大长/毫米	肱骨/毫米	股骨/毫米	胫骨/毫米
ⅣM88	左	/	/	/	/	/	/
	右	352.00	/	/	1765.53	/	/
ⅡM138	左	/	436.00	/	/	1651.73	/
	右	/	/	/	/	/	/
ⅠM15.2	左	/	456.50	/	/	1694.82	/
	右	/	463.00	366.00	/	1706.17	1659.78
ⅠM57	左	/	/	342.00	/	/	1604.61
	右	/	419.00	339.00	/	1609.37	1613.61
ⅠM29南棺	左	/	475.00	378.00	/	1738.48	1695.33
	右	328.50	471.00	381.00	1707.56	1723.77	1685.43
ⅡM43左	左	312.50	438.00	350.00	1663.62	1651.16	1624.77
	右	316.00	438.50	346.50	1668.68	1652.27	1626.44
ⅡM17	左	/	/	/	/	/	/
	右	/	/	387.50	/	/	1696.55
ⅣM95	左	325.00	472.50	394.00	1702.99	1732.58	1735.65
	右	332.00	472.50	397.00	1718.44	1727.07	1712.79
ⅣM96	左	/	452.50	380.00	/	1685.38	1700.37
	右	/	451.50	378.00	/	1680.87	1680.30
Ⅳ111西	左	348.50	/	392.50	1777.02	/	1731.87
	右	/	486.00	390.00	/	1756.77	1700.82
ⅡM113	左	303.00	433.00	345.00	1633.69	1639.36	1612.17
	右	306.00	/	345.00	1637.58	/	1623.87
ⅣM3西	左	361.50	501.50	407.00	1786.11	1766.97	1759.99
	右	359.00	501.50	406.00	1767.38	1773.16	1760.44
ⅣM66.1	左	326.00	460.50	387.00	1690.97	1686.61	1713.39
	右	326.50	455.00	385.00	1680.61	1681.09	1711.30
ⅡM5R4	左	323.00	460.00	374.00	1682.93	1685.63	1683.10
	右	320.00	456.00	374.50	1663.25	1683.07	1686.73
ⅣM56南墓室	左	/	456.00	364.00	/	1677.79	1659.80
	右	/	457.00	365.00	/	1685.05	1664.50
ⅡM80右	左	320.00	443.50	/	1674.89	1653.29	/
	右	/	/	/	/	/	/
平均值		324.79	460.20	372.59	1690.62	1700.69	1679.81
标准差		15.82	18.98	17.01	43.86	41.61	37.60
最大值		361.50	505.00	407.00	1786.11	1805.12	1760.44
最小值		303.00	419.00	339.00	1629.26	1609.37	1604.61
例数		24.00	42.00	39.00	24.00	42.00	39.00
两侧合计平均身高					1690.62	1700.69	1679.81
平均身高					1690.37		

表3.4　薛村遗址汉代居民女性身高推算

项目	侧别	肱骨最大长/毫米	股骨最大长/毫米	胫骨最大长/毫米	肱骨/毫米	股骨/毫米	胫骨/毫米
ⅡM206南	左	/	413.00	343.00	/	1587.04	1591.69
	右	/	412.00	342.00	/	1593.11	1597.61
ⅡM43右	左	303.00	417.00	342.00	1620.80	1597.72	1588.79
	右	310.00	/	341.00	1632.54	/	1594.70
ⅡM281后室东棺	左	/	/	/	/	/	/
	右	/	404.00	/	/	1571.10	/
ⅡM80左	左	300.00	/	/	1611.07	/	/
	右	302.00	416.50	/	1609.54	1605.50	/
ⅡM134.1	左	297.00	411.00	328.50	1601.34	1581.69	1549.65
	右	/	412.50	330.00	/	1594.49	1562.71
ⅡM5R3	左	/	410.00	328.00	/	1579.02	1548.20
	右	293.00	402.00	329.00	1583.66	1565.59	1559.80
ⅡM261西	左	/	393.00	331.00	/	1533.62	1556.90
	右	/	392.50	328.00	/	1539.45	1556.89
ⅡM23左	左	/	468.50	368.00	/	1735.28	1664.16
	右	324.00	465.00	368.50	1672.79	1738.97	1674.67
ⅠM15.3	左	/	/	/	/	/	/
	右	274.50	/	/	1530.48	/	/
ⅠM11东侧室	左	/	/	/	/	/	/
	右	/	/	340.50	/	/	1593.24
ⅠM19	左	/	397.00	/	/	1544.30	/
	右	/	398.00	/	/	1554.59	/
ⅣM56北.2	左	277.00	/	314.00	1536.50	/	1507.62
	右	/	/	/	/	/	/
ⅣM14.2	左	314.50	/	356.00	1658.08	/	1629.38
	右	/	427.00	/	/	1634.39	/
ⅣM74	左	321.00	/	/	1679.15	/	/
	右	/	/	/	/	/	/
ⅣM92	左	/	412.50	327.50	/	1585.70	1546.75
	右	/	409.00	/	/	1584.86	/
ⅣM1	左	287.00	392.00	328.00	1568.92	1530.95	1548.20
	右	293.00	393.00	328.50	1583.66	1540.83	1558.35
ⅣM3东	左	/	440.00	371.00	/	1659.15	1672.86
	右	/	440.00	371.00	/	1670.17	1681.94
ⅣM90	左	/	410.00	/	/	1579.02	/
	右	/	/	/	/	/	/
ⅣM27	左	/	457.00	/	/	1704.56	/
	右	/	453.00	/	/	1705.95	/
ⅢM14	左	/	/	/	/	/	/
	右	/	/	296.00	/	/	1463.84

续表

项目	侧别	肱骨最大长/毫米	股骨最大长/毫米	胫骨最大长/毫米	肱骨/毫米	股骨/毫米	胫骨/毫米
ⅣM114	左	/	385.00	/	/	1512.25	/
	右	/	/	/	/	/	/
平均值		299.69	416.56	338.64	1606.81	1601.13	1583.24
标准差		14.66	23.07	18.92	45.07	62.79	54.87
最大值		324.00	468.50	371.00	1679.15	1738.97	1681.94
最小值		274.50	385.00	296.00	1530.48	1512.25	1463.84
例数		13.00	26.00	21.00	13.00	26.00	21.00
两侧合计平均身高					1606.81	1601.13	1583.24
平均身高						1597.06	

表3.5　薛村遗址唐代居民男性身高推算

项目	侧别	肱骨最大长/毫米	股骨最大长/毫米	胫骨最大长/毫米	肱骨/毫米	股骨/毫米	胫骨/毫米
ⅣM112	左	/	/	/	/	/	/
	右	323.00	473.50	/	1684.55	1738.63	/
ⅡM189.1	左	321.00	457.00	366.00	1683.15	1700.45	1669.38
	右	/	455.00	365.00	/	1695.79	1668.12
ⅡM164中	左	/	434.00	368.00	/	1647.09	1674.26
	右	/	440.00	/	/	1660.84	/
ⅣM46	左	/	471.50	/	/	1734.09	/
	右	341.00	468.50	/	1733.85	1727.25	/
ⅡM64	左	/	/	/	/	/	/
	右	/	428.00	/	/	1632.88	/
ⅡM112	左	312.00	432.50	345.00	1662.04	1638.18	1612.17
	右	317.00	431.00	345.00	1671.79	1635.77	1623.87
ⅡM89.2	左	311.50	415.00	346.00	1660.47	1596.88	1614.69
	右	/	421.00	/	/	1613.77	/
ⅡM100	左	/	448.00	/	/	1674.76	/
	右	/	/	351.00	/	/	1634.13
ⅡM253.1	左	335.00	/	/	1715.09	/	/
	右	/	/	/	/	/	/
ⅣM2东棺	左	/	/	367.00	/	/	1666.79
	右	/	/	/	/	/	/
平均值		322.93	444.23	356.63	1687.28	1668.95	1645.43
标准差		10.43	18.76	10.06	25.53	45.04	25.05
最大值		341.00	473.50	368.00	1733.85	1738.63	1674.26
最小值		311.50	415.00	345.00	1660.47	1596.88	1612.17
例数		7.00	13.00	8.00	7.00	13.00	8.00
两侧合计平均身高					1687.28	1668.95	1645.43
平均身高						1667.22	

表3.6　薛村遗址唐代居民女性身高推算

项目	侧别	肱骨最大长/毫米	股骨最大长/毫米	胫骨最大长/毫米	肱骨/毫米	股骨/毫米	胫骨/毫米
ⅡM189.2	左	/	430.00	/	/	1632.44	/
	右	/	428.00	356.00	/	1637.15	1638.32
ⅡM164右	左	/	/	/	/	/	/
	右	295.00	/	/	1589.41	/	/
ⅡM7	左	/	/	/	/	/	/
	右	/	415.00	/	/	1601.37	/
ⅡM199	左	273.00	392.00	320.00	1523.54	1530.95	1525.01
	右	276.00	389.50	/	1534.79	1531.19	/
ⅡM263	左	278.00	403.00	331.00	1539.75	1560.33	1556.90
	右	284.50	403.00	328.00	1559.23	1568.35	1556.89
ⅡM123墓道	左	/	/	/	/	/	/
	右	273.50	/	315.00	1527.60	/	1519.09
ⅡM121	左	296.00	406.00	357.00	1598.10	1568.34	1632.28
	右	295.00	402.00	354.00	1589.41	1565.59	1632.50
ⅣM128	左	306.00	/	341.50	1630.52	/	1587.34
	右	/	/	337.00	/	/	1583.07
ⅣM2西棺	左	/	/	/	/	/	/
	右	/	/	380.00	/	/	1708.11
ⅡM253.2	左	/	373.50	313.50	/	1481.53	1506.17
	右	/	374.00	/	/	1488.54	/
平均值		286.33	401.45	339.36	1565.82	1560.52	1585.97
标准差		11.32	17.83	19.77	35.40	48.63	58.95
最大值		306.00	430.00	380.00	1630.52	1637.15	1708.11
最小值		273.00	373.50	313.50	1523.54	1481.53	1506.17
例数		9.00	11.00	11.00	9.00	11.00	11.00
两侧合计平均身高					1565.82	1560.52	1585.97
平均身高					1570.77		

表3.7　薛村遗址宋金元时期居民男性身高推算

项目	侧别	肱骨最大长/毫米	股骨最大长/毫米	胫骨最大长/毫米	肱骨/毫米	股骨/毫米	胫骨/毫米
ⅡM237	左	/	/	/	/	/	/
	右	/	/	359.00	/	/	1653.18
ⅠM44东棺	左	/	/	404.00	/	/	1760.85
	右	/	/	/	/	/	/
ⅡM245东	左	/	/	/	/	/	/
	右	313.00	/	/	1644.56	/	/
平均值		313.00	/	381.50	1644.56	/	1707.02
标准差		0.00	/	22.50	0.00	/	53.84

续表

项目	侧别	肱骨最大长/毫米	股骨最大长/毫米	胫骨最大长/毫米	肱骨/毫米	股骨/毫米	胫骨/毫米
最大值		313.00	/	404.00	1644.56	/	1760.85
最小值		313.00	/	359.00	1644.56	/	1653.18
例数		1.00	/	2.00	1.00	/	2.00
两侧合计平均身高					1644.56	/	1707.02
平均身高					1675.79		

表3.8　薛村遗址宋金元时期居民女性身高推算

项目	侧别	肱骨最大长/毫米	股骨最大长/毫米	胫骨最大长/毫米	肱骨/毫米	股骨/毫米	胫骨/毫米
ⅡM129	左	/	/	/	/	/	/
	右	/	387.00	/	/	1524.31	/
ⅡM245西	左	269.00	383.00	/	1510.57	1506.91	/
	右	273.00	382.00	/	1526.16	1510.55	/
ⅡM109	左	/	/	/	/	/	/
	右	294.00	/	/	1586.54	/	/
ⅡM156	左	262.00	377.00	/	1487.87	1490.88	/
	右	/	/	/	/	/	/
ⅡM136	左	272.00	388.00	327.50	1520.29	1520.26	1546.75
	右	279.00	/	/	1543.41	/	/
ⅡM140左棺	左	/	/	/	/	/	/
	右	310.00	/	/	1632.54	/	/
ⅠM54北棺	左	/	397.00	/	/	1544.30	/
	右	/	402.00	337.00	/	1565.59	1583.07
ⅠM44西棺	左	297.00	418.00	346.50	1601.34	1600.39	1601.84
	右	299.00	413.00	346.00	1600.91	1595.87	1609.24
平均值		283.89	394.11	339.25	1556.63	1539.90	1585.22
标准差		15.52	13.54	7.77	47.01	37.20	24.17
最大值		310.00	418.00	346.50	1632.54	1600.39	1609.24
最小值		262.00	377.00	327.50	1487.87	1490.88	1546.75
例数		9.00	9.00	4.00	9.00	9.00	4.00
两侧合计平均身高					1556.63	1539.90	1585.22
平均身高					1560.58		

表3.9　薛村遗址明清时期居民男性身高推算

项目	侧别	肱骨最大长/毫米	股骨最大长/毫米	胫骨最大长/毫米	肱骨/毫米	股骨/毫米	胫骨/毫米
ⅡM179	左	303.00	428.00	346.00	1633.69	1627.56	1614.69
	右	306.00	429.00	/	1637.58	1631.37	/

续表

项目	侧别	肱骨最大长/毫米	股骨最大长/毫米	胫骨最大长/毫米	肱骨/毫米	股骨/毫米	胫骨/毫米
ⅡM172.1	左	/	392.00	/	/	1542.60	/
	右	/	/	/	/	/	/
ⅡM222.1	左	332.50	458.00	383.00	1726.62	1698.36	1707.93
	右	332.50	458.00	383.50	1720.00	1695.17	1689.71
ⅢM28.2	左	284.00	399.00	341.00	1573.84	1559.12	1602.09
	右	285.50	399.50	338.50	1573.83	1566.47	1612.76
ⅢM35.2	左	287.00	/	/	1583.29	/	/
	右	288.00	/	/	1581.60	/	/
ⅡM176	左	300.00	/	357.00	1624.24	/	1642.41
	右	/	/	355.00	/	/	1640.97
ⅡM208.1	左	321.00	457.00	383.50	1690.39	1696.00	1709.19
	右	322.50	/	379.00	1688.90	/	1682.01
ⅡM216	左	/	468.00	/	/	1721.96	/
	右	/	/	386.50	/	/	1694.84
ⅡM175	左	/	/	/	/	/	/
	右	/	/	360.00	/	/	1649.52
ⅢM34.1	左	319.50	438.50	373.00	1673.55	1643.49	1680.77
	右	320.00	452.00	372.00	1663.25	1675.15	1680.88
ⅣM31东侧	左	309.00	426.00	/	1645.41	1618.99	/
	右	314.00	/	/	1647.23	/	/
ⅡM249.2	左	325.00	/	402.50	1688.29	/	1749.51
	右	324.50	472.00	/	1675.27	1714.75	/
ⅡM284棺内	左	/	416.00	339.00	/	1599.39	1601.55
	右	313.00	414.50	338.50	1644.56	1600.90	1602.49
平均值		310.39	433.83	364.88	1648.42	1639.42	1660.08
标准差		15.62	25.34	19.99	46.29	56.81	44.24
最大值		332.50	472.00	402.50	1726.62	1721.96	1749.51
最小值		284.00	392.00	338.50	1573.83	1542.60	1601.55
例数		18.00	15.00	16.00	18.00	15.00	16.00
两侧合计平均身高					1648.42	1639.42	1660.08
平均身高					1649.31		

表3.10　薛村遗址明清时期居民女性身高推算

项目	侧别	肱骨最大长/毫米	股骨最大长/毫米	胫骨最大长/毫米	肱骨/毫米	股骨/毫米	胫骨/毫米
ⅡM172.2	左	282.00	390.00	323.00	1552.71	1525.60	1533.71
	右	279.00	397.00	326.00	1543.41	1551.83	1551.08
ⅡM16	左	/	392.00	319.00	/	1530.95	1522.11
	右	277.50	390.00	319.00	1539.10	1532.57	1530.72

续表

项目	侧别	肱骨最大长/毫米	股骨最大长/毫米	胫骨最大长/毫米	肱骨/毫米	股骨/毫米	胫骨/毫米
ⅡM195.1	左	280.50	381.00	320.50	1547.85	1501.56	1526.46
	右	286.00	383.50	/	1563.54	1514.68	/
ⅡM249.1	左	/	398.00	327.00	/	1546.97	1545.31
	右	281.00	397.00	330.00	1549.16	1551.83	1562.71
ⅡM249.3	左	/	386.00	/	/	1514.92	/
	右	/	393.00	/	/	1540.83	/
ⅡM222.2	左	275.00	393.00	314.00	1530.02	1533.62	1507.62
	右	280.00	394.00	309.00	1546.29	1543.58	1501.64
ⅡM255	左	283.50	394.00	321.50	1557.58	1536.29	1529.36
	右	281.50	393.50	324.00	1550.60	1542.20	1545.26
ⅢM28.1	左	265.00	370.00	301.00	1497.60	1472.18	1469.93
	右	269.00	370.00	303.00	1514.66	1477.53	1484.19
ⅢM34.2	左	290.50	400.50	328.00	1580.27	1553.65	1548.20
	右	292.50	400.50	/	1582.23	1561.47	/
ⅢM33	左	/	378.00	304.00	/	1493.55	1478.63
	右	/	378.00	302.50	/	1499.55	1482.74
ⅡM124	左	280.00	395.50	329.00	1546.23	1540.29	1551.10
	右	281.00	396.00	330.00	1549.16	1549.08	1562.71
ⅡM208.2	左	282.00	404.00	/	1552.71	1563.00	/
	右	288.00	409.00	/	1569.29	1584.86	/
ⅡM274东	左	297.00	/	/	1601.34	/	/
	右	301.00	398.00	/	1606.66	1554.59	/
ⅡM158.1	左	270.00	406.50	339.00	1513.81	1569.67	1580.09
	右	277.00	405.50	341.00	1537.66	1575.23	1594.70
ⅠM49南棺	左	272.00	387.00	/	1520.29	1517.59	/
	右	273.00	386.00	324.50	1526.16	1521.56	1546.72
ⅡM204.1	左	308.00	/	370.00	1637.01	/	1669.96
	右	/	420.00	366.00	/	1615.13	1667.40
ⅡM278	左	303.00	439.00	/	1620.80	1656.48	/
	右	312.00	440.00	/	1638.29	1670.17	/
ⅡM284棺外	左	/	417.00	348.50	/	1597.72	1607.63
	右	/	422.00	/	/	1620.63	/
平均值		283.96	397.19	325.81	1558.31	1548.86	1545.83
标准差		11.60	15.99	17.40	35.72	43.91	50.52
最大值		312.00	440.00	370.00	1638.29	1670.17	1669.96
最小值		265.00	370.00	301.00	1497.60	1472.18	1469.93
例数		27.00	34.00	24.00	27.00	34.00	24.00
两侧合计平均身高					1558.31	1548.86	1545.83
平均身高						1551.00	

表3.11～表3.15记录了新郑多处遗址汉代、唐代、宋代肢骨推算平均身高的情况。现将新郑汉代组、唐代组、宋代组肢骨推算出的两性平均身高与荥阳薛村汉至宋金两性身高合并，组成郑州汉代组、唐代组、宋代组。郑州汉代男性组平均身高是168.97厘米，变异范围是160.46~180.51厘米；郑州汉代女性组平均身高为160.50厘米，变异范围是146.38~173.90厘米。郑州唐代男性组平均身高为166.54厘米，变异范围是159.69~173.86厘米；郑州唐代女性组平均身高为157.08厘米，变异范围是148.15~170.81厘米。郑州宋代男性组平均身高为164.26厘米，变异范围是153.03~174.28厘米；郑州宋代女性平均身高为156.23厘米，变异范围是148.79~167.12厘米。

表3.11　新郑汉代居民男性身高推算

项目	侧别	肱骨最大长/毫米	股骨最大长/毫米	胫骨最大长/毫米	肱骨/毫米	股骨/毫米	胫骨/毫米
羚锐 M5	左	/	464.00	377.00	/	1710.82	1690.33
	右	/	459.00	382.00	/	1705.13	1704.06
众康 M8	左	/	448.50	360.00	/	1675.94	1649.97
	右	321.00	449.00	351.50	1678.73	1675.37	1634.99
平均值		321.00	455.13	367.63	1678.73	1691.82	1669.84
标准差		/	7.64	14.29	/	18.81	32.66
最大值		321.00	464.00	382.00	1678.73	1710.82	1704.06
最小值		321.00	448.50	351.50	1678.73	1675.37	1634.99
例数		1.00	4.00	4.00	1.00	4.00	4.00
两侧合计平均身高					1678.73	1691.82	1669.84
平均身高					1680.13		

表3.12　新郑汉代居民女性身高推算

项目	侧别	肱骨最大长/毫米	股骨最大长/毫米	胫骨最大长/毫米	肱骨/毫米	股骨/毫米	胫骨/毫米
羚锐M7	左	290.00	423.00	342.50	1578.65	1613.746	1590.24
	右	293.00	423.00	/	1583.663	1623.386	/
丽都花园T5M1	左	322.00	460.00	377.50	1682.394	1712.573	1691.705
	右	326.00	456.50	375.00	1678.538	1715.578	1693.569
平均值		307.75	440.63	365.00	1630.81	1666.32	1658.50
标准差		18.87	20.40	19.53	57.39	55.30	59.13
最大值		326.00	460.00	377.50	1682.39	1715.58	1693.57
最小值		290.00	423.00	342.50	1578.65	1613.75	1590.24
例数		4.00	4.00	3.00	4.00	4.00	3.00
两侧合计平均身高					1630.81	1666.32	1658.50
平均身高					1651.88		

表3.13　新郑唐代居民男性身高推算

项目	侧别	肱骨最大长/毫米	股骨最大长/毫米	胫骨最大长/毫米	肱骨/毫米	股骨/毫米	胫骨/毫米
宏基M17（左侧）	左	310.00	430.00	362.50	1655.74	1632.28	1656.27
	右	316.00	437.50	/	1664.18	1650.07	/
03ZHHRT3M2	左	/	447.50	/	/	1678.41	/
	右	313.00	446.50	374.00	1653.21	1675.99	1690.53
平均值		313.00	440.38	368.25	1657.71	1659.19	1673.40
标准差		3.00	8.25	8.13	5.74	22.05	24.23
最大值		316.00	447.50	374.00	1664.18	1678.41	1690.53
最小值		310.00	430.00	362.50	1653.21	1632.28	1656.27
例数		3.00	4.00	2.00	3.00	4.00	2.00
两侧合计平均身高					1657.71	1659.19	1673.40
平均身高						1663.43	

表3.14　新郑宋代居民男性身高推算

项目	侧别	肱骨最大长/毫米	股骨最大长/毫米	胫骨最大长/毫米	肱骨/毫米	股骨/毫米	胫骨/毫米
防疫站M13	左	301.50	414.00	/	1625.31	1595.47	/
	右	302.50	/	/	1616.53	/	/
华联M73	左	/	421.00	339.00	/	1611.04	1597.05
	右	296.50	/	341.00	1607.44	/	1617.03
华联M104	左	311.50	443.00	360.50	1652.11	1652.31	1651.65
	右	/	438.50	363.50	/	1648.42	1660.99
华联M52	左	342.50	468.00	379.50	1737.44	1720.02	1695.88
	右	343.00	469.00	378.00	1742.75	1728.23	1694.94
华联M84	左	286.00	387.50	/	1580.14	1531.98	/
	右	293.00	388.00	/	1597.25	1541.17	/
华联M50	左	304.00	424.00	/	1632.01	1615.07	/
	右	307.00	425.00	348.00	1628.54	1621.69	1624.72
华联M51	左	327.50	/	/	1710.87	/	/
	右	329.00	468.00	/	1702.01	1717.17	/
华联M100	左	/	406.50	/	/	1578.57	/
	右	298.00	399.00	342.50	1611.80	1566.53	1614.00
华联M30	左	343.00	/	/	1738.77	/	/
	右	/	/	/	/	/	/
华联M91	左	314.00	/	/	1661.63	/	/
	右	313.50	/	/	1656.91	/	/
华联M27	左	/	438.00	363.00	/	1651.02	1659.25
	右	/	438.00	360.00	/	1656.62	1653.90
华联M92	左	/	385.50	314.00	/	1530.27	1550.47
	右	/	/	313.40	/	/	1547.65

续表

项目	侧别	肱骨最大长/毫米	股骨最大长/毫米	胫骨最大长/毫米	肱骨/毫米	股骨/毫米	胫骨/毫米
华联M40.1	左	/	436.00	369.00	/	1638.59	1671.45
	右	/	431.50	371.00	/	1634.56	1678.54
华联M34	左	/	/	/	/	/	/
	右	/	/	/	/	/	/
华联M35	左	/	442.50	362.00	/	1661.78	1655.01
	右	313.50	441.00	358.00	1656.91	1657.77	1646.10
华联M71	左	305.00	428.50	348.00	1639.99	1628.74	1619.73
	右	/	/	/	/	/	/
华联M43	左	/	466.00	/	/	1697.39	/
	右	/	465.00	/	/	1700.89	/
羚锐M2	左	/	436.00	/	/	1638.59	/
	右	/	434.00	/	/	1639.51	/
平均值		312.83	431.74	353.55	1655.47	1634.54	1637.55
标准差		17.47	25.05	19.22	50.75	55.68	43.41
最大值		343.00	469.00	379.50	1742.75	1728.23	1695.88
最小值		286.00	385.50	313.40	1580.14	1530.27	1547.65
例数		18.00	25.00	17.00	18.00	25.00	17.00
两侧合计平均身高					1655.47	1634.54	1637.55
平均身高						1642.52	

表3.15　新郑宋代女性身高推算

项目	侧别	肱骨最大长/毫米	股骨最大长/毫米	胫骨最大长/毫米	肱骨/毫米	股骨/毫米	胫骨/毫米
中华北路M2.2	左	/	/	/	/	/	/
	右	/	410.00	/	/	1587.61	/
华联M62	左	274.00	394.00	326.50	1526.78	1536.29	1543.86
	右	276.50	392.00	325.00	1536.23	1538.07	1548.17
华联M101	左	306.00	402.00	341.00	1630.52	1557.66	1585.89
	右	/	/	336.50	/	/	1581.61
众康M3	左	310.00	444.50	356.00	1643.49	1671.17	1629.38
	右	315.00	437.50	/	1646.91	1663.29	/
圣昊Ⅱ区M13	左	297.50	396.00	/	1602.97	1541.63	/
	右	301.00	394.00	/	1606.66	1543.58	/
武大幼儿园M1	左	/	418.00	346.00	/	1600.39	1600.39
	右	/	422.50	345.00	/	1622.01	1606.33
防疫站M17东右	左	/	/	320.00	/	/	1525.01
	右	/	410.00	324.00	/	1587.61	1545.26
防疫M15	左	283.50	413.50	344.00	1557.58	1588.37	1594.59
	右	289.00	416.00	344.00	1572.16	1604.12	1603.42

续表

项目	侧别	肱骨最大长/毫米	股骨最大长/毫米	胫骨最大长/毫米	肱骨/毫米	股骨/毫米	胫骨/毫米
华联M64	左	296.00	/	/	1598.10	/	/
	右	/	/	/	/	/	/
华联M3	左	273.00	389.00	315.00	1523.54	1522.93	1510.52
	右	275.00	/	314.00	1531.91	/	1516.18
华联M88	左	281.50	424.00	342.00	1551.09	1616.42	1588.79
	右	283.00	418.00	341.00	1554.91	1609.63	1594.70
华联M39	左	/	386.00	315.00	/	1514.92	1510.52
	右	271.00	380.00	316.50	1520.41	1505.05	1523.45
华联M40.2	左	/	393.00	/	/	1533.62	/
	右	/	393.00	/	/	1540.83	/
华联M61	左	/	397.50	323.50	/	1545.64	1535.16
	右	/	392.50	/	/	1539.45	/
平均值		288.80	405.59	331.94	1573.55	1571.38	1563.51
标准差		14.52	17.04	13.31	44.59	46.47	38.53
最大值		315.00	444.50	356.00	1646.91	1671.17	1629.38
最小值		271.00	380.00	314.00	1520.41	1505.05	1510.52
例数		15.00	22.00	18.00	15.00	22.00	18.00
两侧合计平均身高					1573.55	1571.38	1563.51
平均身高					1569.48		

图3.1和图3.2是郑州汉代组、唐代组、宋代组居民男、女两性身高变异范围趋势图。图3.3是郑州汉代组、唐代组、宋代组两性居民平均身高发展趋势图。从图3.1和图3.2可知，郑州汉代组男性推算的身高变异大小值差与宋代男性的大致相同，最大值与最小值相差均大致为20厘米，唐代男性的最大值与最小值相差仅有14厘米；而郑州汉代组女性身高变异大小值相差约27厘米，唐代女性身高变异大小值相差大致为22厘米，宋代组女性身高最大值与最小值相差最小，为18厘米。图3.3中，郑州汉代组、唐代组、宋代组男、女两性平均身高均为男性大于女性，并随着时代的发展大致呈下降的趋势。身高至少与两个因素有关联：潜在的生长基因和对身体施加影响的饮食。有学者认为，黄河流域史前居民身高有逐渐降低的趋势是因为农业产生强化以后，劳动强度增加、功能压力增强导致了一系列人类骨骼机能上的变化，这些变化直接影响到了人体的身高[①]。所以，郑州汉代组至宋代组两性身高有下降的趋势，除了可能与这个历史时期中原地区汉民族与我国其他地区异族交流、融合有关以外，同时身高的降低也可能是因为生存压力的增加和饮食的影响。这也可能表明郑州汉代组、唐代组、宋代组的女性在幼年时期与男性相比能量摄取不足，引起体内缺乏铁、蛋白质或各种维生素，从而导致身体发育不足；而男性相对于女性则可能得到了较充足的营养和动物性的食物。

① 王建华.黄河流域史前人口健康状况的初步考察［J］.考古，2009，（5）：61-69.

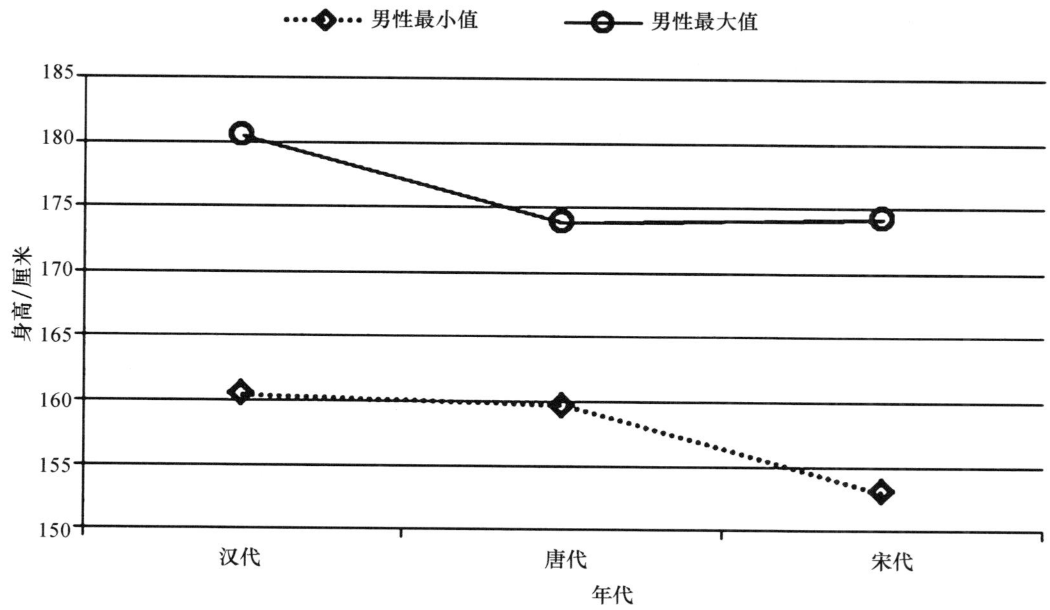

图3.1　郑州汉代组至宋代组男性身高变异范围

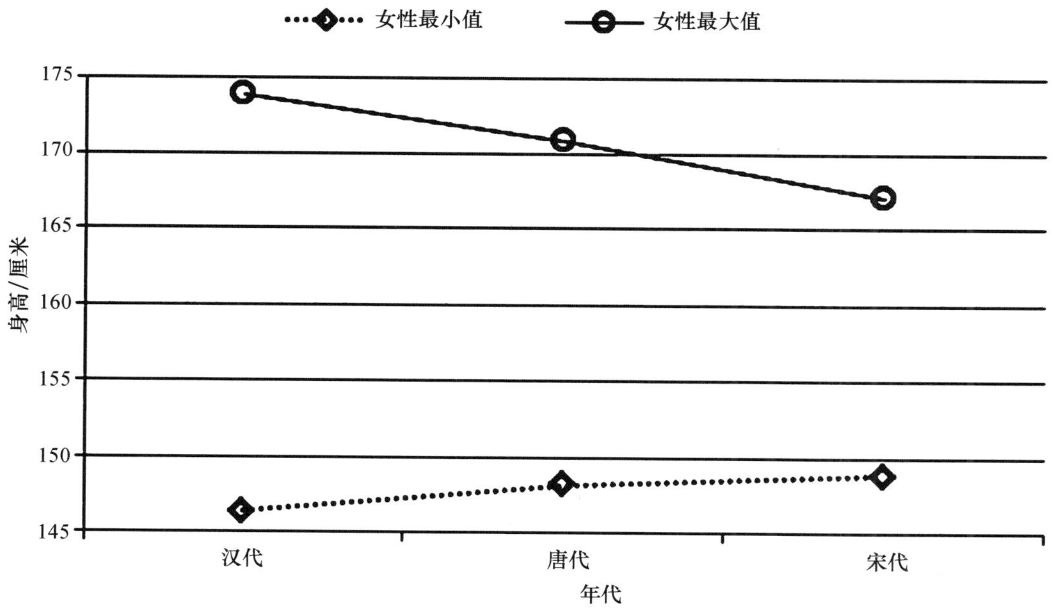

图3.2　郑州汉代组至宋代组女性身高变异范围

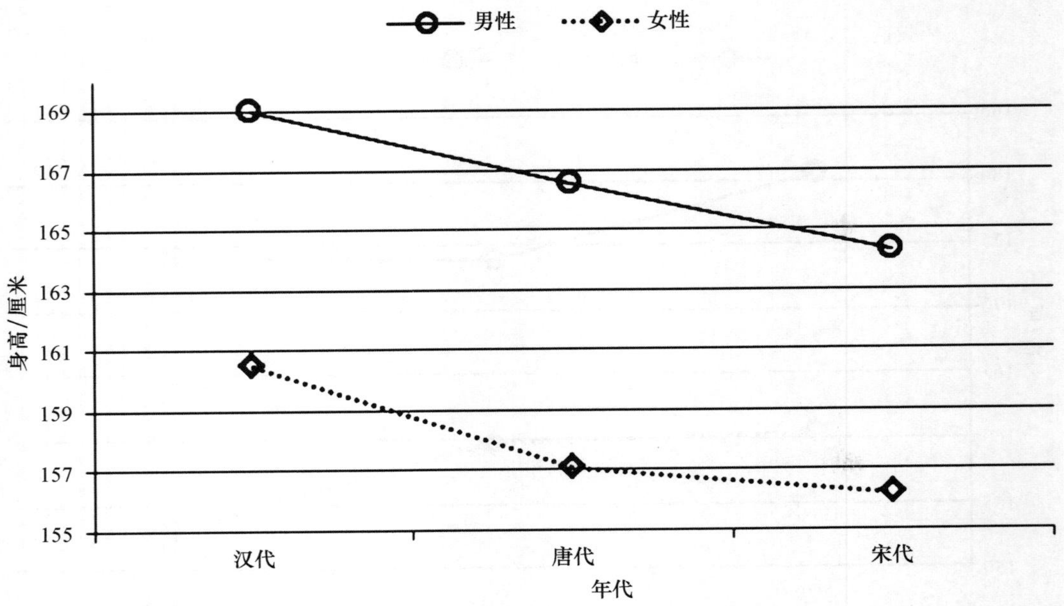

图3.3　郑州汉代组至宋代组两性居民平均身高的比较

第二节　与其他古代组、近现代组的比较

为了更进一步地明确郑州汉代组、唐代组和宋代组居民的发育状况和相对身高水平，本书选择了15组自裴李岗文化、仰韶文化至东周、汉唐、明清及现代居民与郑州汉代组、唐代组、宋代组进行比较，这些对比组包括石固组、晓坞组①、西坡组②、笃忠组③、姜家梁组④、西村周组、西亚斯组⑤、两醇组⑥、新店子组⑦、良辅组⑧、大保当组⑨、上孙家寨汉代组⑩、陶家寨

---

① 陈靓，魏兴涛.晓坞遗址仰韶文化墓葬出土人骨的鉴定与初步研究［J］.考古，2011，12：16-22.

② 王明辉.人骨综合研究［A］//中国社会科学院考古研究所，河南省文物考古研究所，灵宝西坡墓地［C］.北京：文物出版社，2010：130.

③ 孙蕾.河南渑池笃忠遗址龙山文化早期人骨研究［D］.长春：吉林大学硕士学位论文，2008：29.

④ 李法军.河北阳原姜家梁新石器时代人骨研究［M］.北京：科学出版社，2008：197-202.

⑤ Pechenkina K. 新郑西亚斯东周墓地人骨鉴定报告［A］ //河南省文物考古研究所.新郑西亚斯东周墓地［M］.郑州：大象出版社，2012：232-261.

⑥ 韩康信，松下孝幸.山东临淄周—汉代人骨体质特征研究及西日本弥生时代人骨比较概报［J］.考古，1997，4：32-42.

⑦ 张全超.内蒙古和林格尔县新店子墓地人骨研究［D］.长春：吉林大学博士学位论文，2005：22-27.

⑧ 韩巍.陕西澄城良辅墓地汉代人骨研究［D］.长春：吉林大学硕士学位论文，2006：54-57.

⑨ 韩康信，张君，赵凌霞.陕西神木大保当汉墓人骨鉴定［A］//陕西省考古研究所、榆林市文物管理委员会办公室.神木大保当——汉代城址与墓葬考古报告［M］.北京：科学出版社，2001：132-159.

⑩ 韩康信，谭婧泽，张帆.青海大通上孙家寨古墓地人骨的研究［A］.//韩康信，谭婧泽，张帆.中国西北地区古代居民种族研究［M］.上海：复旦大学出版社，2005：52-59.

组[①]、桃花园组和现代组[②]。为了增强各对比组间身高均值的可比性，均采用以黄种人推算身高公式所计算的各对比组居民身高均值。

除基因以外，对人体形态起重要作用的是成年男女的性别差异。在一个人群中，虽然也会有较高的女性和较低的男性，但是，通常男性在形体上都比女性大。两性在形体的大小（包括身高）和比例上的差异称为性二形性（表3.16，图3.4）。在人群中，性二形性指数通常为于5%～10%[③]。所以为了精确地比较两性在身体形态上的差异，我们以下列公式来计算包括郑州汉代组、唐代组、宋代组居民在内的我国其他时代居民身高的性二形性指数：

性二形性指数=（男性组的平均身高-女性组的平均身高）/男性组的平均身高×100%

表3.16　郑州汉代组、唐代组、宋代组居民与其他时代居民身高及身高的性二形性指数比较

组别	地点	时代/文化	身高		性二形性/%
			男/厘米	女/厘米	
石固组	河南长葛	裴李岗文化	167.00	153.50	8.08
晓坞组	河南灵宝	仰韶早期	171.34	166.60	2.77
西坡组	河南灵宝	仰韶中晚期	168.59	159.23	5.55
笃忠组	河南渑池	仰韶晚期	165.00	154.33	6.47
姜家梁组	河北张家口	仰韶至龙山过渡时期	169.69	160.39	5.48
西村周组	陕西凤翔	先周、西周文化	165.52	155.95	5.78
西亚斯组	河南新郑	东周	171.33	152.20	11.17
两醇组	山东临淄	东周	166.46	159.06	4.45
新店子组	内蒙古和林格尔	东周	164.76	159.31	3.31
良辅组	陕西澄城	汉代	168.59	152.83	9.35
大保当组	陕西神木	汉代	164.86	155.24	5.84
上孙家寨汉代组	青海大通	汉代	166.30	148.42	10.75
陶家寨组	青海西宁	汉晋	170.11	158.27	6.96
郑州汉代组	河南郑州	汉代	168.97	160.50	5.01
郑州唐代组	河南郑州	唐代	166.54	157.08	5.68
郑州宋代组	河南郑州	宋代	164.26	156.23	4.89
桃花园组	天津蓟县	明清	167.19	152.89	8.55
现代组			169.49	158.57	6.44

注：石固组、西村周组和桃花园组的两性平均身高数据取自原海兵，李法军，张敬雷等.天津蓟县桃花园明清家族墓地人骨的身高推算（Ⅰ）［J］.人类学学报，2008，（4）：318-324.

从表3.16和图3.4中可知，郑州汉代组、唐代组、宋代组的男、女两性身高的均值在新石器时代、周代、汉代至近现代居民身高中处于中等水平，和同时代的陕西澄城良辅组、神木大保当组、上孙家寨汉代组、陶家寨组及明清时代的桃花园组相比较，郑州汉代组男性身高只低于

① 张敬雷.青海省西宁市陶家寨汉晋时期墓地人骨研究［D］.长春：吉林大学博士学位论文，2008：141-149.

② 唐锡麟，王志强，王冬妹.中国汉族青年身高水平的地域分布［J］.人类学学报，1994，（2）：143-148.

③ Molnar S. Human Variation：Races，Types，And Ethnic Groups. 1998，4th：189，191.

陶家寨组，而高于其他三个汉代组；郑州汉代组女性身高则高于汉代其他四组。虽然郑州汉代组、唐代组、宋代组两性身高大致呈下降趋势，但是现代组两性平均身高明显大于郑州各代的身高均值，可能是因为现代组的身高均值取自我国28个省（自治区、直辖市），受到了地域、族属及饮食结构等因素带来的影响，同时这其中也可能含有时代的因素。

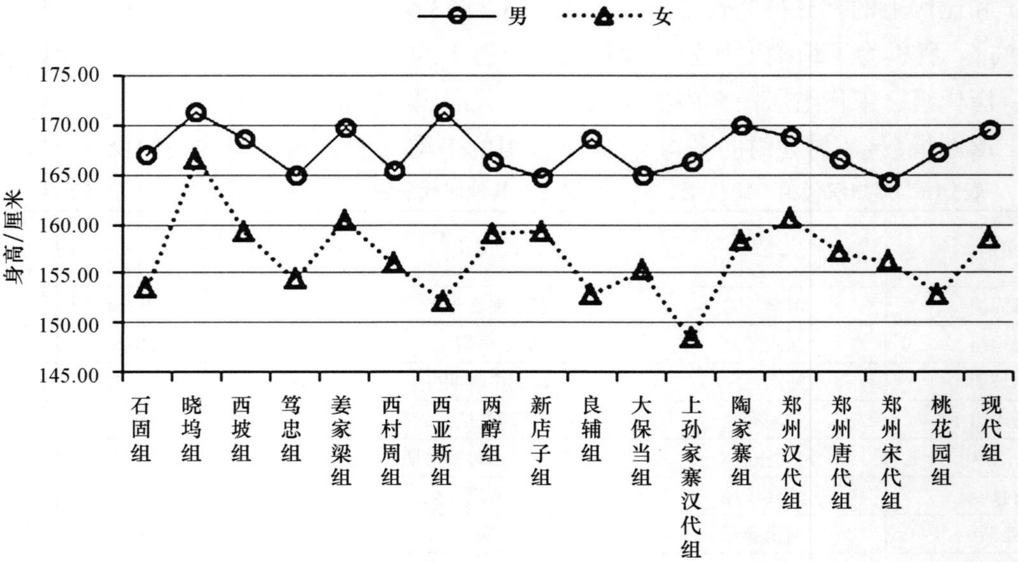

图3.4　郑州汉代组、唐代组、宋代组居民与其他时代居民身高比较折线图

在图3.5中，郑州汉代组、唐代组、宋代组两性身高的性二形性指数分别为5.01%、5.68%、4.89%，均处于5%～10%中的较低水平，与仰韶文化的西坡组、笃忠组，仰韶及龙山文化的姜家梁组，先周、西周的西村周组以及汉代的大保当组的身高性二形性水平比较接近。在人群中，性二形性水平和女性维持基本生活的花费成反比①。性二形性水平似乎在食物的生产上用来衡量性别角色的差异，而且从经济上的花费考量，很有可能是因为父母在抚养子女时有不同的投入②。和东周时期的西亚斯组，汉代的陕西澄城的良辅组、上孙家寨汉代组，以及明清时期的桃花园组相比较，郑州汉代组、唐代组、宋代组身高性二形性的较低水平也许反映了郑州地区女性在汉、唐、宋时期与男性所摄取的食物质与量方面的差异要小于同时代其他地区人群中的两性差异，郑州地区女性可能在维持基本生活的花费上与男性的差别不大。

① Holden C，Mace R. Sexual dimorphism in stature and women’s work：a phylogenetic cross-culture analysis.Am J Phys Anthropol，1999，（110）：27-45.

② Pechenkina K.新郑西亚斯东周墓地人骨鉴定报告［A］//河南省文物考古研究所.新郑西亚斯东周墓地［M］.郑州：大象出版社，2012：232-261.

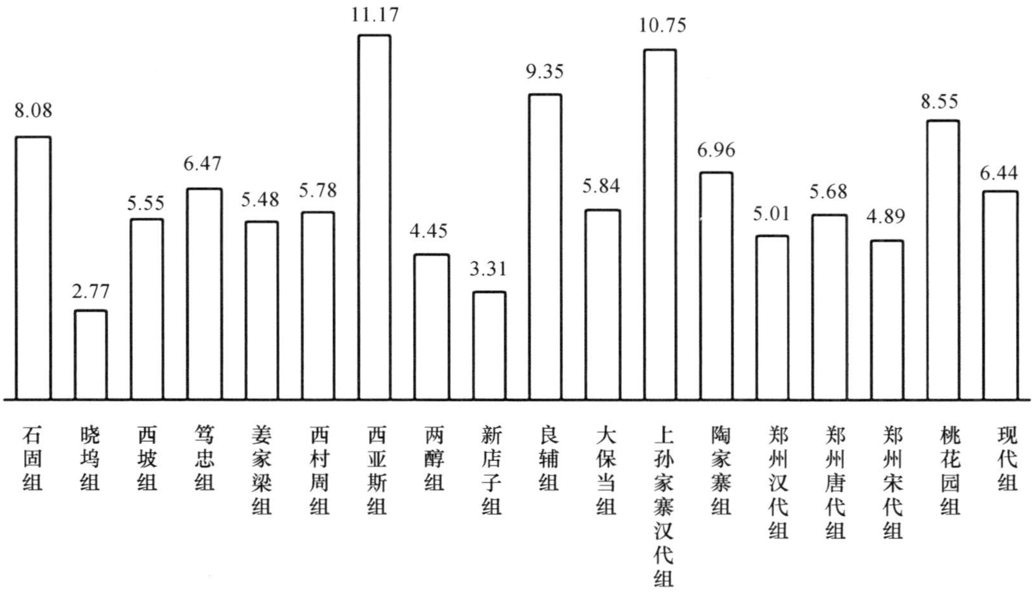

图3.5　郑州汉代组、唐代组、宋代组居民与其他时代居民身高的性二形性指数比较柱状图

第三节　小　　结

通过上述对荥阳薛村遗址早商和汉至明清成年两性居民的身高进行推算，同时选择新郑多处遗址的汉代、唐代、宋代成年两性居民身高的推算，并将荥阳薛村遗址和新郑多处遗址的平均身高数据进行合并，分别组成郑州汉代组、唐代组、宋代组。对郑州汉代组、唐代组、宋代组的男、女两性居民的身高推算和身高性二形性进行比较分析，大致可以得出以下结论：

（1）通过黄种人身高推算公式，得出荥阳薛村遗址早商男性组平均身高是158.92厘米，变异范围是157.00~160.97厘米；薛村遗址早商女性组平均身高为159.75厘米，变异范围是152.35~171.97厘米。

（2）薛村遗址汉代男性平均身高是169.04厘米，变异范围是160.46~180.51厘米；薛村遗址汉代女性平均身高为159.70厘米，变异范围是146.38~173.90厘米。薛村遗址唐代男性平均身高为166.72厘米，变异范围是159.69~173.86厘米；薛村遗址唐代女性平均身高为157.08厘米，变异范围是148.15~170.81厘米。薛村遗址宋金元时期男性平均身高为167.58厘米，变异范围是164.46~176.09厘米；宋金元时期女性平均身高为156.06厘米，变异范围是148.79~163.25厘米。薛村遗址明清时期男性平均身高为164.93厘米，变异范围是154.26~174.95厘米；薛村遗址明清时期女性平均身高为155.10厘米，变异范围是146.99~167.02厘米。

（3）郑州汉代男性居民平均身高168.97厘米，女性居民平均身高160.50厘米；唐代男性居民平均身高为166.54厘米，女性居民平均身高为157.08厘米；宋代男性居民平均身高164.26厘米，女性居民平均身高为156.23厘米。将郑州汉代组、唐代组、宋代组的男、女两性居民与我国不同时代各组居民进行比较，其身高处于中等水平；对其两性身高的性二形性指数进行比较，均处于5%～10%中的较低水平，这也许反映了郑州地区的女性在维持基本生活的花费上与男性的差别不大。

第四章 古病理学研究

古病理学是一门研究疾病在较长时间内的演变和发展过程，以及人类对周围环境变化的适应性的学科[①]。

我们通过古代人类遗骸（也包括其他古病理信息的载体）所提供的有关病理学信息，对人类历史上各种疾病的发生、发展、分布及其规律进行探讨，同时对各古代人群的健康状况，以及人与自然环境之间的关系进行研究[②]。

另外，利用古代人类骨骼上保留下来的病理和骨伤材料，进行古病理和医疗史研究，据此可有助于了解古代居民的社会生活条件、社会制度和自然环境，因此骨病类型的鉴定就成为进行工作的基础[③]。

本章对骨骼的创伤、疾病和各项牙病进行了观察，这主要依据朱泓[④]、陈世贤[⑤]、Donald J.Ortner[⑥]、Roberts和Manchester[⑦]及Buikstra和Ubelaker[⑧]等提出的标准，并对骨骼创伤和部分骨病、牙病进行了初步的统计和分析。

然而，并不是所有的疾病和创伤都能在骨骼上有所反映，也并不是所有在骨骼上反映的疾病和创伤都能够保留下来，保留下来的疾病和创伤痕迹并不一定都能够被辨识出来，因此所有对古代人群进行的疾病和创伤研究只能部分反映古代居民的健康状况，不能替代其他方法对古代居民健康状况的研究[⑨]。

---

① 夏洛特·罗伯茨等著；张桦译.疾病考古学［M］.济南：山东画报出版社，2010：1.

② 朱泓.古病理学讲义.研究生课程讲义（未刊）.

③ 汤卓炜.环境考古学［M］.北京：科学出版社，2004：70.

④ 朱泓.体质人类学［M］.北京：高等教育出版社，2004.

⑤ 陈世贤.法医人类学［M］.北京：人民卫生出版社，1998.

⑥ Ortner DJ. Identification of Pathological Conditions in Human Skeletal Remains.2nd ed..London： Academic Press. 2003.

⑦ Roberts C.Manchester K.The Archaeology of Disease. 3th edn. New York：Cornell University Press. 2005.

⑧ Buikstra JE，Ubelaker D. Standards for data collection from human skeletal remains. 1994.

⑨ 王明辉.人骨综合研究［A］//中国社会科学院考古研究所，河南省文物考古研究所.灵宝西坡墓地［M］.北京：文物出版社，2010.

第一节　骨 骼 创 伤

一、创　　伤（Trauma）

创伤（trauma）是除了骨骼的退行性病变外最常见的病理。创伤对骨骼的影响以这几种形式存在：骨折、关节错位、破坏血液或神经的供给、人工变形①。而其中，在古代人类遗骸上发现最多的是骨折，骨折可以分为完全骨折和不完全骨折，如横形骨折、斜形骨折、螺旋形骨折和粉碎性骨折等属于完全骨折，而压缩性骨折和绿枝性骨折则属于不完全骨折②（图4.1）。

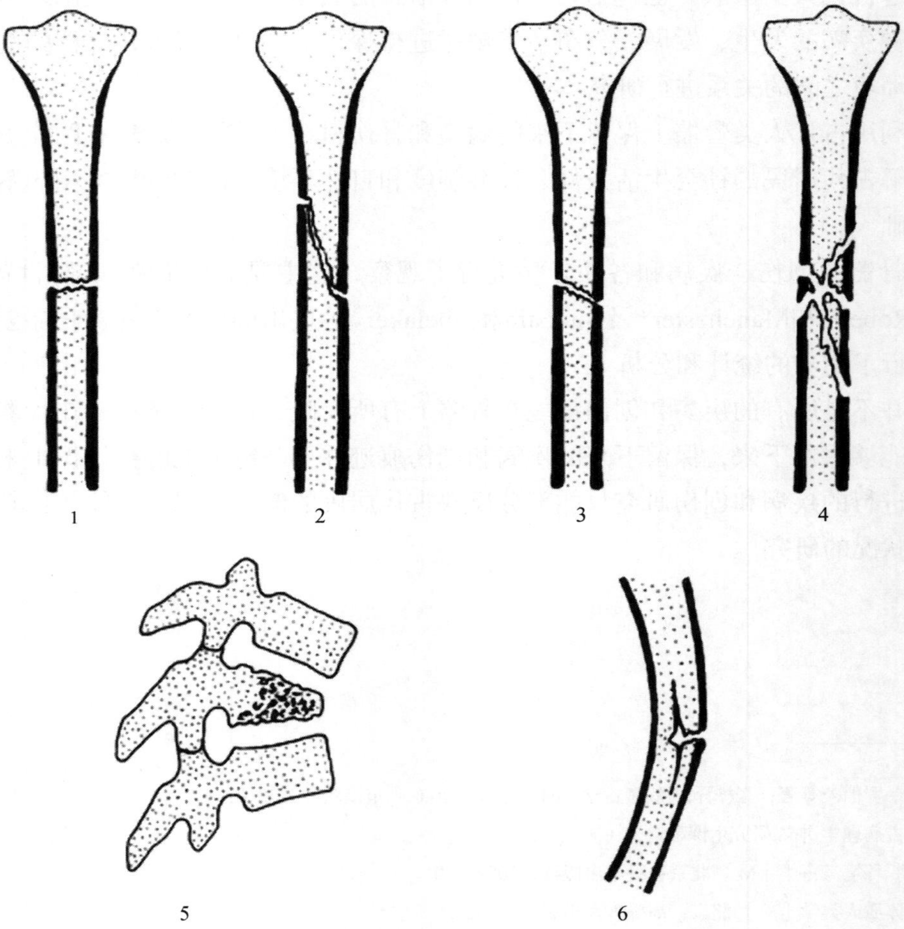

图4.1　骨折的普通分类

1.横形骨折　2.螺旋形骨折　3.斜形骨折　4.粉碎性骨折　5.压缩性骨折　6.绿枝性骨折③

① White T. D，Folkens P. A. The Human Bone Manual. New York：Elsevier Academic Press. 2005：312-314.

② Mays S. The Archaeology of Human Bones. 1998：162-165.

③ Mays S. The Archaeology of Human Bones. 1998：（Fiqure8.1）163.

荥阳薛村遗址汉至明清时期人骨及新郑多处遗址汉、唐、宋时期人骨创伤的个体及具体部位表（表4.1～表4.4）。典型标本见图4.4～图4.13。

表4.1　薛村遗址汉代创伤个体登记表

标本号	性别	年龄/岁	创伤部位	年代
ⅣM95	男	40～45	右侧肋骨在背部断，后愈合	汉代
ⅣM96	男	40～45	第五趾骨断	汉代
ⅣM66.1	男	55～60	左侧5个肋骨断，断处在后背距离脊椎骨6厘米远的地方	汉代
ⅡM113	男	45～50	左锁骨断，后愈合	汉代
ⅡM5.4	男	50～55	右侧3个肋骨断，后愈合，断处在后背距离脊椎骨5厘米处	汉代
ⅣM100	男	45+	额骨右侧有一个三角形洞，洞边缘愈合，边长2厘米×2厘米，深深陷下，有4厘米深，额骨内侧有外部的骨冲入内壁的骨块（图4.4）	新莽
ⅣM59	男	35～40	左侧肋骨有2个断，后愈合	汉代
ⅡM243.1	男	40～45	左右各2个肋骨断，后愈合（图4.5）	汉代
ⅡM80.1右	男	55～60	右侧腓骨于下部1/3处断，后愈合成骨痂。左侧腓骨于上部1/3处断，后愈合。左侧2个肋骨断，后愈合，在侧面，接近后背。1个胸椎椎体塌陷，可能是压缩性骨折	汉代
ⅡM80.2左	女	50+	一个腰椎椎体塌陷，可能是压缩性骨折（图4.9）	汉代
ⅡM17	男	40～45	左侧胫骨于近端1/3处从倾斜方向断，后愈合。左侧胫骨远端与腓骨融合，左侧胫骨变短，向右扭曲，有大的骨痂（图4.7、图4.8）	汉代
ⅠM34西	男	?	左侧腓骨于远端1/3处断，后以骨痂愈合	汉代
ⅣM111西	男	40～45	一个胸椎椎体侧面呈楔形变化，可能是压缩性骨折。左侧股骨从骨干中间断，并交错愈合（图4.6）	汉代

表4.2　薛村遗址唐代创伤个体与新郑唐代创伤个体登记表

标本号	性别	年龄/岁	创伤部位	年代
ⅣM46	男	35～40	左胫骨、左腓骨于远端1/3处断后愈合，有骨痂，左胫骨、左腓骨变短（图4.10）	唐代
ⅡM112	男	45±	一个肋骨在背部有创伤，断后愈合。另一个肋骨在腹部有创伤，断后愈合。另有一个断后未愈合的肋骨	唐代
ⅣM2东棺	男	73	左侧第一肋骨与胸骨的关节面有创伤，仅愈合一半	唐代
郑州宏基M17（左侧）	男	45～50	右侧胫骨、腓骨距离远端1/3处，从外侧向内侧倾斜断，断后愈合	唐代

表4.3　薛村遗址宋金元时期创伤个体登记表

标本号	性别	年龄/岁	创伤部位	年代
ⅡM109	女	60+	6个肋骨断后愈合，距离胸骨有4～6厘米。左右股骨近端断。右股骨近端有骨多长出，变形、坏死，并多孔，股骨头断。左右股骨的骨干表现出了骨质疏松的特征，推测股骨头断可能因骨质疏松引起的。右髋臼中股骨头在其中融合，坏死，并有瘘道（图4.13）	宋代
ⅡM245东	男	50±	右侧背部有一根肋骨断，后愈合。右侧桡骨远端没有小尖，似乎是前肢远端近中面方向有凹陷，桡骨远端以倾斜方向断裂，是右桡骨远端伸展型骨折（Colles' fracture）（图4.11、图4.12）	宋代
ⅢM19	?	45～50	胸骨柄从中间断，后愈合，原胸骨厚约1厘米，现愈合处约有2厘米厚	元代

表4.4 薛村遗址明清时期创伤个体登记表

标本号	性别	年龄/岁	创伤部位	年代
ⅡM124	女	30～35	骶骨后侧断，扭曲愈合，畸形	明代
ⅡM208.1	男	40～45	右侧第一掌骨断后扭曲愈合，手指在指尖处断，弯曲愈合。右侧尺骨远端1/3处断，后愈合，有骨痂	明代
ⅡM208.2	女	40～45	一个肋骨在距离胸骨5厘米的地方断后愈合	明代
ⅡM274.2西	女	60+	左侧股骨近端断，并有多骨长出，骨髓腔中充满了骨小梁，在骨干后部近端向上1/3处包裹有新骨，3.8厘米×3.2厘米×1.5厘米	明代
ⅡM274东	女	60+	右侧顶骨上有一个小凹坑	明代
ⅡM274.3	男	45～50	右侧尺骨在远端1/3处断后向右扭转弯曲。右顶骨上，与矢状缝接近处，有圆形印痕，愈合，1.0厘米×1.3厘米	明代
ⅡM284.1棺内	男	55～60	一个肋骨断，有骨痂，并有骨膜炎	明清
ⅡM130西	女	40±	两个胸椎的椎体不足1厘米厚，为压缩性骨折。左侧股骨头脱落，股骨头颈销蚀	明清
ⅡM195	女	45～50	左侧一根肋骨在肌肉附着处骨化，在肋骨上有牵拉出的骨，愈合，并有骨痂	清代
ⅡM249.3	女	45～50	左侧肱骨近端有创伤，未见肱骨头，骨干近端远中面有瘘道，多出的骨重塑，新骨在近中面上沉淀，愈合好	清代
ⅣM31.1东	男	50～55	右侧第一掌骨断后弯曲愈合	清代

表4.5和图4.2显示了郑州汉代组、唐代组、宋代组居民男、女两性和不同年龄段创伤的出现率。从图4.2可知，汉唐时期发生创伤最常出现在中年男性身上，其次是老年男性，而女性出现创伤的比例极低，甚至在唐代比例为0。宋代发生创伤的个体分别为中年的男性和老年的女性。所观察创伤的发生部位包括颅骨和躯干骨。表4.6和图4.3显示了郑州汉代组至宋代组居民中创伤发生部位的出现率。肋骨骨折在各代皆有发生，而且均是发生率最多的部位，汉唐时期的胫骨腓骨骨折发生率也相对较高，而尺骨、桡骨和股骨的骨折出现率则在宋代较高。

表4.5 郑州汉、唐、宋组居民创伤在性别、年龄段上的出现率

时代	壮年				中年				老年				成年	
	M	M%	F	F%	M	M%	F	F%	M	M%	F	F%	M	M%
汉代	0	0.00	0	0.00	9	5.08	1	0.56	2	1.13	0	0.00	1	0.56
唐代	0	0.00	0	0.00	3	5.45	0	0.00	1	1.82	0	0.00	0	0.00
宋代	0	0.00	0	0.00	1	1.47	0	0.00	0	0.00	1	1.47	0	0.00

表4.6 郑州汉代组、唐代组、宋代组居民创伤部位的出现率

创伤部位	汉代		唐代		宋代	
	N	%	N	%	N	%
头骨	1	0.56	0	0.00	0	0.00
锁骨	1	0.56	0	0.00	0	0.00
肋骨	6	3.39	2	3.64	2	2.94
胸骨	0	0.00	0	0.00	0	0.00
脊椎骨	3	1.69	0	0.00	0	0.00
肱骨	0	0.00	0	0.00	0	0.00
桡骨	0	0.00	0	0.00	1	1.47

续表

创伤部位	汉代		唐代		宋代	
	N	%	N	%	N	%
尺骨	0	0.00	0	0.00	1	1.47
股骨	1	0.56	0	0.00	1	1.47
胫骨腓骨	3	1.69	2	3.64	0	0.00
骶骨	0	0.00	0	0.00	0	0.00
手骨足骨	1	0.56	0	0.00	0	0.00

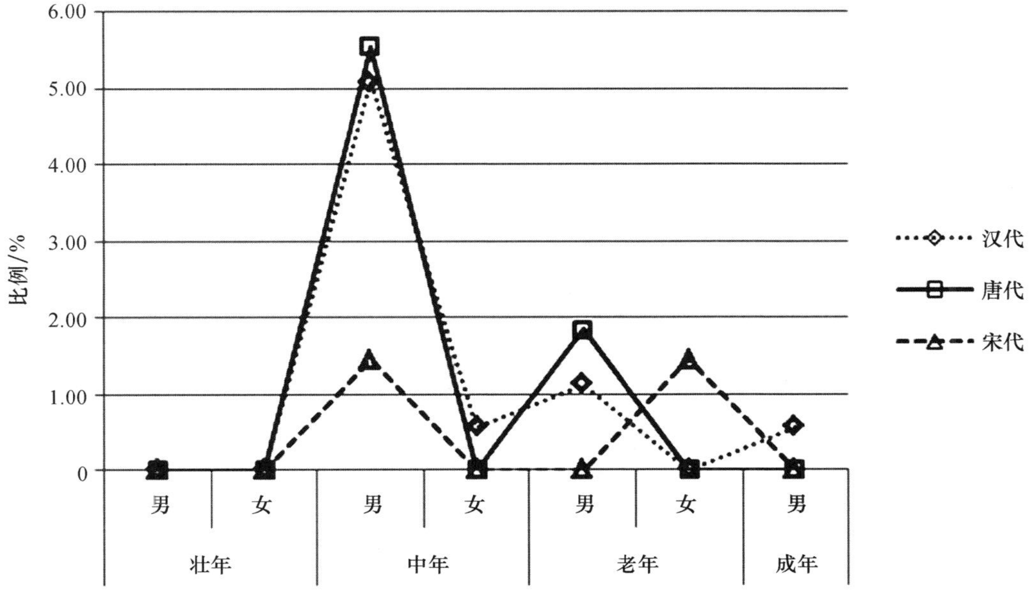

图4.2　郑州汉代组、唐代组、宋代组居民创伤在性别、年龄段上的出现率折线图

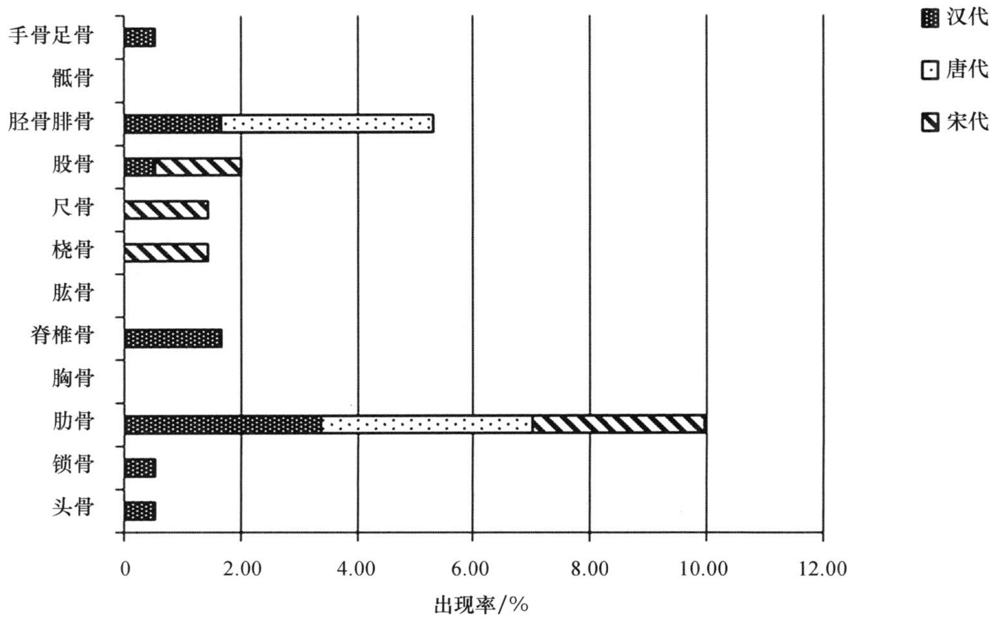

图4.3　郑州汉代组、唐代组、宋代组居民创伤部位的出现率条状图

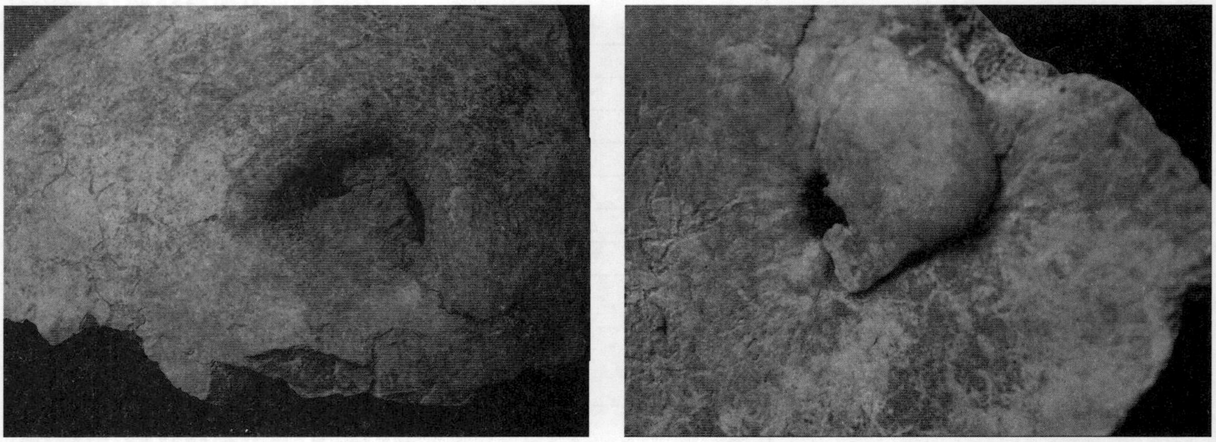

图4.4　ⅣM100（男）（新莽）额骨右侧三角形洞（颅外、内侧）

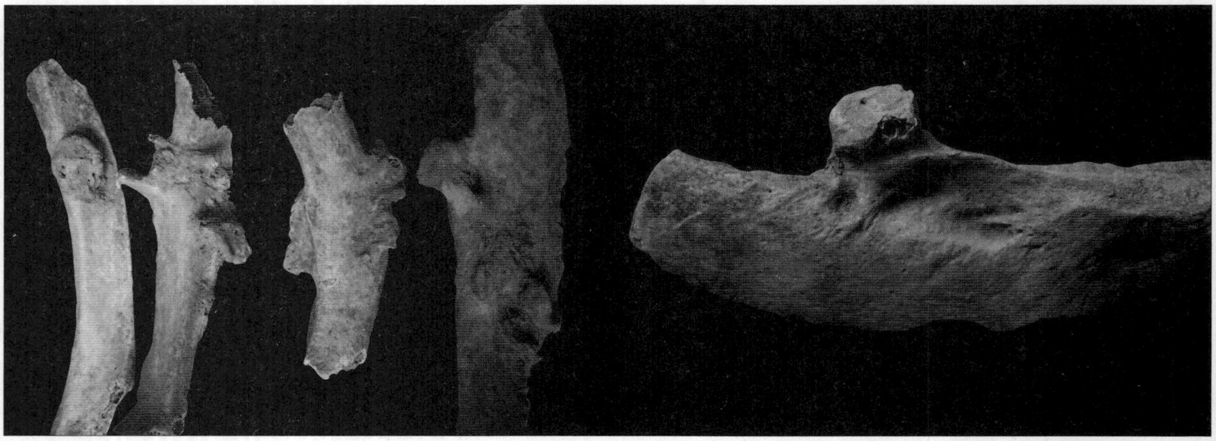

图4.5　ⅡM243.1（男）（汉代）左右肋骨断后愈合

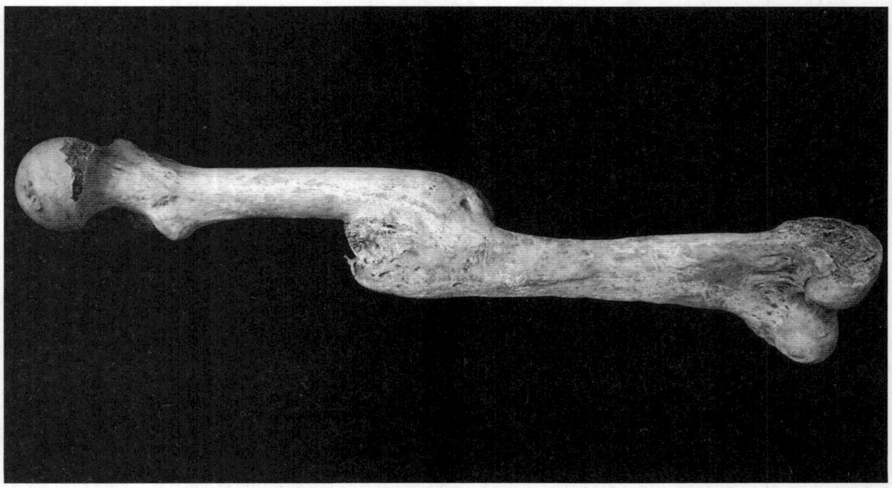

图4.6　ⅣM111西（男）（汉代）左侧股骨从骨干中间断并交错愈合

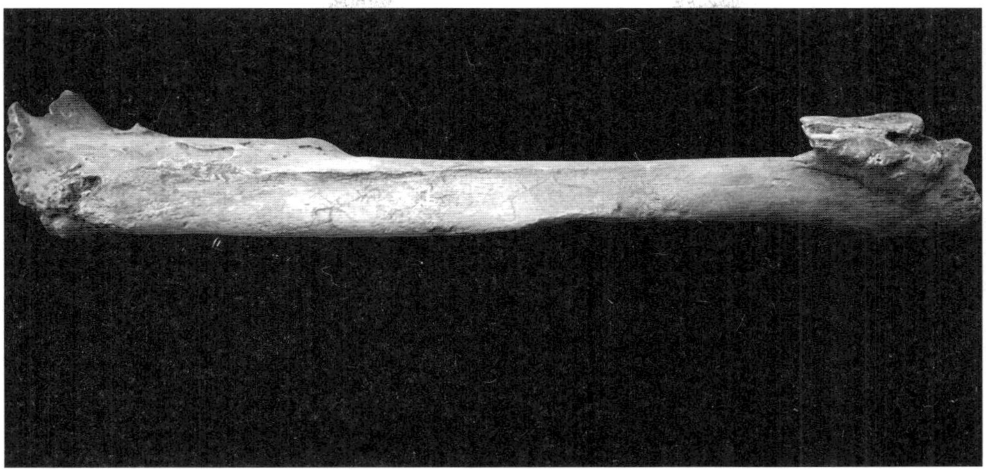

图4.7　ⅡM17（男）（汉代）左侧胫骨近端断后愈合

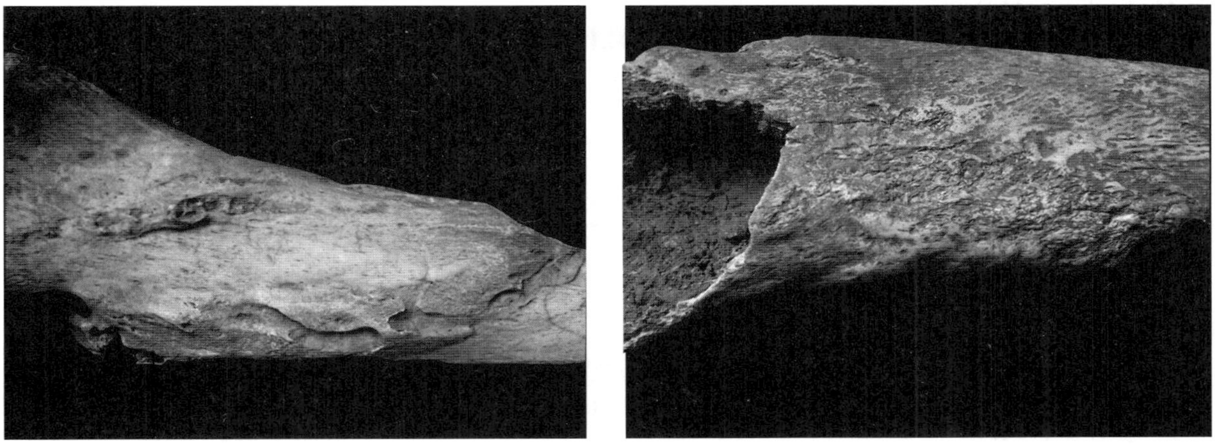

图4.8　ⅡM17（男）（汉代）左侧胫骨近端后侧及内侧

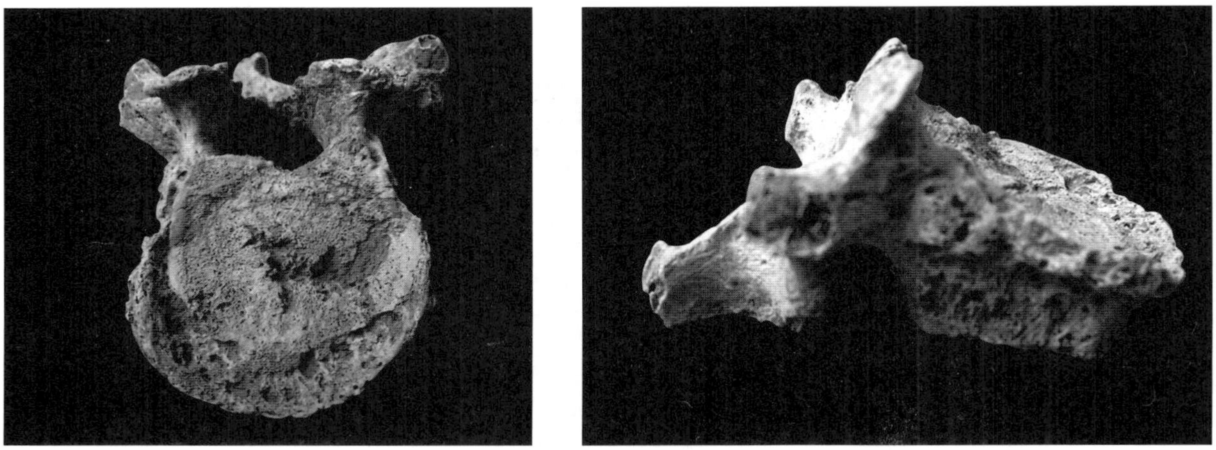

图4.9　ⅡM80.2左（女）（汉代）腰椎椎体压缩性骨折

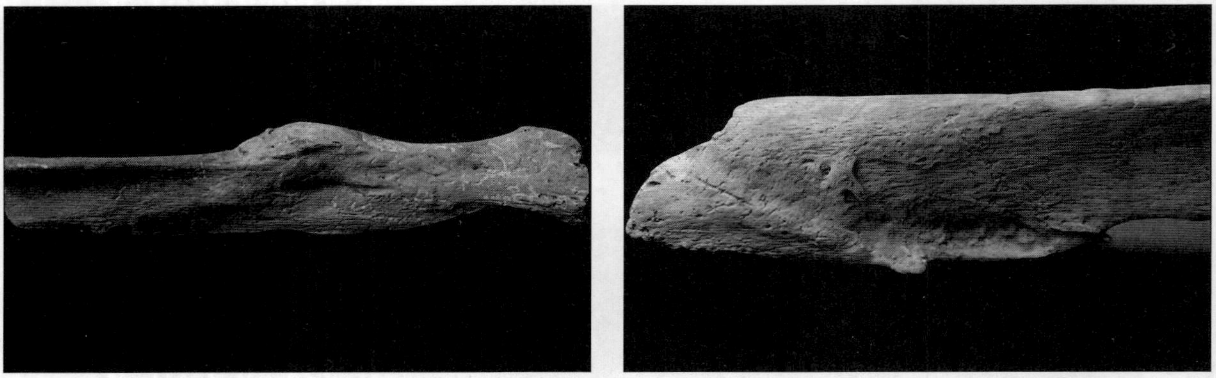

图4.10　ⅣM46（男）（唐代）左侧的腓骨、胫骨远端断后愈合

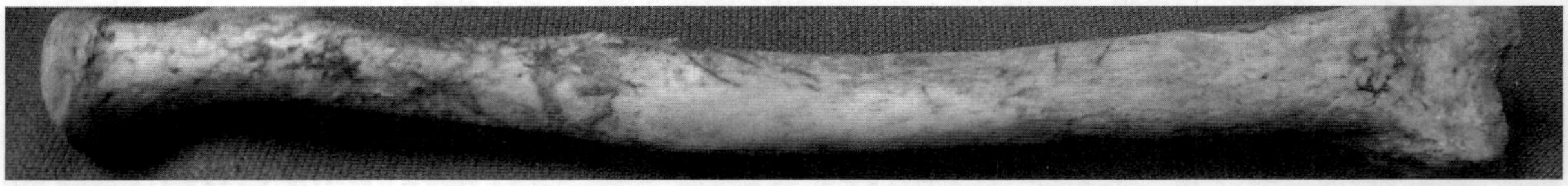

图4.11　ⅡM245东（男）（宋代）右侧桡骨远端伸展型骨折（外侧）

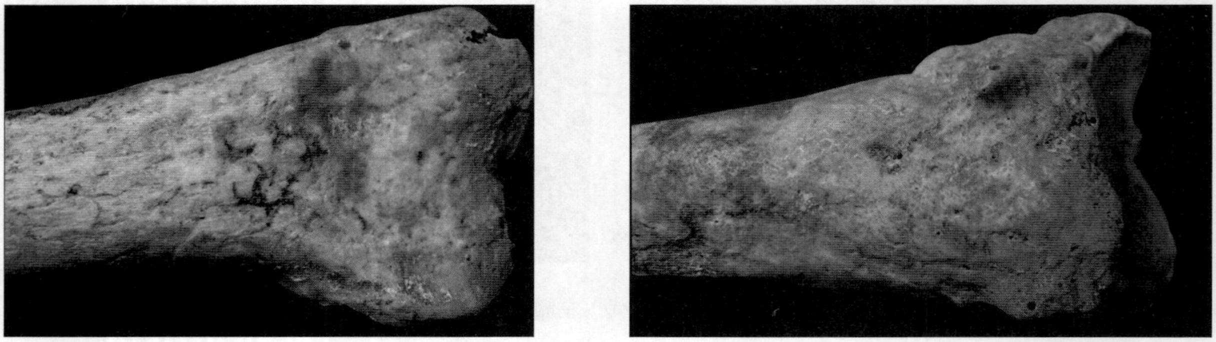

图4.12　ⅡM245东（男）（宋代）右侧桡骨远端伸展型骨折（内、外侧）

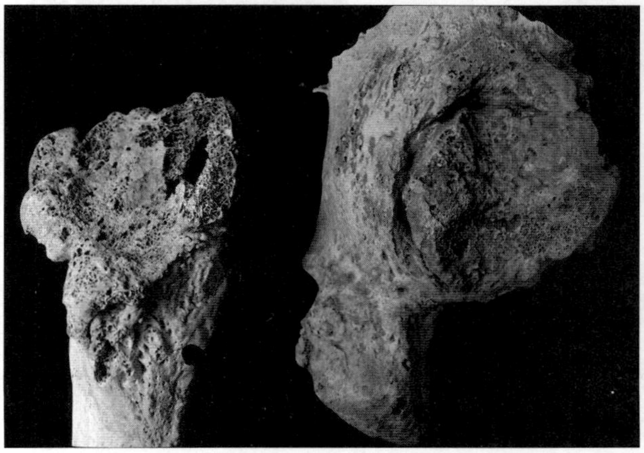

图4.13　ⅡM109（女）（宋代）右股骨头断并融合于髋臼中

二、施莫尔结节（Schmorl's nodes）

施莫尔结节（Schmorl's nodes）是椎间盘组织上向相邻椎体终板的垂直突出物，最初由G. Schmorl描述。在现代人类中，施莫尔结节的出现率从38%到76%，男性占很重要的比重，主要发病于腰椎和胸椎部。虽然在临床上对施莫尔结节做了大量的研究，但是其发病机制仍然存在争议。许多临床研究认为创伤和椎体终板的先天性削弱是其主要原因。研究显示，年轻人的创伤或长期的机械负荷是产生施莫尔结节的重要原因①②。在荥阳薛村遗址汉至明清时期人骨和新郑多处遗址汉代组、唐代组、宋代组居民中，共发现8例有施莫尔结节的个体，其发病部位和人骨所属的年代见表4.7。

表4.7　荥阳薛村遗址和新郑多处遗址古代居民施莫尔结节发病个体登记表

标本号	性别	年龄/岁	发病部位	年代
ⅣM96	男	40～45	第7～第12胸椎	东汉
ⅡM134.1	女	45～50	第6～第10胸椎	东汉
ⅡM14	女	45～50	腰椎	东汉
ⅣM2东棺	男	73	胸椎的下半部分和腰椎	唐代
ⅡM253.1	男	55～60	第1～第4腰椎	唐代
ⅡM158.1	女	20～25	第3～第8胸椎	明清
华联M30	男	30±	胸椎	宋代
华联M64	女	45±	部分胸椎和腰椎	宋代

第二节　骨骼疾病

一、骨骼非特异性感染类疾病（Infectious Diseases and Associated Manifestations）

1. 骨髓炎

骨髓炎（osteomyelitis）是基本上通过外伤导致细菌进入骨骼而引起的炎症。这种病主要影响长骨，特点是对骨髓腔的感染。骨髓炎几乎总是由生脓微生物引起的，叫做化脓性骨髓炎。在任何年龄段如果发生了创伤，这种微生物就可能借由血液直达骨骼，骨骼外部的骨质增

① Wagner AL，Reed MF，Arrington JA，et al. Relationship of Schmorl's nodes to vertebralbody endplate fractures and acute endplate diskextrusions. American Journal of Neuroradiology，2000，21：276–281.

② Stundag H. Schmorl' s nodes in a post medieval skeletal sample from Klostermarienberg，Austria Int J Osteoarchaeol，2008.

厚、硬化，形成不规则的骨腔和大小不等的死骨，有窦道形成①。

薛村遗址仅在明代人骨中发现一例属于骨髓炎的病例，ⅡM274.2西（女，60+）的病理表现为：右侧股骨于近端大、小转子之间断，股骨头未发现，仅余股骨下半段。在右侧股骨近端的后侧附着多层较厚的新骨；整个骨干表面所布满的孔隙，延伸至下部的同侧胫骨。虽然未在股骨上发现瘘道（推测瘘道可能存在于丢失的股骨近端），但是股骨的骨髓腔内几乎充满了骨小梁，这表明细菌已经感染了整个骨髓腔，形成化脓性骨髓炎（图4.14）。

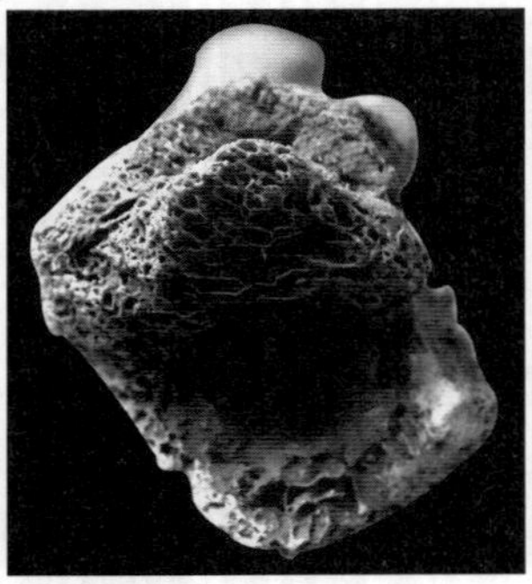

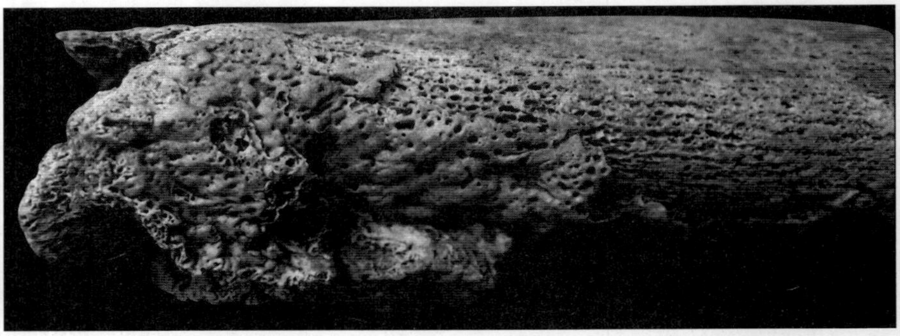

图4.14　ⅡM274西（女）（明代）右侧股骨的骨髓炎

2. 骨膜炎

骨膜炎（periostitis）是由于骨膜及骨膜血管扩张、充血、水肿或骨膜下出血，血肿机化，骨膜增生及炎症性改变造成的应力性骨膜损伤或化脓性细菌侵袭造成的感染性骨膜损伤。这种病变首先表现为细小的点蚀状凹陷，而后沿着骨的长轴形成条纹状瘢痕，最终在原始骨皮质表面生成片状的新骨。胫骨是最常见的发病部位，可能是因为胫骨距表皮较近，容易发生周期性的轻微感染的缘故。许多原因都有可能导致这种非特异性的骨骼改变，不过在通常情况下暗示了患病部位曾发生感染或外伤②。

在荥阳薛村遗址汉代至明清时期人骨中发现有骨膜炎的个体见表4.8。

表4.8　薛村遗址汉代至明清骨膜炎发病个体登记表

标本号	性别	年龄/岁	发病部位	年代
ⅣM59	男	35～40	左股骨的股骨嵴骨干中部，骨片3.5厘米×1.7厘米多长出的已愈合的骨。左股骨骨干的股骨嵴有，左右胫骨远端	汉代
ⅡM68	女	15～17	枢椎、寰椎、枕骨大孔、上颌骨、卵圆孔处（皆为右侧）及右侧下颌骨的下颌角内外侧骨表面皆有溶蚀和新骨形成的表现，是急性骨膜炎。可能是某种感染性的疾病。若是由所食用的食物引起的感染，则可能在腹部及全身多处出现病变；如果是呼吸引起的感染，则可能在胸部出现病变；但墓主人仅于头部的右侧出现病变，则极可能是生前脸部的右侧出现了某种创伤，由创伤引起细菌或真菌进入身体，导致创伤附近骨骼的病变（图4.15、图4.16）	唐代

① White T. D，Folkens P. A. The Human Bone Manual.Elsevier Academic Press：New York. 2005: 318-320.

② 夏洛特·罗伯茨等著；张桦译.疾病考古学［M］.济南：山东画报出版社，2010：188.

续表

标本号	性别	年龄/岁	发病部位	年代
ⅡM274.2西	女	60+	左骨干近端断，有多余的骨长出，骨髓腔被骨小梁填满，从上端1/3处后面包裹有新骨，骨膜炎包裹整个骨干	明代
ⅡM284棺内	男	55～60	左右髂骨上存在多孔性，在左右髋臼周围，左右第1跖骨，左右足跟骨内侧，左右股骨远端前部、近端后部的结节处，左右腓骨远端，左右胫骨远端及骨干近端内侧，左右桡骨远端处，皆有活跃的骨膜炎。但颅骨上未见急性骨膜炎	明清
ⅡM158.1	女	20～25	左右胫骨有轻微的骨膜炎	明清
ⅡM178	女	15～17	左右胫骨上有活跃的骨膜炎	清代
ⅡM222.1	男	45～50	左右胫骨有轻微的骨膜炎	清代
ⅡM221	男	45～50	左右胫骨腓骨远端有骨膜炎	明清

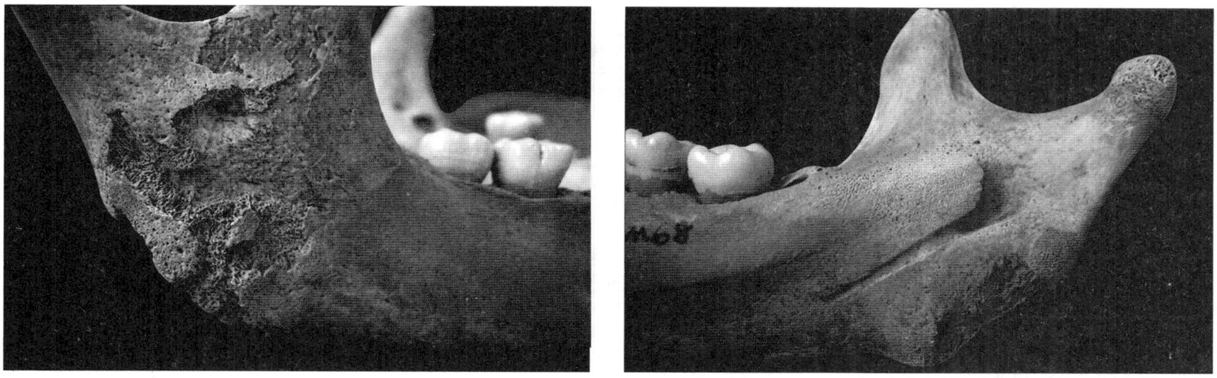

图4.15　ⅡM68（女）（唐代）右下颌角外侧和内侧的急性骨膜炎

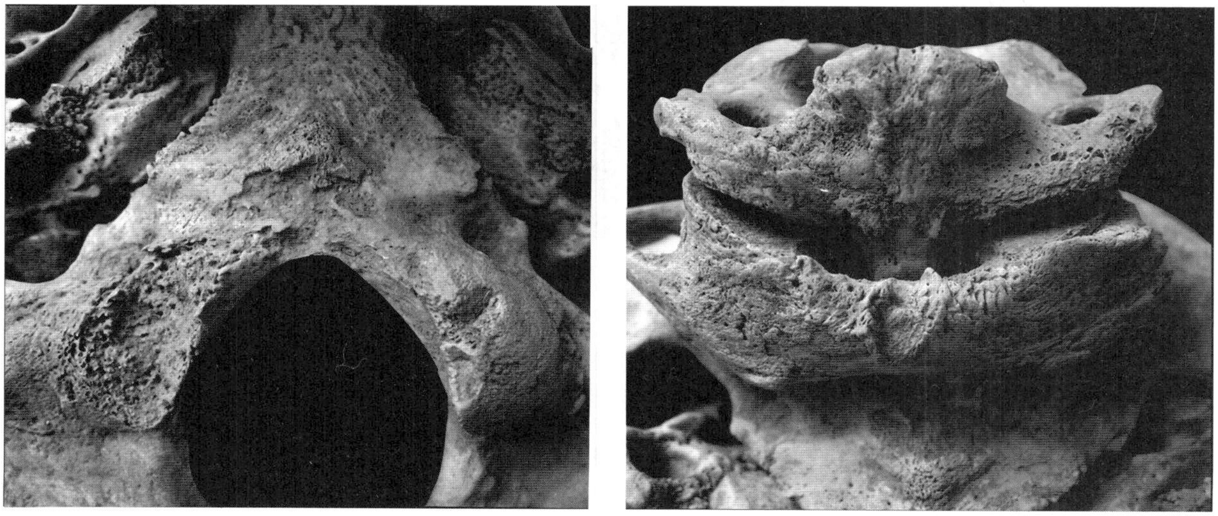

图4.16　ⅡM68（女）（唐代）右侧枕骨髁、右侧卵圆孔及寰椎、枢椎上的急性骨膜炎

二、关节疾病（Arthritis）

1. 骨性关节炎

骨性关节炎（osteoarthritis）又名退行性关节病，是关节炎最常见的形式，其病理特征是由于关节内或周围骨和软骨的退化而在关节表面或边缘形成骨赘，或者骨与骨直接摩擦出现象牙化或多孔现象，有时甚至导致相邻关节的融合（图4.17～图4.19）。其病因主要是机械性压力，主要发生于承重关节面上，尤其在脊椎骨、髋臼关节面和膝盖处①。观察骨性关节炎的主要关节区域及其关节面，主要依据了表4.9。

表4.9　观察骨性关节炎的七个主要关节区域及其关节面②

关节区域	关节面
脊椎	颈椎、胸椎和腰椎椎体的上下关节面；枕骨髁、胸肋结节关节面；骶骨体的上椎面
肩	肱骨头；肩臼和肩胛骨的肩峰—锁骨面；锁骨肩峰小面
肘	肱骨滑车和肱骨小头；桡骨头和桡骨粗隆；滑车切迹，桡骨尺骨切迹；尺骨喙突
腕/手	月骨舟骨关节面；桡骨的尺骨切迹；尺骨头和尺骨茎突；所有腕骨，掌骨和指骨关节面
髋	股骨头；髋臼
膝	股骨内、外侧髁；髌骨髁面；胫骨内、外侧髁
踝/脚	胫骨内踝和下凹面；腓骨外踝面；所有跗骨、跖骨和脚趾关节面

图4.17　ⅡM5.4（男）（汉代）左右楔骨头部骨性关节炎

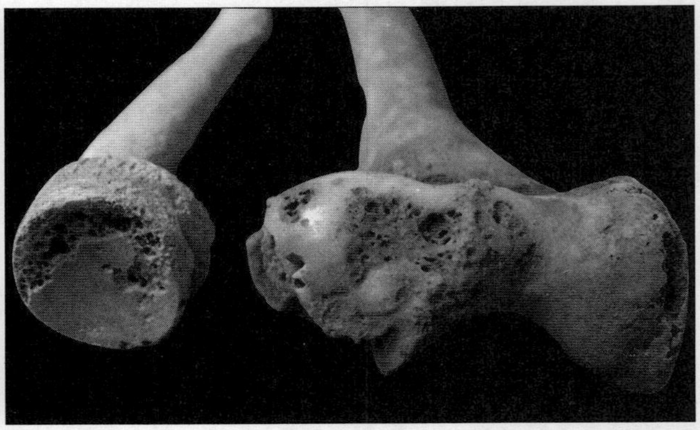

图4.18　ⅡM274东（女）（明代）右肱骨远端和右桡骨头的骨质象牙化

① White T. D，Folkens P. A. The Human Bone Manual.Elsevier Academic Press：New York. 2005: 325-327.

② Lieverse A R.Osteoarthritis in Siberia’s Cis-Baikal： skeletal lndicators of hunter-gatherer adaptation and cultural change. Am J Phys Anthropol，2007，132：1–16.

郑州汉代组、唐代组、宋代组居民的骨性关节炎发病率较高，表4.10是汉代至宋代组居民骨性关节炎性别、年龄的分布状况，图4.20和图4.21是根据表4.10绘制出的性别条状分布图和年龄段分布折线图，从表4.10和图4.20、图4.21可以了解到男性发病率均高于女性，而汉代组和唐代组居民发病的年龄段集中在中年期，宋代组居民则多发生于老年期。表4.11和表4.12是郑州汉代组、唐代组、宋代组居民骨性关节炎发病部位的比例，图4.22和图4.23是根据表4.11和表4.12绘制出的柱状分布图，可知，郑州汉代组男性多集中于脊椎、肘部、膝部和脚踝部，其次是肩、手和髋部；唐代组男性的发病部位多发生于脊椎处，在肩、肘、手、膝处也有少量分布；宋代组男性则多发于脊椎和脚/踝部。汉代组女性多发于脊椎处，其次是肘、膝、脚/踝处，与汉代男性的差别是女性在髋部骨性关节炎的发病率较高；宋代组女性则多发生于脊椎和膝部，在肩、肘处也有较高的发病率，与汉代相同，在髋部，骨性关节炎的发病率也相对较高。汉代组、唐代组、宋代组居民两性的骨性关节炎多出现于脊椎、肘、膝和脚/踝处，并且两性明显的差别是，相对于男性，女性骨性关节炎在髋部有较高的发病率。

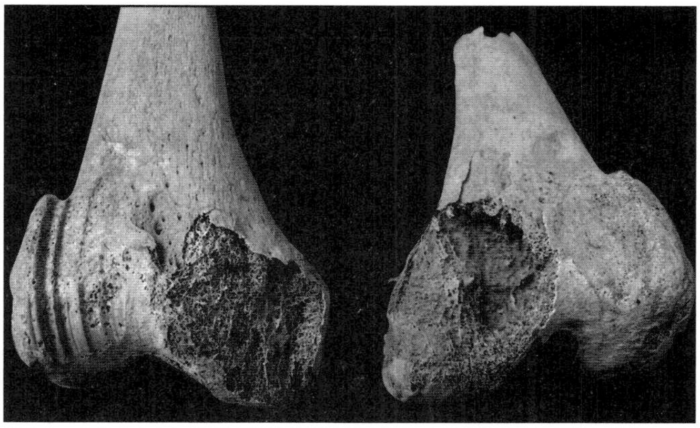

图4.19　ⅡM130西（女）（明清）两侧股骨远端髌骨面上的骨质象牙化

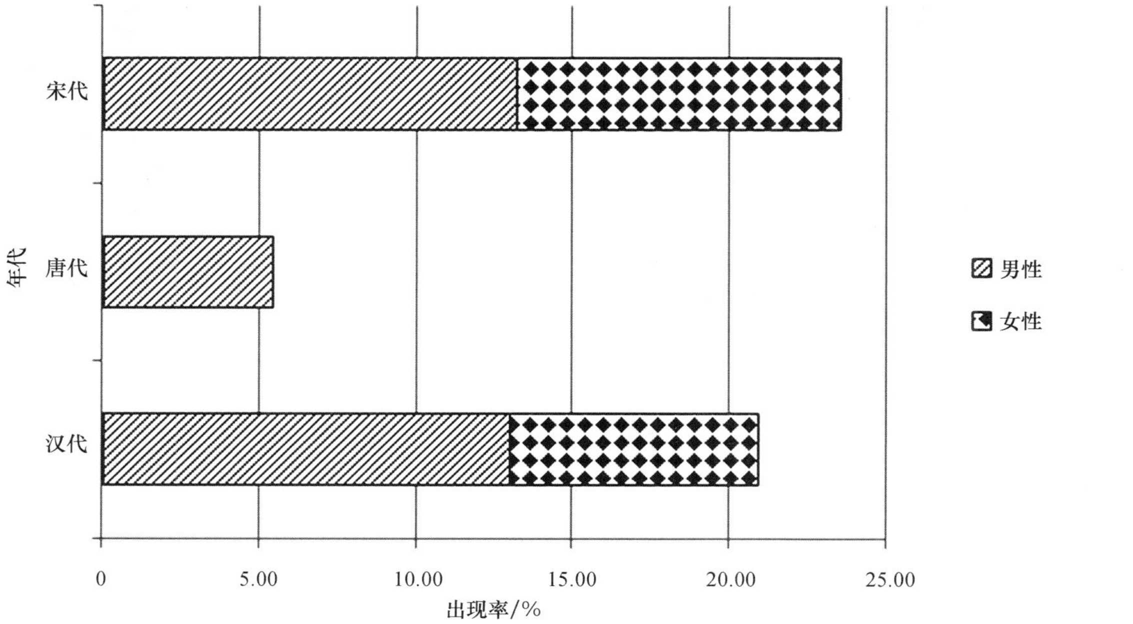

图4.20　郑州汉代组、唐代组、宋代组居民骨性关节炎的两性分布状况

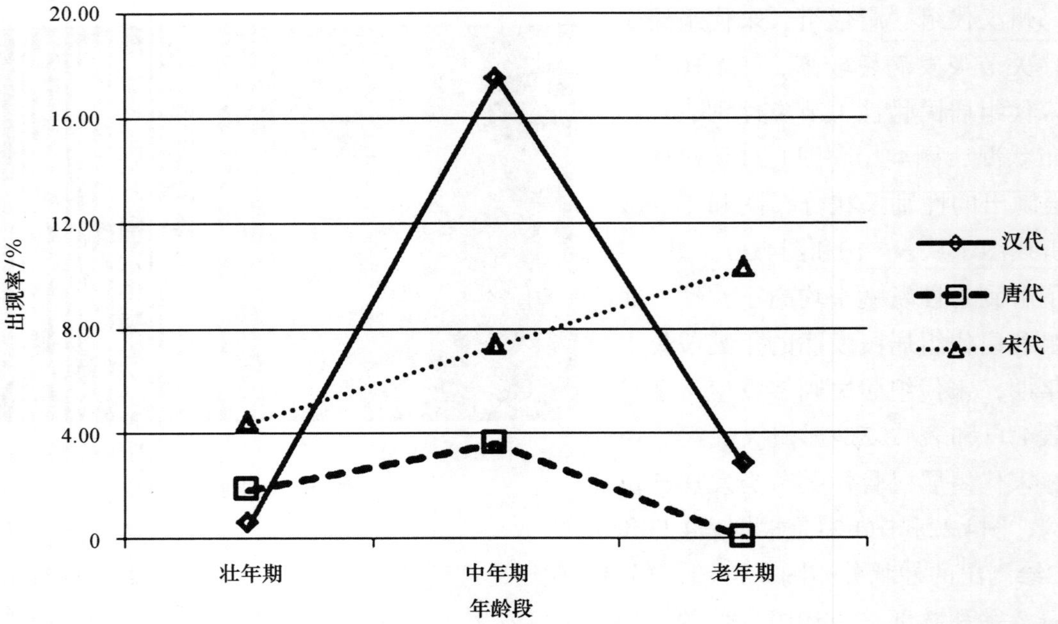

图4.21　郑州汉代组、唐代组、宋代组居民骨性关节炎各年龄段分布状况

表4.10　郑州汉、唐、宋组居民骨性关节炎性别、年龄的分布状况

时代	性别				年龄							
	男性		女性		壮年期		中年期		老年期		成年	
	N	%	N	%	N	%	N	%	N	%	N	%
汉代	23	12.99	14	7.91	1	0.56	31	17.51	5	2.82	0	0.00
唐代	3	5.45	0	0.00	1	1.82	2	3.64	0	0.00	0	0.00
宋代	9	13.24	7	10.29	3	4.41	5	7.35	7	10.29	1	1.47

表4.11　郑州汉代组、唐代组、宋代组居民骨性关节炎的发病部位比例（男性）

关节区域	汉代		唐代		宋代	
	N	%	N	%	N	%
脊椎	9	5.08	3	5.45	5	7.35
肩	4	2.26	1	1.82	2	2.94
肘	9	5.08	1	1.82	0	0.00
腕/手	3	1.69	1	1.82	0	0.00
髋	2	1.13	0	0.00	0	0.00
膝	10	5.65	1	1.82	1	1.47
踝/脚	11	6.21	0	0.00	3	4.41

表4.12　郑州汉代组、唐代组、宋代组居民骨性关节炎的发病部位比例（女性）

关节区域	汉代		唐代		宋代	
	N	%	N	%	N	%
脊椎	7	3.95	0	0.00	5	7.35
肩	2	1.13	0	0.00	2	2.94
肘	4	2.26	0	0.00	2	2.94

续表

关节区域	汉代		唐代		宋代	
	N	%	N	%	N	%
腕/手	1	0.56	0	0.00	1	1.47
髋	3	1.69	0	0.00	1	1.47
膝	4	2.26	0	0.00	3	4.41
踝/脚	3	1.69	0	0.00	1	1.47

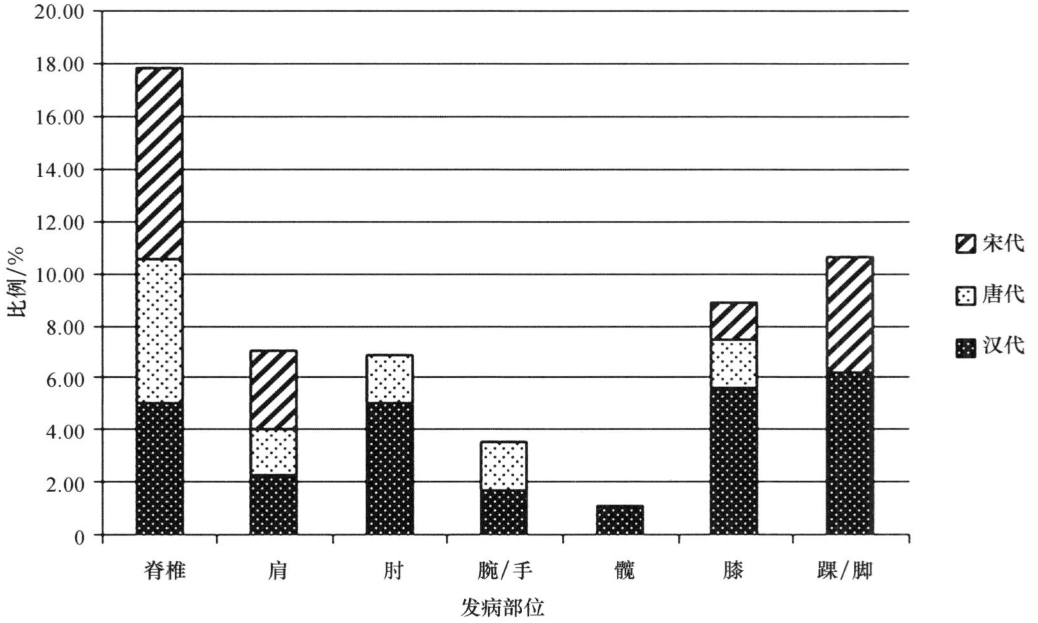

图4.22　郑州汉代组、唐代组、宋代组居民骨性关节炎的发病部位比例（男性）

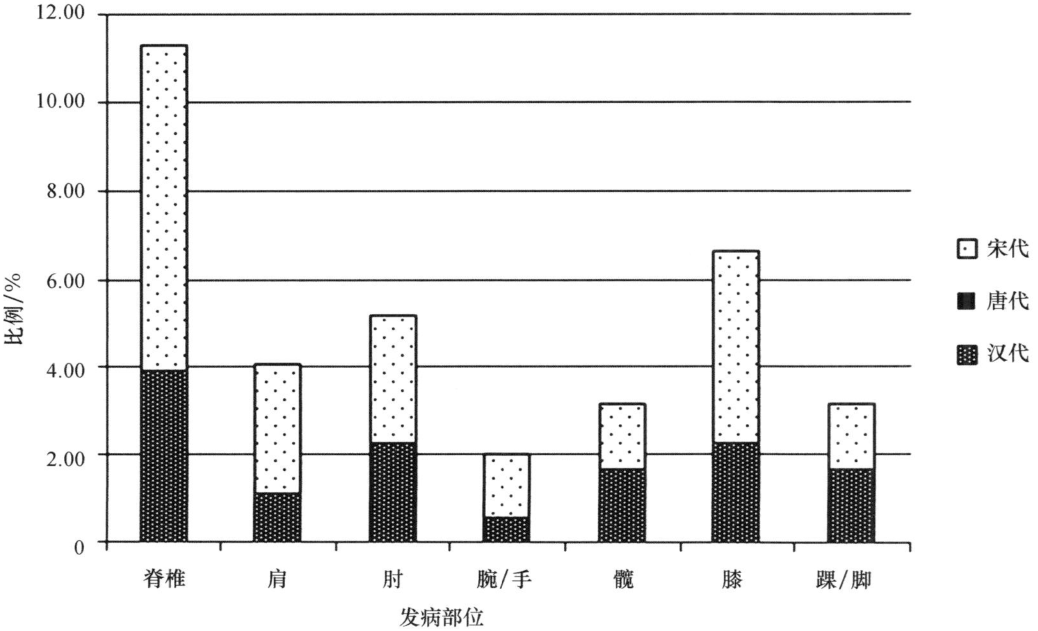

图4.23　郑州汉代组、唐代组、宋代组居民骨性关节炎的发病部位比例（女性）

荥阳薛村汉至明清遗址和新郑多处遗址汉、唐、宋居民骨性关节炎的具体发病部位见表4.13～表4.19。

表4.13　荥阳薛村遗址汉代居民骨性关节炎病发部位统计表（男性）

汉代	标本号	年龄/岁	病发部位
脊椎	ⅣM66.1	55～60	颈椎
	ⅣM84	55～60	腰椎
	ⅡM113	45～50	颈椎、腰椎
	ⅡM5.4	50～55	胸骨
	ⅡM267.1	55～60	胸椎、腰椎
	ⅡM43.2左	45～50	颈椎、胸椎中度，腰椎严重
	ⅡM243.1	40～45	胸椎
	ⅡM80.1右	55～60	颈椎、胸椎和腰椎
	ⅡM106	35～40	胸椎下部
肩	ⅣM66.1	55～60	左肩臼
	ⅡM5.4	50～55	左锁骨
	ⅣM95	40～45	左右肩臼
	ⅡM80.1右	55～60	右肱骨远端骨骺，右肩臼
肘	ⅢM1	40～45	左右肱骨远端，左右尺骨近端
	ⅣM96	40～45	右尺骨近端
	ⅣM66.1	55～60	左右尺骨近端
	ⅡM113	45～50	左右尺骨近端
	ⅣM95	40～45	左右肱骨远端，左右尺骨近端
	ⅡM261.2东	40～45	左桡骨粗隆，左右尺骨近端
	ⅡM43.2左	45～50	左尺骨近端
	ⅡM243.1	40～45	左尺骨近端
	ⅡM80.1右	55～60	右尺骨近端
腕/手	ⅣM95	40～45	左右桡骨远端
	ⅡM43.2左	45～50	左右桡骨远端
	ⅡM80.1右	55～60	右尺骨远端，右腕骨、右掌骨近端
髋	ⅠM73	45～50	左右骨盆
	ⅢM10	50～55	左右髋臼，左股骨头
膝	ⅣM3.2西	50～55	左右髌骨
	ⅣM96	40～45	左右股骨远端
	ⅣM66.1	55～60	左右股骨远端，左右胫骨近端，左髌骨
	ⅡM5.4	50～55	左右髌骨
	ⅣM95	40～45	左右股骨远端，左右胫骨近端，左右髌骨
	ⅡM267.1	55～60	左髌骨
	ⅡM43.2左	45～50	左右胫骨近端
	ⅠM15.2	40～45	左右股骨远端
	ⅡM268.2	35+	右股骨远端
	ⅡM272.1	35+	右股骨远端，左胫骨近端

续表

汉代	标本号	年龄/岁	病发部位
踝/脚	ⅣM96	40 ~ 45	左腓骨远端，左距骨，左右第一楔骨、足舟骨、跟骨
	ⅣM108	50 ~ 55	左第一跖骨头部
	ⅣM66.1	55 ~ 60	左距骨
	ⅡM5.4	50 ~ 55	左右楔骨头部（图4.17）
	ⅣM95	40 ~ 45	左右距骨、跟骨
	ⅠM76西棺	50 ~ 55	左右跟骨
	ⅣM14.1	35 ~ 40	左右胫骨远端及距骨、跟骨
	ⅡM43.2左	45 ~ 50	左右胫骨远端及跟骨
	ⅡM80.1右	55 ~ 60	右胫骨远端，左右足舟骨
	ⅢM10	50 ~ 55	左右距骨，左跟骨
	ⅠM25西	40 ~ 45	左右胫骨远端

表4.14　荥阳薛村遗址汉代居民骨性关节炎病发部位统计表（女性）

汉代	标本号	年龄/岁	病发部位
脊椎	ⅣM90	45~50	腰椎L1~L5
	ⅣM22	50~55	胸骨
	ⅣM66.2	55~60	胸椎、腰椎中度，颈椎严重
	ⅡM281.2后室东棺	50~55	胸椎
	ⅡM261.1西	50~55	腰椎
	ⅡM243.2	40~45	胸椎、腰椎
	ⅡM80.2左	50+	颈椎、胸椎和腰椎
肩	ⅡM281.2后室东棺	50~55	左肩臼
	ⅡM80.2左	50+	左右肩臼
肘	ⅣM66.2	55~60	左尺骨近端
	ⅡM43.1右	40~45	左右尺骨近端
	ⅡM261.1西	50~55	左右肱骨远端
	ⅡM80.2左	50+	左尺骨近端
腕/手	ⅡM80.2左	50+	左右桡骨远端
髋	ⅡM134.1	45~50	左侧骨盆
	ⅡM243.2	40~45	左右骨盆
	ⅣM90	45~50	右股骨远端
膝	ⅣM27	45~50	左右股骨远端
	ⅣM66.2	55~60	左右股骨远端
	ⅡM261.1西	50~55	左股骨远端
	ⅡM80.2左	50+	右股骨远端
踝/脚	ⅣM56.2南	45~50	左右足舟骨、跟骨
	ⅡM157	35~40	右距骨
	ⅡM5.1	55 ±	右侧第一跖骨

表4.15　荥阳薛村遗址唐代居民骨性关节炎病发部位统计表（男性）

唐代	标本号	年龄/岁	病发部位
脊椎	ⅡM173	45~50	腰椎下部分
	ⅡM112	45 ±	第一肋骨，与胸骨的关节面；枢椎，第三颈椎至隆椎；第3和第4腰椎，胸椎椎体
	ⅡM164中间	30~35	肋骨与脊椎关节面，第3和第4颈椎和部分胸椎、腰椎
肩	ⅡM112	45 ±	左右锁骨
肘	ⅡM173	45~50	左尺骨近端
腕/手	ⅡM112	45 ±	左大多角骨上与左第一掌骨关节面
膝	ⅡM173	45~50	右股骨远端

表4.16　荥阳薛村宋金元时期遗址与新郑多处遗址宋代人骨的骨性关节炎病发部位统计表（男性）

宋代	标本号	年龄/岁	病发部位
脊椎	华联M50	55 ±	从寰椎至腰椎都存在
	华联M42	45 ~ 50	腰椎
	华联M43	60+	颈椎、胸椎和腰椎
	华联M30	30 ±	腰椎
	华联M73	45 ~ 50	腰椎及部分胸椎
	ⅠM54南	50+	第10 ~ 第12胸椎，腰椎，寰椎；胸骨
肩	华联M100	25 ~ 30	左侧锁骨远端，左侧肱骨头
	华联M43	60+	右侧肱骨头
	ⅢM19男	\	右锁骨，右肱骨头
肘	ⅠM54道	40 ±	左右肱骨远端
	ⅢM19男	\	右第一掌骨
	ⅠM54南	50+	左桡骨远端
髋	ⅠM54南	50+	左右髂骨、坐骨
膝	ⅡM140右棺	?	左右股骨远端
	ⅠM54南	50+	右股骨远端，左胫骨近端
	ⅠM54道	40 ±	右股骨远端
踝/脚	ⅡM237	35 ~ 40	左右胫骨远端
	华联M43	60+	左右第一跖骨远端
	ⅠM54南	50+	左右胫骨远端左右跟骨、距骨、跖骨及右骰骨
	ⅠM38	60+	左右腓骨远端

表4.17　荥阳薛村宋金元时期遗址与新郑多处遗址宋代人骨的骨性关节炎病发部位统计表（女性）

宋代	标本号	年龄/岁	病发部位
脊椎	ⅡM109	60+	颈椎、胸椎和腰椎
	华联M64	45 ±	胸椎和腰椎
	ⅡM140左棺	55 ±	颈椎
	华联M3	45 ~ 50	腰椎及部分胸椎
	华联M62	60+	腰椎
	ⅢM19女	45 ~ 50	寰椎及胸骨

续表

宋代	标本号	年龄/岁	病发部位
肩	ⅡM109	60+	左肩臼
	华联M62	60+	左右锁骨远端
肘	ⅡM109	60+	右尺骨近端
	ⅡM140左棺	55±	左右肱骨远端
腕/手	ⅡM109	60+	左右掌骨近端，左右桡骨远端
髋	ⅡM109	60+	左髋臼
膝	ⅡM109	60+	左胫骨近端
	华联M61	55±	左侧胫骨近端
	华联M62	60+	右股骨远端
踝/脚	ⅡM271.2	35+	右距骨

表4.18　荥阳薛村遗址明清时期骨性关节炎病发部位统计表（男性）

明清	标本号	年龄/岁	病发部位
脊椎	ⅡM284.1棺内	55~60	颈椎、胸椎和腰椎
	ⅡM208.1	40~45	颈椎、胸椎和腰椎
	ⅣM31.1东	50~55	腰椎
	ⅡM222.1	45~50	胸椎及第4和第5腰椎
	ⅢM28.2	45~50	胸椎及腰椎
	ⅡM179	40~45	第6～第9胸椎
	ⅡM176	40~45	胸椎
肩	ⅡM284.1棺内	55~60	左右肩臼
	ⅡM208.1	40~45	左肩胛骨，左右肱骨近端，外侧
	ⅡM172.1南	45~50	左右肩臼
	ⅢM35.2	45~50	左右肱骨头
	ⅡM222.1	45~50	左右肩臼
	ⅢM28.2	45～50	右肩臼
	ⅡM249.2	55～60	左肱骨近端
	ⅢM34.1	55～60	左右肱骨近端
肘	ⅡM284.1棺内	55～60	左右尺骨近端
	ⅡM208.1	40～45	左右尺骨近端，左右桡骨近端外侧
	ⅣM31.1东	50～55	左右尺骨近端
	ⅢM35.2	45～50	左右肱骨远端，内侧
	ⅡM222.1	45～50	左右肱骨远端，左右尺骨近端
	ⅢM28.2	45～50	左右尺骨近端
	ⅡM179	?	左右尺骨近端
	ⅡM249.2	55～60	左肱骨远端，左右尺骨近端
	ⅢM34.1	55～60	左右肱骨远端

续表

明清	标本号	年龄/岁	病发部位
腕/手	Ⅱ M208.1	40 ~ 45	左右桡骨远端
	Ⅳ M31.1东	50 ~ 55	右指骨近端，左桡骨远端，左右第3掌骨
	Ⅱ M172.1南	45 ~ 50	左第1掌骨，右第1掌骨远端
	Ⅲ M35.2	45 ~ 50	右桡骨远端
	Ⅱ M222.1	45 ~ 50	左桡骨远端
	Ⅲ M28.2	45 ~ 50	左桡骨远端，左右掌骨
	Ⅱ M249.2	55 ~ 60	右尺骨远端，左右桡骨远端
髋	Ⅱ M284.1棺内	55 ~ 60	左骨盆，左右髂骨后侧
	Ⅲ M28.2	45 ~ 50	骶骨
	Ⅱ M249.2	55 ~ 60	右髂骨髋臼，左右股骨头
	Ⅲ M34.1	55 ~ 60	左右耳状关节面及左右髋臼
膝	Ⅱ M208.1	40 ~ 45	右髌骨，左右股骨远端外侧
	Ⅳ M31.1东	50 ~ 55	右股骨远端
	Ⅱ M172.1南	45 ~ 50	左髌骨，左右股骨远端外侧
	Ⅲ M28.2	45 ~ 50	左右腓骨近端
	Ⅱ M176	40 ~ 45	左右胫骨近端
	Ⅱ M249.2	55 ~ 60	左右股骨远端
	Ⅲ M34.1	55 ~ 60	左腓骨近端，左右股骨远端，左右胫骨近端
踝/脚	Ⅱ M284.1棺内	55 ~ 60	右第1跖骨
	Ⅱ M208.1	40 ~ 45	左足舟骨，右趾骨，右第1跖骨
	Ⅱ M172.1南	45 ~ 50	左距骨，左右跟骨，左右跖骨近端
	Ⅲ M37	?	左右腓骨远端
	Ⅱ M222.1	45 ~ 50	左右跟骨
	Ⅲ M28.2	45 ~ 50	左右腓骨远端，左右跟骨、距骨、足舟骨
	Ⅱ M176	40 ~ 45	右第1楔骨，骰骨，足舟骨，左右距骨、左右跟骨
	Ⅲ M34.1	55 ~ 60	左右腓骨远端、左右胫骨远端

表4.19　荥阳薛村遗址明清时期骨性关节炎病发部位统计表（女性）

明清	标本号	年龄/岁	病发部位
脊椎	Ⅱ M195	45 ~ 50	颈椎椎体右侧，腰椎，及骶骨右侧
	Ⅱ M124	30 ~ 35	腰椎椎体上下面
	Ⅳ M31.2西	60+	颈椎
	Ⅱ M274.1东	60+	颈椎、胸椎和腰椎
	Ⅱ M222.2	40+	颈椎、胸椎和腰椎
	Ⅲ M28.1	50 ~ 55	第5和第6颈椎，第3 ~ 第7胸椎，第2 ~ 第5腰椎
	Ⅰ M49南棺	50+	寰椎、枢椎，胸椎的下部分及腰椎

续表

明清	标本号	年龄/岁	病发部位
肩	ⅡM195	45～50	左右肩臼，右肱骨近端
	ⅣM31.2西	60+	左右肩臼
	ⅡM222.2	40+	左右肩臼，左右肱骨近端
	ⅠM49南棺	50+	右肩臼
肘	ⅡM195	45～50	右肱骨远端，右尺骨近端
	ⅡM255	30～35	左右肱骨远端内侧，外侧上髁，左右尺骨近端
	ⅡM208.2	40～45	右尺骨近端
	ⅣM31.2西	60+	左右肱骨远端，左右桡骨头，及桡骨粗隆，左右尺骨近端
	ⅡM274.1东	60+	右肱骨远端外侧，右桡骨头，左肱骨远端，右尺骨近端
	ⅡM222.2	40+	左右肱骨远端，左右尺骨近端
	ⅢM28.1	50～55	左右尺骨近端
	ⅡM249.3	45～50	右肱骨远端
	ⅢM34.2	40～45	左右肱骨远端，右尺骨近端
腕/手	ⅡM195	45～50	左右桡骨远端
	ⅡM255	30～35	左右桡骨远端
	ⅡM222.2	40+	右第3掌骨，左右尺骨远端，左右桡骨远端
	ⅢM34.2	40～45	右桡骨远端
髋	ⅡM195	45～50	骨盆左侧闭孔，左右耳状关节面及左右髋臼
	ⅡM249.3	45～50	左右耳状关节面及左右髋臼
	ⅢM34.2	40～45	骨盆
膝	ⅡM195	45～50	右股骨远端，左胫骨近端
	ⅡM124	30～35	左右股骨远端
	ⅣM31.2西	60+	左右髌骨，左右胫骨近端，股骨远端
	ⅡM274.1东	60+	右侧股骨远端，内侧
	ⅡM222.2	40+	左右胫骨近端，左右股骨远端
	ⅡM249.3	45～50	左右股骨远端
	ⅡM130西	40±	左右股骨远端的髌骨面上骨质象牙化
踝/足	ⅡM222.2	40+	左右距骨

2. 强直性脊柱炎

强直性脊柱炎（Ankylosing Spondylitis）是一种进行性炎症反应性疾病，常累及中轴骨。病患个体的血液内可检测到HLA～B27抗原。强直性脊柱炎患者将致病基因遗传给后代的几率是50%，而其后代又有30%的患病几率。男性患者明显多于女性，男性和女性患者的比例为5∶1，发病年龄在15～35岁。病变累及滑液关节、软骨关节和起止点；腐蚀并融合受累关节。骶髂关节融合是强直性脊柱炎鉴别诊断的重点。病变始于脊柱小关节融合，而后由腰椎椎体向上融合，不仅累及各个关节，还使脊柱内外的韧带骨化融合，形成韧带骨赘，使得椎间盘外层纤维骨化。脊柱融合后，椎体重新塑性，整个脊柱的正常外形丧失；最终，脊柱表面变得光滑，椎体呈方形或“竹节样脊柱”[①, ②]。

荥阳薛村汉至明清时期遗址和新郑多处遗址汉代组、唐代组、宋代组居民中观察到可能存在强直性脊柱炎的个体见表4.20。

表4.20　荥阳薛村汉至明清遗址和新郑多处遗址汉代组、唐代组、宋代组居民可能存在强直性脊柱炎的个体登记表

标本号	性别	年龄/岁	发病部位	年代
郑州宏基M17（左侧）	男	45～50	5个胸椎连在一起，椎体的右前侧有蜡状的韧带骨化固体附着，使其连于一体；骨盆两侧耳状关节面周围有明显的骨突；但髂骨与骶骨未融合。暂将该例标本归于脊椎椎体强直	唐代
ⅡM245东	男	50±	第5和第6腰椎椎体及棘突融合	宋代
ⅡM124	女	30～35	第2和第3胸椎椎体及棘突融合，第4至第12胸椎椎体上、下有多长出的面，朝尾部变得更明显，导致关节不能动，或者是融合的开始	明代
ⅡM183.1	男	20～25	两胸椎棘突融合在一起，而椎体未融合	明清
ⅢM33	女	45～50	左骶髂关节融合	清代
ⅣM31.2西	女	60+	第8～第12胸椎融合，第1～第5腰椎融合	清代
ⅡM172.1南	男	45～50	左侧骶髂关节融合，所有的胸椎和腰椎融合，并与8个肋骨融合，椎体呈竹节样脊椎	清代
ⅡM130东	男	45±	第4～第5腰椎椎体及棘突完全融合为一体，第2及第3腰椎椎体长出较长的骨赘	清代

三、骨　　瘤（Osteoma）

骨瘤较常见，多见于青少年，颅面部为其好发部位，可以发生于颅骨的任何部位，以额骨和顶骨多见，其他颅骨及颅底骨较少见。位于颅面骨表面者，呈扁圆形骨性隆起，质地坚硬而固定，生长缓慢，骨骺愈合后即停止生长，属良性[③]。

仅于薛村遗址明清时期人骨中发现有颅骨骨瘤，其具体的发病部位见表4.21。

表4.21　薛村遗址出现颅骨骨瘤的个体登记表

标本	性别	年龄/岁	病变位置
ⅡM195	女	45～50	额骨
ⅡM274东	女	60+	左顶骨
ⅢM34.1	男	55～60	额骨

---

① 夏洛特·罗伯茨等；张桦译.疾病考古学［M］.济南：山东画报出版社，2010：173-174.

② Arriaza B. Seronegative spondyloarthropathies and diffuse idiopathic skeletal hyperostosis in ancient northern Chile. Am J Phys Anthropol，1993，（91）：263-278.

③ 朱泓.古病理学讲义，研究生课程讲义（未刊）。

四、新陈代谢和内分泌疾病（Metabolic and Hormonal Imbalance）

1. 筛状眶和多孔性骨肥厚

筛状眶和多孔性骨肥厚（cribra orbitalia and porotic hyperostosis）是出现在骨骼上的一种病理损伤，多发现于颅骨的眶顶和头盖骨上，其特征是骨骼的外部致密层处有孔蚀结构，并且其板障加厚。一般认为，它可能是由于缺铁性贫血造成的，它与人群所处的生活环境和社会经济类型也有一定的关系，被认为与农业社会的出现有关。从采集狩猎向农业经济的转型中，因为食物的改变以及更多地依赖种植产品，这种病理现象似乎有增加的趋势。除饮食影响外，感染性疾病、寄生虫、疟疾或腹泻等都会引起贫血，这些非饮食因素也有规律地集中发生在与农业社会有关的密集的定居地区①。Wapler等强调只有严重及慢性的贫血才能引起骨骼病变②，而且即使得了严重的贫血，也并不一定在每个人的骨骼上都显现出病变。因此，贫血的实际出现率要比所观察的高。多孔性骨肥厚通常被认为是与筛状眶属于同一个病理生理学。许多学者对多孔性骨肥厚和筛状眶进行分析，认为筛状眶是贫血的初期病变，而颅骨多孔性骨肥厚则是贫血的后期病变表现（图4.24）。在人群中，表现在眼眶与颅骨上的贫血病变出现率有明显的不同，所以两种现象的关系也有很大的变化③。然而，对不同地域和年代的人骨进行观察时，认为多孔性骨肥厚和筛状眶是不同发展过程的表现④。

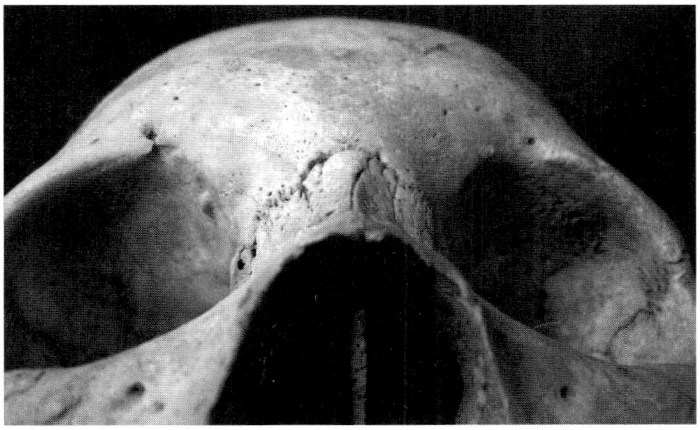

图4.24　ⅡM112（男）（唐代）筛状眶

荥阳薛村汉至明清遗址和新郑多处遗址汉代、唐代、宋代居民中出现筛状眶和多孔性骨肥厚的个体见表4.22。

---

① 张君.农业社会的出现对古代人群健康的影响［N］.中国文物报.2006-08-11（7）.

② Wapler U, Crubezy E, Schultz M. Is cribra orbitalia synonymous with anaemia? Analysis and interpretation of cranial pathology in Sudan. Am J Phys Anthropol, 2004, 123: 333–339.

③ Stuart-Macadam P. Porotic hyperostosis: relationship between orbital and vault lesions. Am J Phys Anthropol, 1989, 80: 187–193.

④ Djuric M, Milovanovic P, Janovic A, et al. Porotic Lesions in Immature Skeletons from Stara Torina, Late Medieval Serbia Int. J. Osteoarchaeol, 2008, 18: 458–475.

表4.22　荥阳薛村汉至明清遗址和新郑多处遗址汉代、唐代、宋代居民筛状眶和多孔性骨肥厚的个体登记表

标本号	性别	年龄/岁	病变位置	年代
ⅣM59	男	35～40	左右顶骨	汉代
ⅣM95	男	40～45	左右顶骨	汉代
ⅡM134.2	男	55～60	左右顶骨及枕骨	汉代
ⅡM153	男	20～25	额骨，左右顶骨及枕骨；眼眶内两边皆有海绵状孔洞	东汉
ⅡM168	男	30～35	枕骨	汉代
ⅡM5.3	女	45～50	左右顶骨	汉代
ⅡM50.2	男	30～35	额骨及左右顶骨	汉代
ⅡM112	男	45±	额骨，左右顶骨及枕骨；眼眶内两边皆有海绵状孔洞（图4.24）	唐代
ⅡM123墓道	女	30±	额骨，左右顶骨及枕骨	唐代
ⅡM164右	女	30～35	额骨，左右顶骨及枕骨	唐代
ⅡM233东	男	?	额骨，左右顶骨及枕骨	唐代
ⅡM253.1	男	55～60	左右顶骨及枕骨	唐代
ⅡM62	男	小于17	额骨，左右顶骨及枕骨，两股骨头颈上有骨小梁筛板	唐代
ⅡM71.2	男	30～35	额骨，左右顶骨及枕骨	唐代
ⅡM88	女	25～30	左右顶骨	唐代
ⅡM89.1	女	45±	额骨，左右顶骨及枕骨	唐代
ⅢM20	女	18～20	左右顶骨及枕骨	唐代
ⅣM2东	男	73	左右顶骨	唐代
ⅣM2西	女	55～60	左右顶骨及枕骨	唐代
ⅡM100	男	45～50	额骨，左右顶骨及枕骨	晚唐至五代
ⅡM127东	女	20～25	左右顶骨及枕骨，左眼眶内有轻微的海绵状孔洞	宋代
ⅡM245东侧	男	50±	额骨及左右顶骨	宋代
华联M5	男	14～16	额骨、左右顶骨及枕骨，左右下颌支的内外壁、左右髋臼附近的髂骨上均有海绵状孔洞	宋代
华联M84.1	男	40～45	额骨、左右顶骨及枕骨	宋代
华联M84.2	女	40±	额骨、左右顶骨及枕骨	宋代
华联M50	男	55±	额骨、左右顶骨	宋代
华联M51	男	40±	额骨、左右顶骨及枕骨	宋代
华联M100	男	25～30	额骨、左右顶骨及枕骨、左右眼眶上部外侧	宋代
华联M61	女	55±	顶骨	宋代
华联M62	女	60+	顶骨与枕骨相接处有密麻小孔	宋代
华联M43	男	60+	额骨、左右顶骨和枕骨	宋代
华联M40.1	男	60+	额骨、左右顶骨和枕骨	宋代
华联M40.2	女	60+	额骨、左右顶骨和枕骨	宋代
华联M76	?	10～13	颧骨内侧，上颌眼眶上方、内侧，蝶骨上，股骨远端、近端，髂骨内侧、于左右耳状关节面上方均有密麻孔洞	宋代
华联M82	?	6±2	眼眶内壁上有轻微的小孔，四肢骨的骨干上均有青白色的如骨膜炎状的新生骨层附着在上面	宋代
华联M27	男	25～30	左右顶骨和枕骨上有密麻的小孔	宋代
华联M73	男	45～50	额骨、左右顶骨及枕骨	宋代

续表

标本号	性别	年龄/岁	病变位置	年代
羚锐M2	男	55 ±	额骨、左右顶骨及枕骨	宋代
Ⅱ M24	?	2 ± 6个月	左右顶骨，两股骨头颈及两肱骨远端有骨小梁筛板	元代
Ⅱ M274东侧	女	60+	额骨，左右顶骨及枕骨	明代
Ⅲ M28.2	男	45 ~ 50	左右顶骨	清代
Ⅱ M179	男	40 ~ 45	左右顶骨	清代
Ⅱ M249.2	男	55 ~ 60	左右顶骨	清代
Ⅱ M195	女	45 ~ 50	左右顶骨及枕骨	清代

表4.23　荥阳薛村汉至明清时期遗址和新郑多处遗址汉代、唐代、宋代居民筛状眶或多孔性骨肥厚的出现率（%）

时代	汉代	唐代	宋代
出现率	3.95	23.64	26.47

表4.23显示的是郑州汉代组、唐代组、宋代组居民筛状眶或多孔性骨肥厚的出现率，根据表4.23绘制出折线图4.25。由图4.25可知，筛状眶或多孔性骨肥厚的出现率随着时代的发展有增高的趋势，唐代组、宋代组居民的出现率要大大地高于汉代组居民。

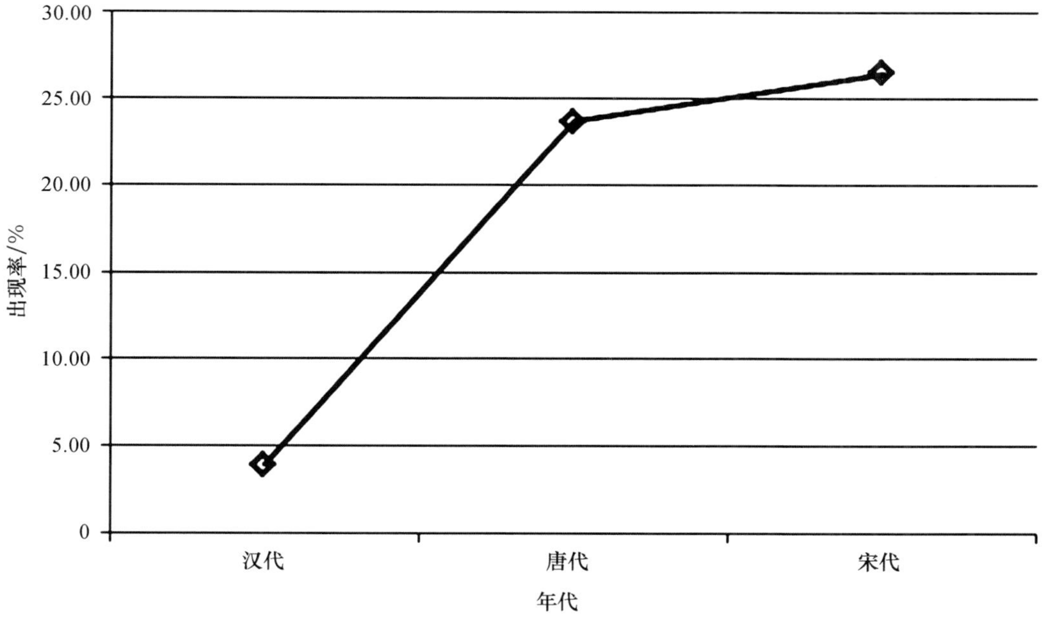

图4.25　荥阳薛村汉至明清时期遗址和新郑多处遗址汉代、唐代、宋代居民筛状眶或多孔性骨肥厚的出现率（%）

2. 股骨头缺血性坏死

股骨头缺血性坏死（avascular necrosis）系由于外伤或疾病造成股骨头血液循环障碍而引发的一种疾病，表现为股骨头的坏死、变平或碎裂，严重者可导致股骨头的塌陷和脱位，进而导致严重的髋关节功能障碍①。该病的初期症状是发生骨质疏松，到了中期，股骨头压缩变扁平状，股骨颈下方皮质增厚，髋臼关节面增生硬化。到了晚期，股骨头正常骨结构消失，股骨头明显变扁或呈蕈状变形，内部有弥漫或局部性硬化或囊变区，股骨颈增粗，可有髋关节半脱位或全脱位发生。通常情况下，会发生继发性骨关节退行性病变，髋臼缘和股骨头边缘和基底部增生形成骨赘。在现代，成年股骨头缺血性坏死的发病率逐年增多②。

新郑地区华联遗址宋代墓葬M34（男性，50±岁），其左侧股骨头萎缩变形，内部囊变有孔洞，股骨头颈变细；右侧股骨头形态虽未见大的异常，但其头部顶端有微小的塌陷，股骨头颈上也有较多较大的孔洞，同时，两侧股骨和胫骨的骨干皆变细弯曲，横截面直径不足2厘米。肱骨、尺骨和桡骨形状未变，可能上肢未受到侵害。因未见到脊椎骨和两侧髋骨的髋臼，所以仅根据肢骨判断，可能为股骨头缺血性坏死。两侧股骨、胫骨骨干变细弯曲，推测可能是股骨头缺血性坏死而导致了墓主人行为能力的完全丧失（图4.26）。

五、发育缺陷（Developmental defect）

1、脊柱滑脱

脊柱滑脱（spondylolysis）通常是指椎弓部分或完全与椎体脱离，某节椎体向前或向后移位，常见于腰椎。脊柱下端可能产生与发育相关的畸形。这种病变本身也许意义不大，但是作为一种并发症却是比较严重的症状。这个缺陷在某种程度上是先天畸形和获得性畸形之间的过渡表现。一个椎体的骨性连接部位在生命早期阶段可能发生发育紊乱，而到了成年时期，由于持续的压力和直立行走姿势向上的牵引力可能会导致椎体骨折，这种缺陷被称为脊柱滑脱，它的特点是椎骨后部无连接，大多数病例不伴有并发症出现，但是，偶尔会导致脊柱不稳定，从而使一个椎骨移位到异常的解剖学位置，从而压迫脊髓和神经，产生背部和腿部的疼痛。这种错位称作脊椎前移。腰椎滑脱的发病率因种族、地区和性别而异，发病男性多于女性，腰椎滑脱常见的部位是L4～L5及L5～S1，其中第5腰椎发生率为82%~90%。腰椎滑脱的病因至今尚不十分明确，大量研究表明先天性发育缺陷和慢性劳损或应力性损伤是两个可能的重要原因，一般认为以后者为主。体质人类学者通常以脊柱滑脱的出现来重建古代人类的行为模式③④⑤。

① 张敬雷.青海省西宁市陶家寨汉晋时期墓地人骨研究［D］.长春：吉林大学博士学位论文，2008：132.

② 李法军.河北阳原姜家梁新石器时代人骨研究［M］.北京：科学出版社，2008：150-151.

③ Mays S A.Spondylolysis in non-adult skeletons excavated from a medieval rural archaeological site in England. Int. J. Osteoarchaeol，2007，17：504–513.

④ Fibiger L，C.J.Knusel.Prevalence rates of spondylolysis in British Skeletal Populations. Int. J. Osteoarchaeol，2005，15：164–174.

⑤ Weiss E. Spondylolysis in a pre-contact San Francisco Bay population：behavioural and anatomical sex differences. Int. J. Osteoarchaeol，2009（19）：375-385.

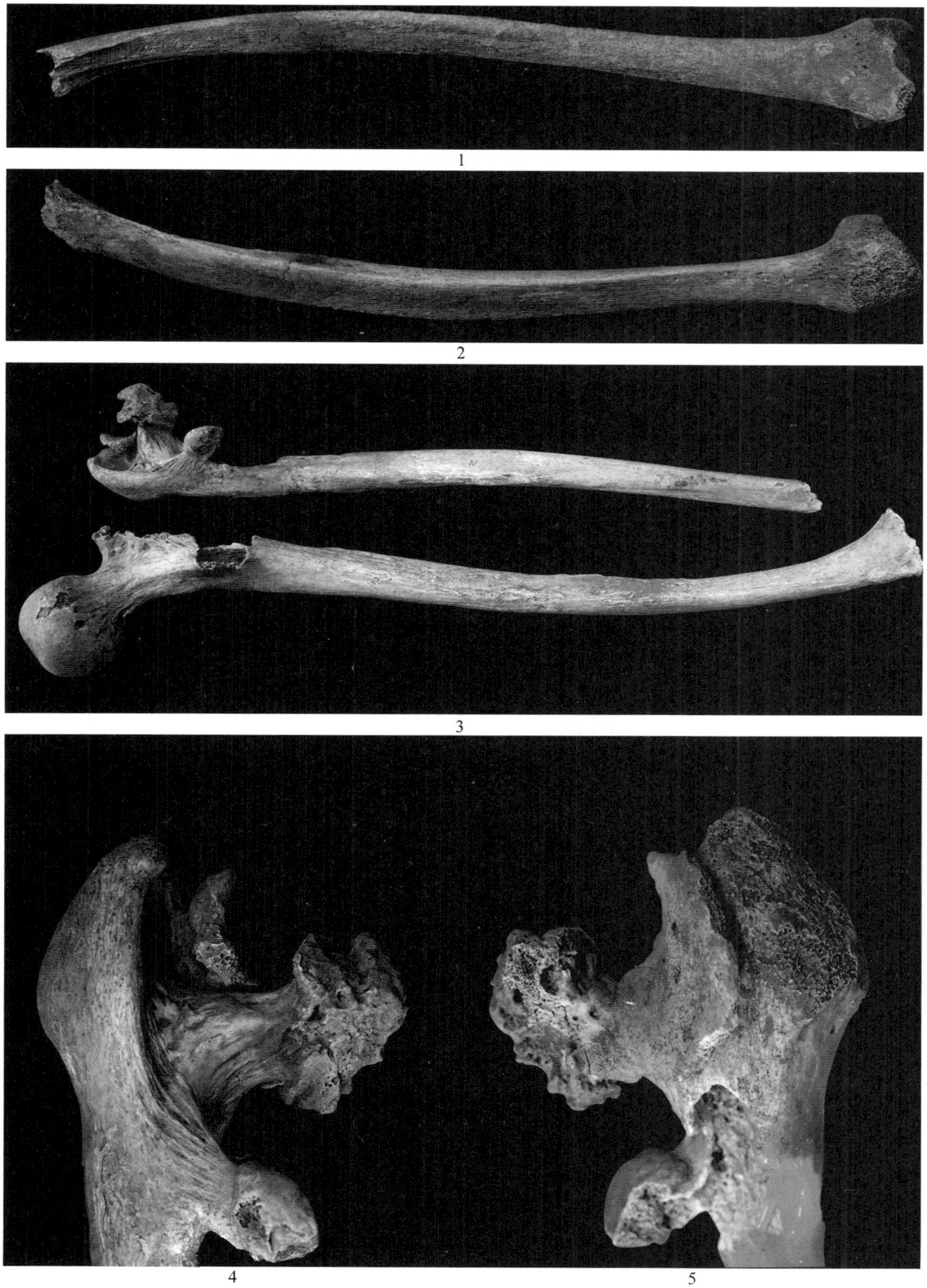

图4.26　股骨头缺血性坏死

1.右下侧胫骨后面观　2.右下侧胫骨前面观　3.左右侧股骨的后面观　4.左侧股骨头后面观　5.左侧股骨头前面观

荥阳薛村汉至明清时期遗址和新郑多处遗址汉代、唐代、宋代居民中仅于唐代发现两例个体存在脊椎滑脱的现象，具体发病部位见表4.24。

表4.24　荥阳薛村唐代居民出现脊椎滑脱的个体登记表

标本号	性别	年龄/岁	发病部位
ⅡM89.1	女	45 ±	第4和第5腰椎的椎弓与椎体完全分离
ⅡM121	女	30 ~ 35	第5腰椎的椎弓与椎体完全分离（图4.27）

2. 肱骨滑车上孔

肱骨滑车上孔（septal aperature）位于肱骨滑车后上方冠状高与鹰嘴窝之间，滑车上孔形状，以椭圆形最多，肾形次之，圆形最少，滑车上孔的种族差异非常显著，黑种人出现率最高，白种人最低，黄色人种居中。但其侧别差异不显著；滑车上孔的出现率，女性较男性高。有关滑车上孔产生的原因说法颇多，有反祖遗传学说（此孔是哺乳类动物的特征，灵长类狐猴和狒狒恒定地存在，猕猴、大猩猩和黑猩猩经常存在，但长臂猿少见，只有某些哺乳类动物不存在，即野兔、狗、貘、白鼠、某些羚羊和狐猴。另外，古人类出现率较今人类多）、肘关节过伸机械反映说和骨化紊乱说（即骨化时期，钙的代谢紊乱所致）。根据本书滑车上孔出现的年龄差异、支持反祖特征说。另根据年龄和孔在鹰嘴窝所处的位置，难以支持肘关节过伸机械反映说①②。

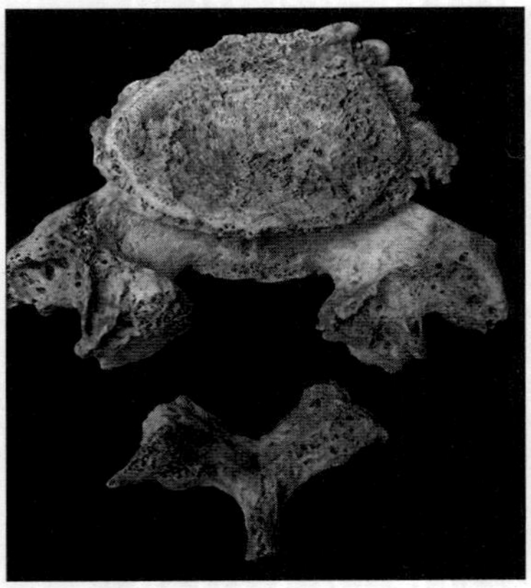

图4.27　ⅡM121（女）（唐代）第5腰椎的椎弓与椎体完全分离

荥阳薛村汉至明清时期遗址和新郑多处遗址汉代、唐代、宋代居民中出现肱骨滑车上孔的具体情况见表4.25。

---

① 丁士海，阎克，尤洪山.关于肱骨滑车上孔的研究［J］.解剖学研究，2000，（2）：83-87.

② 杨玉田，李应义.中国人肱骨滑车上孔的调查［J］.人类学学报，1984，（4）：334-339.

表4.25　荥阳薛村汉至明清遗址和新郑多处遗址汉代、唐代、宋代居民出现肱骨滑车上孔的个体登记表

标本号	性别	年龄/岁	侧别	年代
ⅣM66.1	男	55～60	左	汉代
ⅣM10.2南	男	25～30	左	汉代
ⅣM45.1	女	?	左右	汉代
ⅣM14.2	女	30～35	左	汉代
ⅡM49	男	25～30	左	汉代
ⅡM50.1左	?	10岁	左	汉代
ⅡM243.1	男	40～45	左	汉代
ⅡM5.2	男	18±	左	汉代
ⅢM20	女	18～20	左	唐代
ⅡM123墓道	女	30±	右	唐代
ⅡM164中间	男	30～35	左右	唐代
ⅡM253.2	女	30±	左右	唐代
ⅡM136	女	30～35	左右	宋代
华联M84.2	女	40±	右	宋代
ⅡM16	女	16～20	左右	清代
ⅡM172.2	女	30～35	左	清代
ⅡM278	女	30～35	左	明代
ⅡM124	女	30～35	左右	明代
ⅢM33	女	45～50	左	清代
ⅡM221	男	45～50	右	明清

3. 胸骨孔

胸骨孔（sternal aperture）的大小、形状不等，成人的胸骨孔内为透明软骨，通常位于第3～第4节胸骨体之间，在骨标本发生率为1%～2%。胸骨孔是因为胸骨柄没能愈合在一起，其大小和形状依据延迟愈合的时间而定。这个孔通常是椭圆形的，边缘光滑，可能很大或很小。在不同的人群中，胸骨孔的出现率也有所不同，东非的13.2%明显比欧洲的4%出现率高[①]。

荥阳薛村汉至明清时期遗址和新郑多处遗址汉代、唐代、宋代居民出现胸骨孔的个体见表4.26。

表4.26　荥阳薛村汉至明清遗址和新郑多处遗址汉代、唐代、宋代居民出现胸骨孔的个体登记表

标本号	性别	年龄/岁	年代
ⅣM66.1	男	55～60	汉代
ⅡM121	女	30～35	唐代
华联M84.2	女	40±	宋代

① Barnes E. Developmental Defects of the Axial Skeleton in Paleopathology.University Press of Colorado，1994：210-230.

第三节　牙齿的疾病

对牙病的研究，可以帮助我们调查古代人群的健康和饮食状况。我们用肉眼对牙齿的5个项目进行了观察：龋齿，牙周炎，根尖脓肿，生前牙齿脱落，牙釉质发育不良（表4.27）。龋齿是由大量的成酸菌，尤其是变形链球菌和一些乳酸杆菌引起的，当这些成酸菌和碳水化合物在牙齿上发酵时，会生成乳酸。乳酸会导致牙釉质软化，并对牙齿表面造成不可逆转的破坏。所以，在以碳水化合物为主要饮食结构的农业社会中，龋齿具有较高的出现率。牙周炎是侵犯牙龈和牙周组织的慢性炎症，是一种破坏性疾病，其主要特征为齿槽萎缩致使牙根明显暴露。而根尖脓肿是由于龋牙根管炎症延伸抵达根部，在根尖周围形成脓肿并累及颌骨，令齿槽骨受到损伤而形成空洞。判断生前牙齿脱落的依据是齿槽愈合情况。保持了锐利边缘和显示轻微愈合的空齿槽，应是后埋葬因素而非生前牙齿脱落造成的①。牙齿生前脱落是由多方面的原因引起的，包括饮食结构、营养缺乏类疾病、口腔健康状况、外伤及文化行为②。牙釉质发育不良被认为是一种非特异性的"生存压力指标"，并定义为"釉质发育缺陷"。但牙齿上的缺陷只是许多"生存压力指标"中的一种，它表现为釉质表面呈线状、沟状凹陷，最常见于门齿和犬齿的颊侧面。这些缺陷发生在牙齿发育期间，并且作为永久的记录保留至成年阶段。很多因素都和釉质缺陷的病因有关，但它们可以被大致分为以下几个方面：遗传异常、局部创伤及系统的新陈代谢压力，如营养不良或儿童期患病、麻疹③。

表4.27列出了荥阳薛村汉至明清遗址和新郑多处遗址汉代、唐代、宋代居民患有龋齿、牙周炎、根尖脓肿、牙釉质发育不良及牙齿生前脱落个体的发生情况。表4.28和图4.33显示了这5个观察项目在郑州地区汉代、唐代、宋代的发病率。可以看出，汉代组居民的牙病各项发病率是最低的，而唐代和宋代组居民在牙齿生前脱落、牙釉质发育不良和龋齿三项上均有较大的发病率。其中，牙周炎与人群饮食和营养状况密切相关，可能与维生素C的缺乏，维生素D和钙、磷的缺乏或不平衡，营养不良等有关。而牙釉质发育不良也可以用来评估人群的营养状况④。汉代至宋代组居民在龋齿、牙周炎、根尖脓肿、牙釉质发育不良和牙齿生前脱落的出现率均是逐步增高的，这可能说明，唐代组和宋代组居民的营养状况与汉代组居民比较有下降的趋势，并有较多的维生素C、维生素D缺乏、微量元素不平衡等营养不良状况的发生。

---

① 朱泓.古病理学讲义，研究生课程讲义（未刊）。

② Lukacs JR.Dental Trauma and Antemortem Tooth Loss in Prehistoric Canary Islanders：Prevalence and Contributing Factors. International Journal of Osteoarchaeology. Int. J. Osteoarchaeol，2007，17：157–173.

③ 夏洛特·罗伯茨著；张桦译.疾病考古学［M］.济南：山东画报出版社，2010：82.

④ 王明辉.人骨综合研究［A］//中国社会科学院考古研究所，河南省文物考古研究所，灵宝西坡墓地［M］.北京：文物出版社，2010：140-141.

表4.27　荥阳薛村汉至明清时期遗址和新郑多处遗址汉代、唐代、宋代居民牙齿常见疾病登记表

标本号	性别	年龄/岁	C	P	A	LEH	AR	年代
ⅡM5.2	男	18±			※			汉代
ⅡM106	男	35～40	※					汉代
ⅡM206北棺	男	35～40	※					汉代
ⅣM95	男	40～45	※	※	※		※	汉代
ⅡM206南棺	女	30～35				※		汉代
ⅣM10北室（图4.28）	男	25～30	※					汉代
ⅣM14.2（图4.29）	女	30～35				※		汉代
ⅡM5.1	女	55±	※	※				汉代
ⅣM111东棺	女	55～60	※				※	汉代
ⅠM24东棺（图4.30）	男	25～30		※			※	新莽
中华北路M5	女	45±				※		汉代
中华北路M6	男	55～60				※	※	汉代
羚锐M5	男	30±				※		汉代
羚锐M7	女	20±				※		汉代
天成隔热M152	男	45±				※		汉代
天成隔热M39	女	35～40				※		汉代
众康M8	男	45±				※	※	汉代
天成隔热M44	男	50±				※		汉代
天成隔热M37	?	30±	※					汉代
北街西扩H10	女	35±	※			※		汉代
丽都M1	女	45±	※					汉代
文化路中段M2	男	45±					※	汉代
ⅣM2东棺	男	73	※		※		※	唐代
ⅡM233东	男	?		※			※	唐代
ⅣM112	男	25～30				※		唐代
ⅡM164中间	男	30～35					※	唐代
ⅡM64	男	30～35				※		唐代
ⅡM71.2	男	30～35				※		唐代
ⅡM112	男	45±					※	唐代
ⅡM100	男	45～50				※	※	唐代
ⅡM253.1	男	55～60		※			※	唐代
ⅡM62	男	小于17				※		唐代
ⅡM68	女	15～17				※		唐代
ⅡM123墓道	女	30±	※					唐代
ⅡM121	女	30～35	※					唐代
ⅡM7	女	30～35	※			※		唐代
ⅡM263	女	35～40	※					唐代
ⅡM89.1	女	45±			※		※	唐代
ⅡM71.1	女	45～50	※					唐代
ⅣM2西棺	女	55～60	※				※	唐代

续表

标本号	性别	年龄/岁	C	P	A	LEH	AR	年代
03ZHHRM2	男	30 ~ 35				※		唐代
郑州宏基M17左侧	男	45 ~ 50				※	※	唐代
郑州宏基M17右侧	女	50 ±				※		唐代
Ⅱ M245东侧	男	50 ±	※		※		※	宋代
Ⅱ M245西侧	女	30 ~ 35		※				宋代
武大幼儿园M1	女	65 ±	※				※	宋代
众康M3	女	60+					※	宋代
圣昊Ⅱ区M13	女	65 ±					※	宋代
中华北路M2.1	男	60+				※	※	宋代
羚锐M2	男	55 ±				※	※	宋代
防疫站M17（左）（西）	男	45 ±				※	※	宋代
防疫站M17（右）（东）	女	30 ~ 35				※	※	宋代
防疫站M15	女	35 ~ 40	※		※		※	宋代
防疫站M13	男	50 ~ 55					※	宋代
华联M73	男	45 ~ 50	※			※	※	宋代
华联M74	?	12 ~ 17				※		宋代
华联M88	女	45 ±	※					宋代
华联M104	男	60+		※		※	※	宋代
华联M80	男	40 ±	※	※				宋代
华联M64	女	45 ±				※		宋代
华联M39	女	55 ~ 60	※			※		宋代
华联M27	男	25 ~ 30	※					宋代
华联M91	男	25 ±				※		宋代
华联M59	男	40 ±	※			※		宋代
华联M46	女	35 ~ 40	※			※		宋代
华联M92	男	25 ~ 30				※		宋代
华联M70	?	12 ~ 13				※		宋代
华联M43	男	60+	※				※	宋代
华联M42	男	35 ±	※					宋代
华联M16	男	60+		※			※	宋代
华联M61	女	55 ±	※				※	宋代
华联M62	女	60+		※			※	宋代
华联M100	男	25 ~ 30	※	※	※	※	※	宋代
华联M101	女	50 ~ 55		※			※	宋代
华联M84.1	男	40 ~ 45	※			※	※	宋代
华联M84.2	女	40 ±		※			※	宋代
华联M3	女	45 ~ 50	※			※		宋代
华联M50	男	55 ±	※					宋代
华联M52	男	25 ~ 30	※		※	※		宋代
华联M5	男	14 ~ 16				※		宋代

续表

标本号	性别	年龄/岁	C	P	A	LEH	AR	年代
ⅢM19	男	45～50					※	元代
ⅠM42	女	35～40				※		元明
ⅡM208.1（图4.31）	男	40～45					※	明代
ⅡM124	女	30～35				※		明代
ⅡM278	女	30～35	※		※	※	※	明代
ⅡM274东侧	女	60+	※		※		※	明代
ⅡM274西侧	女	60+					※	明代
ⅡM130东	男	45±	※				※	明清
ⅡM221.1	男	45～50	※					明清
ⅡM284棺内	男	55～60			※		※	明清
ⅡM221.2	女	\	※				※	明清
ⅡM158.1	女	20～25	※			※		明清
ⅡM172南	男	45～50	※				※	清代
ⅢM28.2	男	45～50		※		※	※	清代
ⅢM35.2	男	45～50		※				清代
ⅢM34.1	男	55～60					※	清代
ⅡM16（图4.32）	女	16～20				※		清代
ⅡM195.1	女	45～50					※	清代
ⅡM222.2	女	40+	※	※			※	清代
ⅡM249.3	女	45～50					※	清代
ⅠM49南棺	女	50+					※	清代

注：C代表龋齿，P代表牙周炎，A代表根尖脓肿，LEH代表牙釉质发育不良，AR代表齿槽愈合。

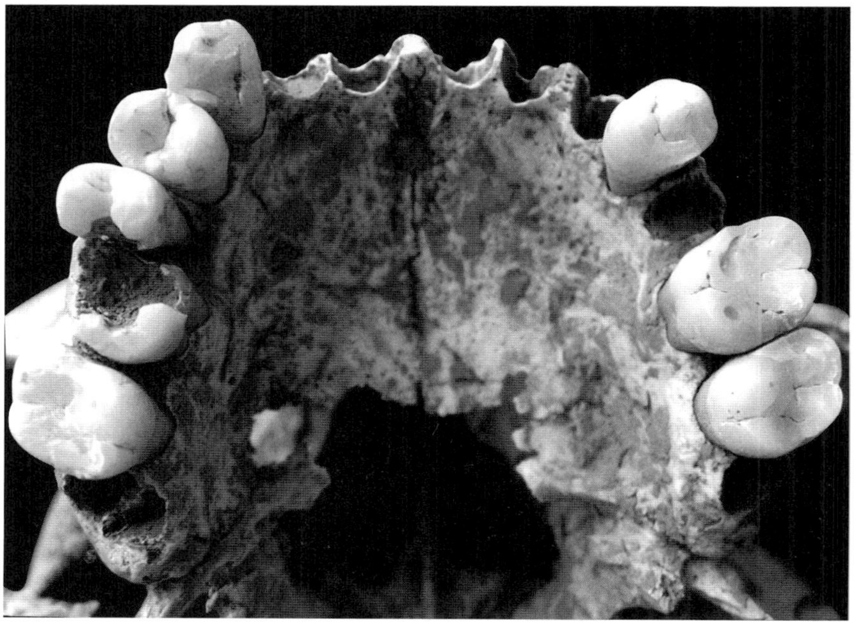

图4.28　ⅣM10北室（男）（汉代）右侧P2和M1有龋病

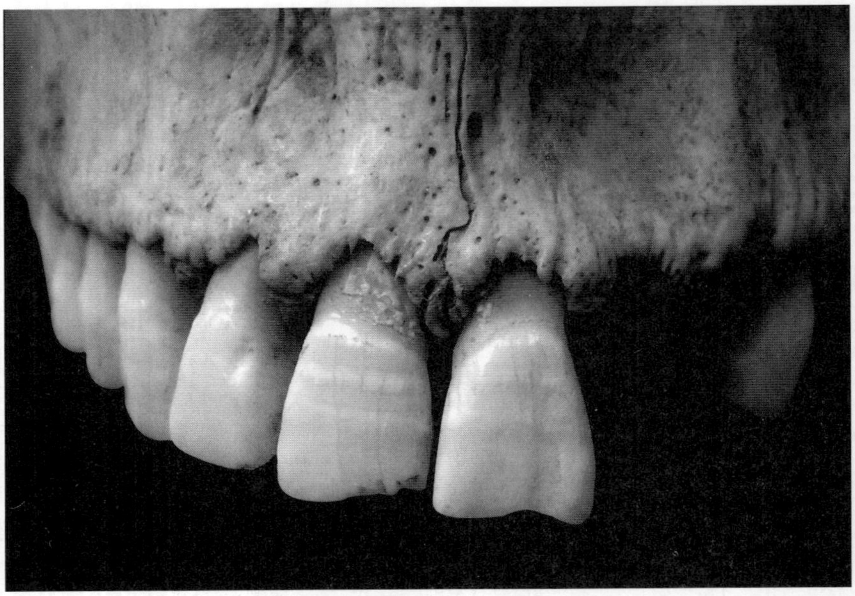

图4.29　ⅣM14.2（女）（汉代）牙釉质发育不良

图4.30　Ⅰ M24东棺（男）（新莽）牙齿生前脱落

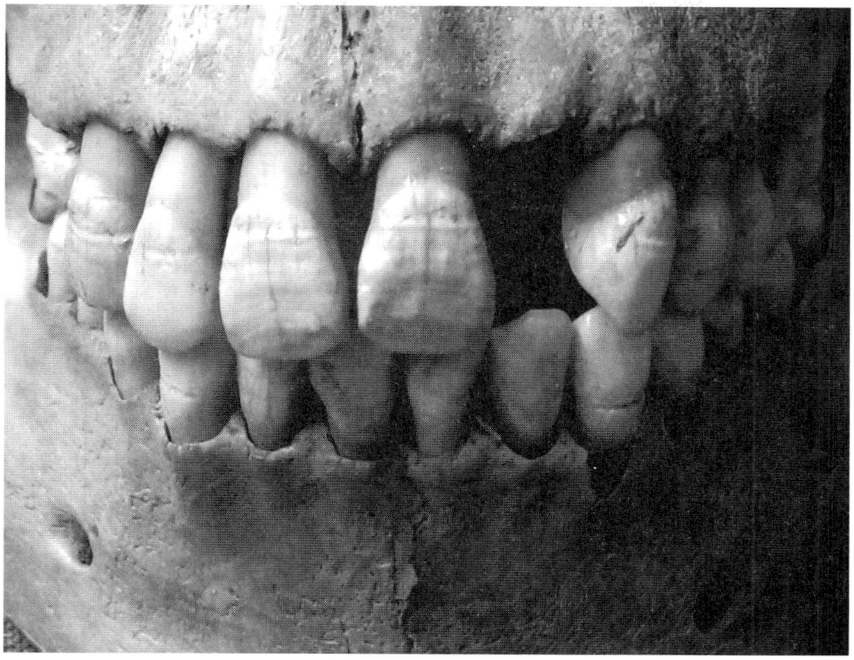

图4.31　ⅡM208.1（男）（明代）牙齿生前脱落

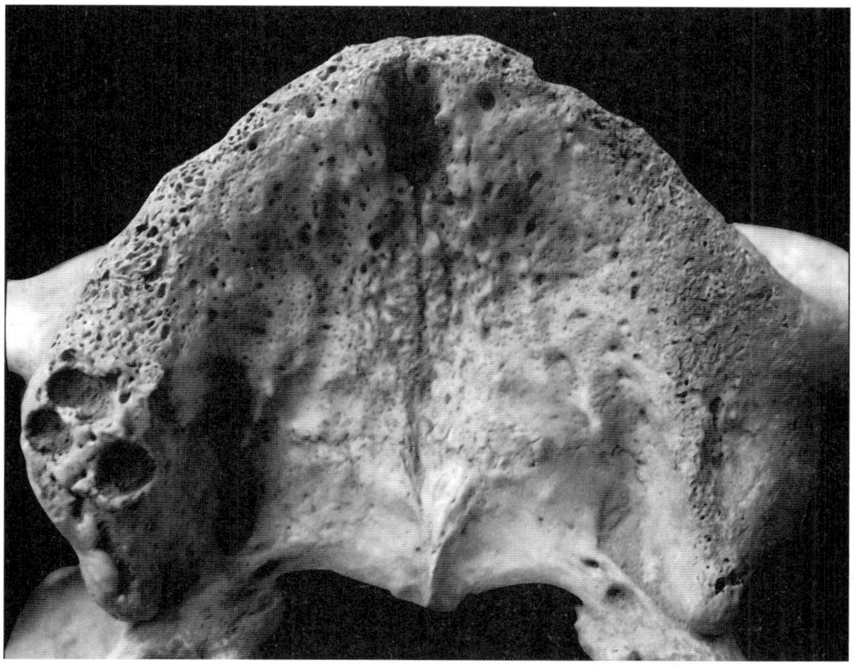

图4.32　ⅡM16（女）（清代）牙釉质发育不良

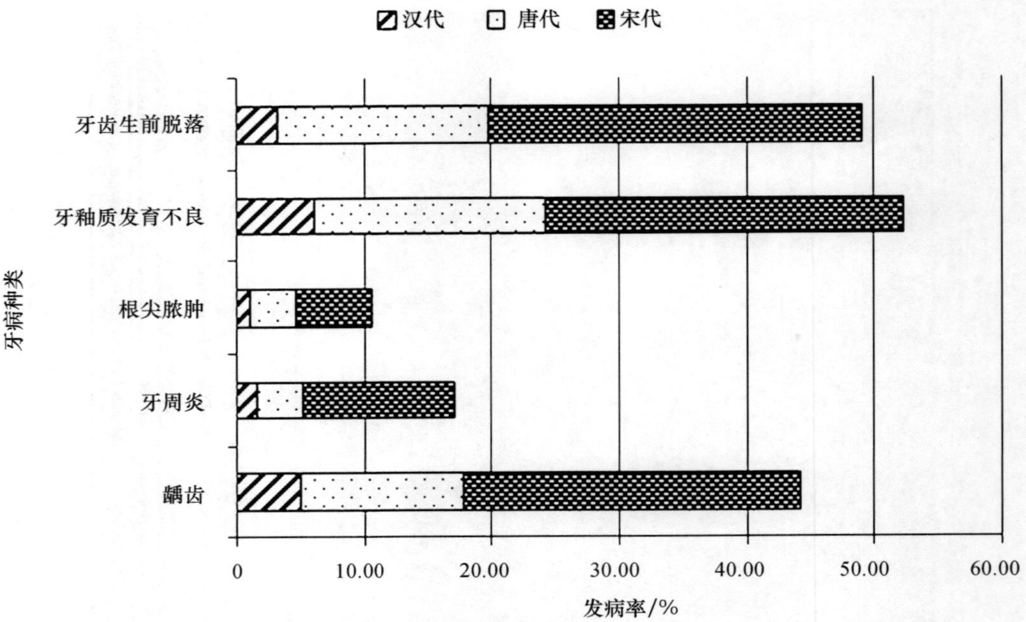

图4.33　荥阳薛村汉至明清遗址和新郑多处遗址汉代、唐代、宋代居民牙病发病率柱状图（%）

表4.28　郑州汉代组、唐代组、宋代组居民牙齿疾病的发病率（%）

年代	龋齿	牙周炎	根尖脓肿	牙釉质发育不良	牙齿生前脱落
汉代	5.08	1.69	1.13	6.21	3.39
唐代	12.73	3.64	3.64	18.18	16.36
宋代	26.47	11.76	5.88	27.94	29.41

第四节　小　　结

本章分别对荥阳薛村遗址汉至明清时期人骨及新郑多处遗址汉代、唐代、宋代人骨进行了较为细致的观察与鉴定，并对薛村遗址与新郑多处遗址汉代、唐代、宋代人骨所组成的郑州汉代组、唐代组、宋代组做了初步的统计与分析。观察和分析的结果简述如下：

（1）荥阳薛村汉至明清时期遗址和新郑多处遗址汉代、唐代、宋代居民创伤最多出现在中年男性身上，其次是汉唐时期的老年男性和宋代的老年女性；荥阳薛村汉至明清时期遗址和新郑多处遗址汉代、唐代、宋代居民中最常出现的是肋骨创伤，其次是汉唐时期的胫骨、腓骨创伤及宋代的尺骨、桡骨和股骨的创伤。

（2）在荥阳薛村汉至明清时期遗址和新郑多处遗址汉代、唐代、宋代居民中，共发现8例有施莫尔结节的个体，其中汉代3例，唐代和宋代各2例，明清时期1例。

（3）骨骼非特异性感染类疾病，发现荥阳薛村遗址明清时期人骨1例患有骨髓炎；在骨膜炎的病症中，发现汉代和唐代各1例个体，明清时期6例。

（4）荥阳薛村汉至明清时期遗址和新郑多处遗址汉代、唐代、宋代居民的骨性关节炎的发病率为男性高于女性，而发病的年龄段为汉代和唐代居民集中在中年期，宋代组居民则多发生于老年期。汉代组、唐代组、宋代组居民两性的骨性关节炎多出现于脊椎、肘、膝和脚/踝处，其中两性明显的差别是，相对于男性，女性骨性关节炎在髋部有较高的发病率。

（5）于郑州唐代组和宋代组居民中各发现1例疑似强直性脊柱炎的个体，并在薛村遗址明清时期人骨中发现6例个体疑似患有强直性脊柱炎。

（6）在薛村遗址明清时期人骨中发现3例个体患有颅骨骨瘤。

（7）在新陈代谢和内分泌类疾病的观察中，郑州汉代组、唐代组、宋代组居民筛状眶和多孔性骨肥厚的出现率汉代为3.95%，唐代23.64%，宋代26.47%；并在宋代组居民中发现1例属于股骨头缺血性坏死的男性个体。

（8）在先天疾病中，郑州汉代组、唐代组、宋代组居民有2例属于脊柱滑脱的唐代女性个体，汉代8例、唐代4例和宋代2例属于肱骨滑车上孔的个体，以及汉代、唐代、宋代各1例出现胸骨孔的个体。同时发现6例薛村明清时期个体具有肱骨滑车上孔。

（9）荥阳薛村汉至明清时期遗址和新郑多处遗址汉代、唐代、宋代居民牙齿在龋齿、牙周炎、根尖脓肿、牙釉质发育不良，及牙齿生前脱落五个方面均有不同程度的发病率。

第五章　颅骨形态特征及种族类型的研究

为了明确描述荥阳薛村早商及汉至明清时期遗址和新郑多处遗址汉代、唐代、宋代人骨的体质类型，确定其种族属性，按照吴汝康等①和邵象清②在其有关论著中提出的各项标准，对两性颅骨进行了非测量性形态特征的观察、测量性测量特征的统计和比较研究。

第一节　荥阳薛村遗址早商居民颅骨形态特征及种族类型③

本书对属于早商文化时期的墓葬和灰坑中保存较为完整的6例头骨（男性1个、女性5个）进行了形态观察和测量（薛村遗址早商颅骨测量值详见附表八，颅骨图片参见图版一和图版二）。现对荥阳薛村遗址早商时期6例颅骨的形态特征作简要的描述。

XXⅡM191　女性，55岁左右。从颅顶面观察，其颅形卵圆，眉弓发育很弱，鼻根凹陷较浅，前额中等程度倾斜；矢状缝结构为前囟段、顶段均愈合，顶孔段和后段均属锯齿型，并有椭圆形眼眶，其眶指数为中眶型，心形的梨状孔和钝型的梨状孔下缘；鼻前棘属Broca Ⅰ级，鼻指数为阔鼻型。犬齿窝凹陷显著，乳突较小，枕外隆突为中等；腭型属V型，腭圆枕呈瘤状。下颌角区外翻，下颌圆枕较弱，颏型尖形。

XXⅡM192　女性，40～45岁。头骨顶面外轮廓为卵圆形，眉弓发育中等，鼻根凹浅，前额倾斜；矢状缝结构：前囟段、顶段和顶孔段均已愈合，后段为锯齿形；并有斜方形眼眶；梨形的梨状孔和鼻前沟型的梨状孔下缘；鼻前棘为Broca Ⅰ级。犬齿窝凹陷显著，翼区为“H”形，并有中等大小的乳突和稍显的枕外隆突。腭型为“V”形，腭圆枕为瘤状；下颌角区外翻，下颌圆枕明显，颏型为尖形。从颅骨整体上看，颅型有长宽指数的中颅型和额宽指数的狭额型的特点，其总面角和齿槽面角均为特平颌型，中面角为平颌型。

XXⅡT0517H183　女性，55岁左右。从颅顶面观察，该头骨为卵圆形颅，眉弓发育中等，鼻根凹陷明显，前额倾斜；矢状缝结构为前囟段为深波型，顶段、顶孔段和后段均属锯齿型；并有椭圆形眼眶；梨形的梨状孔和鼻前沟型的梨状孔下缘；鼻前棘属Broca Ⅱ级。犬齿窝凹陷

① 吴汝康，吴新智，张振标.人体测量方法［M］.北京：科学出版社，1984：11-101.

② 邵象清.人体测量手册［M］上海：上海辞书出版社，1985：57-132.

③ 孙蕾，楚小龙，朱泓，河南荥阳薛村遗址早商人骨种系研究［J］. 华夏考古，2013，（1）：55-64.

显著，翼区"H"形，乳突特大，枕外隆突显著；腭型属椭圆形，腭圆枕嵴状。下颌角区外翻，未见下颌圆枕，颏型方形。该头骨表现为颅指数的中颅型，长高指数的高颅型和宽高指数的狭颅型，并伴有狭额型、中鼻型、中眶型、中腭型的特点，其面突指数为正颌型，总面角为中颌型，中面角为平颌型，齿槽面角为突颌型。

XXⅡT1119H460　女性，40岁左右。头骨顶面外轮廓为卵圆形，眉弓发育中等，鼻根凹浅，前额倾斜；矢状缝结构为前囟段和后段为深波型，顶段与顶孔段为锯齿形；并有椭圆形眼眶；三角形的梨状孔和钝型的梨状孔下缘；鼻前棘为Broca Ⅰ级。犬齿窝凹陷中等，翼区为"H"形，并有大的乳突和中等的枕外隆突。腭型为"U"形，腭圆枕为瘤状；下颌角区外翻，下颌圆枕明显，颏型为圆形。从颅骨整体上看，颅型有长宽指数的中颅型，长高指数的高颅型结合宽高指数的狭颅型特点，并有中额型、阔鼻型、低眶型、中腭型和中颌型等特征。

XXⅡT1218H464　女性，20～25岁。颅顶外轮廓为卵圆形，眉弓发育较弱，鼻根凹陷明显，额骨中等程度后倾；矢状缝结构为前囟段为深波型，顶段、顶孔段和后段皆为锯齿型；并有椭圆形眼眶，心形梨状孔和钝型的梨状孔下缘。鼻前棘为Broca Ⅱ级。犬齿窝凹陷显著，翼区为"H"形，并有小的乳突和中等的枕外隆突。腭型为椭圆形，腭圆枕为丘状；下颌角外翻，下颌圆枕较弱，颏型为尖形。颅型表现出长宽指数的中颅型，长高指数的高颅型和宽高指数的狭颅型特点，并结合狭额型、全面指数的中面型、上面指数的中上面型、中鼻型、中眶型、狭腭型和面突指数的中颌型等特征，其总面角为中颌型，中面角为平颌型，齿槽面角为特突颌型。

XXⅡT0820H506　男性，30～35岁。从颅顶面观察，该头骨为卵圆形，眉弓发育显著，鼻根凹陷较浅，额骨中等程度后倾；矢状缝结构为前囟段已愈合，顶段、顶孔段和后段皆为锯齿型；并有椭圆形眼眶、梨形梨状孔和锐型梨状孔下缘。鼻前棘为Broca Ⅱ级。犬齿窝发育较弱，翼区为"H"形，并有小的乳突和明显的枕外隆突、"V"形的腭型、瘤状的腭圆枕、外翻的下颌角型、明显的下颌圆枕及尖形的颏型。颅骨整体上表现为长宽指数的中颅型、长高指数的高颅型和宽高指数的狭颅型，并表现为中额型、中鼻型和中眶型，其面突指数和总面角均属于中颌型，中面角为平颌型，齿槽面角为突颌型。

从以上6例颅骨形态的观察和测量特征看，墓葬与灰坑颅骨的若干重要颅面部测量性状均没有超出以亚洲蒙古人种东亚类型体质特征为主体因素的中原地区青铜时代居民的相应范畴，如颅型多以卵圆形为主，中颅型、高颅型结合狭颅型；中额型和狭额型并存，并有以锯齿形为主的矢状缝，偏阔的中鼻型和阔鼻型结合较深的鼻根凹和以BrocaⅡ级为主的鼻前棘；眼眶为椭圆形，以中眶型为主，其次为低眶型；并有中面型的全面指数、中上面型的上面指数，突颌型的齿槽面角，平颌型的中面角和中颌型的总面角。因此，薛村早商组的体质类型应大体归属于亚洲蒙古人种的东亚类型，同时也显示出了某些与南亚类型接近的倾向。所以，没有充分理由将墓葬与灰坑中的5例女性个体视为不同来源的群体，故将两者合并为一组加以研究。

第二节　荥阳薛村遗址汉至明清时期颅骨形态特征的观察与测量

为了明确描述薛村汉代至明清时期人骨的体质类型，确定其种族属性，对薛村遗址汉代至明清时期两性颅骨进行了观察、测量和统计（薛村遗址汉至明清时期颅骨测量值详见附表十五～附表二十八，颅骨图片参见图版三～图版三五）。

一、汉代颅骨的形态特征

在表5.1中，薛村遗址汉代居民男性头骨的非测量特征均主要表现为：颅型以卵圆形为主，眉弓突度和眉间突度多为显著和稍显发育，前额多倾斜，矢状缝前囟段以深波为主、顶段以锯齿形为主、顶孔段和后段均以深波型和锯齿型为主；鼻前棘发育多为稍显，其次为中等；鼻根区凹陷发育多明显，其次为略有；乳突发育多较大，枕外隆突多为发育显著和喙状，眶型以椭圆形和方形多见；多梨状孔和抛物线形的腭型，翼区多为顶蝶型，下颌圆枕发育多为弱，并多是外翻型的下颌角区；腭圆枕以丘状为主，其次为嵴状；犬齿窝多为显著发育，其次为中等发育；颏型为方形，其次为圆形。女性头骨与男性头骨之间的形态分布基本一致，只是在某些细节上略有差异，如乳突发育多中等和偏小、枕外隆突则以中等程度为主、多无下颌圆枕及圆形的颏型等。这些差异属于性别差异，而非体质类型差异。

表5.1　薛村遗址汉代头骨的非测量性形态特征

观察项目		男性	女性	观察项目		男性	女性
颅型	卵圆形	19	16	鼻根区凹陷	略有	6	5
	五角形	0	1		明显	7	8
	菱形	10	7		极明显	1	2
眉弓突度	弱	1	2		几近直角	0	1
	中等	7	9	鼻前棘	不显	1	0
	显著	17	8		稍显	8	8
	特显	1	1		中等	2	6
眉弓范围	缺如	1	1		显著	1	0
	未延伸至眶上缘中点	19	17	犬齿窝	弱	3	5
	延伸至或超过眶上缘中点	6	2		中等	6	4
眉间突度	不显	1	2		显著	6	3
	稍显	10	9		极显	0	2
	中等	11	8	梨状孔	心形	1	2
	显著	3	1		圆形	0	1

续表

观察项目		男性	女性	观察项目		男性	女性
前额	平直	1	3	梨状孔	梨形	14	13
	中等	4	5	梨状孔下缘	锐形	6	11
	倾斜	22	12		钝形	5	1
额中缝	不存在	23	17		鼻前沟形	2	2
	不完全存在	3	4		鼻前窝形	2	2
	全部存在	2	1	乳突	小	2	8
顶骨缝前囟段	愈合	7	3		中等	5	11
	微波	2	6		大	19	4
	深波	23	7		特大	3	1
	锯齿	6	10	枕外隆突	稍显	4	2
顶段	愈合	3	3		中等	3	12
	微波	1	0		显著	11	8
	深波	6	2		极显	2	2
	锯齿	27	21		喙状	10	4
顶孔段	愈合	5	2	顶孔	缺如	6	5
	微波	1	0		存在1孔	8	6
	深波	7	9		存在2孔	15	7
	锯齿	21	15		多孔	1	1
后段	愈合	7	2	翼区	愈合	1	0
	微波	1	0		顶蝶型	14	12
	深波	9	13	下颌圆枕	无	3	5
	锯齿	16	12		弱	10	6
眶型	圆形	0	1		明显	1	0
	椭圆形	7	8	下颌角区	外翻型	12	11
	方形	4	1		直型	1	3
	长方形	2	3	颏型	方形	8	2
腭型	"U"形	4	3		圆形	7	6
	椭圆形	1	1		尖形	0	2
	抛物线形	11	15		不对称形	1	0
腭圆枕	缺如	4	3	颏孔	存在1孔	0	3
	嵴状	5	6				
	丘状	8	10		存在2孔	17	10
	瘤状	1	0				

根据表5.2，归纳薛村汉代两性古代居民颅骨角度和指数的形态类型分布，颅宽高指数以中颅型为主，其次为圆颅型；颅长高指数多为高颅型，其次为正颅型；颅宽高指数多为狭颅型，少量呈现中颅型；额宽指数多狭额型，垂直颅面指数上则男性多为中和大，女性多为小和很小；多见阔腭型的腭指数和中眶型、低眶型的眶指数；鼻指数多为阔鼻型和中鼻型，并有少量的狭鼻型，以中和大为主的鼻颧角；以平颌型和中颌型为主的总面角，齿槽面角则显示多为

突颌型和特突颌型；上面指数上多为中上面型和狭上面型。

表5.2　薛村遗址汉代头骨部分测量值所反映的头骨形态特征

项目		男	女
颅长宽指数（8：1）	中颅型	6	6
	圆颅型	6	6
	长颅型	1	2
	特圆颅型	1	1
颅长高指数（17：1）	正颅型	4	3
	高颅型	4	7
颅宽高指数（17：8）	狭颅型	3	5
	中颅型	4	4
	阔颅型	1	1
额宽指数（9：8）	狭额型	7	8
	中额型	4	2
	阔额型	4	2
面突指数（40：5）	正颌型	3	3
	中颌型	2	1
	突颌型	0	2
垂直颅面指数（48：17sd）	很小	0	2
	中	2	1
	大	2	2
	很大	0	1
腭指数（63：62）	狭腭型	2	3
	中腭型	1	3
	阔腭型	6	5
眶指数Ⅰ（52：51R）	低眶型	2	3
	中眶型	4	9
	高眶型	2	1

项目		男	女
鼻指数（54：55）	狭鼻型	3	2
	中鼻型	3	3
	阔鼻型	4	3
	特阔鼻型	0	2
鼻根指数（SS：SC）	很弱	0	1
	弱	3	4
	中	4	5
	突	1	1
	很突	0	1
总面角（72）	中颌型	2	5
	突颌型	1	1
	平颌型	3	1
齿槽面角（74）	中颌型	0	1
	突颌型	4	2
	特突颌型	2	3
	超突颌型	0	1
鼻颧角（77）	很小	1	2
	小	4	1
	中	2	3
	大	5	3
	很大	1	4
上面指数（48：45sd）	特狭上面型	0	1
	狭上面型	1	1
	中上面型	1	1

二、唐代颅骨的形态特征

在表5.3中，唐代颅骨的男、女两性颅型均以卵圆形为主；眉弓突度男性以显著为主，而女性则弱较多。两性前额多为倾斜，但女性相对中等和平直较多。颅顶缝前囟段男、女两性均以深波为主，顶段、顶孔段和后段均以锯齿形和深波为主。乳突男性多为大级，女性则多为中等和小。眶型男女多为椭圆形；鼻根区凹陷两性均以略有和明显为主，犬齿窝多为显著，其次为弱级，梨状孔以梨形为主，腭型则两性均以抛物线形为主，腭圆枕多为丘状，其次是缺如和嵴状。枕外隆凸男性多为喙状，女性多为稍显和中等。翼区两性均以顶蝶型为主。下颌圆枕男性多为弱，女性多无。下颌角区两性多为外翻型，而颏型两性均多为方形和圆形，其中女性还有2例为尖形。两性的颏孔均存在2孔。

表5.3 薛村遗址唐代头骨的非测量性形态特征

观察项目		男性	女性	观察项目		男性	女性
颅型	卵圆形	11	11	梨状孔下缘	锐形	3	7
	菱形	0	5		钝形	2	4
眉弓突度	弱	0	5		鼻前沟形	4	1
	中等	3	3		鼻前窝形	2	1
	显著	7	6	鼻前棘	不显	1	1
眉弓范围	缺如	0	2		稍显	3	7
	未延伸至眶上缘中点	7	10		中等	5	3
	延伸至或超过眶上缘中点	3	3		显著	0	1
眉间突度	不显	0	2	犬齿窝	无	0	2
	稍显	3	9		弱	4	3
	中等	3	2		中等	3	1
	显著	4	1		显著	3	7
前额	平直	0	3	腭型	“U”形	2	2
	中等	2	4		椭圆形	2	2
	倾斜	7	6		抛物线形	8	11
额中缝	不存在	7	11	腭圆枕	缺如	4	4
	不完全存在	2	2		嵴状	3	3
顶骨缝前囟段	愈合	2	3		丘状	4	7
	微波	1	6	乳突	极小	0	1
	深波	6	7		小	2	5
	锯齿	2	0		中等	2	5
顶段	愈合	1	1		大	8	3
	微波	0	1	枕外隆突	稍显	1	5
	深波	3	5		中等	1	5
	锯齿	7	9		显著	2	3
顶孔段	愈合	2	2		极显	2	0
	微波	0	3		喙状	6	2
	深波	6	2	顶孔	缺如	4	4
	锯齿	3	9		存在1孔	2	2
后段	愈合	1	1		存在2孔	4	9
	微波	0	3	翼区	愈合	1	0
	深波	6	5		顶蝶型	7	8
	锯齿	4	7		点型	0	1
眶型	圆形	1	0		翼上骨型	0	1
	椭圆形	3	8	下颌圆枕	无	1	7
	方形	3	2		弱	4	2
	斜方形	0	1		明显	2	1
鼻根区凹陷	无凹陷	1	1	下颌角区	外翻型	6	10
	略有	4	4		直型	1	2
	明显	3	6	颏型	方形	5	4
	极明显	1	2		圆形	3	4
梨状孔	心形	1	1		尖形	0	2
	梨形	10	13	颏孔	存在2孔	8	13

表5.4　薛村遗址唐代头骨部分测量值所反映的头骨形态特征

项目		男	女
颅长宽指数（8：1）	中颅型	5	6
	长颅型	2	2
	圆颅型	0	1
颅长高指数（17：1）	正颅型	2	1
	高颅型	2	6
颅宽高指数（17：8）	狭颅型	5	8
	中颅型	1	1
额宽指数（9：8）	狭额型	3	4
	中额型	1	2
	阔额型	2	3
面突指数（40：5）	正颌型	2	4
	中颌型	1	3
垂直颅面指数（48：17sd）	很小	0	1
	小	0	5
	中	2	1
	大	2	0
上面指数（48：45sd）	特狭上面型	0	1
	狭上面型	0	1
	中上面型	0	2
鼻指数（54：55）	狭鼻型	3	1
	中鼻型	1	3
	阔鼻型	2	4
	特阔鼻型	0	1

项目		男	女
眶指数Ⅰ（52：51R）	低眶型	1	3
	中眶型	3	6
	高眶型	1	2
鼻根指数（SS：SC）	很弱	1	1
	弱	0	5
	中	3	2
	突	1	2
	很突	1	0
腭指数（63：62）	狭腭型	2	1
	中腭型	0	1
	阔腭型	5	7
总面角（72）	平颌型	2	5
	中颌型	3	2
	突颌型	0	1
齿槽面角（74）	中颌型	0	1
	突颌型	2	3
	特突颌型	3	3
	超突颌型	0	1
鼻颧角（77）	小	0	1
	中	5	4
	大	1	3
	很大	0	3

从表5.4可见，男、女两性均以中颅型为主，长颅型次之，其中女性还有1例圆颅型。颅长高指数显示，男性正颅型和高颅型各占观察总数的一半，女性多为高颅型，仅1例为正颅型。从颅宽高指数看，男、女两性均以狭颅型居多，其余中颅型各有1例。额宽指数显示，男、女两性均以狭额型为主。在面突指数中，两性均为正颌型居多，中颌型次之。男性的垂直颅面指数大和中各占一半，女性则以小为主，其次为很小和中。在鼻指数中，男性多狭鼻型，阔鼻型次之，中鼻型仅1例，女性以阔鼻型居多，中鼻型次之，狭鼻型和特阔鼻型各1例。眶指数表明，男、女两性均以中眶型为主。上面指数显示，女性多中上面型，特狭上面型和狭上面型各1例。男性的鼻根指数以中为主，女性则以弱为主。腭指数显示，男、女两性均以阔腭型为主，狭腭型次之。在总面角中，男性中颌型居多，平颌型次之，女性多为平颌型，中颌型和突颌型次之。男性的齿槽面角多为特突颌型，其次为突颌型，女性则以特突颌型、突颌型为主，中颌型、超突颌型各1例。男性的鼻颧角以中为主，大仅1例，女性多为中，其次是大和很大，仅1例为小。

三、宋金元颅骨的形态特征

通过对表5.5和表5.6中宋金元时期两性颅骨的测量值和非测量特征的综合分析，薛村遗址宋金元时期男性颅骨的主要体质特征可以概括为：长宽比例上的中颅型和长颅型，长高比例上的高颅型，宽高比例上的狭颅型；卵圆形的颅型，并结合特显及显著的眉弓突度，倾斜的前额，狭额型、正颌型和阔鼻型，小的垂直颅面指数，中等偏突的鼻根指数，中等的鼻颧角及特突颌型的齿槽面角和明显的鼻根区凹陷、显著的鼻前棘和梨形的梨状孔，中眶型结合平颌型的总面角。顶骨缝前囟段为深波，锯齿形的顶段，深波形的顶孔段及深波和锯齿形的后段。抛物线形的腭型，以及喙状和显著的枕外隆凸。女性与男性相比较，所不同的是额宽指数的中额型，面突指数的中颌型，垂直颅面指数为中，以阔上面型为主的上面指数和以突颌型为主的总面角及以U形为主的腭型。而女性中等的眉弓突度、稍显的鼻前棘、以小为主的枕外隆凸和乳突等反映了较为明显的性别差异。

表5.5　薛村遗址宋金元时期头骨的非测量性形态特征

观察项目		男性	女性	观察项目		男性	女性
颅型	卵圆形	3	2	鼻前棘	稍显	0	1
	五角形	0	1		中等	0	3
	菱形	0	2		显著	1	0
眉弓突度	中等	0	2	梨状孔	心形	0	2
	显著	1	2		梨形	1	2
	特显	1	0	梨状孔下缘	锐形	0	3
眉弓范围	未延伸至眶上缘中点	2	4		钝形	1	0
眉间突度	稍显	0	2		鼻前沟形	0	1
	中等	1	2	犬齿窝	显著	1	2
	显著	1	0	腭型	“U”形	0	3
前额	中等	0	2		抛物线形	1	0
	倾斜	2	3	腭圆枕	嵴状	0	1
额中缝	不存在	2	4		丘状	1	1
	不完全存在	0	1	乳突	小	0	3
顶骨缝前囟段	愈合	0	1		中等	1	2
	微波	0	2		大	1	0
	深波	2	2	枕外隆突	稍显	0	1
	锯齿	0	1		中等	0	2
顶段	愈合	0	2		显著	1	0
	锯齿	2	2		喙状	1	2
顶孔段	愈合	0	2	顶孔	缺如	0	1
	深波	2	3		存在1孔	0	2
后段	愈合	0	2		存在2孔	3	1
	深波	1	2	翼区	愈合	1	1
	锯齿	1	1		顶蝶型	0	2

续表

观察项目		男性	女性	观察项目		男性	女性
眶形	圆形	0	1	翼区	翼上骨型	0	1
	椭圆形	0	2	下颌圆枕	无	0	1
	方形	0	1	下颌角区	内翻型	0	1
	长方形	1	0	颏形	圆形	0	1
鼻根区凹陷	略有	0	1	颏孔	存在2孔	0	1
	明显	1	3				

表5.6　薛村遗址宋金元头骨部分测量值所反映的头骨形态特征

项目		男	女	项目		男	女
颅长宽指数（8：1）	中颅型	1	2	鼻指数54：55	狭鼻型	0	1
	长颅型	1	0		中鼻型	0	1
颅长高指数（17：1）	高颅型	2	2		阔鼻型	1	1
	正颅型	0	1	眶指数Ⅰ（52：51R）	中眶型	2	3
颅宽高指数（17：8）	狭颅型	2	1	鼻根指数（SS：SC）	很弱	0	1
	阔颅型	0	1		弱	0	1
额宽指数（9：8）	狭额型	2	0		中	1	0
	中额型	0	2		突	1	1
面突指数（40：5）	中颌型	0	2	总面角（72）	平颌型	1	0
	正颌型	1	0		中颌型	0	1
	突颌型	0	1		突颌型	0	2
垂直颅面指数（48：17sd）	很小	0	1	齿槽面角（74）	特突颌型	1	2
	小	1	0		突颌型	0	1
	中	0	2	鼻颧角（77）	中	2	2
上面指数（K）（48：45sd）	阔上面型	0	2		小	0	1

四、明清颅骨的形态特征

总结表5.7和表5.8中颅骨标本的形态特征和测量性状，薛村遗址明清颅骨的主要体质特征可以概括为：两性均是以中颅型为主、长颅型次之的颅指数，以高颅型为主的颅长高指数及以狭颅型和中颅型为主的颅宽高指数，并都是以狭额型为主、中额型次之的额宽指数；两性的前额均以倾斜为主，中等次之，而额中缝多不存在，不完全存在次之。男女均为卵圆形为主的颅型及以显著和中等为主的眉弓突度。男性的面突指数多为正颌型，女性则正颌型和中颌型各占一半。男性的垂直颅面指数多为很小，而女性则多为小，很小次之。两性的上面指数均以中上面型和阔上面型占主体。鼻指数上，男性多为中鼻型，女性多为狭鼻型和阔鼻型。男性的鼻颧角以中等为主，而女性则以大为主；男性的鼻根区凹陷多明显，女性则以极明显和明显为主；男性犬齿窝多为弱，显著次之，女性以显著居多。两性均以中眶型为主，男性的眶型以椭圆形为主，其次为圆形、方形和斜方形，女性则多为方形和圆形，椭圆形次之。在腭指数上，两性均以阔腭型和狭腭型居多，腭型以抛物线居多。两性的梨状孔均以梨形为主。顶骨缝前囟段两性均以深波为主，顶段以锯齿为主，顶孔段以深波为主，后段以深波和锯齿居多。男性的乳突多为大，而女性的以小为主，大次之。在枕外隆凸上，男性多喙状，女性多为稍显。两性的翼区均以顶蝶型为主，下颌角区多为外翻型。男性的颏型以方形居多，女性的以圆形居多，尖形次之。两性的颏孔均为存在2孔。

表5.7　薛村遗址明清头骨的非测量性形态特征

观察项目		男性	女性	观察项目		男性	女性
颅型	卵圆形	4	7	梨状孔	心形	1	5
	楔形	0	1		梨形	5	10
	菱形	2	5	梨状孔下缘	锐形	3	7
眉弓突度	弱	1	2		钝形	1	5
	中等	2	5		鼻前沟形	1	0
	显著	4	6		鼻前窝形	1	2
	特显	0	1	犬齿窝	弱	3	2
眉弓范围	未延伸至眶上缘中点	6	13		中等	1	2
	延伸至或超过眶上缘中点	1	1		显著	2	7
眉间突度	不显	1	5		极显	0	3
	稍显	1	4	腭型	“U”形	1	5
	中等	4	5		椭圆形	0	2
	显著	1	0		抛物线形	5	8
前额	中等	2	3	腭圆枕	缺如	0	2
	倾斜	5	11		嵴状	4	3
额中缝	不存在	6	11		丘状	1	7
	不完全存在	1	4		瘤状	1	3
顶骨缝前囟段	愈合	2	2	乳突	极小	0	2
	微波	0	1		小	1	8
	深波	5	5		中等	1	0
	锯齿	1	2		大	7	6
顶段	愈合	0	1	枕外隆突	稍显	0	5
	深波	3	1		中等	2	4
	锯齿	5	8		显著	1	4
顶孔段	愈合	1	2		极显	1	1
	微波	0	1		喙状	5	1
	深波	4	4	顶孔	存在1孔	2	6
	锯齿	2	3		存在2孔	5	5
后段	愈合	1	2	翼区	愈合	0	1
	深波	3	3		顶蝶型	5	6
	锯齿	3	3		点型	0	1
眶型	圆形	2	4		翼上骨型	1	1
	椭圆形	3	2	下颌圆枕	无	2	6

续表

观察项目		男性	女性	观察项目		男性	女性
眶型	方形	2	5	下颌圆枕	弱	2	2
	长方形	0	2		明显	2	2
	斜方形	2	0	下颌角区	外翻型	5	8
鼻根区凹陷	无凹陷	0	1		直型	1	3
	略有	1	3	颏型	方形	5	1
	明显	4	4		圆形	0	9
	极明显	1	6		尖形	1	2
	几近直角	0	1		不对称形	1	0
鼻前棘	不显	1	3	颏孔	存在2孔	6	13
	稍显	1	6				
	中等	3	6				

表5.8　薛村遗址明清头骨部分测量值所反映的头骨形态特征

项目		男	女	项目		男	女
颅指数（8：1）	长颅型	1	2	腭指数（63：62）	狭腭型	2	4
	中颅型	5	4		中腭型	1	1
	特长颅型	0	1		阔腭型	3	5
	圆颅型	0	1	眶指数Ⅰ（52：51R）	低眶型	1	1
颅长高指数（17：1）	低颅型	0	1		中眶型	6	6
	高颅型	5	3		高眶型	1	4
	正颅型	1	2	鼻根指数（SS：SC）	很弱	1	0
颅宽高指数（17：8）	狭颅型	4	3		弱	2	3
	中颅型	2	3		中	5	3
	阔颅型	0	1		突	0	2
额宽指数（9：8）	狭额型	4	6		很突	0	2
	中额型	2	2	总面角（72）	平颌型	3	2
面突指数（40：5）	正颌型	4	3		中颌型	2	5
	中颌型	1	3		突颌型	1	1
垂直颅面指数（48：17sd）	很小	3	2	齿槽面角（74）	平颌型	1	1
	小	1	4		中颌型	0	1
	中	1	0		突颌型	3	3
上面指数（K）（48：45sd）	中上面型	2	3		特突颌型	2	1
	阔上面型	2	2		超突颌型	0	2
	狭上面型	0	1	鼻颧角（77）	小	1	1
鼻指数（54：55）	狭鼻型	1	4		中	4	2
	中鼻型	5	2		大	2	6
	阔鼻型	2	4		很大	1	2

第三节　郑州汉代组居民颅骨形态特征及种族类型

一、颅骨非测量性形态特征

将荥阳薛村遗址汉代颅骨与新郑天成隔热遗址、羚锐遗址、中华北路遗址、北街遗址、文化路中段遗址、丽都花园和众康遗址汉代颅骨合并，组成郑州汉代组颅骨，共包括可供观察的完整和部分完整的颅骨计85例。汉代两性颅骨非测量形态特征的统计结果见表5.9。

表5.9　郑州汉代组颅骨非测量形态特征观察统计表

项目	性别	例数	形态分类及出现率					
颅型			椭圆形	圆形	卵圆形	五角形	楔形	菱形
	男性	33	0（0.00%）	0（0.00%）	23（69.70%）	0（0.00%）	0（0.00%）	10（30.30%）
	女性	28	0（0.00%）	0（0.00%）	19（67.86%）	1（3.57%）	0（0.00%）	8（28.57%）
	合计	61	0（0.00%）	0（0.00%）	42（68.85%）	1（1.64%）	0（0.00%）	18（29.51%）
眉弓突度			弱	中等	显著	特显	粗壮	
	男性	29	1（3.45%）	7（24.14%）	20（68.97%）	1（3.45%）	0（0.00%）	
	女性	25	7（28.00%）	9（36.00%）	8（32.00%）	1（4.00%）	0（0.00%）	
	合计	54	8（14.81%）	16（29.63%）	28（51.85%）	2（3.70%）	0（0.00%）	
眉弓范围			0级	1级	2级	3级		
	男性	29	1（3.45%）	22（75.86%）	6（20.69%）	0（0.00%）		
	女性	25	3（12.00%）	20（80.00%）	2（8.00%）	0（0.00%）		
	合计	54	4（7.41%）	42（77.78%）	8（14.81%）	0（0.00%）		
眉间突度			不显	稍显	中等	显著	极显	粗壮
	男性	28	1（3.57%）	10（35.71%）	12（42.86%）	5（17.86%）	0（0.00%）	0（0.00%）
	女性	25	5（20.00%）	11（44.00%）	8（32.00%）	1（4.00%）	0（0.00%）	0（0.00%）
	合计	53	6（11.32%）	21（39.62%）	20（37.74%）	6（11.32%）	0（0.00%）	0（0.00%）
前额			平直	中等	倾斜			
	男性	29	1（3.45%）	5（17.24%）	23（79.31%）			
	女性	25	5（20.00%）	7（28.00%）	13（52.00%）			
	合计	54	6（11.11%）	12（22.22%）	36（66.67%）			
额中缝			不存在	不完全存在	全部存在			
	男性	32	27（84.38%）	3（9.38%）	2（6.25%）			
	女性	27	22（81.48%）	4（14.81%）	1（3.70%）			
	合计	59	49（83.05%）	7（11.86%）	3（5.08%）			
顶骨缝前囟段			愈合	微波	深波	锯齿	复杂	
	男性	42	8（19.05%）	3（7.14%）	24（57.14%）	7（16.67%）	0（0.00%）	
	女性	30	3（10.00%）	8（26.67%）	9（30.00%）	10（33.33%）	0（0.00%）	
	合计	72	11（15.28%）	11（15.28%）	33（45.83%）	17（23.61%）	0（0.00%）	

续表

项目	性别	例数	形态分类及出现率					
顶段	男性	41	4（9.76%）	1（2.44%）	6（14.63%）	30（73.17%）	0（0.00%）	
	女性	30	5（16.67%）	0（0.00%）	2（6.67%）	23（76.67%）	0（0.00%）	
	合计	71	9（12.68%）	1（1.41%）	8（11.27%）	53（74.65%）	0（0.00%）	
顶孔段								
	男性	37	6（16.22%）	1（2.70%）	7（18.92%）	23（62.16%）	0（0.00%）	
	女性	30	3（10.00%）	0（0.00%）	9（30.00%）	18（60.00%）	0（0.00%）	
	合计	67	9（13.43%）	1（1.49%）	16（23.88%）	41（61.19%）	0（0.00%）	
后段								
	男性	33	7（21.21%）	1（3.03%）	9（27.27%）	16（48.48%）	0（0.00%）	
	女性	27	2（7.41%）	0（0.00%）	13（48.15%）	12（44.44%）	0（0.00%）	
	合计	60	9（15.00%）	1（1.67%）	22（36.67%）	28（46.67%）	0（0.00%）	
眶型			圆形	椭圆形	方形	长方形	斜方形	
	男性	15	0（0.00%）	7（46.67%）	4（26.67%）	2（13.33%）	2（13.33%）	
	女性	16	1（6.25%）	9（56.25%）	3（18.75%）	3（18.75%）	0（0.00%）	
	合计	31	1（3.23%）	16（51.61%）	7（22.58%）	5（16.13%）	2（6.45%）	
鼻根区凹凸			无凹陷	略有	明显	极明显	几近直角	
	男性	16	0（0.00%）	7（43.75%）	8（50.00%）	1（6.25%）	0（0.00%）	
	女性	21	0（0.00%）	7（33.33%）	11（52.38%）	2（9.52%）	1（4.76%）	
	合计	37	0（0.00%）	14（37.84%）	19（51.35%）	3（8.11%）	1（2.70%）	
鼻前棘			不显	稍显	中等	显著	特显	
	男性	15	1（6.67%）	10（66.67%）	3（20%）	1（6.67%）	0（0.00%）	
	女性	19	1（5.26%）	9（47.37%）	8（42.11%）	1（5.26%）	0（0.00%）	
	合计	34	2（5.88%）	19（55.88%）	11（32.35%）	2（5.88%）	0（0.00%）	
梨状孔			心形	圆形	梨形			
	男性	18	1（5.56%）	0（0.00%）	17（94.44%）			
	女性	20	2（10.00%）	1（5.00%）	17（85.00%）			
	合计	38	3（7.89%）	1（2.63%）	34（89.47%）			
梨状孔下缘			锐形	钝形	鼻前沟形	鼻前窝形	混合形	
	男性	18	8（44.44%）	6（33.33%）	2（11.11%）	2（11.11%）	0（0.00%）	
	女性	20	13（65.00%）	1（5.00%）	3（15.00%）	3（15.00%）	0（0.00%）	
	合计	38	21（55.26%）	7（18.42%）	5（13.16%）	5（13.16%）	0（0.00%）	
犬齿窝			无	弱	中等	显著	极显	
	男性	17	1（5.88%）	4（23.53%）	6（35.29%）	6（35.29%）	0（0.00%）	
	女性	18	0（0.00%）	8（44.44%）	5（27.78%）	3（16.67%）	2（11.11%）	
	合计	35	1（2.86%）	12（34.29%）	11（31.43%）	9（25.71%）	2（5.71%）	
腭型			“U”形	椭圆形	抛物线形			
	男性	18	4（22.22%）	1（5.56%）	13（72.22%）			
	女性	23	3（13.04%）	1（4.35%）	19（82.61%）			
	合计	41	7（17.07%）	2（4.88%）	32（78.05%）			

续表

项目	性别	例数	形态分类及出现率					
腭圆枕			缺如	嵴状	丘状	瘤状		
	男性	21	4（19.05%）	6（28.57%）	9（42.86%）	2（9.52%）		
	女性	24	5（20.83%）	8（33.33%）	10（41.67%）	1（4.17%）		
	合计	45	9（20.00%）	14（31.11%）	19（42.22%）	3（6.67%）		
乳突			极小	小	中等	大	特大	
	男性	33	0（0.00%）	2（6.06%）	6（18.18%）	22（66.67%）	3（9.09%）	
	女性	29	0（0.00%）	11（37.93%）	12（41.38%）	5（17.24%）	1（3.45%）	
	合计	62	0（0.00%）	13（20.97%）	18（29.03%）	27（43.55%）	4（6.45%）	
枕外隆突			缺如	稍显	中等	显著	极显	喙状
	男性	34	0（0.00%）	5（14.71%）	3（8.82%）	11（32.35%）	2（5.88%）	13（38.24%）
	女性	33	0（0.00%）	6（18.18%）	13（39.39%）	8（24.24%）	2（6.06%）	4（12.12%）
	合计	67	0（0.00%）	11（16.42%）	16（23.88%）	19（28.36%）	4（5.97%）	17（25.37%）
顶孔			缺如	存在1孔	存在2孔	多孔		
	男性	33	7（21.21%）	8（24.24%）	17（51.52%）	1（3.03%）		
	女性	23	6（26.09%）	6（26.09%）	10（43.48%）	1（4.35%）		
	合计	56	13（23.21%）	14（25.00%）	27（48.21%）	2（3.57%）		
翼区			愈合	顶蝶型	额颞型	点型	翼上骨型	
	男性	19	1（5.26%）	18（94.74%）	0（0.00%）	0（0.00%）	0（0.00%）	
	女性	15	1（6.67%）	14（93.33%）	0（0.00%）	0（0.00%）	0（0.00%）	
	合计	34	2（5.88%）	32（94.12%）	0（0.00%）	0（0.00%）	0（0.00%）	
下颌圆枕			无	弱	明显	极显		
	男性	18	6（33.33%）	11（61.11%）	1（5.56%）	0（0.00%）		
	女性	16	8（50.00%）	7（43.75%）	1（6.25%）	0（0.00%）		
	合计	34	14（41.18%）	18（52.94%）	2（5.88%）	0（0.00%）		
下颌角区			外翻型	直型	内翻型			
	男性	17	14（82.35%）	3（17.65%）	0（0.00%）			
	女性	19	12（63.16%）	5（26.32%）	2（10.53%）			
	合计	36	26（72.22%）	8（22.22%）	2（5.56%）			
颏型			方形	圆形	尖形	不对称形		
	男性	20	9（45.00%）	7（35.00%）	3（15.00%）	1（5.00%）		
	女性	15	2（13.33%）	10（66.67%）	3（20.00%）	0（0.00%）		
	合计	35	11（31.43%）	17（48.57%）	6（17.14%）	1（2.86%）		
颏孔			存在1孔	存在2孔	存在多孔			
	男性	21	0（0.00%）	21（100.00%）	0（0.00%）			
	女性	18	3（16.67%）	15（83.33%）	0（0.00%）			
	合计	39	3（7.69%）	36（92.31%）	0（0.00%）			

男性颅骨在颅型方面多为卵圆形，其次为菱形，卵圆形的颅骨占69.70%，而菱形颅骨占30.30%。眉弓发育虽然以显著为主，但较弱至中等发育程度的颅骨也占了相当的比重。前额多

为倾斜偏中等，平直者仅见1例。有84.38%的颅骨上不存在额中缝，有3例颅骨是不完全存在，另有2例颅骨则是全部存在额中缝，这2例颅骨占6.25%。颅顶骨缝的前囟段以深波为主，占57.14%，另有8例愈合及7例锯齿形；顶段以锯齿形为主，占73.17%，另外深波也占14.63%；顶孔段多为锯齿形，其次是深波型和愈合；后段以锯齿为主，其次是深波和愈合。眶型以椭圆形居多，其次是方形，而长方形和斜方形各为2例，均只占13.33%。鼻根区凹陷以明显和略有为主，分别占50.00%和43.75%，另有1例为极明显。鼻前棘有10例为稍显，占66.67%，其次是3例中等，不显和显著各有1例。梨状孔中，梨形17例，占94.44%，心形1例，占5.56%。梨状孔下缘以锐形居多，占44.44%，其次是钝形，而鼻前沟形和鼻前窝形各2例，均占11.11%。犬齿窝发育多数为中等和显著，各占35.39%。腭型以抛物线形为主，占72.22%，"U"形次之，并仅有1例椭圆形。腭圆枕以丘状为主，嵴状次之，另有2例瘤状。乳突以大为主，占66.67%，并有6例中等，占18.18%，3例特大和2例小。枕外隆突多数为喙状和显著，分别占38.24%和32.35%，另有5例稍显、3例中等和2例极显。顶孔多为2孔，其次是1孔和缺如，并有1例多孔。翼区以顶蝶型为主，占94.74%，1例愈合。下颌圆枕发育多为弱和无，分别占61.11%和33.33%，还有1例明显。下颌角区以外翻型为主，占82.35%，其次是直型。颏型以方形和圆形为主，分别占45.00%和35.00%，另有3例尖形和1例不对称形。颏孔均为存在2孔。

女性颅骨标本与男性颅骨标本之间的差别主要表现为：眉弓发育多为中等偏弱；眶型以椭圆形为主，方形和长方形相对较少；犬齿窝发育多为中等偏弱；乳突以小和中等为主；枕外隆突多为稍显和中等；下颌角区的直型较多，外翻型相对较少，并出现了2例内翻型；颏型以圆形和尖形为多，方形的出现率大大低于男性等。其余各项非测量性形态特征与男性颅骨标本大体相仿。

通过对以上各项形态特征的观察，可以将郑州地区汉代居民颅骨的体质特征归纳为：以卵圆形和菱形颅为主，眉弓的发育多为中等偏显著，眉间突度多为稍显和中等，前额以倾斜偏中等为主，颅顶缝多为锯齿和深波，眶型多为椭圆形，并有略有和明显的鼻根区凹陷、稍显和中等的鼻前棘，梨状孔多为梨形，梨状孔下缘多为锐形，犬齿窝以弱、中等和显著为主，并有较多丘状的腭圆枕，顶蝶型为主的翼区，以弱为主、无和明显为辅的下颌圆枕，以外翻型为主的下颌角区，以及较多属于圆形的颏型。这些形态特征显示出比较明显的蒙古人种性质，因此，郑州地区汉代居民应归属于现代亚洲蒙古大人种的范畴。

二、颅骨测量性形态特征

汉代颅骨材料包括薛村遗址可供观察的完整或部分完整的76例个体（其中男性41例，女性35例）和新郑地区多处遗址可供观察测量的9例标本（其中男性4例，女性5例）。郑州汉代组颅骨测量特征形态分类的出现率见表5.10。郑州汉代组男、女两性各项平均值详见附表九和附表十。

表5.10　郑州汉代组颅骨测量特征形态分类的出现率

项目	性别	例数	形态分类及出现率						
颅长宽指数			超长颅型	特长颅型	长颅型	中颅型	圆颅型	特圆颅型	超圆颅型
	男	16	0（0.00%）	0（0.00%）	1（6.25%）	7（43.75%）	7（43.75%）	1（6.25%）	0（0.00%）
	女	18	0（0.00%）	0（0.00%）	2（11.11%）	9（50.00%）	6（33.33%）	1（5.56%）	0（0.00%）
颅长高指数			低颅型	正颅型	高颅型				
	男	9	0（0.00%）	5（55.56%）	4（44.44%）				
	女	13	0（0.00%）	4（30.77%）	9（69.23%）				
颅宽高指数			狭颅型	中颅型	阔颅型				
	男	10	4（40.00%）	4（40.00%）	2（20.00%）				
	女	13	7（53.85%）	5（38.46%）	1（7.69%）				
额宽指数			狭额型	中额型	阔额型				
	男	17	8（47.06%）	5（29.41%）	4（23.53%）				
	女	15	11（73.33%）	2（13.33%）	2（13.33%）				
面突指数			正颌型	中颌型	突颌型				
	男	6	4（66.67%）	2（33.33%）	0（0.00%）				
	女	9	4（44.44%）	1（11.11%）	4（44.44%）				
垂直颅面指数			很小	小	中	大	很大		
	男	5	0（0.00%）	0（0.00%）	2（40.00%）	3（60.00%）	0（0.00%）		
	女	9	2（22.22%）	0（0.00%）	2（22.22%）	3（33.33%）	2（22.22%）		
上面指数（K）			特阔上面型	阔上面型	中上面型	狭上面型	特狭上面型		
	男	2	0（0.00%）	0（0.00%）	1（50.00%）	1（50.00%）	0（0.00%）		
	女	4	0（0.00%）	0（0.00%）	1（25.00%）	2（50.00%）	1（25.00%）		
鼻指数			狭鼻型	中鼻型	阔鼻型	特阔鼻型			
	男	12	4（33.33%）	3（25.00%）	5（41.67%）	0（0.00%）			
	女	13	3（23.08%）	4（30.77%）	4（30.77%）	2（15.38%）			
眶指数Ⅰ			低眶型	中眶型	高眶型				
	男	8	2（25.00%）	4（50.00%）	2（25.00%）				
	女	16	3（18.75%）	12（75.00%）	1（6.25%）				
鼻根指数			很弱	弱	中	突	很突		
	男	10	0（0.00%）	3（30.00%）	5（50.00%）	2（20.00%）	0（0.00%）		
	女	15	1（6.67%）	4（26.67%）	5（33.33%）	4（26.67%）	1（6.67%）		
腭指数			狭腭型	中腭型	阔腭型				
	男	11	2（18.18%）	2（18.18%）	7（63.64%）				
	女	14	4（28.57%）	4（28.57%）	6（42.86%）				
总面角			特突颌型	突颌型	中颌型	平颌型	特平颌型		
	男	8	0（0.00%）	1（12.50%）	2（25.00%）	5（62.50%）	0（0.00%）		
	女	10	0（0.00%）	1（10.00%）	7（70.00%）	2（20.00%）	0（0.00%）		
齿槽面角			超突颌型	特突颌型	突颌型	中颌型	平颌型	特平颌型	
	男	8	0（0.00%）	3（37.50%）	5（62.50%）	0（0.00%）	0（0.00%）	0（0.00%）	
	女	10	1（10.00%）	4（40.00%）	4（40.00%）	1（10.00%）	0（0.00%）	0（0.00%）	

续表

项目	性别	例数	形态分类及出现率						
			很小	小	中	大	很大		
鼻颧角	男	14	1（7.14%）	5（35.71%）	2（14.29%）	5（35.71%）	1（7.14%）		
	女	16	2（12.50%）	2（12.50%）	4（25.00%）	4（25.00%）	4（25.00%）		

表5.10总结了郑州地区汉代居民颅骨角度和指数的形态类型分布，颅指数上，男、女两性出现率主要集中在中颅型和圆颅型，其次是长颅型和超圆颅型。而两性颅指数的平均值分别为79.22和78.65，均属中颅型。

颅长高指数两性均集中属于正颅型和高颅型，而男、女均值分别为76.59和76.57，均表现为高颅型。

颅宽高指数男性平均值是97.41，表现为偏狭的中颅型，女性为98.03，表现为狭颅型；两性均主要集中在狭颅型和中颅型上，另有少量的阔颅型。

额宽指数，两性均以狭额型为主，分别占47.06%和73.33%，男性的中额型和阔额型分别占29.41%和23.53%，女性的中额型和阔额型则均占13.33%。而男性均值为66.68，属偏狭的中额型，女性均值为65.50，属于狭额型。

面突指数，男性以正颌型为主，占66.67%，其次是中颌型，女性以正颌型和突颌型为主，均占44.44%，另有1例中颌型，占11.11%。男性均值为95.72，女性均值为97.99，均属于正颌型。

垂直颅面指数，男性均值为55.56，女性均值为54.17，分别属于大和中等。男性以大为主，其次为中等，女性虽以大为主，但在很小、中和很大上均占22.22%。总体来说，该组居民的垂直颅面指数反映出偏弱的高颅低面性质，其中尤以男性为甚。

上面指数，男性在中上面型和狭上面型各占一半，各有1例，女性则共有2例狭上面型，中上面型和特狭上面型各有1例。男性均值为53.35，属于中上面型，女性均值为56.86，属于偏宽的狭上面型。

鼻指数，男性多阔鼻型，其次是狭鼻型和中鼻型，女性以阔鼻型和中鼻型为主，其次为狭鼻型、特阔鼻型。男性均值为49.96，属于扁阔的中鼻型，女性均值为53.01，属于阔鼻型。

眶指数，两性均以中眶型为主，其次是低眶型和高眶型。男、女两性均值分别为80.95和79.23，均表现为中眶型。

鼻根指数，男性以中为主，其次属于弱和突，女性虽以中为主，但在很弱、弱、突和很突不同表现等级上均有少量的分布。男、女两性均值分别为39.64和40.19，均属于中等。

腭指数，男、女两性均以阔腭型为主，狭腭型和中腭型次之。男性均值为89.47，属于阔腭型，女性均值为83.53，属于偏阔的中腭型。

总面角，男性以平颌型为主，占62.50%，中颌型和突颌型则分别占25.00%和12.50%，女性以中颌型为主，占70.00%，平颌型和突颌型分别占20.00%和10.00%。男性均值为85.75°，属于偏突的平颌型，女性均值为81.25°，属于中颌型。

齿槽面角，男性多为突颌型，特突颌型次之，女性以特突颌型和突颌型为主，超突颌型与中颌型也各占10%。男性均值为70.50°，属于突颌型的前半段，女性均值为68.20°，属于特突颌型的后半段。

反映上面部扁平度的鼻颧角变异范围较大，男性鼻颧角的范围在134.00°~150.00°，平均角度值为142.07°，其中，136.00°~139.00°（小）和145.00°~148.00°（大）范围的均为5例，各占35.71%，140.00°~144.00°（中）的有2例，占14.29%，而小于135.00°（很小）和大于149.00°（很大）的各有1例，各占7.14%；女性鼻颧角的范围是132.50°~153.50°，平均角度值为144.43°，多分布在中、大和很大上，很小和小次之。男、女两性角度平均值均处于140.00°~144.00°（中），属于中等程度。综合以上两性鼻颧角变异范围的分析，郑州地区汉代居民多数面部扁平度属于中等偏大。

综合以上主要颅面部测量特征的统计结果及平均值，郑州地区汉代男性居民一般具有中颅型、高颅型和偏狭的中颅型，偏狭的中额型，正颌型，偏大的垂直颅面指数，中上面型，偏阔的中鼻型，中等程度的鼻根指数，中眶型，阔腭型，属于平颌型的总面角及突颌型的齿槽面角，属于中等偏大程度的鼻颧角。

女性个体的绝大多数测量性特征与男性接近，所不同的是在面部垂直方向的突出程度，齿槽面角的突颌程度比男性更明显，鼻型更阔等。所以，男、女两性属于同一体质类型，性别因素是造成差异的主要因素。

三、与现代亚洲蒙古人种各区系类型的比较

根据对郑州汉代组颅骨形态的观察和颅面部测量特征的统计，这些形态特征显示出比较明显的蒙古人种性质，因此，郑州汉代组居民应归属于现代亚洲蒙古大人种的范畴。而现代亚洲蒙古人种又可以大致分成四个地区类型，即北亚类型（西伯利亚人种）、东北亚类型（北极人种）、东亚类型（远东人种）和南亚类型（南亚人种）。为了进一步确定郑州汉代组居民的种系归属，我们将该组颅骨的17项线性、指数和角度值与现代亚洲蒙古人种及其中的北亚、东北亚、东亚和南亚等四个区域类型的变异范围相比较，以考察他们之间的关系。具体比较的测量项目值详见表5.11，图5.1是根据表5.11绘制出的比较项目平均值的折线图。

表5.11　郑州汉代颅骨组与现代亚洲蒙古人种的比较　（长度：毫米；角度：度；指数：%）

马丁号	测量项目	郑州汉代组	亚洲蒙古人种				
			北亚类型	东北亚类型	东亚类型	南亚类型	变异范围
1	颅长（g-op）/毫米	179.9（16）	174.90 ~ 192.70	180.70 ~ 192.40	175.00 ~ 182.20	169.90 ~ 181.30	169.90 ~ 192.70
8	颅宽（eu-eu）/毫米	141.2（22）	144.40 ~ 151.50	134.30 ~ 142.60	137.60 ~ 143.90	137.90 ~ 143.90	134.30 ~ 151.50

续表

马丁号	测量项目	郑州汉代组	亚洲蒙古人种				
			北亚类型	东北亚类型	东亚类型	南亚类型	变异范围
17	颅高（b-ba）/毫米	138.5（10）	127.10～132.40	132.90～141.10	135.30～140.20	134.40～137.80	127.10～141.10
9	额最小宽（ft-ft）/毫米	93.46（18）	90.60～95.80	94.20～96.60	89.00～93.70	89.70～95.40	89.00～96.60
48（sd）	上面高（n-sd）/毫米	75.4（9）	72.10～77.60	74.00～79.40	70.20～76.60	66.10～71.50	66.10～79.40
45	颧宽（zy-zy）/毫米	142.94（3）	138.20～144.00	137.90～144.80	131.30～136.00	131.50～136.30	131.30～144.80
32	额侧角（n-m FH）/度	85.8（10）	77.30～85.10	77.00～79.00	83.30～86.90	84.20～87.00	77.00～87.00
8：1	颅长宽指数/%	79.22（16）	75.40～85.90	69.80～79.00	76.90～81.50	76.90～83.30	69.80～85.90
17：1	颅长高指数/%	76.59（9）	67.40～73.50	72.60～75.20	74.30～80.10	76.50～79.50	67.40～80.10
17：8	颅宽高指数/%	97.41（10）	85.20～91.70	93.30～102.80	94.40～100.30	95.00～101.30	85.20～102.80
48：17sd	垂直颅面指数/%	55.56（5）	55.80～59.20	53.00～58.40	52.00～54.90	48.00～52.20	48.00～59.20
48：45sd	上面指数（K）/%	53.35（2）	51.40～55.00	51.30～56.60	51.70～56.80	49.90～53.30	49.90～56.80
77	鼻颧角/度	142.07（14）	147.00～151.40	149.00～152.00	145.00～146.60	142.10～146.00	142.10～152.00
72	总面角（n-pr FH）/度	85.75（8）	85.30～88.10	80.50～86.30	80.60～86.50	81.10～84.20	80.50～88.10
52：51R	眶指数Ⅰ/%	80.95（9）	79.30～85.70	81.40～84.90	80.70～85.00	78.20～81.00	78.20～85.70
54：55	鼻指数/%	49.96（12）	45.00～50.70	42.60～47.60	45.20～50.20	50.30～55.50	42.60～55.50
SS：SC	鼻根指数/%	39.64（10）	26.90～38.50	34.70～42.50	31.00～35.00	26.10～36.10	26.10～42.50

由表5.11和图5.1可知，在17个比较项目中，郑州汉代组男性标本的各项平均值除了鼻颧角略低于亚洲蒙古人种的变异范围的下限，其余16项均落入现代亚洲蒙古人种的变异范围。

与北亚类型相比较，共有颅长、额最小宽、上面高、颧点间宽、额侧角、颅长宽指数、上面指数、总面角、眶指数和鼻指数10项落入其变异范围。此外，垂直颅面指数接近北亚类型的下限，鼻根指数也接近北亚类型的上限。而颅宽、颅高、颅长高指数、颅宽高指数和鼻颧角则超出北亚蒙古人种的范畴较多。北亚蒙古人种通常具有低颅、阔颅等特征又与郑州汉代组的中颅、高颅和偏狭的中颅型，偏狭的中额型，以及偏小的面部扁平度有较大的差异。

与东北亚类型比较，共有颅宽、颅高、上面高、颧点间宽、颅宽高指数、垂直颅面指数、上面指数、总面角和鼻根指数9项落入其变异范围，其余的颅长、额最小宽、额侧角、颅长宽指数、颅长高指数、鼻颧角、眶指数和鼻指数则游离于该类型对比项目之外。而东北亚类型通常具有的长颅型和向后方倾斜的额部与郑州汉代组的中颅型及偏大的额侧角差异较大。

与东亚类型比较，共有颅长、颅宽、颅高、额最小宽、上面高、额侧角、颅长宽指数、颅长高指数、颅宽高指数、上面指数、总面角、眶指数和鼻指数13项落入其变异范围，而仅有颧点间宽、垂直颅面指数、鼻颧角和鼻根指数4项偏离出东亚类型的界值。该组与东亚类型比较，除了颅宽略宽，面部略高、面部扁平度偏小及鼻根偏高外，其余项目与东亚蒙古人种的种系分化趋势基本一致。

与南亚类型比较，共有颅长、颅宽、额最小宽、额侧角、颅长宽指数、颅长高指数、颅宽高指数和眶指数8项落入其变异范围，但是，颅高、上面指数和总面角接近南亚类型的上限，而鼻颧角和鼻指数则接近于南亚类型的下限。通常南亚蒙古人种具有较小的面部扁平度与郑州汉代组的颅骨也有些近似，可能说明郑州汉代组与南亚类型在颅骨形态上存在某些相似性。

通过上述分析，我们可以得出以下结论：郑州汉代组颅骨具有中颅型因素、高颅型和偏狭的中颅型，偏狭的中额型，正颌型，属于平颌型的总面角及突颌型的齿槽面角，属于中等偏大程度的鼻颧角等特点，表明其基本的颅骨形态特征与现代亚洲蒙古人种的东亚类型有较大的一致性，而其偏大的垂直颅面指数，中上面型，偏阔的中鼻型，中等程度的鼻根高，中眶型等特点表明该颅骨组与现代亚洲蒙古人种的北亚类型、东北亚类型和南亚类型在颅骨形态上均存在不同程度的相似性。

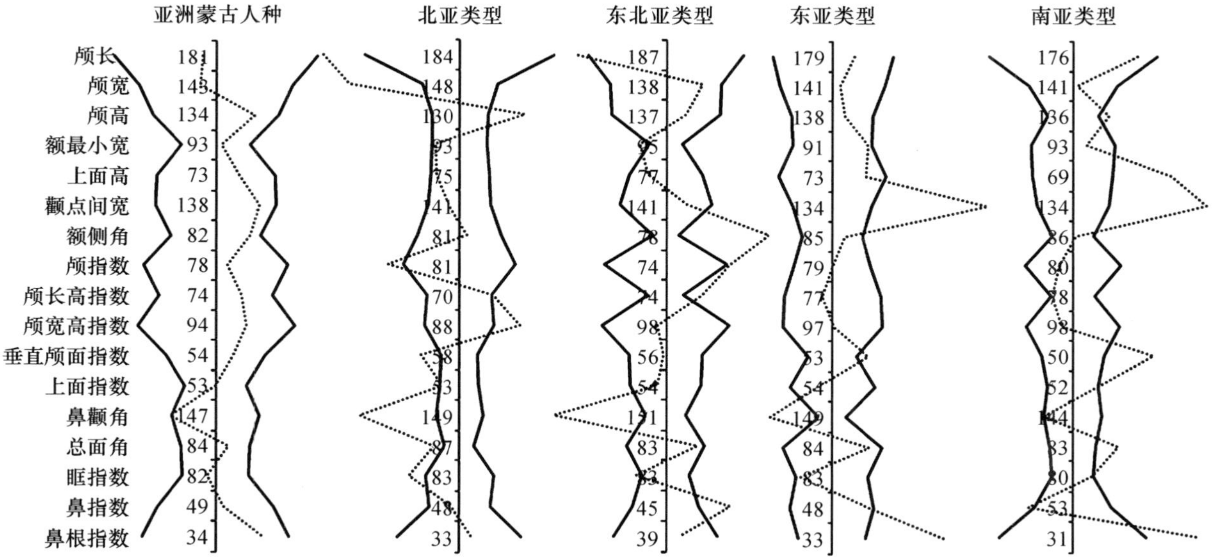

图5.1　郑州汉代组项目平均值折线图

第四节　郑州唐代组居民颅骨形态特征及种族类型

一、颅骨非测量性形态特征

本书将荥阳薛村遗址唐代颅骨与新郑宏基、华瑞遗址唐代颅骨合并，组成郑州唐代组颅骨，共包括可供观察的完整和部分完整的头骨计34例（其中男性16例，女性18例）。表5.12是郑州唐代组颅骨非测量性形态特征观察统计表。

表5.12 郑州唐代组颅骨非测量性形态特征观察统计表

项目	性别	例数	形态分类及出现率					
颅型			椭圆形	圆形	卵圆形	五角形	楔形	菱形
	男性	12	0（0.00%）	0（0.00%）	12（100.00%）	0（0.00%）	0（0.00%）	0（0.00%）
	女性	17	0（0.00%）	0（0.00%）	12（70.59%）	0（0.00%）	0（0.00%）	5（29.41%）
	合计	29	0（0.00%）	0（0.00%）	24（82.76%）	0（0.00%）	0（0.00%）	5（17.24%）
眉弓突度			弱	中等	显著	特显	粗壮	
	男性	11	0（0.00%）	4（36.36%）	7（63.64%）	0（0.00%）	0（0.00%）	
	女性	15	6（40.00%）	3（20.00%）	6（40.00%）	0（0.00%）	0（0.00%）	
	合计	26	6（23.08%）	7（26.92%）	13（50.00%）	0（0.00%）	0（0.00%）	
眉弓范围			0级	1级	2级	3级		
	男性	11	0（0.00%）	8（72.73%）	3（27.27%）	0（0.00%）		
	女性	16	2（12.50%）	11（68.75%）	3（18.75%）	0（0.00%）		
	合计	27	2（7.41%）	19（70.37%）	6（22.22%）	0（0.00%）		
眉间突度			不显	稍显	中等	显著	极显	粗壮
	男性	11	0（0.00%）	4（36.36%）	3（27.27%）	4（36.36%）	0（0.00%）	0（0.00%）
	女性	15	2（13.33%）	10（66.67%）	2（13.33%）	1（6.67%）	0（0.00%）	0（0.00%）
	合计	26	2（7.69%）	14（53.85%）	5（19.23%）	5（19.23%）	0（0.00%）	0（0.00%）
前额			平直	中等	倾斜			
	男性	10	0（0.00%）	3（30.00%）	7（70.00%）			
	女性	14	3（21.43%）	5（35.71%）	6（42.86%）			
	合计	24	3（12.50%）	8（33.33%）	13（54.17%）			
额中缝			不存在	不完全存在	全部存在			
	男性	10	8（80.00%）	2（20.00%）	0（0.00%）			
	女性	14	12（85.71%）	2（14.29%）	0（0.00%）			
	合计	24	20（83.33%）	4（16.67%）	0（0.00%）			
顶骨缝前囟段			愈合（0%）	微波	深波	锯齿	复杂	
	男性	12	2（16.67%）	1（8.33%）	6（50.00%）	3（25.00%）	0（0.00%）	
	女性	17	3（17.65%）	6（35.29%）	8（47.06%）	0（0.00%）	0（0.00%）	
	合计	29	5（17.24%）	7（24.14%）	14（48.28%）	3（10.34%）	0（0.00%）	
顶段			愈合（0%）	微波	深波	锯齿	复杂	
	男性	12	1（8.33%）	0（0.00%）	3（25.00%）	8（66.67%）	0（0.00%）	
	女性	17	1（5.88%）	1（5.88%）	5（29.41%）	10（58.82%）	0（0.00%）	
	合计	29	2（6.90%）	1（3.45%）	8（27.59%）	18（62.07%）	0（0.00%）	
顶孔段			愈合	微波	深波	锯齿	复杂	
	男性	12	2（16.67%）	0（0.00%）	6（50.00%）	4（33.33%）	0（0.00%）	
	女性	17	2（11.76%）	3（17.65%）	2（11.76%）	10（58.82%）	0（0.00%）	
	合计	29	4（13.79%）	3（10.34%）	8（27.59%）	14（48.28%）	0（0.00%）	
后段			愈合	微波	深波	锯齿	复杂	
	男性	12	1（8.33%）	0（0.00%）	6（50.00%）	5（41.67%）	0（0.00%）	
	女性	17	1（5.88%）	3（17.65%）	5（29.41%）	8（47.06%）	0（0.00%）	
	合计	29	2（6.90%）	3（10.34%）	11（37.93%）	13（44.83%）	0（0.00%）	

续表

项目	性别	例数	形态分类及出现率					
眶型			圆形	椭圆形	方形	长方形	斜方形	
	男性	8	1（12.50%）	3（37.50%）	3（37.50%）	1（12.50%）	0（0.00%）	
	女性	12	0（0.00%）	8（66.67%）	3（25.00%）	0（0.00%）	1（8.33%）	
	合计	20	1（5.00%）	11（55.00%）	6（30.00%）	1（5.00%）	1（5.00%）	
鼻根区凹陷			无凹陷	略有	明显	极明显	几近直角	
	男性	10	2（20.00%）	4（40.00%）	3（30.00%）	1（10.00%）	0（0.00%）	
	女性	14	1（7.14%）	4（28.57%）	7（50.00%）	2（14.29%）	0（0.00%）	
	合计	24	3（12.50%）	8（33.33%）	10（41.67%）	3（12.50%）	0（0.00%）	
鼻前棘			不显	稍显	中等	显著	特显	
	男性	10	1（10.00%）	3（30.00%）	5（50.00%）	0（0.00%）	1（10.00%）	
	女性	13	2（15.38%）	7（53.85%）	3（23.08%）	1（7.69%）	0（0.00%）	
	合计	23	3（13.04%）	10（43.48%）	8（34.78%）	1（4.35%）	1（4.35%）	
梨状孔			心形	圆形	梨形			
	男性	12	1（8.33%）	0（0.00%）	11（91.67%）			
	女性	15	1（6.67%）	0（0.00%）	14（93.33%）			
	合计	27	2（7.41%）	0（0.00%）	25（92.59%）			
梨状孔下缘			锐形	钝形	鼻前沟形	鼻前窝形	混合形	
	男性	12	3（25.00%）	2（16.67%）	5（41.67%）	2（16.67%）	0（0.00%）	
	女性	14	8（57.14%）	4（28.57%）	1（7.14%）	1（7.14%）	0（0.00%）	
	合计	26	11（42.31%）	6（23.08%）	6（23.08%）	3（11.54%）	0（0.00%）	
犬齿窝			无	弱	中等	显著	极显	
	男性	11	0（0.00%）	4（36.36%）	4（36.36%）	3（27.27%）	0（0.00%）	
	女性	14	3（21.43%）	3（21.43%）	1（7.14%）	7（50.00%）	0（0.00%）	
	合计	25	3（12.00%）	7（28.00%）	5（20.00%）	10（40.00%）	0（0.00%）	
腭型			“U”形	椭圆形	抛物线形			
	男性	13	2（15.38%）	2（15.38%）	9（69.23%）			
	女性	16	2（12.50%）	2（12.50%）	12（75.00%）			
	合计	29	4（13.79%）	4（13.79%）	21（72.41%）			
腭圆枕			缺如	嵴状	丘状	瘤状		
	男性	12	4（33.33%）	3（25.00%）	5（41.67%）	0（0.00%）		
	女性	15	4（26.67%）	3（20.00%）	7（46.67%）	1（6.67%）		
	合计	27	8（29.63%）	6（22.22%）	12（44.44%）	1（3.70%）		
乳突			极小	小	中等	大	特大	
	男性	13	0（0.00%）	2（15.38%）	3（23.08%）	8（61.54%）	0（0.00%）	
	女性	15	1（6.67%）	6（40.00%）	5（33.33%）	3（20.00%）	0（0.00%）	
	合计	28	1（3.57%）	8（28.57%）	8（28.57%）	11（39.29%）	0（0.00%）	
枕外隆突			缺如	稍显	中等	显著	极显	喙状
	男性	13	0（0.00%）	1（7.69%）	1（7.69%）	2（15.38%）	2（15.38%）	7（53.85%）
	女性	16	0（0.00%）	6（37.50%）	5（31.25%）	3（18.75%）	0（0.00%）	2（12.50%）
	合计	29	0（0.00%）	7（24.14%）	6（20.69%）	5（17.24%）	2（6.90%）	9（31.03%）

续表

项目	性别	例数	形态分类及出现率					
顶孔			缺如	存在1孔	存在2孔	多孔		
	男性	11	5（45.45%）	2（18.18%）	4（36.36%）	0（0.00%）		
	女性	16	5（31.25%）	2（12.50%）	9（56.25%）	0（0.00%）		
	合计	27	10（37.04%）	4（14.81%）	13（48.15%）	0（0.00%）		
翼区			愈合	顶蝶型	额颞型	点型	翼上骨型	
	男性	9	1（11.11%）	8（88.89%）	0（0.00%）	0（0.00%）	0（0.00%）	
	女性	11	0（0.00%）	9（81.82%）	0（0.00%）	1（9.09%）	1（9.09%）	
	合计	20	1（5.00%）	17（85.00%）	0（0.00%）	1（5.00%）	1（5.00%）	
下颌圆枕			无	弱	明显	极显		
	男性	8	1（12.50%）	4（50.00%）	3（37.50%）	0（0.00%）		
	女性	11	8（72.73%）	2（18.18%）	1（9.09%）	0（0.00%）		
	合计	19	9（47.37%）	6（31.58%）	4（21.05%）	0（0.00%）		
下颌角区			外翻型	直型	内翻型			
	男性	8	7（87.50%）	1（12.50%）	0（0.00%）			
	女性	13	11（84.62%）	2（15.38%）	0（0.00%）			
	合计	21	18（85.71%）	3（14.29%）	0（0.00%）			
颏型			方形	圆形	尖形	不对称形		
	男性	9	6（66.67%）	3（33.33%）	0（0.00%）	0（0.00%）		
	女性	11	4（36.36%）	4（36.36%）	3（27.27%）	0（0.00%）		
	合计	20	10（50.00%）	7（35.00%）	3（15.00%）	0（0.00%）		
颏孔			存在1孔	存在2孔	存在多孔			
	男性	9	0（0.00%）	9（100.00%）	0（0.00%）			
	女性	14	0（0.00%）	14（100.00%）	0（0.00%）			
	合计	23	0（0.00%）	23（100.00%）	0（0.00%）			

依据观察结果，对郑州地区唐代居民的各项颅骨形态特征作简要的描述。

男、女两性颅型均以卵圆形为主。男性颅骨全为卵圆形，女性则另有5例菱形颅骨，占29.41%。眉弓的发育存在一定的性别差异，男性多为显著偏中等，而女性则是稍显、弱偏中等。前额，男性以倾斜为主，中等次之，女性则在平直、中等和倾斜不同等级上都有较为平均的分布。男、女两性均多不存在额中缝，各有2例颅骨存在部分额中缝，分别占20.00%和14.29%。颅顶缝结构多以锯齿和深波为主，两性的前囟段多为深波，顶段也以锯齿为主，男性的顶孔段以深波为主，锯齿次之，女性以锯齿为主，微波次之，男性的后段多为深波和锯齿，女性则以锯齿为主。男性的眶型以椭圆形和方形为主，均占37.50%，圆形和长方形次之，各占12.50%；女性则以椭圆形为主，占66.67%，方形和斜方形次之。男性鼻根区凹陷表现为多略有、明显，女性多为明显和略有。男性鼻前棘以中等为主，稍显次之，女性以稍显为主，中等次之。男、女两性的梨状孔均以梨形为主，分别占91.67%和93.33%。梨状孔下缘的男性以鼻前沟形为主，占41.67%，锐形次之，占25.00%；女性则以锐形为主，占57.14%，钝形次之，占28.57%。男性的犬齿窝中，弱和中等均占36.36%，另有3例为显著特征，占27.27%；女性虽然有7例是显著特征，占50.00%，但犬齿窝缺如和弱等均有3例，占21.43%。腭型男、女两性均以抛物线为主，腭圆枕则是两性均以丘状为主，缺如和嵴状次之。乳突，男性以大为主，占61.54%，其次是中等（占23.08%）和小（占15.38%）；女性以小为主，占40.00%，其次是中等、大、极小。枕外隆突，男性多为喙状，占53.85%，另外显著和极显各占15.38%，中等和稍显各占7.69%；女性以稍显和中等为主，各占37.50%和31.25%，其次是显著（占18.75%）和喙状（占12.50%）。顶孔，男性以缺如为主，其次是存在2孔，女性以存在2孔为主，其次是缺如。翼区，男女两性均以顶蝶型为主，各占88.89%和81.82%。下颌圆枕，男性以弱为主，占50.00%，其次是明显（占37.50%）和无（12.50%）；女性以无为主，占72.73%，其次是弱（占18.18%）和明显（占9.09%）。男、女两性的下颌角区均以外翻型为主，分别占87.50%和84.62%。颏型，男性以方形为主，占66.67%，其次是圆形，占33.33%，女性以方形和圆形为主，均占36.36%，另外尖形占27.27%。颏孔，男、女两性均存在2孔。

综合以上对郑州地区唐代居民颅骨连续性性状的观察描述，我们可以了解到其大致的形态特征：颅形以卵圆形为主，眉弓发育表现为中等，前额以倾斜为主，中等次之，大多无额中缝，颅顶缝结构以锯齿和深波为主，眶型以椭圆形为主，鼻前棘有较为明显的鼻根区凹陷，以稍显及中等为主，梨状孔以梨形为主，腭型以抛物线形，枕外隆突多喙状，其次是中等，翼区以顶蝶型为主，下颌圆枕则以弱为主，下颌角区以外翻型为主，颏型多为方形和圆形。男、女两性各形态出现率差异不大，在发育程度上的区别多属于性别发育的差异。综合颅骨的各项特征，其应归属于现代亚洲蒙古人种的范畴。

二、颅骨测量性形态特征

实际纳入统计的唐代男性颅骨16例，女性18例，合计34例。对这34例颅骨标本的主要面部线性、指数和角度值等测量项目特征进行统计分析，各项的平均值、例数、最大值、最小值、标准差及变异系数详见表，主要颅面部测量性特征及出现率详见表5.13。郑州唐代组男、女两性平均值详见附表十一和附表十二。

表5.13 郑州唐代组男、女两性主要颅骨测量特征形态分类的出现率

项目	性别	例数	形态分类及出现率						
颅长宽指数			超长颅型	特长颅型	长颅型	中颅型	圆颅型	特圆颅型	超圆颅型
	男	8	0（0%）	0（0%）	3（37.5%）	5（62.5%）	0（0%）	0（0%）	0（0%）
	女	10	0（0%）	0（0%）	2（20%）	7（70%）	1（10%）	0（0%）	0（0%）
颅长高指数			低颅型	正颅型	高颅型				
	男	6	0（0%）	2（33.33%）	4（66.67%）				
	女	7	0（0%）	1（14.29%）	6（85.71%）				
颅宽高指数			阔颅型	中颅型	狭颅型				
	男	8	0（0%）	1（12.5%）	7（87.5%）				
	女	9	0（0%）	1（11.11%）	8（88.89%）				

续表

项目	性别	例数	形态分类及出现率						
额宽指数			狭额型	中额型	阔额型				
	男	8	4（50%）	2（25%）	2（25%）				
	女	9	4（44.44%）	2（22.22%）	3（33.33%）				
面突指数			正颌型	中颌型	突颌型				
	男	5	2（40%）	2（40%）	1（20%）				
	女	7	4（57.14%）	3（42.86%）	0（0%）				
垂直颅面指数			很小	小	中	大	很大		
	男	6	0（0%）	1（16.67%）	3（50%）	2（33.33%）	0（0%）		
	女	7	1（14.29%）	5（71.43%）	1（14.29%）	0（0%）	0（0%）		
上面指数（K）			特阔上面型	阔上面型	中上面型	狭上面型	特狭上面型		
	男	2	0（0%）	0（0%）	2（100%）	0（0%）	0（0%）		
	女	4	0（0%）	1（25%）	1（25%）	1（25%）	1（25%）		
鼻指数			狭鼻型	中鼻型	阔鼻型	特阔鼻型			
	男	8	3（37.5%）	2（25%）	3（37.5%）	0（0%）			
	女	9	1（11.11%）	4（44.44%）	3（33.33%）	1（11.11%）			
眶指数I			低眶型	中眶型	高眶型				
	男	7	1（14.29%）	5（71.43%）	1（14.29%）				
	女	11	3（27.27%）	6（54.55%）	2（18.18%）				
鼻根指数			很弱	弱	中	突	很突		
	男	8	1（12.5%）	1（12.5%）	3（37.5%）	2（25%）	1（12.5%）		
	女	10	1（10%）	5（50%）	2（20%）	1（10%）	1（10%）		
腭指数			狭腭型	中腭型	阔腭型				
	男	9	3（33.33%）	1（11.11%）	5（55.56%）				
	女	9	0（0%）	1（11.11%）	8（88.89%）				
总面角			特突颌型	突颌型	中颌型	平颌型	特平颌型		
	男	8	0（0%）	1（12.5%）	5（62.5%）	2（25%）	0（0%）		
	女	8	0（0%）	0（0%）	2（25%）	6（75%）	0（0%）		
齿槽面角			超突颌型	特突颌型	突颌型	中颌型	平颌型	特平颌型	
	男	8	0（0%）	6（75%）	2（25%）	0（0%）	0（0%）	0（0%）	
	女	8	1（12.5%）	3（37.5%）	3（37.5%）	1（12.5%）	0（0%）	0（0%）	
鼻颧角			很小	小	中	大	很大		
	男	9	0（0%）	1（11.11%）	6（66.67%）	2（22.22%）	0（0%）		
	女	11	0（0%）	1（9.09%）	5（45.45%）	2（18.18%）	3（27.27%）		

依据表5.13归纳郑州地区唐代居民颅骨角度和指数的形态分布，显示唐代居民具有如下特征。

唐代颅骨男性平均颅骨指数为75.36，女性平均颅指数为76.08。颅长宽指数显示为偏长的中颅型。男、女两性出现率主要集中在中颅型，其次为长颅型，仅女性有1例为圆颅型，占10.00%。

颅长高指数男性平均值为76.46，女性为77.04，均表现为高颅型。颅型特点是以高颅型为主，正颅型次之。

颅宽高指数男性平均值为101.32，女性为101.38均属于狭颅型。男、女两性均以狭颅型为主，中颅型次之。

额宽指数男性平均值为66.50，女性为66.79，两性的各自平均值均属于偏狭的中额型。但是男、女两性却均以狭额型为主，阔额型和中额型次之。

面突指数的男性平均值为99.15，属于中颌型，女性为95.55，表现为正颌型；男性以正颌型、中颌型为主，突颌型次之，女性则正颌型为主、中颌型次之。

垂直颅面指数，男性均值为53.27，处于51.2~54.8的范畴，属于中等程度，女性均值为49.97，处于47.9~51.1的范围，表现为小。但是，男性的垂直颅面指数多数属于中等程度，其次表现为大；女性则以小为主，很小和中等次之。所以，该组居民的垂直颅面指数反映出了与汉代组居民相比更为明显的高颅低面性质。

男性上面指数的均值为51.75，而女性均值为54.33，都属于中上面型。女性以中上面型为主，阔上面型、狭上面型和特狭上面型次之。

鼻指数，男性均值为51.10，女性为50.38，分别表现为阔鼻型和中鼻型；但男性以狭鼻型、阔鼻型为主，中鼻型次之，而女性则以中鼻型和阔鼻型为主，狭鼻型和特阔鼻型次之。

男性眶指数的平均值为79.38，女性为80.99，均属于中眶型；男、女两性均以中眶型为主，低眶型和高眶型次之。

男性鼻根指数的平均值是44.17，女性是37.59，均为中等发育程度。但是男性的鼻根发育以中等为主，占37.50%，其余的发育程度（很弱、弱、很突）各占12.50%，另有突占25%；女性的鼻根发育程度则以弱为主，中等次之，而很弱、很突和突各有1例，均占10%。

腭指数，男性均值为83.62，属于偏阔的中腭型，女性均值为94.01，属于阔腭型，但是男、女两性均以阔腭型为主，分别以狭腭型和中腭型次之。

男性总面角的平均值为84.13°，属于偏平的中颌型，女性为86.75°，属于偏中等的平颌型。男性以中颌型为主，平颌型次之；女性则以平颌型为主，中颌型次之。

齿槽面角，男性均值69.75°，女性均值67.75°，均表现为特突颌型。男、女两性均以特突颌型为主，突颌型次之，其中女性在超突颌型与中颌型上也有少量分布。

反映上面部扁平度的鼻颧角的变异范围较大，男性鼻颧角的范围在136.00°~147.40°，平均值为143.32°，处于136.00°~139.00°的有1例，处于145.00°~148.00°的有2例，分别占11.11%和22.22%，处于140.00°~144.00°的有6例，占66.67%；女性鼻颧角平均值为144.68°，其变异范围是138.50°~153.00°，其中，处于136.00°~139.00°的有1例，占了9.09%，处于145.00°~148.00°和大于149.00°的分别有2例和3例，各占18.18%和27.27%，位于140.00°~144.00°的有5例，占45.45%。从以上两性鼻颧角的分布情况看，郑州地区唐代居民多数面部扁平度属于中等偏大。

综合郑州地区唐代居民颅骨的形态特征，可以将其基本体质特征概括为：偏长的中颅型，高颅型结合狭颅型，偏狭的中额型，中颌型与正颌型兼半的面突指数，中等偏小的垂直颅面指数，中上面型的上面指数，偏狭的阔鼻型结合中眶型，并有中等发育程度的鼻根指数，阔腭型，中颌型结合平颌型的总面角，特突颌型的齿槽面角，以及反映上面部扁平度的中等偏大的鼻颧角。

女性个体的绝大多数测量性特征与男性相仿，所不同的是在面部垂直方向的突出程度比男性更为明显，并且面部水平方向比男性有更大的面部扁平度等。综合以上特征，男、女两性标本应属于同一体质类型，其差异可能只是性别因素引起的。

三、与现代亚洲蒙古人种各区系类型的比较

郑州唐代组颅骨标本反映出的以稍显及中等为主的鼻前棘，发育较弱的鼻根区凹陷，以弱为主的犬齿窝及下颌圆枕，以梨形为主的梨状孔，以顶蝶型为主的翼区等特点，表明该组颅骨应该属于现代亚洲蒙古人种的范围。

为了进一步确定该组标本更为具体的种系归属，将其与现代亚洲蒙古人种中的北亚、东北亚、东亚和南亚等四个区系类型相比较。本书选择了颅长、颅宽、颅骨、额最小宽、上面高、颧点间宽、额侧角、颅长宽指数、颅长高指数、颅宽高指数、垂直颅面指数、上面指数、鼻颧角、总面角、眶指数、鼻指数和鼻根指数等17个长度、角度和指数比较项目用于比较。具体比较的测量项目值详见表5.14。图5.2是根据表5.14绘制出的比较项目平均值的折线图。

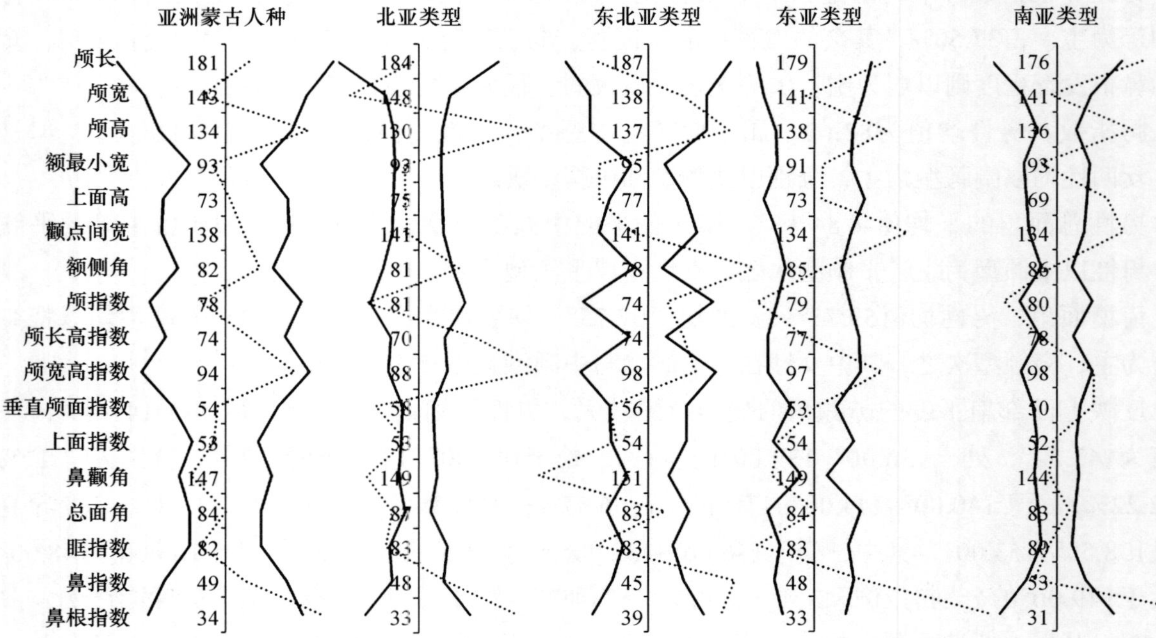

图5.2　郑州唐代组项目平均值折线图

表5.14 郑州唐代颅骨组与现代亚洲蒙古人种的比较 （长度：毫米；角度：度；指数：%）

马丁号	测量项目	平均值	亚洲蒙古人种				
			北亚类型	东北亚类型	东亚类型	南亚类型	变异范围
1	颅长（g-op）	183.49（9）	174.90 ~ 192.70	180.70 ~ 192.40	175.00 ~ 182.20	169.90 ~ 181.30	169.90 ~ 192.70
8	颅宽（eu-eu）	140.45（10）	144.40 ~ 151.50	134.30 ~ 142.60	137.60 ~ 143.90	137.90 ~ 143.90	134.30 ~ 151.50
17	颅高（b-ba）	142.69（8）	127.10 ~ 132.40	132.90 ~ 141.10	135.30 ~ 140.20	134.40 ~ 137.80	127.10 ~ 141.10
9	额最小宽（ft-ft）	91.59（9）	90.60 ~ 95.80	94.20 ~ 96.60	89.00 ~ 93.70	89.70 ~ 95.40	89.00 ~ 96.60
48（sd）	上面高［n-sd（av）］	73.5（9）	72.10 ~ 77.60	74.00 ~ 79.40	70.20 ~ 76.60	66.10 ~ 71.50	66.10 ~ 79.40
45	颧点间宽（zy-zy）	139.9（2）	138.20 ~ 144.00	137.90 ~ 144.80	131.30 ~ 136.00	131.50 ~ 136.30	131.30 ~ 144.80
32	额侧角（n-m FH）	85.56（9）	77.30 ~ 85.10	77.00 ~ 79.00	83.30 ~ 86.90	84.20 ~ 87.00	77.00 ~ 87.00
8：1	颅长宽指数	75.36（8）	75.40 ~ 85.90	69.80 ~ 79.00	76.90 ~ 81.50	76.90 ~ 83.30	69.80 ~ 85.90
17：1	颅长高指数	76.46（6）	67.40 ~ 73.50	72.60 ~ 75.20	74.30 ~ 80.10	76.50 ~ 79.50	67.40 ~ 80.10
17：8	颅宽高指数	101.32（8）	85.20 ~ 91.70	93.30 ~ 102.80	94.40 ~ 100.30	95.00 ~ 101.30	85.20 ~ 102.80
48：17sd	垂直颅面指数	53.27（6）	55.80 ~ 59.20	53.00 ~ 58.40	52.00 ~ 54.90	48.00 ~ 52.20	48.00 ~ 59.20
48：45sd	上面指数（K）	51.75（2）	51.40 ~ 55.00	51.30 ~ 56.60	51.70 ~ 56.80	49.90 ~ 53.30	49.90 ~ 56.80
77	鼻颧角（fmo-n-fmo）	143.32（9）	147.00 ~ 151.40	149.00 ~ 152.00	145.00 ~ 146.60	142.10 ~ 146.00	142.10 ~ 152.00
72	总面角（n-pr FH）	84.13（8）	85.30 ~ 88.10	80.50 ~ 86.30	80.60 ~ 86.50	81.10 ~ 84.20	80.50 ~ 88.10
52：51R	眶指数Ⅰ	79.38（7）	79.30 ~ 85.70	81.40 ~ 84.90	80.70 ~ 85.00	78.20 ~ 81.00	78.20 ~ 85.70
54：55	鼻指数	51.1（8）	45.00 ~ 50.70	42.60 ~ 47.60	45.20 ~ 50.20	50.30 ~ 55.50	42.60 ~ 55.50
SS：SC	鼻根指数	44.17（8）	26.90 ~ 38.50	34.70 ~ 42.50	31.00 ~ 35.00	26.10 ~ 36.10	26.10 ~ 42.50

在上述17个比较项目中，郑州唐代组男性标本的各项平均值大致都落入现代亚洲蒙古人种的变异范围中，除了颅高、 鼻颧角和鼻根指数，但是颅高和鼻根指数接近变异范围的上限，而鼻颧角则接近变异范围的下限，这与前文观察的结论基本一致。

与北亚蒙古人种比较，共有颅长、额最小宽、上面高、颧点间宽、颅长度指数、上面指数、眶指数7项落入其变异范围，而颅宽、颅高、额侧角、颅长高指数、颅宽高指数、垂直颅面指数、鼻颧角、总面角、鼻指数和鼻根指数10项偏离于该类型界值之外。郑州唐代组所具有的偏长、偏高及偏狭的颅型、偏窄的面宽、中等的面部扁平度，以及中等的面突程度等都与北亚蒙古人种通常所具有的低而阔的颅型、颇大的面宽，较大的面部扁平度等有明显的区别，但郑州唐代组所具有的中等高低的眼眶、中等程度的鼻宽及较大的颅长与北亚类型有较明显的相似。

与东北亚蒙古人种比较，共有颅长、颅宽、颧点间宽、颅长宽指数、颅宽高指数、垂直颅面指数、上面指数和总面角8项落入其变异范围，而颅高、额骨最小宽、上面高、额侧角、颅长高指数、鼻颧角、眶指数、鼻指数和鼻根指数9项偏离该类型的变异范围。从颅型来看，郑州唐代组所显示的长而高的颅型、中等的面部扁平度，中等的面角、较高的鼻根都很接近东北亚类型，但是东北亚类型通常所具有的较窄的鼻型和中等高低的眼眶等特征则与郑州唐代组的偏低的鼻型和偏低的眼眶等特征有着显著的差异。

与东亚蒙古人种比较，共有颅宽、额最小宽、上面高、额侧角、颅长高指数、垂直颅面指数、上面指数和总面角8项落入其变异范围，而颅长、颅高、颧点间宽、颅长宽指数、颅宽高指数、鼻颧角、眶指数、鼻指数和鼻根指数则超出其变异范围。这表明郑州唐代组除了在较高而狭的颅型、较窄的面宽、中等程度的面角及上面指数与东亚类型有相似之处外，其相对较大的颅长、偏大的颅宽、偏小的面部扁平度、偏低的眶型、鼻型则与东亚类型有明显差异。

与南亚蒙古人种比较，共有颅宽、额最小宽、额侧角、上面指数、鼻颧角、总面角、眶指数和鼻指数8项落入其变异范围，超出南亚类型变异范围的有颅长、颅高、上面高、颧点间宽、颅长宽指数、颅长高指数、颅宽高指数、垂直颅面指数和鼻根指数等，通常南亚蒙古人种所具有陡直的前额与郑州唐代组所体现的比较倾斜的前额有区别，但郑州唐代组的较低的眶型、鼻型及鼻根和较小的面部扁平度则与南亚类型相近似。

综上所述，郑州唐代组居民的基本种系类型更接近于现代亚洲蒙古人种的东亚类型，并且在较大程度上与南亚类型也存在一定的相似性，同时与北亚类型和东北亚类型在颅骨形态上也表现出较多的相似之处。

第五节　郑州宋代组居民颅骨形态特征及种族类型

一、颅骨非测量性形态特征

将荥阳薛村遗址宋金颅骨与新郑华联、圣昊、防疫站、中华北路、武大幼儿园、羚锐和众康等7处遗址颅骨合并，组成郑州宋代组。连续性形态特征观察所选用的男性颅骨17例，女性17例，合计34例，各项统计结果详见表5.15。

表5.15　郑州宋代组男、女两性颅骨非测量性形态特征观察统计表

项目	性别	例数	形态分类及出现率					
颅型			椭圆形	圆形	卵圆形	五角形	楔形	菱形
	男性	13	1（7.69%）	0（0.00%）	10（76.92%）	0（0.00%）	0（0.00%）	2（15.38%）
	女性	15	0（0.00%）	0（0.00%）	12（80.00%）	1（6.67%）	0（0.00%）	2（13.33%）
	合计	28	1（3.57%）	0（0.00%）	22（78.57%）	1（3.57%）	0（0.00%）	4（14.29%）
眉弓突度			弱	中等	显著	特显	粗壮	
	男性	11	1（9.09%）	2（18.18%）	7（63.64%）	1（9.09%）	0（0.00%）	
	女性	15	6（40.00%）	6（40.00%）	3（20.00%）	0（0.00%）	0（0.00%）	
	合计	26	7（26.92%）	8（30.77%）	10（38.46%）	1（3.85%）	0（0.00%）	
眉弓范围			0级	1级	2级	3级		
	男性	11	0（0.00%）	9（81.82%）	2（18.18%）	0（0.00%）		
	女性	15	0（0.00%）	15（100.00%）	0（0.00%）	0（0.00%）		
	合计	26	0（0.00%）	24（92.31%）	2（7.69%）	0（0.00%）		

续表

项目	性别	例数	形态分类及出现率					
眉间突度			不显	稍显	中等	显著	极显	粗壮
	男性	10	0（0.00%）	2（20.00%）	3（30.00%）	5（50.00%）	0（0.00%）	0（0.00%）
	女性	15	1（6.67%）	8（53.33%）	5（33.33%）	1（6.67%）	0（0.00%）	0（0.00%）
	合计	25	1（4.00%）	10（40.00%）	8（32.00%）	6（24.00%）	0（0.00%）	0（0.00%）
前额			平直	中等	倾斜			
	男性	12	0（0.00%）	4（33.33%）	8（66.67%）			
	女性	15	1（6.67%）	10（66.67%）	4（26.67%）			
	合计	27	1（3.70%）	14（51.85%）	12（44.44%）			
额中缝			不存在	不完全存在	全部存在			
	男性	12	11（91.67%）	1（8.33%）	0（0.00%）			
	女性	15	14（93.33%）	1（6.67%）	0（0.00%）			
	合计	27	25（92.59%）	2（7.41%）	0（0.00%）			
顶骨缝前囟段			愈合	微波	深波	锯齿	复杂	
	男性	12	1（8.33%）	5（41.67%）	4（33.33%）	2（16.67%）	0（0.00%）	
	女性	16	2（12.50%）	10（62.50%）	4（25.00%）	0（0.00%）	0（0.00%）	
	合计	28	3（10.71%）	15（53.57%）	8（28.57%）	2（7.14%）	0（0.00%）	
顶段								
	男性	12	3（25.00%）	1（8.33%）	2（16.67%）	6（50.00%）	0（0.00%）	
	女性	15	3（20.00%）	1（6.67%）	5（33.33%）	6（40.00%）	0（0.00%）	
	合计	27	6（22.22%）	2（7.41%）	7（25.93%）	12（44.44%）	0（0.00%）	
顶孔段								
	男性	11	2（18.18%）	0（0.00%）	2（18.18%）	7（63.64%）	0（0.00%）	
	女性	14	5（35.71%）	0（0.00%）	4（28.57%）	5（35.71%）	0（0.00%）	
	合计	25	7（28.00%）	0（0.00%）	6（24.00%）	12（48.00%）	0（0.00%）	
后段								
	男性	11	1（9.09%）	0（0.00%）	5（45.45%）	5（45.45%）	0（0.00%）	
	女性	13	2（15.38%）	1（7.69%）	5（38.46%）	5（38.46%）	0（0.00%）	
	合计	24	3（12.50%）	1（4.17%）	10（41.67%）	10（41.67%）	0（0.00%）	
眶型			圆形	椭圆形	方形	长方形	斜方形	
	男性	6	0（0.00%）	2（33.33%）	1（16.67%）	3（50.00%）	0（0.00%）	
	女性	14	2（14.29%）	6（42.86%）	4（28.57%）	1（7.14%）	1（7.14%）	
	合计	20	2（10.00%）	8（40.00%）	5（25.00%）	4（20.00%）	1（5.00%）	
鼻根区凹陷			无凹陷	略有	明显	极明显	几近直角	
	男性	8	0（0.00%）	2（25.00%）	6（75.00%）	0（0.00%）	0（0.00%）	
	女性	15	0（0.00%）	2（13.33%）	13（86.67%）	0（0.00%）	0（0.00%）	
	合计	23	0（0.00%）	4（17.39%）	19（82.61%）	0（0.00%）	0（0.00%）	
鼻前棘			不显	稍显	中等	显著	特显	
	男性	9	0（0.00%）	3（33.33%）	3（33.33%）	3（33.33%）	0（0.00%）	
	女性	14	0（0.00%）	6（42.86%）	5（35.71%）	3（21.43%）	0（0.00%）	
	合计	23	0（0.00%）	9（39.13%）	8（34.78%）	6（26.09%）	0（0.00%）	

续表

项目	性别	例数	形态分类及出现率					
梨状孔			心形	圆形	梨形			
	男性	7	2（28.57%）	0（0.00%）	5（71.43%）			
	女性	15	5（33.33%）	0（0.00%）	10（66.67%）			
	合计	22	7（31.82%）	0（0.00%）	15（68.18%）			
梨状孔下缘			锐形	钝形	鼻前沟形	鼻前窝形	混合形	
	男性	9	2（22.22%）	2（22.22%）	2（22.22%）	2（22.22%）	1（11.11%）	
	女性	15	6（40.00%）	3（20.00%）	4（26.67%）	0（0.00%）	2（13.33%）	
	合计	24	8（33.33%）	5（20.83%）	6（25.00%）	2（8.33%）	3（12.50%）	
犬齿窝			无	弱	中等	显著	极显	
	男性	7	0（0.00%）	1（14.29%）	4（57.14%）	2（28.57%）	0（0.00%）	
	女性	13	1（7.69%）	5（38.46%）	4（30.77%）	3（23.08%）	0（0.00%）	
	合计	20	1（5.00%）	6（30.00%）	8（40.00%）	5（25.00%）	0（0.00%）	
腭型			“U”形	椭圆形	抛物线形			
	男性	10	1（10.00%）	2（20.00%）	7（70.00%）			
	女性	15	3（20.00%）	1（6.67%）	11（73.33%）			
	合计	25	4（16.00%）	3（12.00%）	18（72.00%）			
腭圆枕			缺如	嵴状	丘状	瘤状		
	男性	12	1（8.33%）	5（41.67%）	2（16.67%）	4（33.33%）		
	女性	14	2（14.29%）	8（57.14%）	1（7.14%）	3（21.43%）		
	合计	26	3（11.54%）	13（50.00%）	3（11.54%）	7（26.92%）		
乳突			极小	小	中等	大	特大	
	男性	14	0（0.00%）	0（0.00%）	4（28.57%）	9（64.29%）	1（7.14%）	
	女性	17	1（5.88%）	9（52.94%）	5（29.41%）	2（11.76%）	0（0.00%）	
	合计	31	1（3.23%）	9（29.03%）	9（29.03%）	11（35.48%）	1（3.23%）	
枕外隆突			缺如	稍显	中等	显著	极显	喙状
	男性	13	0（0.00%）	3（23.08%）	2（15.38%）	1（7.69%）	0（0.00%）	7（53.85%）
	女性	15	0（0.00%）	7（46.67%）	5（33.33%）	0（0.00%）	0（0.00%）	3（20.00%）
	合计	28	0（0.00%）	10（35.71%）	7（25.00%）	1（3.57%）	0（0.00%）	10（35.71%）
顶孔			缺如	存在1孔	存在2孔	多孔		
	男性	11	7（63.64%）	1（9.09%）	3（27.27%）	0（0.00%）		
	女性	13	4（30.77%）	3（23.08%）	5（38.46%）	1（7.69%）		
	合计	24	11（45.83%）	4（16.67%）	8（33.33%）	1（4.17%）		
翼区			愈合	顶蝶型	额颞型	点型	翼上骨型	
	男性	6	2（33.33%）	4（66.67%）	0（0.00%）	0（0.00%）	0（0.00%）	
	女性	15	3（20.00%）	10（66.67%）	0（0.00%）	0（0.00%）	2（13.33%）	
	合计	21	5（23.81%）	14（66.67%）	0（0.00%）	0（0.00%）	2（9.52%）	
下颌圆枕			无	弱	明显	极显		
	男性	15	8（53.33%）	7（46.67%）	0（0.00%）	0（0.00%）		
	女性	11	5（45.45%）	4（36.36%）	1（9.09%）	1（9.09%）		
	合计	26	13（50.00%）	11（42.31%）	1（3.85%）	1（3.85%）		

续表

项目	性别	例数	形态分类及出现率					
下颌角区			外翻型	直型	内翻型			
	男性	16	11（68.75%）	4（25.00%）	1（6.25%）			
	女性	11	8（72.73%）	2（18.18%）	1（9.09%）			
	合计	27	19（70.37%）	6（22.22%）	2（7.41%）			
颏型			方形	圆形	尖形	不对称形		
	男性	14	6（42.86%）	3（21.43%）	5（35.71%）	0（0.00%）		
	女性	11	0（0.00%）	7（63.64%）	4（36.36%）	0（0.00%）		
	合计	25	6（24.00%）	10（40.00%）	9（36.00%）	0（0.00%）		
颏孔			存在1孔	存在2孔	存在多孔			
	男性	16	0（0.00%）	15（93.75%）	1（6.25%）			
	女性	11	0（0.00%）	11（100.00%）	0（0.00%）			
	合计	27	0（0.00%）	26（96.3%）	1（3.70%）			

依据观察结果，对郑州地区宋代居民颅骨的各项形态特征作简要的描述：男、女两性颅型均以卵圆形为主，分别占76.92%和80.00%，男性有少量的椭圆形和菱形，分别占了7.69%和15.38%，女性则有少量的五角形和菱形，分别占了6.67%和13.33%。眉弓突度则存在一定的性别差异，男性以显著为主，占63.64%，中等次之，仅占18.18%，在弱和特显的表现程度上各有1例，均占9.09%，女性则以弱和中等为主，均占40.00%，另有3例个体表现为显著，占20.00%。男性的前额多为倾斜，占66.67%，其次是中等，而女性的前额则以中等为主，占66.67%，另有4例前额倾斜的个体，占26.67%，1例前额是平直的个体，占6.67%。男、女两性不存在额中缝的个体分别占91.67%和93.33%。两性顶骨缝的发育在前囟段均较为简单，以微波为主，深波次之，而两性在顶段、顶孔段和后段上均以锯齿为主，深波次之。眶型，男性多长方形，椭圆形次之，女性以椭圆形眶为主，方形次之。两性在鼻根区凹陷以明显、略有为主，在鼻前棘上则均以稍显和中等为主。在梨状孔上，两性的梨形占了绝大多数。在梨状孔下缘，男性的锐形、钝形、鼻前沟形和鼻前窝形均占22.22%；女性在锐形上则占40.00%，在鼻前沟形上占26.67%，在钝形上占20.00%。犬齿窝，男性以中等和显著为主，分别占57.14%和28.57%，弱占14.29%；女性则以弱为主，占38.46%，中等占30.77%，显著则只占23.08%。男女两性在腭型上均以抛物线形为主，在腭圆枕上，男性以嵴状和瘤状为主，分别占41.67%和33.33%；女性也以嵴状为主，瘤状次之，分别占57.14%和21.43%。男性的乳突以大为主，占64.29%，中等次之，占28.57%，而女性则以小为主，占52.94%，中等乳突次之，占29.41%。枕外隆突，男性以喙状为主，占53.85%，女性则以稍显和中等为主，分别占46.67%和33.33%，喙状次之，占20.00%。顶孔，男性多缺如，女性则多有2孔。两性的翼区均以顶蝶型为主。在下颌圆枕上，两性均以无和弱等为主。两性的下颌角区均以外翻型为主。男性的颏型以方形为主，占42.86%，尖形次之，占35.71%，女性则以圆形为主，占63.64%，尖形次之，占了36.36%。两性的颏孔均以2孔为主。

通过以上对各项形态特征的观察，可以将郑州地区宋代居民颅骨的体质特征归纳为：以卵圆形颅为主，眉间突度和眉弓的发育程度中等偏弱，并结合中等偏倾斜的前额、较深的鼻根区凹陷、中等及稍显为主的鼻前棘，颅顶缝以深波和锯齿为主，梨状孔多为梨形，腭型多抛物线形，腭圆枕多为嵴状，瘤状次之，并有以顶蝶型为主的翼区。多无下颌圆枕和弱等的下颌圆枕，以外翻型为主的下颌角区，颏孔多为2孔。以上这些形态特征显示出比较明显的蒙古人种性质，因此，郑州地区宋代居民应归属于现代亚洲蒙古大人种的范畴。

女性颅骨与男性颅骨之间的形态分布基本一致，只是眉弓、犬齿窝和枕外隆突发育较弱，并有以小为主的乳突、以锐形为主的梨状孔下缘、在内翻型上比例较高的下颌角区、在圆形和尖形上有较高出现率的颏型。这些差异应该属于性别上的差异，不存在种族意义上的区别。

二、颅骨测量性形态特征

本部分实际纳入统计研究的郑州宋代男性颅骨为8例，女性颅骨为16例，合计24例。对这24例成年颅骨标本的主要颅面部线性、指数和角度值进行统计分析，各项的平均值、最大值、最大值及标准差列于表和表，主要颅面部测量性形态特征及出现率列于表5.16。郑州宋代组各项平均值详见附表十三和附表十四。

表5.16　郑州宋代组男、女两性主要颅骨测量特征形态分类的出现率

项目	性别	例数	形态分类及出现率						
颅长宽指数			超长颅型	特长颅型	长颅型	中颅型	圆颅型	特圆颅型	超圆颅型
	男	9	0（0.00%）	1（11.11%）	2（22.22%）	5（55.56%）	1（11.11%）	0（0.00%）	0（0.00%）
	女	12	0（0.00%）	0（0.00%）	3（25.00%）	7（58.33%）	2（16.67%）	0（0.00%）	0（0.00%）
颅长高指数			低颅型	正颅型	高颅型				
	男	6	1（16.67%）	1（16.67%）	4（66.67%）				
	女	12	0（0.00%）	3（25.00%）	9（75.00%）				
颅宽高指数			阔颅型	中颅型	狭颅型				
	男	6	0（0.00%）	1（16.67%）	5（83.33%）				
	女	11	0（0.00%）	4（36.36%）	7（63.64%）				
额宽指数			狭额型	中额型	阔额型				
	男	9	5（55.56%）	3（33.33%）	1（11.11%）				
	女	11	4（36.36%）	5（45.45%）	2（18.18%）				
面突指数			正颌型	中颌型	突颌型				
	男	4	1（25.00%）	0（0.00%）	3（75.00%）				
	女	12	1（8.33%）	4（33.33%）	7（58.33%）				
垂直颅面指数			很小	小	中	大	很大		
	男	4	0（0.00%）	0（0.00%）	3（75.00%）	1（25.00%）	0（0.00%）		
	女	12	1（8.33%）	3（25.00%）	6（50.00%）	2（16.67%）	0（0.00%）		
上面指数（K）			特阔上面型	阔上面型	中上面型	狭上面型	特狭上面型		
	男	2	0（0.00%）	0（0.00%）	2（100.00%）	0（0.00%）	0（0.00%）		
	女	8	0（0.00%）	2（25.00%）	4（50.00%）	1（12.50%）	1（12.50%）		

续表

项目	性别	例数	形态分类及出现率						
鼻指数			狭鼻型	中鼻型	阔鼻型	特阔鼻型			
	男	4	1（25.00%）	0（0.00%）	3（75.00%）	0（0.00%）			
	女	12	3（25.00%）	1（8.33%）	8（66.67%）	0（0.00%）			
眶指数 I			低眶型	中眶型	高眶型				
	男	4	0（0.00%）	4（100.00%）	0（0.00%）				
	女	12	5（41.67%）	5（41.67%）	2（16.67%）				
鼻根指数			很弱	弱	中	突	很突		
	男	5	0（0.00%）	0（0.00%）	3（60.00%）	2（40.00%）	0（0.00%）		
	女	12	1（8.33%）	4（33.33%）	4（33.33%）	2（16.67%）	1（8.33%）		
腭指数			狭腭型	中腭型	阔腭型				
	男	6	0（0.00%）	1（16.67%）	5（83.33%）				
	女	14	3（21.43%）	1（7.14%）	10（71.43%）				
总面角			特突颌型	突颌型	中颌型	平颌型	特平颌型		
	男	5	0（0.00%）	1（20.00%）	1（20.22%）	3（60.00%）	0（0.00%）		
	女	13	0（0.00%）	2（15.38%）	5（38.46%）	6（46.15%）	0（0.00%）		
齿槽面角			超突颌型	特突颌型	突颌型	中颌型	平颌型	特平颌型	
	男	5	0（0.00%）	4（80.00%）	1（20.00%）	0（0.00%）	0（0.00%）	0（0.00%）	
	女	13	0（0.00%）	8（61.54%）	5（38.46%）	0（0.00%）	0（0.00%）	0（0.00%）	
鼻颧角			很小	小	中	大	很大		
	男	8	1（12.50%）	3（37.50%）	4（50.00%）	0（0.00%）	0（0.00%）		
	女	13	1（7.69%）	4（30.77%）	3（23.08%）	4（30.77%）	1（7.69%）		

据表5.8归纳郑州地区宋代居民颅骨角度和指数的形态类型分布，分述如下。

颅长宽指数显示为两性均以中颅型为主，分别占55.56%和58.33%，其次是长颅型，分别占22.22%和25.00%，在圆颅型上男女分别占11.11%和16.67%。另外男性有1例特长颅型，也占11.11%。男性平均颅指数为75.28，女性平均颅指数为76.26，均属于偏长的中颅型。

颅长高指数以高颅型为主，正颅型次之。男性平均颅宽高指数是75.18，女性则为76.06，均属于高颅型。

颅宽高指数以狭颅型为主，男、女分别占83.33%和63.64%，其次是中颅型，分别占16.67%和36.36%。两性的平均颅宽高指数分别为102.06和100.20，均属于狭颅型。

额宽指数男性以狭额型为主，占55.56%，其次是中额型，占33.33%，女性以中额型为主，占45.45%，其次是狭额型，占36.36%。男性的平均额宽指数是64.82，属于狭额型，女性的则是66.30，属于偏狭的中额型。

面突指数所反映的平均面突程度属于突颌型，男性以突颌型为主，其次是正颌型，女性虽以突颌型为主，但另有4例中颌型的头骨，占33.33%，1例正颌型。

垂直颅面指数所反映的面部垂直方向的突出程度，两性均属于中等水平。男性以中等为主，其次是大，女性也以中等为主，其次是小和大。该组居民的垂直颅面指数反映出了较弱的高颅低面性质。

上面指数主要集中在中上面型上，2例男性皆属于中上面型，女性虽以中上面型为主，但另有2例阔上面型，在狭上面型和特狭上面型上各有1例。

两性的平均鼻指数分别为52.38和51.50，均属于阔鼻型。男性以阔鼻型为主，其次是狭鼻型，女性以阔鼻型为主，但另有3例狭鼻型，占25.00%，1例中鼻型，占8.33%。

眶指数的两性平均值分别为78.26和78.84，属于中眶型。女性另有较多的低眶型和少量的高眶型。

鼻根指数的两性平均值均属于中等水平。男性以中水平为主，其次是突，女性在弱和中上各占33.33%，另有16.67%的突，在很弱和很突上各有1例，各占8.33%。

腭指数多集中在阔腭型。男性有1例中腭型，占16.67%，女性有3例狭腭型，占21.43%和1例中腭型，占7.14%。

两性的总面角所反映的面突程度均属于中颌型。男性以平颌型为主，在突颌型、中颌型上各有1例，女性以平颌型为主，其次是中颌型，另有2例突颌型，占15.38%。

齿槽面角所显示的突颌程度表现为特突颌型，两性的出现率均以特突颌型为主，其次是少量的突颌型。

反映上面部扁平度的鼻颧角变异范围较大，男性鼻颧角的范围是135.00°～148.00°，平均角度值是139.89°。其中，140.00°～144.00°的个体有4例，占50.00%；在136.00°～139.00°之间的个体有3例，占37.50%。女性鼻颧角的范围是120.50°～149.00°，平均角度值是140.81°，在136.00°～139.00°和145.00°～148.00°各有4例颅骨，各占30.77%，而在小于135.00°和大于149.00°两个范围内各有1例，各占7.69%。统计表明郑州地区宋代居民面部扁平度属于中等偏小的范畴。

综合上述测量性形态特征的分析描述，可以将郑州地区宋代居民的体质特征概括为：具有偏长的中颅型、高颅型、狭颅型、狭额型和偏狭的中额型，并有突颌型的面突指数，中等水平的垂直颅面指数，中上面型的上面指数，阔鼻型，中眶型和中等水平的鼻根指数，阔腭型，平颌型和中颌型，特突颌型的齿槽面角，中等偏小的面部扁平度。

女性个体的绝大多数测量性特征与男性接近，所不同的是在面部水平方向的扁平度较男性稍大，比男性个体额型更宽等。性别因素是造成差异的主要因素。

三、与现代亚洲蒙古人种各区系类型的比较

根据以上对郑州宋代组颅骨非测量和测量特征的观察与统计，我们认为这些形态特征显示出比较明显的蒙古人种性质，因此，郑州宋代组居民应归属于现代亚洲蒙古人种的范畴。为了进一步确定郑州宋代组居民地区性种族特点，将宋代组与现代亚洲蒙古人种各支系地区类型进行比较。在表5.17中，我们将郑州宋代组的颅长、颅宽、颅高、额最小宽、颧点间宽、上面

高、颅长宽指数、颅长高指数、颅宽高指数、垂直颅面指数、上面指数、眶指数、鼻指数、鼻根指数、额侧角、总面角和鼻颧角17个测量项目与现代亚洲蒙古人种各区域性类型进行比较。具体比较的测量项目值详见表5.17。图5.3是根据表5.17绘制出的比较项目平均值的折线图。

表5.17　郑州宋代颅骨组与现代亚洲蒙古人种的比较　（长度：毫米；角度：度；指数：%）

马丁号	测量项目		亚洲蒙古人种				
		宋代组	北亚类型	东北亚类型	东亚类型	南亚类型	变异范围
1	颅长（g-op）	177.51（9）	174.90 ~ 192.70	180.70 ~ 192.40	175.00 ~ 182.20	169.90 ~ 181.30	169.90 ~ 192.70
8	颅宽（eu-eu）	133.47（9）	144.40 ~ 151.50	134.30 ~ 142.60	137.60 ~ 143.90	137.90 ~ 143.90	134.30 ~ 151.50
17	颅高（b-ba）	134.93（6）	127.10 ~ 132.40	132.90 ~ 141.10	135.30 ~ 140.20	134.40 ~ 137.80	127.10 ~ 141.10
9	额最小宽（ft-ft）	87.72（10）	90.60 ~ 95.80	94.20 ~ 96.60	89.00 ~ 93.70	89.70 ~ 95.40	89.00 ~ 96.60
48（sd）	上面高［n-sd（av）］	72.78（5）	72.10 ~ 77.60	74.00 ~ 79.40	70.20 ~ 76.60	66.10 ~ 71.50	66.10 ~ 79.40
45	颧点间宽（zy-zy）	136.51（3）	138.20 ~ 144.00	137.90 ~ 144.80	131.30 ~ 136.00	131.50 ~ 136.30	131.30 ~ 144.80
32	额侧角（n-m FH）	82.25（8）	77.30 ~ 85.10	77.00 ~ 79.00	83.30 ~ 86.90	84.20 ~ 87.00	77.00 ~ 87.00
8：1	颅长宽指数	75.28（9）	75.40 ~ 85.90	69.80 ~ 79.00	76.90 ~ 81.50	76.90 ~ 83.30	69.80 ~ 85.90
17：1	颅长高指数	75.18（6）	67.40 ~ 73.50	72.60 ~ 75.20	74.30 ~ 80.10	76.50 ~ 79.50	67.40 ~ 80.10
17：8	颅宽高指数	102.06（6）	85.20 ~ 91.70	93.30 ~ 102.80	94.40 ~ 100.30	95.00 ~ 101.30	85.20 ~ 102.80
48：17sd	垂直颅面指数	53.9（4）	55.80 ~ 59.20	53.00 ~ 58.40	52.00 ~ 54.90	48.00 ~ 52.20	48.00 ~ 59.20
48：45sd	上面指数（K）	51.73（2）	51.40 ~ 55.00	51.30 ~ 56.60	51.70 ~ 56.80	49.90 ~ 53.30	49.90 ~ 56.80
77	鼻颧角（fmo-n-fmo）	139.89（8）	147.00 ~ 151.40	149.00 ~ 152.00	145.00 ~ 146.60	142.10 ~ 146.00	142.10 ~ 152.00
72	总面角（n-pr FH）	83.6（5）	85.30 ~ 88.10	80.50 ~ 86.30	80.60 ~ 86.50	81.10 ~ 84.20	80.50 ~ 88.10
52：51R	眶指数 I	78.26（4）	79.30 ~ 85.70	81.40 ~ 84.90	80.70 ~ 85.00	78.20 ~ 81.00	78.20 ~ 85.70
54：55	鼻指数	52.38（4）	45.00 ~ 50.70	42.60 ~ 47.60	45.20 ~ 50.20	50.30 ~ 55.50	42.60 ~ 55.50
SS：SC	鼻根指数	44.9（5）	26.90 ~ 38.50	34.70 ~ 42.50	31.00 ~ 35.00	26.10 ~ 36.10	26.10 ~ 42.50

通过比较可知，与现代亚洲蒙古人种变异范围相比，郑州宋代组的男性颅骨中有13项都落入其中，而颅宽、额最小宽、鼻颧角和鼻根指数则未落入其范围，其中颅宽值也接近变异范围的下限，鼻根指数则接近变异范围的上限。所以，从郑州宋代组表现出来的基本特征来看，郑州宋代居民的主要颅面部形态特征应与现代亚洲蒙古人种的相应变异范畴基本吻合。

与北亚蒙古人种比较，郑州宋代组超出其变异范围的有颅宽、颅高、额最小宽、颧点间宽、颅长宽指数、颅长高指数、颅宽高指数、垂直颅面指数、鼻颧角、总面角、眶指数、鼻指数和鼻根指数13项，其中除了颅长宽指数略低于北亚类型的变异范围外，其余12项均与北亚类型有显著差异，这说明郑州地区宋代组与北亚蒙古人种之间在若干项颅面部形态特征上差别较明显。郑州宋代组所具有的高而狭的颅型、较窄的额型、水平方向的面突程度、中等偏小的面部扁平度及较高的鼻根、较阔的鼻型与北亚蒙古人种通常具有的低而阔的颅型、中等高低的眶型及中等宽窄的鼻型有明显区别。

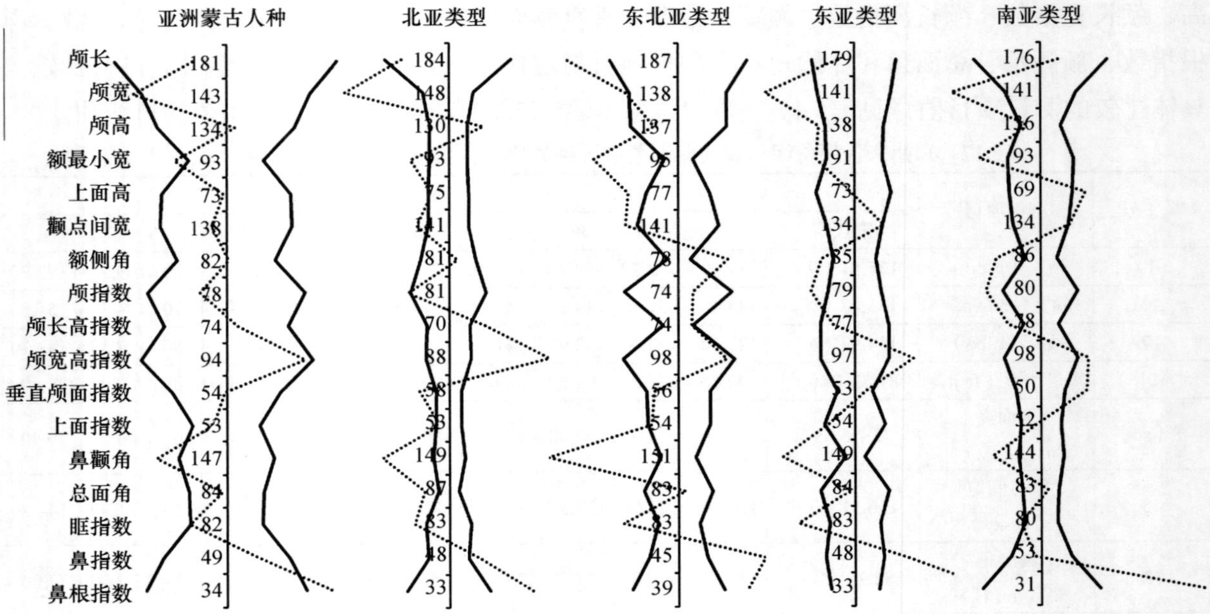

图5.3　郑州宋代组项目平均值折线图

与东北亚蒙古人种比较，郑州宋代组超出其变异范围的有颅长、颅宽、额最小宽、上面高、颧点间宽、额侧角、鼻颧角、眶指数、鼻指数和鼻根指数10项，落入东北亚蒙古人种变异范围的项目有颅高、颅长宽指数、颅长高指数、颅宽高指数、垂直颅面指数、上面指数、总面角7项。从颅型看，郑州宋代组所显示的偏长而高的颅型、中等程度的面突程度和偏高的鼻根与东北亚蒙古人种通常具有相对较长的颅型和较高的鼻根十分相似，但是，东北亚蒙古人种所具有的中等高低的眼眶和相对较狭的鼻型等特征与郑州宋代组的偏低的眼眶以及宽阔的鼻型等特征差异显著。

与东亚蒙古人种比较，郑州宋代组超出其变异范围的有颅宽、颅高、额最小宽、颧点间宽、额侧角、颅长宽指数、颅宽高指数、鼻颧角、眶指数、鼻指数和鼻根指数11项，这表明郑州宋代组除了在高而狭的颅型、中等偏小的面部扁平度、中等偏倾斜的前额、中等程度的面突程度和偏低的中眶型上与东亚蒙古人种有相似之处外，其宽阔的鼻型又与中鼻型的东亚蒙古人种有明显差异。

与南亚蒙古人种比较，郑州宋代组超出其变异范围的有颅宽、额最小宽、上面高、颧宽、额侧角、颅长宽指数、颅长高指数、颅宽高指数、垂直颅面指数、鼻颧角、鼻根指数11项。通常南亚蒙古人种具有的陡直的额型与郑州宋代组的中等倾斜的前额有区别，但是郑州宋代组所具有的较阔的鼻型、中等偏低的眼眶、中等偏小的面部扁平度等特征又与南亚蒙古人种比较一致。

通过上述分析，我们可以得出结论，郑州宋代组居民具有偏长的中颅型、高颅型、狭颅型、狭额型和偏狭的中额型、突颌型，阔鼻型，偏低的中眶型和中等水平的鼻根指数及中等偏小的面部扁平度等特征表明其基本颅骨形态特征与现代亚洲蒙古人种东亚类型十分一致，并且在颅骨形态上与现代亚洲蒙古人种的南亚类型和东北亚类型也存在一定的相似性，但与北亚蒙古人种在体貌特征上则相差较大。

第六节　小　　结

通过以上的观察、测量和对比分析，对荥阳薛村遗址早商和汉至明清时期颅骨及与新郑多处遗址汉代、唐代、宋代颅骨组成的郑州汉代组、唐代组、宋代组居民的颅骨形态特征，以及种族类型有了一个初步的认识。

（1）薛村早商组颅骨的形态学特征大致可以概括为中颅型、高颅型结合狭颅型，中额型和狭额型并存，偏阔的中鼻型和阔鼻型，以及中面型的全面指数、中上面型的上面指数，以中眶型为主，其次为低眶型，并有突颌型的齿槽面角、平颌型的中面角和中颌型的总面角。这些特征显示，薛村早商组的体质类型应大体归属于亚洲蒙古人种的东亚类型，同时也表现出了某些与南亚类型接近的倾向。

（2）通过对薛村遗址汉代至明清时期居民的颅骨形态特征研究，发现汉代居民具有以中颅型为主，圆颅型次之，并结合高颅型和正颅型及多为狭颅型的特点，以狭额型为主的额宽指数，多见阔腭型的腭指数，以及中、低眶型，多阔鼻型和中鼻型，并有少量的狭鼻型，以中和大为主的鼻颧角；以平颌型和中颌型为主的总面角，齿槽面角则显示多为突颌型和特突颌型；上面指数上多为中上面型和狭上面型。唐代居民以中颅型为主，长颅型次之，并结合颅长高指数上的正颅型和高颅型，颅宽高指数的狭颅型和中颅型，以狭额型为主、正颌型居多，多特突颌型的齿槽面角，以及以阔腭型和特突颌型为主，并有中等的鼻颧角。宋金元时期居民在长宽比例上为中颅型和长颅型，长高比例上是高颅型及在宽高比例上是狭颅型；狭额型和中额型并存，具有正颌型和中颌型、阔鼻型及中等偏小的垂直颅面指数，中等偏突的鼻根指数，中等的鼻颧角及特突颌型的齿槽面角，中眶型结合平颌型的总面角。明清时期居民以中颅型为主、长颅型次之的颅指数，以高颅型为主的颅长高指数，以及以狭颅型和中颅型为主的颅宽高指数，以阔腭型和狭腭型居多，并都是以狭额型为主、中额型次之的额宽指数；具有以正颌型为主的面突指数和偏小的垂直颅面指数，并有中等偏大的鼻颧角。

（3）郑州汉代组居民的非测量性形态特征概括为：以卵圆形和菱形颅为主，中等偏显著的眉弓，多为稍显和中等的眉间突度，以倾斜偏中等为主的前额，颅顶缝多为锯齿和深波，眶型多为椭圆形，并有略有和明显的鼻根区凹陷、稍显和中等的鼻前棘，梨状孔多为梨形，梨状孔下缘多为锐形，犬齿窝以弱、中等和显著为主，并有较多丘状的腭圆枕，顶蝶型为主的翼区，以弱为主的下颌圆枕，以外翻型为主的下颌角区及较多属于圆形的颏型。测量性形态特征可以概括为：中颅型、高颅型和偏狭的中颅型，偏狭的中额型，正颌型，偏大的垂直颅面指数，中上面型，偏阔的中鼻型，中等程度的鼻根指数，中眶型，阔腭型，属于平颌型的总面角及突颌型的齿槽面角，属于中等偏大程度的鼻颧角。应属于亚洲蒙古人种的范畴。与现代亚洲蒙古人种各区系类型的比较中，郑州汉代组与现代亚洲蒙古人种的东亚类型有较大的一致性，与现代亚洲蒙古人种的北亚类型、东北亚类型和南亚类型在颅骨形态上均存在不同程度的相似性。

（4）郑州唐代组居民的非测量性形态特征概括为：以卵圆形为主的颅形，中等程度的眉弓，以倾斜为主的前额，多无额中缝，以锯齿和深波为主的颅顶缝结构，以椭圆形为主的眶型，有较为明显的鼻根区凹陷，以稍显及中等为主的鼻前棘和以梨形为主的梨状孔，抛物线形的腭型，多喙状的枕外隆突，以顶蝶型为主的翼区，以弱为主的下颌圆枕，下颌角区以外翻型为主，颏型多为方形和圆形。测量性形态特征概括为：偏长的中颅型，高颅型结合狭颅型，偏狭的中额型，中颌型与正颌型兼半的面突指数，中等偏小的垂直颅面指数，中上面型的上面指数，偏狭的阔鼻型结合中眶型，并有中等发育程度的鼻根指数，阔腭型，中颌型结合平颌型的总面角，特突颌型的齿槽面角，以及反映上面部扁平度的中等偏大的鼻颧角。应属于亚洲蒙古人种的范畴。郑州唐代组居民的基本种系类型更接近于现代亚洲蒙古人种的东亚类型，并且在较大程度上与南亚类型也存在一定的相似性，同时与北亚类型和东北亚类型在颅骨形态上也表现出较多的相似之处。

（5）郑州宋代组居民的非测量性形态特征概括为：以卵圆形颅为主，眉间突度和眉弓的发育程度中等偏弱，并结合中等偏倾斜的前额、较深的鼻根区凹陷、中等及稍显为主的鼻前棘，颅顶缝以深波和锯齿为主，梨状孔多为梨形，腭型多抛物线形，腭圆枕多为嵴状，瘤状次之，并有以顶蝶型为主的翼区。多无下颌圆枕和弱等的下颌圆枕，以外翻型为主的下颌角区。测量性形态特征可以概括为：偏长的中颅型、高颅型、狭颅型、狭额型和偏狭的中额型，并有突颌型的面突指数，中等水平的垂直颅面指数，中上面型的上面指数，阔鼻型，中眶型和中等水平的鼻根指数，阔腭型，平颌型和中颌型，特突颌型的齿槽面角，以及中等偏小的面部扁平度。应属于亚洲蒙古人种的范畴。郑州宋代组与现代亚洲蒙古人种东亚类型十分一致，并且在颅骨形态上与现代亚洲蒙古人种的南亚类型和东北亚类型也存在一定的相似性，但与北亚蒙古人种在体貌特征上则相差较大。

（6）总结对郑州汉代组、唐代组、宋代组居民颅骨的非测量和测量性状的分析，发现郑州汉代组、唐代组、宋代组居民与先秦时期的“古中原类型”①有较多的相似之处，均比较符合“古中原类型”居民所具有的偏长的中颅型、高而偏狭的颅型、中等偏狭的面宽和中等的上面部扁平度，以及低面、阔鼻倾向等特征；只是郑州汉代组居民偏大的垂直颅面指数所反映的偏弱的高颅低面性质与“古中原类型”有少许差异，但郑州唐代组和宋代组居民相对明显的高颅低面性质则比较符合“古中原类型”的特征；同时，汉代组、唐代组、宋代组的中眶型，汉代组、唐代组的正颌型及唐代组、宋代组的高颅型结合狭颅型等特征与“古西北类型”②居民

① 朱泓.体质人类学［M］.北京：高等教育出版社，2004：348.

② 朱泓.体质人类学［M］.北京：高等教育出版社，2004：349-350.

所具有的高颅型和偏狭的颅型、中等偏狭的面宽、高而狭的面型以及中等的面部扁平度、中眶型和正颌型等特征也存在不同程度的相似性。而汉代祖、唐代组居民均具有较大的颧宽绝对值，与“古东北类型”[①]居民特征较相像，但汉代组、唐代组居民较小的鼻颧角反映出的较为中等的面部扁平度，与“古东北类型”又存在一些差异，同时，宋代组居民的突颌与偏小的面部扁平度则与“古中原类型”居民相似。因此，可以初步认为，郑州汉代组、唐代组、宋代组居民与先秦时期的“古中原类型”居民存在较大的相似性，其主体均应属于“古中原类型”，同时也可能受到了“古西北类型”　“古东北类型”等其他体质类型因素的影响。

① 朱泓.体质人类学［M］.北京：高等教育出版社，2004：349.

第六章　种族类型的多元统计分析

第一节　研 究 方 法

1. 组差均方根函数和欧氏距离系数

本书采用人类学统计中常用的平均数组间差异均方根函数和欧氏距离系数的方法，分别对荥阳薛村遗址早商、明清时期颅骨及薛村遗址和新郑多处遗址汉代、唐代、宋代颅骨所组成的郑州汉代组、唐代组、宋代组进行种系类型的多元统计分析，为探讨其种系结构和变化情况提供参考。

公式如下：

$$组差均方根函数\alpha=\sqrt{\frac{\sum\frac{d^2}{\delta^2}}{n}} \qquad (6.1)$$

d为两个对比组之间每项平均值的组差，δ为同种系标准差，按照人种学研究上的惯例，本书借用莫兰特（G. M.Morant）的埃及（E）组的各项标准差，n为比较的项目数。一般来说，运用此公式计算所得的函数值越小，则有可能表明这两个对比组之间的关系越接近。

$$欧氏距离系数D_{ij}=\sqrt{\frac{1}{m}\sum_{k=1}^{m}(x_{ik}-x_{jk})^2} \qquad (6.2)$$

其中，i、j代表颅骨组，k代表比较项目，m代表比较项目。各比较组之间的亲疏关系由距离系数的大小决定，一般来说，D_{ij}值越小，表明两组之间的关系越接近。

2. 聚类分析

统计分组或分类可以深化人们的认识。在实际应用中，有些情况下进行统计分组比较容易，分组标志确定了，分组也就得到了，但是，在有些情况下进行统计分组却比较困难，特别是当客观事物性质变化没有明显标志时，用于确定分组的标志和组别就很难确定。聚类分析实际上给我们提供了一种对于复杂问题如何分组的统计方法[①]。

聚类分析是将样品或变量按照它们在性质上的亲疏程度进行分类的多元统计分析方法。聚类分析时，用来描述样品或变量的亲疏程度通常有两个途径，一是把每个样品或变量看成是多维空间上的一个点，在多维坐标中，定义点与点，类和类之间的距离，用点与点间距离来描述样品或变量之间的亲疏程度；另一个是计算样品或变量的相似系数，用相似系数来描述样品或变量之间的亲疏程度。

本书中所做的聚类分析，是使用SPSS软件完成的，均采用了欧氏距离（Euclidean distance）作为相似系数和组间平均链锁距离（between-groups linkage）的方法。

3. 主成分分析

在实际问题中，我们经常会遇到研究多个变量的问题，而且在多数情况下，多个变量之间常常存在一定的相关性。由于变量个数较多再加上变量之间的相关性，势必增加了分析问题的复杂性。如何从多个变量中综合为少数几个代表性变量，既能够代表原始变量的绝大多数信息，又互不相关，并且在新的综合变量基础上，可以进一步的统计分析，这时就需要进行主成分分析[②]。

主成分分析是采取一种数学降维的方法，找出几个综合变量来代替原来众多的变量，使这些综合变量能尽可能地代表原来变量的信息量，而且彼此之间互不相关。这种将把多个变量化为少数几个互相无关的综合变量的统计分析方法就叫做主成分分析。

本书主成分分析的过程是通过SPSS软件来完成的，其中均选择了相关系数矩阵，并要求做KMO和变量适宜度检验，主成分轴不作旋转，在“因子得分”中选择了“Anderson-Rubin”方法，此法给出的因子得分均值为0，标准差为1，而且相互间不相关[③]。

第二节　荥阳薛村遗址早商颅骨种系的多元统计分析[④]

为了进一步考察薛村早商人骨与其他古代人骨在种族类型上的相互关系，在充分考虑了时间、空间和文化差异等诸多因素后，男、女两性分别选择了11组和10组古代个体进行对比。男女所选古代对比组见表6.1。

① 傅德印，张旭东.EXCEL与多元统计分析［M］.北京：中国统计出版社，2007：151.

② 傅德印，张旭东.EXCEL与多元统计分析［M］.北京：中国统计出版社，2007：253.

③ 陈铁梅.定量考古学［M］.北京：北京大学出版社，2005：221-233.

④ 孙蕾，楚小龙，朱泓.河南荥阳薛村遗址早商人骨种系研究［J］.华夏考古，2013，（1）：55-64.

表6.1 男、女两性所选用古代对比组的情况

组别	出土地点	年代	人种类型	
瓦窑沟组[①]	陕西省铜川市瓦窑沟墓地	先周晚期	接近于亚洲蒙古人种中的东亚类型，同时也显示某种与南亚类型接近的倾向	古中原类型[②]
游邀组[③]	山西省钦州市游邀遗址	夏代	与亚洲蒙古人种的东亚类型最为接近，又有某些特征与南亚类型相似，某些个体的性状不能完全排除受北亚蒙古人种影响的可能性	古中原类型
碾子坡先周组[④]	陕西省长武碾子坡墓葬	先周晚期	与东亚蒙古人种最接近	古中原类型[⑤]
碾子坡西周组	陕西省长武碾子坡墓葬	西周	与东亚蒙古人种最接近	古中原类型
殷墟中小墓②组[⑥]	河南省安阳市殷墟遗址中小墓地	商代后期	接近东亚蒙古人种	古中原类型
殷墟中小墓③组	河南省安阳市殷墟遗址中小墓地	商代后期	混合有北方蒙古人种的特点	与古东北类型近似[⑦]
殷墟中小墓组（女）[⑥]	河南省安阳市殷墟遗址中小墓地	商代后期	接近东亚蒙古人种	古中原类型
西北冈祭祀坑组（女）	河南省安阳市殷墟殷代王陵区附近的祭祀坑	商代后期	包括若干个可归属于北亚蒙古人种和南亚蒙古人种的个体	古中原类型
西北冈祭祀坑Ⅰ组	河南省安阳市殷墟殷代王陵区附近的祭祀坑	商代后期	与北亚蒙古人种接近	与古东北类型近似
西北冈祭祀坑Ⅳ+Ⅴ组	河南省安阳市殷墟殷代王陵区附近的祭祀坑	商代后期	与东亚类型接近	古中原类型

① 陈靓.瓦窑沟青铜时代墓地颅骨的人类学特征［J］.人类学学报，2000，（1）：32-43.

② 原海兵.殷墟中小墓人骨的综合研究［D］.长春：吉林大学博士学位论文，2010：147-150.

③ 朱泓.忻州遗址夏代居民的人类学特征［A］//吉林大学边疆考古研究中心，山西省考古研究所，忻州地区文物管理处等.忻州游邀考古［C］.北京：科学出版社，2004：188-214.

④ 潘其风.碾子坡遗址墓葬出土人骨的研究［A］//中国社会科学院考古研究所.南邠洲碾子坡［M］.北京：世界图书出版公司，2007.

⑤ 朱泓.体质人类学［M］.北京：高等教育出版社，2004：348-349.

⑥ 韩康信，潘其风.安阳殷墟中小墓人骨的研究［A］//中国社会科学院历史研究所，中国社会科学院考古研究所.安阳殷墟头骨研究［C］.北京：文物出版社，1985：50-81.

⑦ 张敬雷.青海省西宁市陶家寨汉晋时期墓地人骨研究［D］.长春：吉林大学博士学位论文，2008：75.

续表

组别	出土地点	年代	人种类型	
蔚县合并组[①]	河北省张家口地区蔚县三关和前堡两处夏家店下层文化墓葬	夏代	蒙古人种的东亚类型，个别体质特征上又存在若干接近南亚类型的因素	古华北类型[②]
大甸子①组[③]	内蒙古昭乌达盟（今赤峰市）敖汉旗大甸子夏家店下层文化墓地	距今3700年左右，相当于中原的夏商时期	接近东亚蒙古人种	古华北类型
大甸子②组	内蒙古昭乌达盟（今赤峰市）敖汉旗大甸子夏家店下层文化墓地	距今3701年左右，相当于中原的夏商时期	与东亚类型较为接近，但在某些特征上显示出与北亚类型相似的基因成分	古东北类型
崞县窑子组[④]	内蒙古乌兰察布盟凉城县崞县窑子墓地	春秋晚期至战国早期	接近于东亚蒙古人种和北亚蒙古人种	古华北类型[⑤]

① 张家口考古队.蔚县夏家店下层文化颅骨的人种学研究［J］. 北方文物，1987，（1）：2-20. 女性颅骨的各项平均值出自：朱泓.邹县、兖州商周时期墓葬人骨的研究报告［J］. 华夏考古，1990，（4）：30-39.

② 朱泓.中国东北地区的古代种族［J］.文物季刊，1998，（1）：54-64.

③ 潘其风.大甸子墓葬出土人骨的研究//中国社会科学院考古研究所. 大甸子——夏家店下层文化遗址与墓地发掘报告［M］.北京：科学出版社，1998：224-322.

④ 朱泓.内蒙古凉城东周时期墓葬人骨研究//考古学集刊（七）.［C］北京：科学出版社，1991：169-191.

⑤ 张全超.内蒙古和林格尔县新店子墓地人骨研究.［M］，北京：科学出版社，2010：1-115.

首先，将薛村早商组的1例男性个体与其他11个古代组进行比较，见表6.2。计算出他们之间的组差均方根值，结果见表6.3。在全部项目上，薛村男性早商组与瓦窑沟组、碾子坡先周组最为接近，其次为西北冈祭祀坑Ⅳ+Ⅴ组、殷墟中小墓②组和游邀组，与大甸子①组、碾子坡西周组、蔚县合并组较为疏远，而与西北冈祭祀坑Ⅰ组、殷墟中小墓③组和大甸子②组关系最为疏远。在角度指数项目上，除了游邀组和碾子坡西周组表现得与薛村男性早商组更为接近外，其余各组与之的亲疏关系与在全部项目上所表现的大致相同。因绝对值的比较相对于角度和指数更易受到个体大小等正常变异的影响，所以与薛村男性早商组最接近的应该依次是瓦窑沟组、游邀组、碾子坡先周组，其次接近的是西北冈祭祀坑Ⅳ+Ⅴ组、碾子坡西周组和殷墟中小墓②组；而与和北亚蒙古人种接近的西北冈祭祀坑Ⅰ组、混合有北方蒙古人种特点的殷墟中小墓③组和显示与北亚蒙古人种相似基因成分的大甸子②组关系最为疏远。

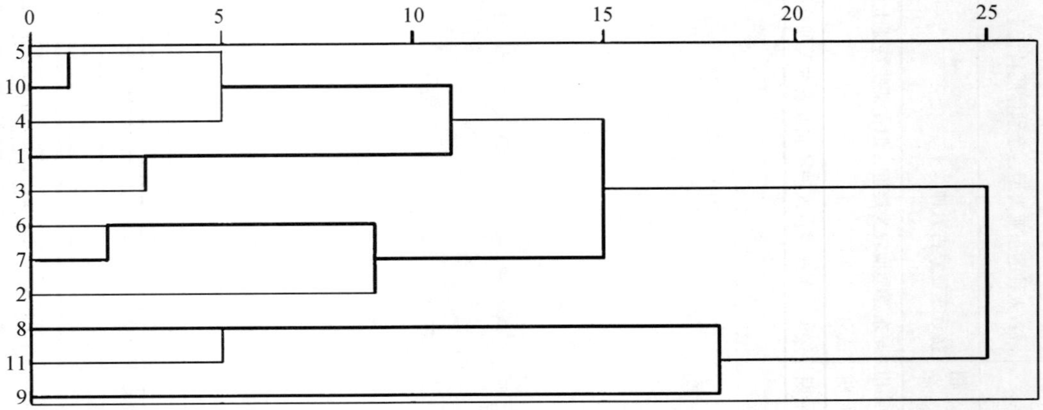

图6.1　薛村早商组（女）与其他10组古代人群的聚类图

1.薛村早商组　2.瓦窑沟组　3.游邀组　4.碾子坡先周组　5.碾子坡西周组　6.西北冈祭祀坑组　7.殷墟中小墓组　8.蔚县合并组　9.崞县窑子组　10.大甸子①组　11.大甸子②组

然后将薛村早商组的5例女性个体与10个古代颅骨组进行比较，见表6.4。根据他们之间的欧氏距离做聚类分析，并绘出聚类图，见图6.1。从图6.1的聚类情况看，在刻度小于25的范围内，11个颅骨组大致可分为两大聚类群。第一类群中，薛村女性早商组与游邀组之间的距离最为接近，其次为碾子坡先周组、大甸子①组和碾子坡西周组聚合成的类群，再次为西北冈祭祀坑组、殷墟中小墓组和瓦窑沟组聚合的类群。其中，具有高颅窄面，较大面部扁平度及伴有中等偏长而狭窄颅型的大甸子①组属于古华北类型，该组却并入了具有偏长中颅型、高而偏狭的颅型、中等偏狭的面宽及中等的上面部扁平度的古中原类型的碾子坡先周组与碾子坡西周组的类群中，这似乎是因为古中原类型和古华北类型在体质特征上有若干相似之处。这也似乎反映了“在夏商时期接近东亚蒙古人种类型的局面已遍布于广大华北地区”[①]，并且也可以说明

① 潘其风.我国青铜时代居民人种类型的分布和演变趋势——兼论夏商周三族的起源［A］//《庆祝苏秉琦考古五十五年论文集》编辑组.庆祝苏秉琦考古五十五年论文集［C］.北京：文物出版社，1989：299。

“周人在发展壮大过程中不断地与周边民族和部落发生关系，在文化交流的同时也带动了广泛的基因交流”[①]。第二类群中，蔚县合并组与大甸子②组这两个夏家店下层文化组先聚合在一起，后与种族构成多源性、体现北亚与东亚两种体质特征的居民相互混杂融合状态的崞县窑子组聚合。

表6.2　薛村早商组与其他古代人群的比较（男）　（长度：毫米；角度：度；指数：%）

马丁号	项目	薛村早商组	瓦窑沟组	游邀组	碾子坡先周组	碾子坡西周组	殷墟中小墓②组	殷墟中小墓③组	西北冈祭祀坑Ⅰ组	西北冈祭祀坑Ⅳ+Ⅴ组	蔚县合并组	大甸子①组	大甸子②组	同种系标准差
1	颅长	177.50	181.33	183.65	181.34	183.94	184.03	187.18	182.50	181.50	175.11	182.67	174.59	5.73
8	颅宽	138.00	140.08	140.65	138.38	142.85	140.13	142.67	144.44	138.07	142.37	138.13	145.38	4.76
17	颅高	139.20	139.45	142.13	141.56	144.12	140.32	134.83	135.10	138.67	138.58	141.06	141.36	5.69★
9	最小额宽	92.84	91.50	94.00	93.21	90.74	90.43	93.86	93.78	90.27	91.42	90.45	90.74	4.05
48（sd）	上面高	76.50	72.50	73.95	72.34	71.76	73.81	75.08	73.56	72.62	72.97	73.53	73.40	4.15
54	鼻宽	26.00	26.38	26.79	26.90	26.02	26.99	28.96	27.28	26.71	25.96	27.01	27.34	1.77
55	鼻高	54.00	55.00	53.10	54.08	54.54	53.38	56.42	54.42	52.85	52.79	53.22	53.14	2.92
51R	眶宽	42.32	41.92	44.42	43.58	43.05	42.43	44.88	41.64	41.29	42.44	43.08	42.89	1.67
52R	眶高	34.70	33.38	34.08	33.55	32.49	33.55	35.52	33.50	32.97	32.66	33.59	33.29	1.91
72	总面角	82.00	83.33	84.44	84.97	81.50	83.81	84.63	85.84	84.91	87.10	86.62	88.08	3.24
8：1	颅长宽指数	77.75	77.25	76.73	76.49	77.23	76.50	76.27	79.15	76.08	81.32	75.61	83.27	2.67
17：1	颅长高指数	78.42	76.90	77.15	78.22	79.01	76.09	72.08	74.21	76.42	79.53	77.59	80.97	2.94
17：8	颅宽高指数	100.87	99.55	101.02	102.98	101.58	99.35	94.53	93.63	100.83	98.09	101.93	97.23	4.3
54：55	鼻指数	48.15	48.21	50.52	49.93	47.69	50.98	51.41	50.39	50.53	49.39	50.51	51.67	3.82
52：51R	眶指数Ⅰ	81.99	79.87	76.73	77.32	74.78	78.59	79.32	80.75	79.96	77.05	78.33	78.18	5.05
9：8	额宽指数	67.28	65.27	66.64	66.63	64.21	64.35	65.46	64.88	65.53	64.37	65.63	59.63	3.29★

注：标有的采用挪威组同种系标准差，其余采用埃及（E）组的标准差。同种系标准差转引自[②]。

① 王明辉.周人体质特征分析［A］//中国社会科学院考古研究所.二十一世纪的中国考古学——庆祝佟柱臣先生八十五华诞学术文集［C］.北京：文物出版社，2006：920.

② 朱泓，张全超.内蒙古林西县井沟子遗址西区墓地人骨研究.人类学学报［J］，2007，（5）：97-106.

表6.3　薛村早商组与其他古代组之间的组差均方根值（男）

组别	瓦窑沟组	游邀组	碾子坡先周组	碾子坡西周组	殷墟中小墓②组	殷墟中小墓③组	西北冈祭祀坑Ⅰ组	西北冈祭祀坑Ⅳ+Ⅴ组	蔚县合并组	大甸子①组	大甸子②组
总项目	0.47	0.64	0.57	0.76	0.62	1.11	0.88	0.6	0.79	0.65	1.15
指数与角度	0.4	0.59	0.59	0.66	0.66	1.14	1.04	0.6	0.98	0.75	1.52

表6.4　薛村早商组与其他古代人群的比较（女）　（长度：毫米；角度：度；指数：%）

马丁号	项目	薛村早商组	瓦窑沟组	游邀组	碾子坡先周组	碾子坡西周组	西北冈祭祀坑组	殷墟中小墓组	蔚县合并组	峙县窑子组	大甸子①组	大甸子②组
1	颅长	180.30	179.50	177.33	175.50	175.76	176.00	175.29	168.96	172.00	176.20	171.15
8	颅宽	139.08	137.00	136.93	132.53	136.10	138.78	138.09	138.61	138.67	138.87	147.27
17	颅高	140.00	137.36	136.73	133.59	137.26	134.32	133.13	133.68	134.25	136.34	137.91
9	最小额宽	89.22	93.23	89.85	87.97	91.13	90.82	90.21	90.46	87.37	89.06	89.91
48（sd）	上面高	72.30	68.30	69.12	67.63	67.98	68.50	68.38	69.26	72.17	67.95	68.69
45	颧宽	124.00	131.00	127.63	129.49	127.51	129.82	127.37	128.76	129.25	128.39	128.76
54	鼻宽	26.77	25.33	25.69	26.97	27.30	26.30	26.55	26.51	28.00	26.63	26.70
55	鼻高	51.45	50.16	49.54	50.44	51.94	50.36	49.46	49.57	52.80	49.86	50.44
51R	眶宽	42.73	41.39	42.41	42.83	41.74	39.70	41.48	42.34	43.40	42.21	42.07
52R	眶高	33.37	32.97	33.56	34.13	32.04	32.42	33.41	33.12	34.63	32.13	32.54
72	总面角	87.33	82.08	83.50	83.25	84.20	83.56	82.18	86.09	85.00	86.57	128.22
8：1	颅指数	77.67	76.40	77.23	76.19	78.32	78.79	78.84	82.15	80.97	76.09	83.17
17：1	颅长高指数	77.29	76.57	76.85	76.58	78.12	76.13	75.53	79.26	75.43	77.06	80.35
17：8	颅宽高指数	100.31	100.27	100.06	101.70	100.54	96.89	95.95	96.52	99.27	100.92	96.52
48：45sd	上面指数	54.52	52.21	54.17	52.10	53.29	52.77	53.69	53.79	55.75	52.56	53.68
54：55	鼻指数	51.52	50.73	52.15	53.39	52.51	51.79	54.03	53.51	53.05	53.56	53.18
52：51R	眶指数Ⅰ	78.28	80.04	79.17	77.64	77.08	81.75	80.97	78.43	79.83	76.35	77.32
9：8	额宽指数	64.72	68.09	65.20	68.25	66.97	65.33	65.46	65.00	64.93	66.41	63.32

为了更加系统、全面地分析薛村早商组的5例女性个体与各古代组之间的关系，利用表6.4的数据进行主成分分析，得出前三个主成分的因子载荷矩阵，见表6.5。

表6.5　前三个主成分因子载荷矩阵

成分矩阵[a]			
	成分		
	1	2	3
颅长	−0.70	0.27	0.53

续表

成分矩阵[a]			
	成分		
	1	2	3
颅宽	0.67	–0.58	0.27
颅高	0.02	–0.06	0.99
最小额宽	–0.52	–0.64	0.19
上面高	0.54	0.56	0.28
颧宽	–0.29	–0.30	–0.54
鼻宽	0.60	0.51	–0.14
鼻高	0.34	0.58	0.26
眶宽	0.45	0.64	0.15
眶高	0.22	0.71	–0.36
总面角	0.62	–0.54	0.29
颅指数	0.85	–0.37	–0.19
颅长高指数	0.44	–0.60	0.38
颅宽高指数	–0.47	0.61	0.43
上面指数	0.75	0.42	0.07
鼻指数	0.46	0.00	–0.56
眶指数	–0.19	–0.04	–0.47
额宽指数	–0.83	0.26	–0.12

注：采用提取主成分方法。a为已提取了3个成分。

在表6.5中，前三个主成分的累计贡献率分别为29.61%、52.55%和69.13%，大体代表了18个变量所包含的多数信息量。第一主成分的最大载荷变量有颅长、颅宽、鼻宽、总面角、颅指数、上面指数和额宽指数，代表了颅型的长宽、面高、面部在水平方向上的凸出程度及鼻型特征。第二主成分上的最大载荷变量有最小额宽、眶宽、眶高和颅宽高指数，代表了额部的宽度特征及眶型特征。第三主成分上的最大载荷量是颅高，代表了颅部的高度特征。

图6.2是薛村女性早商组与各古代对比组在前三个主成分上的散点图。薛村女性早商组与各古代组之间的空间关系虽然与聚类图不完全一致，但主体结构比较相似。薛村女性早商组从颅部到面部的形态特征与由瓦窑沟组、游邀组、碾子坡先周组、碾子坡西周组、西北冈祭祀坑组和殷墟中小墓组组成的中原地区的古中原类型居民有较为接近的形态学关系；与蔚县合并组、崞县窑子组所代表的古华北类型及大甸子②组所代表的古东北类型居民有明显的偏离。

从薛村男性早商组与各古代组间的组差均方根值，以及薛村女性早商组与各古代组间的聚类分析和主成分分析的结果看，薛村早商组具有的中颅型，高颅型结合狭颅型，偏阔的中鼻型和阔鼻型，以中眶型为主、其次为低眶型，并有中上面型的上面指数，突颌型的齿槽面角等形态特征与以游邀组、瓦窑沟组等为代表的夏商时期山西夏代和陕西先周古中原类型的居民类群比较接近。同时，薛村早商组与北方地区夏家店下层文化的蔚县合并组和大甸子②组存在较大的偏离。

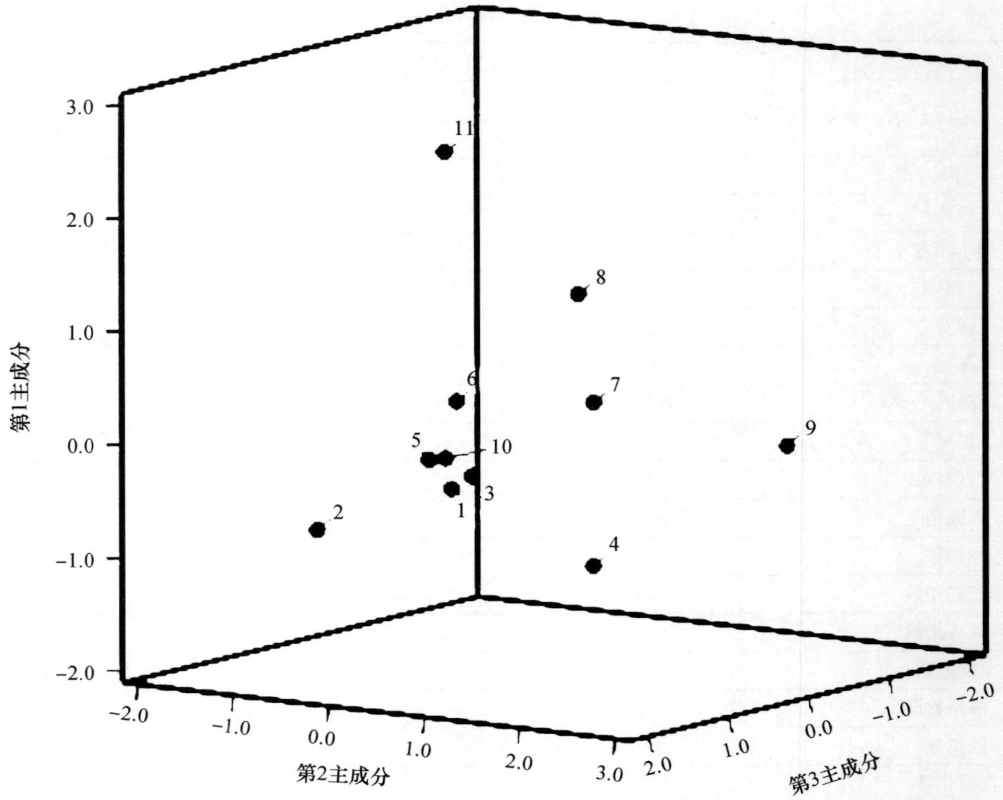

图6.2　薛村早商组（女）与各古代对比组之间的主成分分析散点图

1.薛村早商组　2.瓦窑沟组　3.游邀组　4.碾子坡先周组　5.碾子坡西周组　6.西北冈祭祀坑组　7.殷墟中小墓组　8.蔚县合并组　9.崞县窑子组　10.大甸子①组　11.大甸子②组

第三节　郑州汉代组、唐代组、宋代组颅骨种系的多元统计分析

一、对比材料介绍

朱泓先生将黄河流域、内蒙古长城地带、燕山南北，以及长江中下游和部分南方沿海地区出土的新石器时代、青铜时代和早期铁器时代的古人骨区分为我国先秦时期的五个古代种族类型，分别为古中原类型、古华北类型、古东北类型、古西北类型和古华南类型①。

作为我国黄河中下游地区先秦时期原始土著居民的古中原类型居民，其主要的颅面部特征为：偏长的中颅型及高而偏狭的颅型，中等偏狭的面宽和中等的上面部扁平度，较低的眶型和

① 朱泓.体质人类学［M］.北京：高等教育出版社，2004：348.

明显的低面、阔鼻倾向。与现代亚洲蒙古人种各区域性类型进行比较，似乎介于东亚人种和南亚人种之间的位置上，在若干体质特征上与现代华南地区的居民颇相近似。在铁器时代以前，古中原类型居民的分布以黄河中下游地区为中心，其东到大海、北侧可达内蒙古长城沿线，西到陇东、南到长江流域。从秦始皇统一六国以后的疆域来看，除了长江以南地区外基本与“古中原类型”居民的分布范围重叠。古中原类型居民，一直是秦统一六国以后的漫长历史时期中黄河中下游地区的主要居民①。

本书选取了8组先秦时期属于古中原类型居民的颅骨材料，分别是呈子二期组、庙底沟组、游邀组、殷墟中小墓②组、瓦窑沟组、上马组、零口战国组、后李官村组，以及汉代以后6组类似于先秦古中原类型的临淄组、鲁中南组、良辅组、纳林套海组、大同北魏组和紫薇组。

呈子二期组的颅骨材料出土于山东省诸城县的呈子新石器时代墓地。属于龙山时代的呈子二期组的颅骨与该地点属于大汶口时代的呈子一期颅骨所表现的颅面部特征大体一致。呈子二期组颅骨具有中颅、高颅、狭颅和狭额型的脑颅类型，中面或接近狭面，中鼻型和低矮鼻突度，结合中眶型，中—平颌和齿槽突度中—突颌型，短齿槽型等综合的面颅类型；与西夏侯、大汶口等其他地点的大汶口文化居民头骨之间的形态距离较小，并与现代亚洲蒙古人种的东亚类型也极为相似②。

庙底沟组的颅骨材料来自河南省陕县庙底沟遗址中的庙底沟二期文化。该文化可能是“龙山早期或由仰韶到龙山的一种过渡性质的文化”，对阐明我国黄河中、下游新石器时代人类体质的连续性提供了重要的根据。庙底沟颅骨组的体质特征与现代的远东人种较为接近，与华南近代组之间关系密切。该组具有高颅型、狭颅型及较欠后倾的额，有阔鼻倾向、较宽的中部面宽（颧宽），较大的上面扁平度（鼻颧角）和较低的眼眶，它与仰韶文化和大汶口文化各组之间，在体质上也存在更为密切的关系③。

游邀组的颅骨材料来自山西省忻州市游邀遗址，其年代属于夏代。该组颅骨的特征为中颅型、高颅型结合狭颅型，并有中等偏阔的面宽绝对值和中等的上面高度，偏低的中眶型和偏阔的中鼻型，以及较为扁平而垂直的面形和中等程度的齿槽突颌性质，游邀遗址夏代居民的主要种系成分应归属亚洲蒙古人种的东亚类型，同时也与现代亚洲蒙古人种的南亚类型有近似的因素。游邀组颅骨的特征接近于近代的华北组和华南组，而与近代的蒙古组、爱斯基摩组及古代的西北冈祭祀坑Ⅰ组、大甸子Ⅱ组和殷墟中小墓③组之间存在较远的形态学距离④。

殷墟中小墓②组的颅骨材料来自河南省安阳市殷墟遗址的中小墓地，时代为晚商时期，包括在安阳殷墟中小墓中所采集到的可供观察和测量的全部头骨中去除八例低颅、宽面（即带

① 原海兵.殷墟中小墓人骨的综合研究［D］. 长春：吉林大学博士学位论文，2010：204.

② 韩康信.山东诸城呈子新石器时代人骨［J］.考古，1990，（7）：644-654.

③ 韩康信，潘其风.陕县庙底沟二期文化墓葬人骨的研究［J］.考古学报，1979，（2）：255-269.

④ 朱泓.忻州遗址夏代居民的人类学特征［A］//吉林大学边疆考古研究中心，山西省考古研究所，忻州地区文物管理处，忻州考古队.忻州游邀考古［M］.北京：科学出版社，2004：188-214.

有北方蒙古人种因素）标本以外的其余部分。这类墓葬的死者，其身份当属于殷代社会中的平民，其体质特征与东亚地区的蒙古人种类型比较接近①。

瓦窑沟组的颅骨来自陕西省铜川市瓦窑沟青铜时代墓葬。该组颅骨是属于周人的人骨材料，具有中颅型、高颅型结合狭颅型的特征，并表现为中等的面型、中鼻型，偏低的中眶型及中等略大的上面部扁平度；其种族特征具有可归入亚洲蒙古人种的东亚类型，同时也显示出某种程度南亚类型的影响。在近代对比组中，瓦窑沟组的基本体质类型与华北近代组、华南近代组关系最近，在古代对比组中，它与火烧沟组和殷墟中小墓②组最为接近②。

上马组颅骨材料出土于山西侯马市南郊西周末至整个春秋战国时期的上马墓地。其人种特征主要接近现代亚洲蒙古人种的东亚类型，但某些特征更接近于东北亚和北亚类型。上马墓地的主体居民与生活在同一地区的前期居民在体质上存在延续的关系，但可能已经融合了某些来自北方地区居民及少量南方移民的遗传基因③。

零口战国组的颅骨材料来自陕西省临潼县零口村遗址发掘出土的战国秦墓。该组颅骨大致表现为偏圆的中颅—高颅—中颅结合、中等偏大的面部扁平度、中眶型、偏阔的中鼻型、中颌型—平颌型、齿槽突颌、阔腭等。这样的综合特征比较接近于东亚蒙古人种的颅骨，其基本特征与近代华北组、新石器时代的宝鸡组和关中合并组、青铜时代的上马组和殷墟中小墓②组最为接近④。

后李官组的颅骨材料来自山东省临淄市的后李官村的周代墓葬。其颅骨的基本体质特征可概括为中颅型、高颅型结合中、狭颅型、中或阔鼻型、额坡度也较直、鼻骨突度弱、低—中眶、腭短宽型、面部扁平度大等特征，表现出蒙古人种的一般特点，且与现代亚洲蒙古人种的东亚类型最为接近⑤。

临淄组的颅骨资料来自山东省临淄地区的两醇春秋时期遗址和乙烯汉代遗址，其颅骨的基本特征为中颅型、高颅型、狭颅型相结合，中面型、中眶型、中鼻型相结合，面部水平和矢状方向突度中等和齿槽突颌型等特征，与现代亚洲蒙古人种的东亚类型相似⑥。

鲁中南组的颅骨资料来自鲁中南地区的三个遗址合并而成，分别为滕州东康留东周遗址、滕州东小宫汉代遗址和兖州徐家营汉代遗址。该颅骨组的特征为中颅型、高颅型、中颅型相结合，以狭额型为主，并有中上面型、中等的垂直颅面比例、矢状方向面突度中颌型、低的鼻骨突度及上齿槽突颌型、中眶型、中鼻型结合阔腭型。接近于现代亚洲蒙古人种的东亚类型及南亚类型，与黄河流域古代类群的亲缘关系比与华南组更接近，并与安阳组和火烧沟组距离最

① 韩康信，潘其风.安阳殷墟中小墓人骨的研究［A］//中国社会科学院历史研究所，中国社会科学院考古研究所.安阳殷墟头骨研究［C］.北京：文物出版社，1985：50-81.

② 陈靓.瓦窑沟青铜时代墓地颅骨的人类学特征［M］.人类学学报，2000，（1）：32-43.

③ 潘其风.上马墓地出土人骨的初步研究［A］//山西省考古研究所.上马墓地［C］.北京：文物出版社，1994：398-483.

④ 周春茂.零口战国墓颅骨的人类学特征［J］.人类学学报，2002，（3）：199-208.

⑤ 张雅军.山东临淄后李官周代墓葬人骨研究［A］//山东省文物考古研究所，土井浜遗址·人类学博物馆.探索渡来系弥生人大陆区域的源流［R］2000：164-171.

⑥ 韩康信，松下孝幸.山东临淄周—汉代人骨体质特征研究及与西日本弥生时代人骨比较概报［J］.考古，1997，（4）：32-42.

近，并和日本的弥生组较近[①]。

良辅组的颅骨资料来自陕西省澄城县刘家洼乡良辅墓地，其年代为汉代。该组颅骨的体质特征为长颅型结合圆颅型、高颅型、中颅型结合狭颅型，并有阔上面型、阔额型、中眶型和中鼻型，而其面部扁平度并不是很大，与现代亚洲蒙古人种的东亚类型有更亲近的关系，同时不排除个别体质因素上存在南亚类型的影响。与近代华南组居民最为接近，次为华北组，并与殷墟中小墓②组和仰韶合并组最为接近。该组居民应与先秦时期古代居民人种类型的"古中原类型"表现出较强的一致性，并不排除来自黄河上游甘青地区"古西北类型"基因影响的可能[②]。

纳林套海组的颅骨材料来自内蒙古巴彦淖尔市磴口县纳林套海汉墓群。该墓群的年代从西汉晚期至东汉初年，其颅骨组的形态为偏圆的中颅型、正颅型和中颅型相结合，有较大的面宽绝对值和中等的上面高度，中眶型和偏狭的中鼻型及中等程度扁平的面形。与现代蒙古人种东北亚类型居民的颅骨特征较为一致，而与内蒙古中南部地区先秦时期的"古中原类型"和"古华北类型"居民，以及代表"古蒙古高原类型"的颅骨组均存在一定程度的形态学差异，体现了一种混合体质性状的趋势，"推测纳林套海居民很可能是汉匈民族融合的结果。"[③]笔者从该颅骨组颅面部的各项测量值及比值的数据分析，其人种特征虽兼具了现代亚洲蒙古人种的东亚类型、北亚类型和东北亚类型的因素，但仍然以东亚类型为主要特征；结合其具体的颅面部特征，认为该组居民应当是以古中原类型体质特征为代表，并混入一定比重的古蒙古高原类型基因的人群。

大同北魏组的颅骨来自山西省大同市南郊的北魏王朝建都平城期间的文化遗存。该人骨材料的种族类型表明其与现代东亚蒙古人种的颅面部形态特征上表现出更多的相似性，同时不排除在个别颅骨特征上可能杂有一些与东北亚蒙古人种相近的因素，而与北亚类型和南亚类型差异显著。与华南近代组关系最为密切，与爱斯基摩近代组之间的基本种系特征上也存在一些共性。大同北魏居民的主体种族成分为古中原类型，推测其族属来源应以汉族为主，但在其体质特征的形成过程中或许也受到过鲜卑人的影响。大同北魏古墓群墓主人的族属中不排除包括有汉族和鲜卑族两种成分的可能性[④]。

紫薇组的颅骨材料出土于陕西省西安市长安区郭杜镇北的紫薇田园都市墓葬群中的唐代墓葬。该组颅骨特征为中颅、高颅结合很狭的颅型，中等的额宽、偏低的眶型及中等偏小的面部扁平度，相对低矮的鼻根。接近蒙古人种的南亚类型和东亚类型，但面部较宽等特征可能受到某种程度北亚类型和东北亚类型的影响，与仰韶合并组、瓦窑沟组、殷墟中小墓①组等中原地

---

① 尚虹，韩康信，王守功.山东鲁中南地区周—汉代人骨研究［J］.人类学学报，2002，（1）：1-1

② 韩巍.陕西澄城良辅墓地汉代人骨研究［D］.长春：吉林大学硕士学位论文，2006：58-59.

③ 张全超，胡延春，朱泓.磴口县纳林套海汉墓人骨研究［J］.内蒙古文物考古，2010，（2）：136-142.

④ 韩巍.山西大同北魏时期居民的种系类型分析［A］//吉林大学边疆考古研究中心.边疆考古研究（第4辑）［C］.北京：科学出版社，2005：270-280.

区古代组存在形态学上比较接近的关系①。

作为我国内蒙古长城地带最主要的原始土著居民的古华北类型居民，内蒙古中南部至晋北、冀北一带的长城沿线可能是其中心分布区，同时也辐射到了西辽河流域，其主要的颅面部特征为：高颅窄面，较大的面部扁平度，并有中等偏长而狭窄的颅型。与现代东亚蒙古人种的接近程度十分明显，但在面部扁平程度上存在较大差异，或许是现代东亚人种的一个重要源头②。

本书选取了3组先秦时期古华北类型居民点颅骨，分别为庙子沟组、姜家梁组和夏家店上层合并组及1组战国—汉代的呼和乌素组。

庙子沟组的颅骨材料来自内蒙古自治区乌兰察布盟察右前旗境内黄旗海南岸的庙子沟遗址，其年代相当于仰韶时代晚期。庙子沟文化的形成是由于中原仰韶文化繁荣时期，部分仰韶时代居民沿着黄河河谷北上垦田，与河套地区原住民融合共存的结果，更确切地说，庙子沟文化是"在继承了庙底沟文化的主要因素的基础上，接受周围诸考古学文化因素的影响和渗透而发展起来的"③。该组颅骨具有典型的高、狭颅型和中等宽度的面形，其颇大的鼻颧角和额部的倾斜程度虽与北亚人种的相应特征十分相似，但其主要的体质特征与现代亚洲蒙古人种的东亚类型较为接近。与同时代的其他人群比较，与仰韶合并组关系最为密切，其次是庙底沟组和西夏侯组④。

姜家梁组的颅骨材料来自河北省张家口市阳原县姜家梁新石器时代遗址，是一处仰韶时代向龙山时代过渡遗存的代表。该组居民的体质特征可以概括为以中型颅为主，少量长颅型和圆颅型，伴以高颅型和狭颅型。中等程度的上面高和面宽，中等偏狭的面型，中等偏阔的鼻型，低眶型和偏低的中眶型，相对较大的面部扁平度，是一个"同种系多类型的复合体"。与现代亚洲蒙古人种的东亚类型有较大的一致性，但其面部扁平度更大，与北亚类型非常接近。与近代华北组关系最密切，并与先秦时期的庙子沟组的关系最为密切，应该属于先秦时期的古华北类型⑤。

夏家店上层文化居民古人骨材料分别属于内蒙古赤峰市的红山后、赤峰夏家店、宁城县的南山根等3处遗址中的夏家店上层文化。该文化年代的上限大致相当于商代晚期或不晚于商周之际，其下限已进入战国时期。该文化居民的基本体质特征可概括为：偏长的中颅型、高颅型、狭颅型、较窄的面宽和较大的面部扁平度，在种族类型上属于"以东亚类型成分占主导地位的东亚、北亚蒙古人种的混血类型"⑥。

呼和乌素组的颅骨来自内蒙古乌兰察布盟察右前旗呼和乌素乡的一处战国至汉代的墓地。

---

① 陈靓.西安紫薇田园都市唐墓人骨种系初探［J］.考古与文物，2008，（5）：95-105.

② 朱泓.体质人类学［M］.北京：高等教育出版社，2004：349.

③ 转引自李法军.河北阳原姜家梁新石器时代人骨研究［M］.北京：科学出版社，2008：119.

④ 朱泓.内蒙古察右前旗庙子沟新石器时代颅骨的人类学特征［J］.人类学学报，1994，（2）：126-133.

⑤ 李法军.河北阳原姜家梁新石器时代人骨研究［M］.北京：科学出版社，2008：115-141.

⑥ 朱泓.中国东北地区的古代种族［J］.文物季刊，1998，（1）：57.

该组颅骨具有中颅型、高颅型与狭颅型相结合的特点，并且中眶型、狭鼻型和狭额型相结合；与现代亚洲蒙古人种的东亚类型最接近，与东北亚类型也有一定程度的接近；与近代颅骨组中的华北组最为接近，并与古代组中的白庙I组最接近①。

作为我国东北地区远古时期最主要的古代土著类型之一的古东北类型居民，其主要的颅面部特征为：颅型较高，面型较宽阔而且颇为扁平，与现代东亚蒙古人种之间的接近程度也比较密切，所不同的是颧宽绝对值较大和较为扁平的面形，或许反映出现代东亚蒙古人种的某个祖先类型的基本形态②。

本书选取了2组属于先秦时期古东北类型的颅骨，分别为殷墟中小墓③组和平洋全组，以及1组汉代以后的完工组。

殷墟中小墓③组的颅骨来自河南省安阳市殷墟遗址晚商的中小墓地。该组颅骨特征所具有的较低的颅、很宽的面，前额比较后斜，鼻根较高等性质与北亚、极区的一些典型蒙古人种头骨上的同类体质特征比较相似，是一组具有北亚类型和东亚类型混合形态的头骨，可能代表殷商王族，其体质特征与先秦时期古代人种类型的“古东北类型”近似③。

平洋全组的颅骨材料来自黑龙江省泰来县平洋墓葬，包括砖厂和战斗两个墓地，其年代应在春秋晚期至战国晚期之间。关于其族属问题，有的学者认为应纳入东胡范畴之内，可进而推定为拓跋鲜卑及其先世。据潘其风先生研究，平洋墓地的古代居民是一组同种系多类型的群体，第一种类型与现代亚洲蒙古人种的东北亚类型关系最为密切，同时又具有某些与北亚类型相近似的体质特征；第二组可能是一个与东北亚类型和东亚类型融合体相似的人群。总的来看，平洋全组的人种类型主要与东北亚蒙古人种接近，同时也与北亚蒙古人种和东亚蒙古人种相关。比较结果显示，平洋全组与完工组关系最为密切，此外还与匈奴组、毛庆沟组和扎赉诺尔组等其他北方草原地区的古代人群存在不同程度的关联④。

完工组的颅骨采集自内蒙古呼伦贝尔盟陈巴尔虎旗，时代相当于东汉时期。大多数学者认为完工墓葬属于拓跋鲜卑的早期遗存⑤。另外还有一些学者认为完工墓葬与鲜卑不同，是匈奴的遗存，时代也是较早的⑥。该组居民的颅型较高，长宽比例上颅型中等偏长，完工组与现代北极蒙古人种相似的成分居多，可能还含有一些北亚和东亚蒙古人种的因素；该组居民的颅型较高，长宽比例上颅型中等偏长，鼻形比较狭窄，前额明显向后倾斜，面部宽而扁平。完工组所体现的以北极蒙古人种体质为主要因素，被认为可能代表了拓跋鲜卑祖先的人类学特征。完工组的体质特征与其他鲜卑族头骨具有较大的差异，他们具有高而偏长的颅型配合以较阔的面

① 魏东.察右前旗呼和乌素战国——汉代墓葬出土颅骨的人类学特征［A］//教育部人文社会科学重点研究基地吉林大学边疆考古研究中心.边疆考古研究（第1辑）［C］.北京：科学出版社，2002：342-351.

② 朱泓.体质人类学［M］.北京：高等教育出版社，2004：349.

③ 韩康信，潘其风.安阳殷墟中小墓人骨的研究［A］//中国社会科学院历史研究所，中国社会科学院考古研究所.安阳殷墟头骨研究［M］.北京：文物出版社，1985：50-81.

④ 潘其风.平洋墓葬人骨的研究［A］//杨志军等.平洋墓葬［M］.北京：文物出版社，1990：187-235.

⑤ 宿白.东北、内蒙古地区的鲜卑遗迹——鲜卑遗迹辑录之一［J］.文物，1977，5：42-54.

⑥ 潘玲.完工墓地的文化性质和年代［J］.考古，2007，（9）：78-86.

形，这种高颅阔面类型的人类在先秦时期的中国东北地区广有分布，被朱泓称之为“古东北类型”，与其他鲜卑族头骨所代表的低颅阔面的西伯利亚人种明显有别①。

古西北类型的先秦时期居民主要分布于黄河流域上游的甘青地区，向北可扩展到内蒙古额济纳旗的居延地区，向东在稍晚时期可渗透进陕西省的关中平原及其邻近地区。其基本的颅面部特征为：颅型偏长，高颅型和偏狭的颅型，中等偏狭的面宽，高而狭的面型，中等的面部扁平度，中眶型、狭鼻型和正颌型。与现代东亚蒙古人种中的华北类型颇为近似②。

本书共选取了2组先秦时期古西北类型的颅骨，分别为柳湾合并组和宁夏海原组，以及2组汉代以后与“古西北类型”属于相似人种类型的陶家寨组和上孙家寨汉代组。

柳湾合并组的颅骨来自青海省乐都县境内柳湾墓地中属于半山文化、马厂文化和齐家文化的墓葬，时代跨度从新石器时代到早期青铜时代。据研究者意见，柳湾的三组颅骨在形 态学上没有本质的差别，属于相同的体质类型，故将其合并为一组。其体质特征主要表现为长颅型、正颅型结合狭颅型，以及高而狭的面型，偏宽的中鼻型，中眶，平颌和中等的齿槽突颌等颅面特征。柳湾合并组的体质特征与现代东亚蒙古人种最为接近，尤其是与近代华北组的相似性最为明显。在古代对比组中，其与步达生的甘肃史前组和新石器组的关系最为密切。此外，与殷墟中小墓①组也呈现比较接近的趋势，而与仰韶合并组和西夏侯组之间存在一定的差异③。

宁夏海原组的颅骨材料来自宁夏回族自治区海原县菜园村新石器时代墓地，其地理位置属于北亚和东亚种族类型的接触地带，墓地出土的颅骨基本上是中长、高颅结合狭颅类型，面形相对较高而狭，面部水平扁平度较明显，中等或偏低的眶型配合中鼻型和较低扁的鼻突度。在体质上与现代亚洲蒙古人种东亚（或远东）或华北类型接近，与北亚和东北亚代表类型之间存在明显的差异，在近代对比组中则接近于华北组，与邻近地区古代人类学材料比较的结果，它与甘青地区青铜时代乃至新石器时代居民之间表现出一般的接近关系，尤其与甘肃的古代居民之间存在更密切的形态学联系④。

上孙家寨汉代组的颅骨材料来自青海省大通县上孙家寨的汉晋时代墓地。该组颅骨均为中颅型、高颅型、趋中的狭颅型（或中颅型）结合狭额型，狭面型、中眶型、中鼻型及弱的鼻根突度结合大的垂直颅面比例，面部突度上的平颌型结合中等的上齿槽突度，并具有大的水平方向的面部扁平度和短阔的腭型。上孙家寨汉代组与属于卡约文化的上孙家寨卡约组之间的形态差异不显著，之间具有非常密切的同源性，并表现出与黄河中下游乃至现代藏族组之间相对接近的联系⑤。这也说明至迟在秦汉以前，在我国甘青地区便已存在与现代西藏东部居民更为接

---

① 潘其风，韩康信.东汉北方草原游牧民族人骨的研究［J］.考古学报，1982，（1）：117-136.

② 朱泓.体质人类学［M］.北京：高等教育出版社，2004：349-350.

③ 潘其风，韩康信.柳湾墓地的人骨研究［A］//青海省文物管理处考古队，中国社会科学院考古研究所.青海柳湾——乐都柳湾原始社会墓地［M］，北京：文物出版社，1984：261-303.

④ 韩康信.宁夏海原菜园村新石器时代墓地人骨的性别年龄鉴定与体质类型［A］//宁夏文物考古研究所，中国历史博物馆考古部.宁夏菜园——新石器时代遗址、墓葬发掘报告［M］.北京：科学出版社，2003：349-357.

⑤ 韩康信，谭婧泽，张帆.青海大通上孙家寨古墓地人骨的研究［A］//韩康信.中国西北地区古代居民种族研究［M］.上海：复旦大学出版社，2005：1，63.

近的体质类型，他们可能与汉文史籍中记载的西北古代氐羌系族有着非常密切的联系[①]。

陶家寨组的颅骨材料出土于青海省西宁市陶家寨汉晋时期墓地。该组颅骨的体质特征为偏长的中颅型、偏高的正颅型和偏狭的中颅型，并有狭额、狭面、中鼻、中眶、中等偏大的上面部扁平度和垂直方向的中等突出程度。与东亚蒙古人种类型居民有较多的一致性。与代表东亚蒙古人种的华北组和华南组关系最为密切，并与现代藏族B组之间存在比较接近的形态学距离[②]。

古华南类型的先秦时期居民可能以我国南方沿海地区，即浙、闽、粤、桂一带为主要分布区，其主要的种系特征为长颅型、低面、阔鼻、低眶、突颌、身材比较矮小。与现代华南地区的绝大多数居民（包括南方汉族和少数民族）均有所不同，而与东南亚一带的居民和大洋洲的现代土著比较接近。该古代类型可能代表了广义的“古越人”的种系特征，至于其与现代华南地区居民之间的关系问题，朱泓先生做了如下大胆的推测：由于中国历史上北方地区战乱频繁，大量的北民南迁乃至侨置郡县，致使南方地区的人口结构发生了较大的变化。一方面，北民南迁的压力迫使一部分“古华南类型”土著不断向更南方向的东南亚一带及太平洋诸岛屿迁徙，因而对这些地方的现代人种的形成产生了影响；另一方面，南迁的北民与当地土著“古华南类型”居民在长时间的共存、同化、融合的基础上形成了今天的华南汉族和其他众多少数民族[③]。

本书选取了2组属于先秦时期古华南类型的颅骨，分别为昙石山组和甑皮岩组。

昙石山组的颅骨来自福建省闽侯县昙石山新石器时代晚期的遗址。该遗存被命名为“昙石山文化”，遗址年代约为公元前1300年。该组颅骨的主要体质特征为长颅型、正颅型结合狭颅型的颅型特点，头高绝对值较大，较狭而陡直的额型，中等面宽，较低的面部和较小的上面部扁平度，较明显的上齿槽突颌、较低的眼眶和很阔的鼻型。在种族类型上与现代蒙古大人种中的东亚类型和南亚类型都比较接近，而其长颅、低面、阔鼻等面部特征显示与现代蒙古大人种中的南亚类型更为接近[④]。

甑皮岩组的颅骨来自广西壮族自治区桂林市郊区甑皮岩新石器时代遗址，年代大约距今7500年和距今9000年。其颅骨特征为长颅型、偏低的正颅型和偏狭的中颅型等，较大的面宽，面部较低、偏阔的上面型、低眶、阔鼻及明显前突的面部。在种族类型上与现代蒙古大人种中分布于华南、印度尼西亚等地的南亚种族较接近，但少数特征反映出某些接近于赤道人种的性状。与我国的柳江人有着密切的亲缘关系[⑤]。

另外，张全超博士在《内蒙古和林格尔县新店子墓地人骨研究》一书中，通过对新店子墓地等古代居民的研究，命名了一个新的古代人种类型——“古蒙古高原类型”。该类型居民可能在春秋晚期—战国中期前后出现并广泛地分布于我国北方长城地带，并在秦汉以后的历史中扮演了重要的角色。该类型居民的主要体质特征一般具有较小的颅长绝对值，颅型特征为圆颅

---

① 谭婧泽，韩康信.中国北方几个古代民族的体征类型和种族属性［J］.现代人类学通讯，2007，（1）：58-66.

② 张敬雷.青海省西宁市陶家寨汉晋时期墓地人骨研究［D］.长春：吉林大学博士学位论文，2008：106.

③ 朱泓.体质人类学［M］.北京：高等教育出版社，2004：350.

④ 韩康信，张振标，曾凡.闽侯昙石山遗址的人骨［J］.考古学报，1976，（1）：121-129.

⑤ 张银运，王令红，董兴仁.广西桂林甑皮岩新石器时代遗址的人类头骨［J］.古脊椎动物与古人类，1977，（1）：4-13.

型、偏低的正颅型结合阔颅型的颅部形态，颇大的颧宽绝对值和上面部扁平度，低眶型和偏狭的中鼻型，较为垂直的面型和中等程度的齿槽面性质。与现代亚洲蒙古人种的北亚类型在颅骨特征上具有较多的一致性。该类型居民是东周时期一批南下到今天内蒙古中南部地区的牧人，在较晚时段出现的匈奴人、鲜卑人、契丹人和蒙古人乃至现代北亚蒙古人种“中央亚细亚类型”居民的人种构成中占有绝对主导的地位①。

本书选取了9组古蒙古高原类型的颅骨，分别为先秦时期的新店子组和阳畔组，以及汉代以后的大保当组、扎赉诺尔组、南杨家营子组、朝阳组、三道湾组、萧氏后族组和耶律羽之组。

新店子组的颅骨来自于内蒙古和林格尔县新店子东周时期墓地。该组居民具有特圆颅型、偏低的正颅型、阔颅型相结合的颅型特点，并有颇大的颧宽绝对值和上面部扁平度，低眶型和偏狭的中鼻型，较为垂直的面形和中等程度的齿槽面性质。在与现代蒙古人种各区系类型的比较中，与北亚蒙古人种类型在颅骨特征上具有较多的一致性，并与代表北亚蒙古人种类型的布里亚特组关系最为接近。

阳畔组的颅骨来自内蒙古呼和浩特市清水河县春秋中期至战国早期的墓地。该组颅骨具有特圆颅型、正颅型结合阔颅型的颅型特点，较低而宽并且颇为扁平的面部特点以及中眶型和狭鼻型。其种族特点与现代北亚蒙古人种十分相似。

大保当组的颅骨材料来自陕西神木大保当汉代墓地。这些墓虽为汉代砖室墓，但出有与游牧生活相关的画像石。该组颅骨特征为短颅、正颅、中等近阔颅型和狭额型相结合，并有中近狭的上面型、中眶型和中鼻型，与亚洲蒙古人种的北亚类型有较明显的接近，而与东亚类型有较明显的偏离②。

扎赉诺尔组的颅骨材料出自内蒙古自治区呼伦贝尔盟新巴尔虎右旗汉代墓群，其文化性质属于拓跋鲜卑遗存。该组居民的体质特征与现代亚洲蒙古人种中的北亚类型最接近，同时混有一些东北亚蒙古人种的成分及东亚蒙古人种的因素，而与南亚蒙古人种的关系甚为疏远。与外贝加尔匈奴组的古代居民最为接近，与南杨家营子组居民也存在着某种程度的联系③。扎赉诺尔组显现出北亚和北极蒙古人种的混血类型，可能还混杂有东亚蒙古人种的一些因素；扎赉诺尔第三次发掘的人骨，与西伯利亚蒙古人种性状更趋明显，而且与外贝加尔湖地区的匈奴人最为相似④。而扎赉诺尔组复杂的种系成分，表明他们很可能是“胡父鲜卑母”或“鲜卑父匈奴母”的鲜卑、匈奴两族混血的产物，抑或他们中的某些本身就可能是那些“自号鲜卑”的匈奴族成员⑤。考虑到扎赉诺尔组颅骨特征存在较多的共性，在考古学文化上表现出一致性，朱泓先生建议将三次发掘所得颅骨数据合并⑥。

① 张全超.内蒙古和林格尔县新店子墓地人骨研究［M］.北京：科学出版社，2010：1-115.

② 韩康信，张君，赵凌霞.陕西神木大保当汉墓人骨鉴定［A］//陕西省考古研究所，榆林市文物管理委员会办公室.神木大保当——汉代城址与墓葬考古报告［M］.北京：科学出版社，2001：132-159.

③ 潘其风，韩康信.东汉北方草原游牧民族人骨的研究［J］.考古学报，1982，（1）：117-136.

④ 朱泓.扎赉诺尔汉代墓葬第三次发掘出土颅骨的初步研究［J］.人类学学报，1989，（2）：123-129.

⑤ 谭婧泽，韩康信.中国北方几个古代民族的体征类型和种族属性［J］.现代人类学通讯，2007，（1）：58-66.

⑥ 朱泓.人种学上的匈奴、鲜卑与契丹［J］.北方文物，1994，（2）：7-13.

南杨家营子组的颅骨来自内蒙古昭盟巴林左旗南杨家营子遗址，其年代为东汉时期，据墓葬形制及出土遗物判断，被认为是拓跋鲜卑南移而后西迁时留下的遗存。其体质特征主要与北亚蒙古人种接近，同时具有某些东亚或东北亚蒙古人种的因素。南杨家营子组与匈奴的关系虽不如扎赉诺尔与匈奴那样接近，但两者的相关性仍然很明显，而南杨家营子组中可能又掺和了一种脸型较窄的新的体质因素①。

三道湾组的颅骨材料来自内蒙古自治区乌兰察布盟右后旗红格尔图乡的东汉时期鲜卑族墓地。该组居民具有短而阔的颅型，宽阔的面形及显著的低颅高面性质，其基本种系成分属于北亚蒙古人种，在该组中有少数个体可能受到某些东亚蒙古人种的影响，与近代蒙古族最为相似。在与古代组比较时，显示出与扎赉诺尔组最为接近，与南杨家营子组和外贝加尔组也有密切的关系，而与大通匈奴组存在较大的体质差异②。

朝阳组的颅骨材料出土于辽宁省朝阳市双塔区和朝阳县十二台乡等处的墓葬当中。这被认为是东部鲜卑慕容部建国前的遗存，年代上限可到曹魏初年。该组颅骨具有短而阔的颅型，颧骨高而宽，面部扁平度较大，颌部平直，眼眶比较低矮，其人种特征主要为北亚蒙古人种成分，个别性状如面宽略窄等或许受到东亚蒙古人种某些性质的影响。与其他拓跋鲜卑材料相比，“朝阳组中的东西人种因素显得多一些，这可能是由于时代较晚、与汉人杂居等原因所致”③。

耶律羽之组材料来自内蒙古赤峰市阿鲁科尔沁旗罕苏木朝克图山上的辽代耶律羽之契丹贵族墓地。耶律羽之组的体质特征可以概括为超圆颅型和特圆颅型、高颅型结合阔颅型，中上面型、狭额型，低眶型结合狭鼻型，并具有很大的面部扁平度。与现代亚洲蒙古人种中的北亚类型最为接近，与近代组中的近代蒙古组最为相似，与古代组比较，在体质形态上与萧氏后族最为接近，此外与朝阳鲜卑组、山嘴子组等的关系也密切④。

萧氏后族组材料属于辽宁省法库县叶茂台一号辽墓和阜新县管山辽墓的辽代中晚期的契丹贵族萧氏后族。其主要的颅骨形态特征是：圆颅型、高颅型结合阔颅型，颇大的面部扁平度，并有低颅高面的性质和相当平直的颌面部形态，中鼻型结合中眶型，与现代亚洲蒙古人种的北亚类型之间存在较大的相似性，但在个别项目上（如高颅）也体现出某些与东亚类型较为近似的体质因素，与近代蒙古组的颅骨基本形态最为接近，其次是近代通古斯组，与古代组比较，在体质特征上与三道湾组最为接近⑤。

---

① 潘其风，韩康信.东汉北方草原游牧民族人骨的研究［J］.考古学报，1982，1：117-136.

② 朱泓.察右后旗三道湾汉代鲜卑族颅骨的人种学研究［A］//内蒙古地区鲜卑墓葬的发现与研究［M］. 北京：科学出版社，2004：273-283.

③ 朱泓，刘振陆.朝阳魏晋时期鲜卑墓葬人骨研究［J］.辽海文物学刊，1996，（2）：79-90.

④ 周蜜.内蒙古阿鲁科尔沁旗辽代耶律羽之墓地人骨研究［A］//教育部人文社会科学重点研究基地吉林大学边疆考古研究.边疆考古研究（第四辑）［C］.北京：科学出版社，2005：301-318.

⑤ 顾玉才，陈山，张全超.辽代萧氏后族墓地出土人骨的研究［A］//教育部人文社会科学重点研究基地吉林大学边疆考古研究.边疆考古研究（第四辑）［C］.北京：科学出版社，2005：320-329.

以上各古代对比组的地理分布见图6.3。

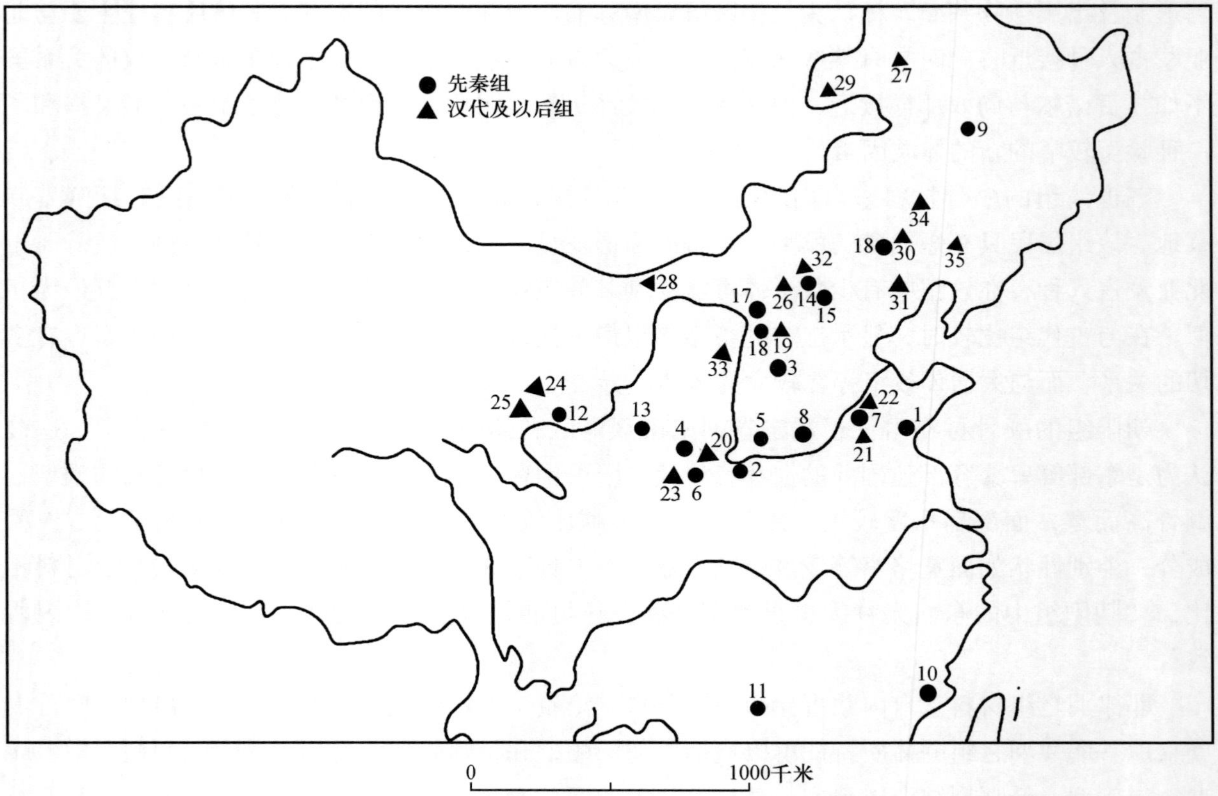

图6.3　各古代对比组的地理分布示意图

1.呈子二期组　2.庙底沟组　3.游邀组　4.瓦窑沟组　5.上马组　6.零口组　7.后李官组　8.殷墟中小墓②组和殷墟中小墓③组　9.平洋全组　10.昙石山组　11.甑皮岩组　12.柳湾合并组　13.宁夏海原组　14.庙子沟组　15.姜家梁组　16.夏家店上层合并组　17.新店子组　18.阳畔组　19.大同北魏组　20.良辅组　21.鲁中南组　22.临淄组　23.紫薇组　24.上孙家寨汉代组　25.陶家寨组　26.呼和乌素组　27.完工组　28.纳林套海组　29.扎赉诺尔组　30.南杨家营子组　31.朝阳组　32.三道湾组　33.大保当组　34.耶律羽之组　35.萧氏后族组

二、郑州汉代组与先秦时期各古代颅骨组的比较

为了解郑州汉代组居民与我国境内属于不同体质类型的先秦时期古代人群的亲缘关系，共选择了先秦时期的19组古代人群，主要运用计算平均数组间差异均方根函数值、欧氏距离系数，以及依据欧氏距离系数绘制树状聚类图和主成分分析的方法来考察郑州汉代组居民所代表的中原地区汉代居民的种族归属、来源及其与我国先秦时期不同地域不同体质类型古代人群之间的关系。

将郑州汉代组的男性与先秦时期其他19组古代男性颅骨组进行比较，具体组别和比较项目见表6.6，依据表6.6计算出郑州汉代组与其他各男性组之间的组差均方根函数值，结果见表6.7。

表6.6　郑州汉代组与先秦时期古代颅骨组比较（男性）　（长度：毫米；角度：度；指数：%）

马丁号	比较项目	郑州汉代组	呈子二期组	庙底沟组	游邀组	瓦窑沟组	上马组	零口战国组	后李官村组	殷墟中小墓②组	殷墟中小墓③组	平洋全组
1	颅长	179.90	184.50	179.43	183.65	181.33	181.62	180.80	179.10	184.03	187.18	190.54
8	颅宽	141.20	144.20	143.75	140.65	140.08	143.41	142.80	140.30	140.13	142.67	144.60
17	颅高	138.50	144.30	143.17	142.13	139.45	141.11	139.25	136.80	140.32	134.83	140.11
45	颧点间宽	142.94	136.90	140.43	137.60	136.33	137.36	136.40	133.50	133.08	145.40	144.90
9	最小额宽	93.46	94.80	93.69	94.00	91.50	92.41	92.85	92.10	90.43	93.86	91.26
51R	眶宽	44.32	44.07	41.75	44.42	41.92	42.99	42.33	42.10	42.43	44.88	43.74
52R	眶高	35.79	34.07	32.42	34.08	33.38	33.57	34.50	33.80	33.55	35.52	33.91
54	鼻宽	27.33	26.20	27.31	26.79	26.38	27.27	27.93	25.50	26.99	28.96	28.90
55	鼻高	54.76	53.20	53.99	53.10	55.00	54.41	55.77	52.70	53.38	56.42	58.38
48（sd）	上面高	75.40	74.90	73.48	73.95	72.50	75.02	73.83	70.90	73.81	75.08	77.08
72	总面角	85.75	85.80	85.75	84.44	83.33	82.42	84.17	87.90	83.81	84.63	90.80
8：1	颅指数	79.22	78.20	80.31	76.73	77.25	78.55	79.66	78.40	76.50	76.27	75.89
17：1	颅长高指数	76.59	78.10	77.64	77.15	76.90	77.69	76.06	77.30	76.09	72.08	74.09
17：8	颅宽高指数	97.41	99.50	99.47	101.02	99.55	98.62	95.31	99.20	99.35	94.53	97.30
48：45sd	上面指数	53.35	54.70	51.86	53.53	53.24	54.59	56.82	53.10	53.98	51.66	53.06
48：17sd	垂直颅面指数	55.56	53.30	54.10	51.41	52.02	53.09	52.95	51.83	53.11	55.30	54.43
52：51R	眶指数	80.95	78.90	77.71	76.73	79.87	78.08	81.56	82.00	78.59	79.32	77.77
54：55	鼻指数	49.96	49.30	50.15	50.52	48.21	50.43	50.23	48.50	50.98	51.41	49.40
9：8	额宽指数	66.68	65.70	[65.18]	66.64	65.27	64.49	65.17	[65.65]	64.35	65.46	62.19

马丁号	比较项目	昙石山	甑皮岩组	柳湾合并组	宁夏海原组	庙子沟组	姜家梁组	夏家店上层合并组	新店子组	阳畔组	同种系标准差组
1	颅长	189.70	193.30	185.93	179.60	177.63	178.27	181.19	173.80	176.00	5.73
8	颅宽	139.20	143.20	136.41	135.60	137.03	134.20	136.20	153.27	152.50	4.76
17	颅高	141.30	140.90	139.38	140.10	140.93	138.10	140.70	129.18	129.50	5.69△
45	颧点间宽	135.60	138.00	137.24	131.20	136.64	135.63	133.75	142.08	139.00	4.57
9	最小额宽	91.00	93.50	90.30	93.70	90.36	88.60	89.00	94.33	89.50	4.05
51R	眶宽	42.20	42.60	43.87	40.50	43.93	44.41	42.80	44.38	42.10	1.67
52R	眶高	33.80	34.40	34.27	33.30	32.93	33.39	34.44	33.12	33.00	1.91
54	鼻宽	29.50	28.30	27.26	25.80	26.23	27.04	28.08	27.12	25.10	1.77
55	鼻高	51.90	53.10	55.77	51.00	52.63	55.58	53.60	56.52	55.20	2.92
48（sd）	上面高	71.10	69.70	78.19	71.90	73.50	75.53	75.10	73.91	72.00	4.15

续表

马丁号	比较项目	昙石山	甑皮岩组	柳湾合并组	宁夏海原组	庙子沟组	姜家梁组	夏家店上层合并组	新店子组	阳畔组	同种系标准差组
72	总面角	81.00	84.00	89.21	93.30	82.33	82.59	80.60	88.00	84.00	3.24
8：1	颅指数	73.40	73.20	73.92	75.20	77.22	75.76	75.06	88.13	87.50	2.67
17：1	颅长高指数	73.80	70.50	74.74	78.40	79.57	78.74	78.26	72.80	73.30	2.94
17：8	颅宽高指数	99.50	97.90	100.96	103.80	102.95	102.33	103.46	84.57	84.93	4.30
48：45sd	上面指数	52.50	50.40	56.97	54.90	53.68	55.71	56.15	51.93	51.76	3.30☆
48：17sd	垂直颅面指数	48.10	49.47	56.57	52.30	52.05	52.22	53.38	57.29	55.59	/
52：51R	眶指数	80.00	80.40	78.46	82.20	74.94	77.39	80.48	74.71	78.46	5.05
54：55	鼻指数	57.00	53.30	49.09	50.70	49.90	49.00	52.43	48.06	45.46	3.82
9：8	额宽指数	[65.37]	[65.29]	65.94	69.10	66.03	66.02	65.35	61.60	58.71	3.29△

注：①标有"△"的采用挪威组同种系标准差，标有"☆"的采用欧洲同种系标准差，其余采用埃及E组的同种系标准差。
②标注"[　]"内的数值是根据平均数计算所得的近似值。

表6.7　郑州汉代组与先秦时期各颅骨组之间的组差均方根值

对比组	全部项目	角度指数项目
呈子二期组	0.60	0.37
庙底沟组	0.68	0.41
游邀组	0.58	0.56
瓦窑沟组	0.70	0.47
上马组	0.59	0.53
零口战国组	0.59	0.48
后李官组	0.75	0.71
殷墟中小墓②组	0.80	0.55
殷墟中小墓③组	0.69	0.77
平洋组	0.92	0.94
昙石山组	1.16	1.21
甑皮岩组	1.12	1.2
柳湾合并组	0.86	0.98
宁夏海原组	1.27	1.18
庙子沟组	0.84	0.85
姜家梁组	0.87	0.84
夏家店上层合并组	0.97	1.03
新店子组	0.99	0.85
阳畔组	0.86	0.98

因绝对值的比较相对于角度和指数更易受到个体大小等正常变异的影响，所以我们先从表中的角度指数项目看，郑州汉代组的组差均方根函数值在角度指数项目上与呈子二期组最为接近，其次是庙底沟组、瓦窑沟组、零口战国组、上马组和殷墟中小墓②组；而与夏家店上层合并组、宁夏海原组、甑皮岩组和昙石山组距离最远。依据全部项目的组差均方根函数值表明，与游邀组距离最近，其次是上马组、呈子二期组等，并与昙石山组宁夏海原组距离较远。所以，在全部项目上表现的亲疏关系与在角度和指数项目上的亲缘关系有较多的共性。

表6.8列出了各比较组之间详细的欧氏距离系数，并据此绘制出树状聚类图6.4。

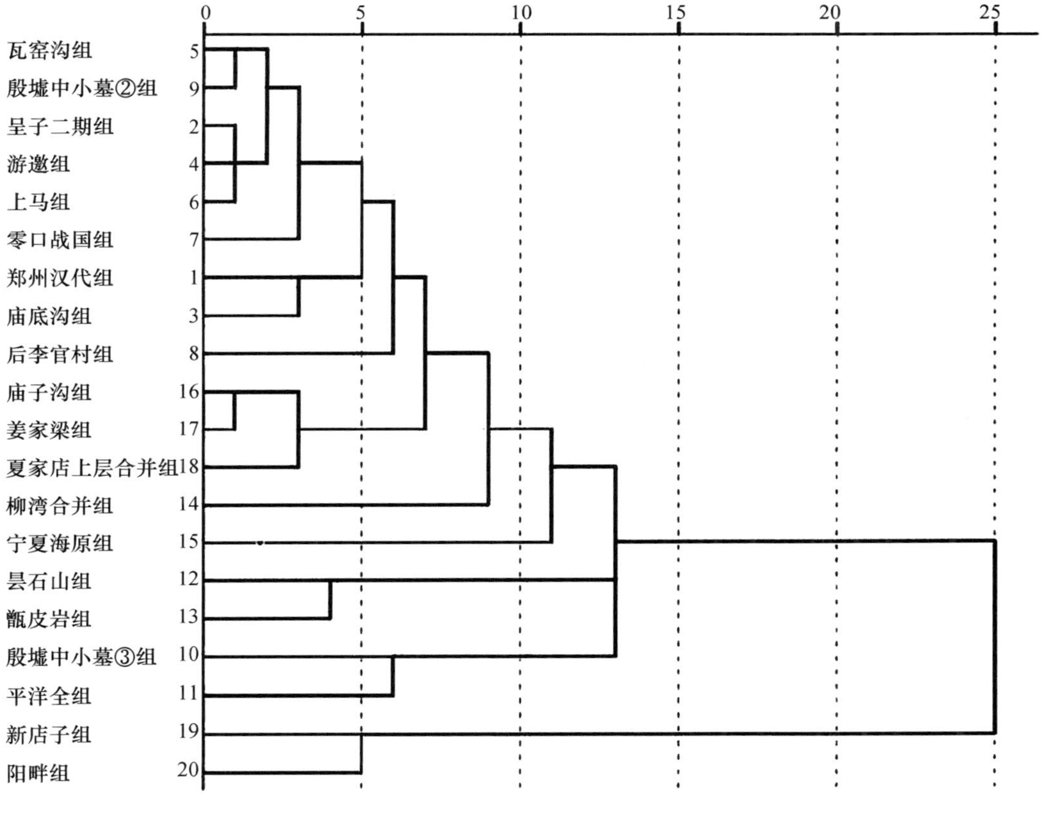

图6.4　郑州汉代组与先秦时期各颅骨组之间的树状聚类图

图6.4清楚地显示出了郑州汉代组与我国先秦时期各古代人群之间的亲疏关系。取聚合水平大于15时，20组人群可分为两组。新店子组和阳畔组为一个大类群，代表低颅、阔面、面部扁平度很大，鼻根低平，鼻型略狭的北亚类型的人群，这两组均具有特圆颅型、偏低的正颅型结合阔颅型的颅部形态，以及颇大的颧宽绝对值和上面部扁平度、低眶型和偏狭的中鼻型等特点，属于古蒙古高原类型的古代居民。20组人群除去以上2组，余下的古代人群组成另一大类群，这一大类群除了一部分组群在低眶、阔鼻倾向等特点上体现出与南亚蒙古人种相似的体质因素与另一部分组群在长颅、阔面、狭鼻型等方面体现东北亚蒙古人种的体质因素外，均主要反映了东亚蒙古人种的特点。取聚合水平处于10～15时，这一大类群可被分为3个小一级的类

表6.8　郑州汉代组与先秦时期古代颅骨组之间的欧氏距离系数矩阵（男性）

	1	2	3	4	5	6	7	8	9	10	11	12	13	14	15	16	17	18	19	20
1	0.00																			
2	11.37	0.00																		
3	8.99	8.29	0.00																	
4	11.00	6.31	8.84	0.00																
5	10.29	9.51	9.32	7.39	0.00															
6	9.43	6.71	7.05	6.68	6.34	0.00														
7	9.25	9.93	10.34	10.86	7.85	6.79	0.00													
8	12.62	12.66	12.38	11.73	7.52	11.33	9.96	0.00												
9	13.22	9.35	11.73	7.59	6.18	7.25	9.36	9.73	0.00											
10	11.34	16.65	16.27	15.67	15.93	15.07	14.82	19.17	16.94	0.00										
11	15.27	15.45	16.55	16.32	17.70	16.31	17.34	21.02	17.66	11.46	0.00									
12	19.62	16.27	18.73	13.31	14.82	15.39	16.98	18.21	12.08	18.56	20.46	0.00								
13	19.76	16.33	19.29	15.12	16.73	17.27	18.17	19.70	15.12	15.50	16.65	9.44	0.00							
14	13.84	13.62	16.23	12.28	12.86	13.85	14.59	15.38	11.42	16.35	14.63	18.16	19.13	0.00						
15	18.97	16.91	18.11	15.54	15.05	18.21	17.85	11.40	14.93	25.58	25.31	20.91	23.54	15.97	0.00					
16	14.13	13.39	11.83	9.27	9.22	10.38	14.34	12.58	10.67	21.23	22.63	18.10	22.46	15.38	15.98	0.00				
17	14.73	15.94	15.58	12.09	9.91	12.49	14.32	13.02	11.17	20.97	22.61	18.84	23.46	12.87	16.06	6.98	0.00			
18	15.68	14.29	15.61	11.34	10.05	11.46	13.64	13.61	8.68	21.16	22.66	14.55	20.46	13.22	15.65	9.44	7.82	0.00		
19	24.92	29.67	26.14	31.01	28.97	27.00	24.93	28.19	30.76	25.47	29.19	37.25	35.08	33.63	37.21	32.66	33.79	36.10	0.00	
20	24.80	28.53	25.60	30.01	26.36	25.25	22.97	25.70	28.13	25.53	29.05	34.73	32.91	32.73	36.06	31.09	31.85	33.54	10.10	0.00

注：1.郑州汉代组　2.呈子二期组　3.庙底沟组　4.游邀组　5.瓦窑沟组　6.上马组　7.零口战国组　8.后李官村组　9.殷墟中小墓②组　10.殷墟中小墓③组　11.平洋全组　12.昙石山组　13.甑皮岩组　14.柳湾合并组　15.宁夏海原组　16.庙子沟组　17.姜家梁组　18.夏家店上层合并组　19.新店子组　20.阳畔组

群，殷墟中小墓③组和平洋全组归于一类群，代表中等高的颅型结合长颅、阔面，面部及其扁平，额部后斜，鼻根略高及狭鼻型的东北亚类型人群，这两组人群属于先秦时期的古东北类型居民；昙石山组和甑皮岩组归于一类群，具有长颅型、低面、阔鼻、低眶、突颌，代表了广义的“古越人”种系特征的先秦古华南类型居民；而瓦窑沟组、庙底沟组等所代表的先秦古中原类型居民、姜家梁组和庙子沟组等所代表的古华北类型居民及宁夏海原组、柳湾合并组所代表的古西北类型居民归于一类群，这似乎可以说明先秦时期古中原类型与古华北类型、古西北类型在颅型、面型等体质特征上有若干相似之处，所不同的是在颅长宽比例上及面宽、上面部扁平度和鼻型、眶型上有较明显的差异。郑州汉代组处于瓦窑沟组至后李官村组所代表的古中原类型居民组中，都表现出了偏长的中颅型和高而偏狭的颅型，中等偏狭的面宽和中等的上面部扁平度，较低的眶型和明显的低面、阔鼻倾向。郑州汉代组与先秦时期古中原类型居民之间存在相较于我国北方、西方、东北方和南方先秦时期其他体质类型居民更亲近的亲缘关系。

为了更加系统地了解郑州汉代组居民与先秦时期其他古代居民之间的关系，我们还采用了主成分分析的方法，对包括郑州汉代组在内的20组人群的12项线性和指数值进行了深入的分析研究，分别为颅长、颅宽、颅高、颧点间宽、眶宽、鼻高、颅指数、颅长高指数、颅宽高指数、上面指数、垂直颅面指数、鼻指数。

在本次的主成分分析中，因子得分的方法选择了Anderson-Rubin方法，并通过“反映像矩阵”的方法检验出以上12项比较项目的每个变量大体适宜做主成分分析。

由表6.9可知，当选取3个主成分时，其累计贡献率为82.032%，所以能解释82.032%的总方差，如果选取两个主成分时，能解释66.973%的总方差。所以，这次主成分分析的效果是比较高的，可以认为基本包含了所有12个项目大多数特征的信息量，具有较高的可信度。前三个主成分的载荷量见表6.10。

表6.9 前三个主成分的方差累计贡献率

主成分	数量	总方差（%）	累计贡献率（%）
1	5.484	45.703	45.703
2	2.552	21.270	66.973
3	1.807	15.059	82.032

表6.10 前三个主成分因子载荷矩阵

	主成分[a]		
	1	2	3
颅长	−0.363	0.855	0.17
颅宽	0.858	0.163	−0.314
颅高	−0.823	0.119	0.197
颧点间宽	0.681	0.471	0.396
眶宽	0.325	0.188	0.725
鼻高	0.679	0.138	0.577
颅指数	0.842	−0.384	−0.293
颅长高指数	−0.506	−0.754	0.166
颅宽高指数	−0.931	−0.103	0.271

续表

	主成分[a]		
	1	2	3
上面指数	−0.407	−0.566	0.495
垂直颅面指数	0.731	−0.303	0.421
鼻指数	−0.614	0.604	−0.118

注：采用提取主成分方法。a为已提取了3个成分。

由表6.10可知，第一主成分的贡献率为45.703%，最大载荷的原变量有颅宽、颅高、颧点间宽、鼻高、颅指数、颅长高指数、颅宽高指数、垂直颅面指数、鼻指数等，代表颅型的长宽，面高、面部在水平方向上的突出程度以及鼻型的特征。第二主成分的贡献率为21.270%，载荷最大的原变量有颅长、上面指数、颅长高指数和鼻指数等，它们大致代表了面宽、鼻型、颅型的长高等特征。第三主成分的贡献率为15.059%，载荷最大的原变量有眶宽和鼻高，代表了眶部和鼻部的特征。

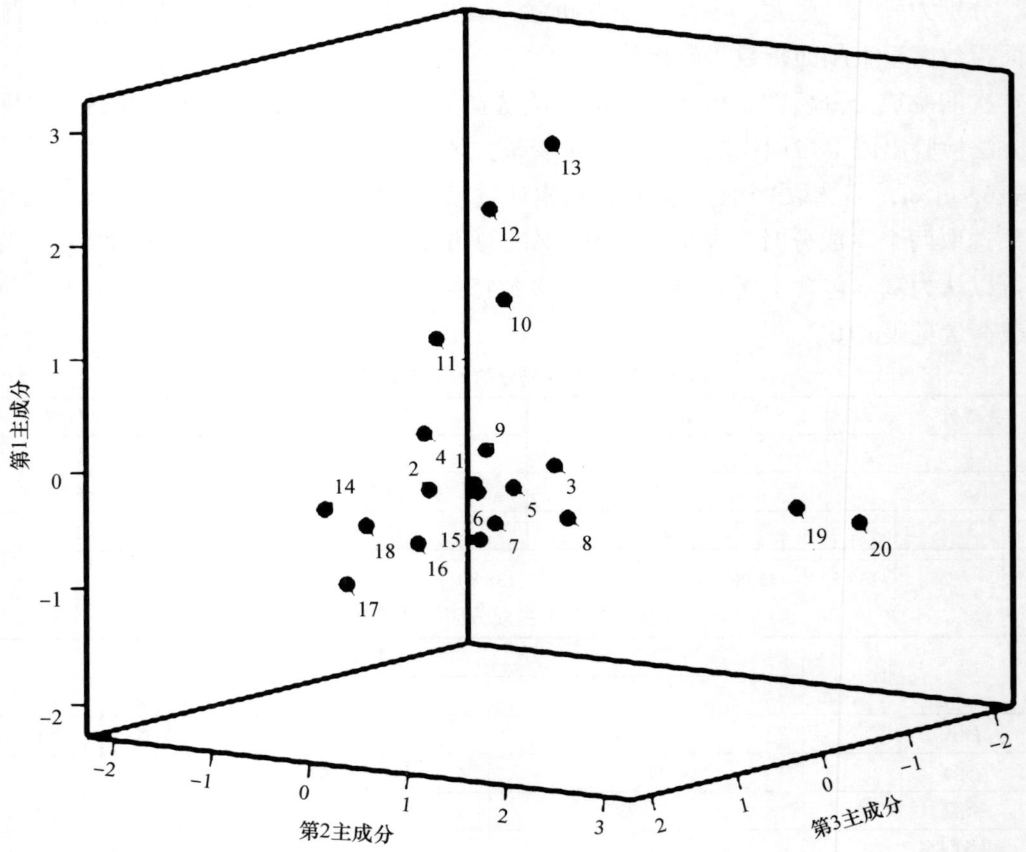

图6.5　前三个因子散点图

1.郑州汉代组　2.呈子二期组　3.庙底沟组　4.游邀组　5.瓦窑沟组　6.上马组　7.零口战国组　8.后李官村组　9.殷墟中小墓②组　10.殷墟中小墓③组　11.平洋全组　12.昙石山组　13.甑皮岩组　14.柳湾合并组　15.宁夏海原组　16.庙子沟组　17.姜家梁组　18.夏家店上层合并组　19.新店子组　20.阳畔组

因为前三个主成分吸收了原变量集的多数信息，所以可以利用前三个主成分绘制图形进行直观的分析。图6.5是根据前三个主成分的分布构成绘出的三维散点图。

从图6.5可见，各古代组大致可以分成四个较为清晰的空间分布集团，即10和11代表的古东北类型集团，12和13代表的古华南类型集团，19和20代表的古蒙古高原类型集团，以及由古中原类型、古西北类型和古华北类型所组成的第四个集团。这同聚类分析的结果基本一致。郑州汉代组处于第四个集团中若干个古中原类型颅骨组所组成的密集空间当中，与其中的上马组距离最近，其次是山西的游邀组、河南的殷墟中小墓②组、山东的呈子二期组及陕西的瓦窑沟组和零口战国组，说明郑州汉代组与中原地区的土著古中原类型居民在体质特征上具有很大的延续性。另外，郑州汉代组与属于古西北类型的宁夏海原组和内蒙古的古华北类型庙子沟组也存在相对较近的空间距离，可能表示，至汉代，中原地区的居民也许不同程度地受到了来自西北方和北方地区其他体质类型因素的影响。

三、郑州汉代组与汉代以后各古代颅骨组的比较

通过以上的分析研究，我们可以大致认定郑州汉代组所代表的中原地区汉代居民与黄河中下游的土著古中原类型居民在体质特征上具有较大的延续性，同时也或多或少地受到了来自西北和北方地区其他体质类型因素的影响。为了进一步探讨郑州汉代组居民的种系流向，本节选取汉代以后不同体质特征的古代颅骨组与之进行比较。

根据表6.11各项数值计算出郑州汉代组与汉以后各古代组之间的组差均方根函数值，结果列于表6.12。

表6.11　郑州汉代组与汉代以后各古代颅骨组比较（男性）　（长度：毫米；角度：度；指数：%）

马丁号	比较项目	郑州汉代组	大同北魏组	良辅组	鲁中南组	临淄组	紫薇组	上孙家寨汉代组	陶家寨组	呼和乌素组	完工组	纳林套海组
1	颅长	179.90	182.50	184.93	180.91	181.80	182.18	181.20	183.98	184.50	184.25	181.67
8	颅宽	141.20	144.40	141.23	141.06	141.00	139.76	139.70	140.32	140.30	140.60	142.00
17	颅高	138.50	137.90	137.58	137.33	138.80	142.81	136.20	135.56	145.20	139.00	134.17
45	颧点间宽	142.94	137.10	136.27	137.69	137.40	140.64	137.10	137.73	136.80	142.50	142.00
9	最小额宽	93.46	94.90	93.23	91.54	93.70	94.52	91.10	90.42	92.50	91.00	97.80
51R	眶宽	44.32	41.60	45.53	43.11	42.90	44.88	42.80	44.06	43.40	43.25	44.92
52R	眶高	35.79	34.10	35.26	33.50	34.20	35.33	35.80	35.75	35.40	33.75	36.17
54	鼻宽	27.33	27.20	26.14	26.39	26.80	27.45	27.10	26.59	25.60	26.25	27.17
55	鼻高	54.76	54.80	52.65	53.24	54.70	55.05	56.50	54.43	57.50	59.00	55.75
48（sd）	上面高	75.40	72.60	74.67	70.53	73.70	74.99	75.80	75.91	77.40	77.50	74.60
72	总面角	85.75	85.40	84.75	81.56	87.10	84.15	85.30	84.38	87.00	88.00	85.80
8：1	颅指数	79.22	79.12	77.31	78.00	77.60	76.80	77.30	76.38	76.60	76.44	78.17
17：1	颅长高指数	76.59	75.56	76.93	75.60	76.50	78.49	75.90	73.81	78.36	75.54	73.85

续表

马丁号	比较项目	郑州汉代组	大同北魏组	良辅组	鲁中南组	临淄组	紫薇组	上孙家寨汉代组	陶家寨组	呼和乌素组	完工组	纳林套海组
17：8	颅宽高指数	97.41	95.49	97.54	97.10	98.10	101.98	97.70	96.77	103.01	98.94	94.57
48：45sd	上面指数	53.35	55.50	52.74	51.20	53.10	53.95	55.20	55.61	54.53	54.40	[52.54]
48：17sd	垂直颅面指数	55.56	54.90	50.30	51.00	53.00	50.80	54.80	56.09	55.62	55.75	[55.60]
52：51R	眶指数	80.95	81.30	77.44	77.70	79.90	78.84	83.70	81.24	81.57	78.01	80.58
54：55	鼻指数	49.96	49.63	50.30	49.70	49.20	50.01	48.40	48.94	44.19	45.41	48.97
9：8	额宽指数	66.68	65.72	67.02	64.40	66.60	67.63	65.40	64.43	65.87	[64.89]	68.75

马丁号	比较项目	扎赉诺尔组	南杨家营子组	朝阳组	三道湾组	大保当组	萧氏后族组	耶律羽之组	同种系标准差
1	颅长/毫米	185.65	179.63	185.00	181.69	183.10	180.55	171.00	5.73
8	颅宽/毫米	147.84	144.75	150.00	148.51	148.10	154.33	154.50	4.76
17	颅高/毫米	130.64	126.00	131.50	130.65	136.90	135.30	133.25	5.69△
45	颧点间宽/毫米	138.67	136.75	137.75	141.08	138.30	136.50	142.50	4.57
9	最小额宽/毫米	93.90	90.00	91.50	93.36	94.40	88.18	92.83	4.05
51R	眶宽/毫米	42.63	41.38	43.90	43.24	43.20	44.30	44.25	1.67
52R	眶高/毫米	33.86	34.07	33.40	34.20	34.90	36.30	36.70	1.91
54	鼻宽/毫米	27.18	27.00	25.75	27.43	26.70	27.48	26.78	1.77
55	鼻高/毫米	56.89	57.50	52.40	56.38	55.90	57.38	57.78	2.92
48（sd）	上面高/毫米	76.75	76.75	76.05	78.91	74.70	77.65	78.35	4.15
72	总面角/度	86.72	91.16	85.50	87.50	85.90	88.00	86.00	3.24
8：1	颅指数/%	79.68	79.90	81.13	81.88	80.90	85.49	90.31	2.67
17：1	颅长高指数/%	70.41	70.20	71.02	72.00	74.40	75.66	77.41	2.94
17：8	颅宽高指数/%	88.38	87.06	87.67	88.02	92.20	88.49	85.68	4.30
48：45sd	上面指数/%	54.95	55.70	55.20	56.21	54.20	57.55	54.88	3.30☆
48：17sd	垂直颅面指数/%	58.37	60.72	57.91	60.60	54.20	57.94	58.14	/
52：51R	眶指数/%	79.18	81.34	76.05	78.22	80.20	82.67	83.18	5.05
54：55	鼻指数/%	47.68	47.16	49.12	48.86	47.80	47.86	46.17	3.82
9：8	额宽指数/%	63.37	62.51	61.00	62.94	63.30	57.12	59.63	3.29△

注：①标有“△”的采用挪威组同种系标准差，标有“☆”的采用欧洲同种系标准差，其余采用埃及E组的同种系标准差。
②标注“[　]”内的数值是根据平均数计算所得的近似值。

表6.12　郑州汉代组与汉代以后各古代颅骨组的均方根值比较

对比组	全部项目	角度指数项目
大同北魏组	0.63	0.33
良辅组	0.56	0.38
鲁中南组	0.70	0.64
临淄组	0.47	0.29
紫薇组	0.49	0.60
上孙家寨汉代组	0.53	0.44
陶家寨组	0.58	0.64
呼和乌素组	0.82	0.84
完工组	0.72	0.71
纳林套海组	0.48	0.50
扎赉诺尔组	1.03	1.16
南杨家营子组	1.27	1.42
朝阳组	1.15	1.30
三道湾组	0.99	1.17
大保当组	0.68	0.70
萧氏后族组	1.37	1.62
耶律羽之组	1.56	1.96

通过表6.12的结果，我们可以看出，郑州汉代组居民的组差均方根函数值在角度指数项目上，与临淄组、大同北魏组、良辅组最为接近，其次为上孙家寨汉代组、纳林套海组、紫薇组和陶家寨组，与大保当组、完工组和呼和乌素组的距离也相对较近。在全部项目上，却与临淄组、纳林套海组、紫薇组最接近。无论是全部项目还是角度指数项目，组差均方根函数值都显示与萧氏后族组、耶律羽之组最为疏远。

表6.13列出了各组间详细的欧氏距离系数，并据此绘制出树状聚类图（图6.6）。

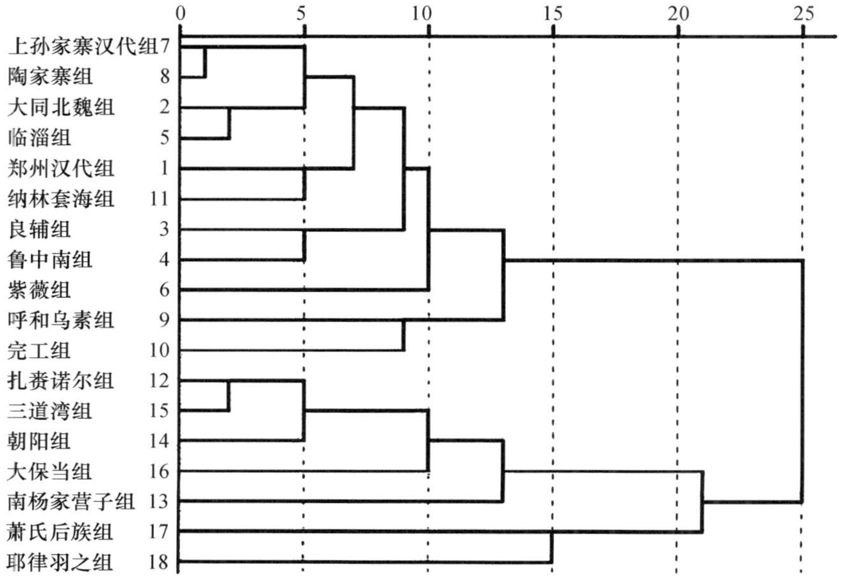

图6.6　郑州汉代组与汉以后各颅骨组之间的树状聚类图

表6.13 郑州汉代组与汉代以后各古代颅骨组之间的欧氏距离系数矩阵（男性）

	1	2	3	4	5	6	7	8	9	10	11	12	13	14	15	16	17	18
1	.000																	
2	9.096	.000																
3	11.145	10.097	.000															
4	11.342	10.132	8.390	.000														
5	7.446	6.531	6.886	8.414	.000													
6	9.713	12.776	9.630	11.893	8.550	.000												
7	8.634	8.624	11.012	11.494	7.348	12.315	.000											
8	9.648	9.047	9.962	11.094	8.697	13.468	5.619	.000										
9	14.129	14.907	14.849	17.344	11.879	11.175	12.722	14.292	.000									
10	10.226	12.868	13.376	14.774	10.342	12.280	10.687	10.429	10.930	.000								
11	8.193	9.860	12.302	13.463	10.205	14.331	11.365	11.239	18.317	13.204	.000							
12	17.915	14.350	19.013	19.515	18.051	24.303	17.167	14.838	24.506	17.877	14.302	.000						
13	21.805	19.560	24.457	23.898	22.111	29.408	19.438	18.584	28.694	22.055	19.286	11.024	.000					
14	19.828	16.161	19.451	19.402	19.789	25.685	19.901	16.716	26.687	20.692	17.931	7.693	14.199	.000				
15	17.776	16.269	21.341	21.525	19.776	25.420	18.650	16.874	26.018	19.001	15.552	6.699	10.686	8.877	.000			
16	11.877	7.348	12.927	13.139	11.277	16.869	12.405	11.728	18.022	14.024	11.229	10.230	17.161	11.575	12.080	.000		
17	22.616	19.693	25.120	24.751	23.496	28.574	21.807	21.434	27.172	23.781	23.662	16.073	17.680	14.763	14.254	14.656	.000	
18	25.349	25.178	30.886	29.128	28.488	32.658	27.229	28.168	33.260	29.223	25.764	22.314	22.133	21.928	18.107	20.570	14.462	.000

注：1.郑州汉代组 2.大同北魏组 3.良辅组 4.鲁中南组 5.临淄组 6.紫薇组 7.上孙家寨汉代组 8.陶家寨组 9.呼和乌素组 10.完工组 11.纳林套海组 12.扎赉诺尔组 13.南杨家营子组 14.朝阳组 15.三道湾组 16.大保当组 17.萧氏后族组 18.耶律羽之组

图6.6清楚地表现出了各组之间的亲疏关系。在刻度处于20～25时，18组人群可分为两组。第一组包含中原地区大同北魏组、临淄组、良辅组、鲁中南组、紫薇组、纳林套海组等所组成的与先秦古中原类型具有相似体质类型居民的人群，郑州汉代组也处于以上的人群中，该人群中还包括西北地区上孙家寨汉代组和陶家寨组所组成的与先秦古西北类型具有相似体质类型居民的人群，以及内蒙古地区属于古东北类型的完工组和属于古华北类型的呼和乌素组。第二组包含属于古蒙古高原类型的内蒙古、辽宁及陕西地区的游牧民族的居民。在刻度为15时，第二组中又分为两类人群，一类是代表辽代契丹贵族的萧氏后族组和耶律羽之组，另一类是代表汉魏时期鲜卑人或可能多少具有匈奴人基因的北方游牧民族，如扎赉诺尔组、三道湾组、朝阳组、南杨家营子组，大保当组作为北方游牧民族与他们一样，都具有较大的北亚蒙古人种类型的特征。在刻度处于10～15时，呼和乌素组与完工组所组成的小集团与古西北类型和古中原类型居民所组成的集团分开，郑州汉代组处于古中原类型类群中，依据组差均方根函数值的分析结果，郑州汉代组也应该以古中原类型的体质特征为主体。而同样属于古中原类型的唐代紫薇组处于该集团的边缘，可能与紫薇组在颅骨形态上与现代亚洲蒙古人种的北亚类型和东北亚类型存在某些相似性有关。

在第一组中，上孙家寨汉代组和陶家寨组所代表的古西北类型体质特征的居民与其他古中原类型居民聚合在了一起，一方面是因为秦汉以前，这两种体质类型本身在颅型和面型上就具有较多的相似性；另一方面是因为汉晋时期，中原文化进入青海地区的氐羌部族中间，在青海地区不仅有两种文化的融合，更有来自中原地区的汉人与当地氐羌部族的融合，汉人的血液融入青海地区的主体羌系民族中，“两个民族混居时，人口所占比例较小的族群将融入到人口数所占比例较大的族群中，融合后的族群，既保留有大族群的体质特征，又增添了一些小族群的体质特征”①。所以，汉晋时期的羌系民族上孙家寨汉代组和陶家寨组居民虽然主体上仍然继承了本地早期先民卡约文化居民的体质特征，但同时也表现出与黄河中下游颅骨组之间较近的联系。与此同时，汉晋时期中原地区的统治者除了将汉人迁入青海河湟地区外，也将羌人迁往内地。郑州汉代组在本书前一部分表现出的与古西北类型相对较近的遗传学距离，在这里则表现得更明显一些。另外，在刻度为5时，郑州汉代组首先与汉代内蒙古的纳林套海组聚合，在组差均方根函数值上，郑州汉代组与纳林套海组之间也存在很近的距离。出土纳林套海组颅骨的汉代墓葬位于东接包头的巴彦淖尔市，公元50年时，汉王朝派遣中郎将段彬至南匈奴，助呼韩邪单于设立单于庭帐（南庭）于五原（今内蒙古包头市）。在汉王朝的帮助下，南匈奴人生活安定，社会经济得到发展，因为与汉族人杂居或经常与汉族人交往接触，受到汉文化的强烈影响②。纳林套海组的颅骨体现了一种混合体质性状的趋势，“推测纳林套海居民很有可能是汉匈民族融合的结果”③，虽然该组居民可能与现代蒙古人种东北亚类型和北亚类型在颅骨形

① 张敬雷.青海省西宁市陶家寨汉晋时期墓地人骨研究［D］.长春：吉林大学博士学位论文，2008：155-159.

② 程妮娜.中国地方史纲［M］.长春：吉林大学出版社，2007：165-166.

③ 张全超，胡延春，朱泓.磴口县纳林套海汉墓人骨研究［J］.内蒙古文物考古，2010，（2）：136-142.

态上表现出不同程度的相似性，但从其颅面部的具体测量数据分析，其特征仍然以东亚类型为主导。这可能表明，纳林套海组颅骨中不仅汉民族的体质特征占有主导成分，而且也包含了一部分匈奴人等北方游牧民族的遗传基因。在组差均方根函数值的比较中，郑州汉代组与古中原类型的临淄组和大同北魏组、陕西的良辅组具有极近的亲缘关系，可能意味着郑州汉代组居民以古中原类型的体质特征为主，仍然延续了先秦时期黄河中下游地区以古中原类型居民为主的华夏族传统，但同时也受到来自西北羌系民族、北方游牧民族的影响。

为了更加系统地了解郑州汉代组与汉代以后其他古代组居民之间的关系，我们还采用了主成分分析的方法，对包括郑州汉代组居民在内的18组人群的16项线性、角度和指数值进行了深入的分析研究。

由表6.14可知，当选取3个主成分时，能解释76.290%的总方差；如果选取两个主成分时，能解释61.517%的总方差。所以，此次主成分分析的效果是比较高的。

表6.14　前三个主成分的方差累计贡献率

主成分	Total	总方差（%）	累计贡献率（%）
1	6.735	42.095	42.095
2	3.108	19.422	61.517
3	2.364	14.773	76.290

表6.15显示了各初始变量对所选前3个主成分的贡献。第一主成分因子最大载荷的原变量包括颅宽、颅高、鼻高、上面高、总面角、颅指数、颅长高指数、颅宽高指数、上面指数、垂直颅面指数和额宽指数，主要代表了颅型、面高、面部在水平方向上的突出程度、鼻型和额骨宽方面的特征，方差贡献率为42.095%。第二主成分因子最大载荷的原变量为颅长、颅高、眶高、颅长高指数和眶指数，主要代表了颅型的高及眶型的特征，方差贡献率为19.422%。第三主成分因子载荷最大的原变量有鼻高、总面角、鼻指数，主要代表了面部在水平方向上的突出程度和鼻部的形态特征，方差贡献率为14.773%。

表6.15　前三个主成分因子载荷矩阵

成分因子[a]			
	主成分		
	1	2	3
颅长	−0.425	−0.525	0.417
颅宽	0.812	−0.01	−0.457
颅高	−0.688	0.538	0.218
眶宽	−0.302	0.406	−0.489
眶高	0.101	0.847	−0.247
鼻高	0.595	0.418	0.572
上面高	0.731	0.254	0.263
总面角	0.685	−0.046	0.525
颅指数	0.758	0.256	−0.539
颅长高指数	−0.501	0.792	−0.05

续表

成分因子[a]			
	主成分		
	1	2	3
颅宽高指数	−0.85	0.32	0.39
上面指数	0.761	0.037	0.185
垂直颅面指数	0.905	−0.18	0.179
眶指数	0.358	0.683	0.129
鼻指数	−0.475	−0.352	−0.594
额宽指数	−0.816	0.014	0.285

注：采用提取主成分方法。a为已提取了3个主成分。

因为前三个主成分吸收了原变量集的多数信息，所以可以利用前三个主成分绘制图形进行直观地分析。图6.7是根据前三个主成分的分布构成绘出的三维散点图。

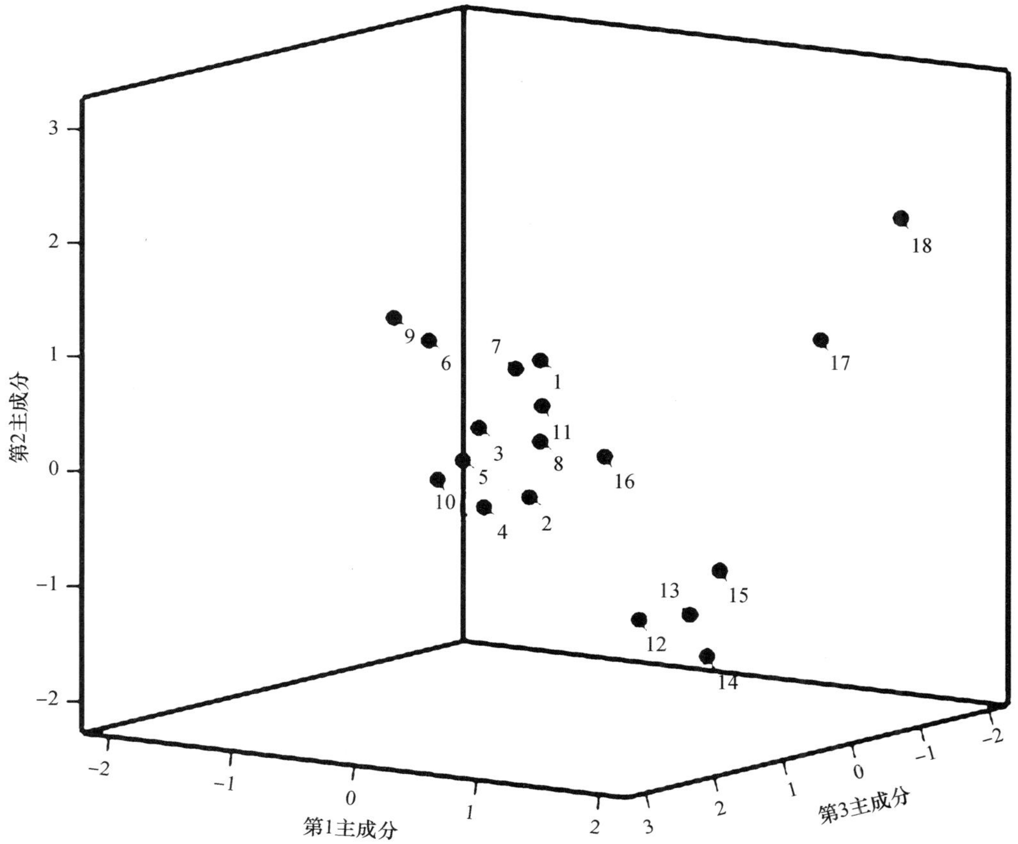

图6.7　前三个因子散点图

1.郑州汉代组　2.大同北魏组　3.良辅组　4.鲁中南组　5.临淄组　6.紫薇组　7.上孙家寨汉代组　8.陶家寨组　9.呼和乌素组　10.完工组　11.纳林套海组　12.扎赉诺尔组　13.南杨家营子组　14.朝阳组　15.三道湾组　16.大保当组　17.萧氏后族组　18.耶律羽之组

从图6.7中可以清楚地看到，郑州汉代组、纳林套海组、大同北魏组、良辅组、鲁中南组、临淄组、紫薇组，以及上孙家寨汉代组、陶家寨组、完工组、呼和乌素组、大保当组彼此间距离较近，组成了第一个较为紧密的空间分布集团。代表辽代契丹贵族的萧氏后族组和耶律羽之组所组成第二个集团，与其他组之间距离最为疏远。代表汉魏时期古蒙古高原类型鲜卑人的扎赉诺尔组、南杨家营子组、朝阳组和三道湾组为第三个集团，与第一集团和第二集团基本存在较为疏远的关系。这与聚类分析所得到的结果大体相同。所不同的是，大保当组虽然在若干颅面特征上比较接近于古代北亚人群的代表——古蒙古高原类型，却游离出代表古蒙古高原类型的北方游牧民族鲜卑人集团而与第一集团中的古中原类型和古西北类型的居民相对较近，有学者认为出土大保当组人骨的汉代墓葬虽有匈奴文化的特征，但从其墓葬形制和随葬器物组合看，汉化程度已是很高了①，所以，不排除大保当组的匈奴人中混入了包括中原汉民族等其他民族基因的可能。郑州汉代组处于第一个集团，与上孙家寨汉代组、纳林套海组、临淄组、陶家寨组、大同北魏组和唐代紫薇组均有相对较近的空间距离，其中的大同北魏组来自北魏王朝建都平城期间的一处汉人墓葬群，在个别颅骨特征上可能杂有一些与东北亚蒙古人种相近的因素，他们或许受到过鲜卑人的影响，在其“族属中不排除包括有汉族和鲜卑族两种成分的可能性”，但其种族成分的主体仍然为古中原类型。以上各古代颅骨组的空间分布表现可能一方面说明较多体现古中原类型体质特征的纳林套海组、类似古西北类型的上孙家寨汉代组、陶家寨组和较多体现古蒙古高原类型体质特征的大保当组，以及大同北魏组均存在不同程度的古中原类型体质特征的基因，另一方面也说明郑州汉代组的居民虽然延续了先秦时期黄河中下游地区以古中原类型居民为主的华夏族传统，但同时已经混入了来自西北羌系民族、北方游牧民族等异族的血液。

四、郑州唐代组与汉代以后各古代颅骨组的比较

为了探讨以郑州唐代组为代表的中原地区唐代居民的种系构成，以及较郑州汉代组居民的种系成分的变化，现将上文中与郑州汉代组相比较的汉以后17个颅骨组与郑州唐代组进行比较。

依据表6.16数据，计算出各古代组的组差均方根函数值，见表6.17。

表6.16　郑州唐代组与汉代以后各古代颅骨组比较（男性）　（长度：毫米；角度：度；指数：%）

马丁号	比较项目	郑州唐代组	大同北魏组	良辅组	鲁中南组	临淄组	紫薇组	上孙家寨汉代组	陶家寨组	呼和乌素组	完工组	纳林套海组
1	颅长	183.49	182.50	184.93	180.91	181.80	182.18	181.20	183.98	184.50	184.25	181.67
8	颅宽	140.45	144.40	141.23	141.06	141.00	139.76	139.70	140.32	140.30	140.60	142.00
17	颅高	142.69	137.90	137.58	137.33	138.80	142.81	136.20	135.56	145.20	139.00	134.17
45	颧点间宽	139.90	137.10	136.27	137.69	137.40	140.64	137.10	137.73	136.80	142.50	142.00
9	最小额宽	91.59	94.90	93.23	91.54	93.70	94.52	91.10	90.42	92.50	91.00	97.80

① 贺小娜.从汉画像石墓看陕北地区的民族融合［J］.延安大学学报（社会科学版）.2012，（4）：70-73.

续表

马丁号	比较项目	郑州唐代组	大同北魏组	良辅组	鲁中南组	临淄组	紫薇组	上孙家寨汉代组	陶家寨组	呼和乌素组	完工组	纳林套海组
51R	眶宽	43.66	41.60	45.53	43.11	42.90	44.88	42.80	44.06	43.40	43.25	44.92
52R	眶高	34.71	34.10	35.26	33.50	34.20	35.33	35.80	35.75	35.40	33.75	36.17
54	鼻宽	27.55	27.20	26.14	26.39	26.80	27.45	27.10	26.59	25.60	26.25	27.17
55	鼻高	53.28	54.80	52.65	53.24	54.70	55.05	56.50	54.43	57.50	59.00	55.75
48（sd）	上面高	73.50	72.60	74.67	70.53	73.70	74.99	75.80	75.91	77.40	77.50	74.60
72	总面角	84.13	85.40	84.75	81.56	87.10	84.15	85.30	84.38	87.00	88.00	85.80
8：1	颅指数	75.36	79.12	77.31	78.00	77.60	76.80	77.30	76.38	76.60	76.44	78.17
17：1	颅长高指数	76.46	75.56	76.93	75.60	76.50	78.49	75.90	73.81	78.36	75.54	73.85
17：8	颅宽高指数	101.32	95.49	97.54	97.10	98.10	101.98	97.70	96.77	103.01	98.94	94.57
48：45sd	上面指数	51.75	55.50	52.74	51.20	53.10	53.95	55.20	55.61	54.53	54.40	[52.54]
48：17sd	垂直颅面指数	53.27	54.90	50.30	51.00	53.00	50.80	54.80	56.09	55.62	55.75	[55.60]
52：51R	眶指数	79.38	81.30	77.44	77.70	79.90	78.84	83.70	81.24	81.57	78.01	80.58
54：55	鼻指数	51.10	49.63	50.30	49.70	49.20	50.01	48.40	48.94	44.19	45.41	48.97
9：8	额宽指数	66.50	65.72	67.02	64.40	66.60	67.63	65.40	64.43	65.87	[64.89]	68.75

马丁号	比较项目	扎赉诺尔组	南杨家营子组	朝阳组	三道湾组	大保当组	萧氏后族组	耶律羽之组	同种系标准差
1	颅长	185.65	179.63	185.00	181.69	183.10	180.55	171.00	5.73
8	颅宽	147.84	144.75	150.00	148.51	148.10	154.33	154.50	4.76
17	颅高	130.64	126.00	131.50	130.65	136.90	135.30	133.25	5.69△
45	颧点间宽	138.67	136.75	137.75	141.08	138.30	136.50	142.50	4.57
9	最小额宽	93.90	90.00	91.50	93.36	94.40	88.18	92.83	4.05
51R	眶宽	42.63	41.38	43.90	43.24	43.20	44.30	44.25	1.67
52R	眶高	33.86	34.07	33.40	34.20	34.90	36.30	36.70	1.91
54	鼻宽	27.18	27.00	25.75	27.43	26.70	27.48	26.78	1.77
55	鼻高	56.89	57.50	52.40	56.38	55.90	57.38	57.78	2.92
48（sd）	上面高	76.75	76.75	76.05	78.91	74.70	77.65	78.35	4.15
72	总面角	86.72	91.16	85.50	87.50	85.90	88.00	86.00	3.24
8：1	颅指数	79.68	79.90	81.13	81.88	80.90	85.49	90.31	2.67
17：1	颅长高指数	70.41	70.20	71.02	72.00	74.40	75.66	77.41	2.94
17：8	颅宽高指数	88.38	87.06	87.67	88.02	92.20	88.49	85.68	4.30
48：45sd	上面指数	54.95	55.70	55.20	56.21	54.20	57.55	54.88	3.30☆
48：17sd	垂直颅面指数	58.37	60.72	57.91	60.60	54.20	57.94	58.14	/
52：51R	眶指数	79.18	81.34	76.05	78.22	80.20	82.67	83.18	5.05
54：55	鼻指数	47.68	47.16	49.12	48.86	47.80	47.86	46.17	3.82
9：8	额宽指数	63.37	62.51	61.00	62.94	63.30	57.12	59.63	3.29△

注：①标有“△”的采用挪威组同种系标准差，标有“☆”的采用欧洲同种系标准差，其余采用埃及E组的同种系标准差。
②标注“[　]”内的数值是根据平均数计算所得的近似值

表6.17 郑州唐代组与汉代以后各古代颅骨组的均方根值比较

对比组	全部项目	角度指数项目
大同北魏组	0.75	0.85
良辅组	0.55	0.46
鲁中南组	0.58	0.65
临淄组	0.49	0.56
紫薇组	0.42	0.43
上孙家寨汉代组	0.66	0.69
陶家寨组	0.64	0.73
呼和乌素组	0.78	0.85
完工组	0.80	0.80
纳林套海组	0.83	0.83
扎赉诺尔组	1.28	1.55
南杨家营子组	1.54	1.85
朝阳组	1.36	1.69
三道湾组	1.35	1.67
大保当组	0.98	1.22
萧氏后族组	1.71	2.16
耶律羽之组	2.03	2.56

由表6.17可以看出，在角度指数项目上，与郑州唐代组的组差均方根函数值接近的分别是紫薇组、良辅组、临淄组，其次是鲁中南组、上孙家寨汉代组和陶家寨组、完工组、纳林套海组、大同北魏组；在全部项目上，与郑州唐代组距离最近的仍是紫薇组，与临淄组、良辅组、鲁中南组、陶家寨组的距离也较近，但与纳林套海组的距离却变得较远了。无论是全部项目还是角度指数项目，与萧氏后族组和耶律羽之组均存在十分疏远的关系。

为了更加直观地表示郑州唐代组与各古代组之间的亲疏关系，现根据表6.18中的欧氏距离系数矩阵，绘制出树状聚类图。

由图6.8可知，与之前的图中对不同人群的分类大体相同，均分成了两大类人群。第一个代表北方和东北方的游牧民族大聚类，第二个是汉魏时期西北地区的羌系民族和中原地区的汉民族，以及内蒙古地区的古华北类型和古东北类型的居民所组成的大聚类。该聚类中的颅骨组都具有较多的东亚蒙古人种的体质特征，所不同的是，具有南匈奴血统的大保当组也聚合进来，与可能属于汉匈混血的纳林套海组在第二个大类中聚合成一个小类。郑州唐代组处于第二大聚类中古中原类型居民所组成的类群的稍外缘的位置上，与同时代的陕西西安紫薇组聚合在一起，说明郑州唐代组居民此时其体质特征的主体虽然仍为古中原类型，但已经与郑州汉代组

表6.18　郑州唐代组与汉代以后各古代颅骨组之间的欧氏距离系数矩阵（男性）

	1	2	3	4	5	6	7	8	9	10	11	12	13	14	15	16	17	18
1	.000																	
2	11.828	.000																
3	9.240	10.097	.000															
4	9.967	10.132	8.390	.000														
5	7.902	6.531	6.886	8.414	.000													
6	6.237	12.776	9.630	11.893	8.550	.000												
7	11.565	8.624	11.012	11.494	7.348	12.315	.000											
8	11.426	9.047	9.962	11.094	8.697	13.468	5.619	.000										
9	11.729	14.907	14.849	17.344	11.879	11.175	12.722	14.292	.000									
10	12.062	12.868	13.376	14.774	10.342	12.280	10.687	10.429	10.930	.000								
11	14.581	9.860	12.302	13.463	10.205	14.331	11.365	11.239	18.317	13.204	.000							
12	22.892	14.350	19.013	19.515	18.051	24.303	17.167	14.838	24.506	17.877	14.302	.000						
13	27.886	19.560	24.457	23.898	22.111	29.408	19.438	18.584	28.694	22.055	19.286	11.024	.000					
14	23.778	16.161	19.451	19.402	19.789	25.685	19.901	16.716	26.687	20.692	17.931	7.693	14.199	.000				
15	24.502	16.269	21.341	21.525	19.776	25.420	18.650	16.874	26.018	19.001	15.552	6.699	10.686	8.877	.000			
16	16.182	7.348	12.927	13.139	11.277	16.869	12.405	11.728	18.022	14.024	11.229	10.230	17.161	11.575	12.080	.000		
17	27.635	19.693	25.120	24.751	23.496	28.574	21.807	21.434	27.172	23.781	23.662	16.073	17.680	14.763	14.254	14.656	.000	
18	33.037	25.178	30.886	29.128	28.488	32.658	27.229	28.168	33.260	29.223	25.764	22.314	22.133	21.928	18.107	20.570	14.462	.000

注：1.郑州唐代组　2.大同北魏组　3.良辅组　4.鲁中南组　5.临淄组　6.紫薇组　7.上孙家寨汉代组　8.陶家寨组　9.呼和乌素组　10.完工组　11.纳林套海组　12.扎赉诺尔组　13.南杨家营子组　14.朝阳组　15.三道湾组　16.大保当组　17.萧氏后族组　18.耶律羽之组

居民的体质特征相比产生了一些差异。这也许意味着，郑州汉代组中可能受匈奴人影响的体质因素，发展至唐代时，在郑州唐代组居民身上已经表现得不怎么明显了。根据对郑州唐代组居民颅骨测量性状的观测，认为虽然具有东亚蒙古人种的主要特征，但是其中等偏大的鼻颧角、较大的颅长等说明他们可能多少受到了古蒙古高原类型和古东北类型因素的影响，而同时代的唐代紫薇组所具有的较宽的面宽等特征也可能是受到了某种程度古蒙古高原类型或古东北类型因素的影响。位于唐代另一大都市洛阳附近的郑州，其唐代组居民似乎与西安的唐代紫薇组一样，也受到了除汉民族以外更多异族的影响。

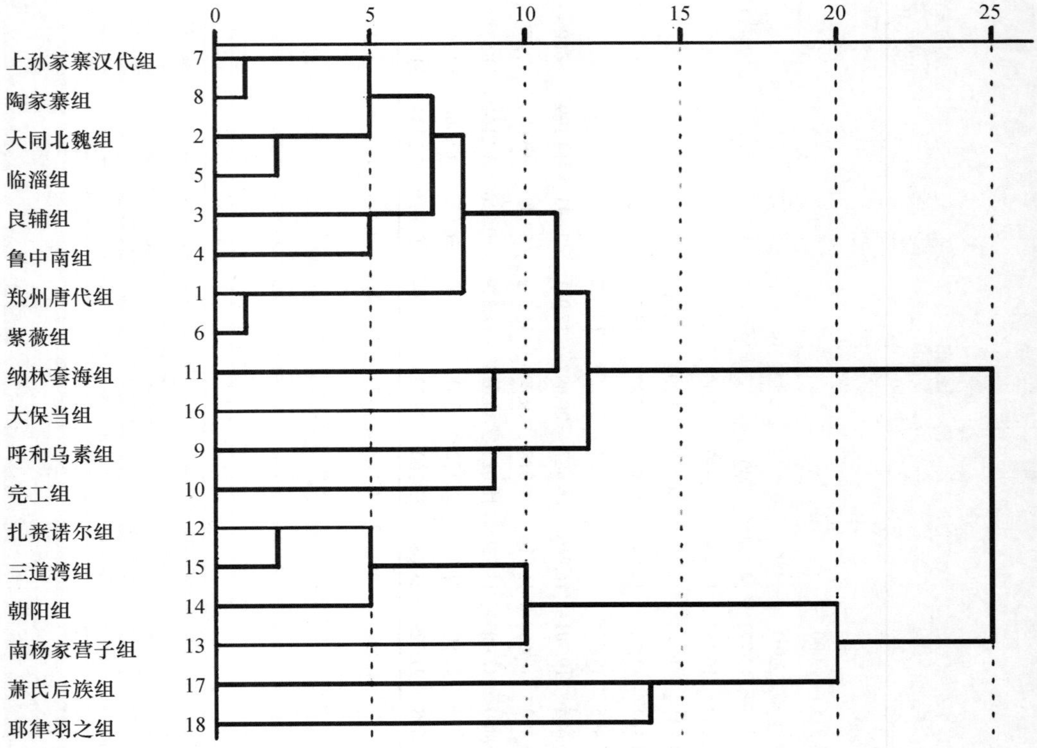

图6.8　郑州唐代组与其他古代组组间联系的树状聚类图

下面采用主成分分析的方法，对以上包括郑州唐代组在内的18组人群的16项线性、角度和指数值进行分析。

由表6.19可知，当选取3个主成分时，能解释77.091%的总方差；如果选取两个主成分时，能解释63.044%的总方差。所以，此次主成分分析的效果是比较高的。

表6.19　前三个主成分的方差累计贡献率

主成分	Total	总方差（%）	累计贡献率（%）
1	7.087	44.295	44.295
2	3.000	18.749	63.044
3	2.248	14.047	77.091

表6.20　前三个主成分因子载荷矩阵

主成分因子[a]			
	主成分		
	1	2	3
颅长	−0.476	−0.498	0.382
颅宽	0.81	−0.008	−0.475
颅高	−0.708	0.516	0.201
眶宽	−0.271	0.421	−0.484
眶高	0.159	0.847	−0.211
鼻高	0.64	0.38	0.559
上面高	0.756	0.212	0.255
总面角	0.705	−0.089	0.518
颅指数	0.788	0.234	−0.51
颅长高指数	−0.49	0.799	−0.03
颅宽高指数	−0.856	0.315	0.381
上面指数	0.785	0.028	0.175
垂直颅面指数	0.901	−0.23	0.175
眶指数	0.396	0.657	0.167
鼻指数	−0.539	−0.338	−0.562
额宽指数	−0.812	0.011	0.314

注：采用提取主成分方法。a为已提取了3个主成分

表6.20是前三个主成分因子的因子载荷矩阵，表中第一主成分因子的方差贡献率为44.295%，最大载荷的原变量包括颅宽、颅高、鼻高、上面高、总面角、颅指数、颅宽高指数、上面指数、垂直颅面指数、鼻指数和额宽指数，基本代表了颅面部的主要形态特征；第二主成分的贡献率为18.749%，载荷最大的原变量有颅高、眶高、颅长高指数、眶指数，基本代表了颅型的长高及眶部的特征；第三主成分的贡献率为14.047%，最大载荷的原变量包括鼻高、总面角、颅指数和鼻指数，代表了颅型、面部在水平方向上的突出程度和眶部、鼻型等特征。

由于前三个主成分吸收了原变量集的多数信息，因此可以利用前三个主成分绘出的图形进行直观地分析。图6.9是前三个主成分联合分布的三维立体散点图。

在图6.9中，大致可以分成3个类群，萧氏后族组和耶律羽之组属于第一个类群，代表了内蒙古、辽宁地区的辽代契丹贵族。扎赉诺尔组、南杨家营子组、朝阳组和三道湾组代表了汉魏时期内蒙古和辽宁地区的北方游牧民族鲜卑人，属于第二个类群。郑州唐代组属于大同北魏组、良辅组、鲁中南组、临淄组、紫薇组、上孙家寨汉代组、陶家寨组及完工组、呼和乌素组、大保当组和纳林套海组所组成的第三个类群。以上结论与前文中聚类分析的结果基本一致，与对郑州汉代组的主成分分析结论也大体是相同的。不同之处是郑州唐代组已经处于第三大类群的边缘，从图中的空间距离看，与良辅组、临淄组、紫薇组和鲁中南组仍有较近的距

离，并且与具有古东北类型可能属于鲜卑人的完工组也有较近的联系，但与可能是匈汉混血的纳林套海组存在较远的距离，并与类似古西北类型的陶家寨组和上孙家寨汉代组的距离也没有前文中郑州汉代组时那么紧密了。这也许意味着郑州唐代组居民虽然仍继承了郑州汉代组居民的主要体质特征，但是，此时受到西北羌系民族、北方游牧民族等异族基因的影响力已经发生了不同程度的变化，开始体现一种混合体质性状的趋势。

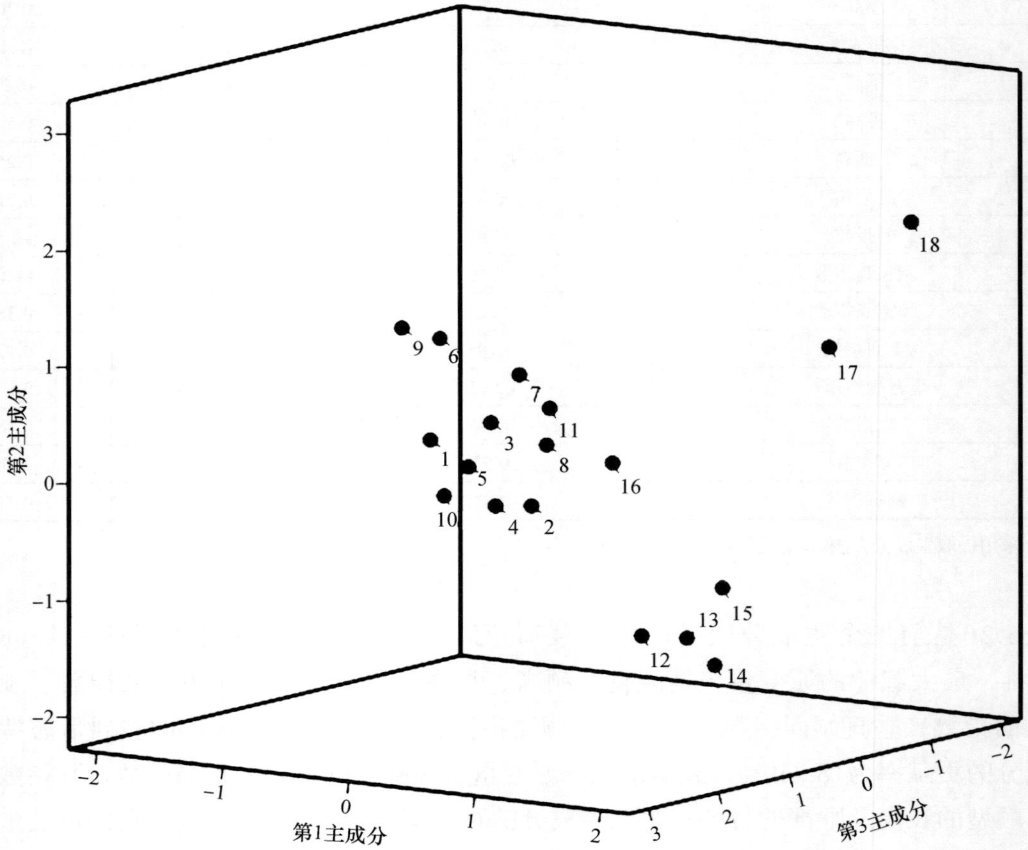

图6.9　前三个因子散点图

1.郑州唐代组　2.大同北魏组　3.良辅组　4.鲁中南组　5.临淄组　6.紫薇组　7.上孙家寨汉代组　8.陶家寨组　9.呼和乌素组　10.完工组　11.纳林套海组　12.扎赉诺尔组　13.南杨家营子组　14.朝阳组　15.三道湾组　16.大保当组　17.萧氏后族组　18.耶律羽之组

五、郑州宋代组与汉代以后各古代颅骨组的比较

通过前文的分析研究，可以大致认为郑州唐代组居民虽然仍继承了郑州汉代组居民的主要体质特征，但同时，受到西部羌系民族和北方游牧民族等异族体质特征的影响较前代更多一些，郑州唐代组已经处于古中原类型居民所组成的大集团的稍边缘地带了，开始体现一种混合体质性状的趋势。为了探讨中原地区汉民族进入宋代，其种系结构的变化情况，现仍选择前文

中对郑州唐代组研究时所采用的17个汉代以后古代组与郑州宋代组进行比较。

根据表6.21各项数值计算出各古代组的组差均方根函数值，结果列于表6.22。

表6.21　郑州宋代组与汉代以后各古代颅骨组比较（男性）　（长度：毫米；角度：度；指数：%）

马丁号	比较项目	郑州宋代组	大同北魏组	良辅组	鲁中南组	临淄组	紫薇组	上孙家寨汉代组	陶家寨组	呼和乌素组	完工组	纳林套海组
1	颅长	177.51	182.50	184.93	180.91	181.80	182.18	181.20	183.98	184.50	184.25	181.67
8	颅宽	133.47	144.40	141.23	141.06	141.00	139.76	139.70	140.32	140.30	140.60	142.00
17	颅高	134.93	137.90	137.58	137.33	138.80	142.81	136.20	135.56	145.20	139.00	134.17
45	颧点间宽	136.51	137.10	136.27	137.69	137.40	140.64	137.10	137.73	136.80	142.50	142.00
9	最小额宽	87.72	94.90	93.23	91.54	93.70	94.52	91.10	90.42	92.50	91.00	97.80
51R	眶宽	44.62	41.60	45.53	43.11	42.90	44.88	42.80	44.06	43.40	43.25	44.92
52R	眶高	34.82	34.10	35.26	33.50	34.20	35.33	35.80	35.75	35.40	33.75	36.17
54	鼻宽	26.92	27.20	26.14	26.39	26.80	27.45	27.10	26.59	25.60	26.25	27.17
55	鼻高	53.08	54.80	52.65	53.24	54.70	55.05	56.50	54.43	57.50	59.00	55.75
48（sd）	上面高	72.78	72.60	74.67	70.53	73.70	74.99	75.80	75.91	77.40	77.50	74.60
72	总面角	83.60	85.40	84.75	81.56	87.10	84.15	85.30	84.38	87.00	88.00	85.80
8：1	颅指数	75.28	79.12	77.31	78.00	77.60	76.80	77.30	76.38	76.60	76.44	78.17
17：1	颅长高指数	75.18	75.56	76.93	75.60	76.50	78.49	75.90	73.81	78.36	75.54	73.85
17：8	颅宽高指数	102.06	95.49	97.54	97.10	98.10	101.98	97.70	96.77	103.01	98.94	94.57
48：45sd	上面指数	51.73	55.50	52.74	51.20	53.10	53.95	55.20	55.61	54.53	54.40	[52.54]
48：17sd	垂直颅面指数	53.90	54.90	50.30	51.00	53.00	50.80	54.80	56.09	55.62	55.75	[55.60]
52：51R	眶指数	78.26	81.30	77.44	77.70	79.90	78.84	83.70	81.24	81.57	78.01	80.58
54：55	鼻指数	52.38	49.63	50.30	49.70	49.20	50.01	48.40	48.94	44.19	45.41	48.97
9：8	额宽指数	64.82	65.72	67.02	64.40	66.60	67.63	65.40	64.43	65.87	[64.89]	68.75

马丁号	比较项目	扎赉诺尔组	南杨家营子组	朝阳组	三道湾组	大保当组	萧氏后族组	耶律羽之组	同种系标准差
1	颅长	185.65	179.63	185.00	181.69	183.10	180.55	171.00	5.73
8	颅宽	147.84	144.75	150.00	148.51	148.10	154.33	154.50	4.76
17	颅高	130.64	126.00	131.50	130.65	136.90	135.30	133.25	5.69△
45	颧点间宽	138.67	136.75	137.75	141.08	138.30	136.50	142.50	4.57
9	最小额宽	93.90	90.00	91.50	93.36	94.40	88.18	92.83	4.05
51R	眶宽	42.63	41.38	43.90	43.24	43.20	44.30	44.25	1.67
52R	眶高	33.86	34.07	33.40	34.20	34.90	36.30	36.70	1.91
54	鼻宽	27.18	27.00	25.75	27.43	26.70	27.48	26.78	1.77
55	鼻高	56.89	57.50	52.40	56.38	55.90	57.38	57.78	2.92
48（sd）	上面高	76.75	76.75	76.05	78.91	74.70	77.65	78.35	4.15
72	总面角	86.72	91.16	85.50	87.50	85.90	88.00	86.00	3.24
8：1	颅指数	79.68	79.90	81.13	81.88	80.90	85.49	90.31	2.67
17：1	颅长高指数	70.41	70.20	71.02	72.00	74.40	75.66	77.41	2.94

续表

马丁号	比较项目	扎赉诺尔组	南杨家营子组	朝阳组	三道湾组	大保当组	萧氏后族组	耶律羽之组	同种系标准差
17：8	颅宽高指数	88.38	87.06	87.67	88.02	92.20	88.49	85.68	4.30
48：45sd	上面指数	54.95	55.70	55.20	56.21	54.20	57.55	54.88	3.30☆
48：17sd	垂直颅面指数	58.37	60.72	57.91	60.60	54.20	57.94	58.14	/
52：51R	眶指数	79.18	81.34	76.05	78.22	80.20	82.67	83.18	5.05
54：55	鼻指数	47.68	47.16	49.12	48.86	47.80	47.86	46.17	3.82
9：8	额宽指数	63.37	62.51	61.00	62.94	63.30	57.12	59.63	3.29△

注：①标有“△”的采用挪威组同种系标准差，标有“☆”的采用欧洲同种系标准差，其余采用埃及E组的同种系标准差。

②标注“[　]”内的数值是根据平均数计算所得的近似值

表6.22　郑州宋代组与汉代以后各古代颅骨组的均方根值比较

对比组	全部项目	角度指数项目
大同北魏组	1.06	0.93
良辅组	0.75	0.61
鲁中南组	0.71	0.65
临淄组	0.80	0.73
紫薇组	0.82	0.63
上孙家寨汉代组	0.80	0.82
陶家寨组	0.73	0.75
呼和乌素组	1.09	1.03
完工组	1.04	0.91
纳林套海组	1.06	0.96
扎赉诺尔组	1.45	1.54
南杨家营子组	1.55	1.86
朝阳组	1.47	1.65
三道湾组	1.50	1.67
大保当组	1.25	1.26
萧氏后族组	1.84	2.16
耶律羽之组	2.16	2.61

通过表6.22的结果，我们可以看出，郑州宋代组的组差均方根函数值在角度指数项目上，与良辅组距离最近，其次是紫薇组、鲁中南组、临淄组、陶家寨组、上孙家寨汉代组、完工组和大同北魏组。在总项目上，郑州宋代组与鲁中南组和陶家寨组最近。组差均方根函数值在总项目和角度指数项目上均表现出与萧氏后族组和耶律羽之组最为疏远的关系。

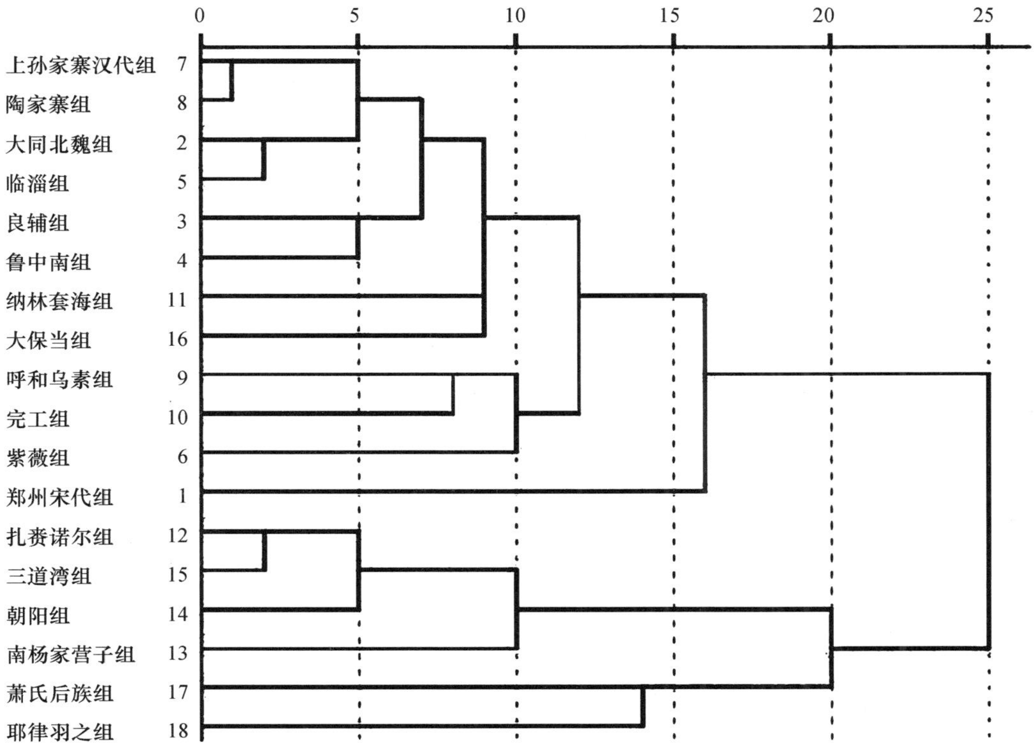

图6.10　郑州宋代组与汉代以后各古代颅骨组之间的树状聚类图

图6.10是根据表6.23的欧氏距离系数矩阵绘制出的树状聚类图。从图中，我们可以直观地看出郑州宋代组与汉代以后各古代组之间的关系。在刻度为20时，18组人群可分为两大类，一类包含具有古蒙古高原类型体质特征的北方游牧民族汉魏时期的鲜卑人和辽代的契丹人，另一类包括代表古西北类型的西北羌系民族和代表古中原类型的中原汉族，以及内蒙古地区的古华北类型和古东北类型居民。而此时，郑州宋代组虽然仍属于第二类人群，但已经远远地游离在该人群的边缘地带，并与代表古华北类型的呼和乌素组和代表古东北类型的完工组均表现出了相对较近的联系；郑州宋代组所具有的高而狭的颅型、较窄的额型、水平方向的面突程度、中等偏小的面部扁平度及较高的鼻根、较阔的鼻型虽然仍较多地表现出了现代亚洲蒙古人种的东亚类型的特征，并显示出了南亚类型的性状，但与北亚蒙古人种通常具有的低而阔的颅型、中等高低的眶型及中等宽窄的鼻型有明显区别，而与东北亚蒙古人种通常具有的相对较长的颅型和较高的鼻根较为相似。

下面采用主成分分析的方法对以上18组人群进行进一步分析研究。共选取了16个线性、角度和指数的项目，包括颅长、颅宽、颅高、眶宽、眶高、鼻高、上面高、总面角、颅指数、颅长高指数、颅宽高指数、上面指数、垂直颅面指数、眶指数、鼻指数和额宽指数。

表6.23　郑州宋代组与汉代以后各古代颅骨组的欧氏距离系数矩阵（男性）

	1	2	3	4	5	6	7	8	9	10	11	12	13	14	15	16	17	18
1	.000																	
2	17.661	.000																
3	14.521	10.097	.000															
4	12.370	10.132	8.390	.000														
5	13.681	6.531	6.886	8.414	.000													
6	15.431	12.776	9.630	11.893	8.550	.000												
7	13.269	8.624	11.012	11.494	7.348	12.315	.000											
8	13.537	9.047	9.962	11.094	8.697	13.468	5.619	.000										
9	19.560	14.907	14.849	17.344	11.879	11.175	12.722	14.292	.000									
10	17.608	12.868	13.376	14.774	10.342	12.280	10.687	10.429	10.930	.000								
11	18.490	9.860	12.302	13.463	10.205	14.331	11.365	11.239	18.317	13.204	.000							
12	25.761	14.350	19.013	19.515	18.051	24.303	17.167	14.838	24.506	17.877	14.302	.000						
13	26.377	19.560	24.457	23.898	22.111	29.408	19.438	18.584	28.694	22.055	19.286	11.024	.000					
14	26.314	16.161	19.451	19.402	19.789	25.685	19.901	16.716	26.687	20.692	17.931	7.693	14.199	.000				
15	26.694	16.269	21.341	21.525	19.776	25.420	18.650	16.874	26.018	19.001	15.552	6.699	10.686	8.877	.000			
16	21.878	7.348	12.927	13.139	11.277	16.869	12.405	11.728	18.022	14.024	11.229	10.230	17.161	11.575	12.080	.000		
17	30.771	19.693	25.120	24.751	23.496	28.574	21.807	21.434	27.172	23.781	23.662	16.073	17.680	14.763	14.254	14.656	.000	
18	35.054	25.178	30.886	29.128	28.488	32.658	27.229	28.168	33.260	29.223	25.764	22.314	22.133	21.928	18.107	20.570	14.462	.000

注：1.郑州宋代组　2.大同北魏组　3.良辅组　4.鲁中南组　5.临淄组　6.紫薇组　7.上孙家寨汉代组　8.陶家寨组　9.呼和乌素组　10.完工组　11.纳林套海组　12.扎赉诺尔组　13.南杨家营子组　14.朝阳组　15.三道湾组　16.大保当组　17.萧氏后族组　18.耶律羽之组

由表6.24可知，当选取3个主成分时，能解释76.030%的总方差；如果选取两个主成分时，能解释61.777%的总方差。所以，此次主成分分析中基本包含了16个项目大多数特征的信息量，具有较高的可信度。

表6.24　前三个主成分的方差累计贡献率

主成分	Total	总方差（%）	累计贡献率（%）
1	6.885	43.034	43.034
2	2.999	18.743	61.777
3	2.281	14.253	76.030

前三个主成分的因子载荷量见表6.25。由表6.25可知，第一主成分的贡献率为43.034%，最大载荷的原变量有颅宽、颅高、鼻高、上面高、总面角、颅指数、颅宽高指数、上面指数、垂直颅面指数、鼻指数和额宽指数，基本代表了颅骨的长宽高形态、上面部及面部在水平方向上的突出程度、鼻部和额宽等的特征。第二主成分的贡献率为18.743%，最大载荷的原变量有颅高、眶高、颅长高指数和眶指数，基本代表了颅型的长高及眶部的特征。第三主成分的贡献率为14.253%，最大载荷的原变量有颅长、眶宽、颅指数和鼻指数，代表了颅型、眶部和鼻型等方面的特征。

表6.25　前三个主成分因子载荷矩阵

主成分因子[a]			
	主成分		
	1	2	3
颅长	−0.287	−0.4	0.563
颅宽	0.82	0.005	−0.338
颅高	−0.609	0.592	0.298
眶宽	−0.351	0.364	−0.504
眶高	0.135	0.823	−0.302
鼻高	0.652	0.421	0.498
上面高	0.771	0.238	0.226
总面角	0.729	−0.045	0.481
颅指数	0.769	0.212	−0.518
颅长高指数	−0.464	0.815	−0.034
颅宽高指数	−0.85	0.323	0.349
上面指数	0.797	0.07	0.193
垂直颅面指数	0.897	−0.227	0.109
眶指数	0.43	0.655	0.086
鼻指数	−0.564	−0.379	−0.55
额宽指数	−0.771	0.031	0.368

注：采用提取主成分方法。a为已提取了3个主成分。

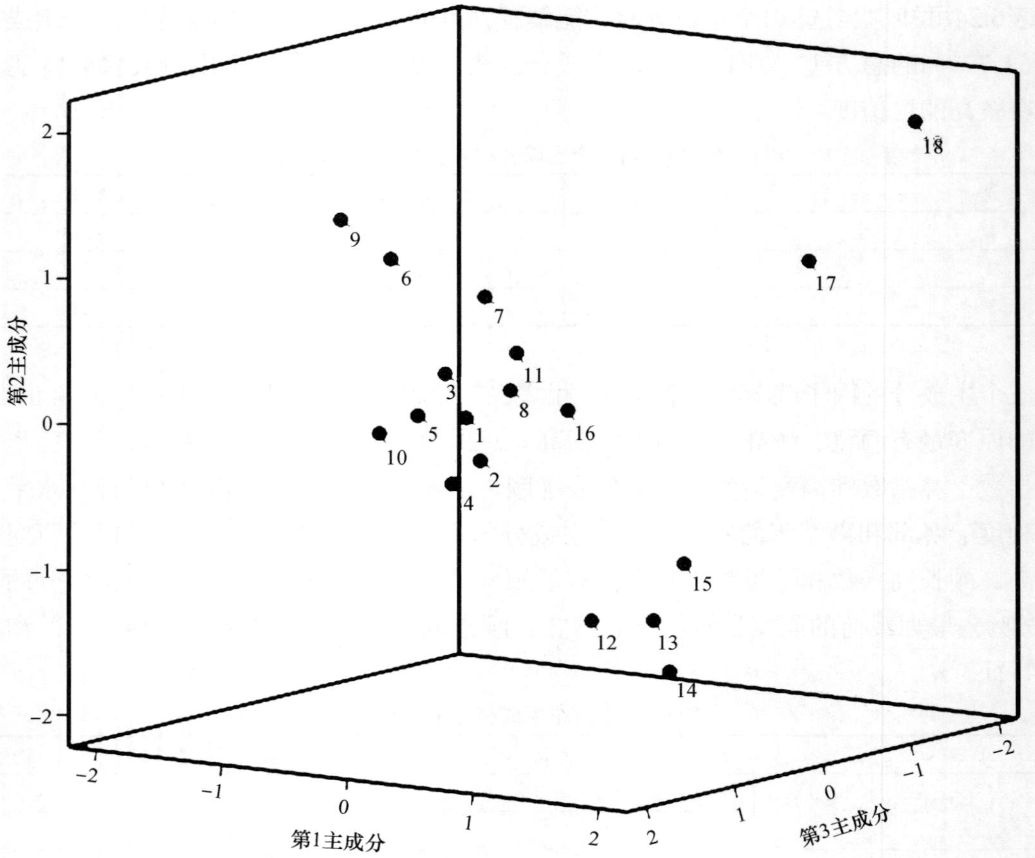

图6.11　前三个因子散点图

1.郑州宋代组　2.大同北魏组　3.良辅组　4.鲁中南组　5.临淄组　6.紫薇组　7.上孙家寨汉代组　8.陶家寨组　9.呼和乌素组　10.完工组　11.纳林套海组　12.扎赉诺尔组　13.南杨家营子组　14.朝阳组　15.三道湾组　16.大保当组　17.萧氏后族组　18.耶律羽之组

由于前三个主成分吸收了原变量集的多数信息，因此可以利用前三个主成分绘出三维散点图进行直观的分析。在图6.11中，仍然可以分为三个集团，萧氏后族组和耶律羽之组代表辽代契丹贵族；扎赉诺尔组、南杨家营子组、朝阳组、三道湾组代表汉魏时期北方游牧民族鲜卑人；而其余则代表西北羌系民族、中原汉族以及完工组和呼和乌素组为代表的古东北类型和古华北类型居民。与前文中郑州汉代组、唐代组的主成分分析结果大致相同，但又存在不容忽视的变化。郑州宋代组与虽属于古中原类型但不排除“古西北类型”基因影响的良辅组和不排除可能受到过鲜卑人群影响的可能性的大同北魏组，以及临淄组、鲁中南组、属于古西北类型的陶家寨组均具有较近的距离，但是，与北亚蒙古人种成分较多的大保当组和东北亚蒙古人种成分较多的完工组、纳林套海组也存在较近的联系。也许郑州宋代组虽然仍具有较多类似于古中原类型的体质特征，但受到西北羌系民族和北方游牧民族等其他异族体质特征的影响似乎较前代更大，整体上基本介于不同体质类型之间，体现出了较前代更加混合的体质性状。

六、郑州汉代组、唐代组、宋代组与近现代各颅骨组的比较

为了进一步考察郑州汉唐宋各颅骨组之间的亲疏关系从而更加明确地判断出他们之间是否具有比较大的种系差别以及与近现代不同颅骨组之间的近似程度，本书选择了若干近现代颅骨组与之进行比较，见表6.26。

表6.26　郑州汉唐宋组与若干近现代颅骨组的比较（男性）　　（长度：毫米；角度：度；指数：%）

马丁号	项目	郑州汉代组	郑州唐代组	郑州宋代组	广西壮族组	福建东山岛组	华南组	华北组	抚顺组	蒙古组	通古斯组	爱斯基摩勒俄康组	楚克奇（河滨）组	同种系标准差
1	颅长	179.90	183.49	177.51	178.28	180.00	179.90	178.50	180.80	182.20	185.50	183.90	182.90	5.73
8	颅宽	141.20	140.45	133.47	140.58	142.80	140.90	138.20	139.70	149.00	145.70	143.00	142.30	4.76
17	颅高	138.50	142.69	134.93	136.61	139.80	137.80	137.20	139.20	131.40	126.30	137.10	133.80	5.69△
9	额骨最小宽	93.46	91.59	87.72	94.29	94.60	91.50	89.40	90.80	94.30	90.60	98.10	95.70	4.05
45	颧点间宽	142.94	139.90	136.51	135.48	133.20	132.60	132.70	134.30	141.80	141.60	140.90	140.80	4.57
48（sd）	上面高	75.40	73.50	72.78	69.38	73.30	73.82pr	75.30	76.20pr	78.00	75.40	78.20	78.00	4.15
52R	眶高	35.79	34.71	34.82	33.90	34.40	34.60	35.50	35.50	35.80	35.00	35.90	36.30	1.91
51R	眶宽	44.32	43.66	44.62	43.03	41.10	42.10	44.00	42.90	43.20	43.00	44.50	44.10	1.67
54	鼻宽	27.33	27.55	26.92	26.23	25.30	25.25	25.00	25.70	27.40	27.10	23.50	24.60	1.77
55	鼻高	54.76	53.28	53.08	51.77	53.70	52.60	55.30	55.10	56.50	55.30	54.70	55.70	2.92
72	总面角	85.75	84.13	83.60	84.60	/	84.70	83.39	83.60	87.50	86.60	85.60	83.20	3.24
8：1	颅长宽指数	79.22	75.36	75.28	79.06	79.40	78.75	77.56	77.30	82.00	78.70	77.50	77.90	2.67
17：1	颅长高指数	76.59	76.46	75.18	76.57	77.90	77.02	77.02	77.01	[72.12]	[68.09]	74.55	73.15	2.94
17：8	颅宽高指数	97.41	101.32	102.06	94.82	98.10	97.80	99.53	100.00	[88.19]	[86.68]	95.87	94.03	4.30
48：45sd	上面指数	53.35	51.75	51.73	51.31	54.40	55.67	56.80	56.80	55.01	53.25	[55.50]	[55.40]	3.30☆
52：51R	眶指数	80.95	79.38	78.26	79.01	84.00	84.90	80.66	83.00	82.90	81.50	80.80	82.40	5.05
54：55	鼻指数	49.96	51.10	52.38	53.82	47.20	47.40	45.23	46.90	48.60	49.40	43.00	44.70	3.82
9：8	额宽指数	66.68	66.50	64.82	67.07	66.40	[64.94]	[64.69]	[65.00]	[63.29]	[62.18]	68.60	67.25	3.29△

注：①标有“△”的采用挪威组同种系标准差，标有“☆”的采用欧洲同种系标准差，其余采用埃及E组的同种系标准差。

②标注“[　]”内的数值是根据平均数计算所得的近似值。

③华南组、华北组、蒙古组和通古斯组数据引自文献[①]，抚顺组、爱斯基摩勒俄康组、楚克奇（河滨）组数据引自文献[②]

① 朱泓，张全超.内蒙古林西县井沟子遗址西区墓地人骨研究［J］.人类学学报，2007，（2）：97-106.

② 张全超，胡延春，朱泓.磴口县纳林套海汉墓人骨研究［J］.内蒙古文物考古，2010，（2）：136-142.

首先运用分别计算郑州汉唐宋时期颅骨组与各近现代颅骨组之间组差均方根函数值的方法进行比较。比较的结果见表6.27。

表6.27　郑州汉唐宋时期颅骨组与各近现代颅骨组之间组差均方根函数值

对比组	郑州汉代组		郑州唐代组		郑州宋代组	
	全部项目	角度指数项目	全部项目	角度指数项目	全部项目	角度指数项目
广西壮族组①	0.75	0.51	0.76	0.77	0.85	0.85
福建东山岛组②	0.84	0.42	0.88	0.90	1.13	1.08
华南组	0.80	0.50	0.83	0.87	0.94	1.00
华北组	0.83	0.72	0.87	0.87	0.82	0.97
抚顺组	0.72	0.66	0.72	0.79	0.84	0.90
蒙古组	0.93	1.11	1.34	1.64	1.53	1.67
通古斯组	1.17	1.44	1.39	1.74	1.44	1.69
爱斯基摩勒俄康组	0.83	0.80	1.07	1.07	1.31	1.23
楚克奇（河滨）组	0.74	0.81	1.02	1.09	1.19	1.20

从表6.27的比较结果看，在角度指数项目上，与郑州汉代组关系最为密切的是福建东山岛（0.42），其次是华南组（0.50）、广西壮族组（0.51）、抚顺组（0.66）和华北组（0.72），与蒙古组（1.11）和通古斯组（1.44）关系最为疏远，另外与爱斯基摩勒俄康组（0.8）和楚克奇（河滨组）（0.81）的关系也较疏远。在全部项目上，郑州汉代组与抚顺组（0.72）最密切，其次是楚克奇（河滨）组（0.74）、广西壮族组（0.75）、华南组（0.80）和华北组（0.83），而与蒙古组（0.93）和通古斯组（1.17）最疏远。上述两种序列中，与郑州汉代组关系最为密切的是福建东山岛、华南组和广西壮族组，最为疏远的是蒙古组和通古斯组。

在角度指数项目上，与郑州唐代组最为密切的是广西壮族组（0.77）、抚顺组（0.79），其次是华南组（0.87）、华北组（0.87）和福建东山岛（0.90），与蒙古组（1.64）和通古斯组（1.74）距离最远，其次较为疏远的是楚克奇（河滨组）（1.09）和爱斯基摩勒俄康（1.07）。在全部项目上，郑州唐代组与抚顺组（0.72）最为密切，其次是广西壮族组（0.76），华南组（0.83）、华北组（0.87）和福建东山岛（0.88），距离最远的是蒙古组（1.34）和通古斯组（1.39），较为疏远的是楚克奇（河滨组）（1.02）和爱斯基摩勒俄康（1.07）。在上述两种序列中，郑州唐代组应当与广西壮族组、抚顺组、华南组距离最近，与蒙古组和通古斯组最疏远。

在角度指数项目上，郑州宋代组与广西壮族组（0.85）最为密切，其次是抚顺组（0.90）、华北组（0.97）、华南组（1.00）和福建东山岛（1.08），最疏远的是蒙古组（1.67）和通古斯组（1.69）。在全部项目上，与华北组（0.82）最密切，其次是抚顺组（0.84）、广西壮族组（0.85）、华南组（0.94）和福建东山岛（1.13），并且也是与蒙古组

① 朱芳武，卢为善，雷一鸣.广西壮族颅骨的测量与研究［J］.人类学学报，1989，（2）：139-145.

② 张振标.福建历史时期人骨的种族特征［J］.人类学学报，1996，（4）：324-334.

（1.53）和通古斯组（1.44）距离最远。在上述两种序列中，郑州宋代组应当与广西壮族组、抚顺组和华北组距离最近，与蒙古组和通古斯组最为疏远。

为了更清楚和更直观地反映各近现代组与郑州汉代组、唐代组、宋代组之间的关系，本书还采用了聚类分析的方法进行对比。

表6.26中，因为福建东山岛缺失总面角的项目测量值，所以进行聚类分析时将该项剔除。依据表6.28中的欧氏距离系数矩阵，绘制出树状聚类图6.12。

表6.28　郑州汉代组、唐代组、宋代组与现代亚洲蒙古人种各近代组的欧氏距离值（男性）

	1	2	3	4	5	6	7	8	9	10	11	12
1	.000											
2	9.368	.000										
3	14.890	13.452	.000									
4	12.011	13.304	13.850	.000								
5	11.946	12.817	17.337	11.775	.000							
6	12.661	13.593	15.074	12.312	5.098	.000						
7	13.626	14.302	12.619	15.072	10.181	7.512	.000					
8	11.386	11.467	13.886	14.704	7.672	5.765	5.221	.000				
9	16.193	22.806	26.170	19.945	19.498	19.489	21.906	20.508	.000			
10	20.534	25.226	25.763	21.865	24.063	22.695	24.363	23.848	10.336	.000		
11	11.650	15.747	21.791	18.148	13.780	15.114	15.749	13.832	16.005	20.562	.000	
12	10.798	16.509	20.082	16.938	13.955	13.968	14.780	13.289	12.121	15.836	5.789	.000

注：1.郑州汉代组　2.郑州唐代组　3.郑州宋代组　4.广西壮族组　5.华南组　6.华北组　7.抚顺组　8.福建东山岛组　9.蒙古组　10.通古斯组　11.爱斯基摩勒俄康组　12.楚克奇（河滨）组

因为欧氏距离系数的计算只反映各对比项目绝对数值大小的差别而忽略了不同项目在反映种族特征差异时所占的地位和权重的不同，所以在欧氏距离系数的计算中，将所有项目做同等处理，结果难免会出现偏差。而在平均数组差均方根函数值的计算中，采用了同种系标准差对各比较项目进行校正，这样就突出了那些更能反映种族特征的项目在计算过程中的地位。从理论上来讲，通过平均数组差均方根的计算方法得到的结论可能更接近于各对比组之间真实的关系。所以，依据欧氏距离系数矩阵绘制出树状聚类图所显示出的结论可以经过平均数组差均方根函数值的分析结果来校正。

图6.12直观地反映出了郑州汉代组、唐代组、宋代组与代表亚洲蒙古人种中的北亚类型、东北亚类型、南亚类型和东亚类型的各近现代颅骨组之间的关系。该图显示的亲疏关系与组差均方根函数值的分析结果较相似，在刻度小于5时，福建东山岛与华南组、华北组与抚顺组分别聚合，其中福建东山岛组的颅骨来自福建东山岛地区明末清初的墓葬群，其人种成分以东亚类型为主，并同南亚类型也较亲密，与台湾的土著高山族的关系最为亲密，应当与我国华南组、日本南部岛屿居民和台湾岛居民属于同一个类型。而华南组属于体现我国南方地区汉民族体质特征的代表，华北组则应当属于体现我国华北地区汉民族体质特征的代表，他们在刻度为5时聚合在了一起，基本代表了我国南北方汉民族的主要体质特征。在刻度处于5～10时，郑州汉代组和郑州唐代组聚合，随后他们在刻度10～15，首先与广西壮族组聚合，并与福建东

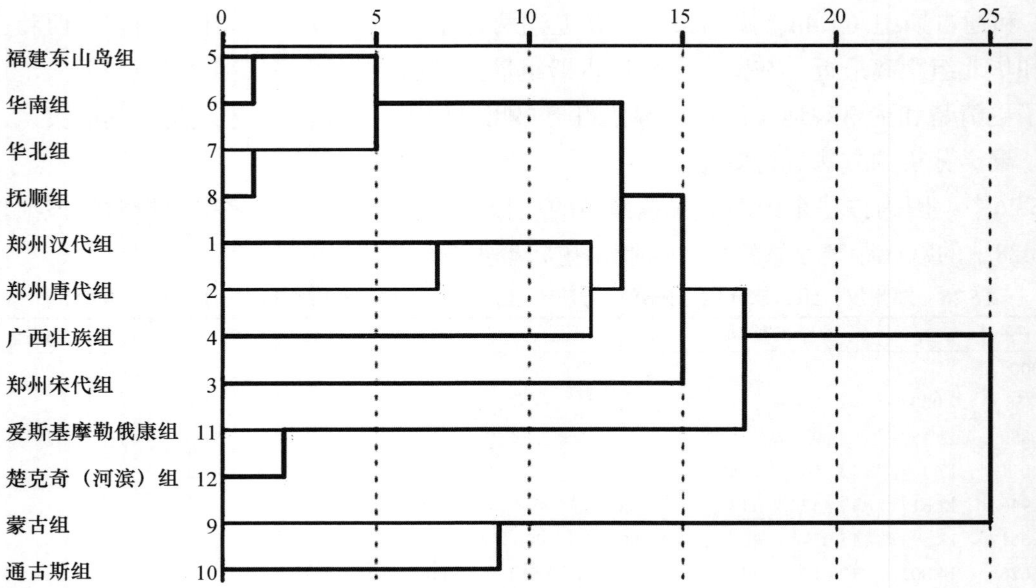

图6.12　郑州汉代组、唐代组、宋代组与近现代颅骨组之间的树状聚类图

山岛组、华南组、华北组和抚顺组同时组成大的聚合；广西壮族组的颅骨来自广西壮族自治区的一个壮族世代聚居地，该地区与其他民族通婚的机会极少；该组颅骨的体质特征属于南亚类型，与柳江人、甑皮岩人具有很近的亲缘关系，并与近现代人群中的华南组距离最近。从组差均方根的分析看，郑州汉代组和郑州唐代组均与广西壮族组有着较近的距离，同时郑州汉代组距离以东亚类型为主，并有较多南亚类型成分的华南组和福建东山岛组最近，相对地，郑州汉代组距离华北组和抚顺组的关系要疏远些；而郑州唐代组与抚顺组、华北组的距离却较之郑州汉代组与他们的距离更近。这也许说明郑州汉代组可能与现代南方汉民族的体貌特征有较多的相似点，郑州唐代组中也已经加入了郑州汉代组所没有的体质类型因素。我国先秦时期黄河中下游地区的土著"古中原类型"的体质特征含有较多地接近现代南亚人种的因素，同时与东亚人种具有某些相似性，这也是现代南方汉民族的代表华南组所具有的特征。所以，这也进一步印证了前文中提到的郑州汉代组仍然延续了中原地区先秦居民以古中原类型体质特征为主的华夏族传统的结论。在刻度为15时，郑州宋代组与他们聚合在一起。此时，从组差均方根函数值的结果看，郑州宋代组与华北组的亲疏关系更明显地比同华南组的关系亲密了；同时，郑州宋代组的颅骨虽然具有偏长的中颅型、高颅型、狭颅型、狭额型和偏狭的中额型，以及中眶型和中等水平的鼻根指数，较明显地具有现代华北地区汉民族的体质特征，但其突颌型、阔鼻型，阔腭型及中等偏小的面部扁平度，表明其南亚类型的体质特征也有较大的体现。结合聚类分析，郑州宋代组可能处于东亚类型和南亚类型的边缘，同时可能也融入了东北亚类型的体质因素。

在刻度处于15～20时，属于东北亚类型的爱斯基摩勒俄康组和楚克奇（河滨）组聚合进来；在刻度为25时，代表北亚类型的蒙古组和通古斯组聚合进来，与前面较先聚合的东亚类型、南亚类型和东北亚类型颅骨组形成明显的区分。

第四节　荥阳薛村遗址明清颅骨种系的多元统计分析

为了进一步确定荥阳薛村遗址明清居民的种系归属，现选择香港组[①]、华南组、福建东山岛、华北组、桃花园组[②]、爱斯基摩勒俄康、楚克奇（河滨组）、蒙古组和通古斯组的18项线性、指数和角度值与之进行比较（表6.29）。

表6.29　荥阳薛村明清组与若干近现代颅骨组的比较（男性）　　（长度：毫米；角度：度；指数：%）

标本号	项目	薛村明清组	香港组	福建东山岛	华南组	桃花园组	华北组	蒙古组	通古斯组	爱斯基摩勒俄康组	楚克奇（河滨）组	同种系标准差
1	颅长	183.37	179.31	180.00	179.90	181.22	178.50	182.20	185.50	183.90	182.90	5.73
8	颅宽	140.71	139.58	142.80	140.90	140.95	138.20	149.00	145.70	143.00	142.30	4.76
17	颅高	140.75	140.19	139.80	137.80	139.14	137.20	131.40	126.30	137.10	133.80	5.69△
9	额骨最小宽	92.26	92.36	94.60	91.50	91.84	89.40	94.30	90.60	98.10	95.70	4.05
45	颧点间宽	135.14	133.36	133.20	132.60	134.53	132.70	141.80	141.60	140.90	140.80	4.57
48（sd）	上面高	71.71	72.85	73.30	73.82pr	72.42	75.30	78.00	75.40	78.20	78.00	4.15
52R	眶高	35.07	33.78	34.40	34.60	35.63	35.50	35.80	35.00	35.90	36.30	1.91
51R	眶宽	43.21	43.84	41.10	42.10	43.60	44.00	43.20	43.00	44.50	44.10	1.67
54	鼻宽	26.56	26.18	25.30	25.25	24.73	25.00	27.40	27.10	23.50	24.60	1.77
55	鼻高	52.84	53.26	53.70	52.60	55.49	55.30	56.50	55.30	54.70	55.70	2.92
72	总面角	85.00	86.28	/	84.70	84.05	83.39	87.50	86.60	85.60	83.20	3.24
8：1	颅长宽指数	76.76	77.84	79.40	78.75	77.85	77.56	82.00	78.70	77.50	77.90	2.67
17：1	颅长高指数	77.01	78.18	77.90	77.02	76.94	77.02	[72.12]	[68.09]	74.55	73.15	2.94
17：8	颅宽高指数	100.35	100.44	98.10	97.80	98.92	99.53	[88.19]	[86.68]	95.87	94.03	4.3
48：45sd	上面指数	53.38	54.63	54.40	55.67	56.33	56.80	55.01	53.25	[55.50]	[55.40]	3.30☆
52：51R	眶指数	81.25	77.05	84.00	84.90	81.85	80.66	82.90	81.50	80.80	82.40	5.05
54：55	鼻指数	50.36	49.16	47.20	47.40	44.74	45.23	48.60	49.40	43.00	44.70	3.82
9：8	额宽指数	65.28	66.17	66.40	[64.94]	65.36	[64.69]	[63.29]	[62.18]	68.60	67.25	3.29△

注：①标有"△"的采用挪威组同种系标准差，标有"☆"的采用欧洲同种系标准差，其余采用埃及E组的同种系标准差。

②标注"[　]"内的数值是根据平均数计算所得的近似值。

③华南组、华北组、蒙古组和通古斯组数据引自文献[③]，爱斯基摩勒俄康组、楚克奇（河滨）组数据引自文献[④]

① 王令红.香港地区现代人头骨的研究——性别和地区类型的判别分析［J］，人类学学报，1989（3）：222-230.

② 张敬雷，李法军，盛立双等.天津市蓟县桃花园墓地人骨研究［J］，文物春秋，2008（2）：34-38.

③ 朱泓，张全超.内蒙古林西县井沟子遗址西区墓地人骨研究［J］.人类学学报，2007（2）：97-106.

④ 张全超，胡延春，朱泓.磴口县纳林套海汉墓人骨研究［J］.内蒙古文物考古，2010（2）：136-142.

采用平均数组间差异均方根函数的方法，将薛村明清组与各近代组进行比较分析，计算结果见表6.30。

表6.30　荥阳薛村明清组与若干近代颅骨组的均方根值比较

对比组	全部项目	角度指数项目
香港组	0.40	0.43
华南组	0.52	0.56
福建东山岛组	0.60	0.60
华北组	0.67	0.64
桃花园组	0.56	0.65
爱斯基摩勒俄康组	1.00	0.94
楚克奇（河滨）组	0.95	0.96
蒙古组	1.26	1.42
通古斯组	1.34	1.62

从上述比较结果看，薛村明清居民与现代南方汉族的代表香港组、华南组和福建东山岛组最为接近，其次与现代北方汉族的代表华北组、桃花园组相对较近，与现代东北亚蒙古人种的爱斯基摩勒俄康组、楚克奇（河滨）组相对较远，与现代北亚蒙古人种的蒙古组和通古斯组最为疏远。

表6.31列出了各组间详细的欧氏距离系数，并据此绘制出树状聚类图6.13。图6.13清楚地表现出了各组之间的亲疏关系。在刻度0～5的范围内，福建东山岛组与华南组，桃花园组与华北组，薛村明清组与香港组首先聚合在一起，随后薛村明清组与香港组所组成的小聚类与现代汉族的代表聚合在一起。爱斯基摩勒俄康组和楚克奇（河滨）组在刻度为15以后与之聚合。最后，蒙古组和通古斯组在刻度25时与其他颅骨组聚合。图6.13显示出的各组之间的亲疏关系与组差均方根函数值所体现出的结果大致相同。

表6.31　荥阳薛村明清组与现代亚洲蒙古人种各近代组的欧氏距离值（男性）

	1	2	3	4	5	6	7	8	9	10
1	0.000									
2	6.994	0.000								
3	8.264	9.238	0.000							
4	8.567	9.567	5.098	0.000						
5	7.941	8.305	6.803	6.351	0.000					
6	10.907	8.536	10.181	7.512	6.277	0.000				
7	21.723	23.225	19.498	19.489	20.042	21.906	0.000			
8	24.157	26.134	24.063	22.695	23.299	24.363	10.336	0.000		
9	15.491	16.364	13.780	15.114	12.736	15.749	16.005	20.562	0.000	
10	15.693	16.902	13.955	13.968	12.739	14.780	12.121	15.836	5.789	0.000

注：1.薛村明清组　2.香港组　3.福建东山岛　4.华南组　5.桃花园组　6.华北组　7.蒙古组　8.通古斯组　9.爱斯基摩勒俄康组　10.楚克奇（河滨）组

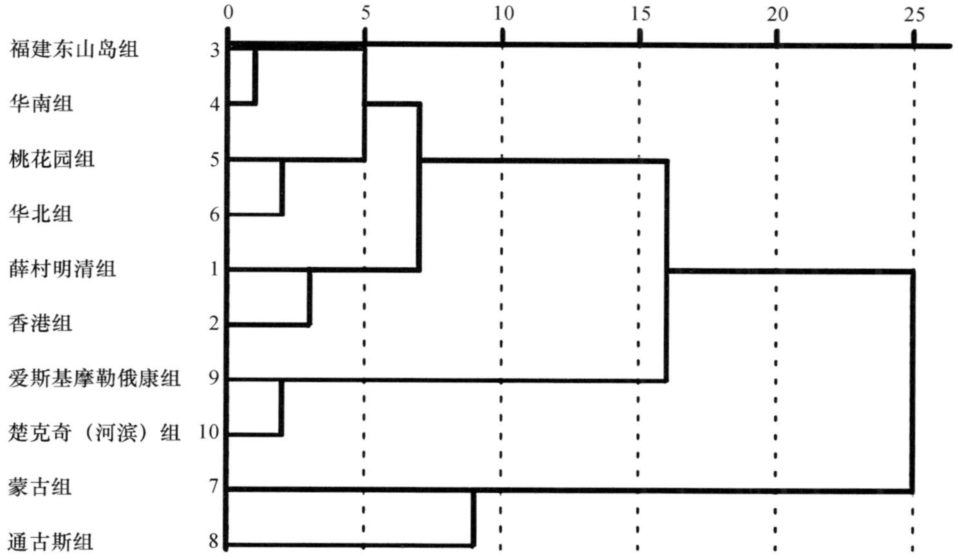

图6.13　荥阳薛村明清组与近代颅骨组之间的树状聚类图

第五节　结论与讨论

经过前文分别对荥阳薛村遗址早商颅骨、薛村汉代至明清时期颅骨，以及薛村遗址与新郑多处遗址的汉代组、唐代组、宋代组所组成的郑州汉代组、唐代组和宋代组进行种系成分的比较与分析，大致有以下七点结论：

（1）荥阳薛村早商组与以游邀组、瓦窑沟组、碾子坡先周组、碾子坡西周组和殷墟中小墓组②等为代表的夏商古中原类型居民最接近，其人种类型也应属于我国先秦时期的古中原类型，而与蔚县合并组、大甸子②组关系最疏远。

（2）荥阳薛村遗址明清时期居民与现代南方汉族的代表香港组、华南组和福建东山岛组最为接近，其次与现代北方汉族的代表华北组、桃花园组相对较近，与现代东北亚蒙古人种的爱斯基摩勒俄康组、楚克奇（河滨）组相对较远，与现代北亚蒙古人种的蒙古组和通古斯组最为疏远。

（3）郑州汉代组居民人种构成仍然延续了先秦时期黄河中下游地区以古中原类型居民为主体的华夏民族的传统。

目前学界多认为华夏族为汉族的前身。而华夏族是在夏、商、周民族的基础上，融合其他一些民族形成的高于夏、商、周族的统一民族共同体。夏、商、周三朝统治的中心地域都在黄河中下游地区，而在黄河中下游地区的土著“古中原类型”居民在华夏族形成的过程中，不断受到来自北方、西方、东北方“古华北类型”　“古西北类型”“古东北类型”和“古蒙古高原类型”等居民不同时间、不同范围和不同程度的影响，华夏族自其于西周时期形成以后，经过春秋战国（前期）各族群间的互动，之前那些被视为或自认为戎狄蛮夷诸族也成为华夏族的成员，这些从北方、西方、东北方来到黄河中下游地区的其他体质类型居民的基因也已经更多地沉淀于该地区的土著“古中原类型”居民的血液中。所以，除了长江以南地区外，秦统一六国时的其他疆域已经与古中原类型居民的分布范围相重叠了。

与我国先秦时期各古代颅骨组比较，郑州汉代组居民与古中原类型的代表如史前时代的呈子二期组和庙底沟组、夏代的游邀组、商代的殷墟中小墓②组、先周的瓦窑沟组、周代的上马组和零口战国组均有较近的遗传学距离，存在很大的相似性；而与古华北类型的庙子沟组、夏家店上层合并组、古西北类型的宁夏海原组、古华南类型的甑皮岩组和昙石山组及古东北类型的平洋组、古蒙古高原类型的新店子组等均有不同程度的形态学差异，存在较远的遗传学距离。

郑州汉代组与先秦时期古中原类型居民之间存在相较于我国北方、西方、东北方和南方先秦时期其他体质类型居民更亲近的亲缘关系，这似乎表明，郑州汉代组所代表的中原地区汉代居民的人种构成仍然延续了先秦时期黄河中下游地区以古中原类型居民为主体的华夏民族的传统。

（4）郑州汉代组居民可能也混入了西北羌系民族和北方游牧民族的血液。

与我国汉代以后各古代颅骨组比较，郑州汉代组虽然与同古中原类型存在很大相似性的临淄组、大同北魏组、陕西良辅组、西安唐代紫薇组很接近，但同时与西北羌系民族的上孙家寨汉代组、陶家寨组、陕西北部南匈奴的大保当组，以及内蒙古地区的可能为匈奴汉族混血的纳林套海组等也有相对较近的距离，而与具有古蒙古高原类型、位于内蒙古和辽宁地区汉魏时期的鲜卑人和辽代契丹贵族之间存在不同程度疏远的遗传学距离。

文献记载和研究表明，两汉时期中国境内北部和西北部地区是匈奴及其他少数民族的主要安置地。汉廷将北部八郡（即今内蒙古中南部、陕西北部、山西西北部、甘肃东部地区）划归为南匈奴牧畜之地。因北匈奴和鲜卑等少数民族的侵扰，南匈奴单于先后建王庭于五原西部塞、云中、西河美稷、西河离石等地，随行当带有大量的南匈奴人。文献记载，到东汉中期（公元90年前后），南匈奴人口达到“二十三万七千三百”[①]。

神木大保当地距准格尔旗不远，在西汉时已用来安置降汉的匈奴，城址一直沿用到公元140年前后才被废弃。所以，大保当城内的居民应该是西汉晚期以来降汉的匈奴人，到东汉初年南匈奴内附时又混入了部分南匈奴[②]。

内蒙古巴彦淖尔市的纳林套海汉墓的部分墓葬中，发现有胡人俑，多出土在陶灶或者陶井旁，暗示了西汉中期汉匈战争结束以后，人民生活逐渐趋于安定，进入到一个和平繁荣时期，部分汉地以北的匈奴人开始进入到汉代的郡县当中来，从事家内的杂务，匈汉人群的杂居现象

① 杜林渊.南匈奴墓葬初步研究［J］.考古.2007，（4）：74-86.

② 蒋璐.北方地区“南匈奴”墓葬在探讨［A］//教育部人文社会科学重点研究基地吉林大学边疆考古研究中心.边疆考古研究（第10辑）［C］.北京：科学出版社，2011：244-253.

开始出现，而这种杂居现象势必加剧了民族融合的进程，推测纳林套海居民很有可能是汉匈民族融合的结果[①]。

洛阳辛店东汉墓发现有“匈奴归汉君”的驼纽铜印，这种铜印流行于东汉至西晋十六国时期，主要见于中原朝廷颁发的少数民族官印[②]。虽然墓室内骨架已朽，对其人种成分无从考察，但这种官印的出土，可能证明了墓主人属于归降东汉中原朝廷的匈奴人。

在同样属于东汉京畿之地的郑州的荥阳薛村汉墓中，绝大部分墓葬都随葬模型明器陶灶，但有一小部分有着不同的习俗——随葬陶釜和甑或者铁釜和陶甑的炊器组合。陶釜虽然总共只出土11例，而且还有2例为异型，但是只要是保存较好的墓葬，陶釜与甑都是同出的，完全不与陶灶共出，其底部的烟炙痕迹表明这些器物都是实用器。除了这种颈部有穿孔、底部有烟炙的陶釜之外，另有8座墓葬出土铁釜与陶甑的组合，其中IM25所出铁釜与陶甑还保持着较完整的组合形式——陶甑放置于铁釜之上，铁釜下面有三块砖呈三角形放置构成底座——这应该也是一种不同于用固定之灶来炊煮的生活习惯，与陶釜、甑组合具有相似的含义。发掘者认为随葬模型明器陶灶和随葬使用炊器釜、甑这两种不同习俗，可能反映了死者生前不同的生活习惯或者文化背景。而且就IVM117的情况看来，这两种不同随葬习俗居然出现在一座夫妻合葬墓中，似乎表明夫妻二人生前有不同生活习惯或者文化背景。在薛村汉墓中还有数量较多的墓主随葬有铜饰件、骨器、铁腰刀、缳首铁刀、铜印章、盖弓帽、衔镳、弩机、带钩、戟、剑、削、铜甑、铜釜、铜片等，以及小平沿，盘口，束颈，小平底的泥质灰陶、器表多有轮旋痕迹、底部有轮旋偏心涡纹的陶壶[③]。从前文对郑州汉代组人骨的分析看，不仅与纳林套海组有较近的联系，与大保当组的组差均方根函数值也相对较小，虽然可能因为纳林套海组里有较多的古中原类型基因存在和汉化程度较高的大保当组中可能混有较多汉民族的基因，但是，参考薛村汉墓的考古学文化，也不排除郑州汉代组居民中混有匈奴等异族基因的可能。

秦汉以后，随着国家的统一，边疆的开发，各民族间的接触增多，民族迁徙规模也扩大，既有中原地区人民迁至边疆地区与少数民族杂居，也有少数民族大举迁入内地与汉民族杂居的。其中，在秦汉时期内迁规模最大的为羌人[④]。汉代为了统治需要，不断将羌人内徙。到了东汉时期，羌人的内徙次数和人数更多，内徙的地区也不限于沿边郡县，安定、北地、上郡，甚至三辅地区和河东都有羌人徙入。东汉建武十一年（公元35年），陇西太守马援率步骑3000败先零羌于临洮，守塞诸羌8000余投降，并被迁徙到天水、陇西、扶风三郡，开创羌人内迁的先例。羌人的迁徙南下，构成了西部中国民族流动的大潮。至北周时期，在关中的蒲城、白水、宜君、同官（今陕西铜川县）、宜州（今陕西耀县）等地是西羌诸姓的集中分布地，羌人

① 张全超，胡延春，朱泓.磴口县纳林套海汉墓人骨研究［J］.内蒙古文物考古，2010，（2）：136-142.

② 洛阳市第二文物工作队，中国科学技术大学科技史与科技考古系.洛阳辛店东汉墓发现“匈奴归汉君”铜印［J］.文物.2003，（9）：94-95.

③ 周立刚.河南荥阳薛村汉代合葬墓探微［D］.武汉：武汉大学硕士学位论文，2008：75.

④ 丁毅华.秦汉时期民族文化的碰撞与交融［J］.天水师专学报（社会科学版）.2000，（2）：27-30.

的迁入，形成了汉村和羌村的犬牙相错的状态[①]。所以，中原地区的汉民族自汉代以后，随着不同民族的交流融合，汉民族的人种体质特征也会相应地产生一些变化。陶家寨组和上孙家寨汉代组更多地体现出先秦时期活动于我国甘肃、青海等西北地区“古西北类型”居民的特点，而且他们较“古中原类型”居民更接近于现代东亚蒙古人种中的华北类型。“古西北类型”在现代华北居民种系特征的历史形成过程中可能产生过较大的贡献率[②]。陶家寨组和上孙家寨汉代组均与郑州汉代组存在较近的遗传学距离，也许既因为先秦的“古西北类型”和“古中原类型”居民在颅型和面型上本身存在相似性，又有这两例西北羌系民族中可能混入汉民族基因的历史原因，也不排除郑州汉代组居民中同时也混入了西北羌系民族血液的可能性。

（5）郑州唐代组居民虽然继承了郑州汉代组居民的主要体质特征，但是，此时受到西北羌系民族、北方游牧民族等异族基因的影响力已经发生了不同程度的变化，开始体现一种混合体质性状的趋势。

郑州唐代组与西安唐代紫薇组、陕西汉代良辅组、鲁中南组、临淄组均有很近的亲缘关系，同时与西北羌系民族的上孙家寨汉代组和陶家寨组、虽主体为“古中原类型”但不排除混入鲜卑人血液的大同北魏组及汉代内蒙古地区可能为拓跋鲜卑或匈奴人的完工组、可能为汉匈混血的纳林套海组均存在较近的遗传学距离。而与汉代南匈奴人的大保当组开始产生偏离，与内蒙古和辽宁地区的汉魏鲜卑人和辽代契丹贵族仍有较为疏远的关系。

汉唐之间的魏晋南北朝时期，是中国境内各民族大迁徙、大融合的时代。虽然这是一个战乱频仍的时代，但因原有的民族分布格局被打破，中华大地上各民族之间的关系进一步加强。在北方黄河流域，内迁的匈奴、鲜卑、羯、氐、羌等族先后建立了各自的民族政权。在南方长江流域，南迁的汉族亦先后建立了东晋和南朝诸政权。其中，北朝时期北方各民族的迁徙主要集中在两个时期，一是北魏初期统一北方的时期，为巩固后方，将俘获的高车人、柔然人等大量迁至平城（今山西大同）附近，其中一部分作为奴婢分赐给大臣将士，分散至北朝各地；二是魏孝文帝迁都洛阳的时期，葛剑雄认为由平城迁入洛阳的人口约108万，由其他地区迁入洛阳的人口约为15万，各民族的广泛杂居，促进了以鲜卑为中心的北方各族的社会进步和以汉族为主体的民族大融合。魏晋南北朝时期，大量进入以汉人为主体的郡县地区的匈奴、鲜卑等各北方民族，在建立各自政权的同时，与汉人杂居、交往过程中接受了汉族的政治制度、生产技术，乃至语言、服饰等生活方式，迅速地产生了与汉族文化趋同的倾向，最终失去了本民族的特征，融合于汉人当中[③]。

隋唐王朝由于拥有强大的实力，对周边民族的影响很大，特别是两朝与周边民族的战事都不少，所以大量的他族人口也被吸纳到中央王朝统治之下，如唐高宗总章二年（公元669年）“移高丽户二万八千二百，车一千八十乘，牛三千三百头，马二千九百匹，驼六十头，将入内

① 李吉和.秦汉时期羌族的内徙与经济社会的变迁［J］.中南民族大学学报（人文社会科学版），2003，（3）：100-101.

② 朱泓.体质人类学［M］.北京：高等教育出版社，2004：349-350.

③ 程妮娜.中国地方史纲［M］.长春：吉林大学出版社，2007：234，248.

地，莱、营二州般次发遣，量配于江、淮以南及山南、并、凉以西诸州空闲处安置”。一次迁徙入内地的高丽降户即有近3万之多。此外，隋唐时期突厥主动内附以及中央王朝出击的过程中虏获的人口也非常之多，在唐后期的纷乱中回纥等北方民族纷纷趁机南下，大量新鲜的血液注入汉民族中，促进了汉民族的发展和壮大①。

通过前文对郑州唐代组的分析，可知其与西安的唐代紫薇组存在十分紧密的亲缘关系。在唐代，同样处于中央王朝的京畿之地的两个较近距离的城市，其人种成分具有相似性也不难理解了。我们可以透过紫薇组的人种成分构成来对比分析郑州唐代组的种系构成。紫薇组颅骨具有中颅、高颅结合很狭的颅型，中等的额宽、偏低的眶型，以及中等偏小的面部扁平度，相对低矮的鼻根②。而郑州唐代组则具有偏长的中颅型，高颅型结合狭颅型，偏狭的中额型，中颌型与正颌型兼半的面突指数，中等偏小的垂直颅面指数，结合偏狭的阔鼻型结合中眶型，并有中等发育程度的鼻根指数。可见，这两组颅骨的形态特征几乎不存在太大的差异。唐长安城是一个国际化的大都市，除了汉人居住于此以外，当时自立的吐蕃、南诏、回纥、龟兹、于阗、疏勒等少数民族以及突厥人也在此定居，还有一些西域及其他外国王子、质子、才士艺人、商人适兹乐土，世代安居。所以，郑州唐代组中也不排除有其他异族甚至是西域、国外人种基因的影响。

另外，郑州唐代组与中原地区代表古中原类型的良辅组、鲁中南组、临淄组、紫薇组均有较为密切的亲缘关系，而与可能是汉匈混血的纳林套海组和南匈奴人的大保当组的亲缘关系则不如郑州汉代组时密切了，并与可能为匈奴人的呼和乌素组、完工组的距离大体相同，与可能混入鲜卑人血液的大同北魏组也存在大致相同的距离。相对来说，与西北羌系民族的距离也较前代疏远一点但仍近于其他异族。这可能意味着郑州唐代组居民虽然仍以古中原类型体质特征为主，但是，此时受到古西北类型、古蒙古高原类型，以及古东北类型、古华北类型等异族基因的影响力已经发生了不同程度的变化，开始体现一种混合体质性状的趋势。

（6）郑州宋代组居民虽然仍具有较多类似于古中原类型的体质特征，但受到西北羌系民族和北方游牧民族等其他异族体质特征的影响似乎较前代更大，整体上基本介于不同体质类型之间，体现出了较前代更加混合的体质性状。

公元10~13世纪300多年间，古代中国处于政权林立的分裂时期。在这个分裂时代，南北地区出现了几次大规模的民族迁徙浪潮，既有由北向南的迁徙，也有由南向北的迁徙，有国家强制实行的迁徙，也有自发的人口流动迁徙，大规模的人口迁徙一方面给人民带来流离痛苦，另一方面也促进了各民族的杂居，加强了民族融合③。

契丹族是中国北方古老的少数民族之一，初兴起于“潢河之西，土河之北”，潢河即今内蒙古西拉木伦河，土河即今老哈河。早在北魏时期契丹就在潢水流域过着游牧渔猎的生活。契

① 程妮娜.中国地方史纲［M］.长春：吉林大学出版社，2007：398.

② 陈靓.西安紫薇田园都市唐墓人骨种系初探［J］.考古与文物，2008，（5）：95-105.

③ 程妮娜.中国地方史纲［M］.长春：吉林大学出版社，2007：475.

丹人向中原迁徙由来已久，自北朝以后，由于战争和自然灾害等原因，陆续有契丹族南下。但是，契丹族有组织地走出他们世代游牧的两河流域，还是辽朝建立以后的时期。辽朝为了巩固南京（今北京市）道和西京（今山西大同市）道，将大批契丹族贵族、官员、平民和军队官兵迁入幽云十六州汉人地区①。

兴起于松花江流域的女真族在建立金朝及灭辽、宋之后，不仅遍布于东北地区，还逐渐向南迁徙分布到中原各地。有金一代，女真统治者曾多次组织女真人内迁，女真人的自行迁徙则主要在金末时期。金朝统治者占据了原属辽宋旧土的黄淮以北的地区后，“虑中国（中原地区）怀二、三之意”，将大批女真人户“自本部族徙居中土，与百姓杂处”，以加强对中原地区的统治。金朝末年，金宣宗慑于蒙古军威，下令迁都南京（今河南开封），此后黄河以北大片领土相继沦陷。“自兵兴以来，河北溃散军兵，流亡人户，及山西、河东老幼，俱徙河南”②。

郑州宋代组与中原地区的良辅组、鲁中南组、临淄组、紫薇组所代表的“古中原类型”居民有较近的遗传学距离，但是较郑州汉代组、唐代组的比较结果，距离还是变得远了些。与内蒙古、辽宁地区的扎赉诺尔组、南杨家营子组、朝阳组、三道湾组所代表的汉魏时期鲜卑人、萧氏后族组和耶律羽之组所代表的辽代契丹贵族、内蒙古呼和乌素组所代表的周—汉代“古华北类型”居民、内蒙古完工组所代表的汉代“古东北类型”居民、内蒙古地区纳林套海组所代表的汉代汉匈混血民族、陕西大保当组所代表的汉代南匈奴人、大同北魏组所代表的可能混有鲜卑人血液的古中原类型居民，以及上孙家寨汉代组、陶家寨组所代表的汉晋时期西北羌系民族均有不同程度的形态学差异，具有不同程度的偏离，体现出了更加混合的体质性状。

（7）郑州汉代组居民与现代南方汉族在体貌特征上最为相似，郑州唐代组居民与现代南方汉族则存在一些差异，而郑州宋代组与现代南方汉族在体貌特征上差别最大，与现代华北地区的汉族最相像。

西晋永嘉之乱以后，北方人口大规模向南方迁移，“洛京倾覆，中州士女避乱江左者十六七”。此后北方汉族南迁浪潮持续了很长时间，对于南徙汉人的分布状况，葛剑雄认为：“移民迁入地可分为东西二区：东区包括长江下游及淮河流域，以接受黄河流域下游及今河北及河南东部的移民为主。西区包括长江流域上游及汉水流域，以接受今甘肃、陕西、山西及河南西部移民为主。”东晋和南朝侨置郡县以安置这些移民，其人数相当的多，北方移民在南朝的政治、经济、文化各方面发挥着重要的作用③。

隋唐时期人口分布变化的最大特点是北方人口向南方迁徙。隋末在纷乱之中已经有不少原来居住在中原地区的人民流徙到受战乱影响较小的江淮、岭南地区。唐朝中期爆发的安史之乱这一旷世浩劫更造成了北方人口的大规模迁徙，主要表现为北方地区的人口向南方迁移。江汉

---

① 程妮娜.中国地方史纲［M］.长春：吉林大学出版社，2007：475-477.

② 程妮娜.中国地方史纲［M］.长春：吉林大学出版社，2007：477-479.

③ 程妮娜.中国地方史纲［M］.长春：吉林大学出版社，2007：254-255，278.

地区、江西地区、江东地区、闽南地区、岭南地区、剑南地区等都接收了大量的南徙人口①。

两宋之际是汉人南迁的高峰时期。南宋政权定都于临安（今浙江杭州），北方汉人从官僚地主到平民百姓纷纷向秦岭—淮河以南地区迁徙，掀起我国古代历史上汉人南迁的第三次高潮，这次人口大迁徙持续了一个半世纪。两宋之际北方汉人的大量南迁又引起南方人口迁徙的连锁反应。部分南迁的北方汉人及南方人口向岭南、闽南地区的迁徙，促使今天四川、广东、广西、福建、海南等省的汉族人口增加。南宋时期，因汉人徙居南方各地区，两浙、江西、福建、两广等路的人口一直在稳步增加之中。随着汉人分布地区的扩大，当地少数民族人口逐渐接受外来的汉文化，程度不同地出现汉化现象，东南沿海地区也逐渐成为以汉人为主的汉文化地区②。

根据以上的史料，我们可知，自汉代以后的西晋至两宋时期，中原地区以“古中原类型”体质特征为主体的汉民族持续不断地、大批地迁入江淮、两广及东南沿海等地，南迁的汉民族虽有部分可能融入当地的异族，或当地的异族融入汉民族的大潮中，但绝大部分南迁的汉民族仍然较多地保留了汉代至两宋以来的以“古中原类型”为主体的体质特征，或者说“古中原类型”体质特征的基因在南方汉族中相较于那些与北方游牧民族或西北羌系民族等其他异族发生融合、留守在中原地区的北方汉族有了更多的积淀。

由前文中将郑州汉代组、唐代组和宋代组分别与近现代颅骨组的组差均方根函数值的比较结果可知，郑州汉代组与现代南方汉族体质特征极为相似的福建东山岛组、华南组有很近的遗传学距离，而与现代华北地区汉族体质特征相似的华北组相对较远，可能说明郑州汉代组与现代南方汉族有更为相似的体貌特征；郑州唐代组与华南组则有较远的距离，而与华北组相对较近，可能说明郑州唐代组的体貌特征与现代南方汉族已有了一些差别；郑州宋代组与华北组有相对较近的关系，而与华南组的关系较远，与福建东山岛组距离更远了，可能意味着郑州宋代组在体貌特征上与现代南方汉族已经产生了较大的差异，而与现代华北地区的汉族更加相像了。

① 程妮娜.中国地方史纲［M］.长春：吉林大学出版社，2007：398.

② 程妮娜.中国地方史纲［M］.长春：吉林大学出版社，2007：480-483.

第七章　结　　论

本书分别从性别与年龄的构成、居民身高、骨骼病理状况和人种特征等多个角度对荥阳薛村遗址早商人骨、汉代至明清时期人骨，以及薛村遗址和新郑多处遗址的汉代、唐代、宋代人骨标本所组成的郑州汉代组、唐代组、宋代组人骨进行了较为全面的体质人类学考察，并着重对郑州汉代组、唐代组、宋代组居民的种族结构的演变等相关问题进行了深入的探讨，主要结论概括如下。

第一，在荥阳薛村遗址二里头文化晚期到二里冈文化时期的墓葬和灰坑的18例人骨标本中，成年个体男性7例，女性8例，未知性别1例，另分别有1例儿童和婴儿。

薛村遗址汉至明清时期居民的性别、年龄鉴定结果表明，死亡年龄均主要集中在中年期，壮年期次之，青年期和老年期也占一定的比重。其中，老年期死亡比例随着时代的发展基本呈上升的趋势，而这一趋势可能与薛村汉至明清时期居民随着时代的发展，生活水平相应的提高有密切的关系。薛村汉代、唐代、宋金元时期和明清时期四段历史时期的男性平均年龄分别为38.00岁、40.03岁、45.83岁和47.62岁，女性分别为38.67岁、36.45岁、39.50岁和40.40岁，所以，薛村遗址汉代至明清时期居民两性的平均年龄均大致呈上升的趋势。

通过对郑州地区多处遗址（薛村遗址与新郑多处遗址）汉代、唐代、宋代人骨标本性别、年龄的鉴定和统计可知，郑州汉代组、唐代组、宋代组男、女两性居民的死亡年龄段均主要集中在中年期，所不同的是，郑州唐代组女性主要集中在壮年期，而男性则集中在中年期。自汉代至宋代时期，无论是全组平均死亡年龄还是男性平均死亡年龄均呈现了上升的趋势，虽然不同时代的女性平均死亡年龄有较大的波动，但从总体发展看，也呈现了上升的趋势。同中原地区各古代组居民进行比较，与新石器时代和青铜时代居民在未成年期和青年期的较高死亡率不同，郑州汉代组、唐代组、宋代组居民在未成年期和青年期上均有较低的死亡率，在中年期和老年期上的死亡率则随着时代的发展大致呈上升的趋势，其平均期望寿命与先秦时代相比有所延长。但是，女性在青壮年期上存在的高死亡率一方面可能是由生育条件差而导致的，另一方面也说明女性在社会、经济生活中可能一直处于较低的地位，同时，这也恰恰说明了汉代、唐代、宋代整个社会的经济环境与医疗保健水平仍然是比较低下的。

第二，运用黄种人的身高推算公式，分别对荥阳薛村遗址早商居民、汉至明清时期居民，以及荥阳薛村遗址与新郑多处遗址汉代、唐代、宋代人骨所组成的郑州汉代组、唐代组、宋代组居民的两性身高进行了评估。

荥阳薛村遗址早商男性组平均身高是158.92厘米，变异范围是157.00~160.97厘米；薛村遗址早商女性组平均身高为159.75厘米，变异范围是152.35~171.97厘米。

薛村遗址汉代男性平均身高是169.04厘米，汉代女性平均身高为159.70厘米；唐代男性平均身高为166.72厘米，唐代女性平均身高为157.08厘米；宋金元时期男性平均身高为167.58厘米，女性平均身高为156.06厘米；明清时期男性平均身高为164.93厘米，女性平均身高为155.10厘米。与我国不同时代各组居民进行了身高和基于两性身高的性二形性指数的比较，郑州汉代组、唐代组、宋代组居民的身高处于中等水平；其性二形性指数也处于5% ~ 10%中的较低水平，这也许反映了郑州地区的女性在维持基本生活的花费上与男性的差别不大。

第三，通过对荥阳薛村遗址汉至明清时期人骨及新郑多处遗址汉代、唐代、宋代人骨骨骼创伤、疾病及牙病的观察和统计，可知骨骼创伤最多出现在中年男性身上，其次是汉唐时期的老年男性和宋代的老年女性；最常出现的是肋骨创伤，其次是汉唐时期的胫骨、腓骨创伤及宋代的尺骨、桡骨和股骨的创伤。两性骨性关节炎的发病率为男性高于女性，而发病的年龄段为汉代和唐代居民集中在中年期，宋代组居民则多发生于老年期；两性中的骨性关节炎多出现于脊椎、肘、膝和脚/踝处，其中两性明显的差别是，相对于男性，女性骨性关节炎在髋部有较高的发病率。郑州汉代组、唐代组、宋代组居民的筛状眶和多孔性骨肥厚出现率呈上升的趋势，在宋代组居民中发现1例属于股骨头缺血性坏死的男性个体；在先天疾病的观察中，发现2例属于脊柱滑脱的唐代女性个体及汉代、唐代、宋代具有肱骨滑车上孔和汉唐时期出现胸骨孔的个体。另有3例薛村明清人骨患有颅骨骨瘤。另外，牙齿在龋齿、牙周炎、根尖脓肿、牙釉质发育不良及牙齿生前脱落五个方面均有不同程度的发病率。

第四，荥阳薛村早商组颅骨的形态学特征大致可以概括为中颅型、高颅型结合狭颅型，中额型和狭额型并存，偏阔的中鼻型和阔鼻型及中面型的全面指数、中上面型的上面指数，以中眶型为主，其次为低眶型，并有突颌型的齿槽面角、平颌型的中面角和中颌型的总面角。这些特征显示，薛村早商组的体质类型应大体归属于亚洲蒙古人种的东亚类型，同时也表现出了某些与南亚类型接近的倾向。

通过对薛村遗址汉代至明清时期居民的颅骨形态特征研究，发现汉代居民具有以中颅型为主，圆颅型次之，并结合高颅型、正颅型和多为狭颅型的特点，以狭额型为主的额宽指数，多见阔腭型的腭指数，以及中、低眶型，多阔鼻型和中鼻型，并有少量的狭鼻型，以中和大为主的鼻颧角；总面角以平颌型和中颌型为主，齿槽面角则显示多为突颌型和特突颌型；上面指数多为中上面型和狭上面型。唐代居民以中颅型为主，长颅型次之，并结合颅长高指数上的正颅型和高颅型，颅宽高指数的狭颅型和中颅型，以狭额型为主、正颌型居多，多特突颌型的齿槽面角，以及以阔腭型和特突颌型为主，并有中等的鼻颧角。宋金元时期居民在长宽比例上为中颅型和长颅型，长高比例上是高颅型，在宽高比例上是狭颅型；狭额型和中额型并存，具有正颌型和中颌型、阔鼻型及中等偏小的垂直颅面指数，中等偏突的鼻根指数，中等的鼻颧角及特突颌型的齿槽面角，中眶型结合平颌型的总面角。明清时期居民以中颅型为主、长颅型次之的颅指数，以高颅型为主的颅长高指数，以及以狭颅型和中颅型为主的颅宽高指数，以阔腭型和狭腭型居多，并都是以狭额型为主、中额型次之的额宽指数；具有以正颌型为主的面突指数和偏小的垂直颅面指数，并有中等偏大的鼻颧角。

通过对郑州汉代组、唐代组、宋代组居民颅骨标本的观察和测量可知，郑州汉代组以卵圆形和菱形颅为主，中等偏显著的眉弓，多为稍显和中等的眉间突度，以倾斜偏中等为主的前额，颅顶缝多为锯齿和深波，眶型多为椭圆形，并有略有和明显的鼻根区凹陷、稍显和中等的鼻前棘，梨状孔多为梨形，梨状孔下缘多为锐形，犬齿窝以弱、中等和显著为主，并有较多丘状的腭圆枕，顶蝶型为主的翼区，以弱为主的下颌圆枕，以外翻型为主的下颌角区及较多属于圆形的颏型。测量性形态特征可以概括为：中颅型、高颅型和偏狭的中颅型，偏狭的中额型，正颌型，偏大的垂直颅面指数，中上面型，偏阔的中鼻型，中等程度的鼻根指数，中眶型，阔腭型，属于平颌型的总面角及突颌型的齿槽面角，属于中等偏大程度的鼻颧角。应属于亚洲蒙古人种的范畴。与现代亚洲蒙古人种各区系类型的比较中，郑州汉代组与现代亚洲蒙古人种的东亚类型有较大的一致性，与现代亚洲蒙古人种的北亚类型、东北亚类型和南亚类型在颅骨形态上均存在不同程度的相似性。

郑州唐代组以卵圆形为主的颅形，中等程度的眉弓，以倾斜为主的前额，多无额中缝，以锯齿和深波为主的颅顶缝结构，以椭圆形为主的眶型，有较为明显的鼻根区凹陷，以稍显及中等为主的鼻前棘和以梨形为主的梨状孔，抛物线形的腭型，多喙状的枕外隆凸，以顶蝶型为主的翼区，以弱为主的下颌圆枕，下颌角区以外翻型为主，颏型多为方形和圆形。测量性形态特征概括为：偏长的中颅型，高颅型结合狭颅型，偏狭的中额型，中颌型与正颌型兼半的面突指数，中等偏小的垂直颅面指数，中上面型的上面指数，偏狭的阔鼻型结合中眶型，并有中等发育程度的鼻根指数，阔腭型，中颌型结合平颌型的总面角，特突颌型的齿槽面角，以及反映上面部扁平度的中等偏大的鼻颧角。应属于亚洲蒙古人种的范畴。郑州唐代组居民的基本种系类型更接近于现代亚洲蒙古人种的东亚类型，并且在较大程度上与南亚类型也存在一定的相似性，同时与北亚类型和东北亚类型在颅骨形态上也表现出较多的相似之处。

郑州宋代组以卵圆形颅为主，眉间突度和眉弓的发育程度中等偏弱，并结合中等偏倾斜的前额、较深的鼻根区凹陷、中等及稍显为主的鼻前棘，颅顶缝以深波和锯齿为主，梨状孔多为梨形，腭型多抛物线形，腭圆枕多为嵴状，瘤状次之，并有以顶蝶型为主的翼区。多无下颌圆枕和弱等的下颌圆枕，以外翻型为主的下颌角区。测量性形态特征可以概括为：偏长的中颅型、高颅型、狭颅型、狭额型和偏狭的中额型，并有突颌型的面突指数，中等水平的垂直颅面指数，中上面型的上面指数，阔鼻型，中眶型和中等水平的鼻根指数，阔腭型，平颌型和中颌型，特突颌型的齿槽面角，以及中等偏小的面部扁平度。应属于亚洲蒙古人种的范畴。郑州宋代组与现代亚洲蒙古人种东亚类型十分一致，并且在颅骨形态上与现代亚洲蒙古人种的南亚类型和东北亚类型也存在一定的相似性，但与北亚蒙古人种在体貌特征上则相差较大。

第五，分别对荥阳薛村早商颅骨、薛村汉至明清时期颅骨，以及薛村遗址与新郑多处遗址汉代、唐代、宋代颅骨所组成的郑州汉代组、唐代组、宋代组进行种系成分的多元统计分析。

荥阳薛村早商组与以瓦窑沟组、游邀组、碾子坡先周组、碾子坡西周组和殷墟中小墓组②

等为代表的夏商古中原类型居民最接近，其人种类型也应属于我国先秦时期的古中原类型，而与蔚县合并组、大甸子②组关系最疏远。

荥阳薛村遗址明清时期居民与现代南方汉族的代表香港组、华南组和福建东山岛组最为接近，其次与现代北方汉族的代表华北组、桃花园组相对较近，与现代东北亚蒙古人种的爱斯基摩勒俄康组、楚克奇（河滨）组相对较远，与现代北亚蒙古人种的蒙古组和通古斯组最为疏远。

郑州汉代组居民人种构成仍然延续了先秦时期黄河中下游地区以古中原类型居民为主体的华夏民族的传统，但同时可能也混入了西北羌系民族和北方游牧民族的血液。郑州唐代组居民虽然继承了郑州汉代组居民的主要体质特征，但是，此时受到西北羌系民族、北方游牧民族等异族基因的影响力已经发生不同程度的变化，开始体现一种混合体质性状的趋势。郑州宋代组居民虽仍具有较多类似于古中原类型的体质特征，但受到其他异族体质特征的影响似乎较前代更大，整体上基本介于不同体质类型之间，体现出了较前代更加混合的体质性状。

东汉末年至唐宋时期，在长城以内及黄河流域的广大中原地区，出现了多次北方各族人民大混杂的局面。因民族大迁移造成了民族大混杂的形势，民族大混杂又促成了民族大同化的风起云涌。当一个民族丧失民族特征变成另一个民族的时候，不外乎有暴力和非暴力，或称为强迫同化和自然同化两种。杂居的环境，心理的沟通，掌权者推行的汉化政策，虽然都是汉民族同化其他少数民族的重要条件，但决定的因素仍然是汉民族先进的经济和文化的影响和吸引[①]。

因此，以黄河流域为中心的中原地区，自夏、商、周、秦、汉以来，中国北方前后出现的各少数民族和部族，经过魏晋南北朝及隋唐、五代十国、宋辽金各时期的民族大同化，基本上都丧失了本民族的特性，销声匿迹，被汉民族同化了。而汉民族本身所具有的民族稳定性，不仅表现出强大的吸收力和同化力，发展和壮大了自己，而且还表现出强烈的内聚性和自识性，不断地增强了汉民族的民族意识[②]。所以，在民族大同化的过程中，中原地区的汉民族不断地同化和吸纳了历史上其他异族的血液，进而以“古中原类型”为主导的体质特征也发生了改变，“古西北类型”、“古东北类型”、“古华北类型”和“古蒙古高原类型”等异族的基因不同时间、不同程度地融入到汉民族血液中，使得汉民族的人群构成更为复杂多元。

秦汉时期以“古中原类型”居民为主体的汉民族，在北方同化入主中原的北方异族的同时，大量迁往南方的汉民族也同化了南方土著蛮、俚、僚、傒等族的一部分，发展至唐宋时期，南、北方汉民族均是长时期内许多民族“混血”形成的[③]。南、北方汉民族的人群构成中“古中原类型”居民的比重也发生了变化，随着融入北方汉民族的不同异族基因的比重不断增加，中原地区汉民族的体质类型已经发展成为以“古中原类型”为基础，整体介于不同异族体

① 徐杰舜.汉民族发展史［M］.武汉：武汉大学出版社，2012：216，252.

② 徐杰舜.汉民族发展史［M］.武汉：武汉大学出版社，2012：221，258.

③ 徐杰舜.汉民族发展史［M］.武汉：武汉大学出版社，2012：235.

质类型之间的更为混合的体质特征；汉唐宋时期中原汉民族多次大量地迁往南方，致使南方汉民族中“古中原类型”的基因得到大比重的保留，并不断地得到新的注入和积累。所以，我们在比较郑州汉代组、唐代组、宋代组居民与现代南方汉族在体貌特征上的相似性时发现，与现代南方汉族最相似的是郑州汉代组居民，郑州唐代组居民与之相比则产生了一些差异，而郑州宋代组与现代南方汉族在体貌特征上差别最大，相反地，与现代华北地区的汉族似乎更相像。就本书所研究的资料而言，现代北方汉族体质特征最终形成的时间应不早于宋代。

以上是对荥阳薛村遗址早商和汉代至明清时期人骨进行体质人类学综合研究得出的几点认识。需要指出的是，在人种特征研究的部分，着重对荥阳薛村遗址和新郑多处遗址汉唐宋时期人骨所组成的郑州汉代组、唐代组、宋代组进行了人种结构、演变等问题的探讨，对郑州地区汉代、唐代、宋代三个历史时期已有的古代居民颅骨的形态学特征演变进行初步的分析和总结，以期为汉民族在历史形成、发展过程中的遗传学构成变化，以及在该过程中与相关各古代民族（人群）迁徙与融合模式等问题的研究提供一份来自体质人类学方面的参考资料。

附　　表

附表一　个体测量项目代号说明

马丁号	测量项目	英文说明
1	颅骨最大长	Maximum cranial length （g-op）
8	颅骨最大宽	Maximum cranial length （eu-eu）
17	颅高	Basi-bregmatic height （b-ba）
21	耳上颅高	Auricular height
9	最小额宽	Minimum frontal breadth （ft-ft）
7	枕大孔长	Foramen magnum length （enba-o）
16	枕大孔宽	Foramen magnum breadth
23	颅周长	Cranial horizontal circumference （g-op-g）
24	颅横弧	Cranial transverse arc （po-b-po）
25	颅矢状弧	Cranial sagittal arc （n-o）
26	额骨矢状弧	Frontal arc （n-b）
27	顶骨矢状弧	Parietal arc （b-l）
28	枕骨矢状弧	Occipital arc （l-o）
29	额骨矢状弦	Frontal chord （n-b）
30	顶骨矢状弦	Parietal chord （b-l）
31	枕骨矢状弦	Occipital chord （l-o）
5	颅底长	Basi-nasal length （n-enba）
40	面底长	Prosthion to endobasion length （pr-enba）
48	上面高	Upper facial height （n-pr）
		Upper facial height （n-sd）
47	全面高	Morphological facial height （n-gn）
45	面宽或颧点间宽	Bizygomatic breadth （zy-zy）
43	上面宽	Upper facial breadth （fmt-fmt）
46	中面宽	Middle facial breadth （zm-zm）
50	前眶间宽	Vordere interorbital breite （mf-mf）
51	眶宽	Orbital breadth （mf-ec）
51a	眶宽	Orbital breadth （d-ec）
52	眶高	Orbital height
MH	颧骨高	Malar height （fmo-zm）
MB	颧骨高	Malar breadth （zm-rim.Orb.）
54	鼻宽	Nasal breadth
55	鼻高	Nasal height （n-ns）
SC	鼻骨最小宽	Simotic chord
SS	鼻骨最小高	Simotik subtense
60	上颌齿槽弓长	Maxillo-alveolar length （pr-alv）
61	上颌齿槽弓宽	Maxillo-alveolar breadth （ecm-ecm）

续表

马丁号	测量项目	英文说明
62	腭长	Palatal length （ol-sta）
63	腭宽	Palatal breadth （enm-enm）
11	耳点间宽	Interauriculare breadth （au-au）
12	枕骨最大宽	Maximum occipital breadth （ast-ast）
44	两眶宽	Biorbital breadth （ec-ec）
FC	两眶内宽	Innere biorbital breite （fmo-fmo）
FS	鼻根点至两眶内宽之矢高	Subtence fmo-fmo （n to fmo-fmo）
DC	眶间宽	Interorbital breadth （d-d）
32 Ⅰ	额侧角 Ⅰ	Profile angle of the frontal bone from nasion （∠n-m and FH）
32 Ⅱ	额侧角 Ⅱ	Profile angle of the frontal bone from glabella （∠g-m and FH）
	前囟角 Ⅰ	Bregmatic angle from glabella （∠g-b and FH）
72	总面角	Total facial angle （∠n-pr and FH）
73	中面角	Nasal prognathism （∠n-ns and FH）
74	齿槽面角	Alveolar prognathism （∠ns-pr and FH）
75	鼻梁侧角	Profilwinkel des Nasendaches （∠n-rhi and FH）
	鼻梁角	∠72-75
77	鼻颧角	Naso-malar angle
SSA	颧上颌角	Zygo-maxillary angle
A∠	面三角 Ⅰ（上齿槽点角）	Winkel des Gesichtsdreiecks Ⅰ（∠n-pr-ba）
N∠	面三角 Ⅱ（鼻根点角）	Winkel des Gesichtsdreiecks Ⅱ（∠pr-n-ba）
B∠	面三角 Ⅲ（颅底角）	Winkel des Gesichtsdreiecks Ⅲ（∠n-ba-pr）
8：1	颅长宽指数	Cranial length-breadth index
17：1	颅长高指数	Cranial length-height index
17：8	颅宽高指数	Cranial breadth-breadth index
9：8	额顶宽指数	Transversal frontoparietal index
16：7	枕骨大孔指数	Index of occipital foramen
40：5	面突指数	Gnathic index
48：17	垂直颅面指数	Vertical cranio-facial index
48：45	上面指数（K）	Kollmann's upper facial index
48：46	上面指数（V）	Virchow's upper facial index
47：45	全面指数	Total facial index
54：55	鼻指数	Nasal index
52：51	眶指数 Ⅰ	Orbital index Ⅰ
52：51a	眶指数 Ⅱ	Orbital index Ⅱ
54：51	鼻眶指数 Ⅰ	Nasal-Orbital index Ⅰ
54：51a	鼻眶指数 Ⅱ	Nasal-Orbital index Ⅱ
SS：SC	鼻根指数	Simotic index
61：60	上颌齿槽指数	Maxillo-Alveolar index
63：62	腭指数	Palatal index
45：（1+8）/2	横颅面指数	Breadth mean cranio-facial index

续表

马丁号	测量项目	英文说明
17：（1+8）/2	高平均指数	Heitht mean cranio-facial index
65	下颌髁突间宽	Bicondylar breadth （cdl-cdl）
66	下颌角间宽	Bigonial breadth （go-go）
67	颏孔间宽	Bimental breite
68	下颌体长	Length of Mandibular body
68（1）	下颌体最大投影长	Abstand des vorstehendsten Punktes der vorderen Kinnplatte von einer Vertikalebene, welche die Hinterflachen der Kondylen beruhrt
69	下颌联合高	Height of symphysis （id-gn）
MBH	下颌体高Ⅰ	Heitht of Mandibular body Ⅰ
	下颌体高Ⅱ	Heitht of Mandibular body Ⅱ
MBT	下颌体厚Ⅰ	Thickness of Mandibular body Ⅰ
	下颌体厚Ⅱ	Thickness of Mandibular body Ⅱ
70	下颌支高	Height of the mandibular ramus
71	下颌支宽	Breadth of the mandibular ramus
71a	下颌支最小宽	Minimum breadth of mandibular ramus
79	下颌角	Mandibular angle
68：65	下颌骨指数	Mandibular index
71：70	下颌支指数	Mandibular ramus index
	颏孔间弧	Bimental bogen

附表二　郑州地区荥阳薛村遗址人骨性别和年龄鉴定表（早商）

个体编号	性别	年龄	时代	个体编号	性别	年龄	时代
ⅣH49	?	<6个月	早商	ⅡH506	男	30~35	早商
ⅣH50	女	40±	早商	ⅡH551	男	40~45	早商
ⅡH98	女	60+	早商	ⅡM29	男	55±	早商
ⅡH142	男	30~35	早商	ⅡM30	女	60以上	早商
ⅡH183	女	55±	早商	ⅡM41	男	35~40	早商
ⅡH460	女	40±	早商	ⅡM42	男	35~40	早商
ⅡH464	女	20~25	早商	ⅡM59	男	50±	早商
ⅡH500.1	?	10±	早商	ⅡM191	女	55±	早商
ⅡH500.2	?	小于17	早商	ⅡM192	女	40~45	早商

附表三　郑州地区荥阳薛村遗址人骨性别和年龄鉴定表（金元至明清）

个体编号	性别	年龄	时代	个体编号	性别	年龄	时代
ⅠM13	男	?	金元	ⅡM210	?	?	明代
ⅠM44东棺	男	45~50	元	ⅡM211	?	?	明
ⅠM54南棺	男	50+	金元	ⅡM212	?	?	明
ⅠM54墓道	男	40±	金元	ⅡM216	男?	?	明代

续表

个体编号	性别	年龄	时代	个体编号	性别	年龄	时代
ⅡM114	男	45~50	金元	ⅡM216东	男	55±	明代
ⅡM111右棺	?	?	金元	ⅡM216西	女	40±	明代
ⅡM111左棺	?	?	金元	ⅡM221	男	45~50	明清
ⅡM24	?	2岁±6个月	元代	ⅡM222.1	男	45~50	清代
ⅢM19	?	45~50	元代	ⅡM222.2	女	40+	清代
ⅠM44西棺	女	35~40	元	ⅡM249.1	女	20~25	清代
ⅠM54北棺	女	20~25	金元	ⅡM249.2	男	55~60	清代
ⅠM10	女?	?	明代	ⅡM249.3	女	45~50	清代
ⅠM42	女	35~40	元明	ⅡM25	男	25±	明代
ⅠM43	女	20~25	元明	ⅡM255	女	30~35	清代
ⅠM43左棺	男	60+	清代	ⅡM256	男	?	明代
ⅠM49南棺	女	50+	清代	ⅡM274.3	男	45~50	明代
ⅠM51	?	12~15	清代	ⅡM274东侧	女	60+	明代
ⅡM124	女	30~35	明代	ⅡM274西侧	女	60+	明代
ⅡM130东	男	45±	明清	ⅡM278	女	30~35	明代
ⅡM130西	女	40±	明清	ⅡM284棺内	男	55~60	明清
ⅡM154	?	?	明代	ⅡM284棺外	女	20~25	明清
ⅡM158.1	女	20~25	明清	ⅡM78	?	35~40	明代
ⅡM159右侧	?	?	明清	ⅡM79	?	?	明代
ⅡM159左侧	女	30±	明清	ⅡM93	?	15~17	明清
ⅡM16	女	16~20	清代	ⅡM93西	?	?	明清
ⅡM172.1南	男	45~50	清代	ⅡM99	?	?	明代
ⅡM172.2	女	30~35	清代	ⅢM2	?	?	明清
ⅡM175	男	45±	明代	ⅢM28.1	女	50~55	清代
ⅡM176	男	40~45	明代	ⅢM28.2	男	45~50	清代
ⅡM178	?	15~17	清代	ⅢM33	女	45~50	清代
ⅡM179	男	40~45	清代	ⅢM34.1	男	55~60	清代
ⅡM183.1	男	20~25	明清	ⅢM34.2	女	40~45	清代
ⅡM195.1	女	45~50	清代	ⅢM35.1	女	55~60	清代
ⅡM204.2	男	45~50	明	ⅢM35.2	男	45~50	清代
ⅡM204.1	女	30~35	明	ⅢM37	男	?	清代
ⅡM208.1	男	40~45	明代	ⅣM31东侧室	男	50~55	清代
ⅡM208.2	女	40~45	明代	ⅣM31西侧室	女	60+	清代

附表四　郑州地区荥阳薛村遗址人骨性别和年龄鉴定表（汉代1）

个体编号	性别	年龄	年代	个体编号	性别	年龄	年代
ⅠM11东侧室	女	30~35	汉代	ⅡM1	男?	?	汉代
ⅠM11后室	男	40~45	汉代	ⅡM104	男	45~50	东汉
ⅠM15.1	女	60~65	汉代	ⅡM106	?	?	西汉
ⅠM15.2	男	40~45	汉代	ⅡM106	男	35~40	西汉
ⅠM15.3	女	35~40	汉代	ⅡM11	女	15~18	汉代
ⅠM16	?	?	汉代	ⅡM113	男	45~50	汉代
ⅠM17南侧室	女	20~25	汉代	ⅡM13	男	?	汉代
ⅠM17主室东侧	男	20~25	汉代	ⅡM134.1	女	45~50	东汉

续表

个体编号	性别	年龄	年代	个体编号	性别	年龄	年代
Ⅰ M17主屋西侧	?	20+	汉代	Ⅱ M134.2	男	55~60	东汉
Ⅰ M19	女	30~35	汉代	Ⅱ M138	男	30~35	汉代
Ⅰ M20.1	男	30~35	汉代	Ⅱ M14	女	45~50	东汉
Ⅰ M20.2	女	40~45	汉代	Ⅱ M15	女	?	东汉
Ⅰ M21东棺	?	?	汉代	Ⅱ M153	男	20~25	东汉
Ⅰ M21西棺	?	?	汉代	Ⅱ M157	女	35~40	汉代
Ⅰ M24东棺	男	25~30	新莽	Ⅱ M165	男	35~40	汉代
Ⅰ M24西棺	女	20~25	新莽	Ⅱ M168	男	30~35	汉代
Ⅰ M25东棺	?	?	汉代	Ⅱ M17	男	40~45	汉代
Ⅰ M25西棺	男	40~45	汉代	Ⅱ M193	?	40~45	汉代
Ⅰ M29南棺	男	40~45	汉代	Ⅱ M196	男	25~30	汉代
Ⅰ M34东棺	女	20~25	汉代	Ⅱ M20	?	?	汉代
Ⅰ M34西棺	男	?	汉代	Ⅱ M200	男	?	汉代
Ⅰ M45	女	60+	汉代	Ⅱ M205.1	?	?	汉代
Ⅰ M57	男	?	东汉	Ⅱ M206北棺	男	35~40	汉代
Ⅰ M59	男	15~18	东汉	Ⅱ M206南棺	女	30~35	汉代
Ⅰ M63	男	25~30	汉代	Ⅱ M206甬道	?	?	汉代
Ⅰ M65.1	女	55~60	汉代	Ⅱ M214	男?	35~40	东汉
Ⅰ M65.2	男	35~40	汉代	Ⅱ M217.1	男	20~25	汉代
Ⅰ M70西棺室	男	55 ±	汉代	Ⅱ M217.2	女	?	汉代
Ⅰ M71	女	25~30	东汉	Ⅱ M23右	?	6 ±	汉代
Ⅰ M71墓道东壁小墓室	?	12岁	东汉	Ⅱ M23左	女	30~35	汉代
Ⅰ M73	男	45~50	汉代	Ⅱ M243.1	男	40~45	汉代
Ⅰ M75东棺	女	25~30	汉代	Ⅱ M243.2	女	40~45	汉代
Ⅰ M76西棺	男	50~55	汉代	Ⅱ M243.3	男	20~25	汉代
Ⅰ M77.1	女	35~40	汉代	Ⅱ M247.1	男	18~20	汉代
Ⅰ M77.2	男	?	汉代	Ⅱ M247.2	女	?	汉代
Ⅰ M77.3	男	40~45	汉代	Ⅱ M251	女	?	汉代
Ⅰ M77.4	女	45~50	汉代	Ⅱ M261东	男	40~45	汉代
Ⅰ M77.5	女	30~35	汉代	Ⅱ M261西	女	50~55	汉代
Ⅰ M8	女	40~45	汉代	Ⅱ M267.1	男	55~60	汉代

附表五　郑州地区荥阳薛村遗址人骨性别和年龄鉴定表（汉代2）

个体编号	性别	年龄	年代	个体编号	性别	年龄	年代
Ⅱ M268.1	?	?	汉代	Ⅳ M111.东棺	女	55~60	汉代
Ⅱ M268.2	男	35+	汉代	Ⅳ M111.西棺	男	40~45	汉代
Ⅱ M272.1	男	35+	汉代	Ⅳ M113	?	?	汉代
Ⅱ M272.2	女	?	汉代	Ⅳ M114	女	30~35	汉代
Ⅱ M281东侧棺室	男	25~30	汉代	Ⅳ M115	男	30~35	汉代
Ⅱ M281后室东棺	女	50~55	汉代	Ⅳ M117北墓室	男	17~20	汉代
Ⅱ M281后室西棺	男	40~45	汉代	Ⅳ M117南墓室	?	10岁	汉代
Ⅱ M287	男	35~40	汉代	Ⅳ M14.1	男	35~40	汉代
Ⅱ M2东墓室	女	20 ±	汉代	Ⅳ M14.2	女	30~35	汉代
Ⅱ M2东墓室.1	女	25~30	汉代	Ⅳ M14.3东	?	10岁	汉代
Ⅱ M2东墓室.2	女	35~40	汉代	Ⅳ M22墓室填土	女	50~55	汉代

续表

个体编号	性别	年龄	年代	个体编号	性别	年龄	年代
ⅡM2西墓室.1	女	18~20	汉代	ⅣM24东棺室	男	20±	汉代
ⅡM2西墓室.2	女	35~40	汉代	ⅣM27	女	45~50	汉代
ⅡM3.6	男?	?	汉代	ⅣM3东部	女	40~45	汉代
ⅡM37	?	?	汉代	ⅣM3西部	男	50~55	汉代
ⅡM43右棺	女	40~45	汉代	ⅣM43	?	小于17	汉代
ⅡM43左棺	男	45~50	汉代	ⅣM44东棺.1	男	30±	东汉
ⅡM49	男	25~30	汉代	ⅣM44西棺	女	30~35	东汉
ⅡM5.1	女	55±	汉代	ⅣM45	?	约11岁	汉代
ⅡM5.2	男	18±	汉代	ⅣM45	女	?	汉代
ⅡM5.3	女	45~50	汉代	ⅣM51	男	?	汉代
ⅡM5.4	男	50~55	汉代	ⅣM53	男	?	汉代
ⅡM50右	男	30~35	汉代	ⅣM56北.1	男	30~35	东汉
ⅡM50左	?	10岁	汉代	ⅣM56北.2	女	30~35	东汉
ⅡM65	女	25~30	汉代	ⅣM56南	男	50~55	东汉
ⅡM76	男	35~40	东汉	ⅣM56南墓室	女	45~50	东汉
ⅡM80右	男	55~60	汉代	ⅣM58	女	35~40	汉代
ⅡM80左	女	50+	汉代	ⅣM59	男	35~40	汉代
ⅡM96	?	?	汉代	ⅣM62.1	女	20~25	东汉
ⅢM1	男	40~45	新莽	ⅣM62.2	女	20~25	东汉
ⅢM10	男	50~55	汉代	ⅣM62.3	男	35~40	东汉
ⅢM13	男	25±	汉代	ⅣM65	女	30±	汉代
ⅢM14	女	60+	汉代	ⅣM66.1	男	55~60	汉代
ⅣM1	女	20~25	东汉	ⅣM66.2	女	55~60	汉代
ⅣM100	男	45+	新莽	ⅣM74	女	20~25	汉代
ⅣM101.1	男	30~35	汉代	ⅣM84	男	55~60	汉代
ⅣM101.2	女	30~35	汉代	ⅣM88	男	?	汉代
ⅣM108	男	50~55	汉代	ⅣM90	女	45~50	汉代
ⅣM109	男	30~35	汉代	ⅣM91	?	11岁	汉代
ⅣM10北室	男	25~30	汉代	ⅣM92	女	25~30	汉代
ⅣM10南室	男	25~30	汉代	ⅣM95	男	40~45	汉代
ⅣM111	男?	?	汉代	ⅣM96	男	40~45	东汉
				ⅣM99	男	25~30	新莽

附表六　郑州地区荥阳薛村遗址人骨性别和年龄鉴定表（唐至宋金）

墓号	性别	年龄	年代	墓号	性别	年龄	年代
ⅠM31西棺	?	35±	唐代	ⅡM71.1	女	45~50	唐代
ⅠM36.1	男	45~50	唐代	ⅡM71.2	男	30~35	唐代
ⅠM36.2	男	20~25	唐代	ⅡM88	女	25~30	唐代
ⅡM100	男	45~50	晚唐至五代	ⅡM89.1	女	45±	唐代
ⅡM112	男	45±	唐代	ⅡM89.2	男	40~45	唐代
ⅡM121	女	30~35	唐代	ⅢM20	女	18~20	唐代
ⅡM123墓道	女	30±	唐代	ⅢM23	女	?	唐代
ⅡM125	?	8~9岁	唐代	ⅢM25	男	?	唐代

续表

墓号	性别	年龄	年代	墓号	性别	年龄	年代
ⅡM137左	男?	50~55	唐代	ⅢM30	女	25~30	唐代
ⅡM160	?	?	唐代	ⅣM112	男	25~30	唐代
ⅡM161	?	35±	唐代	ⅣM127	?	?	五代
ⅡM164右	女	30~35	唐代	ⅣM128	女?	50~55	唐代
ⅡM164中	男	30~35	唐代	ⅣM2东棺	男	73	唐代
ⅡM164左	女	30±	唐代	ⅣM2西棺	女	55~60	唐代
ⅡM173	男	45~50	唐代	ⅣM33	女	?	唐代
ⅡM189.1	男	35~40	唐代	ⅣM46	男	35~40	唐代
ⅡM189.2	女	40±	唐代	ⅣM68	女	40±	唐代
ⅡM199	女	60±	唐代	ⅠM38	男	40~45	金?
ⅡM207.1	?	?	唐代	ⅡM109	女	60+	宋代
ⅡM224.1	男?	?	唐代	ⅡM127	女	20~25	宋代
ⅡM225.1	男	35~40	唐代	ⅡM129	女	40±	宋代
ⅡM230.1	?	?	唐代	ⅡM136	女	30~35	宋代
ⅡM233东	男	?	唐代	ⅡM140右棺	男	?	宋代
ⅡM233西	女?	?	唐代	ⅡM140左棺	女	55±	宋代
ⅡM253	男	50±	唐代	ⅡM156	女	45~50	宋代
ⅡM253.1	男	55~60	唐代	ⅡM237	男	35~40	北宋
ⅡM253.2	女	30±	唐代	ⅡM245东侧	男	50±	宋代
ⅡM263	女	35~40	唐代	ⅡM245西侧	女	30~35	宋代
ⅡM285	男	20~25	唐代	ⅡM266	?	?	宋代
ⅡM286.1	女?	35±	唐代	ⅡM271.1	男	?	宋代?
ⅡM31西棺	?	?	唐代	ⅡM271.2	女	35+	宋代?
ⅡM62	男	小于17	唐代	ⅡM271.3	女	?	宋代?
ⅡM64	男	30~35	唐代	ⅡM271.4	男	30~35	宋代?
ⅡM68	女	15~17	唐代	ⅡM275	?	?	宋金
ⅡM7	女	30~35	唐代	ⅣM72	男	60±	宋金
				ⅣM72北侧	?	18±	宋金

附表七　郑州地区新郑各遗址汉唐宋组人骨性别和年龄鉴定表

个体编号	性别	年龄	年代	个体编号	性别	年龄	年代
天成隔热M28	女	25~30	汉代	华联M70	?	12~13	宋代
天成隔热M37	?	30±	汉代	华联M71	男	40±	宋代
天成隔热M39	女	35~40	汉代	华联M35	男	45±	宋代
天成隔热M44	男	50±	汉代	华联M34	男	50±	宋代
天成隔热M152	男	45±	汉代	华联M40.1	男	60+	宋代
羚锐M5	男	30±	汉代	华联M40.2	女	60+	宋代
羚锐M6	男	60+	汉代	华联M76	?	10~13	宋代
羚锐M7	女	20±	汉代	华联M46	女	35~40	宋代
北街TG1西扩H10	女	35±	汉代	华联M59	男	40±	宋代
文化路中段M2	男	45±	汉代	华联M92	男	25~30	宋代
丽都花园T5M1	女	45±	汉代	华联M82	?	6±2岁	宋代
众康M8	男	45±	汉代	华联M91	男	25±	宋代

续表

个体编号	性别	年龄	年代	个体编号	性别	年龄	年代
中华北路M5	女	45±	汉代	华联M27	男	25~30	宋代
中华北路M6	男	55~60	汉代	华联M39	女	55~60	宋代
宏基M17（左）	男	45~50	唐代	华联M30	男	30±	宋代
宏基M17（右）	女	50±	唐代	华联M64	女	45±	宋代
03ZHHRT3M2	男	30~35	唐代	华联M104	男	60+	宋代
华联M52	男	25~30	宋代	华联M80.1	男	40±	宋代
华联M3	女	45~50	宋代	华联M80.2	女	45±	宋代
华联M5	男	14~16	宋代	华联M73	男	45~50	宋代
华联M88	女	45±	宋代	华联M74	?	12~17	宋代
华联M84.1	男	40~45	宋代	华联M67	?	8±2岁	宋代
华联M84.2	女	40±	宋代	防疫站M13	男	50~55	宋代
华联M50	男	55±	宋代	防疫站M15	女	35~40	宋代
华联M51	男	40±	宋代	防疫站M17（右）（东）	女	30~35	宋代
华联M6	女	25±	宋代	防疫站M17（左）（西）	男	45±	宋代
华联M100	男	25~30	宋代	圣昊ⅡM13	女	65±	宋代
华联M101	女	50~55	宋代	武大幼儿园M1	女	65±	宋代
华联M62	女	60+	宋代	羚锐M2	男	55±	宋代
华联M61	女	55±	宋代	羚锐M9	男	45±	宋代
华联M16	男	60+	宋代	中华北路M2.2	女	60+	宋代
华联M42	男	45~50	宋代	中华北路M2.1	男	60+	宋代
华联M43	男	60+	宋代	众康M3	女	60+	宋代

附表八　郑州地区荥阳薛村遗址早商颅骨测量值及指数　（长度：毫米；角度：度；指数：%）

测量项目	ⅡH506	ⅡH464	ⅡH183	ⅡH460	ⅡM191	ⅡM192
	男	女	女	女	女	女
1颅长（g-op）	177.50	175.30	186.00	182.00	185.00	173.20
8颅宽（eu-eu）	138.00	136.00	142.00	140.60	/	137.70
17颅高（b-ba）	139.20	135.00	146.60	138.40	/	/
21耳上颅高（po-po）	117.00	113.80	118.00	/	/	113.40
9最小额宽（ft-ft）	92.84	85.40	89.36	96.12	86.00	89.20
7枕大孔长（enba-o）	34.62	35.40	36.74	32.46	/	/
16枕大孔宽	30.60	/	28.92	24.38	/	30.84
25颅矢状弧（n-o）	376.00	363.00	382.00	374.00	/	355.00
26额矢弧（n-b）	132.50	121.00	126.00	126.00	125.00	121.00
27顶矢弧（b-l）	132.00	134.00	138.00	110.00	141.00	126.00
28枕矢弧（l-o）	112.00	107.00	118.00	138.00	/	108.00
29额矢弦（n-b）	115.50	108.00	112.00	111.90	114.42	108.46
30顶矢弦（b-l）	116.72	120.56	122.60	101.36	125.14	111.62
31枕矢弦（l-o）	95.00	91.00	99.24	112.41	/	91.50
23颅周长（g-op-g）	513.00	494.00	529.00	524.00	/	502.00
24颅横弧（po-b-po）	316.00	307.00	325.00	/	/	311.00
5颅基底长（n-enba）	100.00	95.00	104.50	111.30	/	/
40面底长（pr-enba）	98.74	96.58	98.40	113.56	/	/

续表

测量项目	ⅡH506	ⅡH464	ⅡH183	ⅡH460	ⅡM191	ⅡM192
	男	女	女	女	女	女
48（pr）上面高（n-pr）	72.66	64.20	71.12	69.40	72.00	68.00
48（sd）上面高（n-sd）	76.50	67.60	73.94	74.32	72.84	72.78
47全面高（n-gn）	128.90	111.38	117.22	121.14	111.22	119.90
45颧宽（zy-zy）	/	124.00	/	/	/	/
46中面宽（zm-zm）	92.00	100.44	103.56	105.20	103.84	100.18
43上面宽（fmt-fmt）	101.62	99.00	104.86	103.00	/	101.76
50前眶间宽（mf-mf）	17.38	19.44	21.78	17.56	/	19.94
MH L颧骨高（fmo-zm）	41.82	42.56	44.20	41.20	43.54	40.52
MH R颧骨高（fmo-zm）	43.00	41.00	44.56	44.26	44.56	41.46
MB L颧骨宽（zm-rim.orb）	20.34	23.38	26.10	23.94	24.46	20.72
MB R颧骨宽（zm-rim.orb）	21.92	23.24	26.86	27.26	24.66	20.18
54鼻宽	26.00	24.56	24.82	30.00	27.68	/
55鼻高（n-ns）	54.00	48.74	50.26	54.78	53.70	49.78
SC鼻最小宽	6.00	9.74	7.84	7.74	8.66	5.72
SS鼻最小宽高	3.00	2.30	1.40	2.50	2.40	2.50
51L眶宽（mf-ek）	42.32	40.24	42.16	42.76	/	44.90
51R眶宽（mf-ek）	42.32	41.10	41.62	45.12	42.88	42.92
51aL眶宽（d-ek）	40.82	37.46	39.82	40.20	/	42.00
51aR眶宽（d-ek）	40.24	38.92	39.60	38.62	40.50	40.80
52L眶高	33.50	33.50	34.36	33.62	/	34.70
52R眶高	34.70	33.34	33.20	33.14	33.78	/
60齿槽弓长（pr-alv）	54.34	53.14	53.42	57.26	51.68	54.00
61齿槽弓宽（ekm-ekm）	63.46	62.74	64.12	64.16	56.34	65.90
62腭长（ol-sta）	/	48.90	47.50	51.20	/	/
63腭宽（enm-enm）	32.38	38.00	39.44	42.00	39.16	40.00
12枕骨最大宽（ast-ast）	104.00	101.00	112.18	110.32	100.60	105.90
11耳点间宽（au-au）	123.34	118.56	128.12	/	/	127.40
44两眶宽（ek-ek）	95.78	93.84	99.42	100.00	97.08	100.46
FC两眶内宽（fmo-fmo）	94.50	92.00	97.34	97.86	94.50	96.72
FS鼻根点至两眶内宽之矢高（n to fmo-fmo）	18.00	17.50	15.00	16.50	10.00	17.20
DC眶间宽（d-d）	19.00	21.88	23.66	21.72	/	19.70
32额侧角Ⅰ（n-m　FH）	83.00	85.00	80.00	/	/	96.00
g-m FH额侧角Ⅱ（g-m　FH）	78.00	80.00	86.00	/	/	102.00
g-b FH前囟角（g-b FH）	44.00	47.00	47.00	/	/	132.00
72总面角（n-pr FH）	82.00	83.00	84.00	/	/	95.00
73中面角（n-ns FH）	86.00	91.00	87.00	/	/	90.00
74齿槽面角（ns-pr FH）	70.00	64.00	71.00	/	/	110.00
75鼻梁侧角（n-rhi FH）	/	76.00	73.00	/	/	/
77鼻颧角（fmo-n-fmo）	139.00	138.50	146.00	142.00	155.00	140.00
SSA颧上颌角（zm-ss-zm）	119.50	132.00	125.00	119.00	119.50	123.00
面三角（pr-n-ba）	64.50	67.50	64.00	73.50	/	/

续表

测量项目	ⅡH506	ⅡH464	ⅡH183	ⅡH460	ⅡM191	ⅡM192
	男	女	女	女	女	女
（n-pr-ba）	73.00	74.50	75.00	71.00	/	/
（n-ba-pr）	42.50	48.00	41.00	35.50	/	/
72-75鼻梁角	/	7.00	11.00	/	/	/
8：1颅长宽指数	77.75	77.58	76.34	77.25	/	79.50
17：1颅长高指数	78.42	77.01	78.82	76.04	/	/
17：8颅宽高指数	100.87	99.26	103.24	98.44	/	/
9：8额宽指数	67.28	62.79	62.93	68.36	/	64.78
16：7枕骨大孔指数	88.39	/	78.72	75.11	/	/
40：5面突指数	98.74	101.66	94.16	102.03	/	/
48：17pr垂直颅面指数	52.20	47.56	48.51	50.14	/	/
48：17sd	54.96	50.07	50.44	53.70	/	/
48：45pr上面指数（K）	/	51.77	/	/	/	/
48：45sd	/	54.52	/	/	/	/
48：46pr中面指数（V）	78.98	63.92	68.68	65.97	69.34	67.88
48：46sd	83.15	67.30	71.40	70.65	70.15	72.65
54：55鼻指数	48.15	50.39	49.38	54.76	51.55	/
52：51L眶指数Ⅰ	79.16	83.25	81.50	78.62	/	77.28
52：51R	81.99	81.12	79.77	73.45	78.78	/
52：51aL眶指数Ⅱ	82.07	89.43	86.29	83.63	/	82.62
52：51aR	86.23	85.66	83.84	85.81	83.41	/
54：51L鼻眶指数Ⅰ	61.44	61.03	58.87	70.16	/	/
54：51R	61.44	59.76	59.63	66.49	64.55	/
54：51aL鼻眶指数Ⅱ	63.69	65.56	62.33	74.63	/	/
54：51aR	64.61	63.10	62.68	77.68	68.35	/
SS：SC鼻根指数	50.00	23.61	17.86	32.30	27.71	43.71
63：62腭指数	/	77.71	83.03	82.03	/	/
45：0.5（1+8）横颅面指数	/	79.67	/	/	/	/
17：0.5（1+8）高平均指数	88.24	86.73	89.39	85.80	/	/
65下颌髁突间宽（cdl-cdl）	119.14	110.46	125.86	123.08	112.36	119.68
66下颌角间宽（go-go）	92.52	90.34	100.74	91.62	79.22	89.60
67髁孔间径	48.74	49.00	48.12	46.70	44.22	45.70
68下颌体长	76.50	72.50	73.40	75.20	84.00	75.20
68（1）髁颏长	/	100.05	108.60	110.00	114.00	103.00
69下颌联合高（id-gn）	36.60	32.36	35.00	40.22	36.00	35.14
MBHⅠL下颌体高Ⅰ	33.12	29.56	34.50	34.44	35.52	34.80
MBHⅠR	33.22	31.30	33.28	36.00	34.70	36.46
MBHⅡL下颌体高Ⅱ	32.00	28.40	29.78	34.74	27.44	34.42
MBHⅡR	30.28	30.54	31.30	34.50	32.40	34.00
MBTⅠL下颌体厚Ⅰ	11.80	13.44	14.68	16.86	10.56	14.40
MBTⅠR	12.44	13.66	14.42	17.72	10.76	13.50
MBTⅡL下颌体厚Ⅱ	14.50	15.74	17.90	16.66	12.30	17.00
MBTⅡR	15.20	16.46	18.62	17.30	14.10	16.00

续表

测量项目	Ⅱ H506	Ⅱ H464	Ⅱ H183	Ⅱ H460	Ⅱ M191	Ⅱ M192
	男	女	女	女	女	女
70 L下颌枝高	64.40	64.88	72.00	59.00	55.86	59.80
70 R	66.94	64.62	73.00	65.40	59.52	59.90
71 L下颌枝宽	/	41.50	46.00	45.46	41.70	/
71 R	41.00	42.34	46.64	49.60	41.48	45.10
71a L下颌枝最小宽	33.00	34.42	34.38	37.14	34.34	38.92
71a R	32.22	34.42	34.10	49.46	32.70	36.18
79下颌角	132.50	124.00	126.00	131.00	124.00	123.00
颏孔间弧	59.00	56.00	54.00	54.00	52.00	52.00
68：65下颌骨指数	64.21	65.63	58.32	61.10	74.76	62.83
71：70 L下颌枝指数	/	63.96	63.89	77.05	74.65	/
71：71 R下颌枝指数	61.25	65.52	63.89	75.84	69.69	75.29

附表九　郑州汉代组男性颅骨测量值及指数　（长度：毫米；角度：度；指数：%）

马丁号	测量项目	平均值	例数	最大值	最小值	标准差	变异系数
1	颅骨最大长（g-op）	179.90	16	191.30	172.80	4.80	2.67
8	颅骨最大宽（eu-eu）	141.20	22	155.30	123.00	6.42	4.55
17	颅高（b-ba）	138.50	10	145.70	127.00	5.56	4.02
21	耳上颅高（po-po）	117.48	10	123.50	109.00	4.58	3.90
9	额骨最小宽（ft-ft）	93.46	18	103.00	83.54	4.86	5.20
7	枕骨大孔长（enba-o）	36.37	15	44.46	29.12	3.73	10.25
16	枕骨大孔宽	30.42	14	32.84	25.00	2.14	7.04
25	颅矢状弧（n-o）	376.87	15	403.00	349.00	14.43	3.83
26	额骨矢状弧（n-b）	128.36	22	141.00	117.00	5.91	4.61
27	顶骨矢状弧（b-l）	129.28	27	151.00	115.00	8.91	6.89
28	枕骨矢状弧（l-o）	121.08	24	140.00	108.00	7.35	6.07
29	额骨矢状弦（n-b）	111.95	23	118.00	104.72	3.46	3.09
30	顶骨矢状弦（b-l）	114.55	28	129.50	104.24	6.32	5.52
31	枕骨矢状弦（l-o）	99.36	24	106.54	88.10	4.72	4.75
23	颅周长（g-op-g）	524.21	16	550.00	508.00	12.76	2.43
24	颅横弧（po-b-po）	320.89	19	342.00	295.00	12.06	3.76
5	颅基底长（n-enba）	102.61	10	107.60	95.20	3.34	3.26
40	面底长（pr-enba）	97.94	6	104.66	94.00	3.53	3.60
48（pr）	上面高（n-pr）	73.94	8	95.32	60.40	9.46	12.80
48（sd）	上面高（n-sd（av））	75.40	9	81.70	64.00	5.16	6.85
47	全面高（n-gn）	119.19	5	123.40	111.44	5.07	4.25
45	颧点间宽（zy-zy）	142.94	3	145.70	138.12	3.42	2.39
46	中面宽（zm-zm）	103.35	7	112.82	96.22	5.83	5.64
43	上面宽（fmt-fmt）	107.35	12	113.14	102.00	3.25	3.02
50	前眶间宽（mf-mf）	19.25	14	23.42	16.60	1.75	9.10
MH L	颧骨高（fmo-zm）	45.77	9	50.48	42.70	2.62	5.73
MH R	颧骨高（fmo-zm）	45.44	9	48.68	41.00	2.37	5.23
MB L	颧骨宽（zm-rim.orb）	25.04	9	31.30	21.12	3.22	12.85

续表

马丁号	测量项目	平均值	例数	最大值	最小值	标准差	变异系数
MB R	颧骨宽（zm-rim.orb）	25.56	8	29.00	23.00	2.02	7.91
54	鼻宽	27.33	14	31.00	25.50	1.47	5.37
55	鼻高（n-ns）	54.76	13	59.50	49.36	3.49	6.38
SC	鼻最小宽	7.79	10	9.60	6.00	1.23	15.79
SS	鼻最小宽高	3.04	10	4.50	2.00	0.63	20.87
51L	眶宽（mf-ek）	44.24	10	46.70	41.66	1.89	4.28
51R	眶宽（mf-ek）	44.32	11	48.16	41.86	2.12	4.77
51aL	眶宽（d-ek）	41.88	9	44.14	40.20	1.47	3.51
51aR	眶宽（d-ek）	41.67	11	44.00	39.20	1.71	4.10
52L	眶高	35.84	11	38.00	33.24	1.28	3.58
52R	眶高	35.79	9	38.24	31.52	1.92	5.36
60	上颌齿槽弓长（pr-alv）	52.54	12	63.16	43.00	4.55	8.67
61	上颌齿槽弓宽（ekm-ekm）	66.99	16	75.34	59.10	4.04	6.02
62	腭长（ol-sta）	42.70	12	46.20	35.66	2.94	6.88
63	腭宽（enm-enm）	37.81	16	44.76	33.26	2.82	7.45
12	枕骨最大宽（ast-ast）	112.25	29	122.66	101.40	5.91	5.27
11	耳点间宽（au-au）	129.89	25	141.60	116.46	5.79	4.45
44	两眶宽（ek-ek）	101.39	8	106.34	96.52	3.16	3.12
FC	两眶内宽（fmo-fmo）	99.20	14	105.24	94.96	2.96	2.98
FS	鼻根点至两眶内宽矢高	16.82	14	22.00	13.00	2.30	13.65
DC	眶间宽（d-d）	21.95	10	25.60	20.00	1.72	7.83
32	额侧角Ⅰ（∠n-m FH）	85.80	10	94.00	80.00	4.58	5.34
∠g-m FH	额侧角Ⅱ（∠g-m FH）	80.40	10	91.00	72.00	5.68	7.06
∠g-b FH	前囟角（∠g-b FH）	45.10	10	51.00	36.00	4.11	9.11
72	总面角（∠n-pr FH）	85.75	8	90.00	78.00	3.77	4.39
73	中面角（∠n-ns FH）	89.82	11	95.00	82.00	3.86	4.29
74	齿槽面角（∠ns-pr FH）	70.50	8	79.00	62.00	4.97	7.06
75	鼻梁侧角（∠n-rhi FH）	77.00	1	77.00	77.00	0.00	0.00
77	鼻颧角（∠fmo-n-fmo）	142.07	14	150.00	134.00	4.78	3.36
SSA	颧上颌角（∠zm-ss-zm）	125.29	7	129.00	119.00	4.07	3.25
∠pr-n-ba	面三角（∠pr-n-ba）	64.83	6	70.00	62.00	2.81	4.33
∠n-pr-ba	（∠n-pr-ba）	73.75	6	77.50	71.00	2.30	3.13
∠n-ba-pr	（∠n-ba-pr）	41.42	6	45.00	37.50	2.60	6.29
72-75	鼻梁角	11.00	1	11.00	11.00	0.00	0.00
8：1	颅长宽指数	79.22	16	85.19	73.08	3.11	3.92
17：1	颅长高指数	76.59	9	80.94	72.74	3.17	4.14
17：8	颅宽高指数	97.41	10	106.60	89.19	5.14	5.27
9：8	额宽指数	66.68	17	71.48	61.64	2.70	4.05
16：7	枕骨大孔指数	83.09	13	93.15	73.66	5.89	7.09
40：5	面突指数	95.72	6	101.12	92.61	3.01	3.14
48：17pr	垂直颅面指数	55.79	5	67.75	50.85	6.07	10.88
48：17sd	垂直颅面指数	55.56	5	56.90	53.46	1.27	2.29
48：45pr	上面指数（K）	50.84	2	53.10	48.58	2.26	4.45

续表

马丁号	测量项目	平均值	例数	最大值	最小值	标准差	变异系数
48：45sd	上面指数（K）	53.35	2	56.34	50.35	3.00	5.62
48：46pr	中面指数（V）	68.05	3	69.26	66.65	1.07	1.58
48：46sd		72.07	4	74.94	69.07	2.09	2.90
54：55	鼻指数	49.96	12	57.91	45.01	4.02	8.04
52：51L	眶指数Ⅰ	80.98	10	88.37	75.45	3.93	4.85
52：51R	眶指数Ⅰ	80.95	9	91.35	71.89	5.80	7.17
52：51aL	眶指数Ⅱ	85.44	9	93.69	81.07	3.96	4.64
52：51aR		85.82	9	96.23	76.88	6.10	7.11
54：51L	鼻眶指数Ⅰ	62.42	9	66.47	56.28	3.05	4.88
54：51R		62.44	9	69.20	56.28	3.70	5.93
54：51aL	鼻眶指数Ⅱ	65.58	8	71.56	60.47	3.32	5.06
54：51aR		66.44	9	74.74	61.18	4.16	6.26
SS：SC	鼻根指数	39.64	10	56.25	25.00	8.65	21.81
63：62	腭指数	89.47	11	107.70	75.99	10.46	11.69
61：60	齿槽弓指数	128.49	11	146.45	106.62	11.28	8.78
45：（1+8）/2	横颅面指数	88.33	3	91.95	85.90	2.61	2.96
17：（1+8）/2	高平均指数	85.63	9	91.59	80.13	3.87	4.52
65	下颌髁突间宽（cdl-cdl）	124.41	3	137.86	111.32	10.84	8.71
66	下颌角间宽（go-go）	102.61	8	108.36	97.00	3.70	3.61
67	髁孔间径	49.10	20	53.60	45.74	2.28	4.65
68	下颌体长	70.80	3	74.40	64.00	4.81	6.80
68（1）	下颌体最大投影长	103.50	3	108.50	98.00	4.30	4.16
69	下颌联合高（id-gn）	33.87	8	43.00	29.14	3.94	11.64
MBH Ⅰ L	下颌体高Ⅰ	31.57	16	36.00	27.52	2.37	7.52
MBH Ⅰ R		32.93	17	38.00	26.72	2.81	8.54
MBH Ⅱ L	下颌体高Ⅱ	30.76	15	34.66	27.00	2.14	6.97
MBH Ⅱ R		30.62	16	34.00	27.50	1.92	6.27
MBT Ⅰ L	下颌体厚Ⅰ	12.77	19	14.52	11.30	0.85	6.69
MBT Ⅰ R		12.89	18	14.90	10.90	1.13	8.75
MBT Ⅱ L	下颌体厚Ⅱ	15.14	17	17.50	13.00	1.08	7.12
MBT Ⅱ R		15.33	17	19.44	12.00	1.49	9.73
70 L	下颌枝高	65.41	6	67.24	62.00	2.01	3.08
70 R		71.03	5	76.00	67.42	2.86	4.03
71 L	下颌枝宽	42.30	8	47.32	37.00	3.17	7.49
71 R		42.97	5	45.20	40.00	2.09	4.87
71a L	下颌枝最小宽	33.24	11	35.26	31.42	1.30	3.92
71a R		35.06	11	42.80	32.70	2.68	7.66
79	下颌角	125.17	3	130.00	120.00	4.09	3.27
	颏孔间弧	57.52	20	64.00	52.00	3.26	5.67
68：65	下颌骨指数	57.37	3	66.83	51.59	6.75	11.76
71：70 L	下颌枝指数	65.54	6	76.32	59.64	5.41	8.25
71：70 R		61.07	4	64.06	58.91	2.09	3.42

附表一〇　郑州汉代组女性颅骨测量值及指数　（长度：毫米；角度：度；指数：%）

马丁号	测量项目	平均值	例数	最大值	最小值	标准差	变异系数
1	颅骨最大长（g-op）	174.44	18	186.50	166.00	5.02	2.88
8	颅骨最大宽（eu-eu）	138.08	22	149.30	129.00	5.07	3.67
17	颅高（b-ba）	133.94	13	150.00	125.00	6.03	4.50
21	耳上颅高（po-po）	115.33	12	123.00	109.60	3.55	3.08
9	额骨最小宽（ft-ft）	90.09	17	98.24	82.00	4.47	4.97
7	枕骨大孔长（enba-o）	35.56	15	40.68	31.20	2.45	6.89
16	枕骨大孔宽	29.23	16	32.80	26.60	1.95	6.66
25	颅矢状弧（n-o）	371.29	17	402.00	352.00	13.56	3.65
26	额骨矢状弧（n-b）	126.10	20	140.00	117.00	6.04	4.79
27	顶骨矢状弧（b-l）	127.94	25	147.00	115.00	7.37	5.76
28	枕骨矢状弧（l-o）	119.20	27	136.00	109.00	7.14	5.99
29	额骨矢状弦（n-b）	110.23	20	122.90	102.30	4.51	4.09
30	顶骨矢状弦（b-l）	113.31	25	131.00	105.34	5.44	4.80
31	枕骨矢状弦（l-o）	97.82	27	110.26	91.22	4.48	4.58
23	颅周长（g-op-g）	480.81	16	532.00	54.00	110.85	23.05
24	颅横弧（po-b-po）	312.37	15	336.00	295.50	9.37	3.00
5	颅基底长（n-enba）	95.44	14	103.70	89.00	4.97	5.20
40	面底长（pr-enba）	93.42	9	105.46	49.40	15.92	17.04
48（pr）	上面高（n-pr）	68.85	10	76.96	56.56	5.17	7.51
48（sd）	上面高（n-sd（av））	72.14	11	82.00	61.20	4.91	6.81
47	全面高（n-gn）	117.04	6	130.80	103.00	8.34	7.13
45	颧点间宽（zy-zy）	132.55	4	136.00	129.74	2.36	1.78
46	中面宽（zm-zm）	101.30	9	104.00	95.34	2.82	2.79
43	上面宽（fmt-fmt）	103.13	15	108.54	95.62	3.35	3.24
50	前眶间宽（mf-mf）	17.94	16	22.00	13.70	2.08	11.58
MH L	颧骨高（fmo-zm）	45.04	10	52.60	41.50	3.08	6.84
MH R	颧骨高（fmo-zm）	44.67	15	50.74	40.32	3.04	6.82
MB L	颧骨宽（zm-rim.orb）	25.11	11	29.30	22.20	1.81	7.21
MB R	颧骨宽（zm-rim.orb）	25.22	16	27.80	21.28	1.80	7.14
54	鼻宽	26.86	12	32.50	24.54	2.38	8.86
55	鼻高（n-ns）	51.43	14	57.00	45.64	3.42	6.65
SC	鼻最小宽	7.60	15	12.20	3.00	1.98	26.06
SS	鼻最小宽高	2.95	15	4.00	1.00	0.89	29.98
51L	眶宽（mf-ek）	42.76	12	45.50	39.22	1.75	4.10
51R	眶宽（mf-ek）	43.15	17	46.00	40.22	1.51	3.49
51aL	眶宽（d-ek）	40.40	12	43.40	37.60	1.64	4.07
51aR	眶宽（d-ek）	40.83	17	43.10	38.54	1.35	3.32
52L	眶高	33.52	12	35.86	31.00	1.28	3.83
52R	眶高	34.03	15	38.54	30.58	1.98	5.81
60	上颌齿槽弓长（pr-alv）	52.59	16	57.82	47.60	2.63	4.99
61	上颌齿槽弓宽（ekm-ekm）	65.12	15	71.30	58.26	3.09	4.74
62	腭长（ol-sta）	43.89	18	49.48	38.54	2.88	6.57
63	腭宽（enm-enm）	36.77	18	41.00	29.82	2.60	7.08

续表

马丁号	测量项目	平均值	例数	最大值	最小值	标准差	变异系数
12	枕骨最大宽（ast-ast）	109.65	31	120.00	102.36	3.89	3.55
11	耳点间宽（au-au）	125.55	23	135.94	111.06	5.10	4.06
44	两眶宽（ek-ek）	98.72	12	102.92	93.48	2.68	2.71
FC	两眶内宽（fmo-fmo）	96.00	15	101.00	90.00	3.36	3.50
FS	鼻根点至两眶内宽矢高	15.31	15	21.00	11.00	3.14	20.49
DC	眶间宽（d-d）	21.02	15	24.56	12.72	2.84	13.50
32	额侧角Ⅰ（∠n-m FH）	87.42	12	94.00	80.00	4.11	4.70
∠g-m FH	额侧角Ⅱ（∠g-m FH）	82.58	12	92.00	75.00	5.16	6.24
∠g-b FH	前囟角（∠g-b FH）	45.83	12	51.00	40.00	3.16	6.89
72	总面角（∠n-pr FH）	81.25	10	86.00	77.00	2.66	3.27
73	中面角（∠n-ns FH）	86.75	12	91.00	79.00	3.24	3.74
74	齿槽面角（∠ns-pr FH）	68.20	10	83.00	55.00	7.11	10.43
75	鼻梁侧角（∠n-rhi FH）	67.33	3	70.00	64.00	2.49	3.70
77	鼻颧角（∠fmo-n-fmo）	144.43	15	153.50	132.50	6.38	4.42
SSA	颧上颌角（∠zm-ss-zm）	124.78	9	133.50	117.00	4.78	3.83
∠pr-n-ba	面三角（∠pr-n-ba）	68.31	8	80.00	63.00	5.16	7.55
∠n-pr-ba	（∠n-pr-ba）	70.81	8	75.00	68.00	2.55	3.60
∠n-ba-pr	（∠n-ba-pr）	40.88	8	46.00	32.00	4.04	9.88
72-75	鼻梁角	13.50	2	16.00	11.00	2.50	18.52
8：1	颅长宽指数	78.65	18	85.63	72.49	3.02	3.84
17：1	颅长高指数	76.57	13	83.89	70.55	3.28	4.28
17：8	颅宽高指数	98.03	13	105.49	91.06	4.03	4.11
9：8	额宽指数	65.50	15	73.15	60.67	3.31	5.06
16：7	枕骨大孔指数	82.73	15	88.65	74.57	3.44	4.16
40：5	面突指数	97.99	9	113.06	55.51	16.82	17.16
48：17pr	垂直颅面指数	51.50	9	57.09	41.93	4.59	8.91
48：17sd	垂直颅面指数	54.17	9	60.40	45.37	4.68	8.64
48：45pr	上面指数（K）	53.86	4	58.68	50.10	3.08	5.72
48：45sd	上面指数（K）	56.86	4	62.52	53.14	3.50	6.15
48：46pr	中面指数（V）	68.13	7	75.52	57.71	5.62	8.25
48：46sd		72.18	7	78.94	62.45	5.29	7.32
54：55	鼻指数	53.01	12	71.21	45.67	7.02	13.25
52：51L	眶指数Ⅰ	78.47	12	83.40	72.88	3.59	4.57
52：51R	眶指数Ⅰ	79.23	15	85.64	72.68	3.72	4.70
52：51aL	眶指数Ⅱ	83.08	12	90.41	76.45	4.48	5.39
52：51aR		83.67	15	89.98	75.18	4.62	5.52
54：51L	鼻眶指数Ⅰ	64.17	10	78.73	56.05	7.40	11.53
54：51R		62.65	12	77.12	56.05	6.64	10.60
54：51aL	鼻眶指数Ⅱ	67.85	10	83.33	59.34	7.75	11.42
54：51aR		66.10	12	80.57	60.40	6.41	9.70
SS：SC	鼻根指数	40.19	15	66.67	19.01	12.48	31.04
63：62	腭指数	83.53	15	92.14	71.79	5.33	6.39
45：（1+8）/2	横颅面指数	84.89	4	88.28	81.60	2.40	2.82

续表

马丁号	测量项目	平均值	例数	最大值	最小值	标准差	变异系数
17：（1+8）/2	高平均指数	85.96	13	93.46	79.50	3.28	3.82
65	下颌髁突间宽（cdl-cdl）	112.30	7	128.34	95.10	11.58	10.31
66	下颌角间宽（go-go）	93.32	6	108.18	82.00	8.01	8.59
67	髁孔间径	47.90	10	53.34	44.00	2.68	5.59
68	下颌体长	74.50	7	81.50	62.00	6.00	8.06
68（1）	下颌体最大投影长	103.41	7	110.30	97.60	5.07	4.90
69	下颌联合高（id-gn）	33.09	12	42.76	28.32	3.46	10.45
MBH Ⅰ L	下颌体高Ⅰ	30.85	11	35.00	26.00	3.31	10.73
MBH Ⅰ R		30.27	13	35.40	24.52	2.96	9.77
MBH Ⅱ L	下颌体高Ⅱ	29.14	9	33.10	25.20	2.84	9.74
MBH Ⅱ R		29.17	11	32.60	25.44	2.46	8.42
MBT Ⅰ L	下颌体厚Ⅰ	12.35	11	15.60	10.00	1.36	11.01
MBT Ⅰ R		12.28	13	14.74	11.00	1.12	9.13
MBT Ⅱ L	下颌体厚Ⅱ	15.52	9	18.00	12.86	1.48	9.54
MBT Ⅱ R		15.38	12	18.50	13.00	1.62	10.52
70 L	下颌枝高	66.89	8	79.64	59.12	7.29	10.89
70 R		64.39	9	75.30	55.68	6.53	10.15
71 L	下颌枝宽	41.23	7	42.66	38.74	1.37	3.32
71 R		39.91	9	44.00	36.00	2.28	5.71
71a L	下颌枝最小宽	33.09	9	35.60	31.20	1.54	4.65
71a R		32.85	12	35.20	31.00	1.22	3.72
79	下颌角	122.36	7	133.50	112.00	6.12	5.00
	颏孔间弧	56.09	11	66.00	49.00	4.64	8.27
68：65	下颌骨指数	66.62	7	74.03	58.44	4.44	6.67
71：70 L	下颌枝指数	64.11	6	69.75	53.57	5.02	7.83
71：70 R		64.71	7	74.47	57.27	5.73	8.85

附表一一　郑州唐代组男性颅骨测量值及指数　（长度：毫米；角度：度；指数：%）

马丁号	测量项目	均值	例数	最大值	最小值	标准差	变异系数
1	颅骨最大长（g-op）	183.49	9	191.20	169.00	6.17	3.36
8	颅骨最大宽（eu-eu）	140.45	10	147.70	128.00	5.11	3.64
17	颅高（b-ba）	142.69	8	151.20	136.50	4.75	3.33
21	耳上颅高（po-po）	119.81	9	125.00	115.00	3.36	2.81
9	额骨最小宽（ft-ft）	91.59	9	99.00	82.00	5.74	6.27
7	枕骨大孔长（enba-o）	36.56	10	41.20	33.70	2.45	6.70
16	枕骨大孔宽	29.93	10	35.00	27.26	2.35	7.84
25	颅矢状弧（n-o）	391.00	8	408.00	373.00	10.32	2.64
26	额骨矢状弧（n-b）	130.73	11	142.00	119.00	6.69	5.12
27	顶骨矢状弧（b-l）	134.92	13	154.00	124.00	7.32	5.43
28	枕骨矢状弧（l-o）	127.38	12	148.00	116.00	7.90	6.20
29	额骨矢状弦（n-b）	115.23	11	120.74	105.70	4.65	4.03
30	顶骨矢状弦（b-l）	119.29	13	132.78	113.00	5.29	4.44
31	枕骨矢状弦（l-o）	102.91	12	113.84	96.00	4.80	4.67

续表

马丁号	测量项目	均值	例数	最大值	最小值	标准差	变异系数
23	颅周长（g-op-g）	529.56	9	542.00	516.00	7.50	1.42
24	颅横弧（po-b-po）	323.35	10	329.00	318.00	4.05	1.25
5	颅基底长（n-enba）	103.95	6	110.40	98.00	3.65	3.51
40	面底长（pr-enba）	101.20	6	106.60	95.20	3.72	3.68
48（pr）	上面高（n-pr）	69.67	8	76.50	63.54	3.74	5.36
48（sd）	上面高（n-sd（av））	73.50	9	78.90	66.80	3.67	4.99
47	全面高（n-gn）	122.79	5	132.40	113.68	6.23	5.07
45	颧点间宽（zy-zy）	139.90	2	142.60	137.20	2.70	1.93
46	中面宽（zm-zm）	108.51	5	114.00	104.70	3.29	3.04
43	上面宽（fmt-fmt）	106.63	9	110.20	103.70	2.10	1.97
50	前眶间宽（mf-mf）	18.51	8	23.38	15.16	2.19	11.83
MH L	颧骨高（fmo-zm）	47.17	5	53.62	44.40	3.40	7.21
MH R	颧骨高（fmo-zm）	45.26	5	48.44	42.12	2.35	5.19
MB L	颧骨宽（zm-rim.orb）	27.85	5	31.46	25.26	2.09	7.51
MB R	颧骨宽（zm-rim.orb）	26.82	5	30.54	24.00	2.12	7.89
54	鼻宽	27.55	9	31.00	25.00	1.90	6.91
55	鼻高（n-ns）	53.28	8	59.50	47.86	3.42	6.41
SC	鼻最小宽	8.15	8	10.30	3.30	2.13	26.16
SS	鼻最小宽高	3.30	8	5.00	1.60	0.96	29.11
51L	眶宽（mf-ek）	44.20	8	47.64	41.00	2.03	4.59
51R	眶宽（mf-ek）	43.66	8	46.60	41.00	1.83	4.20
51aL	眶宽（d-ek）	41.73	8	45.00	39.00	1.91	4.57
51aR	眶宽（d-ek）	41.55	8	44.58	38.20	1.78	4.28
52L	眶高	35.10	8	40.56	32.42	2.48	7.07
52R	眶高	34.71	7	38.24	32.56	1.80	5.19
60	上颌齿槽弓长（pr-alv）	54.01	9	58.12	47.72	3.28	6.07
61	上颌齿槽弓宽（ekm-ekm）	68.05	10	72.30	62.24	2.78	4.09
62	腭长（ol-sta）	45.20	9	47.66	40.20	2.55	5.65
63	腭宽（enm-enm）	37.66	11	40.42	31.68	2.36	6.28
12	枕骨最大宽（ast-ast）	110.68	10	116.14	106.40	3.45	3.12
11	耳点间宽（au-au）	129.88	10	135.74	124.50	3.95	3.04
44	两眶宽（ek-ek）	101.14	9	108.74	96.00	3.27	3.23
FC	两眶内宽（fmo-fmo）	99.86	9	109.00	96.00	3.55	3.56
FS	鼻根点至两眶内宽矢高	16.41	9	20.00	14.00	2.13	12.98
DC	眶间宽（d-d）	19.81	8	23.56	9.48	4.11	20.73
32	额侧角Ⅰ（∠n-m FH）	85.56	9	90.00	79.00	3.30	3.86
∠g-m FH	额侧角Ⅱ（∠g-m FH）	79.44	9	85.00	73.00	3.72	4.68
∠g-b FH	前囟角（∠g-b FH）	46.78	9	49.00	42.00	2.20	4.70
72	总面角（∠n-pr FH）	84.13	8	93.00	79.00	4.68	5.56
73	中面角（∠n-ns FH）	87.33	9	95.00	79.00	5.06	5.79
74	齿槽面角（∠ns-pr FH）	69.75	8	79.00	63.00	4.97	7.12
75	鼻梁侧角（∠n-rhi FH）	62.25	4	68.00	53.00	5.63	9.04
77	鼻颧角（∠fmo-n-fmo）	143.32	9	148.00	136.00	3.83	2.67

续表

马丁号	测量项目	均值	例数	最大值	最小值	标准差	变异系数
SSA	颧上颌角（∠zm-ss-zm）	121.86	5	127.00	115.00	4.87	3.99
∠pr-n-ba	面三角（∠pr-n-ba）	66.60	5	71.00	60.00	4.32	6.48
∠n-pr-ba	（∠n-pr-ba）	72.70	5	74.50	71.00	1.33	1.82
∠n-ba-pr	（∠n-ba-pr）	42.70	5	49.00	38.00	4.28	10.03
72-75	鼻梁角	20.00	4	26.00	15.00	4.30	21.51
8：1	颅长宽指数	75.36	8	79.51	70.33	3.06	4.06
17：1	颅长高指数	76.46	6	79.92	74.23	2.14	2.80
17：8	颅宽高指数	101.32	8	107.03	95.06	3.13	3.09
9：8	额宽指数	66.50	8	70.64	62.37	3.11	4.68
16：7	枕骨大孔指数	81.98	10	92.78	73.17	5.31	6.47
40：5	面突指数	99.15	5	108.78	92.70	5.52	5.57
48：17pr	垂直颅面指数	50.64	5	56.04	47.13	3.19	6.29
48：17sd	垂直颅面指数	53.27	6	57.73	49.96	2.63	4.94
48：45pr	上面指数（K）	48.76	2	49.13	48.39	0.37	0.76
48：45sd	上面指数（K）	51.75	2	52.20	51.29	0.46	0.88
48：46pr	中面指数（V）	64.14	4	70.68	60.79	3.93	6.13
48：46sd		67.52	4	75.36	61.96	4.94	7.31
54：55	鼻指数	51.10	8	57.17	46.14	4.29	8.39
52：51L	眶指数Ⅰ	79.56	8	92.65	72.30	6.57	8.26
52：51R	眶指数Ⅰ	79.38	7	86.52	73.35	4.10	5.16
52：51aL	眶指数Ⅱ	84.29	8	100.65	75.58	7.34	8.71
52：51aR		83.66	7	90.70	78.89	3.77	4.50
54：51L	鼻眶指数Ⅰ	61.47	8	66.73	54.20	4.36	7.09
54：51R		62.24	8	68.18	54.51	4.60	7.39
54：51aL	鼻眶指数Ⅱ	65.13	8	71.98	57.38	4.87	7.48
54：51aR		65.39	8	73.39	57.92	4.74	7.25
SS：SC	鼻根指数	44.17	8	90.91	22.60	19.92	45.10
63：62	腭指数	83.62	9	94.53	66.53	8.42	10.07
45：（1+8）/2	横颅面指数	87.69	2	88.52	86.87	0.82	0.94
17：（1+8）/2	高平均指数	87.03	6	89.25	84.21	1.99	2.29
65	下颌髁突间宽（cdl-cdl）	123.83	3	132.40	109.24	10.37	8.37
66	下颌角间宽（go-go）	99.24	6	111.34	94.60	5.96	6.01
67	髁孔间径	49.50	9	52.46	46.10	1.67	3.37
68	下颌体长	77.24	5	85.50	66.50	6.46	8.36
68（1）	下颌体最大投影长	104.68	5	107.70	100.50	2.72	2.60
69	下颌联合高（id-gn）	35.36	7	38.20	31.84	2.21	6.26
MBHⅠL	下颌体高Ⅰ	32.98	9	36.52	26.62	2.89	8.77
MBHⅠR		33.17	9	35.50	26.86	2.48	7.49
MBHⅡL	下颌体高Ⅱ	29.31	9	33.20	22.00	3.32	11.32
MBHⅡR		31.87	8	35.36	24.70	3.03	9.52
MBTⅠL	下颌体厚Ⅰ	13.92	9	16.22	12.00	1.33	9.59
MBTⅠR		14.19	9	16.12	12.60	1.18	8.31
MBTⅡL	下颌体厚Ⅱ	16.88	9	19.00	15.28	1.19	7.07

续表

马丁号	测量项目	均值	例数	最大值	最小值	标准差	变异系数
MBT Ⅱ R		16.96	8	18.52	15.16	1.21	7.11
70 L	下颌枝高	66.59	5	74.70	53.00	8.17	12.26
70 R		69.12	5	77.28	55.00	7.52	10.88
71 L	下颌枝宽	45.85	4	51.76	40.60	4.23	9.22
71 R		45.86	5	51.00	40.00	3.72	8.12
71a L	下颌枝最小宽	36.76	8	41.00	32.14	3.06	8.33
71a R		36.34	6	41.38	32.24	3.23	8.89
79	下颌角	122.10	5	141.00	107.50	11.11	9.10
	颏孔间弧	57.44	9	62.00	53.00	2.54	4.43
68 ∶ 65	下颌骨指数	66.32	3	71.86	62.53	4.00	6.04
71 ∶ 70 L	下颌枝指数	70.08	4	76.60	63.72	4.56	6.50
71 ∶ 70 R		66.68	5	72.73	61.57	3.96	5.93

附表一二　郑州唐代组女性颅骨测量值及指数　（长度：毫米；角度：度；指数：%）

马丁号	测量项目	均值	例数	最大值	最小值	标准差	变异系数
1	颅骨最大长（g-op）	175.44	11	185.60	167.00	5.50	3.14
8	颅骨最大宽（eu-eu）	134.48	13	141.50	126.00	4.59	3.41
17	颅高（b-ba）	136.60	9	149.54	130.00	6.25	4.57
21	耳上颅高（po-po）	114.18	9	123.00	109.50	3.83	3.36
9	额骨最小宽（ft-ft）	89.02	10	95.44	76.54	5.39	6.06
7	枕骨大孔长（enba-o）	34.29	11	37.64	31.14	1.76	5.13
16	枕骨大孔宽	29.37	11	34.26	25.42	2.76	9.41
25	颅矢状弧（n-o）	370.25	12	384.00	358.00	7.86	2.12
26	额骨矢状弧（n-b）	128.11	14	141.00	121.00	5.54	4.33
27	顶骨矢状弧（b-l）	128.33	15	140.00	116.00	5.95	4.64
28	枕骨矢状弧（l-o）	116.42	13	130.00	109.00	6.79	5.83
29	额骨矢状弦（n-b）	111.22	14	124.34	104.68	4.64	4.17
30	顶骨矢状弦（b-l）	114.48	15	127.40	104.56	5.36	4.68
31	枕骨矢状弦（l-o）	97.87	13	108.14	90.46	5.28	5.40
23	颅周长（g-op-g）	505.00	9	532.00	486.00	12.69	2.51
24	颅横弧（po-b-po）	312.77	11	334.00	302.00	9.93	3.18
5	颅基底长（n-enba）	99.81	8	105.40	93.00	3.84	3.85
40	面底长（pr-enba）	95.36	7	101.86	89.66	3.70	3.88
48（pr）	上面高（n-pr）	63.44	10	68.14	54.00	3.89	6.13
48（sd）	上面高（n-sd（av））	66.96	10	70.84	61.24	2.92	4.36
47	全面高（n-gn）	109.57	6	117.22	106.00	3.82	3.48
45	颧点间宽（zy-zy）	123.00	4	130.40	116.84	4.97	4.04
46	中面宽（zm-zm）	99.53	9	105.56	91.80	4.68	4.70
43	上面宽（fmt-fmt）	101.50	10	107.00	90.34	4.39	4.32
50	前眶间宽（mf-mf）	17.89	11	22.00	15.62	2.22	12.41

续表

马丁号	测量项目	均值	例数	最大值	最小值	标准差	变异系数
MH L	颧骨高（fmo-zm）	43.28	9	47.00	39.34	2.73	6.30
MH R	颧骨高（fmo-zm）	43.11	11	48.88	39.70	2.84	6.58
MB L	颧骨宽（zm-rim.orb）	23.11	8	26.88	18.70	2.50	10.83
MB R	颧骨宽（zm-rim.orb）	23.60	11	27.92	20.30	2.50	10.58
54	鼻宽	25.40	9	30.00	22.00	2.38	9.35
55	鼻高（n-ns）	50.19	10	53.70	46.32	2.37	4.72
SC	鼻最小宽	8.65	10	11.40	5.44	1.66	19.23
SS	鼻最小宽高	3.19	10	5.30	2.00	0.96	30.15
51L	眶宽（mf-ek）	42.28	9	45.00	39.00	1.79	4.24
51R	眶宽（mf-ek）	42.25	11	44.60	39.32	1.68	3.98
51aL	眶宽（d-ek）	40.10	9	42.00	37.00	1.49	3.73
51aR	眶宽（d-ek）	39.75	11	42.14	37.00	1.53	3.85
52L	眶高	34.22	9	35.64	32.40	0.99	2.89
52R	眶高	34.19	11	37.00	30.42	1.71	4.99
60	上颌齿槽弓长（pr-alv）	48.96	11	52.64	45.44	2.38	4.86
61	上颌齿槽弓宽（ekm-ekm）	64.18	12	68.16	59.30	2.34	3.64
62	腭长（ol-sta）	40.78	9	44.20	37.00	2.16	5.31
63	腭宽（enm-enm）	36.75	12	42.00	31.46	3.08	8.37
12	枕骨最大宽（ast-ast）	105.79	15	115.10	98.34	5.29	5.00
11	耳点间宽（au-au）	123.36	12	131.38	107.00	6.65	5.39
44	两眶宽（ek-ek）	97.27	10	101.00	90.32	3.59	3.69
FC	两眶内宽（fmo-fmo）	94.83	11	99.00	87.80	3.21	3.39
FS	鼻根点至两眶内宽矢高	15.05	11	18.60	11.50	2.33	15.50
DC	眶间宽（d-d）	20.77	10	24.74	17.50	2.29	11.01
32	额侧角Ⅰ（∠n-m FH）	88.81	8	93.00	85.00	2.78	3.13
∠g-m FH	额侧角Ⅱ（∠g-m FH）	83.75	8	89.00	80.00	2.82	3.36
∠g-b FH	前囟角（∠g-b FH）	45.25	8	50.00	43.00	2.05	4.52
72	总面角（∠n-pr FH）	86.75	8	92.00	80.00	3.42	3.94
73	中面角（∠n-ns FH）	89.88	8	95.00	87.00	3.02	3.36
74	齿槽面角（∠ns-pr FH）	67.75	8	81.00	50.00	9.11	13.44
75	鼻梁侧角（∠n-rhi FH）	70.63	4	75.00	67.00	2.99	4.23
77	鼻颧角（∠fmo-n-fmo）	144.68	11	153.00	138.50	4.85	3.35
SSA	颧上颌角（∠zm-ss-zm）	126.94	8	132.00	124.50	2.23	1.76
∠pr-n-ba	面三角（∠pr-n-ba）	64.93	7	70.00	61.50	2.85	4.38
∠n-pr-ba	（∠n-pr-ba）	76.71	7	81.50	70.00	3.56	4.65
∠n-ba-pr	（∠n-ba-pr）	39.50	7	46.50	36.00	3.17	8.03
72-75	鼻梁角	15.13	4	22.00	8.50	4.98	32.92
8：1	颅长宽指数	76.08	10	80.00	70.99	2.65	3.48
17：1	颅长高指数	77.04	7	79.56	72.66	2.10	2.73

续表

马丁号	测量项目	均值	例数	最大值	最小值	标准差	变异系数
17：8	颅宽高指数	101.38	9	107.43	95.17	3.37	3.33
9：8	额宽指数	66.79	9	72.63	57.81	4.68	7.01
16：7	枕骨大孔指数	85.69	11	97.61	73.80	7.17	8.37
40：5	面突指数	95.55	7	101.85	91.36	4.05	4.24
48：17pr	垂直颅面指数	47.83	7	51.72	46.05	1.83	3.82
48：17sd	垂直颅面指数	49.97	7	54.18	47.64	2.03	4.07
48：45pr	上面指数（K）	51.89	4	57.77	46.55	4.10	7.89
48：45sd	上面指数（K）	54.33	4	60.51	48.54	4.28	7.89
48：46pr	中面指数（V）	65.33	8	71.55	58.82	3.47	5.31
48：46sd		68.36	8	74.94	62.73	3.33	4.87
54：55	鼻指数	50.38	9	58.03	46.55	3.44	6.82
52：51L	眶指数Ⅰ	81.08	9	86.26	74.98	3.82	4.72
52：51R	眶指数Ⅰ	80.99	11	86.45	73.99	4.06	5.01
52：51aL	眶指数Ⅱ	85.45	9	90.92	79.69	3.63	4.25
52：51aR		86.06	11	92.50	81.03	3.84	4.46
54：51L	鼻眶指数Ⅰ	61.18	8	69.77	52.24	5.51	9.01
54：51R		60.61	9	69.61	52.86	5.14	8.48
54：51aL	鼻眶指数Ⅱ	64.54	8	72.85	55.36	5.35	8.29
54：51aR		64.07	9	73.17	55.64	5.28	8.25
SS：SC	鼻根指数	37.59	10	60.64	22.22	11.47	30.52
63：62	腭指数	94.01	9	109.73	83.71	8.78	9.34
45：（1+8）/2	横颅面指数	81.82	4	89.01	77.40	4.47	5.47
17：（1+8）/2	高平均指数	87.54	7	90.14	84.14	1.84	2.10
65	下颌髁突间宽（cdl-cdl）	123.77	5	129.00	114.42	5.96	4.81
66	下颌角间宽（go-go）	91.34	5	101.48	85.18	5.61	6.14
67	髁孔间径	47.16	8	53.36	41.94	3.14	6.66
68	下颌体长	70.08	5	73.00	68.00	1.68	2.40
68（1）	下颌体最大投影长	97.86	5	103.50	94.00	4.06	4.15
69	下颌联合高（id-gn）	30.99	7	33.80	27.60	2.20	7.09
MBH Ⅰ L	下颌体高Ⅰ	28.88	9	34.30	24.46	2.72	9.43
MBH Ⅰ R		29.09	10	32.60	25.26	2.30	7.90
MBH Ⅱ L	下颌体高Ⅱ	27.00	9	30.82	23.38	2.19	8.11
MBH Ⅱ R		27.25	10	29.86	23.70	1.80	6.62
MBT Ⅰ L	下颌体厚Ⅰ	12.88	9	14.12	12.12	0.59	4.56
MBT Ⅰ R		12.62	10	14.16	11.40	0.82	6.46
MBT Ⅱ L	下颌体厚Ⅱ	15.38	9	16.54	14.00	0.80	5.22
MBT Ⅱ R		15.49	10	17.20	13.80	1.14	7.34
70 L	下颌枝高	59.14	6	65.00	52.58	4.10	6.93
70 R		60.06	7	65.62	53.40	3.73	6.20

续表

马丁号	测量项目	均值	例数	最大值	最小值	标准差	变异系数
71 L	下颌枝宽	42.21	5	44.00	39.50	1.60	3.79
71 R		44.58	8	68.00	36.40	9.12	20.47
71a L	下颌枝最小宽	33.14	6	34.86	31.70	1.26	3.79
71a R		33.41	8	35.10	32.26	1.01	3.03
79	下颌角	124.40	5	128.50	120.00	2.75	2.21
	颏孔间弧	54.31	8	60.00	47.00	4.05	7.46
68：65	下颌骨指数	56.70	5	59.43	54.42	1.95	3.44
71：70 L	下颌枝指数	71.57	5	79.65	67.17	4.45	6.21
71：70 R		68.83	7	75.28	61.32	4.65	6.76

附表一三　郑州宋代组男性颅骨测量值及指数　（长度：毫米；角度：度；指数：%）

马丁号	测量项目	均值	例数	最大值	最小值	标准差	变异系数
1	颅骨最大长（g-op）	177.51	9	184.70	164.00	6.22	3.50
8	颅骨最大宽（eu-eu）	133.47	9	139.20	126.50	4.61	3.46
17	颅高（b-ba）	134.93	6	141.70	122.00	6.26	4.64
21	耳上颅高（po-po）	118.80	8	121.00	115.80	1.47	1.24
9	额骨最小宽（ft-ft）	87.72	10	99.50	75.00	6.20	7.07
7	枕骨大孔长（enba-o）	36.38	5	41.80	31.36	3.85	10.58
16	枕骨大孔宽	29.12	4	29.90	28.30	0.60	2.05
25	颅矢状弧（n-o）	385.58	6	411.00	362.00	14.77	3.83
26	额骨矢状弧（n-b）	127.64	9	135.00	120.00	5.53	4.34
27	顶骨矢状弧（b-l）	131.77	11	149.00	118.00	9.62	7.30
28	枕骨矢状弧（l-o）	129.50	8	142.00	112.00	9.25	7.14
29	额骨矢状弦（n-b）	111.83	9	117.70	104.74	4.58	4.09
30	顶骨矢状弦（b-l）	113.69	11	126.42	92.00	8.96	7.88
31	枕骨矢状弦（l-o）	103.61	8	115.44	94.66	6.58	6.36
23	颅周长（g-op-g）	530.22	9	560.00	513.00	13.37	2.52
24	颅横弧（po-b-po）	325.88	8	336.00	318.00	5.90	1.81
5	颅基底长（n-enba）	98.52	6	104.50	91.50	5.19	5.27
40	面底长（pr-enba）	102.81	4	105.64	101.00	1.72	1.68
48（pr）	上面高（n-pr）	68.87	5	72.20	65.50	2.42	3.52
48（sd）	上面高（n-sd（av））	72.78	5	76.00	69.88	2.61	3.58
47	全面高（n-gn）	117.18	2	118.10	116.26	0.92	0.79
45	颧点间宽（zy-zy）	136.51	3	140.40	131.50	3.72	2.72
46	中面宽（zm-zm）	104.91	5	106.74	101.50	1.83	1.75
43	上面宽（fmt-fmt）	105.23	7	111.56	97.10	5.12	4.87
50	前眶间宽（mf-mf）	18.85	5	23.20	16.54	2.51	13.32
MH L	颧骨高（fmo-zm）	45.48	5	49.76	41.40	3.02	6.64
MH R	颧骨高（fmo-zm）	45.50	5	48.72	42.52	2.52	5.54
MB L	颧骨宽（zm-rim.orb）	26.45	7	29.40	22.82	2.09	7.91
MB R	颧骨宽（zm-rim.orb）	26.73	5	29.00	23.44	2.11	7.89

续表

马丁号	测量项目	均值	例数	最大值	最小值	标准差	变异系数
54	鼻宽	26.92	5	29.64	23.44	2.75	10.20
55	鼻高（n-ns）	53.08	4	57.14	50.52	2.50	4.72
SC	鼻最小宽	7.48	5	10.00	3.50	2.15	28.82
SS	鼻最小宽高	3.22	5	4.00	2.00	0.71	21.91
51L	眶宽（mf-ek）	44.94	5	47.24	43.00	1.63	3.62
51R	眶宽（mf-ek）	44.62	5	46.58	43.24	1.18	2.64
51aL	眶宽（d-ek）	42.02	5	44.32	40.76	1.26	3.00
51aR	眶宽（d-ek）	42.16	5	43.32	40.50	1.02	2.43
52L	眶高	34.43	5	36.78	31.54	1.99	5.78
52R	眶高	34.82	4	37.58	33.20	1.66	4.77
60	上颌齿槽弓长（pr-alv）	56.60	10	67.44	46.76	4.95	8.74
61	上颌齿槽弓宽（ekm-ekm）	67.83	6	71.90	62.50	3.10	4.57
62	腭长（ol-sta）	45.32	7	50.20	40.44	3.39	7.49
63	腭宽（enm-enm）	40.16	7	42.00	36.20	1.93	4.81
12	枕骨最大宽（ast-ast）	110.65	10	115.40	102.80	3.83	3.46
11	耳点间宽（au-au）	127.12	8	136.10	117.00	5.06	3.98
44	两眶宽（ek-ek）	111.34	5	150.20	98.24	19.62	17.62
FC	两眶内宽（fmo-fmo）	100.16	7	105.70	95.00	4.06	4.06
FS	鼻根点至两眶内宽矢高	17.26	8	20.50	13.00	2.33	13.52
DC	眶间宽（d-d）	21.68	5	26.24	19.42	2.52	11.61
32	额侧角Ⅰ（∠n-m FH）	82.25	8	87.00	74.00	3.86	4.70
∠g-m FH	额侧角Ⅱ（∠g-m FH）	75.13	8	83.00	70.00	3.98	5.30
∠g-b FH	前囟角（∠g-b FH）	46.44	8	51.00	42.00	3.04	6.54
72	总面角（∠n-pr FH）	83.60	5	87.00	78.00	3.07	3.68
73	中面角（∠n-ns FH）	87.20	5	92.00	81.00	3.60	4.13
74	齿槽面角（∠ns-pr FH）	66.60	5	71.00	61.00	3.38	5.08
75	鼻梁侧角（∠n-rhi FH）	66.00	1	66.00	66.00	0.00	0.00
77	鼻颧角（∠fmo-n-fmo）	139.89	8	144.00	135.00	3.16	2.26
SSA	颧上颌角（∠zm-ss-zm）	125.48	4	133.00	115.60	7.07	5.64
∠pr-n-ba	面三角（∠pr-n-ba）	70.75	4	75.00	66.00	3.36	4.75
∠n-pr-ba	（∠n-pr-ba）	70.50	4	73.50	67.00	2.81	3.98
∠n-ba-pr	（∠n-ba-pr）	38.75	4	41.00	37.00	1.48	3.82
72-75	鼻梁角	19.00	1	19.00	19.00	0.00	0.00
8：1	颅长宽指数	75.28	9	83.23	68.56	3.74	4.96
17：1	颅长高指数	75.18	6	78.03	68.35	3.30	4.39
17：8	颅宽高指数	102.06	6	107.91	94.21	4.47	4.38
9：8	额宽指数	64.82	9	71.81	55.35	4.40	6.79
16：7	枕骨大孔指数	83.61	4	90.24	77.86	5.71	6.83
40：5	面突指数	106.84	4	111.58	97.12	5.88	5.50
48：17pr	垂直颅面指数	51.14	4	53.69	49.45	1.57	3.06
48：17sd	垂直颅面指数	53.90	4	57.92	51.76	2.40	4.46
48：45pr	上面指数（K）	49.23	2	51.82	46.65	2.58	5.25

续表

马丁号	测量项目	均值	例数	最大值	最小值	标准差	变异系数
48：45sd	上面指数（K）	51.73	2	53.14	50.33	1.41	2.72
48：46pr	中面指数（V）	65.48	4	71.13	62.50	3.36	5.13
48：46sd		68.96	4	74.68	66.36	3.33	4.83
54：55	鼻指数	52.38	4	55.92	46.07	4.03	7.70
52：51L	眶指数Ⅰ	76.73	5	84.65	67.97	5.33	6.95
52：51R	眶指数Ⅰ	78.26	4	80.68	76.78	1.47	1.87
52：51aL	眶指数Ⅱ	81.99	5	88.78	74.92	4.77	5.82
52：51aR		83.14	4	87.40	78.23	3.46	4.17
54：51L	鼻眶指数Ⅰ	59.79	5	63.88	54.51	4.30	7.19
54：51R		60.26	5	65.49	53.03	5.17	8.57
54：51aL	鼻眶指数Ⅱ	64.04	5	70.40	56.80	5.89	9.20
54：51aR		63.79	5	68.65	56.08	5.59	8.77
SS：SC	鼻根指数	44.90	5	57.14	38.00	7.46	16.61
63：62	腭指数	89.45	6	95.45	81.67	4.78	5.34
45：（1+8）/2	横颅面指数	87.53	3	91.17	84.70	2.70	3.09
17：（1+8）/2	高平均指数	86.55	6	90.00	79.22	3.41	3.94
65	下颌髁突间宽（cdl-cdl）	108.93	10	128.60	88.44	9.55	8.77
66	下颌角间宽（go-go）	98.19	12	111.46	84.76	7.25	7.39
67	髁孔间径	48.99	12	59.32	45.00	3.56	7.27
68	下颌体长	79.62	11	91.00	73.60	4.67	5.86
68（1）	下颌体最大投影长	106.93	11	121.60	96.00	7.00	6.55
69	下颌联合高（id-gn）	31.54	10	36.88	25.84	4.06	12.89
MBH Ⅰ L	下颌体高Ⅰ	31.12	12	36.28	26.00	3.64	11.69
MBH Ⅰ R		31.91	13	36.50	27.20	3.20	10.02
MBH Ⅱ L	下颌体高Ⅱ	28.06	11	33.80	12.00	5.98	21.32
MBH Ⅱ R		30.28	11	33.24	24.24	2.92	9.65
MBT Ⅰ L	下颌体厚Ⅰ	13.13	11	15.00	11.44	1.21	9.21
MBT Ⅰ R		13.44	13	15.20	10.72	1.47	10.90
MBT Ⅱ L	下颌体厚Ⅱ	16.13	11	18.30	14.10	1.27	7.84
MBT Ⅱ R		16.74	11	18.00	15.00	0.87	5.22
70 L	下颌枝高	69.22	10	78.00	59.20	5.21	7.53
70 R		68.53	12	75.00	60.76	4.47	6.52
71 L	下颌枝宽	45.98	11	58.50	41.40	4.41	9.59
71 R		45.17	11	49.40	41.00	2.30	5.09
71a L	下颌枝最小宽	36.27	11	40.20	32.78	1.80	4.97
71a R		36.53	13	41.50	32.42	2.39	6.54
79	下颌角	118.92	11	125.00	108.50	5.02	4.22
	颏孔间弧	57.13	12	60.00	53.00	2.10	3.68
68：65	下颌骨指数	72.59	10	86.39	60.65	6.81	9.38
71：70 L	下颌枝指数	66.45	10	85.73	60.11	7.17	10.79
71：70 R		65.90	11	71.96	61.33	3.47	5.27

附表一四　郑州宋代组女性颅骨测量值及指数　（长度：毫米；角度：度；指数：%）

马丁号	测量项目	均值	例数	最大值	最小值	标准差	变异系数
1	颅骨最大长（g-op）	170.41	14	189.60	158.00	7.23	4.24
8	颅骨最大宽（eu-eu）	128.83	12	139.00	121.00	4.36	3.38
17	颅高（b-ba）	129.13	12	135.00	124.50	3.02	2.34
21	耳上颅高（po-po）	114.24	13	121.70	108.00	4.15	3.64
9	额骨最小宽（ft-ft）	86.64	13	99.42	75.00	6.97	8.04
7	枕骨大孔长（enba-o）	35.37	11	39.00	32.46	1.99	5.62
16	枕骨大孔宽	28.97	11	33.20	24.00	2.42	8.37
25	颅矢状弧（n-o）	372.92	13	402.00	348.00	14.72	3.95
26	额骨矢状弧（n-b）	127.29	14	136.00	119.00	4.73	3.71
27	顶骨矢状弧（b-l）	128.96	14	151.00	111.00	9.88	7.66
28	枕骨矢状弧（l-o）	117.73	13	131.00	100.00	9.83	8.35
29	额骨矢状弦（n-b）	109.98	14	119.00	105.50	3.21	2.92
30	顶骨矢状弦（b-l）	112.91	14	128.84	98.00	7.79	6.90
31	枕骨矢状弦（l-o）	97.18	13	104.00	85.56	5.46	5.62
23	颅周长（g-op-g）	509.29	12	540.00	453.00	23.65	4.64
24	颅横弧（po-b-po）	314.67	12	336.00	293.00	11.66	3.71
5	颅基底长（n-enba）	92.94	12	98.70	90.00	2.54	2.73
40	面底长（pr-enba）	96.67	12	108.10	87.00	5.33	5.51
48（pr）	上面高（n-pr）	65.14	13	74.36	59.50	4.05	6.22
48（sd）	上面高（n-sd（av））	68.41	13	77.60	62.40	4.26	6.23
47	全面高（n-gn）	109.86	8	116.70	103.16	4.76	4.33
45	颧点间宽（zy-zy）	122.75	8	138.10	84.60	15.72	12.80
46	中面宽（zm-zm）	98.26	13	107.20	90.38	4.78	4.86
43	上面宽（fmt-fmt）	102.93	12	108.50	93.74	3.81	3.71
50	前眶间宽（mf-mf）	17.51	12	21.44	13.50	2.33	13.33
MH L	颧骨高（fmo-zm）	43.45	13	48.40	37.86	2.74	6.31
MH R	颧骨高（fmo-zm）	42.49	12	49.34	33.64	4.76	11.20
MB L	颧骨宽（zm-rim.orb）	22.67	13	26.30	18.20	2.32	10.23
MB R	颧骨宽（zm-rim.orb）	22.61	12	26.50	18.76	2.41	10.64
54	鼻宽	25.71	12	28.00	22.52	1.56	6.07
55	鼻高（n-ns）	49.92	13	54.70	45.00	2.75	5.50
SC	鼻最小宽	7.44	12	11.20	3.52	2.22	29.90
SS	鼻最小宽高	2.73	12	4.00	2.00	0.70	25.75
51L	眶宽（mf-ek）	43.49	12	46.00	41.50	1.46	3.35
51R	眶宽（mf-ek）	43.22	12	46.00	40.56	1.79	4.14
51aL	眶宽（d-ek）	41.37	12	43.70	39.14	1.50	3.64
51aR	眶宽（d-ek）	40.82	12	43.40	38.60	1.52	3.71
52L	眶高	34.60	11	38.00	31.66	1.94	5.61
52R	眶高	34.04	12	37.10	31.00	2.16	6.36
60	上颌齿槽弓长（pr-alv）	50.01	14	58.82	40.80	4.54	9.08
61	上颌齿槽弓宽（ekm-ekm）	61.80	15	68.40	55.14	4.03	6.52

续表

马丁号	测量项目	均值	例数	最大值	最小值	标准差	变异系数
62	腭长（ol-sta）	41.90	14	50.54	37.72	3.36	8.03
63	腭宽（enm-enm）	37.84	15	42.24	32.54	2.83	7.48
12	枕骨最大宽（ast-ast）	106.62	12	113.32	100.26	3.69	3.46
11	耳点间宽（au-au）	122.42	13	129.00	110.72	4.80	3.92
44	两眶宽（ek-ek）	98.86	12	105.44	92.76	3.72	3.76
FC	两眶内宽（fmo-fmo）	95.64	13	101.00	87.40	3.27	3.42
FS	鼻根点至两眶内宽矢高	15.81	13	19.50	12.00	2.27	14.37
DC	眶间宽（d-d）	20.78	13	25.20	17.10	2.70	12.98
32	额侧角Ⅰ（∠n-m FH）	86.00	13	92.00	75.00	4.21	4.89
∠g-m FH	额侧角Ⅱ（∠g-m FH）	81.50	13	89.00	70.00	4.86	5.96
∠g-b FH	前囟角（∠g-b FH）	49.15	13	78.00	38.00	8.85	18.00
72	总面角（∠n-pr FH）	83.23	13	88.00	77.00	3.31	3.98
73	中面角（∠n-ns FH）	85.85	13	96.00	71.00	5.99	6.97
74	齿槽面角（∠ns-pr FH）	67.38	13	75.00	60.00	4.53	6.73
75	鼻梁侧角（∠n-rhi FH）	71.00	1	71.00	71.00	0.00	0.00
77	鼻颧角（∠fmo-n-fmo）	140.81	13	149.00	120.50	7.33	5.20
SSA	颧上颌角（∠zm-ss-zm）	125.95	13	133.00	110.50	6.43	5.10
∠pr-n-ba	面三角（∠pr-n-ba）	67.79	12	78.00	61.00	4.75	7.01
∠n-pr-ba	（∠n-pr-ba）	74.15	12	80.00	67.00	3.86	5.21
∠n-ba-pr	（∠n-ba-pr）	38.06	12	43.50	34.00	2.81	7.38
72-75	鼻梁角	8.00	1	8.00	8.00	0.00	0.00
8：1	颅长宽指数	76.26	12	81.76	70.35	3.15	4.13
17：1	颅长高指数	76.06	12	80.36	72.03	2.29	3.02
17：8	颅宽高指数	100.20	11	108.68	92.09	4.01	4.00
9：8	额宽指数	66.30	11	78.51	59.06	5.12	7.72
16：7	枕骨大孔指数	81.92	11	87.97	73.26	5.27	6.44
40：5	面突指数	104.08	12	115.00	90.63	6.21	5.97
48：17pr	垂直颅面指数	50.14	12	55.70	45.22	2.96	5.90
48：17sd	垂直颅面指数	52.61	12	58.13	47.65	3.04	5.78
48：45pr	上面指数（K）	52.36	8	70.33	47.20	6.92	13.22
48：45sd	上面指数（K）	54.88	8	73.76	49.19	7.45	13.57
48：46pr	中面指数（V）	66.38	13	74.50	59.05	4.18	6.30
48：46sd		69.71	13	79.97	62.50	4.40	6.32
54：55	鼻指数	51.50	12	57.78	45.27	3.86	7.50
52：51L	眶指数Ⅰ	79.98	11	86.76	74.50	3.68	4.60
52：51R	眶指数Ⅰ	78.84	12	87.91	69.22	5.35	6.79
52：51aL	眶指数Ⅱ	84.04	11	90.91	78.21	3.86	4.59
52：51aR		83.43	12	93.22	76.54	5.26	6.30
54：51L	鼻眶指数Ⅰ	59.14	12	64.52	53.48	3.45	5.83
54：51R		60.07	11	66.35	54.07	3.73	6.21
54：51aL	鼻眶指数Ⅱ	62.15	12	67.40	56.29	3.39	5.46

续表

马丁号	测量项目	均值	例数	最大值	最小值	标准差	变异系数
54：51aR		63.35	11	70.35	57.07	4.16	6.57
SS：SC	鼻根指数	39.20	12	62.50	23.26	11.64	29.69
63：62	腭指数	90.53	14	107.03	76.10	9.31	10.28
45：（1+8）/2	横颅面指数	82.43	8	92.37	58.55	10.14	12.30
17：（1+8）/2	高平均指数	86.37	11	90.60	82.79	2.53	2.93
65	下颌髁突间宽（cdl-cdl）	103.91	10	111.70	92.74	6.41	6.17
66	下颌角间宽（go-go）	96.27	10	107.84	90.70	5.49	5.70
67	髁孔间径	47.59	11	50.72	44.16	2.01	4.22
68	下颌体长	73.28	10	78.00	67.00	3.22	4.39
68（1）	下颌体最大投影长	102.22	10	108.40	96.20	3.72	3.64
69	下颌联合高（id-gn）	32.03	9	41.76	28.90	3.79	11.82
MBH Ⅰ L	下颌体高Ⅰ	29.45	11	35.60	25.90	3.13	10.62
MBH Ⅰ R		29.12	11	37.14	25.54	3.21	11.02
MBH Ⅱ L	下颌体高Ⅱ	26.91	11	32.60	22.16	2.89	10.75
MBH Ⅱ R		27.16	11	34.50	23.54	3.08	11.35
MBT Ⅰ L	下颌体厚Ⅰ	12.97	11	15.78	10.14	1.55	11.99
MBT Ⅰ R		13.16	11	14.70	10.66	1.21	9.18
MBT Ⅱ L	下颌体厚Ⅱ	16.01	11	18.90	13.22	1.60	10.01
MBT Ⅱ R		16.05	11	18.90	13.00	1.62	10.11
70 L	下颌枝高	60.11	10	65.80	49.70	4.73	7.86
70 R		59.48	11	65.12	51.14	4.58	7.71
71 L	下颌枝宽	42.07	10	46.26	38.50	2.56	6.09
71 R		41.73	10	45.20	38.90	2.15	5.15
71a L	下颌枝最小宽	34.31	10	39.86	30.90	2.58	7.51
71a R		33.91	10	40.00	30.00	2.52	7.43
79	下颌角	125.40	10	128.50	118.50	3.02	2.41
	颏孔间弧	55.81	11	60.00	49.86	2.85	5.11
68：65	下颌骨指数	63.36	10	78.53	8.63	18.96	29.93
71：70 L	下颌枝指数	70.44	10	79.33	60.92	6.89	9.79
71：70 R		70.73	10	81.29	61.49	5.89	8.33

附表一五　郑州地区荥阳薛村遗址汉至明清时期颅骨测量平均值　（长度：毫米；角度：度；指数：%）

项目	汉代			唐代			宋金元			明清		
	平均值	例数	标准差	平均值	例数	标准差	平均值	例数	标准差	平均值	例数	标准差
1 颅长（g-op）	180.03	14	4.99	183.97	7	5.79	183.05	2	1.65	183.37	7	6.95
8 颅宽（eu-eu）	141.5	19	6.50	140.98	9	3.78	137.6	2	1.60	140.71	8	4.58
17 颅高（b-ba）	139.25	8	5.94	143.02	6	4.71	140.55	2	1.15	140.75	6	7.63
21 耳上颅高（po-po）	116.41	8	4.44	120.75	6	3.49	118.75	2	0.75	117.56	7	4.06
9 最小额宽（ft-ft）	93.41	16	5.05	94.22	6	4.90	91.1	3	3.98	92.26	8	2.47
7 枕骨大孔长（enba-o）	35.86	13	3.61	36.75	8	2.71	34.52	2	3.16	36.94	6	1.71
16 枕骨大孔宽	30.31	12	2.29	29.97	8	2.62	28.85	2	0.55	30.95	5	1.67
25 颅矢弧（n-o）	374.85	13	14.14	384.57	7	9.75	381	2	1.00	383.33	6	15.46
26 额矢弧（n-b）	128.2	20	6.17	130.89	9	5.57	127.77	3	4.29	128.38	8	8.93
27 顶矢弧（b-l）	128.44	24	8.09	133.91	11	7.76	135.67	3	8.01	133.44	9	6.70
28 枕矢弧（l-o）	120.43	21	6.59	125.23	11	8.53	130	1	0.00	120.88	8	11.10
29 额矢弦（n-b）	111.86	21	3.60	115.49	9	4.57	114.12	3	2.62	112.51	8	7.04
30 顶矢弦（b-l）	114.19	25	5.87	118.83	11	5.68	121.36	3	5.43	118.9	9	5.46
31 枕矢弦（l-o）	99.15	21	4.76	101.8	11	5.67	102.66	1	0.00	98.88	8	5.91
23 颅周长（g-op-g）	521.66	14	11.19	527.67	6	7.04	524	2	6.00	522	6	17.74
24 颅横弧（po-b-po）	318	16	10.80	321.56	8	4.74	319	2	1.00	317.11	9	12.84
5 颅基底长（n-enba）	102.73	9	3.50	105.43	4	2.99	102.3	2	1.70	100.77	6	4.71
40 面底长（pr-enba）	98.73	5	3.35	99.25	4	2.88	101	1	0.00	94.81	5	5.30
48（pr）上面高（n-pr）	76.52	6	9.03	70.26	5	4.57	72.2	1	0.00	68.32	7	3.79
48（sd）上面高［n-sd（av）］	76.9	7	3.65	73.99	6	4.39	75.8	1	0.00	71.71	7	3.67
47 全面高（n-gn）	118.16	4	5.18	123.53	3	7.67	/	0	/	121.19	3	2.53
45 颧点间宽（zy-zy）	142.94	3	3.42	/	0	/	137.62	1	0.00	135.14	5	6.29
46 中面宽（zm-zm）	103.35	7	5.83	108.13	3	4.17	104.12	2	2.62	102.41	7	4.90
43 上面宽（fmt-fmt）	107.31	11	3.39	107.05	6	1.91	107.06	2	4.50	105.15	8	3.27
50 前眶间宽（mf-mf）	19.21	12	1.70	18.64	6	2.48	16.69	2	0.15	18.7	8	1.65
颧骨高（fmo-zm）L	45.77	9	2.62	48.52	3	3.83	46.44	2	3.32	46.36	9	3.47
R	45.44	9	2.37	45.73	3	2.17	45.5	2	2.50	46.53	8	3.16
颧骨宽（zm-rim.orb）L	25.04	9	3.22	28.5	3	2.12	25.53	2	2.71	26.41	9	3.44
R	25.56	8	2.02	25.79	3	1.29	26.22	2	2.78	26.37	8	2.73

续表

项目	汉代			唐代			宋金元			明清		
	平均值	例数	标准差	平均值	例数	标准差	平均值	例数	标准差	平均值	例数	标准差
54 鼻宽	27.5	12	1.52	27.5	7	1.78	26.48	2	3.04	26.56	8	0.86
55 鼻高（n-ns）	55.4	10	3.38	53.74	6	3.67	57.14	1	0.00	52.84	8	2.38
SC 鼻最小宽	7.73	8	1.37	8.06	6	2.41	7.77	2	0.23	7.64	8	2.12
SS 鼻最小宽高	2.8	8	0.39	3.32	6	1.02	3.5	2	0.50	2.66	8	0.65
51L 眶宽（mf-ek）	44.52	9	1.78	44.4	6	2.11	45.12	2	2.12	43.27	8	1.63
51R 眶宽（mf-ek）	44.5	10	2.13	44.04	6	1.77	45.39	2	1.19	43.21	8	1.71
51aL 眶宽（d-ek）	42.09	8	1.43	42.08	6	2.01	42.66	2	1.66	40.61	8	1.66
51aR 眶宽（d-ek）	41.86	10	1.68	42.22	6	1.35	41.75	2	1.25	40.02	8	2.03
52L 眶高	35.88	9	1.35	35.88	6	2.40	36.59	2	0.19	34.76	8	1.66
52R 眶高	35.79	9	1.92	35.37	5	1.71	36.03	2	1.55	35.07	8	2.04
60 上颌齿槽弓长（pr-alv）	53.35	10	3.86	53.37	7	3.37	54.68	1	0.00	49.77	7	2.48
61 上颌齿槽弓宽（ekm-ekm）	67.67	14	3.67	68.38	7	1.86	68.5	1	0.00	63.48	6	6.05
62 腭长（ol-sta）	42.96	9	2.10	44.49	7	2.48	42.2	1	0.00	42.87	6	1.76
63 腭宽（enm-enm）	37.77	14	2.99	37.39	8	2.71	36.2	1	0.00	36.81	7	4.73
12 枕骨最大宽（ast-ast）	111.63	25	6.04	109.25	9	5.03	107.55	2	1.45	110.07	8	5.36
11 耳点间宽（au-au）	129.35	22	5.77	128.26	8	4.55	125.66	2	0.94	115.94	9	30.31
44 两眶宽（ek-ek）	101.44	7	3.38	101.53	6	3.73	124.22	2	25.98	99.39	8	4.02
FC 两眶内宽（fmo-fmo）	99.29	13	3.05	100.46	6	4.15	101.51	2	4.19	97.69	8	3.47
FS 鼻根点至两眶内宽之矢高（n to fmo-fmo）	16.73	13	2.36	16.7	6	1.79	17	2	0.00	15.56	8	1.89
DC 眶间宽（d-d）	21.98	8	1.69	19.12	6	4.52	20.1	2	0.10	21.7	8	2.20
32 额侧角 Ⅰ（n-m FH）	85.78	9	4.83	85.17	6	3.34	82	2	1.00	87.57	7	5.23
额侧角 Ⅱ（g-m FH）	80.44	9	5.98	79.33	6	3.73	75	2	1.00	80.57	7	5.12
前囟角（g-b FH）	44	8	3.81	46.67	6	2.49	44	2	0.00	46.14	7	3.00
72　总面角（n-pr FH）	84.83	6	3.85	84.2	5	3.25	85	1	0.00	85	6	3.51
73　中面角（n-ns FH）	89.11	9	3.81	88.33	6	3.35	89	1	0.00	89.43	7	2.50
74 齿槽面角（ns-pr FH）	71.33	6	5.37	68.4	5	4.45	65	1	0.00	72.58	6	8.25
75 鼻梁侧角（n-rhi FH）	77	1	0.00	66.5	2	1.50	66	1	0.00	68.5	2	2.50

续表

项目	汉代			唐代			宋金元			明清		
	平均值	例数	标准差	平均值	例数	标准差	平均值	例数	标准差	平均值	例数	标准差
77 鼻颧角（fmo-n-fmo）	142.31	13	4.88	142.98	6	2.38	141.5	2	1.50	144.06	8	4.41
颧上颌角（zm-ss-zm）	125.29	7	4.07	125.67	3	1.55	122	1	0.00	129.71	7	4.07
面三角（pr-n-ba）	65	5	3.05	64.33	3	4.19	66	1	0.00	63.7	3.89	2.71
（n-ba-pr）	42	5	2.47	42.17	3	3.12	41	1	0.00	40.6	5	1.50
72-75 鼻梁角	11	1	0.00	18.5	2	3.50	19	1	0.00	16.5	2	1.50
8：1　颅长宽指数	79.33	14	3.19	76.24	7	2.64	75.17	2	0.20	76.76	6	2.03
17：1 颅长高指数	76.97	8	3.17	76.15	4	2.23	76.78	2	0.06	77.01	6	2.76
17：8 颅宽高指数	97.87	8	5.20	100.15	6	2.45	102.15	2	0.35	100.35	6	3.32
9：8　额宽指数	66.65	15	2.85	66.81	6	3.02	64.22	2	0.10	65.28	6	1.41
16：7 枕骨大孔指数	83.88	11	5.68	81.69	8	5.90	84.13	2	6.11	83.62	5	5.43
40：5 面突指数	96.34	5	2.92	95.79	3	2.91	97.12	1	0.00	95.21	5	3.80
48：17pr 垂直颅面指数	56.31	4	6.69	52.29	3	3.06	50.95	1	0.00	48.83	5	2.75
48：17sd	55.22	4	1.21	54.35	4	2.50	53.49	1	0.00	51.51	5	2.73
48：45pr 上面指数	50.84	2	2.26	/	0	/	/	0	/	50.61	4	3.28
48：45sd	53.35	2	3.00	/	0	/	/	0	/	53.38	4	3.21
48：46pr 中面指数（V）	68.05	3	1.07	65.73	2	4.94	71.13	1	0.00	68.44	6	2.78
48：46sd	72.07	4	2.09	68.66	2	6.70	74.68	1	0.00	71.63	6	2.77
54：55 鼻指数	49.98	10	4.16	50.35	6	4.51	51.66	1	0.00	50.36	8	2.87
52：51L 眶指数Ⅰ	80.69	9	4.04	81.01	6	6.92	81.25	2	3.40	80.39	8	4.08
52：51R	80.95	9	5.80	79.99	5	4.61	79.34	2	1.33	81.25	8	4.88
52：51aL 眶指数Ⅱ	85.29	8	4.18	85.54	6	8.08	85.88	2	2.90	85.68	8	4.41
52：51aR	85.82	9	6.10	83.66	5	4.35	86.27	2	1.13	87.79	8	5.64
54：51L 鼻眶指数Ⅰ	62.36	8	3.23	60.8	6	4.56	58.5	2	3.99	61.42	8	2.24
54：51R	62.54	8	3.92	61.28	6	4.63	58.2	2	5.17	61.53	8	2.63
54：51aL 鼻眶指数Ⅱ	65.64	7	3.54	64.15	6	4.76	61.89	2	4.72	65.49	8	3.16
54：51aR	66.51	8	4.41	63.85	6	4.09	63.26	2	5.39	66.55	8	4.27
SS：SC 鼻根指数	37.15	8	7.16	45.64	6	21.62	44.89	2	5.11	35.74	8	6.61
63：62 腭指数	88.38	9	10.26	84.43	7	9.37	85.78	1	0.00	83.13	6	7.06
45：（1+8）/2 横颅面指数	88.33	3	2.61	/	0	/	86.72	1	0.00	83.6	5	2.60

续表

项目	汉代			唐代			宋金元			明清		
	平均值	例数	标准差	平均值	例数	标准差	平均值	例数	标准差	平均值	例数	标准差
17：（1+8）/2 高平均指数	86.15	8	3.80	86.15	4	1.88	87.67	2	0.17	87.13	6	2.78
65 下颌髁突间宽（cdl-cdl）	130.96	2	6.90	129.86	1	0.00	/	0	/	132.33	3	3.97
66 下颌角间宽（go-go）	102.33	7	3.88	97.33	4	2.86	/	0	/	96.61	6	5.47
67 髁孔间径	48.77	17	2.19	49.41	7	1.88	/	0	/	47.95	8	2.53
68 下颌体长	69.00	2	5.00	74.07	3	6.01	/	0	/	74.17	3	2.32
68（1） 下颌体最大投影长	106.25	2	2.25	104.4	3	2.76	/	0	/	104	3	2.45
69 下颌联合高（id-gn）	34.34	6	4.45	35.59	5	2.07	/	0	/	37.04	7	4.46
下颌体高Ⅰ　L	31.49	15	2.43	32.31	7	2.89	/	0	/	32.83	9	4.13
R	32.54	15	2.65	32.94	7	2.75	/	0	/	33.24	8	3.82
下颌体高Ⅱ　L	30.43	13	2.11	28.51	7	3.31	/	0	/	31.46	7	3.21
R	30.53	14	1.79	31.56	6	3.45	/	0	/	31.96	6	2.04
MBT Ⅰ L 下颌体厚Ⅰ	12.68	16	0.88	14.02	7	1.49	/	0	/	13.32	9	1.32
MBT Ⅰ R	12.77	15	1.10	14.16	7	1.33	/	0	/	12.85	8	1.17
MBT Ⅱ L 下颌体厚Ⅱ	14.84	14	0.87	17.02	7	1.30	/	0	/	16.18	7	0.87
MBT Ⅱ R	14.83	14	0.92	17.06	6	1.38	/	0	/	15.84	6	1.00
70 L 下颌枝高	65.04	5	2.02	61.41	3	6.64	/	0	/	67	4	5.33
70 R	70.58	3	0.92	66.3	3	8.00	/	0	/	67.56	4	5.15
71 L 下颌枝宽	42.61	7	3.27	42.01	2	1.41	/	0	/	43.17	3	2.66
71 R	43.72	4	1.65	43.41	3	2.57	/	0	/	42.48	4	1.94
71a L 下颌枝最小宽	33.22	10	1.37	35.83	6	2.98	/	0	/	34.91	6	3.37
71a R	34.43	9	1.13	34.39	4	1.90	/	0	/	34.03	6	3.35
79 下颌角	127.75	2	2.25	127.33	3	10.34	/	0	/	123.17	3	4.25
颏孔间弧	57.14	17	3.25	56.86	7	2.59	/	0	/	54.38	8	3.46
68：65 下颌骨指数	52.63	2	1.04	62.53	1	0.00	/	0	/	56.05	3	0.61
71：70　下颌枝指数 L	66.72	5	5.17	73.32	2	3.29	/	0	/	64.13	3	2.60
R	61.65	3	2.11	66.03	3	4.82	/	0	/	63.07	4	2.98

附表一六　郑州地区薛村遗址和新郑各遗址汉代颅骨测量表（男性）　（长度：毫米；角度：度；指数：%）

项目	文化路中段M2	众康M8	天成隔热M152	羚锐M6	Ⅰ M15.2	Ⅰ M20.1	Ⅰ M24东棺	Ⅰ M29南棺	Ⅰ M57	Ⅰ M63	Ⅰ M76西棺室	Ⅰ M77.2	Ⅰ M77.3	Ⅱ M3.6	Ⅱ M5.4
1 颅长（g-op）	/	/	182.00	176.00	/	/	175.70	182.00	/	/	/	/	/	/	178.00
8 颅宽（eu-eu）	/	137.00	147.00	134.00	135.00	/	141.20	142.50	/	147.50	/	/	/	/	147.70
17 颅高（b-ba）	/	137.00	134.00	/	/	/	141.00	/	/	/	/	/	/	/	140.00
21 耳上颅高（po-po）	/	/	120.00	123.50	/	/	116.60	118.30	/	/	/	/	/	/	/
9 最小额宽（ft-ft）	/	/	96.74	91.00	96.50	/	90.72	93.24	/	/	/	86.74	/	/	96.20
7 枕骨大孔长（enba-o）	/	37.00	42.30	/	/	/	36.00	/	/	/	/	/	/	/	38.66
16 枕骨大孔宽	/	31.00	31.16	/	/	/	30.40	/	/	/	/	/	/	27.44	32.64
25 颅矢弧（n-o）	/	/	382.00	398.00	/	/	362.00	374.00	/	/	/	/	371.00	/	390.00
26 额矢弧（n-b）	/	/	129.00	131.00	/	/	118.00	132.00	/	/	/	126.00	126.00	/	130.00
27 顶矢弧（b-l）	/	122.00	135.00	151.00	116.00	/	128.00	117.00	/	/	/	134.00	118.00	132.00	140.00
28 枕矢弧（l-o）	/	140.00	120.00	117.00	/	/	116.00	126.00	136.00	/	/	/	128.00	124.00	124.00
29 额矢弦（n-b）	/	/	112.00	113.74	/	/	106.00	114.20	/	/	/	111.34	112.00	/	110.40
30 顶矢弦（b-l）	/	109.00	114.30	129.50	106.48	/	112.00	106.78	/	/	/	118.56	106.00	119.20	121.70
31 枕矢弦（l-o）	/	105.80	95.62	101.00	/	/	100.34	105.20	106.54	/	/	/	104.80	99.76	104.54
23 颅周长（g-op-g）	/	/	550.00	534.00	/	/	508.00	520.00	/	/	/	/	/	/	529.00
24 颅横弧（po-b-po）	/	342.00	333.00	334.00	324.00	/	312.00	325.00	/	/	/	/	/	/	325.00
5 颅基底长（n-enba）	/	/	101.50	/	/	/	103.00	/	/	/	/	/	/	/	95.20
40 面底长（pr-enba）	/	/	94.00	/	/	/	/	/	/	/	/	/	/	/	/
48（pr）上面高（n-pr）	/	/	72.00	60.40	/	/	/	/	/	/	/	/	/	/	/
48（sd）上面高［n-sd（av）］	/	/	76.24	64.00	/	/	/	78.24	/	/	/	/	/	/	/
47 全面高（n-gn）	/	/	123.30	/	/	/	/	123.40	/	/	/	/	/	/	/
45 颧点间宽（zy-zy）	/	/	/	/	/	/	145.70	/	/	/	/	/	/	/	/
46 中面宽（zm-zm）	/	/	/	/	/	/	102.30	104.40	/	/	/	/	/	/	96.22
43 上面宽（fmt-fmt）	/	/	/	107.80	/	/	105.26	105.40	/	/	/	/	/	/	102.00
50 前眶间宽（mf-mf）	/	/	17.44	21.50	/	/	17.30	16.60	/	/	/	/	/	/	/
MH L	/	/	/	/	/	44.20	43.00	49.24	/	/	/	/	/	/	/
MH R	/	/	/	/	/	/	44.12	48.00	/	/	/	/	/	/	/
MB L	/	/	/	/	/	21.12	21.38	26.00	/	/	/	/	/	/	/
MB R	/	/	/	/	/	/	23.00	/	/	/	/	/	/	/	/
54 鼻宽	/	/	26.40	26.20	/	/	28.70	26.00	/	/	/	/	/	/	27.78

续表

项目	文化路中段M2	众康M8	天成隔热M152	羚锐M6	Ⅰ M15.2	Ⅰ M20.1	Ⅰ M24东棺	Ⅰ M29南棺	Ⅰ M57	Ⅰ M63	Ⅰ M76西棺室	Ⅰ M77.2	Ⅰ M77.3	Ⅱ M3.6	Ⅱ M5.4
55 鼻高（n-ns）	52.00	/	56.52	49.36	/	/	49.56	57.76	/	/	/	/	/	/	/
SC 鼻最小宽	8.14	/	8.00	/	/	/	6.60	7.34	/	/	/	/	/	/	/
SS 鼻最小宽高	3.50	/	4.50	/	/	/	2.80	2.70	/	/	/	/	/	/	/
51L 眶宽（mf-ek）	/	/	/	41.66	/	45.68	46.70	46.20	/	/	/	/	/	/	/
51R 眶宽（mf-ek）	/	/	/	42.50	/	/	48.16	46.20	/	/	/	/	/	/	/
51aL 眶宽（d-ek）	/	/	/	40.20	/	44.14	43.34	43.00	/	/	/	/	/	/	/
51aR 眶宽（d-ek）	/	/	/	39.74	/	/	44.00	42.50	/	/	/	/	/	/	/
52L 眶高	/	/	36.56	34.80	/	37.24	35.30	34.86	/	/	/	/	/	/	/
52R 眶高	/	/	/	/	/	/	34.62	/	/	/	/	/	/	/	/
60 上颌齿槽弓长（pr-alv）	/	/	54.00	43.00	/	/	/	/	/	47.62	/	/	/	/	/
61 上颌齿槽弓宽（ekm-ekm）	/	/	65.32	59.10	/	66.32	/	71.40	/	69.74	66.26	/	/	/	/
62 腭长（ol-sta）	43.86	/	46.20	35.66	/	/	/	44.00	/	/	/	/	/	/	/
63 腭宽（enm-enm）	/	/	39.00	37.20	/	35.90	38.00	37.50	/	/	35.92	/	/	/	/
12 枕骨最大宽（ast-ast）	119.00	113.00	119.00	113.36	107.64	/	112.80	109.20	/	/	/	105.24	111.00	122.66	118.00
11 耳点间宽（au-au）	/	132.00	139.50	130.14	116.46	/	131.40	134.76	/	/	/	/	/	/	132.90
44 两眶宽（ek-ek）	/	/	/	101.00	/	/	105.40	102.30	/	/	/	/	/	/	/
FC 两眶内宽（fmo-fmo）	/	/	/	98.00	/	/	101.22	98.00	/	/	/	99.12	/	/	96.44
FS 鼻根点至两眶内宽之矢高（n to fmo-fmo）	/	/	/	18.00	/	/	15.00	16.00	/	/	/	13.00	/	/	15.00
DC 眶间宽（d-d）	/	/	20.00	23.60	/	/	21.00	21.00	/	/	/	/	/	/	/
32 额侧角Ⅰ（n-m FH）	/	/	/	86.00	/	/	82.00	88.00	/	/	/	/	/	/	/
∠g-m FH	/	/	/	80.00	/	/	77.00	80.00	/	/	/	/	/	/	/
∠g-b FH	/	/	48.00	51.00	/	/	49.00	42.00	/	/	/	/	/	/	/
72　总面角（n-pr FH）	/	/	87.00	90.00	/	/	/	/	/	/	/	/	/	/	/
73　中面角（n-ns FH）	/	/	91.00	95.00	/	/	82.00	89.00	/	/	/	/	/	/	/
74 齿槽面角（ns-pr FH）	/	/	70.00	66.00	/	/	/	/	/	/	/	/	/	/	/
75 鼻梁侧角（n-rhi FH）	/	/	/	/	/	/	/	/	/	/	/	/	/	/	/
77 鼻颧角（fmo-n-fmo）	/	/	/	139.00	/	/	147.00	144.00	/	/	/	150.00	/	/	145.00
颧上颌角（zm-ss-zm）	/	/	/	/	/	/	119.00	119.50	/	/	/	/	/	/	129.00
∠pr-n-ba	/	/	64.00	/	/	/	/	/	/	/	/	/	/	/	/

续表

项目	文化路中段M2	众康M8	天成隔热M152	羚锐M6	Ⅰ M15.2	Ⅰ M20.1	Ⅰ M24东棺	Ⅰ M29南棺	Ⅰ M57	Ⅰ M63	Ⅰ M76西棺室	Ⅰ M77.2	Ⅰ M77.3	Ⅱ M3.6	Ⅱ M5.4
∠n-pr-ba	/	/	77.50	/	/	/	/	/	/	/	/	/	/	/	/
∠n-ba-pr	/	/	38.50	/	/	/	/	/	/	/	/	/	/	/	/
72-75 鼻梁角	/	/	/	/	/	/	/	/	/	/	/	/	/	/	/
8：1　颅长宽指数	/	/	80.77	76.14	/	/	80.36	78.30	/	/	/	/	/	/	82.98
17：1 颅长高指数	/	/	73.63	/	/	/	80.25	/	/	/	/	/	/	/	78.65
17：8 颅宽高指数	/	100.00	91.16	/	/	/	99.86	/	/	/	/	/	/	/	94.79
9：8　额宽指数	/	/	65.81	67.91	71.48	/	64.25	65.43	/	/	/	/	/	/	65.13
16：7 枕骨大孔指数	/	83.78	73.66	/	/	/	84.44	/	/	/	/	/	/	/	84.43
40：5 面突指数	/	/	92.61	/	/	/	/	/	/	/	/	/	/	/	/
48：17pr 垂直颅面指数	/	/	53.73	/	/	/	/	/	/	/	/	/	/	/	/
48：17sd	/	/	56.90	/	/	/	/	/	/	/	/	/	/	/	/
48：45pr 上面指数	/	/	/	/	/	/	/	/	/	/	/	/	/	/	/
48：45sd	/	/	/	/	/	/	/	/	/	/	/	/	/	/	/
48：46pr 中面指数（V）	/	/	/	/	/	/	/	/	/	/	/	/	/	/	/
48：46sd	/	/	/	/	/	/	/	74.94	/	/	/	/	/	/	/
54：55 鼻指数	/	/	46.71	53.08	/	/	57.91	45.01	/	/	/	/	/	/	/
52：51L 眶指数Ⅰ	/	/	/	83.53	/	81.52	75.59	75.45	/	/	/	/	/	/	/
52：51R	/	/	/	/	/	/	71.89	/	/	/	/	/	/	/	/
52：51aL 眶指数Ⅱ	/	/	/	86.57	/	84.37	81.45	81.07	/	/	/	/	/	/	/
52：51aR	/	/	/	/	/	/	78.68	/	/	/	/	/	/	/	/
54：51L 鼻眶指数Ⅰ	/	/	/	62.89	/	/	61.46	56.28	/	/	/	/	/	/	/
54：51R	/	/	/	61.65	/	/	59.59	56.28	/	/	/	/	/	/	/
54：51aL 鼻眶指数Ⅱ	/	/	/	65.17	/	/	66.22	60.47	/	/	/	/	/	/	/
54：51aR	/	/	/	65.93	/	/	65.23	61.18	/	/	/	/	/	/	/
SS：SC 鼻根指数	43.00	/	56.25	/	/	/	42.42	36.78	/	/	/	/	/	/	/
63：62 腭指数	/	/	84.42	104.32	/	/	/	85.23	/	/	/	/	/	/	/
61：60	/	/	120.96	137.44	/	/	/	/	/	146.45	/	/	/	/	/
45：（1+8）/2 横颅面指数	/	/	/	/	/	/	91.95	/	/	/	/	/	/	/	/
17：（1+8）/2 高平均指数	/	/	81.46	/	/	/	88.99	/	/	/	/	/	/	/	85.97
65 下颌髁突间宽（cdl-cdl）	/	111.32	/	/	/	/	/	/	/	/	/	/	/	/	/

续表

项目	文化路中段M2	众康M8	天成隔热M152	羚锐M6	Ⅰ M15.2	Ⅰ M20.1	Ⅰ M24东棺	Ⅰ M29南棺	Ⅰ M57	Ⅰ M63	Ⅰ M76西棺室	Ⅰ M77.2	Ⅰ M77.3	Ⅱ M3.6	Ⅱ M5.4
66 下颌角间宽（go-go）	/	104.60	/	/	/	/	/	101.12	/	/	97.00	/	/	/	/
67 髁孔间径	50.00	49.42	53.60	/	/	50.22	/	47.80	/	/	45.74	/	/	/	48.64
68 下颌体长	/	74.40	/	/	/	/	/	/	/	/	/	/	/	/	/
68（1）下颌体最大投影长	/	98.00	/	/	/	/	/	/	/	/	/	/	/	/	/
69 下颌联合高（id-gn）	/	32.40	32.50	/	/	/	/	33.70	/	/	/	/	/	/	/
MBH Ⅰ L	/	32.70	/	/	/	31.84	/	29.84	/	/	/	/	/	/	/
MBH Ⅰ R	38.00	33.80	/	/	/	/	/	31.36	/	/	36.50	/	/	/	/
MBH Ⅱ L	32.40	33.44	/	/	/	31.64	/	30.44	/	/	/	/	/	/	/
MBH Ⅱ R	33.84	28.70	/	/	/	/	/	28.64	/	/	30.64	/	/	/	/
MBT Ⅰ L	12.84	13.10	13.84	/	/	13.00	/	12.00	/	/	11.78	/	/	/	/
MBT Ⅰ R	12.30	13.24	14.90	/	/	/	/	12.64	/	/	12.44	/	/	/	/
MBT Ⅱ L	16.60	15.50	17.50	/	/	14.00	/	13.80	/	/	14.56	/	/	/	/
MBT Ⅱ R	19.44	15.80	17.66	/	/	/	/	15.10	/	/	14.00	/	/	/	/
70 L 下颌枝高	/	67.24	/	/	/	66.72	/	66.54	/	/	/	/	/	/	/
70 R	/	67.42	76.00	/	/	/	/	/	/	/	/	/	/	/	/
71 L 下颌枝宽	/	40.10	/	/	/	41.60	/	43.30	/	/	/	/	/	/	/
71 R	/	40.00	/	/	/	/	/	/	/	/	/	/	/	/	/
71a L 下颌枝最小宽	/	33.50	/	/	/	31.42	/	32.26	/	/	/	/	/	/	/
71a R	/	33.00	42.80	/	/	/	/	33.00	/	/	/	/	/	/	/
79 下颌角	/	120.00	/	/	/	/	/	/	/	/	/	/	/	/	/
颏孔间弧	58.00	58.00	63.00	/	/	58.00	/	64.00	/	/	52.00	/	/	/	55.00
68：65 下颌骨指数	/	66.83	/	/	/	/	/	/	/	/	/	/	/	/	/
71：70　下颌枝指数 L	/	59.64	/	/	/	62.35	/	65.07	/	/	/	/	/	/	/
R	/	59.33	/	/	/	/	/	/	/	/	/	/	/	/	/

附表一七　郑州地区薛村遗址和新郑各遗址汉代颅骨测量表（男性）　（长度：毫米；角度：度；指数：%）

项目	ⅡM17	ⅡM43左棺	ⅡM50右	ⅡM80	ⅡM106	ⅡM134.2	ⅡM138	ⅡM153	ⅡM165	ⅡM168	ⅡM196	ⅡM200	ⅡM206北棺	ⅡM217.1	ⅡM261东
1 颅长（g-op）	/	173.40	172.80	/	/	181.00	/	187.70	182.00	/	/	/	/	182.30	/
8 颅宽（eu-eu）	/	140.60	142.50	/	/	136.30	/	144.00	133.00	/	141.60	123.00	/	155.30	/
17 颅高（b-ba）	/	/	/	/	/	145.30	/	140.70	/	/	/	/	/	/	/
21 耳上颅高（po-po）	/	/	/	/	/	/	/	113.00	/	/	/	/	/	/	/
9 最小额宽（ft-ft）	/	89.54	/	/	/	94.48	/	90.54	86.20	/	/	83.54	/	95.72	/
7 枕骨大孔长（enba-o）	/	/	/	/	/	40.34	33.34	34.86	/	/	/	/	/	44.46	/
16 枕骨大孔宽	/	/	/	/	/	32.20	25.00	/	/	/	/	/	/	32.84	/
25 颅矢弧（n-o）	/	380.00	/	/	/	372.00	/	390.00	/	/	/	372.00	/	/	/
26 额矢弧（n-b）	/	132.00	129.00	/	/	130.00	/	130.00	123.00	/	/	120.00	/	/	/
27 顶矢弧（b-l）	/	136.00	136.00	/	129.00	125.00	/	133.00	132.00	/	140.00	130.00	/	/	/
28 枕矢弧（l-o）	/	114.00	/	/	119.00	123.00	/	128.00	/	/	122.00	123.00	/	124.00	/
29 额矢弦（n-b）	/	115.40	111.24	/	/	113.00	/	116.24	108.86	/	/	108.12	109.84	/	/
30 顶矢弦（b-l）	/	118.50	118.00	/	115.82	109.72	/	118.60	115.16	/	122.58	115.24	110.00	/	/
31 枕矢弦（l-o）	/	95.00	/	/	98.34	100.50	/	102.76	/	/	100.74	98.70	/	102.84	/
23 颅周长（g-op-g）	/	516.00	514.00	/	/	524.00	/	538.00	510.00	/	/	/	/	535.00	/
24 颅横弧（po-b-po）	/	321.00	315.00	/	/	313.00	/	317.00	295.00	/	/	306.00	/	/	/
5 颅基底长（n-enba）	/	/	/	/	/	106.40	/	105.30	/	/	/	/	/	102.40	/
40 面底长（pr-enba）	/	/	/	/	/	/	/	98.62	/	/	/	/	/	97.30	/
48（pr）上面高（n-pr）	/	/	/	/	/	/	/	95.32	/	/	/	/	/	77.00	/
48（sd）上面高［n-sd（av）］	/	/	/	/	/	/	/	79.00	/	/	/	/	/	81.70	/
47 全面高（n-gn）	/	/	/	/	/	/	/	/	/	/	/	/	/	/	/
45 颧点间宽（zy-zy）	/	/	/	/	/	/	/	/	/	/	/	/	/	145.00	/
46 中面宽（zm-zm）	/	/	/	/	/	/	/	/	/	/	/	/	/	112.82	/
43 上面宽（fmt-fmt）	/	/	/	/	/	106.82	/	109.16	103.50	/	/	/	/	110.32	/
50 前眶间宽（mf-mf）	/	/	/	20.00	/	20.10	/	19.62	/	/	/	18.24	/	19.34	/
MH L	/	/	/	/	/	/	/	50.48	/	/	/	/	/	47.50	/
MH R	/	/	/	/	/	/	/	/	/	/	/	/	46.22	48.68	/
MB L	/	/	/	/	/	/	/	31.30	/	/	/	/	/	26.54	/
MB R	/	/	/	/	/	/	/	/	/	/	/	/	24.00	28.44	/

续表

项目	Ⅱ M17	Ⅱ M43左棺	Ⅱ M50右	Ⅱ M80	Ⅱ M106	Ⅱ M134.2	Ⅱ M138	Ⅱ M153	Ⅱ M165	Ⅱ M168	Ⅱ M196	Ⅱ M200	Ⅱ M206北棺	Ⅱ M217.1	Ⅱ M261东
54 鼻宽	/	/	26.36	/	/	/	/	26.52	/	/	/	/	/	31.00	/
55 鼻高（n-ns）	/	/	/	/	/	/	/	58.52	/	/	/	/	/	58.34	/
SC 鼻最小宽	/	/	/	/	/	/	/	9.00	/	/	/	/	/	9.60	/
SS 鼻最小宽高	/	/	/	/	/	/	/	3.00	/	/	/	/	/	3.00	/
51L 眶宽（mf-ek）	/	/	/	/	/	/	/	43.00	/	/	/	/	/	46.64	/
51R 眶宽（mf-ek）	/	/	/	/	/	/	/	42.14	/	/	/	/	41.86	44.80	/
51aL 眶宽（d-ek）	/	/	/	/	/	/	/	40.56	/	/	/	/	/	43.32	/
51aR 眶宽（d-ek）	/	/	/	/	/	/	/	40.82	/	/	/	/	39.74	43.32	/
52L 眶高	/	/	/	/	/	/	/	38.00	/	/	/	/	/	36.26	/
52R 眶高	/	/	/	/	/	/	/	37.00	/	/	/	/	38.24	37.14	/
60 上颌齿槽弓长（pr-alv）	/	/	50.56	/	/	/	/	54.70	/	/	/	/	/	53.50	63.16
61 上颌齿槽弓宽（ekm-ekm）	69.30	/	61.80	/	/	/	/	/	/	/	/	/	/	75.34	67.34
62 腭长（ol-sta）	/	/	41.20	/	/	/	/	44.50	/	/	/	/	/	41.56	44.74
63 腭宽（enm-enm）	38.14	/	33.26	/	/	/	/	33.82	/	/	/	/	/	44.76	34.00
12 枕骨最大宽（ast-ast）	112.62	106.14	101.74	/	111.34	101.40	/	121.16	/	120.00	114.66	/	/	119.50	/
11 耳点间宽（au-au）	130.00	130.34	131.00	/	137.14	125.84	/	130.22	127.80	/	132.00	118.40	/	141.60	/
44 两眶宽（ek-ek）	/	/	/	/	/	/	/	100.58	/	/	/	/	/	106.34	/
FC 两眶内宽（fmo-fmo）	/	/	/	95.92	/	101.00	/	100.66	95.90	/	/	/	/	104.00	/
FS 鼻根点至两眶内宽之矢高（n to fmo-fmo）	/	/	/	17.00	/	19.00	/	15.00	15.00	/	/	/	/	15.00	/
DC 眶间宽（d-d）	/	/	/	/	/	/	/	21.82	/	/	/	/	/	23.76	/
32 额侧角 Ⅰ（n-m FH）	/	/	/	/	/	/	/	80.00	/	/	/	/	/	85.00	/
∠g-m FH	/	/	/	/	/	/	/	72.00	/	/	/	/	/	79.00	/
∠g-b FH	/	/	/	/	/	/	/	43.00	/	/	/	/	/	/	/
72　总面角（n-pr FH）	/	/	/	/	/	/	/	83.00	/	/	/	/	/	90.00	/
73　中面角（n-ns FH）	/	/	/	/	/	/	/	87.00	/	/	/	/	/	93.00	/
74 齿槽面角（ns-pr FH）	/	/	/	/	/	/	/	71.00	/	/	/	/	/	71.00	/
75 鼻梁侧角（n-rhi FH）	/	/	/	/	/	/	/	/	/	/	/	/	/	/	/
77 鼻颧角（fmo-n-fmo）	/	/	/	140.50	/	137.00	/	146.00	145.00	/	/	/	/	148.00	/

续表

项目	ⅡM17	ⅡM43左棺	ⅡM50右	ⅡM80	ⅡM106	ⅡM134.2	ⅡM138	ⅡM153	ⅡM165	ⅡM168	ⅡM196	ⅡM200	ⅡM206北棺	ⅡM217.1	ⅡM261东
颧上颌角（zm-ss-zm）	/	/	/	/	/	/	/	/	/	/	/	/	/	125.00	/
∠pr-n-ba	/	/	/	/	/	/	/	62.00	/	/	/	/	/	63.50	/
∠n-pr-ba	/	/	/	/	/	/	/	75.50	/	/	/	/	/	71.50	/
∠n-ba-pr	/	/	/	/	/	/	/	42.50	/	/	/	/	/	45.00	/
72-75 鼻梁角	/	/	/	/	/	/	/	/	/	/	/	/	/	/	/
8：1　颅长宽指数	/	81.08	82.47	/	/	75.30	/	76.72	73.08	/	/	/	/	85.19	/
17：1 颅长高指数	/	/	/	/	/	80.28	/	74.96	/	/	/	/	/	/	/
17：8 颅宽高指数	/	/	/	/	/	106.60	/	97.71	/	/	/	/	/	/	/
9：8　额宽指数	/	63.68	/	/	/	69.32	/	62.88	64.81	/	/	67.92	/	61.64	/
16：7 枕骨大孔指数	/	/	/	/	/	79.82	74.99	/	/	/	/	/	/	73.86	/
40：5 面突指数	/	/	/	/	/	/	/	93.66	/	/	/	/	/	95.02	/
48：17pr 垂直颅面指数	/	/	/	/	/	/	/	67.75	/	/	/	/	/	/	/
48：17sd	/	/	/	/	/	/	/	56.15	/	/	/	/	/	/	/
48：45pr 上面指数	/	/	/	/	/	/	/	/	/	/	/	/	/	53.10	/
48：45sd	/	/	/	/	/	/	/	/	/	/	/	/	/	56.34	/
48：46pr 中面指数（V）	/	/	/	/	/	/	/	/	/	/	/	/	/	68.25	/
48：46sd	/	/	/	/	/	/	/	/	/	/	/	/	/	72.42	/
54：55 鼻指数	/	/	/	/	/	/	/	45.32	/	/	/	/	/	53.14	/
52：51L 眶指数 Ⅰ	/	/	/	/	/	/	/	88.37	/	/	/	/	/	77.74	/
52：51R	/	/	/	/	/	/	/	87.80	/	/	/	/	91.35	82.90	/
52：51aL 眶指数 Ⅱ	/	/	/	/	/	/	/	93.69	/	/	/	/	/	83.70	/
52：51aR	/	/	/	/	/	/	/	90.64	/	/	/	/	96.23	85.73	/
54：51L 鼻眶指数 Ⅰ	/	/	/	/	/	/	/	61.67	/	/	/	/	/	66.47	/
54：51R	/	/	/	/	/	/	/	62.93	/	/	/	/	/	69.20	/
54：51aL 鼻眶指数 Ⅱ	/	/	/	/	/	/	/	65.38	/	/	/	/	/	71.56	/
54：51aR	/	/	/	/	/	/	/	64.97	/	/	/	/	/	71.56	/
SS：SC 鼻根指数	/	/	/	/	/	/	/	33.33	/	/	/	/	/	31.25	/
63：62 腭指数	/	/	80.73	/	/	/	/	76.00	/	/	/	/	/	107.70	75.99
61：60	/	/	122.23	/	/	/	/	/	/	/	/	/	/	140.82	106.62

续表

项目	Ⅱ M17	Ⅱ M43 左棺	Ⅱ M50右	Ⅱ M80	Ⅱ M106	Ⅱ M134.2	Ⅱ M138	Ⅱ M153	Ⅱ M165	Ⅱ M168	Ⅱ M196	Ⅱ M200	Ⅱ M206 北棺	Ⅱ M217.1	Ⅱ M261 东
45：（1+8）/2 横颅面指数	/	/	/	/	/	/	/	/	/	/	/	/	/	85.90	/
17：（1+8）/2 高平均指数	/	/	/	/	/	91.59	/	84.84	/	/	/	/	/	/	/
65 下颌髁突间宽（cdl-cdl）	/	/	/	/	/	/	/	/	/	/	/	/	/	/	137.86
66 下颌角间宽（go-go）	/	/	/	/	/	105.20	/	/	97.26	/	/	/	/	/	102.86
67 髁孔间径	/	46.84	47.14	51.40	53.54	47.66	/	/	50.00	53.20	/	/	/	/	47.14
68 下颌体长	/	/	/	/	/	/	/	/	/	/	/	/	/	/	74.00
68（1）下颌体最大投影长	/	/	/	/	/	/	/	/	/	/	/	/	/	/	108.50
69 下颌联合高（id-gn）	/	/	30.42	/	/	/	/	/	/	/	/	/	/	/	43.00
MBH Ⅰ L	/	31.70	28.46	30.00	34.22	27.52	/	/	33.12	34.08	/	/	/	/	34.84
MBH Ⅰ R	/	32.54	31.58	31.00	34.70	26.72	/	/	31.80	33.40	/	/	/	/	37.34
MBH Ⅱ L	/	31.64	27.54	/	31.70	27.16	/	/	34.66	31.76	/	/	/	/	31.54
MBH Ⅱ R	/	30.00	29.72	/	33.36	27.50	/	/	31.52	32.16	/	/	/	/	34.00
MBT Ⅰ L	/	12.84	12.54	13.74	12.10	14.00	/	/	14.52	12.74	/	/	/	/	13.00
MBT Ⅰ R	/	12.70	12.58	14.12	13.00	14.00	/	/	14.32	13.00	/	/	/	/	13.74
MBT Ⅱ L	/	15.10	15.34	/	14.16	15.90	/	/	15.76	16.26	/	/	/	/	15.00
MBT Ⅱ R	/	14.84	14.90	/	15.30	15.50	/	/	15.60	15.40	/	/	/	/	15.18
70 L 下颌枝高	/	/	/	/	/	63.24	/	/	/	/	/	/	/	/	62.00
70 R	/	/	70.56	/	/	/	/	/	/	/	/	/	/	/	71.72
71 L 下颌枝宽	/	/	/	/	/	39.44	/	/	/	/	/	/	/	/	47.32
71 R	/	/	45.20	/	/	/	/	/	/	/	/	/	/	/	44.46
71a L 下颌枝最小宽	/	/	35.26	/	34.70	34.30	/	/	31.90	/	/	/	/	/	34.64
71a R	/	33.76	35.70	/	35.00	34.58	/	/	32.70	/	/	/	/	/	36.10
79 下颌角	/	/	/	/		/	/	/	/	/	/	/	/	/	125.50
颏孔间弧	/	57.00	56.00	58.00	61.80	54.00	/	/	57.00	63.50	/	/	/	/	58.00
68：65 下颌骨指数	/	/	/	/	/	/	/	/	/	/	/	/	/	/	53.68
71：70 下颌枝指数 L	/	/	/	/	/	62.37	/	/	/	/	/	/	/	/	76.32
R	/	/	64.06	/	/	/	/	/	/	/	/	/	/	/	61.99

附表一八　郑州地区薛村遗址和新郑各遗址汉代颅骨测量表（男性）　（长度：毫米；角度：度；指数：%）

项目	ⅡM281 后室西棺	ⅣM3.2	ⅣM10 北室	ⅣM44 东棺.1	ⅣM56南	ⅣM56 北.1	ⅣM59	ⅣM96	ⅣM 101.1	ⅣM109	ⅣM 111.1	ⅣM111 西棺	ⅣM115	ⅣM117 北墓室	ⅡM113
1 颅长（g-op）	/	179.60	180.00	/	/	/	191.30	/	174.60	/	/	/	/	/	180.00
8 颅宽（eu-eu）	/	140.80	145.40	/	/	/	146.50	/	142.40	/	143.00	/	/	/	140.20
17 颅高（b-ba）	/	132.70	/	/	/	/	141.60	/	127.00	/	/	/	/	/	145.70
21 耳上颅高（po-po）	/	109.00	119.00	/	/	/	120.00	/	112.00	/	/	/	/	/	123.40
9 最小额宽（ft-ft）	/	94.20	103.00	/	/	/	99.82	/	97.20	/	/	/	/	/	96.88
7 枕骨大孔长（enba-o）	/	37.14	/	/	29.12	/	33.60	35.58	34.00	/	33.74	/	/	/	35.40
16 枕骨大孔宽	/	32.22	/	/	/	/	31.30	32.00	29.34	/	29.60	/	/	/	28.78
25 颅矢弧（n-o）	/	362.00	362.00	/	/	/	403.00	/	349.00	/	/	/	/	/	386.00
26 额矢弧（n-b）	129.00	128.00	126.00	/	/	134.00	141.00	/	122.00	/	/	/	131.00	117.00	140.00
27 顶矢弧（b-l）	/	123.50	124.00	/	/	/	140.00	125.00	115.00	/	/	116.00	134.00	121.00	138.00
28 枕矢弧（l-o）	/	111.00	112.00	/	/	/	122.00	116.00	112.00	/	120.00	121.00	/	/	108.00
29 额矢弦（n-b）	112.40	111.00	111.34	/	/	116.42	118.00	/	107.20	/	/	/	113.70	104.72	117.60
30 顶矢弦（b-l）	/	110.50	112.00	/	/	/	124.74	110.86	104.24	/	/	105.80	122.00	110.82	119.42
31 枕矢弦（l-o）	/	94.00	90.60	/	/	/	98.86	94.54	94.26	/	100.46	101.24	/	/	88.10
23 颅周长（g-op-g）	/	512.30	526.00	/	/	/	545.00	/	509.00	/	/	/	/	/	517.00
24 颅横弧（po-b-po）	/	309.00	326.00	/	/	/	333.00	320.00	307.00	/	/	/	/	/	340.00
5 颅基底长（n-enba）	/	100.40	/	/	/	/	100.80	/	103.50	/	/	/	/	/	107.60
40 面底长（pr-enba）	/	98.66	/	/	/	/	94.40	/	104.66	/	/	/	/	/	/
48（pr）上面高（n-pr）	/	71.40	76.28	/	/	/	72.00	/	67.10	/	/	/	/	/	/
48（sd）上面高［n-sd（av）］	/	75.00	79.14	/	/	/	75.70	/	69.54	/	/	/	/	/	/
47 全面高（n-gn）	/	111.44	/	/	/	/	123.00	/	/	/	/	/	/	/	114.80
45 颧点间宽（zy-zy）	/	/	/	/	/	/	/	/	138.12	/	/	/	/	/	/
46 中面宽（zm-zm）	/	/	110.14	/	/	/	/	/	100.68	/	/	/	/	/	96.86
43 上面宽（fmt-fmt）	/	/	113.14	/	/	/	112.00	/	108.00	/	/	/	/	/	104.78
50 前眶间宽（mf-mf）	17.60	/	20.00	/	/	/	23.42	/	18.60	/	/	/	/	/	19.68
MH L	/	/	46.12	/	/	/	45.00	/	42.70	/	/	/	/	/	43.66
MH R	47.28	/	46.00	/	/	/	/	/	42.66	/	/	/	45.00	/	41.00
MB L	/	/	28.00	/	/	/	21.84	/	23.44	/	/	/	/	/	25.70
MB R	24.74	/	29.00	/	/	/	/	/	25.50	/	/	/	25.90	/	23.90

续表

项目	ⅡM281后室西棺	ⅣM3.2	ⅣM10北室	ⅣM44东棺.1	ⅣM56南	ⅣM56北.1	ⅣM59	ⅣM96	ⅣM101.1	ⅣM109	ⅣM111.1	ⅣM111西棺	ⅣM115	ⅣM117北墓室	ⅡM113
54 鼻宽	27.90	26.62	29.30	/	/	/	26.46	/	27.86	/	/	/	/	/	25.50
55 鼻高（n-ns）	59.50	54.36	57.30	/	/	/	55.64	/	50.00	/	/	/	/	/	53.00
SC 鼻最小宽	6.00	/	/	/	/	/	8.00	/	9.26	/	/	/	/	/	6.00
SS 鼻最小宽高	3.00	/	/	/	/	/	2.00	/	3.40	/	/	/	/	/	2.50
51L 眶宽（mf-ek）	/	/	44.76	/	/	/	43.52	/	42.20	/	/	/	/	/	42.00
51R 眶宽（mf-ek）	46.42	/	44.00	/	/	/	/	/	43.00	/	/	/	46.48	/	41.94
51aL 眶宽（d-ek）	/	/	/	/	/	/	41.36	/	40.20	/	/	/	/	/	40.76
51aR 眶宽（d-ek）	43.74	/	39.20	/	/	/	/	/	40.74	/	/	/	43.52	/	41.00
52L 眶高	/	/	36.00	/	/	/	36.90	/	35.10	/	/	/	/	/	33.24
52R 眶高	37.26	/	36.42	/	/	/	/	/	34.58	/	/	/	35.34	/	31.52
60 上颌齿槽弓长（pr-alv）	52.62	55.12	52.40	/	/	/	51.00	/	52.80	/	/	/	/	/	/
61 上颌齿槽弓宽（ekm-ekm）	70.50	62.88	69.00	/	/	/	64.42	/	70.10	/	/	/	/	/	63.00
62 腭长（ol-sta）	39.00	/	/	/	/	/	41.38	/	45.64	/	/	/	/	/	44.62
63 腭宽（enm-enm）	38.76	/	40.34	/	/	/	40.00	/	40.30	/	/	/	/	/	38.10
12 枕骨最大宽（ast-ast）	/	116.10	108.40	113.74	107.00	/	106.00	115.82	115.84	/	111.00	/	/	/	101.86
11 耳点间宽（au-au）	/	130.16	134.94	126.24	/	/	122.00	131.10	132.86	/	123.50	/	/	/	125.00
44 两眶宽（ek-ek）	/	/	101.30	/	/	/	/	/	97.64	/	/	/	/	/	96.52
FC 两眶内宽（fmo-fmo）	/	/	100.44	/	/	/	105.24	/	97.92	/	/	/	/	/	94.96
FS 鼻根点至两眶内宽之矢高（n to fmo-fmo）	/	/	18.50	/	/	/	22.00	/	19.00	/	/	/	/	/	18.00
DC 眶间宽（d-d）	21.38	/	/	/	/	/	25.60	/	21.30	/	/	/	/	/	20.00
32 额侧角 I（n-m FH）	/	80.00	86.00	/	/	/	93.00	/	84.00	/	/	/	/	/	94.00
∠g-m FH	/	73.00	84.00	/	/	/	88.00	/	80.00	/	/	/	/	/	91.00
∠g-b FH	/	36.00	45.00	/	/	/	43.00	/	46.00	/	/	/	/	/	48.00
72 总面角（n-pr FH）	/	78.00	86.00	/	/	/	88.00	/	84.00	/	/	/	/	/	/
73 中面角（n-ns FH）	/	84.00	93.00	/	/	/	91.00	/	90.00	/	/	/	/	/	93.00
74 齿槽面角（ns-pr FH）	/	62.00	79.00	/	/	/	76.00	/	69.00	/	/	/	/	/	/
75 鼻梁侧角（n-rhi FH）	/	/	/	/	/	/	77.00	/	/	/	/	/	/	/	/
77 鼻颧角（fmo-n-fmo）	/	/	139.50	/	/	/	134.00	/	137.00	/	/	/	/	/	137.00

续表

项目	ⅡM281 后室西棺	ⅣM3.2	ⅣM10 北室	ⅣM44 东棺.1	ⅣM56南	ⅣM56 北.1	ⅣM59	ⅣM96	ⅣM 101.1	ⅣM109	ⅣM 111.1	ⅣM111 西棺	ⅣM115	ⅣM117 北墓室	ⅡM113
颧上颌角（zm-ss-zm）	/	/	129.00	/	/	/	/	/	126.50	/	/	/	/	/	129.00
∠pr-n-ba	/	67.00	/	/	/	/	62.50	/	70.00	/	/	/	/	/	/
∠n-pr-ba	/	71.00	/	/	/	/	74.50	/	72.50	/	/	/	/	/	/
∠n-ba-pr	/	42.00	/	/	/	/	43.00	/	37.50	/	/	/	/	/	/
72-75 鼻梁角	/	/	/	/	/	/	11.00	/	/	/	/	/	/	/	/
8：1　颅长宽指数	/	78.40	80.78	/	/	/	76.58	/	81.56	/	/	/	/	/	77.89
17：1 颅长高指数	/	73.89	/	/	/	/	74.02	/	72.74	/	/	/	/	/	80.94
17：8 颅宽高指数	/	94.25	/	/	/	/	96.66	/	89.19	/	/	/	/	/	103.92
9：8　额宽指数	/	66.90	70.84	/	/	/	68.14	/	68.26	/	/	/	/	/	69.10
16：7 枕骨大孔指数	/	86.75	/	/	/	/	93.15	89.94	86.29	/	87.73	/	/	/	81.30
40：5 面突指数	/	98.27	/	/	/	/	93.65	/	101.12	/	/	/	/	/	/
48：17pr 垂直颅面指数	/	53.81	/	/	/	/	50.85	/	52.83	/	/	/	/	/	/
48：17sd	/	56.52	/	/	/	/	53.46	/	54.76	/	/	/	/	/	/
48：45pr 上面指数	/	/	/	/	/	/	/	/	48.58	/	/	/	/	/	/
48：45sd	/	/	/	/	/	/	/	/	50.35	/	/	/	/	/	/
48：46pr 中面指数（V）	/	/	69.26	/	/	/	/	/	66.65	/	/	/	/	/	/
48：46sd	/	/	71.85	/	/	/	/	/	69.07	/	/	/	/	/	/
54：55 鼻指数	46.89	48.97	51.13	/	/	/	47.56	/	55.72	/	/	/	/	/	48.11
52：51L 眶指数Ⅰ	/	/	80.43	/	/	/	84.79	/	83.18	/	/	/	/	/	79.14
52：51R	80.27	/	82.77	/	/	/	/	/	80.42	/	/	/	76.03	/	75.15
52：51aL 眶指数Ⅱ	/	/	/	/	/	/	89.22	/	87.31	/	/	/	/	/	81.55
52：51aR	85.19	/	92.91	/	/	/	/	/	84.88	/	/	/	81.20	/	76.88
54：51L 鼻眶指数Ⅰ	/	/	65.46	/	/	/	60.80	/	66.02	/	/	/	/	/	60.71
54：51R	60.10	/	66.59	/	/	/	/	/	64.79	/	/	/	/	/	60.80
54：51aL 鼻眶指数Ⅱ	/	/	/	/	/	/	63.97	/	69.30	/	/	/	/	/	62.56
54：51aR	63.79	/	74.74	/	/	/	/	/	68.38	/	/	/	/	/	62.20
SS：SC 鼻根指数	50.00	/	/	/	/	/	25.00	/	36.72	/	/	/	/	/	41.67
63：62 腭指数	99.38	/	/	/	/	/	96.67	/	88.30	/	/	/	/	/	85.39

续表

项目	ⅡM281后室西棺	ⅣM3.2	ⅣM10北室	ⅣM44东棺.1	ⅣM56南	ⅣM56北.1	ⅣM59	ⅣM96	ⅣM101.1	ⅣM109	ⅣM111.1	ⅣM111西棺	ⅣM115	ⅣM117北墓室	ⅡM113
61：60	133.98	114.08	131.68	/	/	/	126.31	/	132.77	/	/	/	/	/	/
45：（1+8）/2 横颅面指数	/	/	/	/	/	/	/	/	87.14	/	/	/	/	/	/
17：（1+8）/2 高平均指数	/	82.83	/	/	/	/	83.84	/	80.13	/	/	/	/	/	91.01
65 下颌髁突间宽（cdl-cdl）	/	124.06	/	/	/	/	/	/	/	/	/	/	/	/	/
66 下颌角间宽（go-go）	/	/	/	/	/	/	/	/	/	/	/	108.36	/	/	104.50
67 髁孔间径	47.10	47.30	/	/	/	/	49.52	/	/	/	/	48.56	/	/	47.22
68 下颌体长	/	64.00	/	/	/	/	/	/	/	/	/	/	/	/	/
68（1）下颌体最大投影长	/	104.00	/	/	/	/	/	/	/	/	/	/	/	/	/
69 下颌联合高（id-gn）	35.40	29.14	/	/	/	/	34.38	/	/	/	/	/	/	/	/
MBH Ⅰ L	31.24	31.00	/	/	/	/	28.94	/	/	/	/	36.00	/	/	29.60
MBH Ⅰ R	32.76	32.00	/	/	/	/	30.32	/	/	/	/	35.90	/	/	30.12
MBH Ⅱ L	/	30.40	/	/	/	/	29.32	/	/	/	/	30.80	/	/	27.00
MBH Ⅱ R	29.64	31.80	/	/	/	/	29.42	/	/	/	/	30.36	/	/	28.60
MBT Ⅰ L	13.00	13.06	/	/	/	/	11.62	/	/	/	/	11.64	/	/	11.30
MBT Ⅰ R	12.22	13.84	/	/	/	/	11.00	/	/	/	/	11.00	/	/	10.90
MBT Ⅱ L	/	15.54	/	/	/	/	14.50	/	/	/	/	13.00	/	/	14.80
MBT Ⅱ R	14.40	15.84	/	/	/	/	14.60	/	/	/	/	12.00	/	/	15.00
70 L 下颌枝高	/	/	/	/	/	/	/	/	/	/	/	/	/	/	66.70
70 R	/	/	/	/	/	/	/	/	/	69.46	/	/	/	/	/
71 L 下颌枝宽	/	44.60	/	/	/	/	37.00	/	/	/	/	/	/	/	45.00
71 R	/	44.28	/	/	/	/	/	/	/	40.92	/	/	/	/	/
71a L 下颌枝最小宽	/	/	/	/	/	/	32.00	/	/	/	/	32.00	/	/	33.70
71a R	/	/	/	/	/	/	/	/	/	33.70	/	/	/	/	35.30
79 下颌角	/	130.00	/	/	/	/	/	/	/	/	/	/	/	/	/
颏孔间弧	54.00	55.00	/	/	/	/	58.00	/	/	/	/	56.00	/	/	54.00
68：65 下颌骨指数	/	51.59	/	/	/	/	/	/	/	/	/	/	/	/	/
71：70　下颌枝指数 L	/	/	/	/	/	/	/	/	/	/	/	/	/	/	67.47
R	/	/	/	/	/	/	/	/	/	58.91	/	/	/	/	/

附表一九　郑州地区薛村遗址和新郑各遗址汉代颅骨测量表（女性）　（长度：毫米；角度：度；指数：%）

项目	北街TG西扩H10	丽都花园T5M1	中华北路M5	天成隔热M39	羚锐M7	Ⅰ M11东侧室	Ⅰ M15.1	Ⅰ M17南侧室	Ⅰ M19	Ⅰ M20.2	Ⅱ M23左	Ⅰ M65.1	Ⅰ M71
1 颅长（g-op）	/	/	170.00	175.00	166.00	180.00	/	/	169.00	/	178.80	176.00	/
8 颅宽（eu-eu）	/	/	132.00	131.50	129.00	138.00	/	/	136.00	144.50	142.20	142.50	/
17 颅高（b-ba）	/	/	125.00	135.00	131.00	/	/	/	127.20	/	150.00	136.60	/
21 耳上颅高（po-po）	/	/	113.60	123.00	114.60	117.50	/	/	109.60	/	119.50	113.50	/
9 最小额宽（ft-ft）	86.74	/	87.00	82.00	83.00	92.40	/	/	86.32	/	/	92.36	/
7 枕骨大孔长（enba-o）	/	/	36.20	33.24	37.20	/	/	/	31.70	/	37.00	35.14	/
16 枕骨大孔宽	/	/	29.40	27.30	29.30	/	/	/	27.16	/	32.80	30.20	/
25 颅矢弧（n-o）	/	/	385.00	402.00	365.00	386.00	/	/	356.00	/	380.00	360.00	/
26 额矢弧（n-b）	/	/	128.00	136.00	123.00	131.00	/	/	117.50	/	140.00	124.00	/
27 顶矢弧（b-l）	/	/	142.00	134.00	134.00	131.00	131.00	131.00	126.50	/	127.00	119.00	/
28 枕矢弧（l-o）	/	/	113.00	131.00	115.00	124.00	116.00	114.00	112.00	/	116.00	118.00	/
29 额矢弦（n-b）	/	/	109.80	115.00	106.80	116.48	/	/	102.30	/	122.90	108.58	/
30 顶矢弦（b-l）	/	/	119.70	116.56	111.40	118.00	115.86	117.94	112.00	/	112.60	107.56	/
31 枕矢弦（l-o）	/	/	94.90	107.40	93.00	102.40	94.10	94.40	91.90	/	97.00	98.64	/
23 颅周长（g-op-g）	/	/	524.00	532.00	/	507.00	/	/	490.00	/	/	512.00	/
24 颅横弧（po-b-po）	/	/	318.00	336.00	/	308.00	/	/	295.50	/	319.00	320.00	/
5 颅基底长（n-enba）	/	/	89.00	89.00	89.00	/	/	/	94.00	/	102.60	103.70	/
40 面底长（pr-enba）	/	/	99.80	100.62	49.40	/	/	/	/	/	98.00	97.00	/
48（pr）上面高（n-pr）	/	/	71.36	66.80	72.00	65.00	/	/	/	/	69.34	72.24	/
48（sd）上面高［n-sd（av）］	/	/	75.50	72.50	74.40	68.94	/	/	/	/	71.24	75.00	/
47 全面高（n-gn）	/	/	121.18	130.80	116.70	/	/	/	/	/	/	/	/
45 颧点间宽（zy-zy）	/	/	133.30	/	/	129.74	/	/	/	/	/	136.00	/
46 中面宽（zm-zm）	/	/	103.00	99.76	95.34	101.74	/	/	/	/	/	104.00	102.66
43 上面宽（fmt-fmt）	/	/	105.00	96.14	102.00	105.30	/	/	95.62	/	/	103.54	/
50 前眶间宽（mf-mf）	/	/	19.00	13.70	19.00	19.22	/	/	17.34	/	17.24	16.40	/
MH L	/	/	47.00	41.50	47.30	43.22	/	/	/	/	/	44.30	/
MH R	/	/	46.60	41.56	47.70	42.60	/	/	/	/	47.80	43.00	44.54
MB L	/	/	25.00	22.20	26.30	26.24	26.00	/	/	/	/	24.70	/
MB R	/	/	26.42	23.80	26.00	26.10	/	/	/	/	27.00	24.22	25.10

续表

项目	北街TG西扩H10	丽都花园T5M1	中华北路M5	天成隔热M39	羚锐M7	Ⅰ M11东侧室	Ⅰ M15.1	Ⅰ M17南侧室	Ⅰ M19	Ⅰ M20.2	Ⅱ M23左	Ⅰ M65.1	Ⅰ M71
54 鼻宽	/	/	28.70	24.84	24.54	27.00	/	/	29.52	/	25.28	28.00	25.44
55 鼻高（n-ns）	/	/	56.00	49.72	53.00	48.42	/	/	46.84	/	52.00	57.00	48.92
SC 鼻最小宽	/	/	7.30	6.70	7.50	7.78	/	/	6.80	/	8.46	7.64	9.50
SS 鼻最小宽高	/	/	4.00	3.30	3.80	3.80	/	/	2.00	/	3.80	3.00	3.50
51L 眶宽（mf-ek）	/	/	42.00	42.52	43.50	42.00	/	/	39.22	/	/	43.60	/
51R 眶宽（mf-ek）	/	/	42.40	42.00	43.00	42.52	/	/	40.22	/	44.68	43.34	44.60
51aL 眶宽（d-ek）	/	/	38.60	39.52	40.14	40.10	/	/	37.60	/	/	41.86	/
51aR 眶宽（d-ek）	/	/	40.10	39.34	39.86	41.00	/	/	38.56	/	41.00	41.90	42.12
52L 眶高	/	/	34.90	34.00	34.00	33.38	/	/	32.00	/	/	32.00	/
52R 眶高	/	/	35.30	33.00	35.24	33.28	/	/	30.58	/	36.00	31.50	34.70
60 上颌齿槽弓长（pr-alv）	47.60	53.36	53.00	57.82	48.62	53.80	/	/	/	/	53.44	51.66	53.76
61 上颌齿槽弓宽（ekm-ekm）	/	67.44	71.30	65.74	64.74	68.40	/	/	63.00	/	66.64	/	63.86
62 腭长（ol-sta）	/	/	48.76	46.54	41.40	44.00	/	/	42.50	/	44.30	44.26	40.28
63 腭宽（enm-enm）	/	40.50	41.00	36.64	37.40	37.66	/	/	35.54	/	37.00	/	34.36
12 枕骨最大宽（ast-ast）	109.00	/	103.60	104.20	106.00	108.36	113.58	105.50	108.00	106.64	109.20	108.90	/
11 耳点间宽（au-au）	/	/	127.50	119.20	120.36	125.90	/	/	120.90	126.00	135.94	132.70	/
44 两眶宽（ek-ek）	/	/	100.56	95.44	98.14	99.00	/	/	93.48	/	/	97.10	/
FC 两眶内宽（fmo-fmo）	/	/	96.74	91.20	95.00	97.60	/	/	90.00	/	/	95.40	/
FS 鼻根点至两眶内宽之矢高（n to fmo-fmo）	/	/	16.30	13.00	18.00	21.00	/	/	11.00	/	/	18.00	/
DC 眶间宽（d-d）	/	/	23.74	19.42	22.00	23.00	/	/	20.80	/	21.40	18.76	/
32 额侧角 Ⅰ（n-m FH）	/	/	91.00	92.00	89.00	87.00	/	/	94.00	/	/	86.00	/
∠g-m FH	/	/	88.00	87.00	82.00	81.00	/	/	92.00	/	/	83.00	/
∠g-b FH	/	/	43.00	48.00	45.00	45.00	/	/	49.00	/	41.00	46.00	/
72 总面角（n-pr FH）	/	/	80.00	77.00	83.00	81.00	/	/	/	/	80.50	86.00	/
73 中面角（n-ns FH）	/	/	84.00	79.00	86.00	90.00	/	/	89.00	/	86.00	86.00	/
74 齿槽面角（ns-pr FH）	/	/	71.00	62.00	70.00	65.00	/	/	/	/	73.00	83.00	/
75 鼻梁侧角（n-rhi FH）	/	/	64.00	/	/	70.00	/	/	68.00	/	/	/	/
77 鼻颧角（fmo-n-fmo）	/	/	142.50	148.00	138.00	132.50	/	/	152.00	/	/	138.00	/

续表

项目	北街TG西扩H10	丽都花园T5M1	中华北路M5	天成隔热M39	羚锐M7	Ⅰ M11东侧室	Ⅰ M15.1	Ⅰ M17南侧室	Ⅰ M19	Ⅰ M20.2	Ⅱ M23左	Ⅰ M65.1	Ⅰ M71
颧上颌角（zm-ss-zm）	/	/	133.50	123.00	123.00	127.00	/	/	/	/	/	117.00	120.50
∠pr-n-ba	/	/	69.50	71.00	65.00	/	/	/	/	/	/	63.00	/
∠n-pr-ba	/	/	68.00	71.00	71.00	/	/	/	/	/	/	75.00	/
∠n-ba-pr	/	/	42.50	38.00	44.00	/	/	/	/	/	/	42.00	/
72-75 鼻梁角	/	/	16.00	/	/	11.00	/	/	/	/	/	/	/
8：1　颅长宽指数	/	/	77.65	75.14	77.71	76.67	/	/	80.47	/	79.53	80.97	/
17：1 颅长高指数	/	/	73.53	77.14	78.92	/	/	/	75.27	/	83.89	77.61	/
17：8 颅宽高指数	/	/	94.70	102.66	101.55	/	/	/	93.53	/	105.49	95.86	/
9：8　额宽指数	/	/	65.91	62.36	64.34	66.96	/	/	63.47	/	/	64.81	/
16：7 枕骨大孔指数	/	/	81.22	82.13	78.76	/	/	/	85.68	/	88.65	85.94	/
40：5 面突指数	/	/	112.13	113.06	55.51	/	/	/	/	/	95.52	93.54	/
48：17pr 垂直颅面指数	/	/	57.09	49.48	54.96	/	/	/	/	/	46.23	52.88	/
48：17sd	/	/	60.40	53.70	56.79	/	/	/	/	/	47.49	54.90	/
48：45pr 上面指数	/	/	53.53	/	/	50.10	/	/	/	/	/	53.12	/
48：45sd	/	/	56.64	/	/	53.14	/	/	/	/	/	55.15	/
48：46pr 中面指数（V）	/	/	69.28	66.96	75.52	63.89	/	/	/	/	/	69.46	/
48：46sd	/	/	73.30	72.67	78.04	67.76	/	/	/	/	/	72.12	/
54：55 鼻指数	/	/	51.25	49.96	46.30	55.76	/	/	63.02	/	48.62	49.12	52.00
52：51L 眶指数Ⅰ	/	/	83.10	79.96	78.16	79.48	/	/	81.59	/	/	73.39	/
52：51R	/	/	83.25	78.57	81.95	78.27	/	/	76.03	/	80.57	72.68	77.80
52：51aL 眶指数Ⅱ	/	/	90.41	86.03	84.70	83.24	/	/	85.11	/	/	76.45	/
52：51aR	/	/	88.03	83.88	88.41	81.17	/	/	79.30	/	87.80	75.18	82.38
54：51L 鼻眶指数Ⅰ	/	/	68.33	58.42	56.41	64.29	/	/	75.27	/	/	64.22	/
54：51R	/	/	67.69	59.14	57.07	63.50	/	/	73.40	/	56.58	64.61	57.04
54：51aL 鼻眶指数Ⅱ	/	/	74.35	62.85	61.14	67.33	/	/	78.51	/	/	66.89	/
54：51aR	/	/	71.57	63.14	61.57	65.85	/	/	76.56	/	61.66	66.83	60.40
SS：SC 鼻根指数	/	/	54.79	49.25	50.67	48.84	/	/	29.41	/	44.92	39.27	36.84
63：62 腭指数	/	/	84.09	78.73	90.34	85.59	/	/	83.62	/	83.52	/	85.30

续表

项目	北街TG西扩H10	丽都花园T5M1	中华北路M5	天成隔热M39	羚锐M7	Ⅰ M11东侧室	Ⅰ M15.1	Ⅰ M17南侧室	Ⅰ M19	Ⅰ M20.2	Ⅱ M23左	Ⅰ M65.1	Ⅰ M71
45：（1+8）/2 横颅面指数	/	/	88.28	/	/	81.60	/	/	/	/	/	85.40	/
17：（1+8）/2 高平均指数	/	/	82.78	88.09	88.81	/	/	/	83.41	/	93.46	85.78	/
65 下颌髁突间宽（cdl-cdl）	100.90	114.66	103.74	/	95.10	/	/	/	/	/	/	/	/
66 下颌角间宽（go-go）	82.00	/	93.00	/	96.20	/	/	/	/	/	/	/	/
67 髁孔间径	46.22	47.64	51.40	53.34	46.50	/	/	/	/	/	/	/	/
68 下颌体长	70.40	77.00	76.80	/	62.00	/	/	/	/	/	/	/	/
68（1） 下颌体最大投影长	97.80	108.00	110.30	/	97.60	/	/	/	/	/	/	/	/
69 下颌联合高（id-gn）	33.50	34.50	33.54	34.20	33.20	/	/	/	/	/	/	/	/
MBH Ⅰ L	30.22	34.12	35.00	35.00	28.40	/	/	/	/	/	/	/	/
MBH Ⅰ R	29.00	31.36	35.40	34.42	29.00	/	/	/	/	/	/	/	/
MBH Ⅱ L	26.00	30.40	32.40	33.10	26.54	/	/	/	/	/	/	/	/
MBH Ⅱ R	26.00	/	32.60	31.80	27.34	/	/	/	/	/	/	/	/
MBT Ⅰ L	12.60	10.00	15.60	12.10	13.00	/	/	/	/	/	/	/	/
MBT Ⅰ R	12.80	11.00	14.74	14.00	13.34	/	/	/	/	/	/	/	/
MBT Ⅱ L	16.00	12.86	18.00	14.72	17.56	/	/	/	/	/	/	/	/
MBT Ⅱ R	17.58	13.00	18.50	14.90	17.26	/	/	/	/	/	/	/	/
70 L 下颌枝高	59.12	/	79.64	/	60.90	/	/	/	/	/	/	/	/
70 R	61.80	/	75.30	71.00	63.20	/	/	/	/	/	/	/	/
71 L 下颌枝宽	38.74	42.00	42.66	/	39.80	/	/	/	/	/	/	/	/
71 R	39.40	36.00	44.00	40.66	39.10	/	/	/	/	/	/	/	/
71a L 下颌枝最小宽	31.68	31.60	35.60	/	31.20	/	/	/	/	/	/	/	/
71a R	32.58	31.00	35.20	32.14	31.50	/	/	/	/	/	/	/	/
79 下颌角	123.00	124.00	125.00	/	133.50	/	/	/	/	/	/	/	/
颏孔间弧	57.00	56.00	62.00	66.00	55.00	/	/	/	/	/	/	/	/
68：65 下颌骨指数	69.77	67.16	74.03	/	65.19	/	/	/	/	/	/	/	/
71：70　下颌枝指数 L	65.53	/	53.57	/	65.35	/	/	/	/	/	/	/	/
R	63.75	/	58.43	57.27	61.87	/	/	/	/	/	/	/	/

附表二〇 郑州地区薛村遗址和新郑各遗址汉代颅骨测量表（女性） （长度：毫米；角度：度；指数：%）

项目	Ⅰ M77.1	Ⅰ M77.5	Ⅱ M2 东墓室.1	Ⅱ M2 东墓室.2	Ⅱ M2 西墓室.2	Ⅱ M5.1	Ⅱ M15	Ⅱ M43 右棺	Ⅱ M134.1	Ⅱ M157	Ⅱ M206 南棺	Ⅱ M243.2	Ⅱ M261 西	Ⅱ M281 后室东棺
1 颅长（g-op）	172.40	167.00	182.00	/	/	/	/	174.00	174.60	/	186.50	173.30	172.03	176.50
8 颅宽（eu-eu）	142.00	143.00	141.00	/	137.20	149.30	/	140.00	129.40	/	135.20	138.00	132.07	142.20
17 颅高（b-ba）	135.00	/	128.40	/	/	/	/	/	129.60	/	136.00	138.00	/	134.50
21 耳上颅高（po-po）	/	/	117.00	/	/	/	/	/	111.60	/	/	115.00	/	112.00
9 最小额宽（ft-ft）	90.40	86.76	94.46	/	/	/	/	90.54	94.66	/	98.24	89.64	/	89.56
7 枕骨大孔长（enba-o）	35.12	/	38.60	/	/	/	/	/	36.20	/	34.00	37.36	/	40.68
16 枕骨大孔宽	30.00	/	32.62	/	/	/	/	/	29.90	26.94	28.00	27.86	/	32.40
25 颅矢弧（n-o）	362.00	352.00	376.00	/	/	/	/	373.00	356.00	/	392.00	363.00	370.00	362.00
26 额矢弧（n-b）	121.00	117.00	126.00	/	/	/	/	133.00	121.00	/	129.00	118.50	126.00	126.00
27 顶矢弧（b-l）	122.00	126.00	115.00	/	/	/	130.00	129.00	116.00	/	130.00	127.00	126.00	120.00
28 枕矢弧（l-o）	118.00	109.00	136.00	119.00	/	/	122.00	111.00	120.00	/	133.00	118.50	129.00	115.00
29 额矢弦（n-b）	106.60	104.66	110.64	/	/	/	/	113.56	109.58	/	112.20	107.24	107.88	110.16
30 顶矢弦（b-l）	109.48	108.18	107.50	/	/	/	114.70	113.00	106.08	/	118.00	113.00	111.60	108.50
31 枕矢弦（l-o）	100.46	92.64	110.26	99.82	/	/	100.76	94.20	98.28	/	101.00	98.26	94.66	97.30
23 颅周长（g-op-g）	54.00	501.00	521.00	/	/	/	/	509.00	505.00	/	525.00	509.00	488.00	512.00
24 颅横弧（po-b-po）	/	/	318.00	/	/	/	/	315.00	303.00	/	310.00	312.00	307.00	314.00
5 颅基底长（n-enba）	94.30	/	89.60	/	/	/	/	/	101.00	/	95.40	98.80	/	98.00
40 面底长（pr-enba）	/	/	100.00	/	/	/	/	/	/	/	/	98.60	/	91.90
48（pr）上面高（n-pr）	/	/	67.84	/	/	/	/	/	/	/	/	76.96	/	70.40
48（sd）上面高［n-sd（av）］	/	69.00	70.70	/	/	/	/	/	/	/	/	82.00	/	73.10
47 全面高（n-gn）	/	/	/	/	/	/	/	/	/	/	/	117.20	/	/
45 颧点间宽（zy-zy）	/	/	/	/	/	/	/	/	/	/	/	131.16	/	/
46 中面宽（zm-zm）	/	/	/	/	/	/	/	/	/	/	/	103.88	/	/
43 上面宽（fmt-fmt）	104.80	104.16	/	/	/	/	/	101.20	106.64	/	104.00	104.34	/	103.66
50 前眶间宽（mf-mf）	16.64	14.80	18.00	/	/	/	/	/	20.26	/	/	19.24	20.20	16.00
MH L	/	/	/	/	/	/	/	/	43.76	/	/	42.00	/	/
MH R	48.66	45.30	/	/	/	/	/	/	/	/	/	44.36	40.32	44.86
MB L	/	/	/	/	/	/	/	/	24.72	/	/	23.26	/	/
MB R	27.24	27.36	26.46	/	/	/	/	/	/	/	/	24.40	21.28	23.82

续表

项目	Ⅰ M77.1	Ⅰ M77.5	Ⅱ M2 东墓室.1	Ⅱ M2 东墓室.2	Ⅱ M2 西墓室.2	Ⅱ M5.1	Ⅱ M15	Ⅱ M43 右棺	Ⅱ M134.1	Ⅱ M157	Ⅱ M206 南棺	Ⅱ M243.2	Ⅱ M261 西	Ⅱ M281 后室东棺
54 鼻宽	/	24.66	27.34	/	/	/	/	/	/	/	/	/	/	/
55 鼻高（n-ns）	/	54.00	51.86	/	/	/	/	/	/	/	/	56.00	/	52.00
SC 鼻最小宽	/	3.00	7.60	/	/	/	/	/	/	/	/	12.20	8.00	6.66
SS 鼻最小宽高	/	2.00	3.00	/	/	/	/	/	/	/	/	4.00	2.00	2.80
51L 眶宽（mf-ek）	/	44.00	45.50	/	/	/	/	/	45.50	/	/	43.00	/	/
51R 眶宽（mf-ek）	45.00	44.00	45.00	/	/	/	/	/	46.00	/	/	42.48	41.12	43.24
51aL 眶宽（d-ek）	/	41.56	43.40	/	/	/	/	/	42.76	/	/	40.54	/	/
51aR 眶宽（d-ek）	43.00	40.50	43.10	/	/	/	/	/	42.76	/	/	40.54	38.54	41.00
52L 眶高	/	34.36	33.74	/	/	/	/	/	33.16	/	/	35.86	/	/
52R 眶高	38.54	34.24	33.62	/	/	/	/	/	/	/	/	35.56	34.68	/
60 上颌齿槽弓长（pr-alv）	/	/	54.74	/	/	/	/	/	/	/	/	55.10	48.00	51.34
61 上颌齿槽弓宽（ekm-ekm）	/	63.22	65.00	/	/	/	/	/	/	67.34	/	/	/	/
62 腭长（ol-sta）	/	41.86	46.60	/	/	/	/	/	/	43.24	/	47.00	41.54	38.54
63 腭宽（enm-enm）	/	37.00	37.12	/	37.30	/	/	/	/	39.84	/	/	29.82	/
12 枕骨最大宽（ast-ast）	/	110.50	112.14	107.94	111.26	105.40	/	109.18	120.00	/	112.50	109.72	104.48	111.00
11 耳点间宽（au-au）	/	/	128.72	/	128.74	/	/	125.00	122.00	125.32	125.36	124.20	111.06	126.38
44 两眶宽（ek-ek）	/	97.70	101.54	/	/	/	/	/	102.92	/	/	99.80	/	/
FC 两眶内宽（fmo-fmo）	96.72	94.32	/	/	/	/	/	90.54	101.00	/	/	98.66	/	95.86
FS 鼻根点至两眶内宽之矢高（n to fmo-fmo）	11.40	14.00	/	/	/	/	/	11.80	20.40	/	/	12.00	/	15.00
DC 眶间宽（d-d）	/	12.72	20.00	/	/	/	/	/	23.36	/	/	21.68	24.12	20.20
32 额侧角 Ⅰ（n-m FH）	/	/	89.00	/	/	/	/	/	83.00	/	/	80.00	/	81.00
∠g-m FH	/	/	88.00	/	/	/	/	/	75.00	/	/	77.00	/	75.00
∠g-b FH	/	/	49.00	/	/	/	/	/	47.00	/	/	46.00	/	40.00
72　总面角（n-pr FH）	/	/	83.00	/	/	/	/	/	/	/	/	82.00	/	83.00
73　中面角（n-ns FH）	/	/	91.00	/	/	/	/	/	/	/	/	86.00	/	88.00
74 齿槽面角（ns-pr FH）	/	/	65.00	/	/	/	/	/	/	/	/	72.00	/	66.00
75 鼻梁侧角（n-rhi FH）	/	/	/	/	/	/	/	/	/	/	/	/	/	/
77 鼻颧角（fmo-n-fmo）	153.50	147.00	/	/	/	/	/	151.00	135.50	/	/	153.00	/	144.00

续表

项目	Ⅰ M77.1	Ⅰ M77.5	Ⅱ M2 东墓室.1	Ⅱ M2 东墓室.2	Ⅱ M2 西墓室.2	Ⅱ M5.1	Ⅱ M15	Ⅱ M43 右棺	Ⅱ M134.1	Ⅱ M157	Ⅱ M206 南棺	Ⅱ M243.2	Ⅱ M261 西	Ⅱ M281 后室东棺
颧上颌角（zm-ss-zm）	/	/	/	/	/	/	/	/	/	/	/	124.00	/	/
∠pr-n-ba	/	/	68.50	/	/	/	/	/	/	/	/	66.00	/	63.50
∠n-pr-ba	/	/	71.50	/	/	/	/	/	/	/	/	68.00	/	74.00
∠n-ba-pr	/	/	40.00	/	/	/	/	/	/	/	/	46.00	/	42.50
72-75 鼻梁角	/	/	/	/	/	/	/	/	/	/	/	/	/	/
8：1　颅长宽指数	82.37	85.63	77.47	/	/	/	/	80.46	74.11	/	72.49	79.63	76.77	80.57
17：1 颅长高指数	78.31	/	70.55	/	/	/	/	/	74.23	/	72.92	79.63	/	76.20
17：8 颅宽高指数	95.07	/	91.06	/	/	/	/	/	100.15	/	100.59	100.00	/	94.59
9：8　额宽指数	63.66	60.67	66.99	/	/	/	/	64.67	73.15	/	72.66	64.96	/	62.98
16：7 枕骨大孔指数	85.42	/	84.51	/	/	/	/	/	82.60	/	82.35	74.57	/	79.65
40：5 面突指数	/	/	111.61	/	/	/	/	/	/	/	/	99.80	/	93.78
48：17pr 垂直颅面指数	/	/	52.83	/	/	/	/	/	/	/	/	55.77	/	52.34
48：17sd	/	/	55.06	/	/	/	/	/	/	/	/	59.42	/	54.35
48：45pr 上面指数	/	/	/	/	/	/	/	/	/	/	/	58.68	/	/
48：45sd	/	/	/	/	/	/	/	/	/	/	/	62.52	/	/
48：46pr 中面指数（V）	/	/	/	/	/	/	/	/	/	/	/	74.09	/	/
48：46sd	/	/	/	/	/	/	/	/	/	/	/	78.94	/	/
54：55 鼻指数	/	45.67	52.72	/	/	/	/	/	/	/	/	/	/	/
52：51L 眶指数Ⅰ	/	78.09	74.15	/	/	/	/	/	72.88	/	/	83.40	/	/
52：51R	85.64	77.82	74.71	/	/	/	/	/	/	/	/	83.71	84.34	/
52：51aL 眶指数Ⅱ	/	82.68	77.74	/	/	/	/	/	77.55	/	/	88.46	/	/
52：51aR	89.63	84.54	78.00	/	/	/	/	/	/	/	/	87.72	89.98	/
54：51L 鼻眶指数Ⅰ	/	56.05	60.09	/	/	/	/	/	/	/	/	/	/	/
54：51R	/	56.05	60.76	/	/	/	/	/	/	/	/	/	/	/
54：51aL 鼻眶指数Ⅱ	/	59.34	63.00	/	/	/	/	/	/	/	/	/	/	/
54：51aR	/	60.89	63.43	/	/	/	/	/	/	/	/	/	/	/
SS：SC 鼻根指数	/	66.67	39.47	/	/	/	/	/	/	/	/	32.79	25.00	42.04
63：62 腭指数	/	88.39	79.66	/	/	/	/	/	/	92.14	/	/	71.79	/

续表

项目	Ⅰ M77.1	Ⅰ M77.5	Ⅱ M2 东墓室.1	Ⅱ M2 东墓室.2	Ⅱ M2 西墓室.2	Ⅱ M5.1	Ⅱ M15	Ⅱ M43 右棺	Ⅱ M134.1	Ⅱ M157	Ⅱ M206 南棺	Ⅱ M243.2	Ⅱ M261 西	Ⅱ M281 后室东棺
45：（1+8）/2 横颅面指数	/	/	/	/	/	/	/	/	/	/	/	84.27	/	/
17：（1+8）/2 高平均指数	85.88	/	79.50	/	/	/	/	/	85.26	/	84.55	88.66	/	84.41
65 下颌髁突间宽（cdl-cdl）	/	/	/	/	/	/	/	/	/	/	/	121.82	/	/
66 下颌角间宽（go-go）	/	/	/	/	/	/	/	/	/	/	/	92.44	/	/
67 髁孔间径	/	/	/	/	/	/	/	/	/	/	/	48.40	/	/
68 下颌体长	/	/	/	/	/	/	/	/	/	/	/	78.80	/	/
68（1） 下颌体最大投影长	/	/	/	/	/	/	/	/	/	/	/	107.20	/	/
69 下颌联合高（id-gn）	/	/	/	/	/	/	/	/	/	/	/	28.32	/	/
MBH Ⅰ L	/	/	/	/	/	/	/	/	/	/	/	28.32	/	/
MBH Ⅰ R	/	/	32.14	/	/	/	/	29.00	/	/	/	24.52	/	/
MBH Ⅱ L	/	/	/	/	/	/	/	/	/	/	/	/	/	/
MBH Ⅱ R	/	/	30.46	/	/	/	/	27.00	/	/	/	/	/	/
MBT Ⅰ L	/	/	/	/	/	/	/	/	/	/	/	11.64	/	/
MBT Ⅰ R	/	/	11.60	/	/	/	/	11.86	/	/	/	11.18	/	/
MBT Ⅱ L	/	/	/	/	/	/	/	/	/	/	/	/	/	/
MBT Ⅱ R	/	/	14.00	/	/	/	/	14.24	/	/	/	/	/	/
70 L 下颌枝高	/	/	/	/	/	/	/	60.56	/	/	/	65.84	/	/
70 R	/	/	63.00	/	/	/	/	56.40	/	/	/	61.00	/	/
71 L 下颌枝宽	/	/	/	/	/	/	/	42.24	/	/	/	42.26	/	/
71 R	/	/	/	/	/	/	/	42.00	/	/	/	41.62	/	/
71a L 下颌枝最小宽	/	/	/	/	/	/	/	32.00	/	/	/	34.54	/	/
71a R	/	/	32.46	/	/	/	/	33.30	/	/	/	33.80	/	/
79 下颌角	/	/	/	/	/	/	/	/	/	/	/	121.00	/	/
颏孔间弧	/	/	/	/	/	/	/	/	/	/	/	56.00	/	/
68：65 下颌骨指数	/	/	/	/	/	/	/	/	/	/	/	64.69	/	/
71：70　下颌枝指数 L	/	/	/	/	/	/	/	69.75	/	/	/	64.19	/	/
R	/	/	/	/	/	/	/	74.47	/	/	/	68.23	/	/

附表二一　郑州地区薛村遗址和新郑各遗址汉代颅骨测量表（女性）　（长度：毫米；角度：度；指数：%）

项目	ⅣM1	ⅣM3.1	ⅣM44 西棺	ⅣM56 南墓室	ⅣM56 北.2	ⅣM58	ⅣM62.1	ⅣM62.2	ⅣM90	ⅣM92	ⅣM101.2	ⅣM111 东棺	ⅣM114
1 颅长（g-op）	174.70	/	/	/	172.00	/	/	/	/	/	/	/	/
8 颅宽（eu-eu）	136.00	/	/	/	138.00	/	138.60	/	/	/	/	/	/
17 颅高（b-ba）	134.90	/	/	/	/	/	/	/	/	/	/	/	/
21 耳上颅高（po-po）	117.00	/	/	/	/	/	/	/	/	/	/	/	/
9 最小额宽（ft-ft）	/	/	/	/	89.60	/	/	/	/	/	/	97.88	/
7 枕骨大孔长（enba-o）	33.70	/	/	/	31.20	/	/	36.00	/	/	/	/	/
16 枕骨大孔宽	28.50	/	/	/	26.60	/	/	28.70	/	/	/	/	/
25 颅矢弧（n-o）	372.00	/	/	/	/	/	/	/	/	/	/	/	/
26 额矢弧（n-b）	125.00	/	/	126.00	/	/	121.00	/	/	/	/	133.00	/
27 顶矢弧（b-l）	136.00	/	/	131.00	/	120.00	121.00	/	/	/	147.00	/	127.00
28 枕矢弧（l-o）	111.00	/	/	/	116.00	114.00	/	122.00	/	118.00	132.00	/	116.00
29 额矢弦（n-b）	109.70	/	/	112.26	/	/	105.56	/	/	/	/	112.78	/
30 顶矢弦（b-l）	117.46	/	/	114.66	/	105.34	108.26	/	/	/	131.00	/	114.32
31 枕矢弦（l-o）	96.24	/	/	/	91.22	95.20	/	94.92	/	100.56	103.52	/	98.00
23 颅周长（g-op-g）	510.00	/	/	/	494.00	/	/	/	/	/	/	/	/
24 颅横弧（po-b-po）	310.00	/	/	/	/	300.00	/	/	/	/	/	/	/
5 颅基底长（n-enba）	98.60	/	/	/	93.20	/	/	/	/	/	/	/	/
40 面底长（pr-enba）	105.46	/	/	/	/	/	/	/	/	/	/	/	/
48（pr）上面高（n-pr）	56.56	/	/	/	/	/	/	/	/	/	/	/	/
48（sd）上面高［n-sd（av）］	61.20	/	/	/	/	/	/	/	/	/	/	/	/
47 全面高（n-gn）	103.00	/	/	/	113.34	/	/	/	/	/	/	/	/
45 颧点间宽（zy-zy）	/	/	/	/	/	/	/	/	/	/	/	/	/
46 中面宽（zm-zm）	98.00	103.30	/	/	/	/	/	/	/	/	/	/	/
43 上面宽（fmt-fmt）	108.54	/	/	/	102.00	/	/	/	/	/	/	/	/
50 前眶间宽（mf-mf）	22.00	/	/	/	18.00	/	/	/	/	/	/	/	/
MH L	45.00	52.60	/	/	/	/	43.76	/	/	/	/	/	/
MH R	41.54	50.74	/	/	40.48	/	/	/	/	/	/	/	/
MB L	23.44	29.30	/	/	/	/	25.00	/	/	/	/	/	/
MB R	23.52	27.80	/	/	23.00	/	/	/	/	/	/	/	/

续表

项目	ⅣM1	ⅣM3.1	ⅣM44 西棺	ⅣM56 南墓室	ⅣM56 北.2	ⅣM58	ⅣM62.1	ⅣM62.2	ⅣM90	ⅣM92	ⅣM101.2	ⅣM111 东棺	ⅣM114
54 鼻宽	32.50	/	/	/	24.54	/	/	/	/	/	/	/	/
55 鼻高（n-ns）	45.64	/	/	/	48.56	/	/	/	/	/	/	/	/
SC 鼻最小宽	5.26	/	/	/	9.62	/	/	/	/	/	/	/	/
SS 鼻最小宽高	1.00	/	/	/	2.30	/	/	/	/	/	/	/	/
51L 眶宽（mf-ek）	41.28	/	/	/	41.00	/	/	/	/	/	/	/	/
51R 眶宽（mf-ek）	42.14	/	/	/	41.74	/	/	/	/	/	/	/	/
51aL 眶宽（d-ek）	39.00	/	/	/	39.76	/	/	/	/	/	/	/	/
51aR 眶宽（d-ek）	40.34	/	/	/	40.40	/	/	/	/	/	/	/	/
52L 眶高	33.80	/	/	/	31.00	/	/	/	/	/	/	/	/
52R 眶高	32.66	/	/	/	31.56	/	/	/	/	/	/	/	/
60 上颌齿槽弓长（pr-alv）	54.00	51.76	/	/	/	/	/	/	53.50	/	/	/	/
61 上颌齿槽弓宽（ekm-ekm）	65.80	/	/	65.76	60.32	/	/	/	58.26	/	/	/	/
62 腭长（ol-sta）	49.48	42.42	/	/	41.60	/	/	/	45.64	/	/	/	/
63 腭宽（enm-enm）	39.52	36.44	/	33.46	36.66	/	/	/	34.62	/	/	/	/
12 枕骨最大宽（ast-ast）	108.04	114.76	102.36	/	110.40	111.46	112.32	/	/	112.00	116.76	/	114.00
11 耳点间宽（au-au）	120.90	133.42	/	/	125.00	128.24	126.40	/	/	128.46	/	/	/
44 两眶宽（ek-ek）	102.00		/	/	97.00	/	/	/	/	/	/	/	/
FC 两眶内宽（fmo-fmo）	100.30	100.66	/	/	96.00	/	/	/	/	/	/	/	/
FS 鼻根点至两眶内宽之矢高（n to fmo-fmo）	14.50	18.30	/	/	15.00	/	/	/	/	/	/	/	/
DC 眶间宽（d-d）	24.56	/	/	/	19.60	/	/	/	/	/	/	/	/
32 额侧角 Ⅰ（n-m FH）	89.00	/	/	/	88.00	/	/	/	/	/	/	/	/
∠g-m FH	82.00	/	/	/	81.00	/	/	/	/	/	/	/	/
∠g-b FH	51.00	/	/	/	/	/	/	/	/	/	/	/	/
72　总面角（n-pr FH）	77.00	/	/	/	/	/	/	/	/	/	/	/	/
73　中面角（n-ns FH）	85.00	/	/	/	91.00	/	/	/	/	/	/	/	/
74 齿槽面角（ns-pr FH）	55.00	/	/	/	/	/	/	/	/	/	/	/	/
75 鼻梁侧角（n-rhi FH）	/	/	/	/	/	/	/	/	/	/	/	/	/
77 鼻颧角（fmo-n-fmo）	147.00	140.00	/	/	144.50	/	/	/	/	/	/	/	/

续表

项目	ⅣM1	ⅣM3.1	ⅣM44 西棺	ⅣM56 南墓室	ⅣM56 北.2	ⅣM58	ⅣM62.1	ⅣM62.2	ⅣM90	ⅣM92	ⅣM101.2	ⅣM111 东棺	ⅣM114
颧上颌角（zm-ss-zm）	131.00	124.00	/	/	/	/	/	/	/	/	/	/	/
∠pr-n-ba	80.00	/	/	/	/	/	/	/	/	/	/	/	/
∠n-pr-ba	68.00	/	/	/	/	/	/	/	/	/	/	/	/
∠n-ba-pr	32.00	/	/	/	/	/	/	/	/	/	/	/	/
72-75 鼻梁角	/	/	/	/	/	/	/	/	/	/	/	/	/
8：1　颅长宽指数	77.85	/	/	/	80.23	/	/	/	/	/	/	/	/
17：1 颅长高指数	77.22	/	/	/	/	/	/	/	/	/	/	/	/
17：8 颅宽高指数	99.19	/	/	/	/	/	/	/	/	/	/	/	/
9：8　额宽指数	/	/	/	/	64.93	/	/	/	/	/	/	/	/
16：7 枕骨大孔指数	84.57	/	/	/	85.26	/	/	79.72	/	/	/	/	/
40：5 面突指数	106.96	/	/	/	/	/	/	/	/	/	/	/	/
48：17pr 垂直颅面指数	41.93	/	/	/	/	/	/	/	/	/	/	/	/
48：17sd	45.37	/	/	/	/	/	/	/	/	/	/	/	/
48：45pr 上面指数	/	/	/	/	/	/	/	/	/	/	/	/	/
48：45sd	/	/	/	/	/	/	/	/	/	/	/	/	/
48：46pr 中面指数（V）	57.71	/	/	/	/	/	/	/	/	/	/	/	/
48：46sd	62.45	/	/	/	/	/	/	/	/	/	/	/	/
54：55 鼻指数	71.21	/	/	/	50.54	/	/	/	/	/	/	/	/
52：51L 眶指数Ⅰ	81.88	/	/	/	75.61	/	/	/	/	/	/	/	/
52：51R	77.50	/	/	/	75.61	/	/	/	/	/	/	/	/
52：51aL 眶指数Ⅱ	86.67	/	/	/	77.97	/	/	/	/	/	/	/	/
52：51aR	80.96	/	/	/	78.12	/	/	/	/	/	/	/	/
54：51L 鼻眶指数Ⅰ	78.73	/	/	/	59.85	/	/	/	/	/	/	/	/
54：51R	77.12	/	/	/	58.79	/	/	/	/	/	/	/	/
54：51aL 鼻眶指数Ⅱ	83.33	/	/	/	61.72	/	/	/	/	/	/	/	/
54：51aR	80.57	/	/	/	60.74	/	/	/	/	/	/	/	/
SS：SC 鼻根指数	19.01	/	/	/	23.91	/	/	/	/	/	/	/	/
63：62 腭指数	79.87	85.90	/	/	88.13	/	/	/	75.85	/	/	/	/

续表

项目	ⅣM1	ⅣM3.1	ⅣM44 西棺	ⅣM56 南墓室	ⅣM56 北.2	ⅣM58	ⅣM62.1	ⅣM62.2	ⅣM90	ⅣM92	ⅣM101.2	ⅣM111 东棺	ⅣM114
45：（1+8）/2 横颅面指数	/	/	/	/	/	/	/	/	/	/	/	/	/
17：（1+8）/2 高平均指数	86.84	/	/	/	/	/	/	/	/	/	/	/	/
65 下颌髁突间宽（cdl-cdl）	128.34	/	/	/	/	/	/	/	121.54	/	/	/	/
66 下颌角间宽（go-go）	/	108.18	/	/	/	/	/	/	88.10	/	/	/	/
67 髁孔间径	44.94	47.70	/	/	44.00	/	/	/	48.82	/	/	/	/
68 下颌体长	75.00	/	/	/	/	/	/	/	81.50	/	/	/	/
68（1） 下颌体最大投影长	105.00	/	/	/	/	/	/	/	98.00	/	/	/	/
69 下颌联合高（id-gn）	31.00	31.00	/	/	31.34	/	42.76	29.76	34.00	/	/	/	/
MBH Ⅰ L	26.00	31.34	/	/	30.20	/	26.00	/	34.70	/	/	/	/
MBH Ⅰ R	28.00	31.00	/	/	30.20	/	26.46	/	33.00	/	/	/	/
MBH Ⅱ L	26.80	30.34	/	/	/	/	25.20	/	31.50	/	/	/	/
MBH Ⅱ R	27.64	31.62	/	/	29.40	/	25.44	/	31.54	/	/	/	/
MBT Ⅰ L	12.30	13.00	/	/	10.80	/	12.00	/	12.86	/	/	/	/
MBT Ⅰ R	12.10	12.34	/	/	11.22	/	11.14	/	12.30	/	/	/	/
MBT Ⅱ L	15.70	14.54	/	/	/	/	15.40	/	14.86	/	/	/	/
MBT Ⅱ R	15.14	13.74	/	/	14.40	/	15.86	/	15.90	/	/	/	/
70 L 下颌枝高	61.70	72.00	/	/	/	/	/	/	75.36	/	/	/	/
70 R	/	/	/	/	55.68	/	/	/	72.16	/	/	/	/
71 L 下颌枝宽	40.88	/	/	/	/	/	/	/	/	/	/	/	/
71 R	38.00	/	/	/	38.40	/	/	/	/	/	/	/	/
71a L 下颌枝最小宽	34.72	32.44	/	/	/	/	/	/	34.00	/	/	/	/
71a R	33.68	32.70	/	/	31.40	/	/	/	34.42	/	/	/	/
79 下颌角	118.00	/	/	/	/	/	/	/	112.00	/	/	/	/
颏孔间弧	53.00	55.00	/	/	50.00	/	49.00	/	58.00	/	/	/	/
68：65 下颌骨指数	58.44	/	/	/	/	/	/	/	67.06	/	/	/	/
71：70　下颌枝指数 L	66.26	/	/	/	/	/	/	/	/	/	/	/	/
R	/	/	/	/	68.97	/	/	/	/	/	/	/	/

附表二二　郑州地区薛村遗址和新郑各遗址唐代颅骨测量表（男性）　（长度：毫米；角度：度；指数：%）

项目	郑州宏基M17左侧	03ZHHRT3M2	Ⅰ M36.2	Ⅱ M62	Ⅱ M64	Ⅱ M89.2	Ⅱ M100	Ⅱ M189.1	Ⅱ M164中	Ⅱ M173	Ⅱ M233东	Ⅱ M253.1	Ⅱ M285	Ⅳ M2东棺	Ⅳ M46	Ⅳ M112
1 颅长（g-op）	182.00	169.00	180.60	/	/	/	189.00	182.09	188.60	/	/	185.60	/	183.30	/	191.20
8 颅宽（eu-eu）	128.00	/	143.60	/	/	/	142.40	139.00	138.00	147.70	140.12	142.70	/	145.00	/	138.00
17 颅高（b-ba）	137.00	/	136.50	/	/	/	141.50	/	140.00	151.20	142.40	146.40	/	146.50	/	/
21 耳上颅高（po-po）	119.30	115.00	116.00	/	/	/	122.50	122.00	116.00	/	/	119.50	/	123.00	/	125.00
9 最小额宽（ft-ft）	88.00	82.00	99.00	/	/	/	99.00	89.34	97.48	/	/	89.00	/	94.28	/	86.24
7 枕骨大孔长（enba-o）	36.10	/	33.70	41.00	/	/	34.24	/	36.82	36.36	36.00	35.54	/	41.20	34.66	/
16 枕骨大孔宽	30.00	/	28.42	30.00	/	/	27.38	/	27.26	29.40	33.40	29.54	/	35.00	28.92	/
25 颅矢弧（n-o）	408.00	/	373.00	389.00	/	/	397.00	381.00	396.00	/	/	398.00	/	386.00	/	/
26 额矢弧（n-b）	140.00	119.00	124.00	130.00	126.00	/	137.00	130.00	142.00	/	/	126.00	/	130.00	/	134.00
27 顶矢弧（b-l）	140.00	137.00	127.00	132.00	139.00	/	137.00	124.00	128.00	138.00	132.00	136.00	/	130.00	/	154.00
28 枕矢弧（l-o）	129.00	/	122.00	124.00	/	116.00	124.00	128.00	128.00	148.00	119.50	136.00	/	126.00	128.00	/
29 额矢弦（n-b）	118.10	105.70	109.28	117.00	112.44	/	118.50	115.56	120.66	/	/	111.50	/	118.00	/	120.74
30 顶矢弦（b-l）	121.16	115.80	113.00	117.54	121.40	/	120.44	113.12	118.56	124.66	117.30	122.00	/	113.00	/	132.78
31 枕矢弦（l-o）	101.24	/	98.30	105.10	/	98.54	97.84	105.26	96.00	113.84	101.38	106.46	/	106.50	104.46	/
23 颅周长（g-op-g）	542.00	525.00	521.00	/	/	/	536.00	516.00	534.00	/	/	533.00	/	530.00	/	529.00
24 颅横弧（po-b-po）	328.00	327.00	323.00	/	/	/	329.00	324.00	318.00	/	319.50	320.00	/	327.00	/	318.00
5 颅基底长（n-enba）	98.00	/	102.70	/	/	/	105.00	/	103.60	/	/	104.00	/	110.40	/	/
40 面底长（pr-enba）	106.60	/	95.20	/	/	/	99.72	/	103.28	/	98.80	103.60	/	/	/	/
48（pr）上面高（n-pr）	67.40	69.62	76.50	/	/	/	74.00	69.30	67.96	/	/	69.00	/	/	/	63.54
48（sd）上面高［n-sd（av）］	71.62	72.74	78.80	/	/	/	78.90	70.64	72.82	/	/	73.14	/	76.00	/	66.80
47 全面高（n-gn）	119.10	/	/	/	/	/	132.40	113.68	/	/	/	124.26	/	124.50	/	/
45 颧点间宽（zy-zy）	137.20	/	/	/	/	/	/	/	/	/	/	142.60	/	/	/	/
46 中面宽（zm-zm）	109.80	/	/	/	/	/	104.70	114.00	/	/	/	108.34	105.70	/	/	/
43 上面宽（fmt-fmt）	103.70	108.82	108.80	/	/	/	110.20	106.44	106.86	/	/	104.84	/	105.30	/	104.72
50 前眶间宽（mf-mf）	18.80	/	19.30	/	/	/	23.38	15.16	18.62	/	/	17.42	/	18.00	/	17.40
MH L	44.80	/	/	/	/	/	47.54	44.40	/	/	/	45.50	/	/	53.62	/
MH R	47.00	/	/	/	/	/	48.44	45.60	43.14	/	/	42.12	/	/	/	/
MB L	28.50	/	/	/	/	/	26.60	27.44	/	/	/	25.26	/	/	31.46	/
MB R	30.54	/	/	/	/	/	27.00	26.36	24.00	/	/	26.22	/	/	/	/

续表

项目	郑州宏基M17左侧	03ZHHR T3M2	Ⅰ M36.2	Ⅱ M62	Ⅱ M64	Ⅱ M89.2	Ⅱ M100	Ⅱ M 189.1	Ⅱ M 164中	Ⅱ M 173	Ⅱ M 233东	Ⅱ M 253.1	Ⅱ M 285	Ⅳ M2 东棺	Ⅳ M46	Ⅳ M112
54 鼻宽	25.46	/	27.62	/	/	/	25.82	25.00	28.42	/	31.00	30.00	/	27.26	/	27.36
55 鼻高（n-ns）	50.00	/	59.50	/	/	/	55.96	53.50	51.00	/	/	53.80	/	54.62	/	47.86
SC 鼻最小宽	9.20	/	10.30	/	/	/	9.76	3.30	7.08	/	/	7.64	/	9.90	/	8.00
SS 鼻最小宽高	2.50	/	5.00	/	/	/	3.80	3.00	1.60	/	/	4.00	/	3.50	/	3.00
51L 眶宽（mf-ek）	42.00	/	43.78	/	/	/	47.64	45.34	45.64	/	/	45.22	/	43.00	/	41.00
51R 眶宽（mf-ek）	41.00	/	44.20	/	/	/	46.60	45.86	43.36	/	/	44.00	/	42.84	/	41.40
51aL 眶宽（d-ek）	39.70	/	40.30	/	/	/	45.00	42.78	43.66	/	/	41.68	/	41.74	/	39.00
51aR 眶宽（d-ek）	38.20	/	42.16	/	/	/	44.58	42.64	42.20	/	/	40.88	/	41.74	/	40.00
52L 眶高	32.42	/	40.56	/	/	/	36.26	34.40	33.00	/	/	33.10	/	36.44	/	34.60
52R 眶高	32.56	/	38.24	/	/	/	36.36	33.64	34.00	/	/	33.58	/	/	/	34.62
60 上颌齿槽弓长（pr-alv）	57.70	/	51.44	/	47.72	/	54.70	57.00	58.12	/	/	54.78	/	/	53.78	50.86
61 上颌齿槽弓宽（ekm-ekm）	72.30	62.24	69.00	/	68.14	/	64.40	68.76	67.80	/	/	67.34	/	/	69.92	70.64
62 腭长（ol-sta）	47.64	/	42.00	/	40.20	/	45.80	47.62	47.00	/	/	47.66	/	45.00	/	43.84
63 腭宽（enm-enm）	39.00	38.10	39.42	/	38.00	/	34.50	31.68	40.42	/	/	38.00	/	39.00	37.50	38.62
12 枕骨最大宽（ast-ast）	107.40	/	108.00	107.44	/	/	106.40	109.24	110.60	/	/	114.46	/	115.74	116.14	111.36
11 耳点间宽（au-au）	124.50	132.50	129.20	/	/	/	128.48	126.58	127.00	/	/	135.60	/	135.74	133.54	125.66
44 两眶宽（ek-ek）	97.80	101.60	101.00	/	/	/	108.74	101.26	100.84	/	/	101.68	/	101.34	/	96.00
FC 两眶内宽（fmo-fmo）	97.20	100.00	101.60	/	/	/	109.00	98.88	98.86	/	/	98.84	/	98.40	/	96.00
FS 鼻根点至两眶内宽之矢高（n to fmo-fmo）	19.50	14.00	17.40	/	/	/	20.00	17.00	14.30	/	/	14.00	/	15.50	/	16.00
DC 眶间宽（d-d）	22.50	/	22.00	/	/	/	23.56	19.70	9.48	/	/	21.24	/	20.00	/	20.00
32 额侧角 Ⅰ（n-m FH）	89.00	82.00	84.00	/	/	/	85.00	86.00	90.00	/	/	88.00	/	79.00	/	87.00
∠g-m FH	84.00	75.00	77.00	/	/	/	81.00	79.00	85.00	/	/	80.00	/	73.00	/	81.00
∠g-b FH	45.00	48.00	42.00	/	/	/	45.00	49.00	49.00	/	/	48.00	/	47.00	/	48.00
72　总面角（n-pr FH）	80.00	93.00	87.00	/	/	/	89.00	81.00	81.00	/	/	79.00	/	/	/	83.00
73　中面角（n-ns FH）	82.00	95.00	88.00	/	/	/	92.00	83.00	87.00	/	/	79.00	/	93.00	/	87.00
74 齿槽面角（ns-pr FH）	68.00	79.00	75.00	/	/	/	71.00	63.00	64.00	/	/	69.00	/	/	/	69.00
75 鼻梁侧角（n-rhi FH）	63.00	/	65.00	/	/	/	/	/	/	/	/	53.00	/	/	/	68.00
77 鼻颧角（fmo-n-fmo）	136.00	148.00	142.00	/	/	/	140.00	141.50	147.40	/	/	148.00	/	144.50	/	142.50

续表

项目	郑州宏基M17左侧	03ZHHR T3M2	Ⅰ M36.2	Ⅱ M62	Ⅱ M64	Ⅱ M89.2	Ⅱ M100	Ⅱ M 189.1	Ⅱ M 164中	Ⅱ M 173	Ⅱ M 233东	Ⅱ M 253.1	Ⅱ M 285	Ⅳ M2 东棺	Ⅳ M46	Ⅳ M112
颧上颌角（zm-ss-zm）	117.30	/	/	/	/	/	126.50	123.50	/	/	/	115.00	127.00	/	/	/
∠pr-n-ba	71.00	/	60.00	/	/	/	63.00	/	70.00	/	/	69.00	/	/	/	/
∠n-pr-ba	71.00	/	74.50	/	/	/	74.00	/	72.00	/	/	72.00	/	/	/	/
∠n-ba-pr	38.00	/	45.50	/	/	/	43.00	/	38.00	/	/	49.00	/	/	/	/
72-75 鼻梁角	17.00	/	22.00	/	/	/	/	/	/	/	/	26.00	/	/	/	15.00
8：1　颅长宽指数	70.33	/	79.51	/	/	/	75.34	76.34	73.17	/	/	76.89	/	79.11	/	72.18
17：1 颅长高指数	75.27	/	75.58	/	/	/	74.87	/	74.23	/	/	78.88	/	79.92	/	/
17：8 颅宽高指数	107.03	/	95.06	/	/	/	99.37	/	101.45	102.37	101.63	102.59	/	101.03	/	/
9：8　额宽指数	68.75	/	68.94	/	/	/	69.52	64.27	70.64	/	/	62.37	/	65.02	/	62.49
16：7 枕骨大孔指数	83.10	/	84.33	73.17	/	/	79.96	/	74.04	80.86	92.78	83.12	/	84.95	83.44	/
40：5 面突指数	108.78	/	92.70	/	/	/	94.97	/	99.69	/	/	99.62	/	/	/	/
48：17pr 垂直颅面指数	49.20	/	56.04	/	/	/	52.30	/	48.54	/	/	47.13	/	/	/	/
48：17sd	52.28	/	57.73	/	/	/	55.76	/	52.01	/	/	49.96	/	51.88	/	/
48：45pr 上面指数	49.13	/	/	/	/	/	/	/	/	/	/	48.39	/	/	/	/
48：45sd	52.20	/	/	/	/	/	/	/	/	/	/	51.29	/	/	/	/
48：46pr 中面指数（V）	61.38	/	/	/	/	/	70.68	60.79	/	/	/	63.69	/	/	/	/
48：46sd	65.23	/	/	/	/	/	75.36	61.96	/	/	/	67.51	/	/	/	/
54：55 鼻指数	50.92	/	46.42	/	/	/	46.14	46.73	55.73	/	/	55.76	/	49.91	/	57.17
52：51L 眶指数Ⅰ	77.19	/	92.65	/	/	/	76.11	75.87	72.30	/	/	73.20	/	84.74	/	84.39
52：51R	79.41	/	86.52	/	/	/	78.03	73.35	78.41	/	/	76.32	/	/	/	83.62
52：51aL 眶指数Ⅱ	81.66	/	100.65	/	/	/	80.58	80.41	75.58	/	/	79.41	/	87.30	/	88.72
52：51aR	85.24	/	90.70	/	/	/	81.56	78.89	80.57	/	/	82.14	/	/	/	86.55
54：51L 鼻眶指数Ⅰ	60.62	/	63.09	/	/	/	54.20	55.14	62.27	/	/	66.34	/	63.40	/	66.73
54：51R	62.10	/	62.49	/	/	/	55.41	54.51	65.54	/	/	68.18	/	63.63	/	66.09
54：51aL 鼻眶指数Ⅱ	64.13	/	68.54	/	/	/	57.38	58.44	65.09	/	/	71.98	/	65.31	/	70.15
54：51aR	66.65	/	65.51	/	/	/	57.92	58.63	67.35	/	/	73.39	/	65.31	/	68.40
SS：SC 鼻根指数	27.17	/	48.54	/	/	/	38.93	90.91	22.60	/	/	52.36	/	35.35	/	37.50
63：62 腭指数	81.86	/	93.86	/	94.53	/	75.33	66.53	86.00	/	/	79.73	/	86.67	/	88.09

续表

项目	郑州宏基M17左侧	03ZHHR T3M2	Ⅰ M36.2	Ⅱ M62	Ⅱ M64	Ⅱ M89.2	Ⅱ M100	Ⅱ M 189.1	Ⅱ M 164中	Ⅱ M 173	Ⅱ M 233东	Ⅱ M 253.1	Ⅱ M 285	Ⅳ M2 东棺	Ⅳ M46	Ⅳ M112
45：（1+8）/2 横颅面指数	88.52	/	/	/	/	/	/	/	/	/	/	86.87	/	/	/	/
17：（1+8）/2 高平均指数	88.39	/	84.21	/	/	/	85.40	/	85.73	/	/	89.19	/	89.25	/	/
65 下颌髁突间宽（cdl-cdl）	109.24	/	/	/	/	/	129.86	/	/	/	/	132.40	/	/	/	/
66 下颌角间宽（go-go）	94.80	/	/	97.76	/	/	94.60	95.12	/	/	/	111.34	101.82	/	/	/
67 髁孔间径	49.60	/	/	52.46	/	/	50.40	49.76	/	/	46.10	50.00	50.00	47.66	/	49.52
68 下颌体长	78.50	/	/	66.50	/	/	81.20	74.50	/	/	/	85.50	/	/	/	/
68（1） 下颌体最大投影长	107.70	/	/	100.50	/	/	106.20	106.50	/	/	/	102.50	/	/	/	/
69 下颌联合高（id-gn）	37.20	/	/	31.84	/	/	38.20	35.92	/	/	/	32.34	36.28	/	/	35.72
MBH Ⅰ L	36.52	/	/	26.62	/	/	35.54	35.14	/	/	/	34.08	30.66	32.90	34.14	31.20
MBH Ⅰ R	34.70	/	/	26.86	/	/	35.26	34.62	/	/	/	33.28	33.00	33.32	35.50	32.00
MBH Ⅱ L	33.20	/	/	22.00	/	/	31.54	30.36	/	/	/	31.00	28.46	26.30	32.60	28.34
MBH Ⅱ R	32.60	/	/	24.70	/	/	35.36	32.50	/	/	/	33.00	31.56	30.80	34.44	/
MBT Ⅰ L	13.30	/	/	12.90	/	/	12.52	15.58	/	/	/	13.78	16.22	14.10	12.00	14.84
MBT Ⅰ R	14.20	/	/	12.64	/	/	12.60	16.12	/	/	/	14.42	15.60	14.80	13.00	14.36
MBT Ⅱ L	16.00	/	/	16.90	/	/	15.28	18.00	/	/	/	16.82	19.00	16.34	15.50	18.12
MBT Ⅱ R	16.80	/	/	16.70	/	/	15.16	18.52	/	/	/	16.52	18.34	18.20	15.46	/
70 L 下颌枝高	74.70	/	/	53.00	/	/	62.00	69.24	/	/	/	74.00	/	/	/	/
70 R	69.40	/	/	55.00	/	/	71.46	72.44	/	/	/	77.28	/	/	/	/
71 L 下颌枝宽	47.60	/	/	40.60	/	/	43.42	/	/	/	/	51.76	/	/	/	/
71 R	48.10	/	/	40.00	/	/	44.00	46.22	/	/	/	51.00	/	/	/	/
71a L 下颌枝最小宽	38.80	/	/	32.14	/	/	34.54	36.00	/	/	/	40.30	38.00	41.00	33.30	/
71a R	39.10	/	/	32.84	/	/	36.74	35.74	/	/	/	41.38	/	/	32.24	/
79 下颌角	121.00	/	/	141.00	/	/	116.00	125.00	/	/	/	107.50	/	/	/	/
颏孔间弧	60.00	/	/	62.00	/	/	58.00	56.00	/	/	53.00	59.00	57.00	55.00	/	57.00
68：65 下颌骨指数	71.86	/	/	/	/	/	62.53	/	/	/	/	64.58	/	/	/	/
71：70 下颌枝指数 L	63.72	/	/	76.60	/	/	70.03	/	/	/	/	69.95	/	/	/	/
R	69.31	/	/	72.73	/	/	61.57	63.80	/	/	/	65.99	/	/	/	/

附表二三　郑州地区薛村遗址和新郑各遗址唐代颅骨测量表（女性）　（长度：毫米；角度：度；指数：%）

项目	郑州宏基 M17右侧	ⅡM 68	ⅡM 71.1	ⅡM 88	ⅡM 89.1	ⅡM 121	ⅡM123 墓道	ⅡM164 左侧	ⅡM 164右	ⅡM 189.2	ⅡM 253.2	ⅡM 263	ⅢM 20	ⅢM 30	ⅣM2 西棺	ⅣM 128	ⅡM 199	ⅡM 233西
1 颅长（g-op）	167.00	174.50	/	180.70	/	177.60	169.50	180.30	185.60	177.60	173.00	168.00	/	/	176.00	/	/	/
8 颅宽（eu-eu）	126.00	131.70	/	131.40	138.00	140.00	132.40	128.00	141.50	/	135.00	134.40	139.20	/	132.00	/	/	138.70
17 颅高（b-ba）	130.00	138.00	/	131.30	/	141.30	130.50	/	141.80	/	/	/	149.54	/	135.00	/	/	132.00
21 耳上颅高（po-po）	114.30	113.40	/	115.60	/	123.00	109.50	/	116.80	/	/	110.00	/	/	112.50	/	/	112.50
9 最小额宽（ft-ft）	83.00	94.44	/	95.44	/	92.00	76.54	91.48	86.66	91.34	/	88.86	/	/	90.46	/	/	/
7 枕骨大孔长（enba-o）	32.60	35.42	/	34.86	/	36.34	31.14	/	35.10	/	/	/	33.70	/	34.20	37.64	32.66	33.50
16 枕骨大孔宽	29.76	26.14	/	31.00	/	28.74	26.46	/	34.26	/	/	/	28.76	/	32.70	32.18	27.64	25.42
25 颅矢弧（n-o）	375.00	368.00	/	370.00	/	370.00	358.00	/	384.00	380.00	370.00	359.00	/	/	360.00	/	377.00	372.00
26 额矢弧（n-b）	133.50	131.00	141.00	124.00	/	122.00	121.00	132.00	131.00	125.00	125.00	126.00	/	/	121.00	/	133.00	128.00
27 顶矢弧（b-l）	127.50	129.00	140.00	136.00	/	131.00	125.50	127.00	132.00	125.00	132.00	122.00	121.00	/	127.00	/	134.00	116.00
28 枕矢弧（l-o）	115.00	109.00	/	110.00	/	118.00	112.00	/	120.00	130.00	114.00	111.50	124.00	/	112.00	/	110.00	128.00
29 额矢弦（n-b）	113.60	113.00	124.34	108.00	/	108.76	104.68	113.80	112.80	108.00	107.24	109.00	/	/	107.70	/	114.00	112.22
30 顶矢弦（b-l）	112.40	115.14	127.40	118.56	/	117.26	111.16	113.00	116.66	114.00	115.34	104.56	108.80	/	116.44	/	119.54	107.00
31 枕矢弦（l-o）	95.50	94.16	/	92.00	/	100.00	90.46	/	101.28	108.14	92.60	97.00	105.46	/	95.88	/	95.78	104.00
23 颅周长（g-op-g）	509.00	491.00	/	510.00	/	513.00	486.00	504.00	532.00	/	/	498.00	/	/	502.00	/	/	/
24 颅横弧（po-b-po）	315.00	304.50	/	309.00	/	325.00	304.00	/	322.00	/	314.00	302.00	334.00	/	303.00	/	/	308.00
5 颅基底长（n-enba）	93.00	97.80	/	101.60	/	103.50	96.00	/	105.40	/	/	/	/	/	102.00	/	/	99.20
40 面底长（pr-enba）	92.76	89.66	/	92.82	/	101.86	97.78	/	96.66	/	/	/	/	/	96.00	/	/	/
48（pr）上面高（n-pr）	60.70	64.00	/	61.70	/	68.14	67.50	54.00	65.30	64.92	/	62.30	/	/	65.80	/	/	/
48（sd）上面高［n-sd（av）］	63.30	66.46	/	65.80	/	70.84	70.70	61.24	67.56	69.00	/	66.00	/	/	68.70	/	/	/
47 全面高（n-gn）	106.00	108.06	/	106.28	/	117.22	/	/	/	/	/	108.74	/	/	111.12	/	/	/
45 颧点间宽（zy-zy）	130.40	120.74	/	/	/	/	116.84	/	/	/	/	124.00	/	/	/	/	/	/
46 中面宽（zm-zm）	91.80	94.84	/	104.90	/	101.50	94.34	/	102.12	/	/	98.00	/	/	102.74	/	/	105.56
43 上面宽（fmt-fmt）	102.00	100.24	/	107.00	/	106.00	90.34	102.12	100.48	/	/	99.56	/	/	104.50	/	/	102.74
50 前眶间宽（mf-mf）	16.00	22.00	/	21.74	/	19.00	16.46	16.00	17.92	16.74	/	16.00	/	/	19.32	/	/	15.62
MH L	39.34	39.52	/	45.22	/	47.00	40.50	/	43.20	44.70	/	/	/	/	43.58	/	/	46.42
MH R	40.00	40.66	/	46.00	/	48.88	42.00	42.00	44.90	/	/	39.70	/	/	42.26	41.44	/	46.32
MB L	18.70	22.10	/	24.74	/	26.88	21.00	/	23.80	/	/	/	/	/	22.00	/	/	25.68

续表

项目	郑州宏基M17右侧	Ⅱ M 68	Ⅱ M 71.1	Ⅱ M 88	Ⅱ M 89.1	Ⅱ M 121	Ⅱ M123墓道	Ⅱ M164左侧	Ⅱ M 164右	Ⅱ M 189.2	Ⅱ M 253.2	Ⅱ M 263	Ⅲ M 20	Ⅲ M 30	Ⅳ M2西棺	Ⅳ M 128	Ⅱ M 199	Ⅱ M 233西
MB R	20.30	22.40	/	24.38	/	27.92	20.72	21.66	25.54	/	/	25.44	/	/	20.54	24.32	/	26.42
54 鼻宽	22.20	26.00	/	26.00	/	24.18	25.00	/	30.00	25.50	/	22.00	/	/	27.74	/	/	/
55 鼻高（n-ns）	46.50	49.70	/	51.74	/	51.00	53.70	48.46	51.70	50.00	/	46.32	/	/	52.74	/	/	/
SC 鼻最小宽	8.74	9.00	/	11.10	/	7.00	5.44	/	9.20	11.40	/	8.40	/	/	8.24	/	/	8.00
SS 鼻最小宽高	5.30	2.00	/	3.80	/	2.00	3.00	/	2.60	4.00	/	3.60	/	/	3.00	/	/	2.60
51L 眶宽（mf-ek）	42.50	39.46	/	43.40	/	43.00	39.00	/	43.00	45.00	/	/	/	/	42.92	/	/	42.22
51R 眶宽（mf-ek）	42.00	39.32	/	42.80	/	43.70	40.32	44.60	43.10	43.00	/	39.50	/	/	43.44	/	/	43.00
51aL 眶宽（d-ek）	40.10	38.00	/	40.60	/	40.66	37.00	/	41.18	42.00	/	/	/	/	40.88	/	/	40.44
51aR 眶宽（d-ek）	39.90	37.00	/	40.00	/	40.46	37.90	40.56	41.00	40.90	/	37.54	/	/	42.14	/	/	39.86
52L 眶高	34.50	33.74	/	35.64	/	32.40	33.64	/	35.24	33.74	/	/	/	/	33.74	/	/	35.36
52R 眶高	34.42	33.72	/	37.00	/	32.84	34.20	33.00	35.76	35.44	/	30.42	/	/	35.64	/	/	33.68
60 上颌齿槽弓长（pr-alv）	45.44	49.00	/	47.00	/	49.40	51.24	47.00	49.10	52.34	/	45.62	/	52.64	49.76	/	/	/
61 上颌齿槽弓宽（ekm-ekm）	65.90	63.64	/	66.00	/	66.00	62.50	60.84	68.16	64.80	/	59.30	/	64.56	63.30	65.10	/	/
62 腭长（ol-sta）	37.00	39.62	/	39.34	/	41.62	43.56	/	38.94	/	/	41.00	/	44.20	41.70	/	/	/
63 腭宽（enm-enm）	40.60	37.56	/	35.86	/	39.70	37.22	33.46	42.00	32.54	/	35.36	/	37.00	38.26	31.46	/	/
12 枕骨最大宽（ast-ast）	103.00	99.16	/	99.22	110.64	110.70	103.10	98.70	115.10	108.20	98.34	106.20	108.00	/	108.26	/	104.76	113.54
11 耳点间宽（au-au）	124.70	118.16	/	119.00	130.26	130.56	107.00	/	131.38	/	119.90	122.70	129.00	/	122.00	/	/	125.66
44 两眶宽（ek-ek）	96.60	95.52	/	101.00	/	99.40	90.32	/	101.00	100.66	/	91.78	/	/	98.94	/	/	97.46
FC 两眶内宽（fmo-fmo）	96.00	93.76	/	99.00	/	96.00	87.80	92.72	95.78	98.48	/	91.00	/	/	97.90	/	/	94.66
FS 鼻根点至两眶内宽之矢高（n to fmo-fmo）	17.00	17.00	/	18.60	/	15.00	13.50	17.00	11.50	14.50	/	11.50	/	/	17.00	/	/	13.00
DC 眶间宽（d-d）	17.50	24.70	/	24.74	/	21.82	18.50	/	20.80	20.20	/	19.00	/	/	20.22	/	/	20.20
32 额侧角 I（n-m FH）	93.00	93.00	/	88.00	/	90.00	88.00	/	86.00	/	/	87.50	/	/	85.00	/	/	/
∠g-m FH	86.00	89.00	/	80.00	/	82.00	85.00	/	85.00	/	/	81.00	/	/	82.00	/	/	/
∠g-b FH	46.00	44.00	/	44.00	/	50.00	46.00	/	45.00	/	/	43.00	/	/	44.00	/	/	/
72　总面角（n-pr FH）	88.00	89.00	/	92.00	/	86.00	80.00	/	89.00	/	/	86.00	/	/	84.00	/	/	/
73　中面角（n-ns FH）	94.00	90.00	/	95.00	/	91.00	87.00	/	87.00	/	/	88.00	/	/	87.00	/	/	/
74 齿槽面角（ns-pr FH）	65.00	70.00	/	81.00	/	64.00	50.00	/	62.00	/	/	77.00	/	/	73.00	/	/	/

续表

项目	郑州宏基M17右侧	ⅡM 68	ⅡM 71.1	ⅡM 88	ⅡM 89.1	ⅡM 121	ⅡM123墓道	ⅡM164左侧	ⅡM 164右	ⅡM 189.2	ⅡM 253.2	ⅡM 263	ⅢM 20	ⅢM 30	ⅣM2西棺	ⅣM 128	ⅡM 199	ⅡM 233西
75 鼻梁侧角（n-rhi FH）	75.00	67.00	/	/	/	/	71.50	/	/	/	/	69.00	/	/	/	/	/	/
77 鼻颧角（fmo-n-fmo）	140.50	140.00	/	138.50	/	144.00	146.00	140.00	153.00	147.00	/	152.00	/	/	141.50	/	/	149.00
颧上颌角（zm-ss-zm）	126.00	125.50	/	127.50	/	125.00	127.00	/	132.00	/	/	124.50	/	/	128.00	/	/	/
∠pr-n-ba	64.50	63.00	/	61.50	/	68.00	70.00	/	62.50	/	/	/	/	/	65.00	/	/	/
∠n-pr-ba	79.50	77.00	/	81.50	/	74.00	70.00	/	79.00	/	/	/	/	/	76.00	/	/	/
∠n-ba-pr	36.00	40.00	/	37.00	/	38.00	40.00	/	46.50	/	/	/	/	/	39.00	/	/	/
72-75 鼻梁角	13.00	22.00	/	/	/	/	8.50	/	/	/	/	17.00	/	/	/	/	/	/
8：1　颅长宽指数	75.45	75.47	/	72.72	/	78.83	78.11	70.99	76.24	/	78.03	80.00	/	/	75.00	/	/	/
17：1 颅长高指数	77.84	79.08	/	72.66	/	79.56	76.99	/	76.40	/	/	/	/	/	76.70	/	/	/
17：8 颅宽高指数	103.17	104.78	/	99.92	/	100.93	98.56	/	100.21	/	/	/	107.43	/	102.27	/	/	95.17
9：8　额宽指数	65.87	71.71	/	72.63	/	65.71	57.81	71.47	61.24	/	/	66.12	/	/	68.53	/	/	/
16：7 枕骨大孔指数	91.29	73.80	/	88.93	/	79.09	84.97	/	97.61	/	/	/	85.34	/	95.61	85.49	84.63	75.88
40：5 面突指数	99.74	91.68	/	91.36	/	98.42	101.85	/	91.71	/	/	/	/	/	94.12	/	/	/
48：17pr 垂直颅面指数	46.69	46.38	/	46.99	/	48.22	51.72	/	46.05	/	/	/	/	/	48.74	/	/	/
48：17sd	48.69	48.16	/	50.11	/	50.13	54.18	/	47.64	/	/	/	/	/	50.89	/	/	/
48：45pr 上面指数	46.55	53.01	/	/	/	/	57.77	/	/	/	/	50.24	/	/	/	/	/	/
48：45sd	48.54	55.04	/	/	/	/	60.51	/	/	/	/	53.23	/	/	/	/	/	/
48：46pr 中面指数（V）	66.12	67.48	/	58.82	/	67.13	71.55	/	63.94	/	/	63.57	/	/	64.05	/	/	/
48：46sd	68.95	70.08	/	62.73	/	69.79	74.94	/	66.16	/	/	67.35	/	/	66.87	/	/	/
54：55 鼻指数	47.74	52.31	/	50.25	/	47.41	46.55	/	58.03	51.00	/	47.50	/	/	52.60	/	/	/
52：51L 眶指数Ⅰ	81.18	85.50	/	82.12	/	75.35	86.26	/	81.95	74.98	/	/	/	/	78.61	/	/	83.75
52：51R	81.95	85.76	/	86.45	/	75.15	84.82	73.99	82.97	82.42	/	77.01	/	/	82.04	/	/	78.33
52：51aL 眶指数Ⅱ	86.03	88.79	/	87.78	/	79.69	90.92	/	85.58	80.33	/	/	/	/	82.53	/	/	87.44
52：51aR	86.27	91.14	/	92.50	/	81.17	90.24	81.36	87.22	86.65	/	81.03	/	/	84.58	/	/	84.50
54：51L 鼻眶指数Ⅰ	52.24	65.89	/	59.91	/	56.23	64.10	/	69.77	56.67	/	/	/	/	64.63	/	/	/
54：51R	52.86	66.12	/	60.75	/	55.33	62.00	/	69.61	59.30	/	55.70	/	/	63.86	/	/	/
54：51aL 鼻眶指数Ⅱ	55.36	68.42	/	64.04	/	59.47	67.57	/	72.85	60.71	/	/	/	/	67.86	/	/	/
54：51aR	55.64	70.27	/	65.00	/	59.76	65.96	/	73.17	62.35	/	58.60	/	/	65.83	/	/	/

续表

项目	郑州宏基M17右侧	ⅡM 68	ⅡM 71.1	ⅡM 88	ⅡM 89.1	ⅡM 121	ⅡM123墓道	ⅡM164左侧	ⅡM 164右	ⅡM 189.2	ⅡM 253.2	ⅡM 263	ⅢM 20	ⅢM 30	ⅣM2西棺	ⅣM 128	ⅡM 199	ⅡM 233西
SS：SC 鼻根指数	60.64	22.22	/	34.23	/	28.57	55.15	/	28.26	35.09	/	42.86	/	/	36.41	/	/	32.50
63：62 腭指数	109.73	94.80	/	91.15	/	95.39	85.45	/	107.86	/	/	86.24	/	83.71	91.75	/	/	/
45：（1+8）/2 横颅面指数	89.01	78.86	/	/	/	/	77.40	/	/	/	/	82.01	/	/	/	/	/	/
17：（1+8）/2 高平均指数	88.74	90.14	/	84.14	/	88.98	86.45	/	86.70	/	/	/	/	/	87.66	/	/	/
65 下颌髁突间宽（cdl-cdl）	/	114.42	/	129.00	/	127.80	/	/	/	/	/	119.00	/	/	128.64	/	/	/
66 下颌角间宽（go-go）	/	88.26	/	92.70	/	89.10	/	/	/	/	/	85.18	/	/	101.48	/	/	/
67 髁孔间径	46.00	46.12	/	50.00	47.32	45.54	/	/	/	47.00	/	41.94	/	/	53.36	/	/	/
68 下颌体长	/	68.00	/	70.40	/	73.00	/	/	/	/	/	69.00	/	/	70.00	/	/	/
68（1） 下颌体最大投影长	/	94.20	/	95.60	/	103.50	/	/	/	/	/	94.00	/	/	102.00	/	/	/
69 下颌联合高（id-gn）	29.30	30.24	/	27.60	/	33.28	/	/	29.70	/	/	33.00	/	/	/	33.80	/	/
MBH Ⅰ L	27.84	28.00	/	27.66	30.38	34.30	/	24.46	/	31.00	/	30.00	/	/	26.32	/	/	/
MBH Ⅰ R	29.00	27.32	/	27.70	30.20	32.60	/	/	29.60	26.58	/	30.14	/	/	25.26	32.54	/	/
MBH Ⅱ L	26.20	26.22	/	26.76	30.82	29.00	/	23.38	/	28.20	/	28.16	/	/	24.28	/	/	/
MBH Ⅱ R	27.10	25.42	/	27.22	29.54	28.46	/	/	27.54	25.70	/	28.00	/	/	23.70	29.86	/	/
MBT Ⅰ L	12.60	13.00	/	12.62	12.72	13.00	/	14.12	/	12.24	/	12.12	/	/	13.50	/	/	/
MBT Ⅰ R	11.40	13.14	/	12.80	14.16	13.40	/	/	12.00	11.50	/	12.50	/	/	13.00	12.34	/	/
MBT Ⅱ L	14.22	16.00	/	16.54	15.60	16.00	/	15.78	/	14.00	/	15.36	/	/	14.90	/	/	/
MBT Ⅱ R	13.80	16.16	/	16.30	16.44	16.40	/	/	14.00	14.10	/	15.44	/	/	15.10	17.20	/	/
70 L 下颌枝高	/	52.58	/	57.44	/	65.00	/	/	63.40	/	/	58.74	/	/	57.66	/	/	/
70 R	/	53.40	/	58.60	/	64.34	/	/	59.10	/	/	59.36	/	/	60.00	65.62	/	/
71 L 下颌枝宽	/	41.88	/	39.50	/	43.66	/	/	44.00	/	/	/	/	/	42.00	/	/	/
71 R	68.00	40.20	/	40.84	/	43.70	/	/	44.00	/	/	36.40	/	/	41.30	42.20	/	/
71a L 下颌枝最小宽	/	34.86	/	32.86	/	34.80	/	/	31.70	/	/	32.00	/	/	32.60	/	/	/
71a R	35.10	34.74	/	33.68	/	33.74	/	/	32.60	/	/	32.46	/	/	32.70	32.26	/	/
79 下颌角	/	128.50	/	123.50	/	125.00	/	/	/	/	/	120.00	/	/	125.00	/	/	/
颏孔间弧	56.00	53.00	/	60.00	54.00	52.00	/	/	/	52.50	/	47.00	/	/	60.00	/	/	/
68：65 下颌骨指数	/	59.43	/	54.57	/	57.12	/	/	/	/	/	57.98	/	/	54.42	/	/	/
71：70　下颌枝指数 L	/	79.65	/	68.77	/	67.17	/	/	69.40	/	/	/	/	/	72.84	/	/	/
R	/	75.28	/	69.69	/	67.92	/	/	74.45	/	/	61.32	/	/	68.83	64.31	/	/

附表二四　郑州地区薛村遗址和新郑各遗址宋代颅骨测量表（男性）　（长度：毫米；角度：度；指数：%）

项目	华联M104	华联M80.1	华联M27	华联M42	华联M43	华联M100	华联M84	华联M50	华联M52	华联M51	华联M5	中华北路M2	防疫站M17（左西）	防疫站M13	羚锐M2	ⅡM237	ⅡM245东
1 颅长（g-op）	181.50	/	/	/	/	175.00	164.00	173.00	/	/	/	175.00	/	178.50	184.50	184.70	181.40
8 颅宽（eu-eu）	139.00	/	/	/	/	135.50	136.50	127.00	/	/	/	132.00	/	129.50	126.50	139.20	136.00
17 颅高（b-ba）	/	/	/	/	/	135.00	/	135.00	/	/	/	/	/	122.00	136.50	141.70	139.40
21 耳上颅高（po-po）	118.00	/	/	/	/	119.00	/	119.00	/	/	/	115.80	/	120.10	121.00	119.50	118.00
9 最小额宽（ft-ft）	93.50	/	/	/	/	75.00	85.28	91.20	/	99.50	/	82.50	/	87.00	86.50	89.54	87.20
7 枕骨大孔长（enba-o）	/	/	/	/	/	38.40	/	41.80	/	/	/	/	/	/	32.68	37.68	31.36
16 枕骨大孔宽	/	/	/	/	/	29.90	/	/	/	/	/	/	/	/	28.86	29.40	28.30
25 颅矢弧（n-o）	/	/	/	/	/	385.00	/	362.00	/	/	/	/	/	393.50	411.00	380.00	382.00
26 额矢弧（n-b）	135.00	132.50	/	/	/	127.00	/	120.00	/	/	/	122.00	/	124.00	134.00	132.30	122.00
27 顶矢弧（b-l）	120.00	/	/	/	140.00	118.00	125.00	125.00	/	135.00	/	131.00	130.00	146.50	149.00	/	130.00
28 枕矢弧（l-o）	/	/	/	/	123.00	142.00	140.00	112.00	/	/	/	/	132.00	123.00	134.00	/	130.00
29 额矢弦（n-b）	117.60	114.10	/	/	/	109.50	/	104.74	/	/	/	107.70	/	107.76	117.70	116.80	110.56
30 顶矢弦（b-l）	92.00	/	/	/	115.24	105.24	111.30	112.00	/	119.44	/	115.52	112.00	126.42	124.64	/	116.84
31 枕矢弦（l-o）	/	/	/	/	96.00	115.44	110.40	94.66	/	/	/	/	105.60	99.50	104.62	/	102.66
23 颅周长（g-op-g）	560.00	/	/	/	/	525.00	513.00	526.00	/	/	/	524.00	/	532.00	544.00	530.00	518.00
24 颅横弧（po-b-po）	336.00	/	/	/	/	326.00	/	328.00	/	/	/	321.00	/	325.00	333.00	320.00	318.00
5 颅基底长（n-enba）	/	/	/	/	/	92.00	/	104.50	/	/	/	/	/	91.50	98.50	104.00	100.60
40 面底长（pr-enba）	/	/	/	/	/	102.50	/	/	/	/	/	/	/	102.10	105.64	101.00	/
48（pr）上面高（n-pr）	/	/	/	/	/	68.14	/	/	/	/	/	71.00	/	65.50	67.50	72.20	/
48（sd）上面高［n-sd（av）］	/	/	/	/	/	69.88	/	/	/	/	/	76.00	/	70.66	71.54	75.80	/
47 全面高（n-gn）	/	/	/	/	/	116.26	/	/	/	/	/	/	/	/	118.10	/	/
45 颧点间宽（zy-zy）	/	/	/	/	/	131.50	/	/	/	/	/	/	/	140.40	/	/	137.62
46 中面宽（zm-zm）	/	/	/	/	/	105.30	/	/	/	/	/	/	/	104.80	106.20	101.50	106.74
43 上面宽（fmt-fmt）	97.10	/	/	/	/	99.90	/	107.70	/	/	/	/	/	106.80	111.00	111.56	102.56
50 前眶间宽（mf-mf）	/	/	/	/	/	17.56	/	/	/	/	/	/	/	20.10	23.20	16.84	16.54
MH L	/	/	/	/	/	45.36	/	/	/	/	/	/	/	41.40	47.74	43.12	49.76
MH R	/	/	/	/	/	45.24	/	/	/	/	/	/	/	42.52	48.72	43.00	48.00
MB L	28.12	/	/	/	/	25.72	/	25.22	/	/	/	/	/	25.60	29.40	22.82	28.24
MB R	/	/	/	/	/	26.50	/	25.70	/	/	/	/	/	/	29.00	23.44	29.00

续表

项目	华联M104	华联M80.1	华联M27	华联M42	华联M43	华联M100	华联M84	华联M50	华联M52	华联M51	华联M5	中华北路M2	防疫站M17（左西）	防疫站M13	羚锐M2	ⅡM237	ⅡM245东
54 鼻宽	/	/	/	/	/	23.80	/	/	/	/	/	/	/	29.64	28.22	29.52	23.44
55 鼻高（n-ns）	/	/	/	/	/	51.66	/	/	/	/	/	/	/	53.00	50.52	57.14	/
SC 鼻最小宽	/	/	/	/	/	3.50	/	/	/	/	/	/	/	10.00	8.34	7.54	8.00
SS 鼻最小宽高	/	/	/	/	/	2.00	/	/	/	/	/	/	/	3.80	3.30	3.00	4.00
51L 眶宽（mf-ek）	/	/	/	/	/	43.60	/	/	/	/	/	/	/	46.40	44.46	47.24	43.00
51R 眶宽（mf-ek）	/	/	/	/	/	43.24	/	/	/	/	/	/	/	45.26	43.84	46.58	44.20
51aL 眶宽（d-ek）	/	/	/	/	/	41.90	/	/	/	/	/	/	/	42.10	40.76	44.32	41.00
51aR 眶宽（d-ek）	/	/	/	/	/	42.44	/	/	/	/	/	/	/	43.32	41.56	43.00	40.50
52L 眶高	/	/	/	/	/	33.00	/	/	/	/	/	/	/	31.54	34.44	36.78	36.40
52R 眶高	/	/	/	/	/	33.20	/	/	/	/	/	/	/	/	34.00	37.58	34.48
60 上颌齿槽弓长（pr-alv）	57.32	59.42	/	/	/	56.00	58.16	57.46	/	46.76	/	52.80	67.44	/	56.00	54.68	/
61 上颌齿槽弓宽（ekm-ekm）	/	71.90	/	/	/	70.46	/	/	/	65.52	/	62.50	/	/	68.12	68.50	/
62 腭长（ol-sta）	/	/	/	/	/	47.00	/	48.76	/	40.44	/	42.50	46.16	/	50.20	42.20	/
63 腭宽（enm-enm）	/	41.66	/	/	/	42.00	/	/	/	38.60	/	40.22	41.46	/	41.00	36.20	/
12 枕骨最大宽（ast-ast）	/	/	/	/	113.44	114.60	113.34	102.80	/	107.90	/	109.80	110.74	115.40	112.36	/	106.10
11 耳点间宽（au-au）	126.82	/	/	/	/	136.10	/	117.00	/	/	/	126.46	/	128.44	130.80	124.72	126.60
44 两眶宽（ek-ek）	/	/	/	/	/	99.00	/	/	/	/	/	/	/	104.82	104.44	150.20	98.24
FC 两眶内宽（fmo-fmo）	/	/	/	/	/	95.00	/	101.00	/	/	/	95.00	/	103.34	103.74	105.70	97.32
FS 鼻根点至两眶内宽之矢高（n to fmo-fmo）	15.80	/	/	/	/	15.80	/	19.00	/	/	/	13.00	/	20.00	20.50	17.00	17.00
DC 眶间宽（d-d）	/	/	/	/	/	19.42	/	/	/	/	/	/	/	22.54	26.24	20.20	20.00
32 额侧角 Ⅰ（n-m FH）	74.00	/	/	/	/	86.00	/	85.00	/	/	/	80.00	/	87.00	82.00	83.00	81.00
∠g-m FH	73.00	/	/	/	/	75.00	/	79.00	/	/	/	70.00	/	83.00	71.00	74.00	76.00
∠g-b FH	42.00	/	/	/	/	49.00	/	50.00	/	/	/	45.00	/	51.00	46.50	44.00	44.00
72　总面角（n-pr FH）	/	/	/	/	/	78.00	/	/	/	/	/	87.00	/	85.00	83.00	85.00	/
73　中面角（n-ns FH）	/	/	/	/	/	81.00	/	/	/	/	/	92.00	/	87.00	87.00	89.00	/
74 齿槽面角（ns-pr FH）	/	/	/	/	/	68.00	/	/	/	/	/	68.00	/	71.00	61.00	65.00	/
75 鼻梁侧角（n-rhi FH）	/	/	/	/	/	/	/	/	/	/	/	/	/	/	/	66.00	/

续表

项目	华联M104	华联M80.1	华联M27	华联M42	华联M43	华联M100	华联M84	华联M50	华联M52	华联M51	华联M5	中华北路M2	防疫站M17（左西）	防疫站M13	羚锐M2	ⅡM237	ⅡM245东
77 鼻颧角（fmo-n-fmo）	144.00	/	/	/	/	143.60	/	139.00	/	/	/	135.00	/	138.00	136.50	143.00	140.00
颧上颌角（zm-ss-zm）	/	/	/	/	/	131.30	/	/	/	/	/	/	/	115.60	133.00	122.00	/
∠pr-n-ba	/	/	/	/	/	72.50	/	/	/	/	/	/	/	75.00	69.50	66.00	/
∠n-pr-ba	/	/	/	/	/	68.50	/	/	/	/	/	/	/	67.00	73.50	73.00	/
∠n-ba-pr	/	/	/	/	/	39.00	/	/	/	/	/	/	/	38.00	37.00	41.00	/
72-75 鼻梁角	/	/	/	/	/	/	/	/	/	/	/	/	/	/	/	19.00	/
8：1 颅长宽指数	76.58	/	/	/	/	77.43	83.23	73.41	/	/	/	75.43	/	72.55	68.56	75.37	74.97
17：1 颅长高指数	/	/	/	/	/	77.14	/	78.03	/	/	/	/	/	68.35	73.98	76.72	76.85
17：8 颅宽高指数	/	/	/	/	/	99.63	/	106.30	/	/	/	/	/	94.21	107.91	101.80	102.50
9：8 额宽指数	67.27	/	/	/	/	55.35	62.48	71.81	/	/	/	62.50	/	67.18	68.38	64.32	64.12
16：7 枕骨大孔指数	/	/	/	/	/	77.86	/	/	/	/	/	/	/	/	88.31	78.03	90.24
40：5 面突指数	/	/	/	/	/	111.41	/	/	/	/	/	/	/	111.58	107.25	97.12	/
48：17pr 垂直颅面指数	/	/	/	/	/	50.47	/	/	/	/	/	/	/	53.69	49.45	50.95	/
48：17sd	/	/	/	/	/	51.76	/	/	/	/	/	/	/	57.92	52.41	53.49	/
48：45pr 上面指数	/	/	/	/	/	51.82	/	/	/	/	/	/	/	46.65	/	/	/
48：45sd	/	/	/	/	/	53.14	/	/	/	/	/	/	/	50.33	/	/	/
48：46pr 中面指数（V）	/	/	/	/	/	64.71	/	/	/	/	/	/	/	62.50	63.56	71.13	/
48：46sd	/	/	/	/	/	66.36	/	/	/	/	/	/	/	67.42	67.36	74.68	/
54：55 鼻指数	/	/	/	/	/	46.07	/	/	/	/	/	/	/	55.92	55.86	51.66	/
52：51L 眶指数Ⅰ	/	/	/	/	/	75.69	/	/	/	/	/	/	/	67.97	77.46	77.86	84.65
52：51R	/	/	/	/	/	76.78	/	/	/	/	/	/	/	/	77.55	80.68	78.01
52：51aL 眶指数Ⅱ	/	/	/	/	/	78.76	/	/	/	/	/	/	/	74.92	84.49	82.99	88.78
52：51aR	/	/	/	/	/	78.23	/	/	/	/	/	/	/	/	81.81	87.40	85.14
54：51L 鼻眶指数Ⅰ	/	/	/	/	/	54.59	/	/	/	/	/	/	/	63.88	63.47	62.49	54.51
54：51R	/	/	/	/	/	55.04	/	/	/	/	/	/	/	65.49	64.37	63.37	53.03
54：51aL 鼻眶指数Ⅱ	/	/	/	/	/	56.80	/	/	/	/	/	/	/	70.40	69.23	66.61	57.17
54：51aR	/	/	/	/	/	56.08	/	/	/	/	/	/	/	68.42	67.90	68.65	57.88
SS：SC 鼻根指数	/	/	/	/	/	57.14	/	/	/	/	/	/	/	38.00	39.57	39.79	50.00
63：62 腭指数	/	/	/	/	/	89.36	/	/	/	95.45	/	94.64	89.82	/	81.67	85.78	/

续表

项目	华联 M104	华联 M80.1	华联 M27	华联 M42	华联 M43	华联 M100	华联 M84	华联 M50	华联 M52	华联 M51	华联 M5	中华北路M2	防疫站 M17（左西）	防疫站 M13	羚锐 M2	Ⅱ M237	Ⅱ M245 东
45：（1+8）/2 横颅面指数	/	/	/	/	/	84.70	/	/	/	/	/	/	/	91.17	/	/	86.72
17：（1+8）/2 高平均指数	/	/	/	/	/	86.96	/	90.00	/	/	/	/	/	79.22	87.78	87.50	87.84
65 下颌髁突间宽（cdl-cdl）	113.22	/	106.36	88.44	/	112.10	104.62	102.82	110.46	110.72	128.60	/	/	/	112.00	/	/
66 下颌角间宽（go-go）	99.36	100.56	88.26	84.76	111.46	99.72	95.90	105.00	98.00	90.92	98.22	/	/	/	106.10	/	/
67 髁孔间径	47.66	50.40	47.52	45.10	/	59.32	48.66	45.00	49.90	46.40	48.60	/	49.52	/	49.74	/	/
68 下颌体长	76.40	91.00	79.60	76.40	/	79.00	76.00	81.40	79.00	73.60	78.00	/	/	/	85.40	/	/
68（1） 下颌体最大投影长	96.00	121.60	102.50	101.50	/	107.00	100.50	110.50	107.60	108.00	104.40	/	/	/	116.60	/	/
69 下颌联合高（id-gn）	26.30	/	34.10	26.70	25.84	33.00	/	30.30	/	36.88	30.10	36.00	/	/	36.14	/	/
MBH Ⅰ L	26.20	34.40	32.30	28.64	/	26.00	29.30	29.60	36.28	35.00	26.70	/	35.00	/	34.00	/	/
MBH Ⅰ R	29.20	32.60	30.00	/	/	28.00	28.56	34.30	36.50	35.20	27.20	29.00	35.00	35.70	33.60	/	/
MBH Ⅱ L	12.00	30.64	30.40	/	/	24.32	27.18	30.00	33.14	33.80	24.20	/	29.50	/	33.48	/	/
MBH Ⅱ R	/	33.00	29.52	/	/	27.00	27.08	31.70	33.18	33.24	24.24	29.72	/	31.30	33.10	/	/
MBT Ⅰ L	12.84	14.42	11.44	/	/	13.70	14.00	13.70	14.00	12.34	11.58	/	11.46	/	15.00	/	/
MBT Ⅰ R	11.78	15.20	10.72	/	/	14.00	13.90	13.70	15.10	13.00	12.32	15.10	11.38	13.42	15.14	/	/
MBT Ⅱ L	16.00	16.10	14.10	/	/	18.30	15.84	18.30	16.30	14.50	16.36	/	15.10	/	16.54	/	/
MBT Ⅱ R	/	17.40	15.44	/	/	17.70	16.40	17.46	16.88	15.00	16.46	18.00	/	16.62	16.74	/	/
70 L 下颌枝高	70.24	78.00	73.20	65.44	/	67.86	64.00	/	71.60	68.24	59.20	/	/	/	74.44	/	/
70 R	73.00	/	75.00	64.00	/	66.60	67.16	71.80	69.42	70.66	60.76	62.70	/	66.60	74.66	/	/
71 L 下颌枝宽	43.86	48.00	44.00	43.44	/	44.44	41.40	47.52	44.90	58.50	42.76	/	/	/	47.00	/	/
71 R	46.00	/	46.00	44.54	/	45.82	42.30	49.40	44.00	48.00	43.72	41.00	/	/	46.10	/	/
71a L 下颌枝最小宽	34.12	37.20	35.16	36.84	32.78	36.94	36.58	40.20	36.60	35.84	36.74	/	/	/	/	/	/
71a R	36.08	37.54	35.00	38.00	32.44	37.20	36.48	41.50	35.28	36.90	36.66	32.42	/	/	39.34	/	/
79 下颌角	108.50	121.00	111.60	118.00	/	122.50	115.00	121.00	119.00	125.00	124.50	/	/	/	122.00	/	/
颏孔间弧	55.00	59.00	58.00	53.00	/	57.50	58.00	54.00	59.00	56.00	60.00	/	57.00	/	59.00	/	/
68：65 下颌骨指数	67.48	/	74.84	86.39	/	70.47	72.64	79.17	71.52	66.47	60.65	/	/	/	76.25	/	/
71：70　下颌枝指数 L	62.44	61.54	60.11	66.38	/	65.49	64.69	/	62.71	85.73	72.23	/	/	/	63.14	/	/
R	63.01	/	61.33	69.59	/	68.80	62.98	68.80	63.38	67.93	71.96	65.39	/	/	61.75	/	/

附表二五　郑州地区薛村遗址和新郑各遗址宋代颅骨测量表（女性）　（长度：毫米；角度：度；指数：%）

项目	华联M80.2	华联M64	华联M62	华联M61	华联M101	华联M84	华联M3	华联M88	圣昊Ⅱ区M13	防疫站M17（右东）	防疫站M15	众康M3	中华北路M2	武大幼儿园M1	ⅡM127右侧	ⅡM136	ⅡM156
1 颅长（g-op）	/	/	158.00	/	177.00	163.00	165.00	172.00	170.00	168.00	176.00	170.00	174.00	166.00	167.40	189.60	169.80
8 颅宽（eu-eu）	/	/	127.00	/	131.00	127.00	124.00	121.00	139.00	130.00	126.00	129.00	133.00	130.00	/	/	129.00
17 颅高（b-ba）	/	/	/	/	127.50	128.00	124.50	131.50	128.00	135.00	127.50	126.00	133.50	127.00	129.40	/	131.70
21 耳上颅高（po-po）	/	/	116.20	/	115.40	116.70	110.60	110.60	117.30	119.00	118.00	109.00	121.70	112.00	110.60	/	108.00
9 最小额宽（ft-ft）	99.42	/	82.00	/	79.00	75.00	83.74	95.00	96.42	87.50	86.00	85.50	/	79.00	90.84	/	86.90
7 枕骨大孔长（enba-o）	/	/	/	/	36.30	35.26	32.76	39.00	34.30	36.10	32.46	37.74	/	37.00	34.74	/	33.44
16 枕骨大孔宽	/	/	/	/	27.88	27.16	24.00	29.18	30.00	29.42	27.00	33.20	/	32.40	29.72	/	28.74
25 颅矢弧（n-o）	/	/	364.00	/	378.00	368.00	370.00	370.00	389.00	381.00	392.00	365.00	/	369.00	348.00	402.00	352.00
26 额矢弧（n-b）	/	/	133.00	/	124.00	119.00	126.00	120.00	130.00	128.00	132.00	126.00	127.00	132.00	124.00	136.00	125.00
27 顶矢弧（b-l）	/	/	123.50	/	126.00	122.00	120.00	132.00	151.00	139.00	131.00	126.00	140.00	111.00	119.50	136.50	128.00
28 枕矢弧（l-o）	/	/	108.00	/	128.00	128.00	126.00	119.00	109.00	115.00	131.00	116.00	/	116.00	105.00	129.50	100.00
29 额矢弦（n-b）	/	/	114.20	/	109.14	105.64	108.30	105.50	109.34	109.26	110.00	109.60	109.64	110.26	110.90	119.00	109.00
30 顶矢弦（b-l）	/	/	107.20	/	112.00	107.68	106.00	117.00	128.84	118.76	115.10	110.00	121.76	98.00	105.50	121.00	111.84
31 枕矢弦（l-o）	/	/	96.00	/	101.44	104.00	101.40	99.36	90.30	94.70	103.80	94.50	/	97.82	91.74	102.66	85.56
23 颅周长（g-op-g）	/	/	498.00	/	523.00	500.00	500.00	453.00	537.00	514.50	532.00	522.00	/	508.00	/	540.00	484.00
24 颅横弧（po-b-po）	/	/	321.00	/	314.00	319.00	305.00	301.00	336.00	325.00	316.00	306.00	328.00	312.00	/	/	293.00
5 颅基底长（n-enba）	/	/	/	/	93.00	90.00	90.00	91.50	91.00	93.50	94.00	96.00	94.00	90.00	93.60	/	98.70
40 面底长（pr-enba）	/	/	/	/	102.30	99.00	96.02	91.00	93.34	92.20	108.10	87.00	100.10	96.00	96.50	/	98.44
48（pr）上面高（n-pr）	/	/	70.00	/	61.62	63.30	59.50	62.36	68.00	64.00	64.34	67.60	74.36	66.00	66.20	/	59.56
48（sd）上面高［n-sd（av）］	/	/	74.32	/	66.56	67.00	62.40	64.60	73.00	66.70	67.20	68.00	77.60	69.20	70.00	/	62.76
47 全面高（n-gn）	/	/	115.90	/	110.34	104.24	103.16	105.80	116.70	111.44	111.30	/	/	/	/	/	/
45 颧点间宽（zy-zy）	/	/	/	/	119.00	124.00	84.60	/	/	135.60	129.70	138.10	/	130.00	/	/	121.00
46 中面宽（zm-zm）	/	/	102.26	/	103.34	107.20	90.38	96.88	91.28	98.60	94.00	98.40	104.00	98.00	98.14	/	94.90
43 上面宽（fmt-fmt）	/	/	104.28	/	104.46	102.40	93.74	103.00	104.90	107.30	104.82	103.00	108.50	100.54	/	/	98.20
50 前眶间宽（mf-mf）	/	/	21.44	/	18.84	18.54	14.74	/	16.00	19.00	17.46	18.90	20.50	13.50	16.00	/	15.14
MH L	/	/	46.70	/	42.66	44.58	42.48	39.12	45.00	44.80	44.84	42.50	48.40	41.86	44.00	/	37.86
MH R	/	/	46.00	/	44.40	44.60	40.66	38.00	/	46.12	46.00	43.20	49.34	44.00	33.64	/	33.88
MB L	/	/	22.46	/	25.20	26.30	20.70	21.10	21.52	25.10	23.50	20.54	25.12	20.84	24.16	/	18.20
MB R	/	/	22.86	/	24.80	26.50	20.20	20.80	/	25.14	24.42	20.70	25.20	21.24	20.70	/	18.76

续表

项目	华联 M80.2	华联 M64	华联 M62	华联 M61	华联 M101	华联 M84	华联 M3	华联 M88	圣昊Ⅱ区M13	防疫站 M17（右东）	防疫站 M15	众康 M3	中华北路M2	武大幼儿园M1	ⅡM127 右侧	ⅡM136	ⅡM156
54 鼻宽	/	/	28.00	/	26.56	24.00	26.00	/	24.76	26.00	26.60	27.50	27.34	24.60	22.52	/	24.62
55 鼻高（n-ns）	/	/	53.60	/	49.80	50.00	45.00	48.50	54.70	49.36	47.00	51.00	52.40	52.44	48.70	/	46.52
SC 鼻最小宽	/	/	9.84	/	5.94	8.90	7.62	/	6.80	9.44	4.00	8.60	11.20	3.52	7.38	/	6.00
SS 鼻最小宽高	/	/	4.00	/	2.50	3.50	2.00	/	2.20	2.60	2.50	2.00	4.00	2.00	2.50	/	3.00
51L 眶宽（mf-ek）	/	/	43.40	/	44.00	42.00	42.14	/	43.80	46.00	43.22	43.34	44.70	46.00	41.78	/	41.50
51R 眶宽（mf-ek）	/	/	42.20	/	42.80	40.56	41.56	46.00	/	44.36	44.50	42.00	45.60	45.50	41.42	/	42.14
51aL 眶宽（d-ek）	/	/	42.00	/	41.28	39.70	40.48	/	41.80	43.54	41.00	40.80	43.44	43.70	39.14	/	39.60
51aR 眶宽（d-ek）	/	/	39.80	/	40.00	38.60	39.70	41.60	/	42.72	41.58	39.62	43.40	43.00	39.46	/	40.40
52L 眶高	/	/	36.14	/	32.78	33.16	31.66	/	38.00	/	33.90	36.24	36.40	35.64	34.56	/	32.16
52R 眶高	/	/	37.10	/	31.00	32.64	31.46	31.84	/	34.20	33.74	36.50	36.70	36.54	34.72	/	32.00
60 上颌齿槽弓长（pr-alv）	42.74	55.66	51.90	/	40.80	50.86	51.64	/	46.82	46.00	58.82	50.50	52.00	50.60	52.00	/	49.80
61 上颌齿槽弓宽（ekm-ekm）	68.40	64.00	61.54	/	67.50	62.54	58.00	61.38	55.24	64.72	65.14	62.00	60.90	56.10	64.40	/	55.14
62 腭长（ol-sta）	41.76	42.00	40.00	/	41.26	41.24	40.00	/	37.72	37.86	50.54	38.00	46.50	43.50	43.40	/	42.76
63 腭宽（enm-enm）	38.60	32.68	40.60	/	39.64	38.86	36.18	39.44	37.40	40.52	42.24	37.76	40.00	37.26	33.84	/	32.54
12 枕骨最大宽（ast-ast）	/	/	107.54	/	112.34	104.64	100.26	102.36	106.10	105.52	113.32	107.70	/	109.54	106.90	/	103.26
11 耳点间宽（au-au）	/	/	121.34	/	125.76	122.90	110.72	119.00	124.24	127.20	123.00	129.00	127.00	121.64	123.94	/	115.74
44 两眶宽（ek-ek）	/	/	102.64	/	99.52	98.20	92.76	98.60	/	102.84	99.46	97.34	105.44	101.34	94.00	/	94.20
FC 两眶内宽（fmo-fmo）	/	/	97.62	/	96.00	96.40	87.40	95.30	96.00	99.60	94.80	95.86	101.00	97.44	94.32	/	91.60
FS 鼻根点至两眶内宽之矢高（n to fmo-fmo）	/	/	14.50	/	15.50	13.30	14.00	18.00	12.00	19.50	14.20	19.00	14.00	17.00	16.50	/	18.00
DC 眶间宽（d-d）	/	/	24.34	/	22.00	23.10	17.54	25.20	17.10	22.30	20.54	21.00	23.00	17.62	18.72	/	17.64
32 额侧角 Ⅰ（n-m FH）	/	/	86.00	/	85.00	83.00	88.00	84.00	90.00	92.00	89.00	75.00	90.00	83.00	85.00	/	88.00
∠g-m FH	/	/	85.00	/	78.00	78.00	84.00	78.00	88.00	89.00	81.50	70.00	85.00	79.00	81.00	/	83.00
∠g-b FH	/	/	46.00	/	78.00	50.00	48.00	47.00	47.00	50.00	48.00	38.00	50.00	46.00	46.00	/	45.00
72 总面角（n-pr FH）	/	/	85.00	/	86.00	80.00	84.00	85.00	88.00	88.00	77.00	82.00	85.00	83.00	80.00	/	79.00
73 中面角（n-ns FH）	/	/	71.00	/	89.00	83.00	89.00	96.00	92.00	92.00	81.00	84.00	86.00	86.00	84.00	/	83.00
74 齿槽面角（ns-pr FH）	/	/	67.00	/	63.00	68.00	66.00	61.00	70.00	75.00	60.00	72.00	73.00	63.00	67.00	/	71.00
75 鼻梁侧角（n-rhi FH）	/	/	/	/	/	/	/	/	/	/	/	/	/	/	/	/	71.00

续表

项目	华联M80.2	华联M64	华联M62	华联M61	华联M101	华联M84	华联M3	华联M88	圣昊Ⅱ区M13	防疫站M17（右东）	防疫站M15	众康M3	中华北路M2	武大幼儿园M1	ⅡM127右侧	ⅡM136	ⅡM156
77 鼻颧角（fmo-n-fmo）	/	/	147.00	/	144.00	149.00	145.00	138.00	120.50	136.50	146.50	136.00	148.50	141.00	141.00	/	137.50
颧上颌角（zm-ss-zm）	/	/	133.00	/	130.50	133.00	123.50	131.50	128.00	125.50	110.50	132.00	123.00	124.30	126.00	/	116.50
∠pr-n-ba	/	/	/	/	71.00	72.00	69.50	62.50	65.00	61.00	78.00	62.00	64.50	68.00	70.00	/	70.00
∠n-pr-ba	/	/	/	/	75.00	71.50	75.30	79.50	75.00	80.00	67.00	78.50	72.00	72.00	69.00	/	75.00
∠n-ba-pr	/	/	/	/	34.00	36.50	35.20	38.00	40.00	39.00	35.00	39.50	43.50	40.00	41.00	/	35.00
72-75 鼻梁角	/	/	/	/	/	/	/	/	/	/	/	/	/	/	/	/	8.00
8：1　颅长宽指数	/	/	80.38	/	74.01	77.91	75.15	70.35	81.76	77.38	71.59	75.88	76.44	78.31	/	/	75.97
17：1 颅长高指数	/	/	/	/	72.03	78.53	75.45	76.45	75.29	80.36	72.44	74.12	76.72	76.51	77.30	/	77.56
17：8 颅宽高指数	/	/	/	/	97.33	100.79	100.40	108.68	92.09	103.85	101.19	97.67	100.38	97.69	/	/	102.09
9：8　额宽指数	/	/	64.57	/	60.31	59.06	67.53	78.51	69.37	67.31	68.25	66.28	/	60.77	/	/	67.36
16：7 枕骨大孔指数	/	/	/	/	76.80	77.03	73.26	74.82	87.46	81.50	83.18	87.97	/	87.57	85.55	/	85.94
40：5 面突指数	/	/	/	/	110.00	110.00	106.69	99.45	102.57	98.61	115.00	90.63	106.49	106.67	103.10	/	99.74
48：17pr 垂直颅面指数	/	/	/	/	48.33	49.45	47.79	47.42	53.13	47.41	50.46	53.65	55.70	51.97	51.16	/	45.22
48：17sd	/	/	/	/	52.20	52.34	50.12	49.13	57.03	49.41	52.71	53.97	58.13	54.49	54.10	/	47.65
48：45pr 上面指数	/	/	/	/	51.78	51.05	70.33	/	/	47.20	49.61	48.95	/	50.77	/	/	49.22
48：45sd	/	/	/	/	55.93	54.03	73.76	/	/	49.19	51.81	49.24	/	53.23	/	/	51.87
48：46pr 中面指数（V）	/	/	68.45	/	59.63	59.05	65.83	64.37	74.50	64.91	68.45	68.70	71.50	67.35	67.45	/	62.76
48：46sd	/	/	72.68	/	64.41	62.50	69.04	66.68	79.97	67.65	71.49	69.11	74.62	70.61	71.33	/	66.13
54：55 鼻指数	/	/	52.24	/	53.33	48.00	57.78	/	45.27	52.67	56.60	53.92	52.18	46.91	46.24	/	52.92
52：51L 眶指数Ⅰ	/	/	83.27	/	74.50	78.95	75.13	/	86.76	/	78.44	83.62	81.43	77.48	82.72	/	77.49
52：51R	/	/	87.91	/	72.43	80.47	75.70	69.22	/	77.10	75.82	86.90	80.48	80.31	83.82	/	75.94
52：51aL 眶指数Ⅱ	/	/	86.05	/	79.41	83.53	78.21	/	90.91	/	82.68	88.82	83.79	81.56	88.30	/	81.21
52：51aR	/	/	93.22	/	77.50	84.56	79.24	76.54	/	80.06	81.14	92.13	84.56	84.98	87.99	/	79.21
54：51L 鼻眶指数Ⅰ	/	/	64.52	/	60.36	57.14	61.70	/	56.53	56.52	61.55	63.45	61.16	53.48	53.90	/	59.33
54：51R	/	/	66.35	/	62.06	59.17	62.56	/	/	58.61	59.78	65.48	59.96	54.07	54.37	/	58.42
54：51aL 鼻眶指数Ⅱ	/	/	66.67	/	64.34	60.45	64.23	/	59.23	59.72	64.88	67.40	62.94	56.29	57.54	/	62.17
54：51aR	/	/	70.35	/	66.40	62.18	65.49	/	/	60.86	63.97	69.41	63.00	57.21	57.07	/	60.94
SS：SC 鼻根指数	/	/	40.65	/	42.09	39.33	26.25	/	32.35	27.54	62.50	23.26	35.71	56.82	33.88	/	50.00

续表

项目	华联M80.2	华联M64	华联M62	华联M61	华联M101	华联M84	华联M3	华联M88	圣昊Ⅱ区M13	防疫站M17（右东）	防疫站M15	众康M3	中华北路M2	武大幼儿园M1	ⅡM127右侧	ⅡM136	ⅡM156
63：62 腭指数	92.43	77.81	101.50	/	96.07	94.23	90.45	/	99.15	107.03	83.58	99.37	86.02	85.66	77.97	/	76.10
45：（1+8）/2 横颅面指数	/	/	/	/	77.27	85.52	58.55	/	/	91.01	85.89	92.37	/	87.84	/	/	80.99
17：（1+8）/2 高平均指数	/	/	/	/	82.79	88.28	86.16	89.76	82.85	90.60	84.44	84.28	86.97	85.81	/	/	88.15
65 下颌髁突间宽（cdl-cdl）	/	110.00	111.70	102.30	98.18	97.56	106.00	110.16	99.50	111.00	92.74	/	/	/	/	/	/
66 下颌角间宽（go-go）	/	107.84	103.44	99.24	91.10	90.70	94.40	94.20	91.30	98.00	92.50	/	/	/	/	/	/
67 髁孔间径	/	50.46	48.54	47.58	48.72	47.70	45.24	44.16	45.50	50.72	48.52	/	/	/	/	/	46.30
68 下颌体长	/	75.30	70.50	74.50	77.10	70.50	75.00	71.50	73.40	67.00	78.00	/	/	/	/	/	/
68（1） 下颌体最大投影长	/	106.00	102.20	107.20	102.50	99.60	100.60	96.20	101.00	98.50	108.40	/	/	/	/	/	/
69 下颌联合高（id-gn）	/	41.76	34.36	/	31.44	29.50	28.90	31.00	29.00	30.62	31.70	/	/	/	/	/	/
MBH Ⅰ L	/	35.60	33.74	25.90	29.10	29.00	26.40	27.84	32.16	26.52	31.10	/	/	/	/	/	26.64
MBH Ⅰ R	/	37.14	32.30	25.54	30.00	27.20	27.20	28.24	30.00	26.00	30.00	/	/	/	/	/	26.70
MBH Ⅱ L	/	32.60	29.64	22.16	29.10	28.00	24.70	24.60	28.38	24.40	27.58	/	/	/	/	/	24.80
MBH Ⅱ R	/	34.50	29.50	24.36	28.00	26.40	27.40	24.16	25.30	25.62	30.00	/	/	/	/	/	23.54
MBT Ⅰ L	/	15.78	13.68	11.64	12.28	12.30	12.86	10.14	12.34	15.20	14.20	/	/	/	/	/	12.20
MBT Ⅰ R	/	14.60	14.10	13.12	13.32	13.70	13.44	10.66	11.16	14.70	12.88	/	/	/	/	/	13.10
MBT Ⅱ L	/	18.90	14.84	17.54	16.90	16.26	15.34	14.10	13.22	17.76	15.68	/	/	/	/	/	15.52
MBT Ⅱ R	/	18.90	16.00	16.08	17.64	16.24	15.30	14.60	13.00	18.30	15.14	/	/	/	/	/	15.40
70 L 下颌枝高	/	59.84	61.78	60.90	64.50	58.80	53.70	49.70	62.84	63.20	65.80	/	/	/	/	/	/
70 R	/	62.64	62.00	63.40	61.30	61.10	52.90	51.14	54.26	63.42	65.12	/	/	/	/	/	57.00
71 L 下颌枝宽	/	45.94	43.74	42.20	40.00	46.26	42.60	38.60	41.10	38.50	41.80	/	/	/	/	/	/
71 R	/	44.54	45.20	42.70	39.40	/	43.00	38.90	41.62	39.00	42.60	/	/	/	/	/	40.30
71a L 下颌枝最小宽	/	39.86	34.54	32.90	36.34	36.60	32.66	30.90	34.86	31.64	32.76	/	/	/	/	/	/
71a R	/	40.00	35.34	33.80	34.54	/	34.00	30.00	34.00	31.20	33.10	/	/	/	/	/	33.10
79 下颌角	/	127.50	128.50	127.50	118.50	126.00	122.50	126.50	122.50	127.00	127.50	/	/	/	/	/	/
颏孔间弧	/	49.86	57.00	56.00	58.00	56.00	55.00	53.00	54.00	60.00	60.00	/	/	/	/	/	55.00
68：65 下颌骨指数	/	68.45	63.12	72.83	78.53	72.26	70.75	64.91	73.77	60.36	8.63	/	/	/	/	/	/
71：70 下颌枝指数 L	/	76.77	70.80	69.29	62.02	78.67	79.33	77.67	65.40	60.92	63.53	/	/	/	/	/	/
R	/	71.10	72.90	67.35	64.27	/	81.29	76.07	76.70	61.49	65.42	/	/	/	/	/	70.70

附表二六　郑州地区荥阳薛村遗址宋金元颅骨测量表　（长度：毫米；角度：度；指数：%）

项目	男性				女性			
	ⅡM237	ⅡM245东	ⅠM13	ⅠM54墓道	ⅡM127右	ⅡM136	ⅡM156	ⅠM44西棺
1 颅长（g-op）	184.70	181.40	/	/	167.40	189.60	169.80	176.00
8 颅宽（eu-eu）	139.20	136.00	/	/	/	/	129.00	138.00
17 颅高（b-ba）	141.70	139.40	/	/	129.40	/	131.70	124.00
21 耳上颅高（po-po）	119.50	118.00	/	/	110.60	/	108.00	101.90
9 最小额宽（ft-ft）	89.54	87.20	96.56	/	90.84	/	86.90	91.74
7 枕骨大孔长（enba-o）	37.68	31.36	/	/	34.74	/	33.44	38.14
16 枕骨大孔宽	29.40	28.30	/	/	29.72	/	28.74	33.62
25 颅矢弧（n-o）	380.00	382.00	/	/	348.00	402.00	352.00	345.00
26 额矢弧（n-b）	132.30	122.00	129.00	/	124.00	136.00	125.00	115.00
27 顶矢弧（b-l）	/	130.00	130.00	147.00	119.50	136.50	128.00	117.00
28 枕矢弧（l-o）	/	130.00	/	/	105.00	129.50	100.00	114.00
29 额矢弦（n-b）	116.80	110.56	115.00	/	110.90	119.00	109.00	101.10
30 顶矢弦（b-l）	/	116.84	118.24	129.00	105.50	121.00	111.84	106.60
31 枕矢弦（l-o）	/	102.66	/	/	91.74	102.66	85.56	95.10
23 颅周长（g-op-g）	530.00	518.00	/	/	/	540.00	484.00	506.00
24 颅横弧（po-b-po）	320.00	318.00	/	/	/	/	293.00	/
5 颅基底长（n-enba）	104.00	100.60	/	/	93.60	/	98.70	101.40
40 面底长（pr-enba）	101.00	/	/	/	96.50	/	98.44	101.70
48（pr）上面高（n-pr）	72.20	/	/	/	66.20	/	59.56	65.72
48（sd）上面高［n-sd（av）］	75.80	/	/	/	70.00	/	62.76	67.20
47 全面高（n-gn）	/	/	/	/	/	/	/	/
45 颧点间宽（zy-zy）	/	137.62	/	/	/	/	121.00	139.42
46 中面宽（zm-zm）	101.50	106.74	/	/	98.14	/	94.90	102.34
43 上面宽（fmt-fmt）	111.56	102.56	/	/	/	/	98.20	103.46
50 前眶间宽（mf-mf）	16.84	16.54	/	/	16.00	/	15.14	18.84
颧骨高（fmo-zm）L	43.12	49.76	/	/	44.00	/	37.86	42.50
R	43.00	48.00	/	/	33.64	/	33.88	39.64
颧骨宽（zm-rim.orb）L	22.82	28.24	/	/	24.16	/	18.20	23.00

续表

项目	男性				女性			
	Ⅱ M237	Ⅱ M245东	Ⅰ M13	Ⅰ M54墓道	Ⅱ M127右	Ⅱ M136	Ⅱ M156	Ⅰ M44西棺
R	23.44	29.00	/	/	20.70	/	18.76	23.28
54 鼻宽	29.52	23.44	/	/	22.52	/	24.62	24.00
55 鼻高（n-ns）	57.14	/	/	/	48.70	/	46.52	48.60
SC 鼻最小宽	7.54	8.00	/	/	7.38	/	6.00	8.90
SS 鼻最小宽高	3.00	4.00	/	/	2.50	/	3.00	1.00
51L 眶宽（mf-ek）	47.24	43.00	/	/	41.78	/	41.50	40.64
51R 眶宽（mf-ek）	46.58	44.20	/	/	41.42	/	42.14	40.00
51aL 眶宽（d-ek）	44.32	41.00	/	/	39.14	/	39.60	39.20
51aR 眶宽（d-ek）	43.00	40.50	/	/	39.46	/	40.40	38.60
52L 眶高	36.78	36.40	/	/	34.56	/	32.16	31.80
52R 眶高	37.58	34.48	/	/	34.72	/	32.00	30.34
60 上颌齿槽弓长（pr-alv）	54.68	/	/	/	52.00	/	49.80	51.88
61 上颌齿槽弓宽（ekm-ekm）	68.50	/	/	/	64.40	/	55.14	57.00
62 腭长（ol-sta）	42.20	/	/	/	43.40	/	42.76	43.70
63 腭宽（enm-enm）	36.20	/	/	/	33.84	/	32.54	31.32
12 枕骨最大宽（ast-ast）	/	106.10	109.00	/	106.90	/	103.26	109.24
11 耳点间宽（au-au）	124.72	126.60	/	/	123.94	/	115.74	129.54
44 两眶宽（ek-ek）	150.20	98.24	/	/	94.00	/	94.20	95.00
FC 两眶内宽（fmo-fmo）	105.70	97.32	/	/	94.32	/	91.60	94.00
FS鼻根点至两眶内宽矢高（n to fmo-fmo）	17.00	17.00	/	/	16.50	/	18.00	16.00
DC 眶间宽（d-d）	20.20	20.00	/	/	18.72	/	17.64	20.14
32 额侧角Ⅰ（n-m FH）	83.00	81.00	/	/	85.00	/	88.00	80.00
额侧角Ⅱ（g-m FH）	74.00	76.00	/	/	81.00	/	83.00	74.00
前囟角（g-b FH）	44.00	44.00	/	/	46.00	/	45.00	41.00
72　总面角（n-pr FH）	85.00	/	/	/	80.00	/	79.00	79.00
73　中面角（n-ns FH）	89.00	/	/	/	84.00	/	83.00	83.00
74 齿槽面角（ns-pr FH）	65.00	/	/	/	67.00	/	71.00	63.00

续表

项目	男性				女性			
	ⅡM237	ⅡM245东	ⅠM13	ⅠM54墓道	ⅡM127右	ⅡM136	ⅡM156	ⅠM44西棺
75 鼻梁侧角（n-rhi FH）	66.00	/	/	/	/	/	71.00	69.00
77 鼻颧角（fmo-n-fmo）	143.00	140.00	/	/	141.00	/	137.50	142.00
颧上颌角（zm-ss-zm）	122.00	/	/	/	126.00	/	116.50	130.50
面三角　（pr-n-ba）	66.00	/	/	/	70.00	/	70.00	69.00
（n-pr-ba）	73.00	/	/	/	69.00	/	75.00	73.00
（n-ba-pr）	41.00	/	/	/	41.00	/	35.00	38.00
72-75 鼻梁角	19.00	/	/	/	/	/	8.00	10.00
8：1　颅长宽指数	75.37	74.97	/	/	/	/	75.97	78.41
17：1 颅长高指数	76.72	76.85	/	/	77.30	/	77.56	70.45
17：8 颅宽高指数	101.80	102.50	/	/	/	/	102.09	89.86
9：8　额宽指数	64.32	64.12	/	/	/	/	67.36	66.48
16：7 枕骨大孔指数	78.03	90.24	/	/	85.55	/	85.94	88.15
40：5 面突指数	97.12	/	/	/	103.10	/	99.74	100.30
48：17pr 垂直颅面指数	50.95	/	/	/	51.16	/	45.22	53.00
48：17sd	53.49	/	/	/	54.10	/	47.65	54.19
48：45pr 上面指数	/	/	/	/	/	/	49.22	47.14
48：45sd	/	/	/	/	/	/	51.87	48.20
48：46pr 中面指数（V）	71.13	/	/	/	67.45	/	62.76	64.22
48：46sd	74.68	/	/	/	71.33	/	66.13	65.66
54：55 鼻指数	51.66	/	/	/	46.24	/	52.92	49.38
52：51L 眶指数Ⅰ	77.86	84.65	/	/	82.72	/	77.49	78.25
52：51R	80.68	78.01	/	/	83.82	/	75.94	75.85
52：51aL 眶指数Ⅱ	82.99	88.78	/	/	88.30	/	81.21	81.12
52：51aR	87.40	85.14	/	/	87.99	/	79.21	78.60
54：51L 鼻眶指数Ⅰ	62.49	54.51	/	/	53.90	/	59.33	59.06
54：51R	63.37	53.03	/	/	54.37	/	58.42	60.00
54：51aL 鼻眶指数Ⅱ	66.61	57.17	/	/	57.54	/	62.17	61.22
54：51aR	68.65	57.88	/	/	57.07	/	60.94	62.18

续表

项目	男性				女性			
	Ⅱ M237	Ⅱ M245东	Ⅰ M13	Ⅰ M54墓道	Ⅱ M127右	Ⅱ M136	Ⅱ M156	Ⅰ M44西棺
SS：SC 鼻根指数	39.79	50.00	/	/	33.88	/	50.00	11.24
63：62 腭指数	85.78	/	/	/	77.97	/	76.10	71.67
45：（1+8）/2 横颅面指数	/	86.72	/	/	/	/	80.99	88.80
17：（1+8）/2 高平均指数	87.50	87.84	/	/	/	/	88.15	78.98
65 下颌髁突间宽（cdl-cdl）	/	/	/	/	/	/	/	/
66 下颌角间宽（go-go）	/	/	/	/	/	/	/	/
67 髁孔间径	/	/	/	/	/	/	46.30	/
68 下颌体长	/	/	/	/	/	/	/	/
68（1）下颌体最大投影长	/	/	/	/	/	/	/	/
69 下颌联合高（id-gn）	/	/	/	/	/	/	/	/
下颌体高Ⅰ L	/	/	/	/	/	/	26.64	/
R	/	/	/	/	/	/	26.70	/
下颌体高Ⅱ L	/	/	/	/	/	/	24.80	/
R	/	/	/	/	/	/	23.54	/
MBT Ⅰ L 下颌体厚Ⅰ	/	/	/	/	/	/	12.20	/
MBT Ⅰ R	/	/	/	/	/	/	13.10	/
MBT Ⅱ L 下颌体厚Ⅱ	/	/	/	/	/	/	15.52	/
MBT Ⅱ R	/	/	/	/	/	/	15.40	/
70 L 下颌枝高	/	/	/	/	/	/	/	/
70 R	/	/	/	/	/	/	57.00	/
71 L 下颌枝宽	/	/	/	/	/	/	/	/
71 R	/	/	/	/	/	/	40.30	/
71a L 下颌枝最小宽	/	/	/	/	/	/	/	/
71a R	/	/	/	/	/	/	33.10	/
79 下颌角	/	/	/	/	/	/	/	/
颏孔间弧	/	/	/	/	/	/	55.00	/
68：65 下颌骨指数	/	/	/	/	/	/	/	/
71：70 下颌枝指数 L	/	/	/	/	/	/	/	/
R	/	/	/	/	/	/	70.70	/

附表二七　郑州地区荥阳薛村遗址明清男性颅骨测量表　（长度：毫米；角度：度；指数：%）

项目	ⅡM172.1南	ⅡM179	ⅡM249.2	ⅢM28.2	ⅢM34.1	ⅢM35.2	ⅣM31东侧棺	ⅡM176	ⅡM208.1	ⅡM274.3	ⅡM204.2	ⅡM284棺内
1 颅长（g-op）	185.20	179.00	190.00	/	179.30	187.00	/	/	192.40	/	/	170.70
8 颅宽（eu-eu）	140.00	142.00	145.00	/	137.00	/	/	/	141.60	149.40	135.30	135.40
17 颅高（b-ba）	139.40	146.00	150.00	/	130.50	/	/	/	147.20	/	/	131.40
21 耳上颅高（po-po）	118.00	121.00	120.60	111.00	117.20	/	/	/	122.60	/	/	112.50
9 最小额宽（ft-ft）	93.00	93.40	90.40	91.82	89.00	97.44	/	/	93.00	/	/	90.00
7 枕骨大孔长（enba-o）	36.70	36.00	39.68	/	34.50	/	/	/	38.54	/	/	36.24
16 枕骨大孔宽	30.20	28.30	31.00	/	32.00	/	/	/	33.26	/	/	/
25 颅矢弧（n-o）	383.00	380.00	401.00	/	364.00	/	/	/	405.00	/	/	367.00
26 额矢弧（n-b）	121.00	131.00	145.00	120.00	120.00	126.00	/	/	140.00	/	/	124.00
27 顶矢弧（b-l）	136.00	136.00	133.00	/	132.00	137.00	/	/	142.00	117.00	130.00	138.00
28 枕矢弧（l-o）	126.00	113.00	124.00	/	112.00	/	145.00	/	124.00	/	116.00	107.00
29 额矢弦（n-b）	107.20	116.00	126.34	105.34	107.54	110.38	/	/	120.00	/	/	107.24
30 顶矢弦（b-l）	121.56	121.10	120.00	/	119.60	118.64	/	/	127.92	106.84	113.86	120.60
31 枕矢弦（l-o）	101.74	97.60	104.48	/	94.44	/	108.88	/	99.20	/	96.34	88.32
23 颅周长（g-op-g）	523.00	516.00	546.00	/	517.00	/	/	/	539.00	/	/	491.00
24 颅横弧（po-b-po）	317.00	326.00	335.00	306.00	296.00	/	/	/	327.00	332.00	305.00	310.00
5 颅基底长（n-enba）	102.70	102.30	106.60	/	100.00	/	/	/	101.80	/	/	91.20
40 面底长（pr-enba）	95.10	103.46	/	/	96.40	/	/	/	91.52	/	/	87.58
48（pr）上面高（n-pr）	70.40	67.30	/	65.00	69.74	74.70	/	/	69.14	/	/	61.94
48（sd）上面高［n-sd（av）］	74.00	71.00	/	67.22	73.14	77.70	/	/	72.66	/	/	66.26
47 全面高（n-gn）	124.30	121.18	/	/	/	/	/	/	118.10	/	/	/
45 颧点间宽（zy-zy）	130.00	/	138.72	/	130.10	/	/	/	145.90	/	/	131.00
46 中面宽（zm-zm）	101.54	106.54	108.00	94.60	96.42	107.14	/	/	102.60	/	/	/
43 上面宽（fmt-fmt）	101.80	106.44	106.72	103.56	106.40	106.58	/	/	110.50	/	/	99.20
50 前眶间宽（mf-mf）	19.60	17.70	20.68	16.00	17.00	19.16	/	/	21.06	/	/	18.42
颧骨高（fmo-zm）L	48.26	43.30	53.78	42.90	47.00	47.22	/	47.00	46.54	/	/	41.20
R	46.30	43.40	53.68	43.64	44.44	48.76	/	46.50	45.54	/	/	/
颧骨宽（zm-rim.orb）L	26.70	24.66	33.64	21.80	23.60	26.46	/	28.90	28.72	/	/	23.18

续表

项目	Ⅱ M172.1南	Ⅱ M179	Ⅱ M249.2	Ⅲ M28.2	Ⅲ M34.1	Ⅲ M35.2	Ⅳ M31东侧棺	Ⅱ M176	Ⅱ M208.1	Ⅱ M274.3	Ⅱ M204.2	Ⅱ M284棺内
R	27.30	26.00	31.00	22.30	22.60	26.20	/	28.86	26.72	/	/	/
54 鼻宽	26.94	27.70	26.52	24.76	25.76	27.14	/	/	27.00	/	/	26.62
55 鼻高（n-ns）	53.72	49.00	57.00	51.26	52.66	53.36	/	/	55.06	/	/	50.64
SC 鼻最小宽	8.88	6.44	8.14	6.26	7.64	5.00	/	/	12.38	/	/	6.40
SS 鼻最小宽高	2.00	3.00	3.00	2.00	2.80	2.00	/	/	4.00	/	/	2.50
51L 眶宽（mf-ek）	43.54	44.70	44.16	42.00	42.64	45.66	/	/	43.48	/	/	40.00
51R 眶宽（mf-ek）	42.76	44.70	45.00	41.72	44.00	45.16	/	/	42.30	/	/	40.00
51aL 眶宽（d-ek）	39.32	42.48	42.00	40.00	41.50	42.00	/	/	40.40	/	/	37.16
51aR 眶宽（d-ek）	37.70	41.24	41.80	40.52	41.46	42.00	/	/	39.40	/	/	36.00
52L 眶高	36.00	32.00	36.30	34.74	36.74	35.62	/	/	34.26	/	/	32.38
52R 眶高	36.00	31.20	38.00	35.46	37.16	35.00	/	/	34.72	/	/	33.00
60 上颌齿槽弓长（pr-alv）	48.00	54.00	/	47.50	50.80	52.52	/	/	48.00	/	/	47.54
61 上颌齿槽弓宽（ekm-ekm）	59.00	71.60	70.00	54.36	/	64.90	/	/	61.00	/	/	/
62 腭长（ol-sta）	41.00	45.62	/	41.40	44.00	44.00	/	/	41.22	/	/	/
63 腭宽（enm-enm）	31.70	43.00	43.32	30.00	35.84	38.00	/	/	35.84	/	/	/
12 枕骨最大宽（ast-ast）	110.14	107.60	120.86	/	112.24	/	/	/	114.13	108.20	104.50	102.88
11 耳点间宽（au-au）	127.74	133.20	130.72	31.20	121.24	/	/	/	132.83	122.00	123.73	120.80
44 两眶宽（ek-ek）	96.68	102.00	102.56	97.00	98.00	104.46	/	/	102.80	/	/	91.64
FC 两眶内宽（fmo-fmo）	95.66	99.44	100.70	96.00	96.70	100.40	/	/	102.00	/	/	90.60
FS 鼻根点至两眶内宽之矢高（n to fmo-fmo）	17.00	17.00	14.00	12.00	15.00	14.50	/	/	17.00	/	/	18.00
DC 眶间宽（d-d）	24.00	21.00	22.20	18.00	19.00	22.60	/	/	25.00	/	/	21.78
32 额侧角 Ⅰ（n-m FH）	92.00	93.00	80.00	86.00	80.00	/	/	/	92.00	/	/	90.00
额侧角 Ⅱ（g-m FH）	85.00	86.00	72.00	80.00	74.00	/	/	/	84.00	/	/	83.00
前囟角（g-b FH）	47.00	48.00	52.00	44.00	42.00	/	/	/	45.00	/	/	45.00
72 总面角（n-pr FH）	89.00	79.00	/	86.00	84.00	/	/	/	89.00	/	/	83.00
73 中面角（n-ns FH）	88.00	90.00	90.00	91.00	87.00	/	/	/	94.00	/	/	86.00
74 齿槽面角（ns-pr FH）	87.00	60.00	/	68.00	77.00	/	/	/	71.50	/	/	72.00
75 鼻梁侧角（n-rhi FH）	/	/	/	71.00	66.00	/	/	/	/	/	/	/

续表

项目	Ⅱ M172.1 南	Ⅱ M179	Ⅱ M249.2	Ⅲ M28.2	Ⅲ M34.1	Ⅲ M35.2	Ⅳ M31 东侧棺	Ⅱ M176	Ⅱ M208.1	Ⅱ M274.3	Ⅱ M204.2	Ⅱ M284 棺内
77 鼻颧角（fmo-n-fmo）	140.00	142.00	148.50	151.00	144.50	147.00	/	/	143.00	/	/	136.50
颧上颌角（zm-ss-zm）	129.00	125.00	129.00	136.50	124.00	133.00	/	/	131.50	/	/	/
面三角　（pr-n-ba）	61.00	70.00	/	/	64.00	/	/	/	58.50	/	/	65.00
（n-pr-ba）	78.00	72.00	/	/	74.00	/	/	/	79.50	/	/	75.00
（n-ba-pr）	41.00	38.00	/	/	42.00	/	/	/	42.00	/	/	40.00
72-75 鼻梁角	/	/	/	15.00	18.00	/	/	/	/	/	/	/
8：1　颅长宽指数	75.59	79.33	76.32	/	76.41	/	/	/	73.60	/	/	79.32
17：1 颅长高指数	75.27	81.56	78.95	/	72.78	/	/	/	76.51	/	/	76.98
17：8 颅宽高指数	99.57	102.82	103.45	/	95.26	/	/	/	103.95	/	/	97.05
9：8　额宽指数	66.43	65.77	62.34	/	64.96	/	/	/	65.68	/	/	66.47
16：7 枕骨大孔指数	82.29	78.61	78.13	/	92.75	/	/	/	86.30	/	/	/
40：5 面突指数	92.60	101.13	/	/	96.40	/	/	/	89.90	/	/	96.03
48：17pr 垂直颅面指数	50.50	46.10	/	/	53.44	/	/	/	46.97	/	/	47.14
48：17sd	53.08	48.63	/	/	56.05	/	/	/	49.36	/	/	50.43
48：45pr 上面指数	54.15	/	/	/	53.60	/	/	/	47.39	/	/	47.28
48：45sd	56.92	/	/	/	56.22	/	/	/	49.80	/	/	50.58
48：46pr 中面指数（V）	69.33	63.17	/	68.71	72.33	69.72	/	/	67.39	/	/	/
48：46sd	72.88	66.64	/	71.06	75.86	72.52	/	/	70.82	/	/	/
54：55 鼻指数	50.15	56.53	46.53	48.30	48.92	50.86	/	/	49.04	/	/	52.57
52：51L 眶指数Ⅰ	82.68	71.59	82.20	82.71	86.16	78.01	/	/	78.79	/	/	80.95
52：51R	84.19	69.80	84.44	85.00	84.45	77.50	/	/	82.08	/	/	82.50
52：51aL 眶指数Ⅱ	91.56	75.33	86.43	86.85	88.53	84.81	/	/	84.80	/	/	87.14
52：51aR	95.49	75.65	90.91	87.51	89.63	83.33	/	/	88.12	/	/	91.67
54：51L 鼻眶指数Ⅰ	61.87	61.97	60.05	58.95	60.41	59.44	/	/	62.10	/	/	66.55
54：51R	63.00	61.97	58.93	59.35	58.55	60.10	/	/	63.83	/	/	66.55
54：51aL 鼻眶指数Ⅱ	68.51	65.21	63.14	61.90	62.07	64.62	/	/	66.83	/	/	71.64
54：51aR	71.46	67.17	63.44	61.11	62.13	64.62	/	/	68.53	/	/	73.94
SS：SC 鼻根指数	22.52	46.58	36.86	31.95	36.65	40.00	/	/	32.31	/	/	39.06
63：62 腭指数	77.32	94.26	/	72.46	81.45	86.36	/	/	86.95	/	/	/

续表

项目	Ⅱ M172.1 南	Ⅱ M179	Ⅱ M249.2	Ⅲ M28.2	Ⅲ M34.1	Ⅲ M35.2	Ⅳ M31 东侧棺	Ⅱ M176	Ⅱ M208.1	Ⅱ M274.3	Ⅱ M204.2	Ⅱ M284 棺内
45：（1+8）/2 横颅面指数	79.95	/	82.82	/	82.26	/	/	/	87.37	/	/	85.59
17：（1+8）/2 高平均指数	85.73	90.97	89.55	/	82.52	/	/	/	88.14	/	/	85.85
65 下颌髁突间宽（cdl-cdl）	/	134.66	/	/	/	/	/	/	135.60	126.74	/	/
66 下颌角间宽（go-go）	/	90.60	/	/	/	/	101.64	/	106.10	92.54	95.40	93.40
67 髁孔间径	46.66	49.86	/	49.60	/	/	51.90	/	49.54	44.20	47.00	44.80
68 下颌体长	/	76.50	/	/	/	/	/	/	75.00	71.00	/	/
68（1）下颌体最大投影长	/	104.00	/	/	/	/	/	/	101.00	107.00	/	/
69 下颌联合高（id-gn）	38.00	40.40	/	27.60	/	/	40.64	39.66	39.44	/	33.52	/
下颌体高Ⅰ　L	34.80	33.84	/	26.80	/	/	36.26	32.62	40.54	26.62	32.82	31.16
R	34.00	35.24	/	27.54	/	/	35.84	/	40.28	29.84	33.40	29.78
下颌体高Ⅱ　L	32.00	30.00	/	/	/	/	33.00	31.26	37.74	/	29.76	26.48
R	33.00	31.00	/	/	/	/	34.20	/	34.30	/	30.50	28.76
MBT Ⅰ L 下颌体厚Ⅰ	13.30	13.30	/	10.00	/	/	14.62	14.00	14.26	13.00	12.90	14.46
MBT Ⅰ R	12.62	13.16	/	10.86	/	/	13.86	/	13.14	12.00	12.16	15.00
MBT Ⅱ L 下颌体厚Ⅱ	17.00	15.50	/	/	/	/	16.32	16.20	15.82	/	17.64	14.80
MBT Ⅱ R	15.00	15.56	/	/	/	/	16.50	/	14.70	/	17.70	15.56
70 L 下颌枝高	65.42	71.00	/	/	/	/	/	/	72.58	59.00	/	/
70 R	/	72.60	/	/	/	/	/	/	71.36	59.46	/	66.80
71 L 下颌枝宽	/	43.40	/	/	/	/	/	/	46.30	39.80	/	/
71 R	/	44.86	/	/	/	/	/	/	43.90	40.54	/	40.60
71a L 下颌枝最小宽	37.72	37.60	/	/	/	/	35.70	/	36.90	28.12	33.40	/
71a R	/	39.00	/	/	/	/	36.90	/	35.10	29.66	33.10	30.40
79 下颌角	/	119.00	/	/	/	/	/	/	121.50	129.00	/	/
颏孔间弧	52.00	58.00	/	56.00	/	/	60.00	/	56.00	50.00	53.00	50.00
68：65 下颌骨指数	/	56.81	/	/	/	/	/	/	55.31	56.02	/	/
71：70　下颌枝指数 L	/	61.13	/	/	/	/	/	/	63.79	67.46	/	/
R	/	61.79	/	/	/	/	/	/	61.52	68.18	/	60.78

附表二八　郑州地区荥阳薛村遗址明清女性颅骨测量表　　（长度：毫米；角度：度；指数：%）

项目	Ⅰ M49 南棺	Ⅱ M16	Ⅱ M 195.1	Ⅱ M 222.2	Ⅱ M 249.1	Ⅱ M 249.3	Ⅱ M255	Ⅲ M 28.1	Ⅲ M 34.2	Ⅱ M 158.1	Ⅱ M124	Ⅱ M 208.2	Ⅱ M274 东侧	Ⅱ M 204.1	Ⅱ M278	Ⅰ M42
1 颅长（g-op）	186.00	174.60	171.80	171.30	173.50	/	/	182.10	/	/	178.60	/	175.00	/	/	/
8 颅宽（eu-eu）	138.60	128.20	136.00	136.00	132.40	/	/	138.00	/	/	124.70	131.60	146.50	/	/	/
17 颅高（b-ba）	122.00	/	134.00	132.70	126.40	/	/	/	/	/	129.10	133.40	137.20	/	/	/
21 耳上颅高（po-po）	111.00	114.50	109.00	112.40	106.00	/	/	116.50	/	/	107.00	110.60	114.50	/	/	/
9 最小额宽（ft-ft）	81.72	/	90.44	86.52	81.36	/	/	87.52	94.70	/	84.22	85.44	86.28	/	/	/
7 枕骨大孔长（enba-o）	/	/	35.44	34.26	35.00	33.42	/	/	/	34.90	35.30	32.00	35.70	/	/	/
16 枕骨大孔宽	/	29.60	26.64	28.50	28.84	28.34	/	/	/	29.50	27.52	27.00	28.84	/	/	/
25 颅矢弧（n-o）	/	366.00	356.00	365.00	358.00	/	/	/	/	/	372.00	359.00	363.00	/	388.00	/
26 额矢弧（n-b）	118.00	123.00	118.00	125.50	117.50	/	/	135.00	128.00	/	127.00	121.50	119.00	/	120.00	/
27 顶矢弧（b-l）	140.00	132.00	124.00	124.50	122.00	/	122.00	132.00	/	/	124.00	/	123.00	/	132.00	/
28 枕矢弧（l-o）	/	111.00	114.00	115.50	119.50	/	/	/	/	/	121.50	/	122.00	/	137.00	/
29 额矢弦（n-b）	105.52	108.50	105.94	111.14	104.34	/	/	119.58	111.00	/	111.50	108.00	107.16	/	107.34	/
30 顶矢弦（b-l）	126.50	113.12	113.74	110.60	110.00	/	108.00	115.30	/	/	112.86	/	107.80	/	116.84	/
31 枕矢弦（l-o）	/	92.48	97.40	100.00	97.00	/	/	/	/	/	98.00	/	101.92	/	113.66	/
23 颅周长（g-op-g）	526.00	486.00	504.00	491.00	497.00	/	/	525.00	/	/	497.00	/	511.00	/	/	/
24 颅横弧（po-b-po）	306.00	306.00	299.00	310.00	294.00	/	/	317.00	/	/	286.00	302.00	324.00	/	/	/
5 颅基底长（n-enba）	95.00	/	95.70	92.30	93.40	/	/	/	/	/	93.20	95.50	97.00	/	/	/
40 面底长（pr-enba）	90.00	/	86.00	91.60	/	/	/	/	/	/	94.30	93.36	96.92	/	/	/
48（pr）上面高（n-pr）	58.00	64.50	64.24	64.12	/	/	/	71.70	60.56	68.78	61.52	68.00	66.18	/	/	/
48（sd）上面高［n-sd（av）］	59.62	68.32	68.50	66.48	/	/	/	76.90	63.86	72.42	63.44	71.46	69.00	/	/	/
47 全面高（n-gn）	/	111.12	114.56	99.84	/	/	/	/	/	/	107.12	114.16	114.52	/	/	/
45 颧点间宽（zy-zy）	124.48	121.72	/	126.00	126.80	/	/	128.80	/	/	123.84	/	127.72	/	/	/
46 中面宽（zm-zm）	93.66	91.30	/	96.24	95.24	/	/	97.16	104.24	98.00	94.00	101.38	93.00	/	/	/
43 上面宽（fmt-fmt）	97.20	98.22	103.76	99.86	97.00	/	/	102.60	107.86	94.40	97.00	96.80	98.84	/	/	/
50 前眶间宽（mf-mf）	15.64	15.40	16.80	18.84	14.00	/	/	15.82	19.00	14.10	17.62	17.20	18.20	/	/	/
颧骨高（fmo-zm）L	44.78	41.84	45.80	42.22	41.62	/	/	45.00	49.00	39.66	39.00	45.64	41.46	/	/	/
R	45.84	41.78	/	41.83	41.00	/	/	45.56	50.34	39.80	38.74	44.52	41.80	/	/	/
颧骨宽（zm-rim.orb）L	24.76	23.50	20.16	20.12	38.44	/	/	27.16	26.36	22.50	21.40	26.44	23.12	/	/	/
R	24.16	24.94	/	20.44	38.52	/	/	25.94	27.54	22.44	22.00	26.00	22.32	/	/	/

续表

项目	Ⅰ M49 南棺	Ⅱ M16	Ⅱ M 195.1	Ⅱ M 222.2	Ⅱ M 249.1	Ⅱ M 249.3	Ⅱ M255	Ⅲ M 28.1	Ⅲ M 34.2	Ⅱ M 158.1	Ⅱ M124	Ⅱ M 208.2	Ⅱ M274 东侧	Ⅱ M 204.1	Ⅱ M278	Ⅰ M42
54 鼻宽	26.32	21.20	/	25.26	24.60	23.62	/	25.20	24.84	26.00	24.70	22.80	25.36	/	/	/
55 鼻高（n-ns）	49.42	46.76	51.52	48.00	53.14	/	/	51.00	53.20	52.54	44.84	52.64	48.54	/	/	/
SC 鼻最小宽	4.84	/	9.46	8.64	5.34	/	/	3.60	5.30	6.50	4.00	6.86	8.00	/	/	/
SS 鼻最小宽高	2.20	/	2.80	2.50	2.00	/	/	2.00	4.20	3.50	2.50	2.00	3.40	/	/	/
51L 眶宽（mf-ek）	40.00	41.84	43.44	41.24	41.60	/	/	42.80	42.00	40.10	39.00	39.12	40.70	/	/	/
51R 眶宽（mf-ek）	41.14	40.20	/	41.76	41.12	/	/	42.36	42.00	41.32	38.80	40.38	40.90	/	/	/
51aL 眶宽（d-ek）	37.12	38.00	41.34	38.82	38.12	/	/	38.34	40.44	35.90	37.70	36.30	38.86	/	/	/
51aR 眶宽（d-ek）	38.14	36.54	/	39.60	39.00	/	/	38.26	40.64	36.10	36.68	38.28	38.40	/	/	/
52L 眶高	35.40	35.32	37.20	34.82	34.12	/	/	34.00	38.38	31.62	32.60	36.00	30.80	/	/	/
52R 眶高	35.90	35.18	/	35.00	34.82	/	/	33.78	38.34	31.30	32.60	35.86	31.26	/	/	/
60上颌齿槽弓长（pr-alv）	43.14	48.88	46.00	52.10	/	48.22	/	49.20	48.20	53.00	49.68	48.38	51.00	/	/	/
61上颌齿槽弓宽（ekm-ekm）	/	59.80	62.14	50.84	/	62.68	/	66.46	/	65.60	59.34	58.66	58.40	71.10	/	/
62 腭长（ol-sta）	/	40.00	38.40	44.18	/	41.42	/	41.00	/	42.60	40.78	41.00	45.00	43.24	/	/
63 腭宽（enm-enm）	/	30.00	36.30	34.44	/	36.00	/	35.14	35.00	37.68	33.44	31.36	31.00	37.52	/	/
12 枕骨最大宽（ast-ast）	109.64	/	104.00	99.90	102.20	104.34	/	111.42	110.70	/	99.82	101.22	107.59	/	/	/
11 耳点间宽（au-au）	119.70	117.00	121.80	121.68	122.46	126.12	/	122.00	/	/	116.30	115.60	123.20	/	/	/
44 两眶宽（ek-ek）	91.44	91.30	/	97.40	93.56	/	/	94.90	100.00	92.40	92.34	91.80	94.52	/	/	/
FC 两眶内宽（fmo-fmo）	90.62	92.40	94.20	92.70	91.70	/	/	94.56	100.00	89.44	91.36	92.66	92.12	/	/	/
FS 鼻根点至两眶内宽之矢高（n to fmo-fmo）	12.00	17.00	13.50	14.00	11.00	/	/	13.40	15.50	15.00	12.50	15.00	13.00	/	/	/
DC 眶间宽（d-d）	18.40	19.32	20.00	21.60	17.76	/	/	22.84	21.56	21.30	20.10	20.56	20.92	/	/	/
32 额侧角 Ⅰ（n-m FH）	83.00	89.00	85.00	86.00	86.00	/	/	82.00	/	/	84.00	86.00	83.00	/	/	/
额侧角 Ⅱ（g-m FH）	71.00	83.00	79.00	81.00	79.00	/	/	75.00	/	/	78.00	81.00	75.00	/	/	/
前囟角（g-b FH）	47.00	45.00	43.00	46.00	43.00	/	/	46.00	/	/	47.00	46.00	45.00	/	/	/
72　总面角（n-pr FH）	91.00	82.00	85.00	83.00	/	/	/	81.00	/	/	84.00	83.00	79.00	/	/	/
73　中面角（n-ns FH）	92.00	85.00	89.00	88.00	90.00	/	/	85.00	/	/	92.00	88.00	86.00	/	/	/
74 齿槽面角（ns-pr FH）	90.00	80.00	70.00	65.00	/	/	/	70.00	/	/	54.00	70.00	59.00	/	/	/
75 鼻梁侧角（n-rhi FH）	71.00	/	/	65.00	72.00	/	/	/	/	/	74.00	/	67.00	/	/	/
77 鼻颧角（fmo-n-fmo）	149.50	139.00	148.00	145.00	152.00	/	/	148.00	145.00	143.00	148.50	144.00	148.00	/	/	/

续表

项目	Ⅰ M49 南棺	ⅡM16	ⅡM 195.1	ⅡM 222.2	ⅡM 249.1	ⅡM 249.3	ⅡM255	ⅢM 28.1	ⅢM 34.2	ⅡM 158.1	ⅡM124	ⅡM 208.2	ⅡM274 东侧	ⅡM 204.1	ⅡM278	ⅠM42
颧上颌角（zm-ss-zm）	131.00	124.00	/	124.00	129.50	/	/	122.00	131.50	121.50	127.00	127.00	127.00	/	/	/
面三角 （pr-n-ba）	65.00	/	60.00	66.00	/	/	/	/	/	65.00	70.00	65.00	68.50	/	/	/
（n-pr-ba）	79.00	/	78.50	73.50	/	/	/	/	/	73.00	72.00	72.50	71.50	/	/	/
（n-ba-pr）	36.00	/	41.50	40.50	/	/	/	/	/	42.00	38.00	42.50	40.00	/	/	/
72-75 鼻梁角	20.00	/	/	18.00	/	/	/	/	/	/	10.00	/	12.00	/	/	/
8：1 颅长宽指数	74.52	73.42	79.16	79.39	76.31	/	/	75.78	/	/	69.82	/	83.71	/	/	/
17：1 颅长高指数	65.59	/	78.00	77.47	72.85	/	/	/	/	/	72.28	/	78.40	/	/	/
17：8 颅宽高指数	88.02	/	98.53	97.57	95.47	/	/	/	/	/	103.53	101.37	93.65	/	/	/
9：8 额宽指数	58.96	/	66.50	63.62	61.45	/	/	63.42	/	/	67.54	64.92	58.89	/	/	/
16：7 枕骨大孔指数	/	/	75.17	83.19	82.40	84.80	/	/	/	84.53	77.96	84.38	80.78	/	/	/
40：5 面突指数	94.74	/	89.86	99.24	/	/	/	/	/	/	101.18	97.76	99.92	/	/	/
48：17pr 垂直颅面指数	47.54	/	47.94	48.32	/	/	/	/	/	/	47.65	50.97	48.24	/	/	/
48：17sd	48.87	/	51.12	50.10	/	/	/	/	/	/	49.14	53.57	50.29	/	/	/
48：45pr 上面指数	46.59	52.99	/	50.89	/	/	/	55.67	/	/	49.68	/	51.82	/	/	/
48：45sd	47.90	56.13	/	52.76	/	/	/	59.70	/	/	51.23	/	54.02	/	/	/
48：46pr 中面指数（V）	61.93	70.65	/	66.63	/	/	/	73.80	58.10	70.18	65.45	67.07	71.16	/	/	/
48：46sd	63.66	74.83	/	69.08	/	/	/	79.15	61.26	73.90	67.49	70.49	74.19	/	/	/
54：55 鼻指数	53.26	45.34	/	52.63	46.29	/	/	49.41	46.69	49.49	55.08	43.31	52.25	/	/	/
52：51L 眶指数Ⅰ	88.50	84.42	85.64	84.43	82.02	/	/	79.44	91.38	78.85	83.59	92.02	75.68	/	/	/
52：51R	87.26	87.51	/	83.81	84.68	/	/	79.75	91.29	75.75	84.02	88.81	76.43	/	/	/
52：51aL 眶指数Ⅱ	95.37	92.95	89.99	89.70	89.51	/	/	88.68	94.91	88.08	86.47	99.17	79.26	/	/	/
52：51aR	94.13	96.28	/	88.38	89.28	/	/	88.29	94.34	86.70	88.88	93.68	81.41	/	/	/
54：51L 鼻眶指数Ⅰ	65.80	50.67	/	61.25	59.13	/	/	58.88	59.14	64.84	63.33	58.28	62.31	/	/	/
54：51R	63.98	52.74	/	60.49	59.82	/	/	59.49	59.14	62.92	63.66	56.46	62.00	/	/	/
54：51aL 鼻眶指数Ⅱ	70.91	55.79	/	65.07	64.53	/	/	65.73	61.42	72.42	65.52	62.81	65.26	/	/	/
54：51aR	69.01	58.02	/	63.79	63.08	/	/	65.87	61.12	72.02	67.34	59.56	66.04	/	/	/
SS：SC 鼻根指数	45.45	/	29.60	28.94	37.45	/	/	55.56	79.25	53.85	62.50	29.15	42.50	/	/	/
63：62 腭指数	/	75.00	94.53	77.95	/	86.91	/	85.71	/	88.45	82.00	76.49	68.89	86.77	/	/
45：（1+8）/2 横颅面指数	76.70	80.40	/	82.00	82.90	/	/	80.47	/	/	81.66	/	79.45	/	/	/

续表

项目	Ⅰ M49 南棺	Ⅱ M16	Ⅱ M 195.1	Ⅱ M 222.2	Ⅱ M 249.1	Ⅱ M 249.3	Ⅱ M255	Ⅲ M 28.1	Ⅲ M 34.2	Ⅱ M 158.1	Ⅱ M124	Ⅱ M 208.2	Ⅱ M274 东侧	Ⅱ M 204.1	Ⅱ M278	Ⅰ M42
17：（1+8）/2 高平均指数	75.17	/	87.07	86.37	82.64	/	/	/	/	/	85.13	/	85.35	/	/	/
65下颌髁突间宽（cdl-cdl）	/	113.92	132.26	122.00	/	/	115.44	/	128.44	/	116.52	/	119.76	/	/	/
66 下颌角间宽（go-go）	/	/	92.46	99.74	/	/	92.90	/	105.44	/	87.50	/	87.56	/	/	94.50
67 髁孔间径	/	39.56	48.10	46.88	/	/	44.94	/	44.46	/	45.16	44.30	43.36	/	/	49.59
68 下颌体长	/	/	67.50	63.00	/	/	68.50	/	65.00	/	70.20	/	73.70	/	/	/
68（1）下颌体最大投影长	/	/	101.00	96.00	/	/	93.50	/	97.50	/	103.10	/	98.40	/	/	/
69 下颌联合高（id-gn）	/	32.00	33.70	28.84	/	/	26.74	/	33.70	/	28.00	29.60	35.22	/	/	33.72
下颌体高Ⅰ　L	/	31.00	30.24	33.14	/	/	25.40	/	28.34	30.34	27.68	30.66	30.22	/	/	30.00
R	/	30.44	28.00	34.00	/	/	25.60	/	30.28	30.84	26.78	29.20	29.56	35.32	/	31.00
下颌体高Ⅱ　L	/	27.36	26.68	30.40	/	/	23.86	/	27.00	30.14	26.52	/	31.22	/	/	24.12
R	/	28.50	24.64	33.60	/	/	23.58	/	28.22	30.40	26.16	/	31.56	33.84	/	27.38
MBTⅠ L 下颌体厚Ⅰ	/	12.64	11.30	11.32	/	/	11.22	/	13.40	15.30	11.80	10.24	13.70	/	/	11.84
MBTⅠ R	/	11.84	12.60	11.20	/	/	11.72	/	14.70	14.80	12.50	10.64	14.78	12.00	/	12.48
MBTⅡ L 下颌体厚Ⅱ	/	16.28	14.14	15.00	/	/	14.28	/	17.52	17.50	15.22	/	15.00	/	/	14.20
MBT Ⅱ R	/	15.70	15.30	14.42	/	/	14.00	/	17.90	18.00	15.28	/	15.24	14.34	/	14.00
70 L 下颌枝高	/	65.36	64.32	/	/	/	63.46	/	78.52	61.78	61.54	/	71.50	/	/	/
70 R	/	/	63.40	61.78	/	/	57.16	/	77.80	61.30	64.92	/	66.80	/	/	/
71 L 下颌枝宽	/	42.14	39.00	/	/	/	38.54	/	40.00	41.00	42.20	/	39.44	/	/	/
71 R	/	39.64	/	41.00	/	/	39.12	/	/	41.60	/	/	38.54	/	/	/
71a L 下颌枝最小宽	/	36.28	31.00	/	/	/	32.12	/	33.00	34.60	31.70	/	32.50	/	/	30.44
71a R	/	34.30	29.66	30.70	/	/	32.28	/	30.56	34.40	33.00	27.14	31.60	/	/	29.30
79 下颌角	/	/	130.00	131.00	/	/	122.00	/	119.00	/	130.00	/	121.00	/	/	/
颏孔间弧	/	44.00	54.00	54.00	/	/	54.00	/	50.00	/	52.00	50.00	50.00	/	/	51.00
68：65 下颌骨指数	/	/	51.04	51.64	/	/	59.34	/	50.61	/	60.25	/	61.54	/	/	/
71：70 下颌枝指数 L	/	64.47	60.63	/	/	/	60.73	/	50.94	66.36	68.57	/	55.16	/	/	/
R	/	/	/	66.36	/	/	68.44	/	/	67.86	/	/	57.69	/	/	/

附表二九　荥阳薛村遗址早商成年居民肢骨测量表　（长度：毫米；角度：度；指数：%）

项目	侧别	IIH506	IIH551	IIH464	IIH460	IIH183
		男	男	女	女	女
肱骨：最大长	左	/	/	273.00	281.00	314.50
	右	/	/	279.00	283.50	314.50
生理长	左	/	/	269.00	277.50	312.00
	右	/	/	274.00	283.50	313.20
体中部最大径	左	/	/	18.84	24.66	22.20
	右	/	/	18.00	23.66	22.40
体中部最小径	左	/	/	14.44	15.90	16.60
	右	/	/	14.24	16.84	16.70
体最小周长	左	/	/	52.00	62.00	63.00
	右	/	/	53.00	61.00	64.00
头周长	左	/	/	118.00	119.00	145.00
	右	/	/	122.00	120.00	143.00
上端宽	左	/	/	42.00	44.00	48.50
	右	/	/	43.00	44.00	49.50
下端宽	左	/	/	49.50	57.00	55.50
	右	/	/	52.50	57.00	56.10
滑车和小头宽	左	/	/	37.30	38.10	45.80
	右	/	/	37.00	38.60	42.30
滑车矢径	左	/	/	23.00	22.68	29.10
	右	/	/	22.26	22.34	28.00
头横径	左	/	/	38.56	38.90	43.60
	右	/	/	40.74	39.62	44.70
头纵径	左	/	/	36.68	34.84	46.20
	右	/	/	37.10	34.56	46.40
骨干横断面指数	左	/	/	76.65	64.48	74.77
	右	/	/	79.11	71.17	74.55
粗壮指数	左	/	/	19.05	22.06	20.03
	右	/	/	19.00	21.52	20.35
股骨：最大长	左	404.00	411.50	399.00	/	444.50
	右	401.00	413.00	397.50	/	/
生理长	左	403.00	410.00	397.50	/	443.50
	右	398.00	411.00	395.00	/	/
体长	左	321.00	338.00	328.00	/	363.00
	右	324.00	334.50	330.00	/	/
上部横径	左	27.94	34.10	34.30	33.22	34.62
	右	30.00	34.90	33.90	31.32	/
上部矢径	左	24.00	22.10	20.50	24.00	24.20
	右	23.00	23.42	21.68	24.20	/

续表

项目	侧别	IIH506	IIH551	IIH464	IIH460	IIH183
		男	男	女	女	女
中部横径	左	24.00	29.00	28.18	/	26.84
	右	26.34	28.00	27.52	/	/
中部矢径	左	26.10	25.50	26.50	/	28.82
	右	25.70	25.16	25.50	/	/
中部周长	左	80.00	85.00	85.00	/	88.00
	右	81.00	84.00	83.00	/	/
下部最小径	左	24.64	22.80	22.44	23.82	28.36
	右	24.64	23.34	22.14	/	/
下部横径	左	35.00	36.30	35.74	36.80	39.36
	右	35.44	36.00	35.30	/	/
颈头前长	左	/	70.70	64.78	/	66.00
	右	66.16	64.70	63.14	62.00	/
头垂直径	左	/	43.60	42.90	/	45.24
	右	43.00	46.12	43.74	41.70	/
颈高	左	29.00	31.18	32.20	/	35.10
	右	28.50	31.14	31.16	29.72	/
颈矢径	左	25.70	28.60	20.44	/	27.10
	右	26.22	29.00	22.00	23.72	/
两髁宽	左	73.44	/	70.50	/	77.10
	右	73.80	78.82	70.28	/	/
外髁长	左	56.00	58.48	59.46	56.40	56.00
	右	61.44	/	60.00	/	/
内髁长	左	59.40	58.60	56.12	/	61.60
	右	59.10	/	56.84	/	/
颈干角	左	/	122.00	114.00	/	116.00
	右	120.00	122.00	113.50	116.00	/
头周长	左	/	/	136.00	/	152.00
	右	140.00	142.00	135.00	134.00	/
头矢径	左	/	/	42.00	/	46.34
	右	43.50	/	41.94	41.50	/
长厚指数	左	19.85	20.73	21.38	/	19.84
	右	20.35	20.44	21.01	/	/
粗壮指数	左	108.75	87.93	94.04	/	107.38
	右	97.57	89.86	92.66	/	/
干中部指数	左	91.95	113.73	106.34	/	93.13
	右	102.49	111.29	107.92	/	/
扁平指数	左	85.90	64.81	59.77	72.25	69.90
	右	76.67	67.11	63.95	77.27	/

续表

项目	侧别	IIH506	IIH551	IIH464	IIH460	IIH183
		男	男	女	女	女
股骨嵴指数	左	108.75	87.93	94.04	/	107.38
	右	97.57	89.86	92.66	/	/
胫骨：最大长	左	331.50	344.00	323.50	/	379.00
	右	334.00	/	325.00	346.00	384.00
生理长	左	323.00	337.00	319.00	/	372.00
	右	326.00	/	321.00	344.00	376.50
上端宽	左	/	/	67.60	/	75.10
	右	71.20	/	65.30	75.40	78.00
下端宽	左	43.66	46.60	41.00	/	50.00
	右	46.46	/	39.26	44.32	51.20
下端矢径	左	34.00	32.34	33.00	/	39.80
	右	33.90	34.40	32.10	33.78	40.10
中部最大径	左	25.74	29.10	28.80	/	33.72
	右	26.24	30.44	28.30	31.54	34.00
中部横径	左	20.70	19.22	17.74	/	19.70
	右	20.56	20.66	18.20	21.52	21.40
体最小周长	左	68.00	73.00	68.00	/	79.00
	右	69.00	/	70.00	78.00	80.00
滋养孔横径	左	22.30	21.70	18.30	21.64	20.40
	右	21.26	23.30	18.60	21.36	21.66
滋养孔矢状径	左	29.10	33.64	32.40	34.44	36.16
	右	29.50	35.34	31.54	35.50	37.44
长厚指数	左	21.05	21.66	21.32	/	21.24
	右	21.17	/	21.81	22.67	21.25
中部断面指数	左	80.42	66.05	61.60	/	58.42
	右	78.35	67.87	64.31	68.23	62.94
胫骨指数	左	76.63	64.51	56.48	62.83	56.42
	右	72.07	65.93	58.97	60.17	57.85
胫股指数	左	80.15	82.20	80.25	/	83.88
	右	81.91	/	81.27	/	/

附表三〇 荥阳薛村遗址汉代成年居民肢骨测量表 （长度：毫米；角度：度；指数：%）

项目	侧别	ⅡM153	ⅡM168	ⅡM206北	ⅡM165	ⅡM43左	ⅡM106	ⅡM49
		男	男	男	男	男	男	男
肱骨：最大长	左	/	316.00	/	/	312.50	327.00	/
	右	/	321.00	/		316.00		
生理长	左	/	315.00	/	/	308.50	322.50	/
	右	/	319.00	/		309.00		

续表

项目	侧别	ⅡM153	ⅡM168	ⅡM206北	ⅡM165	ⅡM43左	ⅡM106	ⅡM49
		男	男	男	男	男	男	男
体中部最大径	左	/	22.20	/	/	23.00	25.54	/
	右	/	23.44	/		24.00	24.76	
体中部最小径	左	/	19.64	/	/	18.74	18.14	/
	右	/	19.30	/		19.00	19.76	
体最小周长	左	/	63.00	/	68.50	68.00	69.00	/
	右	71.00	65.00	/	68.00	71.00	72.00	
头周长	左	/	/	/	/	144.00	/	/
	右	/		/		149.00		
上端宽	左	/	52.50	/	/	50.00	/	/
	右	/		/		51.00		
下端宽	左	/	62.50	/	61.50	/	59.00	59.60
	右	/	62.00	/		65.50	60.00	
滑车和小头宽	左	/	48.50	/	44.00	45.00	45.84	41.24
	右	44.94	45.32	/	43.00	47.46	46.32	
滑车矢径	左	/	/	/	25.00	28.20	25.00	/
	右	/	26.46	/	25.22	29.42	25.00	
头横径	左	/	/	/	/	41.24	/	/
	右	/	43.00	/		44.92		
头纵径	左	/	47.72	/	/	49.74	40.54	/
	右	/		/		51.20		
骨干横断面指数	左	/	88.47	/	/	81.48	71.03	/
	右	/	82.34	/		79.17	79.81	
粗壮指数	左	/	19.94	/	/	21.76	21.10	/
	右	/	20.25	/		22.47		
股骨：最大长	左	/	440.00	467.50	/	438.00	/	449.00
	右	/	443.00		491.00	438.50	452.00	
生理长	左	/	437.50	463.50	/	435.00	/	448.50
	右	/	440.00		487.00	436.00	447.00	
体长	左	/	354.00	376.00	/	347.50	/	366.50
	右	/	355.00		399.00	351.50	358.00	
上部横径	左	/	31.60	31.70	31.40	33.30	32.86	31.36
	右	/	31.60		29.80	33.50	33.90	
上部矢径	左	/	26.44	23.00	28.74	26.50	29.10	24.58
	右	/	25.80		30.00	26.40	26.74	
中部横径	左	/	27.50	26.30	/	27.70	27.66	26.00
	右	/	27.30		27.80	27.60	28.32	
中部矢径	左	/	29.30	26.00	/	30.00	33.90	30.00
	右	/	27.70		32.64	30.44	33.00	

续表

项目	侧别	ⅡM153	ⅡM168	ⅡM206北	ⅡM165	ⅡM43左	ⅡM106	ⅡM49
		男	男	男	男	男	男	男
中部周长	左	/	89.00	83.00	/	90.00	98.00	90.00
	右	/	86.00		96.00	91.00	96.00	
下部最小径	左	/	29.50	26.10	/	28.00	/	29.00
	右	/	30.00	25.80	29.20	27.00	28.86	
下部横径	左	/	38.64	38.60	/	40.50	/	40.60
	右	/	39.70	38.40		40.12	41.62	
颈头前长	左	/	72.64	78.64	71.60	72.10	74.26	74.00
	右	/	73.10		71.60	72.82	71.74	
头垂直径	左	/	45.44	/	43.36	45.34	47.10	43.00
	右	/			43.40	48.44	45.92	
颈高	左	/	32.42	34.14	33.66	34.00	37.80	34.00
	右	/	30.40		34.80	35.00	34.00	
颈矢径	左	/	27.40	29.80	26.60	28.00	26.00	24.46
	右	/	27.00		27.16	29.16	28.44	
两髁宽	左	/	/	81.00	/	82.50	/	/
	右	/	86.50		82.66	84.50		
外髁长	左	/	65.20	63.40	65.66	62.70	/	65.42
	右	/	64.60		64.00	62.90		
内髁长	左	/	62.80	/	63.40	62.00	/	62.00
	右	/	63.26		64.56	61.44		
颈干角	左	/	116.00	121.00	120.00	120.00	117.00	114.00
	右	/	115.00		116.00	124.00	120.00	
头周长	左	/	148.00	/	157.00	158.00	156.00	/
	右	/			157.00	159.00	155.00	
头矢径	左	/	47.00	/	49.10	49.12	49.00	/
	右	/	46.00		49.42	49.58	48.90	
长厚指数	左	/	20.34	17.91	/	20.69	/	20.07
	右	/	19.55		19.71	20.87	21.48	
粗壮指数	左	/	106.55	98.86	/	108.30	122.56	115.38
	右	/	101.47		117.41	110.29	116.53	
干中部指数	左	/	93.86	101.15	/	92.33	81.59	86.67
	右	/	98.56		85.17	90.67	85.82	
扁平指数	左	/	83.67	72.56	91.53	79.58	88.56	78.38
	右	/	81.65		100.67	78.81	78.88	
股骨嵴指数	左	/	106.55	98.86	/	108.30	122.56	115.38
	右	/	101.47		117.41	110.29	116.53	
胫骨：最大长	左	/	357.00	/	/	350.00	/	/
	右	/	359.50			346.50		

续表

项目	侧别	ⅡM153	ⅡM168	ⅡM206北	ⅡM165	ⅡM43左	ⅡM106	ⅡM49
		男	男	男	男	男	男	男
生理长	左	/	350.00	/	/	344.50	/	/
	右	/	345.00			340.00		
上端宽	左	/	73.00	/	/	77.00	/	/
	右	/	79.00			76.50		
下端宽	左	56.44	56.50	46.30	/	52.50	/	/
	右	57.10	57.00			54.50		
下端矢径	左	41.80	40.56	37.00	39.56	39.68	/	38.90
	右	39.60	40.00		40.46	39.44		39.40
中部最大径	左	/	30.30	/	/	31.70	/	/
	右	/	30.60			30.76		
中部横径	左	/	23.44	/	/	22.00	/	/
	右	/	23.50			22.60		
体最小周长	左	/	76.00	/	/	78.00	/	/
	右	/	76.00			78.00		
滋养孔横径	左	/	25.10	/	27.24	24.42	27.56	22.60
	右	26.40	24.20		28.00	24.30	27.50	23.70
滋养孔矢状径	左	/	38.00	/	36.70	37.70	39.40	36.00
	右	36.30	36.00		36.00	37.44	40.00	36.60
长厚指数	左	/	21.71	/	/	22.64	/	/
	右	/	22.03			22.94		
中部断面指数	左	/	77.36	/	/	69.40	/	/
	右	/	76.80			73.47		
胫骨指数	左	/	66.05	/	74.22	64.77	69.95	62.78
	右	72.73	67.22		77.78	64.90	68.75	64.75
胫股指数	左	/	80.00	/	/	79.20	/	/
	右	/	78.41			77.98		

附表三一　荥阳薛村遗址汉代成年居民肢骨测量表　（长度：毫米；角度：度；指数：%）

项目	侧别	ⅡM281东棺	ⅡM80右	ⅡM138	ⅡM217.1	ⅡM5R2	ⅡM5R4	ⅡM261东
		男	男	男	男	男	男	男
肱骨：最大长	左	/	320.00	/	/	307.00	323.00	/
	右					304.00	320.00	
生理长	左	/	316.00	/	/	301.50	319.00	/
	右					297.00	316.00	
体中部最大径	左	/	20.36	/	/	20.20	24.50	/
	右		21.40			21.34	23.70	
体中部最小径	左	/	16.34	/	/	15.90	18.00	/
	右		16.90			16.28	18.00	

续表

项目	侧别	ⅡM281东棺	ⅡM80右	ⅡM138	ⅡM217.1	ⅡM5R2	ⅡM5R4	ⅡM261东
		男	男	男	男	男	男	男
体最小周长	左	/	60.00	/	/	58.00	64.00	68.00
	右		62.00			60.00	63.00	68.00
头周长	左	/	137.00	/	/	137.00	/	/
	右				151.50	136.00	137.00	
上端宽	左	/	46.50	/	/	47.00	51.00	/
	右				56.00	48.50		
下端宽	左	/	56.00	/	/	58.00	62.00	60.00
	右		60.00			59.50	60.00	
滑车和小头宽	左	/	46.50	/	/	41.30	43.80	49.34
	右		49.00			43.10	42.76	
滑车矢径	左	/	/	/	/	24.80	24.70	/
	右		25.90				24.20	
头横径	左	/	42.64	/	/	41.00	/	/
	右				45.50	41.50	40.60	
头纵径	左	/	44.40	/	/	43.84	47.00	/
	右				48.70	44.12	45.10	
骨干横断面指数	左	/	80.26	/	/	78.71	73.47	/
	右		78.97			76.29	75.95	
粗壮指数	左	/	18.75	/	/	18.89	19.81	/
	右					19.74	19.69	
股骨：最大长	左	480.00	443.50	436.00	468.00	445.00	460.00	/
	右	480.00			466.00	444.00	456.00	
生理长	左	476.50	442.00	/	464.00	444.00	458.50	/
	右	475.00			461.00	441.00	450.00	
体长	左	382.00	372.00	349.00	372.00	371.00	380.00	/
	右	391.00			369.00	368.00	368.00	
上部横径	左	32.80	32.10	30.60	34.30	30.00	31.00	/
	右	33.52	31.30	34.60	34.00	30.30	30.50	
上部矢径	左	26.10	27.00	22.70	28.40	22.80	25.80	/
	右	25.20	26.26	26.00	26.50	22.40	25.10	
中部横径	左	28.20	25.86	26.00	31.90	26.14	28.60	/
	右	29.30	25.00		31.00	24.24	27.70	
中部矢径	左	30.50	32.70	31.34	28.30	26.58	30.90	/
	右	30.90	33.00		27.24	26.10	30.40	
中部周长	左	93.00	93.50	92.00	97.00	83.00	93.50	/
	右	93.00	93.00		92.00	79.50	93.00	
下部最小径	左	27.44	28.10	23.16	28.00	26.00	26.50	/
	右	27.30			28.40	25.20	26.00	
下部横径	左	40.44	37.40	37.00	45.60	35.20	36.20	/
	右	42.20			46.90	35.60	35.80	

续表

项目	侧别	ⅡM281东棺	ⅡM80右	ⅡM138	ⅡM217.1	ⅡM5R2	ⅡM5R4	ⅡM261东
		男	男	男	男	男	男	男
颈头前长	左	86.10	72.46	/	87.40	73.50	76.00	/
	右	81.54	71.68	68.34	83.40	77.00	80.00	
头垂直径	左	/	44.00	42.00	51.30	/	44.30	/
	右		44.78	42.70	53.50	45.24		
颈高	左	34.70	32.70	/	36.50	30.60	30.00	/
	右	33.34	32.40	32.88	38.40	29.80	30.20	
颈矢径	左	25.22	25.00	21.80	27.30	23.40	23.40	/
	右	25.30	27.00	25.00	28.64	23.60	24.10	
两髁宽	左	/	/	/	94.00	78.50	83.50	/
	右				95.00	79.00		
外髁长	左	65.00	68.24	/	71.00	62.60	64.00	/
	右	65.20			70.64	62.00	65.30	
内髁长	左	65.44	63.60	57.30	69.60	63.00	61.40	/
	右	68.00			69.40	63.10		
颈干角	左	124.00	123.00	/	127.00	119.00	126.00	/
	右	128.00	122.00	115.00	122.00	121.00	126.00	
头周长	左	/	152.00	/	173.00	/	147.00	/
	右		151.00	141.00	178.00	148.00		
头矢径	左	/	47.20	/	52.30	45.00	45.40	/
	右		48.00	43.60	54.84	45.00	46.00	
长厚指数	左	19.52	21.15	/	20.91	18.69	20.39	/
	右	19.58			19.96	18.03	20.67	
粗壮指数	左	108.16	126.45	/	88.71	101.68	108.04	/
	右	105.46	132.00		87.87	107.67	109.75	
干中部指数	左	92.46	79.08	/	112.72	98.34	92.56	/
	右	94.82	75.76		113.80	92.87	91.12	
扁平指数	左	79.57	84.11	/	82.80	76.00	83.23	/
	右	75.18	83.90	75.14	77.94	73.93	82.30	
股骨嵴指数	左	108.16	126.45	/	88.71	101.68	108.04	/
	右	105.46	132.00		87.87	107.67	109.75	
胫骨：最大长	左	388.00	/	/	383.00	/	374.00	/
	右				380.00	364.50	374.50	
生理长	左	379.00	/	/	372.50	/	367.50	/
	右				373.00	357.00	365.00	
上端宽	左	/	/	/	87.50	75.00	77.00	/
	右	77.00				87.50	80.00	
下端宽	左	54.50	/	/	62.50	/	51.50	/
	右		58.00			51.50	55.00	
下端矢径	左	42.22	38.70	/	45.40	36.26	39.50	/
	右		40.40		46.00	36.50	39.20	

续表

项目	侧别	ⅡM281东棺	ⅡM80右	ⅡM138	ⅡM217.1	ⅡM5R2	ⅡM5R4	ⅡM261东
		男	男	男	男	男	男	男
中部最大径	左	31.80	/	/	30.60	/	30.00	/
	右				31.80	29.40	39.90	
中部横径	左	20.90	/	/	18.64	/	20.84	/
	右				19.90	17.60	21.80	
体最小周长	左	78.00	/	/	75.00	/	74.00	/
	右				77.00	70.00	74.00	
滋养孔横径	左	/	23.30	/	22.40	20.66	22.76	24.90
	右		23.54		23.90	19.70	24.24	23.00
滋养孔矢状径	左	/	37.40	/	36.80	33.60	32.34	32.90
	右		35.90		36.54	33.00	31.68	32.50
长厚指数	左	20.58	/	/	20.13	/	20.14	/
	右				20.64	19.61	20.27	
中部断面指数	左	65.72	/	/	60.92	/	69.47	/
	右				62.58	59.86	54.64	
胫骨指数	左	/	62.30	/	60.87	61.49	70.38	75.68
	右		65.57		65.41	59.70	76.52	70.77
胫股指数	左	79.54	/	/	80.28	/	80.15	/
	右			/	80.91	80.95	81.11	

附表三二　荥阳薛村遗址汉代成年居民肢骨测量表　（长度：毫米；角度：度；指数：%）

项目	侧别	ⅡM50右	ⅠM15.2	ⅢM1	ⅢM14	ⅠM57	ⅠM63	ⅠM29南棺
		男	男	男	男	男	男	男
肱骨：最大长	左	328.50	/	/	/	/	/	/
	右							328.50
生理长	左	325.00	/	/	/	/	/	/
	右							323.00
体中部最大径	左	21.66	/	/	/	/	/	/
	右							25.50
体中部最小径	左	17.70	/	/	/	/	/	/
	右							20.66
体最小周长	左	63.50	/	/	/	/	/	70.00
	右	64.00						72.00
头周长	左	/	/	/	/	/	/	/
	右	137.00						150.00
上端宽	左	/	/	/	/	/	/	/
	右							51.50
下端宽	左	62.00	/	65.00	/	/	/	/
	右							64.50

续表

项目	侧别	Ⅱ M50右	Ⅰ M15.2	Ⅲ M1	Ⅲ M14	Ⅰ M57	Ⅰ M63	Ⅰ M29南棺
		男	男	男	男	男	男	男
滑车和小头宽	左	45.00	/	48.20	/	/	/	/
	右							46.58
滑车矢径	左	28.00	/	28.40	/	/	/	/
	右							27.40
头横径	左	41.60	/	/	/	/	/	/
	右	40.22						45.00
头纵径	左	/	/	/	/	/	/	/
	右	44.80						48.60
骨干横断面指数	左	81.72	/	/	/	/	/	/
	右							81.02
粗壮指数	左	19.33	/	/	/	/	/	/
	右							21.92
股骨：最大长	左	467.00	456.50	/	/	/	/	475.00
	右	460.00	463.00			419.00		471.00
生理长	左	463.00	451.50	/	/	/	/	/
	右	456.00	458.00			415.00		467.00
体长	左	382.00	372.00	/	/	/	/	379.00
	右	373.50		391.50				373.00
上部横径	左	33.20	33.60	33.80	27.00	/	35.10	31.40
	右	33.60	32.54	35.00			35.70	31.16
上部矢径	左	25.20	25.24	30.10	22.36	/	26.70	29.60
	右	24.50	26.28	30.00			26.30	28.10
中部横径	左	28.34	29.30	/	/	/	/	27.76
	右	26.50	29.10	32.00				28.00
中部矢径	左	26.30	30.50	/	/	/	/	32.30
	右	26.30	32.26	36.50				31.00
中部周长	左	87.00	96.00	/	/	/	/	97.00
	右	84.00	98.50	105.00				93.50
下部最小径	左	26.40	28.00	/	/	/	31.20	31.74
	右	25.30		30.00			32.00	31.00
下部横径	左	37.00	43.00	/	/	/	/	42.00
	右	38.00		42.00				39.50
颈头前长	左	80.84	80.76	87.46	/	76.80	79.00	88.70
	右	86.24	77.20				89.30	95.64
头垂直径	左	48.60	43.20	/	/	43.30	/	51.20
	右	44.10	43.20					51.00
颈高	左	34.60	34.00	37.10	/	/	34.20	36.50
	右	32.30	34.20	36.00			31.00	35.00

续表

项目	侧别	ⅡM50右	ⅠM15.2	ⅢM1	ⅢM14	ⅠM57	ⅠM63	ⅠM29南棺
		男	男	男	男	男	男	男
颈矢径	左	23.00	24.60	25.50	/	/	23.00	27.20
	右	24.40	25.00	26.60				29.00
两髁宽	左	70.50	/	/	/	/	/	/
	右	83.00		83.00				
外髁长	左	63.40	/	/	/	/	/	/
	右	60.80		65.30				
内髁长	左	59.20	63.20	/	/	/	/	68.00
	右	59.00		64.30				
颈干角	左	122.00	124.00	120.00	/	130.00	130.00	133.00
	右	120.00	130.00	124.00			130.00	132.00
头周长	左	158.50	/	/	/	143.00	/	175.00
	右	157.00						172.00
头矢径	左	58.50	/	/	/	43.90	/	53.84
	右	47.70					48.00	53.22
长厚指数	左	18.79	21.26	/	/	/	/	/
	右	18.42	21.51					20.02
粗壮指数	左	92.80	104.10	/	/	/	/	116.35
	右	99.25	110.86	114.06				110.71
干中部指数	左	107.76	96.07	/	/	/	/	85.94
	右	100.76	90.20	87.67				90.32
扁平指数	左	75.90	75.12	89.05	82.81	/	76.07	94.27
	右	72.92	80.76	85.71			73.67	90.18
股骨嵴指数	左	92.80	104.10	/	/	/	/	116.35
	右	99.25	110.86	114.06				110.71
胫骨：最大长	左	376.00	/	/	/	342.00	/	378.00
	右	373.50	366.00		296.00	339.00	363.00	381.00
生理长	左	367.00	/	/	/	333.00	/	370.00
	右	367.50	356.00		291.00	329.00	356.00	371.00
上端宽	左	78.00	/	/	/	71.50	/	83.00
	右	76.00	74.00	82.50			77.00	80.00
下端宽	左	56.00	/	/	/	47.00	/	53.00
	右	53.50	54.00		46.00		52.50	58.00
下端矢径	左	40.00	/	/	/	35.84	/	41.66
	右	41.10	37.26		31.20	33.74	39.84	42.00
中部最大径	左	21.00	/	/	/	29.00	/	30.80
	右	23.60	32.30		22.60	29.50	33.60	30.00
中部横径	左	31.00	/	/	/	20.30	/	21.64
	右	30.70	22.00		18.56	21.00	21.10	22.40
体最小周长	左	75.00	/	/	/	73.00	/	78.00
	右	77.00	81.00		65.00	73.00	83.00	76.00

续表

项目	侧别	ⅡM50右	ⅠM15.2	ⅢM1	ⅢM14	ⅠM57	ⅠM63	ⅠM29南棺
		男	男	男	男	男	男	男
滋养孔横径	左	24.34	22.82	/	21.00	22.30	/	27.50
	右	25.30	22.20	24.90	21.00	21.00	25.00	25.74
滋养孔矢状径	左	35.40	36.44	/	27.30	34.20	/	36.58
	右	35.00	36.00	40.00	27.30	34.50	39.00	34.20
长厚指数	左	20.44	/	/	/	21.92	/	21.08
	右	20.95	22.75		22.34	22.19	23.31	20.49
中部断面指数	左	147.62	/	/	/	70.00	/	70.26
	右	130.08	68.11		82.12	71.19	62.80	74.67
胫骨指数	左	68.76	62.62	/	76.92	65.20	/	75.18
	右	72.29	61.67	62.25	76.92	60.87	64.10	75.26
胫股指数	左	79.27	/	/	/	/	/	/
	右	80.59	77.73			79.28		79.44

附表三三　荥阳薛村遗址汉代成年居民肢骨测量表　（长度：毫米；角度：度；指数：%）

项目	侧别	ⅣM56南墓室	ⅣM56北：1	ⅣM59	ⅣM88	ⅣM115	ⅣM10北室	ⅡM17
		男	男	男	男	男	男	男
肱骨：最大长	左	/	/	315.50	/	/	/	/
	右			316.50	352.00			
生理长	左	302.00	/	308.00	/	/	/	/
	右			310.00	345.00			
体中部最大径	左	24.70	/	24.60	/	/	/	/
	右			24.80	23.60			
体中部最小径	左	20.70	/	18.26	/	/	/	/
	右			18.10	19.00			
体最小周长	左	69.00	/	67.00	/	/	/	/
	右			69.00	65.50		66.00	
头周长	左	/	/	/	/	/	/	/
	右				153.00			
上端宽	左	51.00	/	49.00	/	/	/	/
	右			51.50	55.00			
下端宽	左	/	/	64.00	/	/	66.00	/
	右			64.00	64.00		63.00	
滑车和小头宽	左	/	/	47.76	/	/	/	/
	右			49.40	46.60			
滑车矢径	左	/	/	/	/	/	/	/
	右				27.60			
头横径	左	/	/	/	/	/	/	/
	右			43.50	44.72			

续表

项目	侧别	ⅣM56南墓室	ⅣM56北：1	ⅣM59	ⅣM88	ⅣM115	ⅣM10北室	ⅡM17
		男	男	男	男	男	男	男
头纵径	左	47.20	/	45.70	/	/	/	/
	右				49.36			
骨干横断面指数	左	83.81	/	74.23	/	/	/	/
	右			72.98	80.51			
粗壮指数	左	/	/	21.24	/	/	/	/
	右			21.80	18.61			
股骨：最大长	左	456.00	/	442.00	/	/	505.00	/
	右	457.00	470.00	448.00				
生理长	左	456.00	/	441.00	/	/	501.00	/
	右	454.00	468.00	445.00				
体长	左	367.00	/	365.00	/	/	406.00	/
	右	366.00	384.00	370.00				
上部横径	左	31.00	32.20	32.60	/	/	37.90	/
	右	29.60	32.80	32.60		33.00	34.60	
上部矢径	左	26.50	24.56	24.00	/	/	24.26	/
	右	26.90	25.30	23.70		26.70	24.24	
中部横径	左	29.80	/	29.70	/	/	29.44	/
	右	28.50	27.10	28.00			27.70	
中部矢径	左	30.50	/	31.00	/	/	29.80	/
	右	29.70	28.90	29.62			29.80	
中部周长	左	95.00	/	96.00	/	/	92.00	/
	右	94.00	89.00	90.00			88.00	
下部最小径	左	33.60	/	27.00	/	/	29.50	/
	右	31.80	30.00	27.80			28.20	
下部横径	左	47.20	/	41.50	/	/	44.00	/
	右	45.70	44.30	43.64			44.70	
颈头前长	左	86.60	/	79.00	/	/	90.90	/
	右	84.70	82.60	87.32				
头垂直径	左	48.00	/	47.80	/	/	47.50	/
	右	46.40	46.90	47.00				
颈高	左	34.00	/	34.30	/	/	33.00	/
	右	32.40	30.40	33.70				
颈矢径	左	25.10	/	26.50	/	/	25.00	/
	右	24.70	25.34	26.00				
两髁宽	左	/	/	/	/	/	84.50	/
	右	88.50					86.00	
外髁长	左	64.20	/	63.00	/	/	64.42	/
	右	61.00	63.50	64.76			63.10	

续表

项目	侧别	ⅣM56南墓室	ⅣM56北：1	ⅣM59	ⅣM88	ⅣM115	ⅣM10北室	ⅡM17
		男	男	男	男	男	男	男
内髁长	左	69.00	/	62.76	/	/	65.72	/
	右	64.30	64.60	61.80			64.30	
颈干角	左	123.00	/	120.00	/	/	122.00	/
	右	120.00	125.00	120.00				
头周长	左	159.00	/	/	/	/	/	/
	右	156.00	158.00					
头矢径	左	49.50	/	/	/	/	/	/
	右	49.00	48.00	50.00				
长厚指数	左	20.83	/	21.77	/	/	18.36	/
	右	20.70	19.02	20.22				
粗壮指数	左	102.35	/	104.38	/	/	101.22	/
	右	104.21	106.64	105.79			107.58	
干中部指数	左	97.70	/	95.81	/	/	98.79	/
	右	95.96	93.77	94.53			92.95	
扁平指数	左	85.48	76.27	73.62	/	/	64.01	/
	右	90.88	77.13	72.70		80.91	70.06	
股骨嵴指数	左	102.35	/	104.38	/	/	101.22	/
	右	104.21	106.64	105.79			107.58	
胫骨：最大长	左	364.00	/	363.50	/	/	380.00	/
	右	365.00		356.00			379.00	387.50
生理长	左	352.50	/	358.00	/	/	372.00	/
	右	360.00		350.00			372.00	377.50
上端宽	左	83.50	/	75.00	/	/	77.50	/
	右			74.50			76.50	
下端宽	左	57.00	/	57.00	/	/	57.00	/
	右	54.50		51.00			55.00	52.00
下端矢径	左	43.20	/	41.00	40.80	/	42.06	/
	右	41.40					43.10	37.12
中部最大径	左	30.80	/	33.20	/	/	30.70	/
	右	29.70		31.50			30.86	33.00
中部横径	左	22.30	/	20.20	/	/	19.90	/
	右	23.14		21.50			21.50	21.80
体最小周长	左	80.00	/	76.00	/	/	72.00	/
	右	79.00		77.00			73.00	82.00
滋养孔横径	左	25.60	24.00	23.00	/	26.34	24.00	/
	右	25.54		22.70		26.00	24.40	24.00
滋养孔矢状径	左	37.00	34.00	35.00	/	37.68	34.90	/
	右	33.46		34.44		37.26	34.40	37.40

续表

项目	侧别	ⅣM56南墓室	ⅣM56北：1	ⅣM59	ⅣM88	ⅣM115	ⅣM10北室	ⅡM17
		男	男	男	男	男	男	男
长厚指数	左	22.70	/	21.23	/	/	19.35	/
	右	21.94		22.00			19.62	21.72
中部断面指数	左	72.40	/	60.84	/	/	64.82	/
	右	77.91		68.25			69.67	66.06
胫骨指数	左	69.19	70.59	65.71	/	69.90	68.77	/
	右	76.33		65.91		69.78	70.93	64.17
胫股指数	左	77.30	/	81.18	/	/	74.25	/
	右	79.30		78.65				

附表三四　荥阳薛村遗址汉代成年居民肢骨测量表　（长度：毫米；角度：度；指数：%）

项目	侧别	ⅣM95	ⅣM3西	ⅣM99	ⅣM66.1	ⅣM96	Ⅳ111西	ⅡM113
		男	男	男	男	男	男	男
肱骨：最大长	左	325.00	361.50	/	326.00	/	348.50	303.00
	右	332.00	359.00		326.50			306.00
生理长	左	323.00	354.00	/	320.00	/	340.00	299.00
	右	328.00	352.00		317.00			303.00
体中部最大径	左	28.30	28.00	/	24.70	/	25.00	23.50
	右	29.66	26.80		25.64			23.00
体中部最小径	左	21.80	19.70	/	19.64	/	19.50	18.30
	右	21.46	19.56		19.14			17.60
体最小周长	左	77.00	76.00	70.00	72.00	/	69.00	63.00
	右	77.00	76.00	71.00	74.00			64.00
头周长	左	151.00	/	/	151.00	/	149.00	131.00
	右	158.00			150.00			
上端宽	左	52.00	51.00	/	52.50	/	50.00	47.00
	右	54.00			52.00			
下端宽	左	70.50	61.00	65.00	/	/	/	56.50
	右	72.00	63.50	62.00	59.50		64.50	57.50
滑车和小头宽	左	51.40	47.74	48.40	45.20	/	37.50	41.70
	右	51.78	49.00	45.00	45.40		47.00	42.50
滑车矢径	左	30.00	27.26	/	/	/	/	27.60
	右	31.66		26.84				26.40
头横径	左	43.00	/	/	45.20	/	43.00	39.90
	右	45.00			44.10			
头纵径	左	50.30	47.74	/	48.78	/	47.50	43.60
	右	53.00			49.20			
骨干横断面指数	左	77.03	70.36	/	79.51	/	78.00	77.87
	右	72.35	72.99		74.65			76.52

续表

项目	侧别	ⅣM95	ⅣM3西	ⅣM99	ⅣM66.1	ⅣM96	Ⅳ111西	ⅡM113
		男	男	男	男	男	男	男
粗壮指数	左	23.69	21.02	/	22.09	/	19.80	20.79
	右	23.19	21.17		22.66			20.92
股骨：最大长	左	472.50	501.50	/	460.50	452.50	/	433.00
	右	472.50	501.50	455.00	455.00	451.50	486.00	
生理长	左	469.00	495.50	/	459.00	451.00	/	432.00
	右	468.50	496.00	453.00	452.50	450.00	485.00	
体长	左	378.50	415.00	/	381.50	373.00	/	341.00
	右	385.00	416.00	364.00	375.00	370.00	482.50	338.00
上部横径	左	33.50	37.40	33.32	37.00	34.00	33.50	34.70
	右	33.20	38.50	34.00	36.50	31.30	35.50	34.40
上部矢径	左	29.74	27.60	30.68	28.90	25.46	27.00	22.90
	右	30.60	27.58	29.26	28.54	27.18	25.50	23.30
中部横径	左	33.50	34.40	/	32.70	27.50	/	29.90
	右	30.14	33.58	24.10	31.80	26.00	29.50	
中部矢径	左	34.50	31.60	/	31.80	32.60	/	27.40
	右	34.60	31.16	33.42	31.10	33.00	32.50	
中部周长	左	107.00	102.00	/	102.50	96.00	/	89.00
	右	104.00	102.00	94.00	100.50	95.00	98.00	
下部最小径	左	30.40	30.00	/	30.50	30.10	32.00	30.00
	右	30.50	28.60	35.00	30.30	30.30	33.00	30.00
下部横径	左	47.80	48.64	/	47.70	41.66	43.50	37.70
	右	48.60	49.34	48.50	47.00	42.00	45.00	38.52
颈头前长	左	79.00	86.44	/	78.20	81.60	77.50	79.80
	右	76.00	91.40	80.24	82.70	88.20	71.50	
头垂直径	左	48.70	47.20	/	50.20	/	44.50	/
	右	47.70	48.24	/	48.70	/	46.00	
颈高	左	36.50	38.50	/	37.56	34.50	38.00	32.80
	右	34.70	36.40	35.70	34.40	33.60	35.00	33.30
颈矢径	左	26.10	25.20	/	28.00	24.90	27.00	22.24
	右	27.00	28.10	27.30	28.50	23.70	28.00	23.50
两髁宽	左	89.50	86.50	/	/	/	/	/
	右	91.00	90.00	90.00	87.00	/	/	/
外髁长	左	69.30	66.20	/	70.10	64.20	66.50	63.30
	右	70.30	67.30	67.50	71.00	64.40		60.72
内髁长	左	70.80	64.10	/	71.20	63.10	64.00	60.20
	右	72.00	67.00	69.00	68.00	63.40	65.50	56.90
颈干角	左	128.00	128.00	/	121.00	120.00	125.00	112.00
	右	128.00	126.00	139.00	120.00	125.00	128.00	112.00
头周长	左	166.00	161.50	/	163.00	/	164.00	/
	右	171.00	164.00	/	167.00	/	162.00	/

续表

项目	侧别	ⅣM95	ⅣM3西	ⅣM99	ⅣM66.1	ⅣM96	Ⅳ111西	ⅡM113
		男	男	男	男	男	男	男
头矢径	左	50.90	49.44	/	50.40	/	50.50	/
	右	53.00	50.00	/	51.40	/	51.00	/
长厚指数	左	22.81	20.59	/	22.33	21.29	/	20.60
	右	22.20	20.56	20.75	22.21	21.11	20.21	/
粗壮指数	左	102.99	91.86	/	97.25	118.55	/	91.64
	右	114.80	92.79	138.67	97.80	126.92	110.17	/
干中部指数	左	97.10	108.86	/	102.83	84.36	/	109.12
	右	87.11	107.77	72.11	102.25	78.79	90.77	/
扁平指数	左	88.78	73.80	92.08	78.11	74.88	80.60	65.99
	右	92.17	71.64	86.06	78.19	86.84	71.83	67.73
股骨嵴指数	左	102.99	91.86	/	97.25	118.55	/	91.64
	右	114.80	92.79	138.67	97.80	126.92	110.17	/
胫骨：最大长	左	394.00	407.00	367.00	387.00	380.00	392.50	345.00
	右	397.00	406.00	367.00	385.00	378.00	390.00	345.00
生理长	左	384.00	399.00	359.00	378.00	373.00	375.00	339.00
	右	385.00	399.00	358.00	375.00	371.50	379.00	338.50
上端宽	左	86.00	80.00	80.00	87.00	76.50	/	/
	右	86.00	76.00	/	88.00	77.50	/	/
下端宽	左	61.00	53.00	55.00	61.00	54.00	56.00	52.50
	右	/	55.50	56.00	59.00	55.00	61.00	52.50
下端矢径	左	43.24	41.60	43.76	40.70	38.70	41.00	38.50
	右	42.50	39.00	40.70	42.50	38.36	40.50	38.00
中部最大径	左	36.20	36.00	33.00	30.30	30.60	35.50	30.15
	右	36.40	36.10	/	30.80	30.74	35.00	29.70
中部横径	左	25.20	22.00	22.16	26.00	22.00	23.00	20.50
	右	26.30	21.00	23.54	25.20	23.60	22.50	20.52
体最小周长	左	89.00	85.00	84.00	81.00	76.00	81.00	75.00
	右	89.00	83.00	84.50	82.00	79.00	82.00	74.00
滋养孔横径	左	25.90	21.28	28.34	29.00	23.66	23.00	21.62
	右	26.56	20.64	27.66	29.44	23.80	22.00	23.72
滋养孔矢状径	左	41.44	41.00	41.60	37.84	35.18	40.00	34.90
	右	42.00	40.40	40.62	38.10	35.50	40.00	34.80
长厚指数	左	23.18	21.30	23.40	21.43	20.38	21.60	22.12
	右	23.12	20.80	23.60	21.87	21.27	21.64	21.86
中部断面指数	左	69.61	61.11	67.15	85.81	71.90	64.79	67.99
	右	72.25	58.17	/	81.82	76.77	64.29	69.09
胫骨指数	左	62.50	51.90	68.13	76.64	67.25	57.50	61.95
	右	63.24	51.09	68.09	77.27	67.04	55.00	68.16
胫股指数	左	81.88	80.52	/	82.35	82.71	/	78.47
	右	82.18	80.44	79.03	82.87	82.56	78.14	/

附表三五　荥阳薛村遗址汉代成年居民肢骨测量表　（长度：毫米；角度：度；指数：%）

项目	侧别	ⅡM206南	ⅡM43右	ⅡM14	ⅡM281后室东棺	ⅡM80左	ⅡM134.1	ⅡM5R1
		女	女	女	女	女	女	女
肱骨：最大长	左	/	303.00	/	/	300.00	297.00	/
	右		310.00			302.00		
生理长	左	/	300.00	/	/	300.00	294.00	/
	右		303.50			299.00		
体中部最大径	左	/	18.60	/	/	20.80	22.10	/
	右		18.32			20.70	22.30	
体中部最小径	左	/	14.00	/	/	16.40	18.40	/
	右		14.22			15.60	18.00	
体最小周长	左	/	51.00	/	/	59.00	61.00	55.00
	右		51.00			57.00	62.00	
头周长	左	/	113.00	139.00	/	128.00	132.00	/
	右		113.00		122.00			131.00
上端宽	左	/	42.00	/	/	47.00	47.00	/
	右		44.00			47.50		46.50
下端宽	左	/	55.00	/	/	/	/	/
	右		52.50			58.00	56.50	
滑车和小头宽	左	/	40.00	/	/	43.86	42.40	/
	右		37.80			42.20	41.80	
滑车矢径	左	/	19.66	/	/	/	24.00	/
	右		20.40			25.70	23.70	
头横径	左	/	34.56	39.10	/	40.54	41.10	/
	右		36.40		37.00			39.10
头纵径	左	/	38.00	43.40	/	43.00	43.70	41.56
	右	41.14	37.20		38.50			42.66
骨干横断面指数	左	/	75.27	/	/	78.85	83.26	/
	右		77.62			75.36	80.72	
粗壮指数	左	/	16.83	/	/	19.67	20.54	/
	右		16.45			18.87		
股骨：最大长	左	413.00	417.00	/	/	/	411.00	/
	右	412.00			404.00	416.50	412.50	
生理长	左	409.00	415.00	/	/	/	409.00	/
	右	407.00				414.00	410.00	
体长	左	327.00	342.50	/	/	/	331.00	/
	右	327.00	340.00			338.00	334.00	
上部横径	左	32.30	32.80	/	29.90	29.30	32.10	29.74
	右	32.80	32.00	34.20	28.70	28.56	32.30	30.10
上部矢径	左	22.80	21.00	/	21.76	24.50	25.40	20.86
	右	23.20	21.24	27.00	20.90	23.50	25.10	20.66

续表

项目	侧别	ⅡM206南	ⅡM43右	ⅡM14	ⅡM281后室东棺	ⅡM80左	ⅡM134.1	ⅡM5R1
		女	女	女	女	女	女	女
中部横径	左	28.50	28.54	/	/	/	26.50	/
	右	27.80			26.50	26.30	27.70	
中部矢径	左	24.80	22.00	/	/	/	26.60	/
	右	24.70			24.42	26.28	28.00	
中部周长	左	85.00	83.00	/	/	/	84.00	/
	右	84.00			80.00	83.00	87.00	
下部最小径	左	25.60	23.32	/	/	/	27.00	22.20
	右	25.60	22.00			22.80	28.36	
下部横径	左	42.20	34.70	/	/		40.00	33.00
	右	43.20	34.00			38.80	42.10	
颈头前长	左	73.30	67.60	/	/		68.80	/
	右	71.00	69.50			71.70	74.60	
头垂直径	左	44.60	40.10	/	/		43.26	/
	右	44.00	39.00			43.80	42.30	
颈高	左	30.40	30.10	/	/	29.40	31.80	/
	右	30.80	30.24	31.10	25.64	29.00	31.00	
颈矢径	左	25.14	20.28	/	/	25.00	25.50	/
	右	25.80	21.00	25.70	22.80	24.30	25.10	
两髁宽	左	78.00	72.00	/	/	/	77.00	/
	右	76.00				78.50	77.50	
外髁长	左	60.80	56.58	/	/		61.00	/
	右	60.00	57.40			59.30	60.00	
内髁长	左	56.40	53.60	/	/	/	60.10	/
	右	57.80					60.10	
颈干角	左	125.00	120.00	/	/	/	115.00	/
	右	120.00	114.00			120.00	123.00	
头周长	左	147.00	132.00	/	/	/	144.00	/
	右		132.00				143.00	
头矢径	左	45.50	41.82	/	/	/	44.70	/
	右		41.42		41.68		44.74	
长厚指数	左	20.78	20.00	/	/	/	20.54	/
	右	20.64				20.05	21.22	
粗壮指数	左	87.02	77.08	/	/		100.38	/
	右	88.85			92.15	99.92	101.08	
干中部指数	左	114.92	129.73	/	/		99.62	/
	右	112.55			108.52	100.08	98.93	
扁平指数	左	70.59	64.02	/	72.78	83.62	79.13	70.14
	右	70.73	66.38	78.95	72.82	82.28	77.71	68.64

续表

项目	侧别	Ⅱ M206南	Ⅱ M43右	Ⅱ M14	Ⅱ M281后室东棺	Ⅱ M80左	Ⅱ M134.1	Ⅱ M5R1
		女	女	女	女	女	女	女
股骨嵴指数	左	87.02	77.08	/	/	/	100.38	/
	右	88.85			92.15	99.92	101.08	
胫骨：最大长	左	343.00	342.00	/	/	/	328.50	/
	右	342.00	341.00				330.00	
生理长	左	337.00	337.00	/	/	/	321.00	/
	右	332.00	337.00				316.00	
上端宽	左	70.00	65.00	/	/	/	72.50	/
	右	71.00	67.00				71.00	
下端宽	左	48.50	48.50	/	/	/	51.50	/
	右	52.00	46.50				52.00	
下端矢径	左	36.34	33.72	/	/	/	35.10	35.40
	右	37.00	34.66				35.00	
中部最大径	左	28.60	26.64	/	/	/	27.00	/
	右	27.00	24.80				28.00	
中部横径	左	20.50	17.64	/	/	/	20.20	/
	右	23.00	18.48				19.24	
体最小周长	左	73.00	64.00	/	/	/	71.00	/
	右	75.00	66.00				73.00	
滋养孔横径	左	22.70	20.10	/	/	19.00	21.62	18.86
	右	23.70	21.00			21.00	22.00	
滋养孔矢状径	左	32.50	29.74	/	/	31.52	32.00	29.00
	右	31.80	29.12			32.50	33.30	
长厚指数	左	21.66	18.99	/	/	/	22.12	/
	右	22.59	19.58				23.10	
中部断面指数	左	71.68	66.22	/	/	/	74.81	/
	右	85.19	74.52				68.71	
胫骨指数	左	69.85	67.59	/	/	60.28	67.56	65.03
	右	74.53	72.12			64.62	66.07	
胫股指数	左	82.40	81.20	/	/	/	78.48	/
	右	81.57	/	/	/	/	77.07	/

附表三六　荥阳薛村遗址汉代成年居民肢骨测量表　（长度：毫米；角度：度；指数：%）

项目	侧别	Ⅱ M5R3	Ⅱ M261西	Ⅱ M23左	Ⅰ M15.3	Ⅰ M11东侧室	Ⅰ M19	Ⅳ M56北.2
		女	女	女	女	女	女	女
肱骨：最大长	左	/	/	/	/	/	/	277.00
	右	293.00		324.00	274.50			
生理长	左		/	/		/	/	276.50
	右	287.00			274.00			

续表

项目	侧别	ⅡM5R3	ⅡM261西	ⅡM23左	ⅠM15.3	ⅠM11东侧室	ⅠM19	ⅣM56北.2
		女	女	女	女	女	女	女
体中部最大径	左		/	/		/	/	21.20
	右	21.14			21.90			
体中部最小径	左		/	/		/	/	13.86
	右	18.36			15.00			
体最小周长	左		58.00	67.00		/	/	60.00
	右	62.00	55.00		58.00		55.00	
头周长	左		/	/		/		120.00
	右	134.00			123.00		119.00	118.00
上端宽	左		/	/		/	/	43.00
	右	48.00			44.00			42.50
下端宽	左		/	/		/	/	51.50
	右	60.00			52.00			
滑车和小头宽	左		/	/		/	/	37.44
	右	42.10			36.50			
滑车矢径	左		/	/		/	/	/
	右	23.60			23.58			
头横径	左		/	/		/	/	36.14
	右	40.00			36.50		36.40	35.30
头纵径	左		/	45.00		/		39.32
	右	43.74			39.62		37.30	38.20
骨干横断面指数	左		/	/		/	/	65.38
	右	86.85			68.49			
粗壮指数	左		/	/		/	/	21.66
	右	21.16			21.13			
股骨：最大长	左	410.00	393.00	468.50	/	/	397.00	/
	右	402.00	392.50	465.00			398.00	
生理长	左	408.50	391.00	465.50	/	/	393.00	/
	右	401.00		461.00			394.00	
体长	左	325.00	/	372.50	/	/	320.00	/
	右	325.00		368.50			325.00	
上部横径	左	29.88	28.30	31.14	/	31.00	26.80	/
	右	29.50	28.60	30.72		30.70	27.34	
上部矢径	左	22.16	20.00	27.70	/	21.56	20.00	/
	右	23.00	20.46	25.86		21.40	18.50	
中部横径	左	27.00	24.60	/	/	/	23.54	/
	右	27.34	24.70				22.40	
中部矢径	左	25.50	23.00	30.44	/	/	21.00	/
	右	25.00	24.20	31.00			21.90	
中部周长	左	84.00	76.00	90.00	/	/	73.00	/
	右	84.00	77.00				70.00	

续表

项目	侧别	ⅡM5R3	ⅡM261西	ⅡM23左	ⅠM15.3	ⅠM11东侧室	ⅠM19	ⅣM56北.2
		女	女	女	女	女	女	女
下部最小径	左	25.40	/	25.80	/	/	22.00	23.24
	右	24.00		28.22			22.30	
下部横径	左	34.64	/	/	/	/	37.50	35.00
	右	35.00		42.40			37.50	
颈头前长	左	75.44	67.20	82.50	/	73.00	72.70	/
	右	77.74	68.90	84.84		79.40	71.60	
头垂直径	左	44.50	/	46.30	/	/	37.46	/
	右	43.50						
颈高	左	33.10	26.80	35.20	/	/	25.80	27.40
	右	31.40	26.50	30.42			24.50	
颈矢径	左	26.20	21.70	24.40	/	/	19.50	22.50
	右	26.00	22.00	26.10			19.54	
两髁宽	左	/	/	/	/	/	/	70.00
	右	75.00						
外髁长	左	59.70	/	64.20	/	/	55.00	53.54
	右	58.24		65.26			54.20	
内髁长	左	/	/	61.70	/	/	52.50	/
	右	58.20		63.14				
颈干角	左	128.00	128.00	137.00	/	118.00	125.00	125.00
	右	128.00	130.00	134.00		130.00	128.00	
头周长	左	147.00	/	/	/	/	126.00	/
	右	146.00						
头矢径	左	45.50	/	47.34	/	/	38.44	/
	右	45.40		48.00				
长厚指数	左	20.56	19.44	19.33	/	/	18.58	/
	右	20.95					17.77	
粗壮指数	左	94.44	93.50	/	/	/	89.21	/
	右	91.44	97.98				97.77	
干中部指数	左	105.88	106.96	/	/	/	112.10	/
	右	109.36	102.07				102.28	
扁平指数	左	74.16	70.67	88.95	/	69.55	74.63	/
	右	77.97	71.54	84.18		69.71	67.67	
股骨嵴指数	左	94.44	93.50	/	/	/	89.21	/
	右	91.44	97.98				97.77	
胫骨：最大长	左	328.00	331.00	368.00	/	/	/	314.00
	右	329.00	328.00	368.50		340.50		
生理长	左	321.00	324.00	356.00	/		/	305.00
	右	323.00	321.00	354.00		334.00		
上端宽	左	72.00	/	/	/	68.00	/	68.50
	右	72.00				70.50		

续表

项目	侧别	ⅡM5R3	ⅡM261西	ⅡM23左	ⅠM15.3	ⅠM11东侧室	ⅠM19	ⅣM56北.2
		女	女	女	女	女	女	女
下端宽	左	51.00	44.00	/	/		/	45.00
	右	51.00				47.00	45.50	
下端矢径	左	37.20	35.50	38.50	/			31.38
	右	36.30	32.50	39.24		32.24	32.20	
中部最大径	左	/	26.90	32.30	/		/	25.10
	右	26.70	27.10	31.66		26.00		
中部横径	左	21.50	17.80	21.00	/		/	16.10
	右	19.62	16.90	20.66		18.26		
体最小周长	左	72.00	68.00	77.00	/		/	63.00
	右	70.50	68.00	77.00		66.50		
滋养孔横径	左	23.10	20.80	25.80	/	20.40	/	17.80
	右	22.54		22.84		21.00	18.28	
滋养孔矢状径	左	30.60	30.40	36.00	/	30.40		28.00
	右	31.42		34.00		30.30	25.66	
长厚指数	左	22.43	20.99	21.63	/		/	20.66
	右	21.83	21.18	21.75		19.91		
中部断面指数	左	/	66.17	65.02	/		/	64.14
	右	73.48	62.36	65.26		70.23		
胫骨指数	左	75.49	68.42	71.67	/	67.11	/	63.57
	右	71.74		67.18		69.31	71.24	
胫股指数	左	78.58	82.86	76.48	/	/	/	/
	右	80.55		76.79				

附表三七　荥阳薛村遗址汉代成年居民肢骨测量表　（长度：毫米；角度：度；指数：%）

项目	侧别	ⅣM14.2	ⅣM74	ⅣM92	ⅣM1	ⅣM3东	ⅣM90	ⅣM27	ⅣM114
		女	女	女	女	女	女	女	女
肱骨：最大长	左	314.50	321.00	/	287.00	/	/	/	/
	右				293.00				
生理长	左	310.00	319.00	/	286.00	/	/	/	/
	右				291.00				
体中部最大径	左	21.40	23.90	/	21.80	/	/	/	/
	右				21.40				
体中部最小径	左	15.80	17.60	/	16.00	/	/	/	/
	右				16.24				
体最小周长	左	61.00	67.00	/	61.00	/	52.50	/	/
	右	60.00			59.00		52.00		
头周长	左	/	/	/	124.00	/	/	/	/
	右								
上端宽	左	44.50	48.00	/	/	/	/	/	/
	右								

续表

项目	侧别	ⅣM14.2	ⅣM74	ⅣM92	ⅣM1	ⅣM3东	ⅣM90	ⅣM27	ⅣM114
		女	女	女	女	女	女	女	女
下端宽	左	54.00	58.00	/	/	/	/	/	/
	右	54.00					50.00		
滑车和小头宽	左	40.20	42.70	/	/	/	/	/	/
	右	40.00							
滑车矢径	左	/	24.28	/	24.50	/	23.74	/	/
	右	24.28			23.30		23.24		
头横径	左	/	/	/	36.00	/	/	/	/
	右				37.64				
头纵径	左	41.40	45.00	/	38.90	/	/	/	/
	右				38.20				
骨干横断面指数	左	73.83	73.64	/	73.39	/	/	/	/
	右				75.89				
粗壮指数	左	19.40	20.87	/	21.25	/	/	/	/
	右				20.14				
股骨：最大长	左	/	/	412.50	392.00	440.00	410.00	457.00	385.00
	右	427.00		409.00	393.00	440.00		453.00	
生理长	左		/	406.00	389.00	437.00	405.00	451.00	378.50
	右	425.00		405.00	389.50	437.00		451.00	
体长	左		/	334.00	321.50	356.00	/	362.00	335.00
	右	353.00		331.00	321.00	365.00		358.00	
上部横径	左		31.60	26.70	30.56	34.30	29.00	32.30	27.24
	右	30.44	31.50	26.20	30.56	33.74		32.20	26.66
上部矢径	左		25.70	20.80	24.00	25.90	20.80	24.50	19.20
	右	25.34	25.10	21.32	24.20	25.84		24.50	20.80
中部横径	左		/	22.60	25.60	28.50	24.40	28.64	24.64
	右	27.40		22.00	25.90	27.80		29.00	
中部矢径	左		/	23.00	28.10	29.00	25.20	27.86	22.70
	右	27.40		22.80	27.00	30.00		28.34	
中部周长	左		/	74.00	85.00	93.00	78.00	90.00	75.00
	右	86.00		72.50	84.00	92.00		91.00	
下部最小径	左		/	20.80	21.40	30.20	/	27.24	22.80
	右	24.00		19.50	22.00	29.00		27.00	
下部横径	左		/	34.50	36.40	47.20	/	44.30	36.70
	右	39.50			36.30	46.14		44.90	
颈头前长	左		/	69.40	63.20	79.90	68.52		59.00
	右	75.00	78.70	69.44	65.50	81.50		87.00	64.60
头垂直径	左		/	39.20	39.14	45.00	/	45.40	37.66
	右	38.50		40.00	38.30	43.84		44.80	36.44
颈高	左		/	27.80	32.40	35.60	30.72	30.70	30.50
	右	26.68		28.60	31.10	31.48		30.40	29.30

续表

项目	侧别	ⅣM14.2	ⅣM74	ⅣM92	ⅣM1	ⅣM3东	ⅣM90	ⅣM27	ⅣM114
		女	女	女	女	女	女	女	女
颈矢径	左		/	22.80	22.60	25.40	22.62	24.00	23.40
	右	23.50		22.50	22.00	25.84		24.40	23.30
两髁宽	左		/	/	71.50	80.00	73.00	85.00	68.00
	右	72.00		72.50		80.00			
外髁长	左		/		54.60	64.12	/	63.60	51.20
	右	60.00		57.30	54.00	63.20		62.50	
内髁长	左		/		57.50	60.60	/	65.84	52.10
	右	58.10		56.70	54.40	62.20		63.10	
颈干角	左		131.00	134.00	127.00	118.00	126.00	132.00	124.00
	右	124.00	126.00	132.00	129.00	122.00		135.00	125.00
头周长	左		/		134.00	148.00	/	/	/
	右	135.00		135.00	136.00	149.00			
头矢径	左		/		41.70	45.80	/	/	/
	右	40.70		41.80	41.00	46.00			
长厚指数	左		/	18.23	21.85	21.28	19.26	19.96	19.82
	右	20.24		17.90	21.57	21.05		20.18	
粗壮指数	左		/	101.77	109.77	101.75	103.28	97.28	92.13
	右	100.00		103.64	104.25	107.91		97.72	
干中部指数	左		/	98.26	91.10	98.28	96.83	102.80	108.55
	右	100.00		96.49	95.93	92.67		102.33	
扁平指数	左		81.33	77.90	78.53	75.51	71.72	75.85	70.48
	右	83.25	79.68	81.37	79.19	76.59		76.09	78.02
股骨嵴指数	左		/	101.77	109.77	101.75	103.28	97.28	92.13
	右	100.00		103.64	104.25	107.91		97.72	
胫骨：最大长	左	356.00	/	327.50	328.00	371.00	/	/	/
	右				328.50	371.00			
生理长	左	353.00	/	321.00	323.00	367.00	/	/	/
	右				322.00	369.00			
上端宽	左	/	/	65.50	67.50	/	/	/	/
	右			66.00	64.00	74.00			
下端宽	左	47.00	/	42.50	44.00	53.00	/	/	/
	右			47.00	47.50	54.00			
下端矢径	左	33.66	/	35.10	34.00	36.66	/	/	/
	右			34.00	33.50	36.00			
中部最大径	左	28.20	/	23.30	26.50	30.80	/	/	/
	右				26.70	31.80			
中部横径	左	18.70	/	19.64	19.66	22.10	/	/	/
	右				19.14	21.00			
体最小周长	左	68.00	/	65.00	69.50	76.50	/	/	/
	右				70.00	77.00			

续表

项目	侧别	ⅣM14.2	ⅣM74	ⅣM92	ⅣM1	ⅣM3东	ⅣM90	ⅣM27	ⅣM114
		女	女	女	女	女	女	女	女
滋养孔横径	左	19.34	/	/	21.76	23.64	/	25.80	/
	右			20.34	21.84	23.64		24.50	
滋养孔矢状径	左	31.00	/		30.36	35.00	/	38.30	/
	右			27.54	30.24	35.84		35.26	
长厚指数	左	19.26	/	20.25	21.52	20.84	/	/	/
	右				21.74	20.87			
中部断面指数	左	66.31	/	84.29	74.19	71.75	/	/	/
	右				71.69	66.04			
胫骨指数	左	62.39	/	/	71.67	67.54	/	67.36	/
	右			73.86	72.22	65.96		69.48	
胫股指数	左	/	/	79.06	83.03	83.98	/	/	/
	右				82.67	84.44			

附表三八　荥阳薛村遗址唐代成年居民肢骨测量表　（长度：毫米；角度：度；指数：%）

项目	侧别	ⅡM189.1	ⅡM164中	ⅡM64	ⅡM112	ⅡM89.2	ⅡM100
		男	男	男	男	男	男
肱骨：最大长	左	321.00	/	/	312.00	311.50	/
	右	/	/	/	317.00	/	/
生理长	左	315.00	/	/	308.50	308.00	/
	右	/	/	/	315.00	/	/
体中部最大径	左	24.00	/	/	24.30	23.60	/
	右	/	/	/	26.10	/	/
体中部最小径	左	18.00	/	/	20.60	16.24	/
	右	/	/	/	20.10	/	/
体最小周长	左	64.00	64.00	67.00	66.00	61.00	/
	右	/	65.00	69.00	68.00	/	72.00
头周长	左	/	/	/	141.00	132.00	/
	右	/	/	/	142.50	/	144.00
上端宽	左	50.00	/	/	50.50	48.00	/
	右	/	/	/	51.50	/	/
下端宽	左	58.00	57.20	/	57.00	57.00	/
	右	/	/	/	61.00	/	/
滑车和小头宽	左	43.60	42.20	/	44.20	40.20	/
	右	/	/	/	44.36	/	/
滑车矢径	左	26.34	22.80	/	27.20	24.60	/
	右	/	/	/	27.60	/	27.60
头横径	左	/	/	/	42.00	41.10	/
	右	42.70	/	/	42.50	/	44.60
头纵径	左	47.70	/	/	47.30	43.50	/
	右	46.74	/	/	47.70	/	46.70

续表

项目	侧别	ⅡM189.1	ⅡM164中	ⅡM64	ⅡM112	ⅡM89.2	ⅡM100
		男	男	男	男	男	男
骨干横断面指数	左	75.00	/	/	84.77	68.81	/
	右	/	/	/	77.01	/	/
粗壮指数	左	19.94	/	/	21.15	19.58	/
	右	/	/	/	21.45	/	/
股骨：最大长	左	457.00	434.00	/	432.50	415.00	448.00
	右	455.00	440.00	428.00	431.00	421.00	/
生理长	左	452.00	429.00	/	431.00	412.00	445.50
	右	450.00	433.00	420.00	430.00	418.00	/
体长	左	368.00	/	/	341.00	337.50	356.00
	右	366.00	351.00	/	336.50	351.00	/
上部横径	左	34.54	/	34.26	34.58	33.60	35.80
	右	35.40	/	33.00	33.00	34.10	36.20
上部矢径	左	24.40	22.80	22.76	25.64	20.62	26.32
	右	23.70	/	20.80	25.00	21.70	26.20
中部横径	左	29.60	28.70	27.90	30.00	30.42	28.50
	右	30.00	26.50	27.76	29.34	30.40	28.66
中部矢径	左	29.20	26.60	24.60	30.40	23.90	31.40
	右	27.30	28.00	23.80	31.30	25.20	30.20
中部周长	左	94.00	87.00	86.00	96.00	85.00	93.00
	右	90.00	85.00	84.00	94.00	89.00	92.50
下部最小径	左	30.60	27.70	29.26	32.24	23.60	29.60
	右	30.00	26.60	28.32	31.50	24.00	30.44
下部横径	左	46.40	41.00	39.90	40.10	38.90	45.20
	右	42.80	40.50	/	40.80	39.36	45.80
颈头前长	左	80.50	/	/	78.40	69.60	85.00
	右	79.40	68.30	/	80.60	71.32	/
头垂直径	左	48.70	42.70	46.62	45.80	42.50	47.00
	右	/	44.60	45.42	44.62	42.56	/
颈高	左	35.80	31.40	/	36.20	32.70	34.70
	右	35.30	30.10	43.58	33.14	33.00	/
颈矢径	左	27.80	23.30	/	23.84	22.70	27.00
	右	28.70	24.30	28.40	25.10	22.68	/
两髁宽	左	82.00	72.50	/	82.50	76.50	/
	右	78.00	76.00	82.00	82.50	78.00	/
外髁长	左	63.00	59.00	65.32	63.76	57.70	/
	右	63.70	61.56	65.32	61.54	60.78	64.66
内髁长	左	63.60	/	/	67.14	58.20	/
	右	65.40	57.00	/	62.14	56.64	62.80

续表

项目	侧别	ⅡM189.1	ⅡM164中	ⅡM64	ⅡM112	ⅡM89.2	ⅡM100
		男	男	男	男	男	男
颈干角	左	114.00	/	/	114.00	112.00	127.00
	右	120.00	118.00	/	124.00	120.00	/
头周长	左	156.00	142.50	152.00	152.50	/	158.00
	右	/	144.00	156.00	150.00	140.00	/
头矢径	左	48.80	44.80	48.00	47.34	/	49.10
	右	50.00	45.50	49.00	47.00	43.74	/
长厚指数	左	20.80	20.28	/	22.27	20.63	20.88
	右	20.00	19.63	20.00	21.86	21.29	/
粗壮指数	左	98.65	92.68	88.17	101.33	78.57	110.18
	右	91.00	105.66	85.73	106.68	82.89	105.37
干中部指数	左	101.37	107.89	113.41	98.68	127.28	90.76
	右	109.89	94.64	116.64	93.74	120.63	94.90
扁平指数	左	70.64	/	66.43	74.15	61.37	73.52
	右	66.95	/	63.03	75.76	63.64	72.38
股骨嵴指数	左	98.65	92.68	88.17	101.33	78.57	110.18
	右	91.00	105.66	85.73	106.68	82.89	105.37
胫骨：最大长	左	366.00	368.00	/	345.00	346.00	/
	右	365.00	/	/	345.00	/	351.00
生理长	左	355.00	365.00	/	337.00	/	/
	右	352.50	/	/	333.00	/	340.00
上端宽	左	76.00	/	/	81.00	/	/
	右	/	/	/	80.00	/	81.50
下端宽	左	56.00	50.00	/	53.50	51.50	54.00
	右	52.00	/	/	55.00	/	54.50
下端矢径	左	42.00	37.00	/	40.00	34.74	37.48
	右	42.00	/	/	40.00	36.90	38.72
中部最大径	左	30.70	27.70	/	33.34	27.40	/
	右	31.56	/	/	32.80	27.50	29.84
中部横径	左	20.80	21.00	/	20.00	20.44	/
	右	23.00	/	/	19.90	20.90	21.88
体最小周长	左	76.00	74.00	/	78.00	68.00	/
	右	75.00	/	/	78.00	69.00	76.00
滋养孔横径	左	24.70	22.00	/	21.00	22.12	25.82
	右	25.48	22.00	/	21.70	22.46	25.60
滋养孔矢状径	左	33.36	32.40	/	38.20	31.64	36.30
	右	34.40	32.70	/	40.70	33.00	34.60
长厚指数	左	21.41	20.27	/	23.15	/	/
	右	21.28	/	/	23.42	/	22.35

续表

项目	侧别	ⅡM189.1	ⅡM164中	ⅡM64	ⅡM112	ⅡM89.2	ⅡM100
		男	男	男	男	男	男
中部断面指数	左	67.75	75.81	/	59.99	74.60	/
	右	72.88	/	/	60.67	76.00	73.32
胫骨指数	左	74.04	67.90	/	54.97	69.91	71.13
	右	74.07	67.28	/	53.32	68.06	73.99
胫股指数	左	78.54	85.08	/	78.19	/	/
	右	78.33	/	/	77.44	/	/

附表三九　荥阳薛村遗址唐代成年居民肢骨测量表　（长度：毫米；角度：度；指数：%）

项目	侧别	ⅣM112	ⅣM2东棺	ⅡM173	ⅡM233东	ⅣM46	ⅡM253.1
		男	男	男	男	男	男
肱骨：最大长	左	/	/	/	/	/	335.00
	右	323.00	/	/	/	341.00	/
生理长	左	/	/	/	/	/	326.00
	右	316.00	/	/	/	337.00	/
体中部最大径	左	/	/	/	/	/	24.40
	右	24.90	/	/	/	26.00	/
体中部最小径	左	/	/	/	/	/	18.30
	右	20.84	/	/	/	21.20	/
体最小周长	左	69.00	/	/	/	72.50	71.00
	右	70.00	/	/	68.00	74.50	72.00
头周长	左	/	/	/	/	/	155.00
	右	142.00	/	146.00	/	147.00	158.00
上端宽	左	/	/	/	/	/	52.50
	右	49.00	/	50.00	/	/	54.50
下端宽	左	60.00	/	/	/	65.00	68.50
	右	60.00	/	/	/	/	/
滑车和小头宽	左	45.14	/	/	/	48.00	47.24
	右	45.14	/	/	/	/	/
滑车矢径	左	/	/	/	/	/	30.00
	右	26.64	/	/	/	/	/
头横径	左	/	/	/	/	/	47.24
	右	44.00	/	42.80	/	43.36	46.30
头纵径	左	/	/	/	/	/	50.00
	右	44.54	/	47.88	/	48.20	51.20
骨干横断面指数	左	/	/	/	/	/	75.00
	右	83.69	/	/	/	81.54	/
粗壮指数	左	/	/	/	/	/	21.19
	右	21.67	/	/	/	21.85	/

续表

项目	侧别	ⅣM112	ⅣM2东棺	ⅡM173	ⅡM233东	ⅣM46	ⅡM253.1
		男	男	男	男	男	男
股骨：最大长	左	/	/	/	/	471.50	/
	右	473.50	/	/	/	468.50	/
生理长	左	/	/	/	/	468.50	/
	右	469.00	/	/	/	465.50	/
体长	左	/	/	/	/	384.00	/
	右	388.00	/	/	/	380.00	/
上部横径	左	/	/	30.00	36.00	36.62	37.14
	右	33.24	/	/	/	35.34	36.80
上部矢径	左	/	/	25.30	24.70	29.30	25.80
	右	25.80	/	/	/	30.80	25.24
中部横径	左	/	/	/	/	32.22	/
	右	25.90	/	/	/	31.00	/
中部矢径	左	/	/	/	/	33.74	/
	右	30.60	/	/	/	34.10	/
中部周长	左	/	/	/	/	104.50	/
	右	90.00	/	/	/	103.50	/
下部最小径	左	30.60	/	/	/	35.10	/
	右	29.50	/	/	/	32.00	/
下部横径	左	42.40	/	/	/	49.00	/
	右	43.74	/	/	/	49.70	/
颈头前长	左	/	/	70.40	79.00	86.10	91.60
	右	77.54	/	/	/	89.24	92.70
头垂直径	左	/	/	44.40	/	47.90	49.12
	右	46.10	/	/	/	47.00	/
颈高	左	/	/	35.00	/	36.00	34.00
	右	36.50	/	/	/	35.50	33.20
颈矢径	左	/	/	24.00	26.70	28.00	28.20
	右	26.40	/	/	/	29.40	29.40
两髁宽	左	80.00	/	/	/	88.00	/
	右	80.00	/	/	/	87.00	/
外髁长	左	63.40	/	/	/	68.80	/
	右	59.50	/	/	/	68.50	/
内髁长	左	60.40	/	/	/	67.20	/
	右	60.60	/	/	/	65.10	/
颈干角	左	/	/	131.00	121.00	118.00	124.00
	右	127.00	/	/	/	120.00	120.00
头周长	左	/	/	/	/	161.00	166.00
	右	154.00	/	/	/	/	/

续表

项目	侧别	ⅣM112	ⅣM2东棺	ⅡM173	ⅡM233东	ⅣM46	ⅡM253.1
		男	男	男	男	男	男
头矢径	左	/	/	47.00	/	49.84	51.60
	右	47.50	/	/	/	49.30	51.10
长厚指数	左	/	/	/	/	22.31	/
	右	19.19	/	/	/	22.23	/
粗壮指数	左	/	/	/	/	104.72	/
	右	118.15	/	/	/	110.00	/
干中部指数	左	/	/	/	/	95.49	/
	右	84.64	/	/	/	90.91	/
扁平指数	左	/	/	84.33	68.61	80.01	69.47
	右	77.62	/	/	/	87.15	68.59
股骨嵴指数	左	/	/	/	/	104.72	/
	右	118.15	/	/	/	110.00	/
胫骨：最大长	左	/	367.00	/	/	/	/
	右	/	/	/	/	/	/
生理长	左	/	357.00	/	/	/	/
	右	/	/	64.60	/	/	/
上端宽	左	/	/	/	/	/	/
	右	/	/	/	/	/	/
下端宽	左	/	/	/	78.00	/	/
	右	/	/	/	78.50	/	/
下端矢径	左	/	37.00	/	/	/	42.20
	右	/	/	40.64	/	/	/
中部最大径	左	/	30.80	/	/	/	/
	右	/	/	/	/	/	/
中部横径	左	/	22.36	/	/	/	/
	右	/	/	/	/	/	/
体最小周长	左	/	/	/	/	/	/
	右	/	/	/	/	/	/
滋养孔横径	左	/	/	/	21.40	27.54	26.00
	右	25.50	/	/	24.00	27.20	26.00
滋养孔矢状径	左	/	/	/	36.00	41.24	38.70
	右	37.20	/	/	36.00	40.00	39.50
长厚指数	左	/	/	/	/	/	/
	右	/	/	/	/	/	/
中部断面指数	左	/	72.60	/	/	/	/
	右	/	/	/	/	/	/
胫骨指数	左	/	/	/	59.44	66.78	67.18
	右	68.55	/	/	66.67	68.00	65.82
胫股指数	左	/	/	/	/	/	/
	右	/	/	/	/	/	/

附表四〇　荥阳薛村遗址唐代成年居民肢骨测量表　（长度：毫米；角度：度；指数：%）

项目	侧别	ⅡM189.2	ⅡM164右	ⅡM7	ⅡM199	ⅡM263
		女	女	女	女	女
肱骨：最大长	左	/	/	/	273.00	278.00
	右	/	295.00	/	276.00	284.50
生理长	左	/	/	/	268.00	272.50
	右	/	290.00	/	270.50	279.00
体中部最大径	左	/	23.00	/	18.42	19.20
	右	/	24.00	/	18.28	19.00
体中部最小径	左	/	17.20	/	14.72	13.54
	右	/	19.00	/	14.62	13.76
体最小周长	左	62.00	64.00	/	51.00	51.00
	右	62.00	68.00	/	51.00	51.50
头周长	左	/	131.00	/	118.00	126.00
	右	126.00	131.00	/	119.00	126.00
上端宽	左	/	44.00	/	42.00	46.00
	右	/	/	/	/	45.50
下端宽	左	/	/	/	53.50	52.50
	右	/	57.00	/	50.70	52.50
滑车和小头宽	左	/	/	/	37.44	38.00
	右	36.40	42.60	/	39.20	36.92
滑车矢径	左	/	/	/	21.80	21.50
	右	24.22	26.20	/	21.50	23.00
头横径	左	/	40.70	/	37.00	38.60
	右	38.40	40.30	/	/	38.64
头纵径	左	40.10	43.20	/	38.00	41.00
	右	40.64	42.00	/	38.00	41.76
骨干横断面指数	左	/	74.78	/	79.91	70.52
	右	/	79.17	/	79.98	72.42
粗壮指数	左	/	/	/	18.68	18.35
	右	/	23.05	/	18.48	18.10
股骨：最大长	左	430.00	/	/	392.00	403.00
	右	428.00	/	415.00	389.50	403.00
生理长	左	424.00	/	/	388.00	400.00
	右	421.00	/	408.50	385.00	397.50
体长	左	355.00	/	/	322.00	320.00
	右	353.00	/	/	319.00	329.00
上部横径	左	33.00	31.30	/	29.30	26.00
	右	32.16	31.20	/	30.50	26.90
上部矢径	左	22.40	24.40	/	20.84	18.34
	右	23.14	23.00	/	20.90	19.00
中部横径	左	27.74	/	/	26.32	22.34
	右	27.30	/	29.00	25.00	22.14

续表

项目	侧别	ⅡM189.2	ⅡM164右	ⅡM7	ⅡM199	ⅡM263
		女	女	女	女	女
中部矢径	左	24.50	/	/	24.90	20.10
	右	26.00	/	28.60	24.52	20.80
中部周长	左	83.00	/	/	80.00	69.00
	右	83.50	/	92.00	78.00	68.00
下部最小径	左	27.40	/	28.40	24.30	24.00
	右	27.50	/	29.20	23.10	25.50
下部横径	左	43.60	/	37.00	32.80	36.30
	右	43.40	/	37.50	31.70	39.24
颈头前长	左	62.00	/	/	65.00	61.48
	右	65.20	/	/	64.36	61.00
头垂直径	左	41.50	/	/	40.00	41.70
	右	40.50	/	41.30	40.90	41.80
颈高	左	31.00	/	/	27.66	27.90
	右	30.40	32.30	/	27.10	27.70
颈矢径	左	22.10	/	/	19.80	23.14
	右	21.44	24.70	/	21.18	23.00
两髁宽	左	/	/	/	70.00	70.00
	右	73.00	/	/	71.00	/
外髁长	左	57.84	/	/	57.84	56.00
	右	55.60	/	/	58.00	/
内髁长	左	/	/	/	56.24	58.30
	右	56.24	/	/	56.46	54.80
颈干角	左	113.00	/	/	112.00	114.00
	右	113.00	/	/	110.00	117.50
头周长	左	134.00	/	/	129.00	131.00
	右	132.00	/	/	132.00	132.00
头矢径	左	42.00	/	/	40.60	41.30
	右	41.36	/	/	41.78	41.78
长厚指数	左	19.58	/	/	20.62	17.25
	右	19.83	/	22.52	20.26	17.11
粗壮指数	左	88.32	/	/	94.60	89.97
	右	95.24	/	98.62	98.08	93.95
干中部指数	左	113.22	/	/	105.70	111.14
	右	105.00	/	101.40	101.96	106.44
扁平指数	左	67.88	77.96	/	71.13	70.54
	右	71.95	73.72	/	68.52	70.63
股骨嵴指数	左	88.32	/	/	94.60	89.97
	右	95.24	/	98.62	98.08	93.95
胫骨：最大长	左	/	/	/	320.00	331.00
	右	356.00	/	/	/	328.00

续表

项目	侧别	ⅡM189.2	ⅡM164右	ⅡM7	ⅡM199	ⅡM263
		女	女	女	女	女
生理长	左	/	/	/	314.00	326.00
	右	348.00	/	/	/	324.50
上端宽	左	/	/	/	65.00	67.00
	右	69.00	/	68.50	69.00	63.00
下端宽	左	48.24	/	/	47.00	47.00
	右	47.00	/	/	/	46.50
下端矢径	左	37.00	34.70	/	34.20	34.82
	右	37.74	35.00	/	34.70	34.62
中部最大径	左	/	/	/	26.40	23.30
	右	27.70	/	/	26.90	23.80
中部横径	左	/	/	/	18.54	17.90
	右	21.00	/	/	19.20	13.00
体最小周长	左	/	/	/	64.00	64.00
	右	78.00	/	/	64.00	64.00
滋养孔横径	左	25.40	23.30	24.80	19.00	19.80
	右	25.00	24.30	25.50	19.26	20.40
滋养孔矢状径	左	31.60	34.00	33.76	28.60	26.30
	右	34.28	35.34	34.54	28.26	27.00
长厚指数	左	/	/	/	20.38	19.63
	右	22.41	/	/	/	19.72
中部断面指数	左	/	/	/	70.23	76.82
	右	75.81	/	/	71.38	54.62
胫骨指数	左	80.38	68.53	73.46	66.43	75.29
	右	72.93	68.76	73.83	68.15	75.56
胫股指数	左	/	/	/	80.93	81.50
	右	82.66	/	/	/	81.64

附表四一　荥阳薛村遗址唐代成年居民肢骨测量表　（长度：毫米；角度：度；指数：%）

项目	侧别	ⅡM123墓道	ⅡM121	ⅣM128	ⅣM2西棺	ⅡM253.2
		女	女	女?	女?	女
肱骨：最大长	左	/	296.00	306.00	/	/
	右	273.50	295.00	/	/	/
生理长	左	/	292.00	299.00	/	/
	右	/	291.00	/	/	/
体中部最大径	左	/	20.70	21.60	/	/
	右	20.20	20.00	/	/	/
体中部最小径	左	/	16.80	16.00	/	/
	右	16.40	16.28	/	/	/
体最小周长	左	/	60.00	60.50	/	54.00
	右	57.00	58.00	62.00	/	57.00

续表

项目	侧别	ⅡM123墓道	ⅡM121	ⅣM128	ⅣM2西棺	ⅡM253.2
		女	女	女?	女?	女
头周长	左	/	126.00	/	/	/
	右	114.00	124.00	/	/	/
上端宽	左	/	/	45.00	/	/
	右	42.00	45.00	47.00	/	/
下端宽	左	/	/	55.00	/	/
	右	48.00	/	57.00	/	52.50
滑车和小头宽	左	/	/	43.44	/	/
	右	35.20	38.80	42.20	/	37.20
滑车矢径	左	/	22.60	/	/	20.60
	右	20.80	/	/	/	21.60
头横径	左	/	38.00	/	/	/
	右	35.50	37.50	/	/	/
头纵径	左	/	41.40	/	/	/
	右	36.90	40.24	42.70	/	/
骨干横断面指数	左	/	81.16	74.07	/	/
	右	81.19	81.40	/	/	/
粗壮指数	左	/	20.27	19.77	/	/
	右	20.84	19.66	/	/	/
股骨：最大长	左	/	406.00	/	/	373.50
	右	/	402.00	/	/	374.00
生理长	左	/	403.00	/	/	367.00
	右	/	399.00	/	/	371.00
体长	左	/	330.00	/	/	/
	右	/	334.00	/	/	/
上部横径	左	/	35.00	/	/	28.66
	右	/	36.00	/	/	28.00
上部矢径	左	/	20.26	/	/	19.86
	右	/	21.34	/	/	19.50
中部横径	左	/	29.10	/	/	24.82
	右	/	30.90	/	/	24.00
中部矢径	左	/	22.20	/	/	22.78
	右	/	23.40	/	/	23.34
中部周长	左	/	83.00	/	/	76.00
	右	/	85.00	/	/	76.50
下部最小径	左	/	24.12	/	/	21.40
	右	/	23.90	29.44	/	22.34
下部横径	左	/	35.90	/	/	34.90
	右	/	36.20	34.40	/	34.80

续表

项目	侧别	ⅡM123墓道	ⅡM121	ⅣM128	ⅣM2西棺	ⅡM253.2
		女	女	女?	女?	女
颈头前长	左	/	69.10	/	/	70.00
	右	/	72.80	/	/	74.58
头垂直径	左	/	40.70	/	/	/
	右	/	40.20	/	/	/
颈高	左	/	29.40	/	/	25.50
	右	/	28.00	/	/	25.30
颈矢径	左	/	20.72	/	/	21.00
	右	/	21.50	/	/	22.20
两髁宽	左	/	71.00	/	/	/
	右	/	68.50	77.00	/	/
外髁长	左	/	56.54	/	/	/
	右	/	/	60.70	/	55.10
内髁长	左	/	57.20	/	/	/
	右	/	55.40	/	/	/
颈干角	左	/	116.00	/	/	127.00
	右	/	118.00	/	/	130.00
头周长	左	/	130.00	/	/	/
	右	/	131.00	/	/	/
头矢径	左	/	40.90	/	/	/
	右	/	40.90	/	/	/
长厚指数	左	/	20.60	/	/	20.71
	右	/	21.30	/	/	20.62
粗壮指数	左	/	76.29	/	/	91.78
	右	/	75.73	/	/	97.25
干中部指数	左	/	131.08	/	/	108.96
	右	/	132.05	/	/	102.83
扁平指数	左	/	57.89	/	/	69.30
	右	/	59.28	/	/	69.64
股骨嵴指数	左	/	76.29	/	/	91.78
	右	/	75.73	/	/	97.25
胫骨：最大长	左	/	357.00	341.50	/	313.50
	右	315.00	354.00	337.00	380.00	/
生理长	左	/	345.00	333.50	/	306.00
	右	312.00	344.00	331.00	379.00	/
上端宽	左	/	/	75.00	/	/
	右	62.50	70.50	73.50	67.00	/
下端宽	左	/	/	52.50	/	/
	右	44.00	41.00	52.50	/	/

续表

项目	侧别	ⅡM123墓道	ⅡM121	ⅣM128	ⅣM2西棺	ⅡM253.2
		女	女	女?	女?	女
下端矢径	左	/	33.90	41.26	/	31.40
	右	31.90	33.50	40.34	/	/
中部最大径	左	/	27.00	28.52	/	23.50
	右	24.06	27.00	28.60	26.28	/
中部横径	左	/	19.80	20.70	/	16.70
	右	17.20	20.20	20.00	17.60	/
体最小周长	左	/	69.00	70.50	/	62.00
	右	61.00	68.00	71.50	66.00	/
滋养孔横径	左	/	23.00	21.40	/	17.46
	右	21.50	22.20	21.50	/	/
滋养孔矢状径	左	/	30.70	31.90	/	27.00
	右	29.00	31.50	31.90	/	/
长厚指数	左	/	20.00	21.14	/	20.26
	右	19.55	19.77	21.60	17.41	/
中部断面指数	左	/	73.33	72.58	/	71.06
	右	71.49	74.81	69.93	66.97	/
胫骨指数	左	/	74.92	67.08	/	64.67
	右	74.14	70.48	67.40	/	/
胫股指数	左	/	85.61	/	/	83.38
	右	/	86.22	/	/	/

附表四二　荥阳薛村遗址宋金元成年居民肢骨测量表　（长度：毫米；角度：度；指数：%）

项目	侧别	ⅡM245东	ⅡM237	ⅠM44东棺	ⅡM129	ⅡM245西
		男	男	男	女	女
肱骨：最大长	左	/	/	/	/	269.00
	右	313.00	/	/	/	273.00
生理长	左	/	/	/	/	265.00
	右	307.00	/	/	/	268.00
体中部最大径	左	/	/	/	/	18.34
	右	23.16	/	/	/	18.58
体中部最小径	左	/	/	/	/	15.00
	右	17.70	/	/	/	15.40
体最小周长	左	64.00	/	63.00	61.00	54.00
	右	/	/	/	60.00	54.00
头周长	左	/	/	/	/	112.00
	右	/	/	/	116.00	114.00
上端宽	左	/	/	/	/	41.00
	右	49.00	/	/	44.00	43.00

续表

项目	侧别	ⅡM245东	ⅡM237	ⅠM44东棺	ⅡM129	ⅡM245西
		男	男	男	女	女
下端宽	左	60.44	/	62.50	/	51.00
	右	62.00	/	61.50	50.00	53.00
滑车和小头宽	左	43.76	/	48.10	/	38.40
	右	44.20	/	46.10	38.90	39.30
滑车矢径	左	26.30	/	26.30	/	23.70
	右	27.80	/	26.00	21.70	23.00
头横径	左	/	/	/	/	35.52
	右	42.76	/	/	36.70	35.44
头纵径	左	/	/	/	/	35.86
	右	/	/	/	38.00	37.00
骨干横断面指数	左	/	/	/	/	81.79
	右	76.42	/	/	/	82.88
粗壮指数	左	/	/	/	/	20.07
	右	/	/	/	/	19.78
股骨：最大长	左	/	/	/	/	383.00
	右	/	/	/	387.00	382.00
生理长	左	/	/	/	/	379.00
	右	/	/	/	382.00	377.00
体长	左	/	/	/	/	312.00
	右	/	/	/	/	/
上部横径	左	33.80	31.00	33.70	29.60	28.40
	右	36.80	/	32.00	28.60	27.66
上部矢径	左	25.42	27.00	26.80	23.80	21.00
	右	25.00	/	27.20	23.50	21.80
中部横径	左	/	/	/	/	25.50
	右	/	/	/	25.00	25.30
中部矢径	左	/	/	/	/	22.00
	右	/	/	/	26.20	22.80
中部周长	左	/	/	/	/	78.00
	右	/	/	/	81.00	75.00
下部最小径	左	/	/	/	/	23.60
	右	/	29.36	/	/	24.00
下部横径	左	/	/	/	/	35.70
	右	/	40.60	/	/	35.00
颈头前长	左	72.24	/	/	/	57.60
	右	76.80	/	/	66.22	/
头垂直径	左	43.30	/	46.50	/	38.60
	右	45.00	/	48.00	38.80	38.10

续表

项目	侧别	ⅡM245东	ⅡM237	ⅠM44东棺	ⅡM129	ⅡM245西
		男	男	男	女	女
颈高	左	34.40	31.84	/	/	27.70
	右	34.64	/	/	27.44	/
颈矢径	左	23.00	26.70	/	/	21.70
	右	25.00	/	/	24.10	21.00
两髁宽	左	/	/	/	/	/
	右	/	/	/	73.20	62.00
外髁长	左	/	/	/	/	53.66
	右	59.44	/	/	/	53.10
内髁长	左	/	/	/	/	/
	右	64.30	/	/	/	54.20
颈干角	左	111.00	119.00	/	/	113.00
	右	109.00	/	/	122.00	/
头周长	左	152.00	/	169.00	/	127.00
	右	152.00	/	166.00	/	/
头矢径	左	47.00	/	52.60	/	40.00
	右	47.26	/	49.84	/	/
长厚指数	左	/	/	/	/	20.58
	右	/	/	/	21.20	19.89
粗壮指数	左	/	/	/	/	86.27
	右	/	/	/	104.80	90.12
干中部指数	左	/	/	/	/	115.91
	右	/	/	/	95.42	110.96
扁平指数	左	75.21	87.10	79.53	80.41	73.94
	右	67.93	/	85.00	82.17	78.81
股骨嵴指数	左	/	/	/	/	86.27
	右	/	/	/	104.80	90.12
胫骨：最大长	左	/	/	404.00	/	/
	右	/	359.00	/	/	/
生理长	左	/	/	392.00	/	/
	右	/	345.00	/	/	/
上端宽	左	/	/	78.50	/	66.60
	右	/	79.00	/	/	/
下端宽	左	/	48.32	55.00	/	/
	右	/	53.00	/	/	/
下端矢径	左	/	37.20	41.90	/	/
	右	/	38.20	/	/	32.50
中部最大径	左	/	/	32.00	/	/
	右	/	31.84	/	/	/
中部横径	左	/	/	22.80	/	/
	右	/	23.74	/	/	/

续表

项目	侧别	ⅡM245东	ⅡM237	ⅠM44东棺	ⅡM129	ⅡM245西
		男	男	男	女	女
体最小周长	左	/	/	79.00	/	/
	右	/	80.00	/	/	/
滋养孔横径	左	25.60	26.00	25.70	/	22.60
	右	26.00	26.40	24.80	/	21.24
滋养孔矢状径	左	34.00	36.58	36.70	/	30.30
	右	32.00	36.50	37.90	/	30.00
长厚指数	左	/	/	20.15	/	/
	右	/	23.19	/	/	/
中部断面指数	左	/	/	71.25	/	/
	右	/	74.56	/	/	/
胫骨指数	左	75.29	71.08	70.03	/	74.59
	右	81.25	72.33	65.44	/	70.80
胫股指数	左	/	/	/	/	/
	右	/	/	/	/	/

附表四三　荥阳薛村遗址宋金元成年居民肢骨测量表　（长度：毫米；角度：度；指数：%）

项目	侧别	ⅡM109	ⅡM156	ⅡM136	ⅡM140左棺	ⅠM54北棺	ⅠM44西棺
		女	女	女	女	女	女
肱骨：最大长	左	/	262.00	272.00	/	/	297.00
	右	294.00	/	279.00	310.00	/	299.00
生理长	左	/	259.00	270.50	/	/	292.50
	右	292.00	/	/	/	/	296.00
体中部最大径	左	/	21.00	21.10	/	/	19.00
	右	24.10	/	21.00	21.00	/	20.00
体中部最小径	左	/	15.80	15.80	/	/	16.30
	右	16.90	/	15.20	16.60	/	16.00
体最小周长	左	62.00	58.00	59.00	/	/	56.00
	右	64.00	58.00	59.00	60.00	/	57.00
头周长	左	/	115.00	115.00	/	/	123.00
	右	140.00	/	115.00	130.00	120.00	123.00
上端宽	左	/	43.50	41.50	/	/	42.50
	右	46.50	/	43.00	46.00	/	43.00
下端宽	左	61.00	50.50	49.00	/	/	53.50
	右	62.00	52.00	52.00	/	/	54.00
滑车和小头宽	左	45.10	37.40	38.00	/	/	38.00
	右	43.90	38.30	/	/	/	39.24
滑车矢径	左	24.00	21.10	17.80	/	/	22.24
	右	24.90	21.60	18.84	30.00	/	23.00
头横径	左	/	33.36	/	/	/	37.40
	右	41.40	/	34.50	39.56	36.30	37.00

续表

项目	侧别	ⅡM109	ⅡM156	ⅡM136	ⅡM140左棺	ⅠM54北棺	ⅠM44西棺
		女	女	女	女	女	女
头纵径	左	/	38.40	38.60	/	/	39.34
	右	45.00	/	40.00	43.60	36.80	38.60
骨干横断面指数	左	/	75.24	74.88	/	/	85.79
	右	70.12	/	72.38	79.05	/	80.00
粗壮指数	左	/	22.14	21.69	/	/	18.86
	右	21.77	/	21.15	19.35	/	19.06
股骨：最大长	左	/	377.00	388.00	/	397.00	418.00
	右	/	/	/	/	402.00	413.00
生理长	左	/	375.50	382.00	/	393.00	413.00
	右	/	/	/	/	/	407.50
体长	左	/	304.00	308.00	/	324.00	339.00
	右	/	/	305.00	/	/	334.00
上部横径	左	30.90	28.00	27.00	30.30	28.40	26.54
	右	29.90	28.10	27.00	29.84	28.40	26.40
上部矢径	左	24.82	23.50	22.26	22.50	19.56	21.40
	右	23.00	22.00	22.50	22.50	19.76	22.20
中部横径	左	/	25.00	23.00	/	26.60	25.00
	右	/	/	22.40	/	24.60	25.00
中部矢径	左	/	25.00	24.50	/	22.30	25.00
	右	/	/	24.90	/	22.00	25.70
中部周长	左	/	80.00	74.00	/	76.00	79.50
	右	/	/	74.00	/	74.00	80.00
下部最小径	左	/	26.20	26.00	/	/	23.60
	右	/	/	26.10	/	23.00	23.80
下部横径	左	/	38.60	32.30	/	/	35.36
	右	/	/	33.00	/	35.50	35.10
颈头前长	左	/	61.00	65.60	/	/	68.70
	右	/	63.00	/	/	/	69.00
头垂直径	左	/	37.60	39.50	/	38.00	39.00
	右	/	37.22	/	/	0.00	39.32
颈高	左	/	28.10	27.40	/	26.00	24.00
	右	/	27.50	26.90	/	25.30	24.00
颈矢径	左	/	21.20	18.50	/	20.30	21.00
	右	/	21.50	18.60	/	20.20	19.50
两髁宽	左	/	68.00	67.00	/	/	69.50
	右	/	/	69.50	/	67.00	71.00
外髁长	左	/	54.00	53.30	/	/	55.50
	右	/	/	53.80	/	/	55.70

续表

项目	侧别	Ⅱ M109	Ⅱ M156	Ⅱ M136	Ⅱ M140左棺	Ⅰ M54北棺	Ⅰ M44西棺
		女	女	女	女	女	女
内髁长	左	/	/	55.26	/	/	55.00
	右	/	/	55.80	/	/	54.00
颈干角	左	/	121.50	120.00	/	118.00	138.00
	右	/	118.00	/	/	123.00	133.00
头周长	左	/	126.00	/	/	/	131.00
	右	/	124.00	/	/	/	128.00
头矢径	左	/	39.00	/	/	/	40.50
	右	/	38.80	/	/	40.00	39.56
长厚指数	左	/	21.30	19.37	/	19.34	19.25
	右	/	/	/	/	/	19.63
粗壮指数	左	/	100.00	106.52	/	83.83	100.00
	右	/	/	111.16	/	89.43	102.80
干中部指数	左	/	100.00	93.88	/	119.28	100.00
	右	/	/	89.96	/	111.82	97.28
扁平指数	左	80.32	83.93	82.44	74.26	68.87	80.63
	右	76.92	78.29	83.33	75.40	69.58	84.09
股骨嵴指数	左	/	100.00	106.52	/	83.83	100.00
	右	/	/	111.16	/	89.43	102.80
胫骨：最大长	左	/	/	327.50	/	/	346.50
	右	/	/	/	/	337.00	346.00
生理长	左	/	/	320.00	/	/	337.00
	右	/	/	/	/	333.00	336.00
上端宽	左	/	/	64.50	/	/	66.00
	右	/	/	/	/	63.00	66.00
下端宽	左	50.00	/	41.50	/	/	44.00
	右	52.00	/	43.60	/	46.00	46.00
下端矢径	左	/	30.30	31.60	/	/	34.40
	右	39.40	31.20	31.70	/	32.90	34.40
中部最大径	左	/	/	23.56	/	/	24.90
	右	/	/	/	/	25.50	24.66
中部横径	左	/	/	18.00	/	/	19.10
	右	/	/	/	/	18.34	19.00
体最小周长	左	/	/	63.00	/	/	66.00
	右	/	/	/	/	64.00	67.00
滋养孔横径	左	/	19.40	19.00	/	/	20.00
	右	22.50	/	19.00	/	19.00	20.50
滋养孔矢状径	左	/	28.00	26.20	/	/	27.74
	右	32.40	/	26.90	/	29.50	30.00

续表

项目	侧别	ⅡM109	ⅡM156	ⅡM136	ⅡM140左棺	ⅠM54北棺	ⅠM44西棺
		女	女	女	女	女	女
长厚指数	左	/	/	19.69	/	/	19.58
	右	/	/	/	/	19.22	19.94
中部断面指数	左	/	/	76.40	/	/	76.71
	右	/	/	/	/	71.92	77.05
胫骨指数	左	/	69.29	72.52	/	/	72.10
	右	69.44	/	70.63	/	64.41	68.33
胫股指数	左	/	/	83.77	/	/	81.60
	右	/	/	/	/	/	82.45

附表四四　荥阳薛村遗址明清成年居民肢骨测量表　（长度：毫米；角度：度；指数：%）

项目	侧别	ⅡM179	ⅡM172.1	ⅡM249.2	ⅡM222.1	ⅢM28.2	ⅢM35.2	ⅢM34.1	ⅣM31东侧
		男	男	男	男	男	男	男	男
肱骨：最大长	左	303.00	/	325.00	332.50	284.00	287.00	319.50	309.00
	右	306.00	/	324.50	332.50	285.50	288.00	320.00	314.00
生理长	左	299.00	/	318.50	326.00	280.00	283.50	316.00	303.00
	右	300.00	/	317.50	326.00	280.50	285.50	316.50	307.00
体中部最大径	左	23.20	/	26.82	25.20	22.60	23.24	24.80	24.72
	右	24.30	/	27.00	25.40	21.44	23.56	26.14	24.60
体中部最小径	左	18.00	/	20.80	17.80	15.54	19.00	20.36	20.00
	右	17.90	/	21.00	19.00	17.30	19.30	20.50	19.50
体最小周长	左	65.00	52.00	74.00	68.00	62.00	70.00	71.50	69.00
	右	67.00	/	75.00	69.00	62.00	70.00	72.00	69.00
头周长	左	138.00	/	147.00	152.00	133.00	/	154.00	/
	右	/	/	/	153.00	127.00	/	155.00	143.00
上端宽	左	48.50	/	52.50	52.50	47.00	48.50	55.50	/
	右	50.50	/	/	54.00	47.00	49.00	56.00	50.00
下端宽	左	62.50	53.10	68.00	63.00	58.00	63.50	64.00	65.00
	右	63.00	/	/	64.50	58.00	62.00	66.00	64.50
滑车和小头宽	左	46.70	28.20	51.78	46.30	41.10	44.00	48.14	46.00
	右	47.90	/	/	46.40	41.80	43.00	48.74	46.60
滑车矢径	左	25.70	20.70	/	29.50	23.00	24.80	25.64	26.70
	右	26.90	/	/	31.22	24.10	25.50	26.84	27.30
头横径	左	42.12	/	42.50	45.50	38.50	/	45.40	/
	右	/	/	/	46.10	35.30	/	46.00	42.70
头纵径	左	44.00	/	48.40	49.80	43.20	44.80	51.10	46.50
	右	44.90	/	/	50.70	41.30	45.20	52.00	46.40
骨干横断面指数	左	77.59	/	77.55	70.63	68.76	81.76	82.10	80.91
	右	73.66	/	77.78	74.80	80.69	81.92	78.42	79.27

续表

项目	侧别	ⅡM179	ⅡM172.1	ⅡM249.2	ⅡM222.1	ⅢM28.2	ⅢM35.2	ⅢM34.1	ⅣM31东侧
		男	男	男	男	男	男	男	男
粗壮指数	左	21.45	/	22.77	20.45	21.83	24.39	22.38	22.33
	右	21.90	/	23.11	20.75	21.72	24.31	22.50	21.97
股骨：最大长	左	428.00	392.00	/	458.00	399.00	/	438.50	426.00
	右	429.00	/	472.00	458.00	399.50	/	452.00	/
生理长	左	424.00	391.00	/	456.00	397.00	/	438.50	424.50
	右	427.00	/	471.00	456.00	396.50	/	448.50	/
体长	左	348.00	/	/	368.00	318.50	/	366.00	342.00
	右	345.00	/	382.50	366.00	322.00	/	366.00	/
上部横径	左	37.50	28.00	31.00	30.70	29.24	27.74	37.76	32.30
	右	34.82	/	31.68	30.90	28.50	28.00	35.40	/
上部矢径	左	25.20	20.80	29.10	28.80	24.20	26.00	29.40	26.70
	右	23.60	/	29.14	26.30	23.60	25.20	27.10	/
中部横径	左	29.50	24.84	/	25.80	27.30	/	33.00	28.62
	右	30.00	/	28.30	25.90	26.60	/	30.10	/
中部矢径	左	26.14	25.00	/	30.40	27.80	/	31.90	29.70
	右	26.70	/	30.70	30.60	27.80	/	32.60	/
中部周长	左	88.00	77.50	/	89.00	87.00	/	102.00	94.50
	右	88.00	/	95.00	88.00	87.00	/	101.00	/
下部最小径	左	28.44	24.00	/	34.76	28.70	/	31.30	30.40
	右	27.56	/	32.40	33.70	29.60	/	31.20	/
下部横径	左	40.12	33.24	/	45.70	35.70	/	44.00	44.00
	右	40.40	/	42.00	44.50	35.30	/	43.00	/
颈头前长	左	77.00	/	82.16	77.90	72.30	/	84.30	81.78
	右	80.20	/	84.60	79.20	71.56	71.00	92.66	/
头垂直径	左	47.20	38.30	47.40	50.00	41.40	/	48.00	47.62
	右	46.00	/	48.30	50.30	40.20	/	50.30	/
颈高	左	37.10	30.20	32.60	37.30	32.50	34.50	37.70	36.24
	右	37.20	/	32.70	34.00	29.50	32.70	35.40	/
颈矢径	左	26.34	20.80	25.70	28.80	24.30	23.80	29.00	27.00
	右	26.00	/	27.20	28.11	25.40	24.60	/	/
两髁宽	左	77.00	/	/	90.00	82.50	/	90.00	87.00
	右	82.00	/	/	90.00	83.00	/	92.00	/
外髁长	左	/	/	62.40	67.70	62.00	/	68.20	65.20
	右	64.00	/	64.90	68.50	59.20	/	67.30	/
内髁长	左	/	/	/	70.40	62.60	/	67.80	/
	右	63.40	/	/	68.74	62.10	/	66.50	/
颈干角	左	118.00	/	132.00	118.00	123.00	132.00	122.00	122.00
	右	118.00	/	128.00	118.00	122.00	130.00	125.00	/

续表

项目	侧别	ⅡM179 男	ⅡM172.1 男	ⅡM249.2 男	ⅡM222.1 男	ⅢM28.2 男	ⅢM35.2 男	ⅢM34.1 男	ⅣM31东侧 男
头周长	左	/	138.50	160.00	166.00	143.00	/	163.00	158.00
	右	154.00	/	/	163.50	144.00	/	/	/
头矢径	左	/	40.10	48.80	52.20	44.30	/	50.40	48.44
	右	48.80	/	48.60	51.40	44.30	44.70	/	/
长厚指数	左	20.75	19.82	/	19.52	21.91	/	23.26	22.26
	右	20.61	/	20.17	19.30	21.94	/	22.52	/
粗壮指数	左	88.61	100.64	/	117.83	101.83	/	96.67	103.77
	右	89.00	/	108.48	118.15	104.51	/	108.31	/
干中部指数	左	112.85	99.36	/	84.87	98.20	/	103.45	96.36
	右	112.36	/	92.18	84.64	95.68	/	92.33	/
扁平指数	左	67.20	74.29	93.87	93.81	82.76	93.73	77.86	82.66
	右	67.78	/	91.98	85.11	82.81	90.00	76.55	/
股骨嵴指数	左	88.61	100.64	/	117.83	101.83	/	96.67	103.77
	右	89.00	/	108.48	118.15	104.51	/	108.31	/
胫骨：最大长	左	346.00	/	402.50	383.00	341.00	/	373.00	/
	右	/	/	/	383.50	338.50	/	372.00	/
生理长	左	337.00	/	395.00	372.50	326.00	/	363.00	/
	右	/	/	/	374.50	324.00	/	363.00	/
上端宽	左	82.00	/	/	87.50	79.00	/	88.00	/
	右	77.00	/	/	84.00	76.00	/	73.00	/
下端宽	左	55.00	/	53.00	59.00	52.50	/	61.00	57.50
	右	/	/	54.00	60.00	51.50	/	61.00	57.00
下端矢径	左	38.44	/	42.10	42.60	39.30	/	40.20	41.00
	右	37.50	/	42.24	42.90	38.30	/	41.20	40.30
中部最大径	左	32.80	/	29.52	31.50	27.90	/	34.00	/
	右	/	/	/	31.30	27.40	/	33.30	/
中部横径	左	20.60	/	22.12	21.90	21.00	/	22.30	/
	右	/	/	/	22.80	20.90	/	22.60	/
体最小周长	左	76.00	/	80.00	81.00	74.00	/	84.00	/
	右	/	/	/	80.00	71.00	/	83.00	/
滋养孔横径	左	22.70	/	27.46	27.20	23.00	/	25.50	/
	右	22.64	/	24.60	26.00	26.50	/	24.80	/
滋养孔矢状径	左	37.20	/	36.00	39.50	32.80	/	38.40	/
	右	35.10	/	34.00	36.10	32.20	/	37.46	/
长厚指数	左	22.55	/	20.25	21.74	22.70	/	23.14	/
	右	/	/	/	21.36	21.91	/	22.87	/
中部断面指数	左	62.80	/	74.93	69.52	75.27	/	65.59	/
	右	/	/	/	72.84	76.28	/	67.87	/

续表

项目	侧别	ⅡM179	ⅡM172.1	ⅡM249.2	ⅡM222.1	ⅢM28.2	ⅢM35.2	ⅢM34.1	ⅣM31东侧
		男	男	男	男	男	男	男	男
胫骨指数	左	61.02	/	76.28	68.86	70.12	/	66.41	/
	右	64.50	/	72.35	72.02	82.30	/	66.20	/
胫股指数	左	79.48	/	/	81.69	82.12	/	82.78	/
	右	/	/	/	82.13	81.72	/	80.94	/

附表四五　荥阳薛村遗址明清成年居民肢骨测量表　（长度：毫米；角度：度；指数：%）

项目	侧别	ⅡM176	ⅡM208.1	ⅡM216	ⅡM175	ⅡM284棺内	ⅡM172.2	ⅡM16	ⅡM195.1
		男	男	男?	男	男	女	女	女
肱骨：最大长	左	300.00	321.00	/	/	/	282.00	/	280.50
	右	/	322.50	/	/	313.00	279.00	277.50	286.00
生理长	左	298.00	315.00	/	/	/	277.00	/	278.00
	右	/	317.00	/	/	308.00	275.00	274.00	283.00
体中部最大径	左	24.76	21.90	/	/	21.10	18.70	/	20.50
	右	/	24.32	/	/	21.86	18.70	20.50	20.60
体中部最小径	左	18.90	16.40	/	/	16.40	14.80	/	14.40
	右	/	16.80	/	/	17.00	15.24	14.00	14.20
体最小周长	左	68.00	61.00	64.00	72.00	58.00	52.00	53.00	54.00
	右	/	62.00	/	/	61.00	53.00	54.00	54.50
头周长	左	135.00	145.00	/	/	/	120.00	/	117.00
	右	/	143.00	/	/	134.00	/	116.00	121.00
上端宽	左	46.50	50.00	/	/	/	43.00	/	/
	右	/	49.00	/	/	/	43.00	41.00	44.00
下端宽	左	61.50	62.00	61.00	65.24	63.00	52.50	50.00	51.00
	右	65.60	63.00	/	/	62.00	54.50	51.00	49.00
滑车和小头宽	左	43.60	47.66	43.90	46.20	43.44	39.00	36.00	36.00
	右	/	49.62	/	45.20	43.70	39.20	36.66	37.60
滑车矢径	左	25.60	28.00	28.00	/	25.70	20.64	20.00	22.66
	右	/	26.66	/	24.20	27.28	20.90	20.00	/
头横径	左	41.40	43.24	/	/	/	36.80	/	36.00
	右	/	43.72	/	/	40.56	/	35.60	36.20
头纵径	左	43.54	48.90	/	/	/	39.70	/	39.30
	右	/	48.00	/	/	44.40	40.20	37.36	39.30
骨干横断面指数	左	76.33	74.89	/	/	77.73	79.14	/	70.24
	右	/	69.08	/	/	77.77	81.50	68.29	68.93
粗壮指数	左	22.67	19.00	/	/	/	18.44	/	19.25
	右	/	19.22	/	/	19.49	19.00	19.46	19.06
股骨：最大长	左	/	457.00	468.00	/	416.00	390.00	392.00	381.00
	右	/	/	/	/	414.50	397.00	390.00	383.50

续表

项目	侧别	ⅡM176	ⅡM208.1	ⅡM216	ⅡM175	ⅡM284棺内	ⅡM172.2	ⅡM16	ⅡM195.1
		男	男	男?	男	男	女	女	女
生理长	左	/	449.00	459.00	/	411.50	387.00	387.00	379.00
	右	/	/	/	/	410.00	391.50	385.00	381.00
体长	左	340.00	359.00	375.00	/	339.00	314.00	313.00	306.00
	右	/	363.00	/	/	337.00	316.00	312.00	310.00
上部横径	左	36.52	32.00	34.00	33.60	33.92	26.70	24.50	28.20
	右	35.40	31.70	/	/	34.10	28.14	24.00	29.00
上部矢径	左	24.62	24.00	28.70	28.24	21.80	18.70	18.40	19.30
	右	25.20	24.50	/	/	23.44	19.22	19.78	19.66
中部横径	左	29.44	27.44	29.50	/	28.92	22.20	20.10	25.90
	右	/	27.90	/	/	28.60	/	19.28	25.10
中部矢径	左	28.90	28.00	32.50	/	22.30	20.00	22.00	24.40
	右	/	27.80	/	/	23.36	/	22.66	24.80
中部周长	左	92.00	87.50	98.50	/	82.00	68.00	68.00	78.50
	右	/	87.00	/	/	86.00	/	67.00	79.50
下部最小径	左	27.64	29.64	29.26	/	26.16	24.50	23.00	22.20
	右	27.60	29.70	/	28.00	27.10	24.32	23.60	23.90
下部横径	左	36.60	38.36	42.60	/	34.50	32.40	33.30	32.80
	右	35.64	38.32	/	42.00	34.10	35.00	33.60	33.36
颈头前长	左	/	76.00	82.70	/	76.50	64.74	67.90	66.60
	右	/	/	/	/	75.30	70.70	70.10	70.80
头垂直径	左	/	47.30	47.86	45.30	42.60	38.40	37.30	38.00
	右	/	/	/	/	43.00	38.00	36.10	37.10
颈高	左	/	34.00	36.00	/	31.20	26.00	23.60	26.54
	右	/	/	/	/	30.00	27.84	23.10	26.50
颈矢径	左	24.80	27.00	24.70	/	23.22	19.00	18.40	20.64
	右	/	/	/	/	22.80	19.80	18.60	21.00
两髁宽	左	81.00	82.00	82.50	/	/	68.50	66.00	72.00
	右	81.50	81.00	/	73.30	/	71.00	66.00	72.50
外髁长	左	61.00	65.00	67.00	/	58.28	56.00	49.40	53.80
	右	60.34	65.10	/	59.60	59.24	57.20	49.20	53.24
内髁长	左	60.60	66.50	67.00	/	/	52.30	48.40	53.00
	右	59.46	66.36	/	62.00	/	53.80	48.00	52.00
颈干角	左	/	117.00	123.00	/	118.00	122.00	133.00	125.00
	右	/	/	/	/	114.00	126.00	132.00	124.00
头周长	左	/	157.00	163.00	144.00	140.00	/	125.00	126.00
	右	/	/	/	144.00	142.00	134.00	122.00	125.00
头矢径	左	/	49.50	50.12	45.00	43.14	40.10	38.88	39.20
	右	/	/	/	45.50	44.62	41.80	37.00	39.00

续表

项目	侧别	ⅡM176	ⅡM208.1	ⅡM216	ⅡM175	ⅡM284棺内	ⅡM172.2	ⅡM16	ⅡM195.1
		男	男	男?	男	男	女	女	女
长厚指数	左	/	19.49	21.46	/	19.93	17.57	17.57	20.71
	右	/	/	/	/	20.98	/	17.40	20.87
粗壮指数	左	98.17	102.04	110.17	/	77.11	90.09	109.45	94.21
	右	/	99.64	/	/	81.68	/	117.53	98.80
干中部指数	左	101.87	98.00	90.77	/	129.69	111.00	91.36	106.15
	右	/	100.36	/	/	122.43	/	85.08	101.21
扁平指数	左	67.42	75.00	84.41	84.05	64.27	70.04	75.10	68.44
	右	71.19	77.29	/	/	68.74	68.30	82.42	67.79
股骨嵴指数	左	98.17	102.04	110.17	/	77.11	90.09	109.45	94.21
	右	/	99.64	/	/	81.68	/	117.53	98.80
胫骨：最大长	左	357.00	383.50	/	/	339.00	323.00	319.00	320.50
	右	355.00	379.00	386.50	360.00	338.50	326.00	319.00	/
生理长	左	350.00	373.00	/	/	331.50	317.00	311.00	313.00
	右	344.00	372.00	380.00	353.00	331.00	317.50	313.00	/
上端宽	左	74.00	78.00	/	/	/	64.50	62.50	69.00
	右	75.00	79.00	80.00	77.00	/	65.50	62.00	68.00
下端宽	左	52.50	53.00	/	47.00	48.50	43.50	40.00	47.50
	右	54.00	54.00	55.00	54.00	51.50	44.00	41.00	/
下端矢径	左	37.40	39.00	/	39.00	35.22	31.54	29.26	33.64
	右	38.44	39.50	40.00	39.36	35.60	31.64	28.70	/
中部最大径	左	31.90	30.30	/	/	29.20	20.40	20.86	24.20
	右	32.44	29.80	33.30	34.50	29.84	21.12	21.28	/
中部横径	左	21.50	21.40	/	/	17.74	16.20	16.00	18.40
	右	21.22	21.50	22.24	24.42	17.70	15.80	15.50	/
体最小周长	左	76.00	78.00	/	/	66.00	54.00	57.00	64.00
	右	77.00	79.00	80.00	83.00	67.00	53.00	56.50	/
滋养孔横径	左	23.70	23.50	/	26.24	21.60	18.90	18.30	20.80
	右	23.50	23.40	24.30	27.78	21.14	18.00	17.80	20.70
滋养孔矢状径	左	36.40	34.34	/	39.60	33.20	24.00	24.28	27.40
	右	36.80	34.60	36.70	38.84	33.10	24.86	23.70	28.80
长厚指数	左	21.71	20.91	/	/	19.91	17.03	18.33	20.45
	右	22.38	21.24	21.05	23.51	20.24	16.69	18.05	/
中部断面指数	左	67.40	70.63	/	/	60.75	79.41	76.70	76.03
	右	65.41	72.15	66.79	70.78	59.32	74.81	72.84	/
胫骨指数	左	65.11	68.43	/	66.26	65.06	78.75	75.37	75.91
	右	63.86	67.63	66.21	71.52	63.87	72.41	75.11	71.88
胫股指数	左	/	83.07	/	/	80.56	81.91	80.36	82.59
	右	/	/	/	/	80.73	81.10	81.30	/

附表四六　荥阳薛村遗址明清成年居民肢骨测量表　（长度：毫米；角度：度；指数：%）

项目	侧别	ⅡM249.1	ⅡM249.3	ⅡM222.2	ⅡM255	ⅢM28.1	ⅢM34.2	ⅢM33	ⅡM124
		女	女	女	女	女	女	女	女
肱骨：最大长	左	/	/	275.00	283.50	265.00	290.50	/	280.00
	右	281.00	/	280.00	281.50	269.00	292.50	/	281.00
生理长	左	/	/	274.00	280.00	263.00	290.00	/	276.00
	右	275.00	/	278.50	278.00	265.00	290.00	/	277.00
体中部最大径	左	/	/	20.20	20.00	19.00	21.40	/	20.36
	右	18.62	/	20.00	20.00	20.00	22.70	/	20.40
体中部最小径	左	/	/	13.80	14.00	14.42	15.42	/	15.50
	右	14.26	/	14.00	14.50	14.64	15.20	/	15.34
体最小周长	左	/	/	55.00	53.00	54.00	60.00	63.00	58.00
	右	54.00	/	53.00	54.00	56.00	61.00	60.00	58.00
头周长	左	119.00	/	128.00	112.00	123.50	133.00	/	120.00
	右	120.00	/	127.00	112.00	129.00	134.00	/	121.00
上端宽	左	44.00	/	46.00	41.00	44.00	47.00	/	42.00
	右	43.00	/	44.00	40.50	45.00	47.00	/	44.00
下端宽	左	/	/	51.00	47.50	51.50	55.00	/	53.50
	右	52.50	/	/	47.50	53.00	56.00	/	54.00
滑车和小头宽	左	37.86	/	41.30	34.14	37.54	40.00	/	40.00
	右	37.70	/	41.90	35.30	38.44	37.44	/	39.40
滑车矢径	左	21.84	/	27.00	19.74	23.30	/	/	24.00
	右	/	/	/	20.64	23.40	/	/	25.70
头横径	左	35.10	/	40.10	34.56	36.44	40.24	/	37.00
	右	36.44	/	39.20	33.62	37.90	40.00	/	36.60
头纵径	左	39.20	/	41.30	37.10	42.60	43.70	/	39.10
	右	38.84	/	40.30	38.32	42.50	43.70	/	38.82
骨干横断面指数	左	/	/	68.32	70.00	75.89	72.06	/	76.13
	右	76.58	/	70.00	72.50	73.20	66.96	/	75.20
粗壮指数	左	/	/	20.00	18.69	20.38	20.65	/	20.71
	右	19.22	/	18.93	19.18	20.82	20.85	/	20.64
股骨：最大长	左	398.00	386.00	393.00	394.00	370.00	400.50	378.00	395.50
	右	397.00	393.00	394.00	393.50	370.00	400.50	378.00	396.00
生理长	左	392.00	382.50	391.00	391.00	361.50	396.50	/	392.00
	右	391.50	389.00	392.00	391.00	366.00	396.00	373.00	389.00
体长	左	318.00	/	312.00	319.00	284.00	321.00	/	322.00
	右	319.00	321.00	312.00	321.00	286.00	316.00	305.00	320.00
上部横径	左	27.00	28.20	28.20	30.00	26.42	28.90	28.80	26.58
	右	26.00	29.50	27.20	29.34	27.00	28.64	27.80	26.20
上部矢径	左	20.00	20.50	20.90	19.52	19.60	24.14	21.76	22.30
	右	21.24	20.70	20.10	20.10	20.50	22.10	21.90	22.30

续表

项目	侧别	ⅡM249.1	ⅡM249.3	ⅡM222.2	ⅡM255	ⅢM28.1	ⅢM34.2	ⅢM33	ⅡM124
		女	女	女	女	女	女	女	女
中部横径	左	23.54	25.50	26.10	25.20	23.70	25.00	25.40	24.46
	右	22.80	26.80	24.60	25.70	22.60	24.40	24.40	23.60
中部矢径	左	22.60	23.40	23.00	23.30	22.00	28.80	24.00	24.58
	右	23.00	23.30	23.80	23.90	21.70	26.30	24.76	26.44
中部周长	左	73.00	78.00	77.00	76.00	73.00	85.00	79.00	78.00
	右	72.00	79.00	76.00	78.00	71.00	80.50	77.50	79.00
下部最小径	左	24.64	23.10	25.40	20.42	24.34	27.70	/	24.60
	右	24.70	24.10	25.40	22.50	24.90	26.62	24.00	24.00
下部横径	左	35.00	33.00	31.40	33.80	33.34	38.40	/	35.70
	右	36.00	33.10	32.60	34.34	31.60	36.30	25.70	34.70
颈头前长	左	63.54	67.00	65.50	65.34	73.00	77.70	61.60	61.42
	右	72.62	71.00	69.40	66.80	70.60	75.00	62.00	60.70
头垂直径	左	37.60	38.50	41.00	36.44	40.00	44.16	37.42	39.10
	右	38.00	38.30	40.42	36.20	39.66	43.44	38.00	39.42
颈高	左	29.00	27.88	27.60	25.80	25.20	30.90	27.30	27.80
	右	27.60	28.40	26.60	25.20	25.18	30.20	26.64	27.24
颈矢径	左	21.58	19.00	20.14	18.84	20.00	23.80	20.20	22.00
	右	21.22	20.20	22.40	19.54	21.00	23.30	20.80	22.00
两髁宽	左	71.00	/	72.50	65.50	73.50	74.50	/	72.00
	右	70.50	/	73.50	65.50	73.00	75.00	71.50	72.00
外髁长	左	55.20	51.70	57.40	54.10	59.00	64.10	/	56.80
	右	/	/	54.70	53.60	57.00	62.10	51.80	57.00
内髁长	左	53.78	52.50	58.44	49.34	56.68	59.90	/	55.44
	右	56.00	/	59.10	50.30	56.30	58.50	52.30	52.80
颈干角	左	127.00	120.00	125.00	128.00	128.00	122.00	128.00	120.00
	右	124.00	120.00	123.00	127.00	129.00	124.00	125.00	125.00
头周长	左	134.00	129.00	133.00	122.00	135.00	147.00	133.00	130.00
	右	134.00	131.00	133.50	123.00	135.00	148.00	130.00	131.00
头矢径	左	41.80	40.00	41.50	38.44	41.76	45.70	41.00	41.00
	右	41.60	40.50	42.00	38.72	41.74	45.50	40.00	41.36
长厚指数	左	18.62	20.39	19.69	19.44	20.19	21.44	/	19.90
	右	18.39	20.31	19.39	19.95	19.40	20.33	20.78	20.31
粗壮指数	左	96.01	91.76	88.12	92.46	92.83	115.20	94.49	100.49
	右	100.88	86.94	96.75	93.00	96.02	107.79	101.48	112.03
干中部指数	左	104.16	108.97	113.48	108.15	107.73	86.81	105.83	99.51
	右	99.13	115.02	103.36	107.53	104.15	92.78	98.55	89.26
扁平指数	左	74.07	72.70	74.11	65.07	74.19	83.53	75.56	83.90
	右	81.69	70.17	73.90	68.51	75.93	77.16	78.78	85.11

续表

项目	侧别	ⅡM249.1	ⅡM249.3	ⅡM222.2	ⅡM255	ⅢM28.1	ⅢM34.2	ⅢM33	ⅡM124
		女	女	女	女	女	女	女	女
股骨嵴指数	左	96.01	91.76	88.12	92.46	92.83	115.20	94.49	100.49
	右	100.88	86.94	96.75	93.00	96.02	107.79	101.48	112.03
胫骨：最大长	左	327.00	/	314.00	321.50	301.00	328.00	304.00	329.00
	右	330.00	/	309.00	324.00	303.00	/	302.50	330.00
生理长	左	321.50	/	302.00	314.50	292.50	319.00	296.00	323.00
	右	322.00	/	298.50	316.50	293.00	/	294.00	323.00
上端宽	左	64.50	/	68.00	50.00	65.00	66.00	63.00	67.50
	右	65.00	/	67.50	51.50	65.50	/	/	66.00
下端宽	左	43.50	/	44.00	40.00	43.00	50.00	43.00	44.00
	右	43.50	42.50	44.50	41.00	44.00	/	/	44.00
下端矢径	左	29.22	/	33.90	28.44	31.00	31.74	30.00	32.00
	右	29.26	30.10	35.10	30.44	30.46	31.74	30.24	31.50
中部最大径	左	20.80	/	22.90	23.90	22.58	22.50	23.00	24.76
	右	21.00	/	23.70	23.24	23.00	/	22.56	24.80
中部横径	左	16.00	/	16.90	16.34	16.00	17.50	18.14	17.90
	右	16.60	/	17.60	17.30	15.20	/	17.26	17.64
体最小周长	左	56.50	/	61.00	58.00	58.00	60.50	62.00	62.00
	右	58.50	/	64.00	58.50	57.00	/	61.00	62.00
滋养孔横径	左	18.64	18.80	18.20	18.76	17.84	18.76	19.54	18.76
	右	18.54	17.80	19.30	19.40	16.80	19.26	19.70	19.10
滋养孔矢状径	左	24.10	26.80	25.80	25.44	25.00	27.84	25.80	27.50
	右	24.64	26.30	26.50	25.00	25.30	27.70	26.60	27.86
长厚指数	左	17.57	/	20.20	18.44	19.83	18.97	20.95	19.20
	右	18.17	/	21.44	18.48	19.45	/	20.75	19.20
中部断面指数	左	76.92	/	73.80	68.37	70.86	77.78	78.87	72.29
	右	79.05	/	74.26	74.44	66.09	/	76.51	71.13
胫骨指数	左	77.34	70.15	70.54	73.74	71.36	67.39	75.74	68.22
	右	75.24	67.68	72.83	77.60	66.40	69.53	74.06	68.56
胫股指数	左	82.02	/	77.24	80.43	80.91	80.45	/	82.40
	右	82.25	/	76.15	80.95	80.05	/	78.82	83.03

附表四七　荥阳薛村遗址明清成年居民肢骨测量表　（长度：毫米；角度：度；指数：%）

项目	侧别	ⅡM208.2	ⅡM274东	ⅡM274西	ⅡM158.1	ⅠM49南棺	ⅡM204.1	ⅡM278	ⅡM284棺外
		女	女	女	女	女	女	女	女
肱骨：最大长	左	282.00	297.00	/	270.00	272.00	308.00	303.00	/
	右	288.00	301.00	/	277.00	273.00	/	312.00	/
生理长	左	272.00	291.00	/	264.00	270.00	305.00	298.00	/
	右	283.00	295.00	/	270.00	270.50	/	306.00	/

续表

项目	侧别	Ⅱ M208.2	Ⅱ M274东	Ⅱ M274西	Ⅱ M158.1	Ⅰ M49南棺	Ⅱ M204.1	Ⅱ M278	Ⅱ M284棺外
		女	女	女	女	女	女	女	女
体中部最大径	左	17.40	19.56	/	23.00	26.00	22.70	21.50	/
	右	17.46	20.00	/	23.10	25.30	/	20.10	/
体中部最小径	左	13.92	15.66	/	16.90	16.86	18.00	13.64	/
	右	14.36	16.16	/	17.52	16.24	/	14.00	/
体最小周长	左	51.00	56.00	/	63.00	65.00	64.00	54.00	/
	右	51.00	55.00	/	65.00	62.00	/	54.50	54.00
头周长	左	115.50	120.00	/	113.00	125.00	125.00	133.00	/
	右	117.00	118.00	/	116.00	120.00	/	132.00	124.00
上端宽	左	42.00	43.00	/	40.00	44.50	44.00	45.00	/
	右	43.00	42.00	/	40.00	43.50	/	47.00	/
下端宽	左	51.50	55.50	/	/	60.50	52.00	57.00	/
	右	52.50	55.00	/	/	60.00	/	56.50	56.00
滑车和小头宽	左	38.80	39.00	/	37.20	41.70	39.80	41.22	/
	右	38.10	44.50	/	37.40	41.56	/	40.70	42.20
滑车矢径	左	23.14	22.44	22.80	22.80	23.00	23.00	26.44	/
	右	24.16	24.50	/	/	23.80	/	26.20	22.90
头横径	左	36.20	37.26	/	36.20	35.80	37.50	40.64	/
	右	35.58	36.10	/	36.00	35.70	/	40.12	37.60
头纵径	左	38.00	36.64	/	36.70	40.30	39.40	42.70	/
	右	37.40	37.00	/	39.00	39.60	/	43.26	42.00
骨干横断面指数	左	80.00	80.06	/	73.48	64.85	79.30	63.44	/
	右	82.25	80.80	/	75.84	64.19	/	69.65	/
粗壮指数	左	18.09	18.86	/	23.33	23.90	20.78	17.82	/
	右	17.71	18.27	/	23.47	22.71	/	17.47	/
股骨：最大长	左	404.00	/	/	406.50	387.00	/	439.00	417.00
	右	409.00	398.00	/	405.50	386.00	420.00	440.00	422.00
生理长	左	401.50	/	/	401.00	389.00	/	436.00	411.00
	右	/	/	/	402.50	385.00	416.50	437.00	414.50
体长	左	/	/	/	325.00	321.00	/	360.00	333.00
	右	320.00	/	/	330.00	310.00	350.00	361.00	339.00
上部横径	左	26.84	29.50	/	30.00	29.20	33.00	28.84	28.14
	右	24.86	28.26	32.62	30.00	30.30	34.70	29.40	28.28
上部矢径	左	21.12	22.60	/	24.90	23.00	23.40	19.84	20.30
	右	20.36	22.80	23.34	25.14	22.60	22.40	19.42	20.40
中部横径	左	23.40	/	/	24.50	25.50	/	24.52	23.80
	右	21.42	25.50	/	25.70	26.00	30.00	24.20	24.40
中部矢径	左	24.00	/	/	28.00	27.24	/	24.32	24.50
	右	24.50	26.00	/	28.30	25.20	26.00	24.70	24.10

续表

项目	侧别	ⅡM208.2	ⅡM274东	ⅡM274西	ⅡM158.1	ⅠM49南棺	ⅡM204.1	ⅡM278	ⅡM284棺外
		女	女	女	女	女	女	女	女
中部周长	左	73.00	/	/	83.00	85.00	/	78.00	74.00
	右	72.00	82.00	/	83.00	83.00	88.00	78.00	75.00
下部最小径	左	23.56	/	/	27.40	25.80	/	26.30	23.00
	右	22.60	/	/	27.40	25.70	22.60	26.00	22.80
下部横径	左	32.00	/	/	34.50	37.10	/	35.44	37.50
	右	31.40	/	/	35.50	35.54	40.40	37.00	39.20
颈头前长	左	/	64.62	/	62.00	75.20	/	69.50	74.88
	右	61.50	69.00	75.70	68.70	74.34	70.20	73.34	69.10
头垂直径	左	40.14	38.30	/	38.00	41.10	/	41.46	43.00
	右	39.00	38.30	40.30	37.44	41.76	42.40	41.20	43.30
颈高	左	29.00	27.00	/	29.40	28.00	32.60	29.20	31.80
	右	27.40	26.50	33.00	28.90	28.00	32.00	29.20	29.20
颈矢径	左	22.00	20.42	/	21.60	21.00	23.70	22.60	23.54
	右	21.50	21.50	23.50	21.60	22.00	24.00	22.90	22.34
两髁宽	左	73.50	/	/	70.00	/	/	75.00	74.00
	右	/	/	/	70.00	/	/	74.00	74.00
外髁长	左	54.80	/	/	54.80	58.10	/	58.70	58.50
	右	54.20	/	/	53.40	57.00	/	58.00	58.42
内髁长	左	55.00	/	/	55.00	/	/	/	56.10
	右	54.74	/	/	55.30	56.00	/	59.10	55.74
颈干角	左	/	118.00	/	122.00	123.00	/	126.00	126.00
	右	127.00	125.00	128.00	127.00	125.00	110.00	130.00	131.00
头周长	左	130.00	132.00	/	130.00	135.00	/	137.50	142.00
	右	132.00	132.00	/	128.00	137.00	139.00	141.00	142.00
头矢径	左	41.22	40.40	/	40.00	41.80	/	42.54	44.80
	右	41.70	40.84	43.42	39.20	42.00	43.60	43.30	44.72
长厚指数	左	18.18	/	/	20.70	21.85	/	17.89	18.00
	右	/	/	/	20.62	21.56	21.13	17.85	18.09
粗壮指数	左	102.56	/	/	114.29	106.82	/	99.18	102.94
	右	114.38	101.96	/	110.12	96.92	86.67	102.07	98.77
干中部指数	左	97.50	/	/	87.50	93.61	/	100.82	97.14
	右	87.43	98.08	/	90.81	103.17	115.38	97.98	101.24
扁平指数	左	78.69	76.61	/	83.00	78.77	70.91	68.79	72.14
	右	81.90	80.68	71.55	83.80	74.59	64.55	66.05	72.14
股骨嵴指数	左	102.56	/	/	114.29	106.82	/	99.18	102.94
	右	114.38	101.96	/	110.12	96.92	86.67	102.07	98.77
胫骨：最大长	左	/	/	/	339.00	/	370.00	/	348.50
	右	/	/	/	341.00	324.50	366.00	/	/

续表

项目	侧别	ⅡM208.2	ⅡM274东	ⅡM274西	ⅡM158.1	ⅠM49南棺	ⅡM204.1	ⅡM278	ⅡM284棺外
		女	女	女	女	女	女	女	女
生理长	左	/	/	/	336.00	/	364.00	/	341.00
	右	/	/	/	333.50	314.50	357.00	/	/
上端宽	左	/	/	/	66.50	/	73.00	/	68.00
	右	/	/	/	67.00	68.00	68.00	70.00	/
下端宽	左	/	/	/	46.00	/	48.00	/	47.00
	右	/	/	/	44.50	44.00	48.00	/	/
下端矢径	左	/	/	/	35.50	30.20	32.30	/	36.24
	右	/	/	/	32.80	30.24	32.70	/	34.70
中部最大径	左	/	/	/	27.00	/	30.20	/	23.54
	右	/	/	/	28.00	23.40	30.60	/	23.76
中部横径	左	/	/	/	22.60	/	20.40	/	18.44
	右	/	/	/	21.62	18.00	20.30	/	18.10
体最小周长	左	/	/	/	73.00	/	77.00	/	66.00
	右	/	/	/	73.00	62.00	76.00	/	65.00
滋养孔横径	左	19.20	/	/	23.20	19.46	23.30	/	19.82
	右	20.74	/	22.00	22.40	20.00	21.80	19.84	19.56
滋养孔矢状径	左	26.36	/	/	30.80	29.00	36.00	/	27.50
	右	26.52	/	31.80	30.50	29.70	36.30	27.94	28.42
长厚指数	左	/	/	/	21.73	/	21.15	/	19.35
	右	/	/	/	21.89	19.71	21.29	/	/
中部断面指数	左	/	/	/	83.70	/	67.55	/	78.33
	右	/	/	/	77.21	76.92	66.34	/	76.18
胫骨指数	左	72.84	/	/	75.32	67.10	64.72	/	72.07
	右	78.21	/	69.18	73.44	67.34	60.06	71.01	68.82
胫股指数	左	/	/	/	83.79	/	/	/	82.97
	右	/	/	/	82.86	81.69	85.71	/	/

附表四八　新郑汉唐宋成年居民肢骨测量表　（长度：毫米；角度：度；指数：%）

标本号	侧别	羚锐M5	众康M8	羚锐M7	丽都花园T5M1	宏基M17（左侧）	03ZHHRT3M2	防疫站M13	华联M73
时代		汉	汉	汉	汉	唐	唐	宋	宋
性别		男	男	女	女	男	男	男	男
肱骨：最大长	左	/	/	290.00	322.00	310.00	/	301.50	/
	右	/	321.00	293.00	326.00	316.00	313.00	302.50	296.50
生理长	左	/	/	287.00	318.00	304.00	/	297.50	/
	右	/	313.00	290.00	324.00	308.00	308.00	299.00	288.00
体中部最大径	左	/	/	20.10	21.34	22.54	/	21.58	/
	右	/	22.46	21.20	/	25.10	25.00	22.00	/

续表

标本号	侧别	羚锐 M5	众康 M8	羚锐M7	丽都花园T5M1	宏基M17（左侧）	03ZHHRT3M2	防疫站M13	华联M73
时代		汉	汉	汉	汉	唐	唐	宋	宋
性别		男	男	女	女	男	男	男	男
体中部最小径	左	/	/	16.34	16.30	18.00	/	16.50	/
	右	/	17.60	16.00	/	19.70	19.00	17.00	/
体最小周长	左	/	/	58.00	61.00	65.00	/	61.00	/
	右	/	63.00	59.00	/	68.00	70.00	62.00	/
头周长	左	/	/	130.00	/	144.00	138.00	135.00	/
	右	/	138.00	129.00	/	/	141.00	/	144.00
上端宽	左	/	/	45.00	/	50.00	45.00	/	/
	右	/	47.00	46.00	/	50.00	49.00	/	51.00
下端宽	左	/	/	55.00	59.50	61.00	58.50	61.00	/
	右	/	61.50	55.50	/	60.50	58.00	60.00	59.50
滑车和小头宽	左	/	/	37.50	42.00	/	/	41.70	/
	右	/	42.74	38.00	/	/	/	/	45.50
滑车矢径	左	/	/	21.60	27.24	/	/	24.52	/
	右	/	25.44	21.30	/	/	/	/	24.60
头横径	左	/	/	38.50	40.66	43.10	42.00	41.74	/
	右	/	40.16	38.44	/	/	42.46	/	41.76
头纵径	左	/	/	41.40	/	45.74	44.00	42.00	/
	右	/	44.30	41.40	/	46.30	44.32	/	46.92
骨干横断面指数	左	/	/	81.29	76.38	79.86	/	76.46	/
	右	/	78.36	75.47	/	78.49	76.00	77.27	/
粗壮指数	左	/	/	20.00	18.94	20.97	/	20.23	/
	右	/	19.63	20.14	/	21.52	22.36	20.50	/
股骨：最大长	左	464.00	448.50	423.00	460.00	430.00	447.50	414.00	421.00
	右	459.00	449.00	423.00	456.50	437.50	446.50	/	/
生理长	左	460.00	446.00	418.00	457.50	426.00	446.00	412.00	419.00
	右	455.00	446.00	417.00	452.00	431.50	446.00	/	/
体长	左	376.00	358.00	336.00	375.00	341.00	364.00	338.00	338.00
	右	372.00	359.00	337.00	376.00	360.00	357.00	/	336.00
上部横径	左	31.00	31.32	25.90	34.00	31.80	29.10	/	32.42
	右	31.40	31.24	28.60	34.00	31.78	29.54	35.00	32.42
上部矢径	左	22.40	23.70	20.70	22.40	26.80	26.10	/	24.66
	右	22.40	24.16	21.16	22.00	25.16	25.74	26.20	24.68
中部横径	左	27.00	28.10	22.76	32.00	27.86	25.52	/	28.10
	右	26.30	26.80	/	31.00	26.30	25.50	/	/
中部矢径	左	25.00	28.70	25.70	26.14	29.20	31.00	/	/
	右	26.50	29.00	26.00	26.80	27.70	30.00	/	/
中部周长	左	84.00	89.00	75.50	92.00	90.50	90.00	/	/
	右	84.00	88.50	76.00	91.00	87.00	89.00	/	/

续表

标本号	侧别	羚锐M5	众康M8	羚锐M7	丽都花园T5M1	宏基M17（左侧）	03ZHHR T3M2	防疫站M13	华联M73
时代		汉	汉	汉	汉	唐	唐	宋	宋
性别		男	男	女	女	男	男	男	男
下部最小径	左	28.78	26.66	27.80	25.00	31.50	29.30	/	27.50
	右	27.76	27.00	/	25.00	30.00	29.72	/	27.20
下部横径	左	45.00	42.00	36.84	41.00	40.64	42.40	/	34.70
	右	43.80	41.40	/	41.40	41.40	41.74	/	34.10
颈头前长	左	87.50	73.36	70.00	76.14	77.40	71.00	82.30	/
	右	85.62	79.00	73.80	80.30	75.50	76.30	73.00	/
头垂直径	左	/	45.80	39.50	43.00	45.00	40.80	/	45.00
	右	/	/	/	/	46.34	/	42.44	/
颈高	左	/	34.62	29.30	32.16	37.40	28.70	/	34.30
	右	/	34.70	28.30	29.30	36.00	/	/	/
颈矢径	左	/	22.66	24.46	22.80	25.30	22.00	/	25.40
	右	/	22.70	24.40	22.34	27.24	25.00	/	/
两髁宽	左	/	80.10	74.40	77.00	/	/	/	78.56
	右	/	83.34	/	77.60	/	/	/	79.00
外髁长	左	/	62.10	58.50	59.40	60.10	63.42	/	61.42
	右	/	62.20	/	60.50	/	64.00	/	61.60
内髁长	左	/	59.62	/	62.70	/	61.70	/	60.00
	右	/	61.00	/	61.62	/	62.00	/	60.00
颈干角	左	119.00	124.00	129.00	131.00	125.00	132.00	113.00	125.00
	右	118.00	122.00	125.00	128.00	122.00	130.00	125.00	/
头周长	左	/	148.50	137.00	155.00	150.50	/	/	153.00
	右	/	/	137.00	/	155.50	/	145.00	/
头矢径	左	/	45.10	42.60	47.00	46.60	/	/	46.56
	右	/	/	42.20	/	47.90	43.76	43.74	/
长厚指数	左	18.26	19.96	18.06	20.11	21.24	20.18	/	/
	右	18.46	19.84	18.23	20.13	20.16	19.96	/	/
粗壮指数	左	11.30	12.74	11.59	12.71	13.39	12.67	/	/
	右	11.60	12.51	/	12.79	12.51	12.44	/	/
干中部指数	左	92.59	102.14	112.92	81.69	104.81	121.47	/	/
	右	100.76	108.21	/	86.45	105.32	117.65	/	/
扁平指数	左	72.26	75.67	79.92	65.88	84.28	89.69	/	76.06
	右	71.34	77.34	73.99	64.71	79.17	87.14	74.86	76.13
股骨嵴指数	左	92.59	102.14	112.92	81.69	104.81	121.47	/	/
	右	100.76	108.21	/	86.45	105.32	117.65	/	/
胫骨：最大长	左	377.00	360.00	342.50	377.50	362.50	/	/	339.00
	右	382.00	351.50	/	375.00	/	374.00	/	341.00
生理长	左	362.00	345.00	327.50	362.50	347.50	/	/	324.00
	右	367.00	336.50		360.00	/	359.00	/	326.00

续表

标本号	侧别	羚锐 M5	众康 M8	羚锐M7	丽都花园T5M1	宏基M17（左侧）	03ZHHR T3M2	防疫站M13	华联M73
时代		汉	汉	汉	汉	唐	唐	宋	宋
性别		男	男	女	女	男	男	男	男
上端宽	左	/	77.50	/	72.00	/	/	/	75.50
	右	/	/	/	72.50	/	/	/	74.50
下端宽	左	52.00	52.00	49.50	51.50	54.00	/	/	50.50
	右	53.50	/	/	52.00	/	52.00	/	51.50
下端矢径	左	40.60	37.58	36.60	36.30	37.70	/	/	37.62
	右	41.24	38.58	/	36.30	/	37.90	/	38.66
中部最大径	左	28.44	29.70	24.60	27.76	30.00	/	/	30.20
	右	27.84	29.36	/	27.50	/	32.50	/	30.44
中部横径	左	20.84	22.64	18.46	19.30	20.30	/	/	22.00
	右	21.20	22.74	/	20.80	/	23.54	/	21.62
体最小周长	左	76.00	76.50	67.50	73.00	75.00	/	/	76.00
	右	75.00	76.00	/	72.50	/	83.00	/	76.50
滋养孔横径	左	25.48	24.50	21.00	20.70	22.90	25.42	/	23.00
	右	26.86	24.60	21.40	22.60	24.50	26.34	/	24.20
滋养孔矢状径	左	33.00	33.84	28.64	32.00	35.70	36.84	/	32.78
	右	33.00	33.00	29.70	31.10	35.10	35.40	/	34.76
长厚指数	左	20.99	22.17	20.61	20.14	21.58	/	/	23.46
	右	20.44	22.59	/	20.14	/	23.12	/	23.47
中部断面指数	左	73.28	76.23	75.04	69.52	67.67	/	/	72.85
	右	76.15	77.45	/	75.64	/	72.43	/	71.02
胫骨指数	左	77.21	72.40	73.32	64.69	64.15	69.00	/	70.16
	右	81.39	74.55	72.05	72.67	69.80	74.41	/	69.62
胫股指数	左	96.28	96.37	97.47	96.67	101.91	/	/	95.86
	右	98.66	93.73	0.00	95.74	/	100.56	/	97.02

附表四九　新郑汉唐宋成年居民肢骨测量表　（长度：毫米；角度：度；指数：%）

标本号	侧别	华联M104	华联M52	华联M84	华联M50	华联M51	华联M100	华联M30	华联M91
时代		宋	宋	宋	宋	宋	宋	宋	宋
性别		男	男	男	男	男	男	男	男
肱骨（最大长）	左	311.50	342.50	286.00	304.00	327.50	/	343.00	314.00
	右	/	343.00	293.00	307.00	329.00	298.00	/	313.50
生理长	左	309.00	337.00	281.00	300.00	324.00	/	339.00	307.50
	右	315.00	337.00	288.50	304.00	327.50	295.00	/	306.50
体中部最大径	左	21.56	22.70	20.66	22.24	22.46	/	27.00	22.00
	右	24.00	23.50	22.60	23.66	23.60	23.54	/	23.52
体中部最小径	左	16.82	18.50	18.10	18.00	16.74	/	18.22	18.26
	右	16.16	19.82	17.92	18.40	17.40	18.84	/	17.64

续表

标本号	侧别	华联M104	华联M52	华联M84	华联M50	华联M51	华联M100	华联M30	华联M91
时代		宋	宋	宋	宋	宋	宋	宋	宋
性别		男	男	男	男	男	男	男	男
体最小周长	左	64.00	64.00	62.00	63.00	63.00	/	69.00	65.00
	右	64.00	66.50	64.00	66.00	64.00	66.50	/	65.00
头周长	左	/	150.00	128.50	142.00	133.00	/	149.00	138.00
	右	144.00	156.00	134.50	144.00	136.00	143.00	/	139.00
上端宽	左	51.00	52.50	44.00	49.00	46.00	/	52.00	49.00
	右	/	52.50	46.50	50.00	46.50	51.50	/	50.00
下端宽	左	59.00	62.00	54.00	61.50	60.00	62.50	65.50	60.00
	右	/	61.50	55.00	62.50	60.50	62.00	/	58.50
滑车和小头宽	左	42.52	45.70	39.62	44.54	44.00	45.00	46.58	44.16
	右	/	45.12	40.10	45.76	43.40	45.50	/	43.70
滑车矢径	左	/	27.46	25.54	26.00	25.80	28.20	27.26	
	右	/	29.34	25.24	26.76	25.66	28.20	/	26.18
头横径	左	/	43.86	39.56	41.84	39.10	/	44.88	40.90
	右	/	46.16	40.86	43.54	40.20	43.26	/	40.84
头纵径	左	46.54	48.94	40.90	45.30	42.28	/	48.44	44.36
	右	47.50	50.50	42.60	46.30	44.38	45.30	/	44.44
骨干横断面指数	左	78.01	81.50	87.61	80.94	74.53	/	67.48	83.00
	右	67.33	84.34	79.29	77.77	73.73	80.03	/	75.00
粗壮指数	左	20.55	18.69	21.68	20.72	19.24	/	20.12	20.70
	右	/	19.39	21.84	21.50	19.45	22.32	/	20.73
股骨（最大长）	左	443.00	468.00	387.50	424.00	/	406.50	/	/
	右	438.50	469.00	388.00	425.00	468.00	399.00	/	/
生理长	左	441.50	462.50	385.00	423.00	/	400.00	/	/
	右	437.50	465.50	384.00	422.00	461.50	395.00	/	/
体长	左	352.00	377.00	308.00	343.00	/	324.00	/	/
	右	352.50	381.00	307.00	345.00	385.00	314.00	/	/
上部横径	左	31.66	34.00	32.56	36.64	30.40	29.12	34.34	/
	右	31.76	31.10	31.24	34.70	29.56	30.42	35.34	/
上部矢径	左	26.50	26.22	22.50	24.76	22.36	20.40	25.24	/
	右	25.46	25.38	22.26	25.26	23.24	20.72	29.30	/
中部横径	左	29.78	31.44	27.30	30.58	/	24.56	/	/
	右	29.64	27.00	26.40	28.72	23.50	24.90	/	/
中部矢径	左	32.84	30.36	27.00	28.84	/	25.20	/	/
	右	30.40	27.00	26.52	29.00	31.10	25.40	/	/
中部周长	左	97.00	98.00	85.00	92.50	/	78.00	/	/
	右	96.00	90.00	83.00	92.50	86.00	79.00	/	/
下部最小径	左	31.10	29.30	25.00	27.50	/	27.76	/	/
	右	30.20	30.20	25.54	25.80	29.80	28.00	31.32	/

续表

标本号	侧别	华联M104	华联M52	华联M84	华联M50	华联M51	华联M100	华联M30	华联M91
时代		宋	宋	宋	宋	宋	宋	宋	宋
性别		男	男	男	男	男	男	男	男
下部横径	左	44.84	43.56	35.60	38.60	/	42.30	/	/
	右	41.94	43.10	34.54	36.70	41.30	41.14	45.78	/
颈头前长	左	84.00	74.16	69.20	75.34	75.50	76.38	81.14	/
	右	85.40	76.78	72.86	78.80	75.34	79.16	/	/
头垂直径	左	46.36	47.58	43.64	44.00	45.52	45.88	45.36	/
	右	/	46.10	41.38	44.10	47.50	47.30	49.62	/
颈高	左	35.70	34.56	34.90	33.30	30.40	33.34	37.40	/
	右	34.00	31.56	31.00	31.80	32.00	33.30	/	/
颈矢径	左	27.66	25.50	25.70	25.86	25.70	27.70	29.40	/
	右	24.62	26.00	24.30	27.26	25.24	26.80	/	/
两髁宽	左	/	81.70	76.10	75.00	/	83.00	/	/
	右	/	84.74	76.10	82.50	79.90	83.70	/	/
外髁长	左	67.00	64.66	60.40	61.50	/	62.40	/	/
	右	65.00	63.70	60.20	60.50	62.00	64.60	/	/
内髁长	左	/	66.18	59.30	66.00	/	/	/	/
	右	/	65.70	59.60	62.40	/	62.00	65.00	/
颈干角	左	131.00	124.50	124.00	120.00	118.50	121.00	123.00	/
	右	125.00	130.00	121.00	119.00	116.00	118.00	/	/
头周长	左	151.00	159.00	147.00	147.50	151.00	155.50	162.50	/
	右	/	157.00	143.00	159.00	154.00	159.00	164.00	/
头矢径	左	46.74	49.14	44.70	45.50	46.40	48.12	49.84	/
	右	/	48.40	43.90	50.00	46.70	49.70	50.14	/
长厚指数	左	21.97	21.19	22.08	21.87	/	19.50	/	/
	右	21.94	19.33	21.61	21.92	18.63	20.00	/	/
粗壮指数	左	14.18	13.36	14.10	14.05	/	12.44	/	/
	右	13.72	11.60	13.78	13.68	11.83	12.73	/	/
干中部指数	左	110.28	96.56	98.90	94.31	/	102.61	/	/
	右	102.56	100.00	100.45	100.97	132.34	102.01	/	/
扁平指数	左	83.70	77.12	69.10	67.58	73.55	70.05	73.50	/
	右	80.16	81.61	71.25	72.80	78.62	68.11	82.91	/
股骨嵴指数	左	110.28	96.56	98.90	94.31	/	102.61	/	/
	右	102.56	100.00	100.45	100.97	132.34	102.01	/	/
胫骨：最大长	左	360.50	379.50	/	/	/	/	/	/
	右	363.50	378.00	/	348.00	/	342.50	/	/
生理长	左	345.50	360.50	/	341.5	/	321.00	/	/
	右	348.50	360.00	/	340.00	/	320.00	/	/

续表

标本号	侧别	华联M104	华联M52	华联M84	华联M50	华联M51	华联M100	华联M30	华联M91
时代		宋	宋	宋	宋	宋	宋	宋	宋
性别		男	男	男	男	男	男	男	男
上端宽	左	74.00	83.00	/	85.14	/	78.52	/	/
	右	77.50	83.50	/	82.40	/	78.66	/	/
下端宽	左	55.50	59.00	/	/	52.20	42.00	/	/
	右	54.00	57.90	/	54.00	53.00	50.60	/	/
下端矢径	左	38.68	41.74	/	42.30	38.26	33.30	/	/
	右	39.24	43.00	/	42.56	38.00	42.50	/	/
中部最大径	左	31.40	32.66	/	33.90	/	28.64	/	/
	右	32.34	32.80	/	36.00	/	28.90	/	/
中部横径	左	21.38	23.94	/	22.26	/	22.00	/	/
	右	20.60	22.00	/	24.50	/	22.64	/	/
体最小周长	左	78.00	83.00	/	87.00	/	74.00	/	/
	右	78.00	81.00	/	86.00	/	75.00	/	/
滋养孔横径	左	23.76	25.10	/	23.74	24.00	23.80	/	/
	右	22.56	23.40	/	27.38	24.44	23.66	/	/
滋养孔矢状径	左	36.78	35.74	/	36.74	34.16	31.60	/	/
	右	36.00	37.38	/	37.10	35.30	31.80	/	/
长厚指数	左	22.58	23.02	/	25.48	/	23.05	/	/
	右	22.38	22.50	/	25.29	/	23.44	/	/
中部断面指数	左	68.09	73.30	/	65.66	/	76.82	/	/
	右	63.70	67.07	/	68.06	/	78.34	/	/
胫骨指数	左	64.60	70.23	/	64.62	70.26	75.32	/	/
	右	62.67	62.60	/	73.80	69.24	74.40	/	/
胫股指数	左	98.15	95.62	/	99.56	/	99.07	/	/
	右	98.87	94.49	/	98.55	/	101.91	/	/

附表五〇　新郑汉唐宋成年居民肢骨测量表　（长度：毫米；角度：度；指数：%）

标本号	侧别	华联M27	华联M92	华联M40	华联M34	华联M35	华联M71	华联M43	月季新城M2
时代		宋	宋	宋	宋	宋	宋	宋	宋
性别		男	男	男	男	男	男	男	男
肱骨（最大长）	左	/	/	/	/	/	305.00	/	/
	右	/	/	/	/	313.50	/	/	/
生理长	左	/	/	/	/	/	300.50	/	/
	右	/	/	/	/	308.50	/	/	/
体中部最大径	左	/	/	/	/	/	23.16	/	/
	右	/	/	/	/	21.92	/	/	/
体中部最小径	左	/	/	/	/	/	18.00	/	/
	右	/	/	/	/	17.00	/	/	/

续表

标本号	侧别	华联M27	华联M92	华联M40	华联M34	华联M35	华联M71	华联M43	月季新城M2
时代		宋	宋	宋	宋	宋	宋	宋	宋
性别		男	男	男	男	男	男	男	男
体最小周长	左	/	/	/	/	/	67.00	62.00	/
	右	/	/	/	67.00	59.00	/	67.00	/
头周长	左	/	/	/	/	/	135.00	/	/
	右	/	/	/	/	142.00	/	154.00	/
上端宽	左	/	/	/	/	/	/	/	/
	右	/	/	/	/	50.00	/	/	/
下端宽	左	/	/	/	/	/	/	/	/
	右	/	/	/	67.00	57.50	/	66.00	/
滑车和小头宽	左	/	/	/	/	/	/	/	47.36
	右	/	/	/	48.54	42.64	/	45.40	47.00
滑车矢径	左	/	/	/	/	/	/	/	28.20
	右	/	/	/	29.62	25.88	/	25.66	28.00
头横径	左	/	/	/	/	/	40.44	/	/
	右	/	/	/	/	42.10	/	16.50	/
头纵径	左	/	/	/	/	/	43.44	/	/
	右	/	/	/	/	46.00	/	17.30	/
骨干横断面指数	左	/	/	/	/	/	77.72	/	/
	右	/	/	/	/	77.55	/	/	/
粗壮指数	左	/	/	/	/	/	21.97	/	/
	右	/	/	/	/	18.82	/	/	/
股骨：最大长	左	438.00	385.50	436.00	/	442.50	428.50	466.00	436.00
	右	438.00	/	431.50	/	441.00	/	465.00	434.00
生理长	左	434.00	378.00	434.00	/	440.50	427.00	462.00	431.00
	右	428.50	/	430.00	/	437.50	/	458.00	429.00
体长	左	348.50	310.00	346.00	/	358.00	345.00	382.00	/
	右	351.50	/	350.00	/	354.00	/	/	/
上部横径	左	32.74	28.34	35.18	/	30.50	31.74	34.50	37.00
	右	32.00	28.74	35.44	25.22	29.30	/	32.80	36.52
上部矢径	左	25.40	18.86	24.00	/	28.00	22.68	27.74	26.44
	右	25.28	17.90	24.24	16.44	27.68	/	26.46	25.44
中部横径	左	29.22	21.58	34.44	15.24	27.30	27.90	30.50	33.74
	右	27.10	/	31.74	19.00	27.00	/	28.44	33.24
中部矢径	左	30.94	21.10	30.00	23.68	31.68	28.42	30.00	31.20
	右	29.38	/	29.54	19.00	32.00	/	29.64	32.10
中部周长	左	94.00	69.50	94.00	72.00	93.50	88.00	95.50	101.00
	右	91.00	/	95.00	61.00	93.00	/	93.00	101.00
下部最小径	左	28.12	23.24	30.72	/	26.50	29.64	28.30	31.60
	右	28.40	/	29.62	/	26.50	/	27.86	31.50

续表

标本号	侧别	华联M27	华联M92	华联M40	华联M34	华联M35	华联M71	华联M43	月季新城M2
时代		宋	宋	宋	宋	宋	宋	宋	宋
性别		男	男	男	男	男	男	男	男
下部横径	左	35.10	34.56	42.90	/	40.10	40.30	41.00	44.40
	右	32.90	/	40.70	/	39.00	/	41.30	44.70
颈头前长	左	78.10	69.24	84.88	/	79.00	80.82	85.00	81.68
	右	80.56	73.40	85.28	71.00	82.00	/	90.10	80.42
头垂直径	左	43.82	40.50	46.00	/	45.00	45.40	46.82	/
	右	44.50	42.36	45.82	47.00	44.70	/	45.26	/
颈高	左	35.12	29.12	34.48	18.00	33.00	32.28	34.74	37.60
	右	32.00	27.44	35.00	30.28	31.10	/	33.00	34.50
颈矢径	左	25.34	22.54	24.14	21.00	26.00	24.00	27.40	26.00
	右	25.70	22.00	23.74	20.80	26.20	/	24.60	26.60
两髁宽	左	80.00	/	82.60	/	80.80	79.10	83.86	87.24
	右	80.74	/	83.34	/	/		83.10	/
外髁长	左	61.00	/	67.40	/	59.00	59.70	69.00	66.00
	右	61.24	/	67.44	/	/	/	66.78	65.50
内髁长	左	63.24	/	62.50	/	/	58.70	65.30	60.80
	右	63.24	/	67.22	/	/	/	63.74	/
颈干角	左	124.00	121.00	120.00	/	125.00	122.00	119.00	125.00
	右	120.00	115.00	120.00	113.00	125.00	/	122.00	117.00
头周长	左	151.00	140.00	153.00	/	154.00	149.00	161.00	155.00
	右	152.50	142.00	150.00	156.00	156.00		156.00	/
头矢径	左	46.00	43.34	47.36	/	47.72	/	49.46	48.00
	右	47.48	44.16	/	47.84	48.00	/	48.50	/
长厚指数	左	21.66	18.39	21.66	/	21.23	20.61	20.67	23.43
	右	21.24	/	22.09	/	21.26	/	20.31	23.54
粗壮指数	左	13.86	11.29	14.85	/	13.39	13.19	13.10	15.07
	右	13.18	/	14.25	/	13.49	/	12.68	15.23
干中部指数	左	105.89	97.78	87.11	155.38	116.04	101.86	98.36	92.47
	右	108.41	/	93.07	100.00	118.52	/	104.22	96.57
扁平指数	左	77.58	66.55	68.22	/	91.80	71.46	80.41	71.46
	右	79.00	62.28	68.40	65.19	94.47	/	80.67	69.66
股骨嵴指数	左	105.89	97.78	87.11	155.38	116.04	101.86	98.36	92.47
	右	108.41	/	93.07	100.00	118.52	/	104.22	96.57
胫骨：最大长	左	363.00	314.00	369.00	/	362.00	348.00	/	/
	右	360.00	313.40	371.00	/	358.00	/	/	/
生理长	左	348.00	209.00	354.00	/	347.00	333.00	/	/
	右	345.00	208.40	356.00	/	343.00	/	/	/
上端宽	左	76.00	68.50	/	/	78.00	75.00	/	/
	右	74.50	/	75.00	/	/	/	/	/

续表

标本号	侧别	华联M27	华联M92	华联M40	华联M34	华联M35	华联M71	华联M43	月季新城M2
时代		宋	宋	宋	宋	宋	宋	宋	宋
性别		男	男	男	男	男	男	男	男
下端宽	左	53.00	45.00	52.50	/	54.00	53.00	/	/
	右	54.50	/	53.50	47.00	54.00	/	/	/
下端矢径	左	39.64	34.12	41.80	/	39.60	38.44	43.90	/
	右	39.16	32.30	41.38	32.64	39.34	/	42.40	/
中部最大径	左	28.00	24.34	31.80	21.32	30.70	27.20	/	/
	右	28.00	24.34	31.00	21.14	31.20	/	/	/
中部横径	左	22.50	16.80	19.10	14.78	26.00	21.80	/	/
	右	24.54	16.42	18.84	14.80	26.00	/	/	/
体最小周长	左	75.00	63.00	79.00	59.00	80.00	72.00	/	/
	右	74.00	61.50	78.00	59.50	81.00	/	/	/
滋养孔横径	左	27.16	21.34	20.10	16.00	27.32	23.30	21.18	/
	右	26.42	21.52	20.12	14.42	28.34	/	20.44	/
滋养孔矢状径	左	35.34	26.86	23.44	21.50	35.84	32.10	40.10	/
	右	32.86	28.50	32.90	21.54	37.00	/	40.60	/
长厚指数	左	21.55	30.14	22.32	/	23.05	21.62	/	/
	右	21.45	29.51	21.91	/	23.62	/	/	/
中部断面指数	左	80.36	69.02	60.06	69.32	84.69	80.15	/	/
	右	87.64	67.46	60.77	70.01	83.33	/	/	/
胫骨指数	左	76.85	79.45	85.75	74.42	76.23	72.59	52.82	/
	右	80.40	75.51	61.16	66.95	76.59	/	50.34	/
胫股指数	左	99.86	67.42	102.31	/	96.93	96.52	/	/
	右	98.15	/	101.71	/	96.89	/	/	/

附表五一　新郑汉唐宋成年居民肢骨测量表　（长度：毫米；角度：度；指数：%）

标本号	侧别	月季新城M2迁葬北侧	华联M62	华联M101	众康M3	圣昊Ⅱ区M13	武大幼儿园M1	防疫站M17东右
时代		宋	宋	宋	宋	宋	宋	宋
性别		女	女	女	女	女	女	女
肱骨（最大长）	左	/	274.00	306.00	310.00	297.50	/	/
	右	/	276.50	/	315.00	301.00	/	/
生理长	左	/	270.00	300.50	/	294.00	/	/
	右	/	271.50	/	/	297.00	/	/
体中部最大径	左	/	21.00	23.28	21.30	20.74	/	/
	右	/	21.56	/	22.00	20.42	/	/
体中部最小径	左	/	16.14	17.22	17.00	15.70	/	/
	右	/	16.84	/	17.22	16.60	/	/
体最小周长	左	/	59.00	63.00	61.00	55.00	/	/
	右	/	61.00	/	61.00	57.00	/	/

续表

标本号	侧别	月季新城M2迁葬北侧	华联M62	华联M101	众康M3	圣昊Ⅱ区M13	武大幼儿园M1	防疫站M17东右
时代		宋	宋	宋	宋	宋	宋	宋
性别		女	女	女	女	女	女	女
头周长	左	/	128.00	140.00	139.00	129.00	/	/
	右	/	127.00	139.00	141.00	130.00	/	/
上端宽	左	/	45.50	47.00	/	/	/	/
	右	/	46.00	/	/	45.50	/	/
下端宽	左	/	55.50	59.50	/	54.00	/	/
	右	/	55.00	59.00	/	/	/	/
滑车和小头宽	左	/	40.78	42.54	/	37.72	/	/
	右	/	39.48	42.70	/	/	/	/
滑车矢径	左	/	22.00	23.42	/	/	/	/
	右	/	24.50	24.18	/	24.42	/	/
头横径	左	/	38.88	41.34	41.40	38.00	/	/
	右	/	38.34	40.20	42.00	39.00	/	/
头纵径	左	/	41.34	46.90	44.60	41.60	/	/
	右	/	41.00	44.40	45.40	41.50	/	/
骨干横断面指数	左	/	76.86	73.97	79.81	75.70	/	/
	右	/	78.11	/	78.27	81.29	/	/
粗壮指数	左	/	21.53	20.59	19.68	18.49	/	/
	右	/	22.06	/	19.37	18.94	/	/
股骨：最大长	左	/	394.00	402.00	444.50	396.00	418.00	/
	右	410.00	392.00	/	437.50	394.00	422.50	410.00
生理长	左	/	390.00	401.00	443.00	394.00	415.00	/
	右	407.00	389.00	/	434.00	393.00	416.00	406.00
体长	左	/	316.00	329.00	360.00	327.00	340.00	/
	右	335.00	319.00	331.00	354.00	323.00	340.00	333.00
上部横径	左	/	30.86	31.70	30.00	29.00	31.30	/
	右	35.66	30.34	30.80	31.00	29.10	32.44	28.00
上部矢径	左	/	22.10	24.24	26.90	22.60	22.76	/
	右	22.36	22.66	25.64	24.80	23.00	23.24	20.00
中部横径	左	/	26.00	29.20	27.00	26.52	27.00	/
	右	30.00	25.60	/	27.60	25.40	26.20	23.50
中部矢径	左	/	26.44	25.24	30.10	28.30	25.50	/
	右	26.60	25.64	/	27.20	28.20	27.00	21.42
中部周长	左	/	82.00	85.00	91.00	85.00	83.00	/
	右	90.00	81.50	/	87.00	83.50	86.00	73.50
下部最小径	左	/	24.74	26.76	28.00	25.60	25.34	/
	右	26.46	23.54	/	/	27.10	25.60	24.00

续表

标本号	侧别	月季新城M2迁葬北侧	华联M62	华联M101	众康M3	圣昊Ⅱ区M13	武大幼儿园M1	防疫站M17东右
时代		宋	宋	宋	宋	宋	宋	宋
性别		女	女	女	女	女	女	女
下部横径	左	/	34.78	39.00	45.00	30.00	38.76	/
	右	39.30	35.10	/	43.20	30.30	39.72	36.24
颈头前长	左	/	67.66	71.60	82.70	69.50	69.54	/
	右	75.72	73.50	/	87.00	70.10	69.72	70.70
头垂直径	左	/	39.80	43.90	/	40.00	40.00	/
	右	41.20	41.62	41.30	/	39.42	41.10	/
颈高	左	/	29.32	31.70	/	26.60	30.10	/
	右	32.52	29.12	/	33.00	26.44	29.30	29.00
颈矢径	左	/	25.78	22.80	/	19.00	22.20	/
	右	22.00	24.62	/	/	19.00	21.00	23.00
两髁宽	左	/	71.76	74.40	/	70.60	/	/
	右	77.00	72.12	74.44	86.24	70.00	74.60	70.52
外髁长	左	/	56.10	60.40	64.00	61.00	/	/
	右	/	53.60	/	62.42	61.52	60.10	55.70
内髁长	左	/	57.70	57.20	62.70	57.40	/	/
	右	/	57.18	/	61.10	57.00	58.00	53.60
颈干角	左	/	118.00	119.00	125.00	116.00	130.00	/
	右	120.00	121.00	/	127.00	116.00	125.00	125.00
头周长	左	/	137.00	143.00	/	132.00	/	/
	右	/	136.50	140.00	/	132.00	139.00	/
头矢径	左	/	41.89	44.16	/	40.30	/	/
	右	/	42.46	43.00	/	40.20	42.64	/
长厚指数	左	/	21.03	21.20	20.54	21.57	20.00	/
	右	22.11	20.95	/	20.05	21.25	20.67	18.10
粗壮指数	左	/	13.45	13.58	12.89	13.91	12.65	/
	右	13.91	13.17	/	12.63	13.64	12.79	11.06
干中部指数	左	/	101.69	86.44	111.48	106.71	94.44	/
	右	88.67	100.16	/	98.55	111.02	103.05	91.15
扁平指数	左	/	71.61	76.47	89.67	77.93	72.72	/
	右	62.70	74.69	83.25	80.00	79.04	71.64	71.43
股骨嵴指数	左	/	101.69	86.44	111.48	106.71	94.44	/
	右	88.67	100.16	/	98.55	111.02	103.05	91.15
胫骨：最大长	左	/	326.50	341.00	356.00	/	346.00	320.00
	右	/	325.00	336.50	/	/	345.00	324.00
生理长	左	/	311.50	326.00	341.00	/	331.00	305.00
	右	/	310.00	321.50	/	/	330.00	309.00

续表

标本号	侧别	月季新城M2迁葬北侧	华联M62	华联M101	众康M3	圣昊Ⅱ区M13	武大幼儿园M1	防疫站M17东右
时代		宋	宋	宋	宋	宋	宋	宋
性别		女	女	女	女	女	女	女
上端宽	左	/	68.76	72.70	79.00	/	/	66.00
	右	/	69.66	/	/	/	/	/
下端宽	左	/	48.00	53.00	57.00	/	50.50	45.50
	右	/	49.00	52.00	/	/	52.00	47.50
下端矢径	左	/	34.00	36.16	40.52	/	35.40	33.66
	右	/	35.84	36.10	/	/	36.16	33.20
中部最大径	左	/	28.58	28.84	29.00	/	27.10	25.84
	右	/	28.46	27.66	/	/	27.72	25.84
中部横径	左	/	22.20	21.20	21.20	/	20.80	19.10
	右	/	22.84	22.16	/	/	20.70	19.20
体最小周长	左	/	75.00	73.00	71.50	/	72.00	65.00
	右	/	73.00	72.50	/	/	74.00	65.00
滋养孔横径	左	/	22.40	24.56	23.20	18.34	22.20	20.56
	右	/	22.66	25.20	/	/	23.40	21.14
滋养孔矢状径	左	/	31.56	32.00	32.54	27.40	31.70	28.00
	右	/	29.54	32.18	/	/	31.72	28.00
长厚指数	左	/	24.08	22.39	20.97	/	21.75	21.31
	右	/	23.55	22.55	/	/	22.42	21.04
中部断面指数	左	/	77.68	73.51	73.10	/	76.75	73.92
	右	/	80.25	80.12	/	/	74.68	74.30
胫骨指数	左	/	70.98	76.75	71.30	66.93	70.03	73.43
	右	/	76.71	78.31	/	/	73.77	75.50
胫股指数	左	/	98.58	99.09	94.72	/	97.35	/
	右	/	97.18	97.13	/	/	97.06	92.79

附表五二　新郑汉唐宋成年居民肢骨测量表　（长度：毫米；角度：度；指数：%）

标本号	侧别	防疫M15	华联M64	华联M3	华联M88	华联	华联M40	华联M61
时代		宋	宋	宋	宋	宋	宋	宋
性别		女	女	女	女	女	女	女
肱骨：最大长	左	283.50	296.00	273.00	281.50	/	/	/
	右	289.00	/	275.00	283.00	271.00	/	/
生理长	左	282.00	291.00	273.50	278.00	/	/	/
	右	286.50	/	275.50	281.00	267.00	/	/
体中部最大径	左	20.44	20.82	20.64	18.70	/	/	/
	右	20.90	/	21.60	20.00	19.34	/	/

续表

标本号	侧别	防疫M15	华联M64	华联M3	华联M88	华联	华联M40	华联M61
时代		宋	宋	宋	宋	宋	宋	宋
性别		女	女	女	女	女	女	女
体中部最小径	左	14.00	16.94	14.76	12.70	/	/	/
	右	13.54	/	15.50	13.30	14.90	/	/
体最小周长	左	56.00	60.00	55.00	51.50	/	/	/
	右	57.00	/	57.50	53.00	53.00	/	/
头周长	左	129.00	127.00	118.00	124.00	/	/	/
	右	128.00	/	/	126.00	120.00	/	/
上端宽	左	45.00	44.50	42.20	43.00	/	/	/
	右	45.00	/	44.42	44.00	43.50	/	/
下端宽	左	54.00	55.00	52.20	52.50	/	/	/
	右	53.00	/	52.30	53.00	53.00	/	/
滑车和小头宽	左	37.84	39.00	35.68	37.00	/	/	/
	右	37.10	/	35.00	36.50	36.22	/	/
滑车矢径	左	22.86	24.74	19.16	27.70	/	/	/
	右	22.56	/	20.00	21.66	22.90	/	/
头横径	左	38.20	39.62	34.24	37.00	/	/	/
	右	38.30	/	/	38.56	36.66	/	/
头纵径	左	41.80	40.14	39.52	39.30	/	/	/
	右	41.32	/	40.00	40.20	38.68	/	/
骨干横断面指数	左	68.49	81.36	71.51	67.91	/	/	/
	右	64.78	/	71.76	66.50	77.04	/	/
粗壮指数	左	19.75	20.27	20.15	18.29	/	/	/
	右	19.72	/	20.91	18.73	19.56	/	/
股骨：最大长	左	413.50	/	389.00	424.00	386.00	393.00	397.50
	右	416.00	/	/	418.00	380.00	393.00	392.50
生理长	左	411.50	/	386.00	419.00	381.50	389.00	396.00
	右	412.50	/	/	413.00	377.50	388.00	391.00
体长	左	336.0	352.00	318.00	351.50	307.50	/	322.00
	右	341.00	342.50	/	349.00	310.00	322.00	315.00
上部横径	左	34.00	29.16	29.68	27.20	28.30	29.56	29.16
	右	33.24	28.34	30.00	28.76	29.10	29.10	29.12
上部矢径	左	20.00	23.40	21.52	21.66	19.92	20.40	21.48
	右	20.40	23.60	21.00	21.40	20.10	20.00	21.42
中部横径	左	29.44	25.56	26.20	25.24	24.52	25.66	26.56
	右	28.84	25.44	27.00	25.40	25.14	25.34	26.74
中部矢径	左	24.00	27.76	23.70	25.70	23.00	25.48	24.00
	右	24.72	26.84	23.90	25.00	22.84	27.78	23.00
中部周长	左	84.50	85.00	80.00	79.00	74.50	80.00	79.00
	右	84.50	82.50	81.00	79.50	76.00	82.00	79.00

续表

标本号	侧别	防疫M15	华联M64	华联M3	华联M88	华联	华联M40	华联M61
时代		宋	宋	宋	宋	宋	宋	宋
性别		女	女	女	女	女	女	女
下部最小径	左	27.00	24.52	25.60	22.80	22.60	27.46	23.36
	右	26.70	24.00	24.50	21.20	22.80	27.44	23.00
下部横径	左	37.34	37.72	35.60	35.44	32.76	39.00	34.62
	右	38.36	37.72	36.40	33.60	33.10	37.60	34.36
颈头前长	左	76.00	66.44	65.80	64.50	67.16	/	66.42
	右	75.24	69.14	/	65.70	72.00	71.00	68.42
头垂直径	左	41.80	41.10	39.00	39.70	39.22	40.32	38.22
	右	42.52	40.56	/	39.70	40.00	/	39.82
颈高	左	29.00	30.00	27.00	28.50	26.50	/	27.78
	右	29.52	29.20	29.00	29.00	24.90	28.30	28.50
颈矢径	左	21.00	24.16	20.76	21.60	22.50	/	21.20
	右	21.50	24.16	21.30	21.60	23.18	24.82	24.00
两髁宽	左	73.70	/	72.26	70.80	68.20	75.74	73.00
	右	74.00	/	72.10	70.70	69.00	76.42	72.82
外髁长	左	59.00	58.00	54.00	57.70	55.30	57.82	57.54
	右	60.64	66.06	54.44	58.20	56.00	56.34	58.24
内髁长	左	58.00	/	53.40	57.56	55.00	/	/
	右	59.74	/	54.38	55.90	56.30	/	/
颈干角	左	121.00	127.00	117.00	125.00	117.50	/	119.00
	右	120.00	123.00	115.00	121.00	124.00	125.00	120.00
头周长	左	137.00	139.00	126.50	134.00	133.00	136.00	133.50
	右	138.50	140.50	/	132.00	134.00	139.00	134.00
头矢径	左	42.40	42.54	49.20	41.74	41.12	41.80	41.10
	右	42.64	43.48	/	40.68	41.60	42.76	41.34
长厚指数	左	20.53	/	20.73	18.85	19.53	20.57	19.95
	右	20.48	/	/	19.25	20.13	21.13	20.20
粗壮指数	左	12.99	/	12.93	12.16	12.46	13.15	12.77
	右	12.98	/	/	12.20	12.71	13.69	12.72
干中部指数	左	81.52	108.61	90.46	101.82	93.80	99.30	90.36
	右	85.71	105.50	88.52	98.43	90.85	109.63	86.01
扁平指数	左	58.82	80.25	72.51	79.63	70.39	69.01	73.66
	右	61.37	83.27	70.00	74.41	69.07	68.73	73.56
股骨嵴指数	左	81.52	108.61	90.46	101.82	93.80	99.30	90.36
	右	85.71	105.50	88.52	98.43	90.85	109.63	86.01
胫骨：最大长	左	344.00	/	315.00	342.00	315.00	/	323.50
	右	344.00	/	314.00	341.00	316.50	/	/
生理长	左	329.00	/	299.00	329.00	307.50	/	308.50
	右	329.00	/	298.00	330.00	307.00	/	311.00

续表

标本号	侧别	防疫M15	华联M64	华联M3	华联M88	华联	华联M40	华联M61
时代		宋	宋	宋	宋	宋	宋	宋
性别		女	女	女	女	女	女	女
上端宽	左	71.00	/	69.00	68.50	67.00	/	70.24
	右	70.00	/	69.50	/	66.00	/	/
下端宽	左	46.00	47.00	45.00	47.00	45.50	/	47.00
	右	45.00	/	47.50	47.50	47.00	/	/
下端矢径	左	33.78	37.80	32.16	33.24	33.64	/	33.00
	右	34.56	/	32.60	34.14	34.12	/	33.26
中部最大径	左	29.36	/	25.64	25.26	23.64	/	25.68
	右	29.00	/	25.40	25.44	23.56	/	25.74
中部横径	左	19.42	/	20.00	17.56	17.60	/	17.32
	右	19.44	/	20.00	17.80	18.60	/	18.52
体最小周长	左	72.00	/	66.50	64.00	63.00	/	66.00
	右	68.00	/	67.00	64.00	65.00	/	64.50
滋养孔横径	左	21.00	25.34	20.86	19.28	18.54	/	20.92
	右	21.00	/	21.20	20.10	19.38	/	21.36
滋养孔矢状径	左	30.12	30.46	28.86	18.76	26.44	/	29.78
	右	30.10	/	29.10	29.00	25.40	/	27.66
长厚指数	左	21.88	/	22.24	19.45	20.49	/	21.39
	右	20.67	/	22.48	19.39	21.17	/	20.74
中部断面指数	左	66.14	/	78.00	69.52	74.45	/	67.45
	右	67.03	/	78.74	69.97	78.95	/	71.95
胫骨指数	左	69.72	83.19	72.28	102.77	70.12	/	70.25
	右	69.77	/	72.85	69.31	76.30	/	77.22
胫股指数	左	97.92	/	94.03	93.60	100.00	/	95.81
	右	96.48	/	/	94.56	99.03	/	98.73

后　记

随着秦汉的大一统，华夏族的族体规模、族群意识程度等方面已发展至一个新的阶段，汉民族开始形成了。文献记载，秦汉至辽宋夏金时期是汉民族形成和发展的重要阶段，这一时期，以黄河流域为中心的中原地区与中国北方先后出现的各少数民族和部族，经过民族大迁徙和融合基本被汉民族同化了。但是，这一过程虽然很早便有学者就汉民族的民族关系、语言、文化等方面依据史料进行研究，但汉民族自身的人种成分构成也在不断地发展变化，该过程则需要体质人类学者依据汉代以后墓葬出土的人骨材料进行全面的体质人类学研究。

荥阳薛村遗址是一处夏代晚期至早商时期小型聚落和汉唐宋明清墓葬区重叠的大型遗址（墓地），2007年冬，楚小龙先生开始将该遗址的人骨标本交给我研究。在吉林大学攻读博士学位期间，我的导师朱泓教授多次来河南考察，认为我可以依托薛村遗址的人骨完成博士论文的写作，其中大量的汉、唐、宋金墓葬人骨是研究中原地区汉民族形成过程中民族融合及群体遗传基因改变等问题的重要材料，因此，朱泓教授吸收我为国家社科基金重大项目——汉民族历史形成过程的生物学考察（批准号：11&ZD182）的课题成员。在朱泓教授的悉心指导下，2013年，我完成了博士论文《郑州汉唐宋墓人骨研究——以荥阳薛村遗址和新郑多处遗址为例》。

本书作为薛村遗址出土人骨的研究报告，其研究对象是荥阳薛村遗址所出的早商至明清时代的所有人骨遗骸，即在博士论文的基础上，增加了薛村早商人骨和明清人骨的研究内容。本书对薛村古代居民的性别组成、年龄结构、身高发育程度、骨骼病理创伤和人种特征等问题均进行了系统的体质人类学研究。书中汉、唐、宋居民的种系研究将为探讨当今南、北方汉民族体质类型的形成和发展等问题提供一份有价值的古代参考资料。

在河南省文物局副局长马萧林先生和南水北调办公室主任张志清先生的信任和支持下，我于2011年秋开始负责南水北调中线工程文物保护项目——南水北调中线工程河南段出土人骨的体质人类学研究项目，本书为该项目的成果之一。同时，本书也是国家社科基金重大项目——汉民族历史形成过程的生物学考察项目的阶段性成果。

本书能够按时完成和顺利出版，还要感谢贾连敏先生和魏兴涛先生的支持与肯定；感谢楚小龙先生委托我研究薛村遗址人骨；感谢樊温泉先生向我提供新郑汉唐宋墓葬人骨作为对比材料；感谢美国亚利桑那州立大学的Christine Lee（李菁菁）博士在书中古病理的研究部分给予指导，本书薛村遗址人骨的古病理研究主要参考了她的观察与记录的结果；感谢美国纽约城市大学的Ekaterina Pechenkina副教授在我整理薛村人骨期间给予的帮助；感谢我的导师朱泓教授在百忙之中为本书作序鼓励；感谢科学出版社的张亚娜女士为本书的编辑付出了很多心血。在此，谨对所有给予指导、支持和帮助的领导、专家及人士致以诚挚的谢意！因为我的才疏学浅，在人骨整理和研究中还有很多需要学习的内容和方法，所以，对薛村人骨的研究还有大量、深入的工作要做，敬请专家和读者批评指正。

孙　蕾

2015年12月29日

Abstract

The Xuecun site is located at the North of Xuecun village in Wangcun township, Xingyang city, Henan province. A total area of 500,000 square meters are covered by the site. Appointed by the Office of Cultural Relics Conservation for the South-to-North Water Diversion project in the Cultural Relics Bureau of Henan Province, Henan Provincial Instrtute of Cultural Relics and Archaeology excavated the Xuecun site in Xingyang city from 2005 to 2006. The excavation revealed a settlement ranging from the late Erlitou culture to the upper layer of the Erligang culture. After the Han Dynasty, the site became a cemetery containing a large number of Han and Tang tombs and some Song, Jin, Yuan and Ming-Qing tombs.

The human skeletons (18 the early Shang, 163 Han, 52 Tang, 30 Song, Jin and Yuan and 64 Ming-Qing) from Xuecun site of Xingyang city have been studied in this paper. In this research, several physical anthropology methods have been used, including demography, stature estimation, human osteology, paleopathology, and statistics. There are seven chapters in this research.

Chapter I introduces the geographical locations and archaeological backgrounds of the Xuecun site in Xingyang city, Henan province. The purpose and the physical anthropology methods have been explained. In addition, this chapter gives a brief description of the concepts about the Ethnic Huaxia and the Ethnic Han and the relationship between them.

Chapter II focuses on the sex ratio, age distribution, mean age at death of the populations from the early Shang period, Han to Ming-Qing periods. On the basis of Han, Tang and Song human skeletons in Xuecun site, and related skeletal samples (14 Han, 3 Tang and 49 Song) in other sites of Xinzheng city, this chapter put forward some understandings on the demography of the Ethnic Han of Central Plains Area in Han, Tang and Song periods. A comparison of the average mortality rates on many populations in Central China indicates that the life-spans have been prolonged in the three periods, but the high mortality rates for young women also demonstrates the economic and medical treatment were at a low level.

Chapter III is about stature estimation. In this chapter, body heights have been estimated from the maxium lengths of all the humeri, femora and tibias in adult men and women of the early Shang period, Han to Ming-Qing periods. On the basis of Han, Tang and Song populations in Xuecun site, and related populations in other sites of Xinzheng city, this chapter mainly analyses the statures change in Han, Tang and Song periods. In order to compare male-female difference in body size numerically in Han, Tang and Song periods, an index of sexual dimorphism was computed based on the stature estimates. We can draw a conclusion that in Han, Tang and Song periods, body heights both sexes were becoming increasingly shorter with the times and the difference between both sexes' contribution to subsistence was little.

Chapter IV is about paleopathology. Trauma (fracture and Schmorl's nodes), pathologies (osteomyelitis, periostitis, osteoarthritis, ankylosing spondylitis, osteoma, cribra orbitalia and porotic hyperostosis, and avascular necrosis), developmental defects (spondylolysis, septal aperature and sternal aperture) and oral health (caries, abscesses, ante mortem tooth loss, hypoplastic defects and periodontitis) were investigated and analyzed in the skeletal samples from Han to Ming-Qing periods in Xuecun site of Xingyang and from Han, Tang and Song periods in other sites of Xinzheng.

Chapter V uses non-metrical and metrical morphology of ancient human crania to learn the characteristic of cranial shape in the early Shang period, Han to Ming-Qing periods. The physical characteristics of the Xuecun early Shang period crania show that, in racial type, they are closely related to those of modern East Asian Mongoloids. And all the populations in Han to Ming-Qing periods were Asian Mongoloids. The racial type of the populations in Han, Tang and Song periods was closely related to the modern East Asiatic Mongoloids, and skulls (from Xuecun site in Xingyang and other sites in Xinzheng) of the three periods were similar possibly to the modern North Asiatic Mongoloids, the modern South Asiatic Mongoloids and the modern Northeast Asiatic Mongoloids.

Chapter VI uses Average Root-Mean-Square of array differential function, cluster analysis and principal component analysis to compare the population of the early Shang period with other populations of pre-Qin period, and to compare the three groups (from Xuecun site in Xingyang and other sites in Xinzheng) of Han, Tang and Song dynasties with other groups of ancient and modern times, in order to discuss the related problems of those developments about the types and composition of race. In racial type, the population of the early Shang period was closely related to some ancient populations, such as the Wayaogou group and the Youyao group. The element feature of the three groups (from Xuecun site in Xingyang and other sites in Xinzheng) of Han, Tang and Song dynasties was Ancient Central China Type. Maybe, there were some genes of ancient "Qiang" in the Northwest area and ancient nomadic people in the North area in the population of Han dynasty. And there were more genes of alien races in the population of Tang dynasty. But the physical character of the population of Song dynasty was ranging among Ancient Central China Type, Ancient Northeast China Type, Ancient Northeast China Type, etc. The population of Han dynasty looks like the modern South China population. But the two populations of Tang dynasty and the modern South China differ in shape more obviously. And the population of Song dynasty looks more evidently like the modern

North China population.

Chapter VII makes a summarized discussion about the whole six chapters.

This research results can provide some informations to the scholars who study the health of populations in Central China and who study the ancient population migrations and the development about the cranial morphological characteristics. The Ethnic Huaxia which mainly composed of the Xia people, Shang people and Zhou people came into being in the medium and later period of the Western Zhou. During the Qin-Han period, Huaxia ethnic group had grown into the Ethnic Han. The procedure of the Ethnic Han developing her own group and assimilating other ethnic groups for more than 2000 years has been studied by many historians, nationalists and humanists. However, the composition of the diverse populations in the Ethnic Han had been changing since Han dynasty and the anthropologists should study the skeletons in antiquity tombs to look into the causes and the course of the changing. As far as the human skeletons researched in this study are concerned, the occurrence and formation of the modern Northern ethnic Han were not earlier than Song dynasty. This analysis in this paper provides reference to discuss the formation and growth of the modern Southern and Northern ethnic Han.

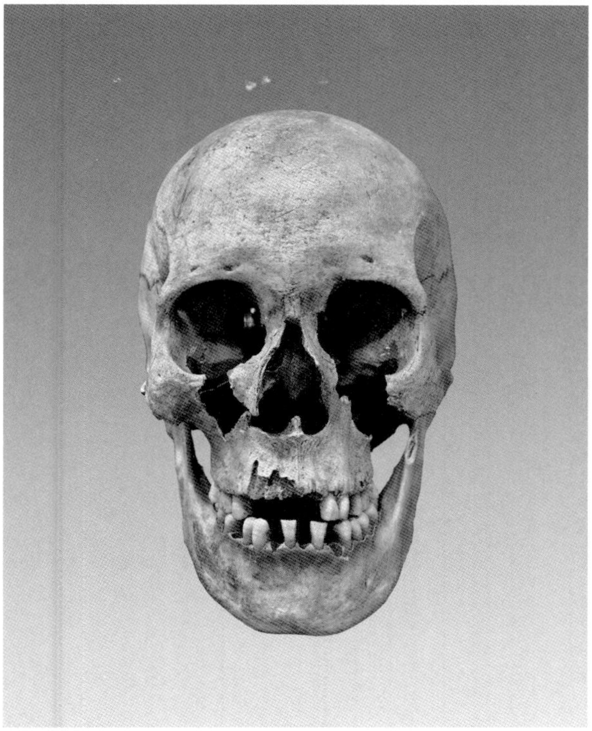
1. 正视

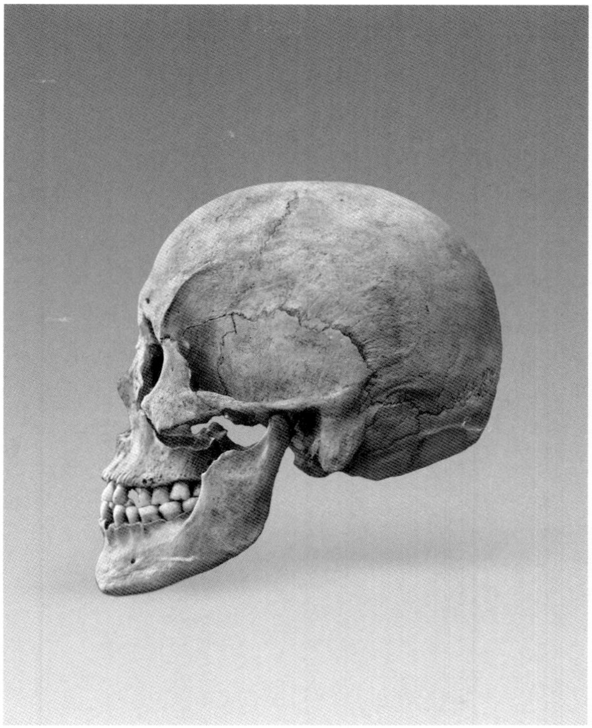
2. 侧视

3. 后视

4. 顶视

薛村颅骨早商男性

(H506)

图版二

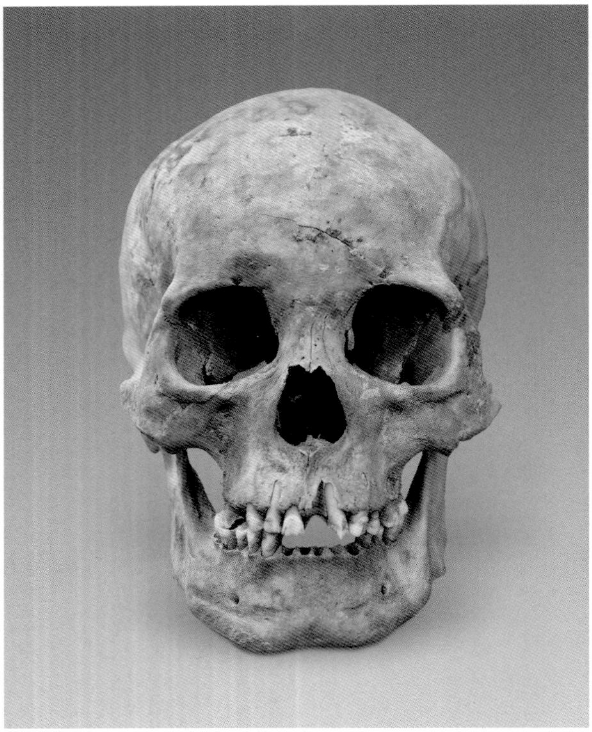

1. 正视

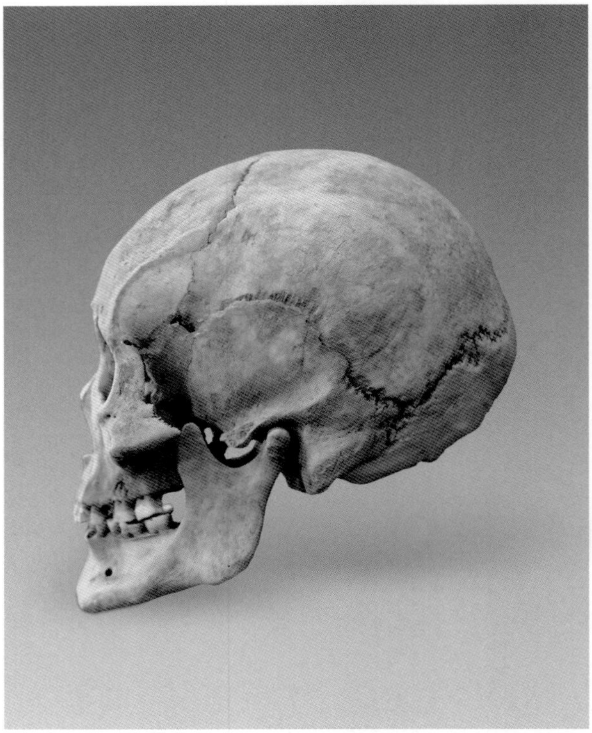

2. 侧视

3. 后视

4. 顶视

薛村颅骨早商女性
(H183)

1. 正视

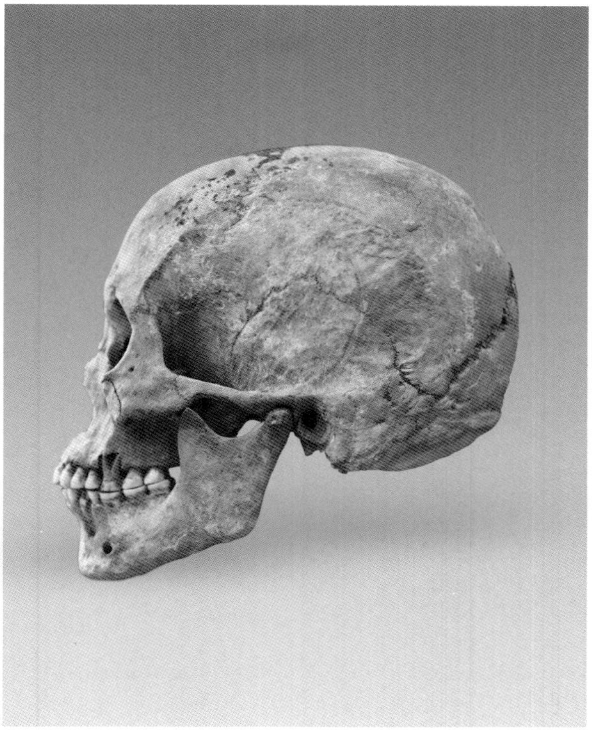

2. 侧视

3. 后视

4. 顶视

薛村颅骨早商女性

（H460）

图版四

1. 正视

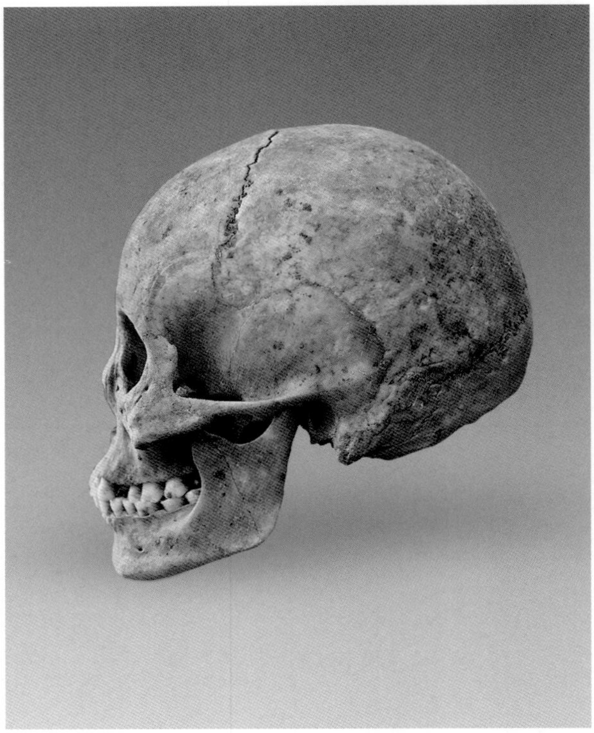

2. 侧视

3. 后视

4. 顶视

薛村颅骨早商女性

(H464)

1. 正视

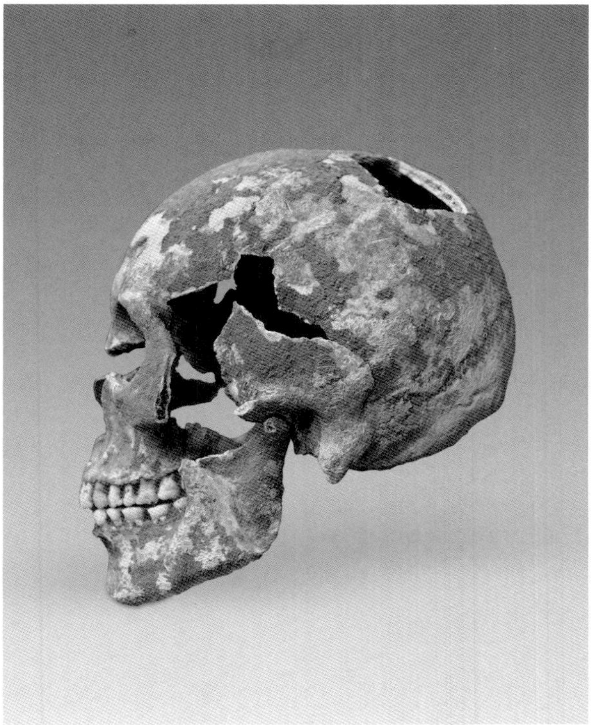

2. 侧视

3. 后视

4. 顶视

薛村颅骨早商女性

（M192）

图版六

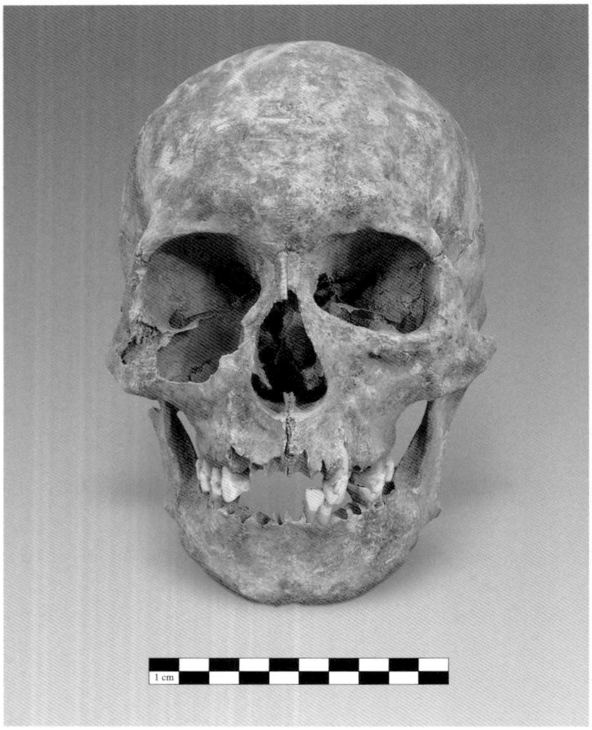

1. 正视

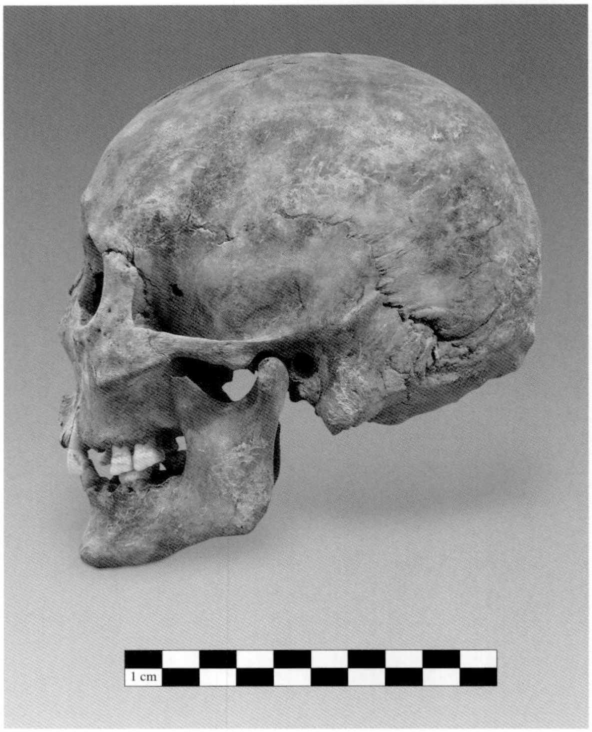

2. 侧视

3. 后视

4. 顶视

薛村颅骨汉代男性
（M29南棺）

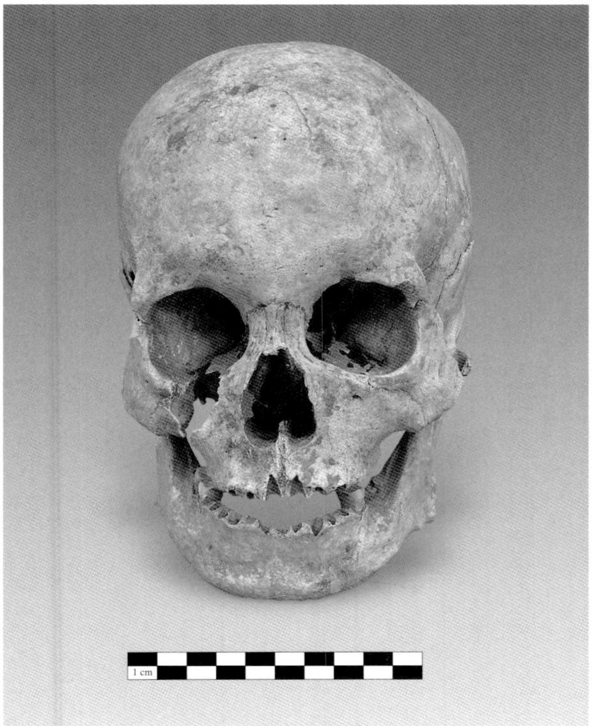

1. 正视

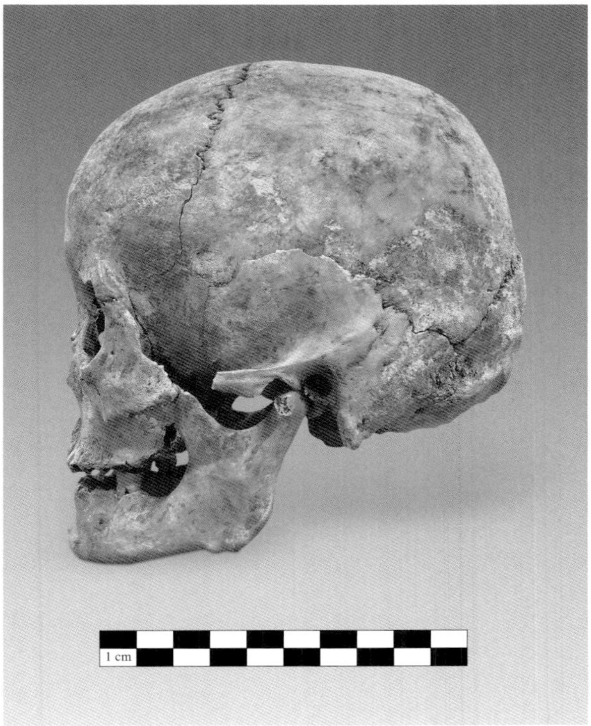

2. 侧视

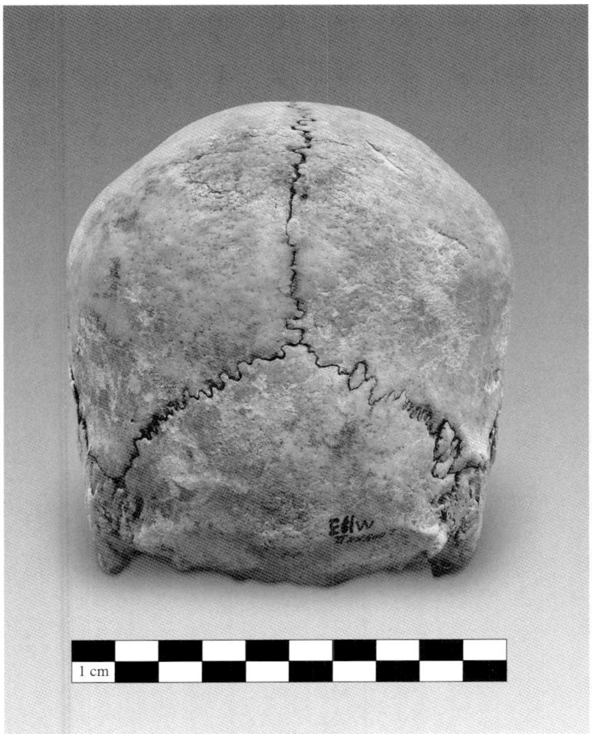

3. 后视

4. 顶视

薛村颅骨汉代男性
(M113)

图版八

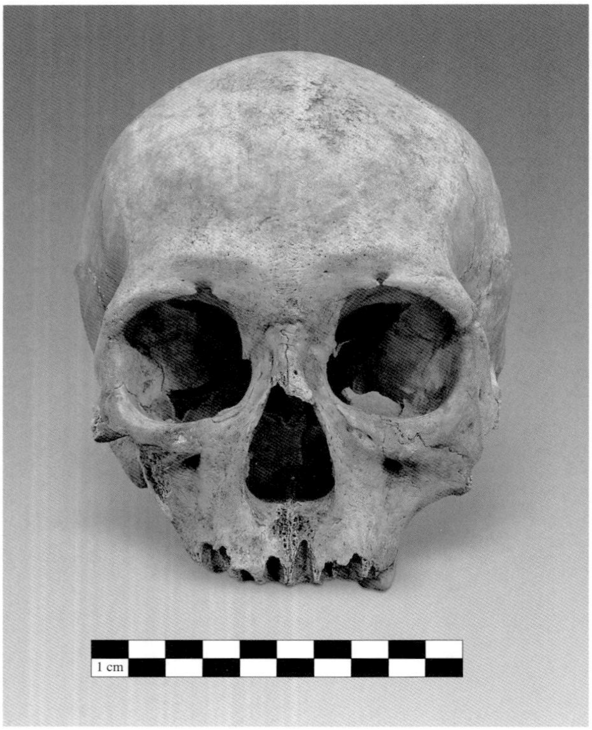

1. 正视

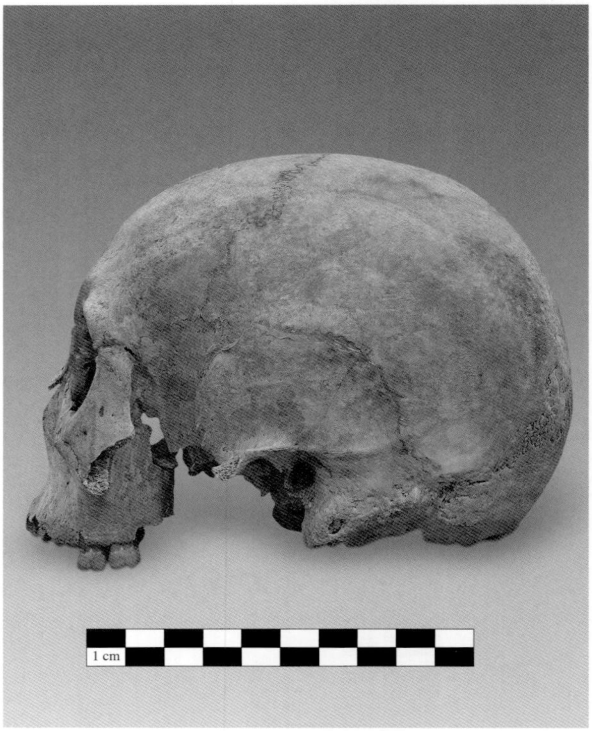

2. 侧视

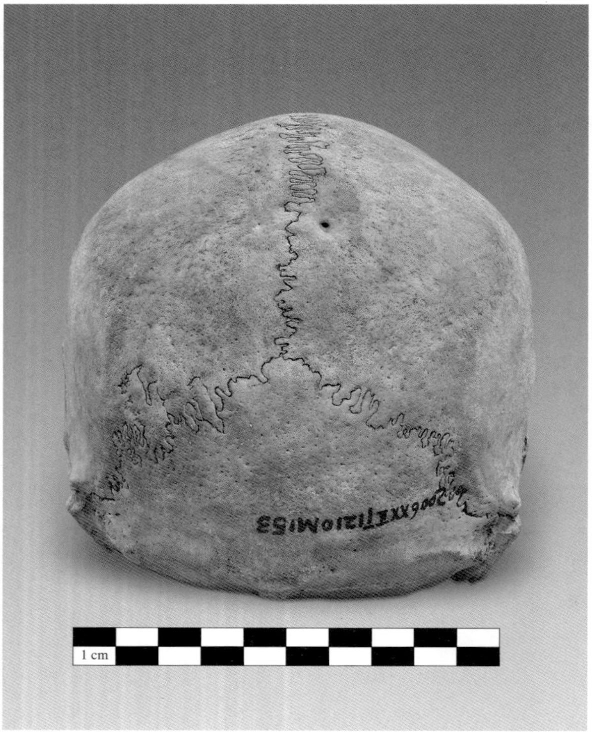

3. 后视

4. 顶视

薛村颅骨汉代男性
(M153)

图版九

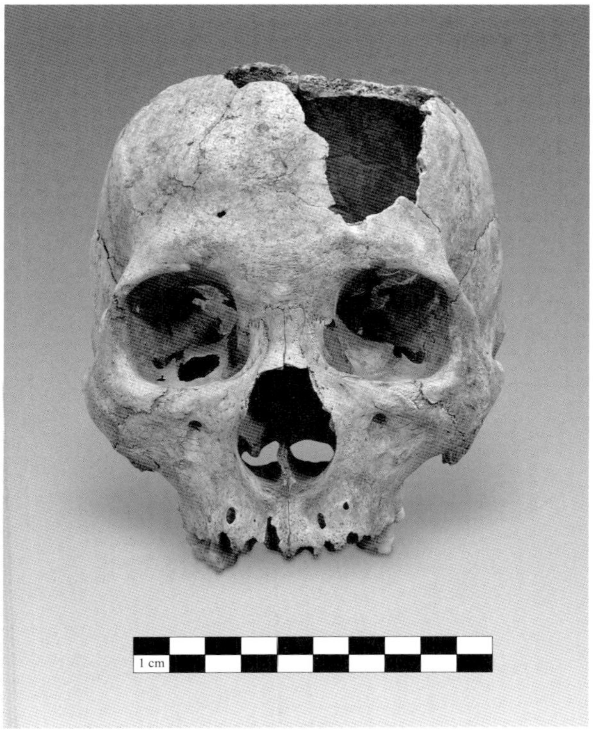

1. 正视

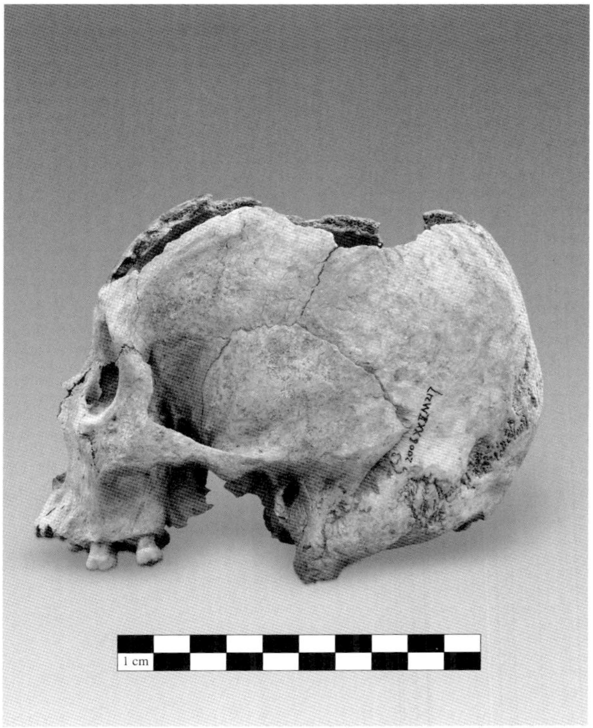

2. 侧视

3. 后视

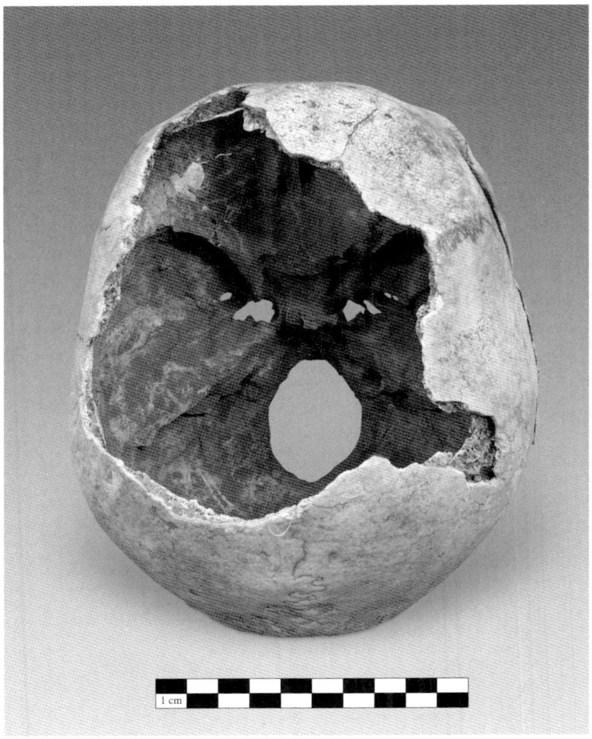

4. 顶视

薛村颅骨汉代男性

(M217)

图版一〇

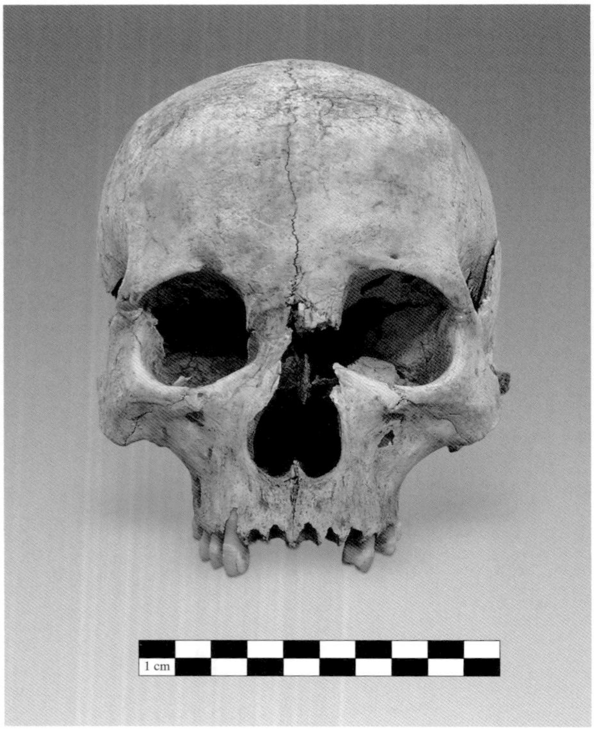

1. 正视

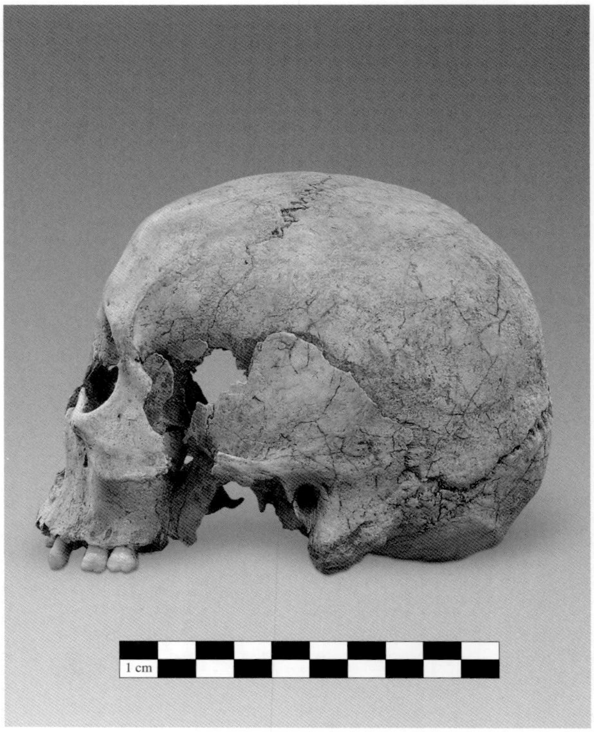

2. 侧视

3. 后视

4. 顶视

薛村颅骨汉代男性
(M10北室)

图版一一

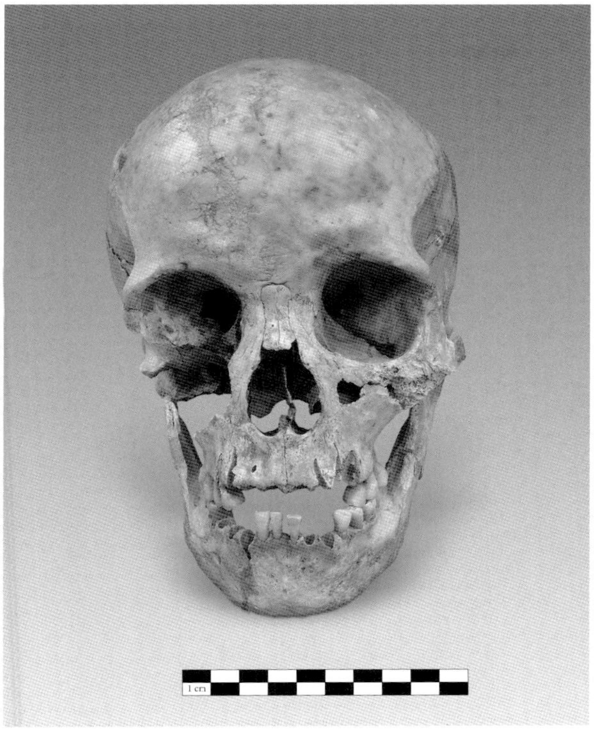

1. 正视

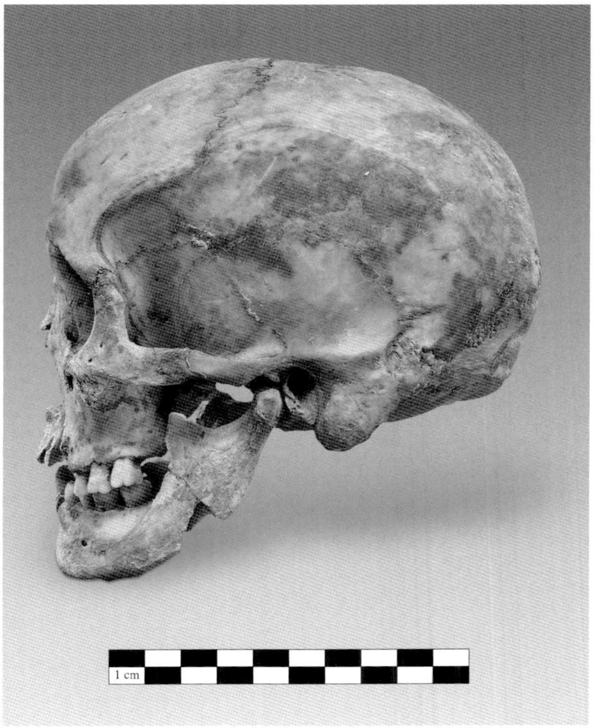

2. 侧视

3. 后视

4. 顶视

薛村颅骨汉代男性
(M59)

图版一二

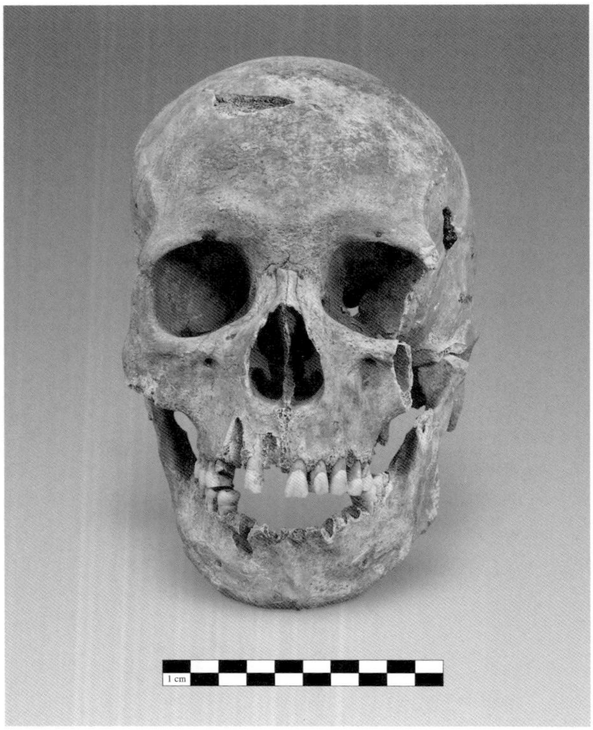

1. 正视

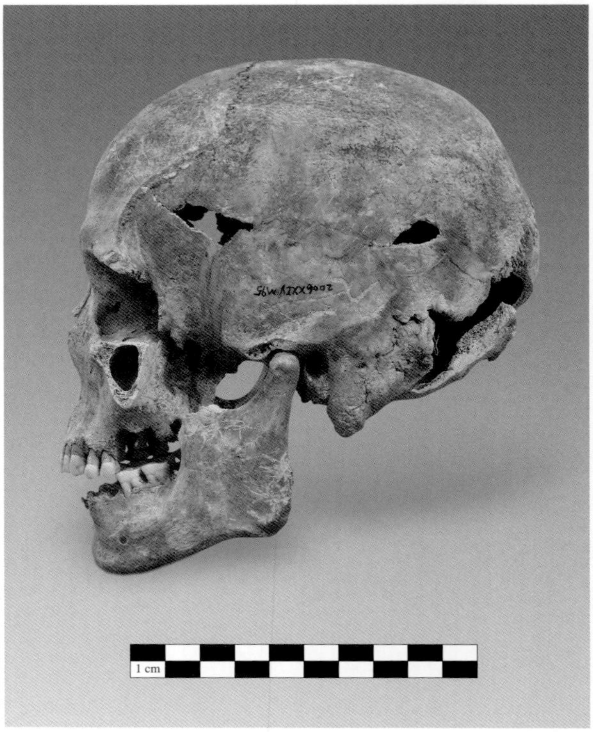

2. 侧视

3. 后视

4. 顶视

薛村颅骨汉代男性

(M95)

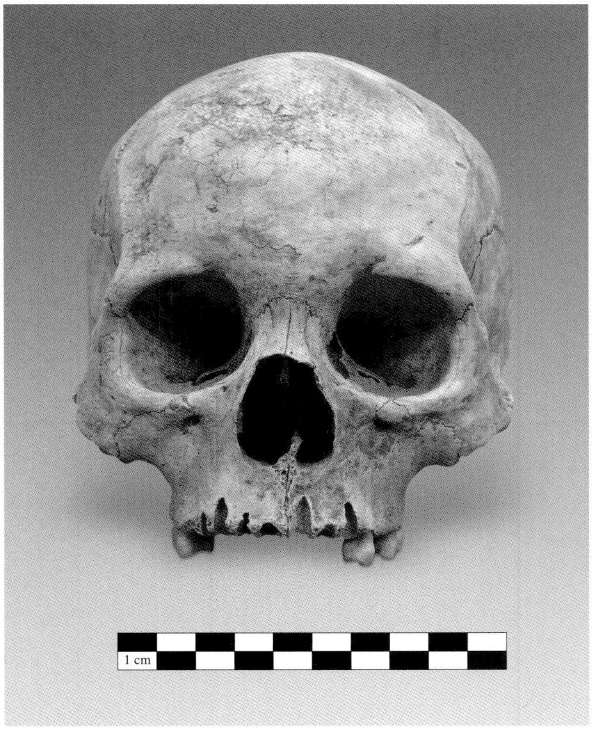

1. 正视

2. 侧视

3. 后视

4. 顶视

薛村颅骨汉代男性

(M101)

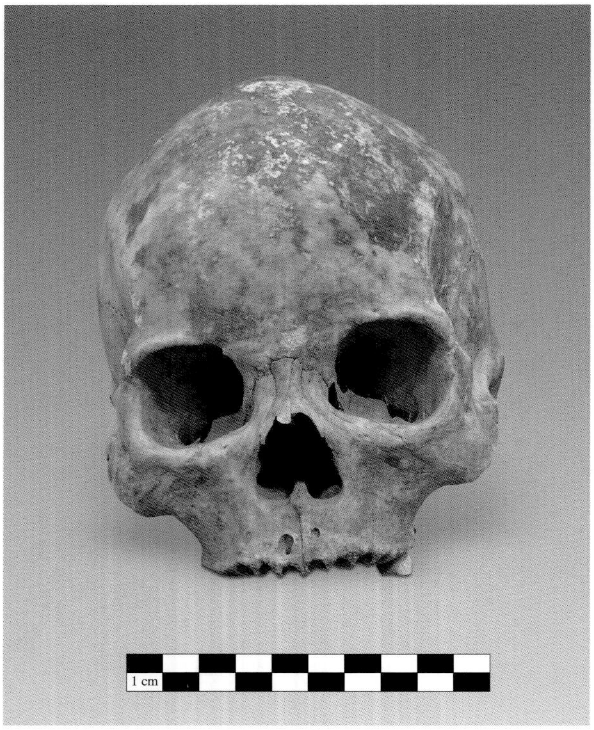

1. 正视

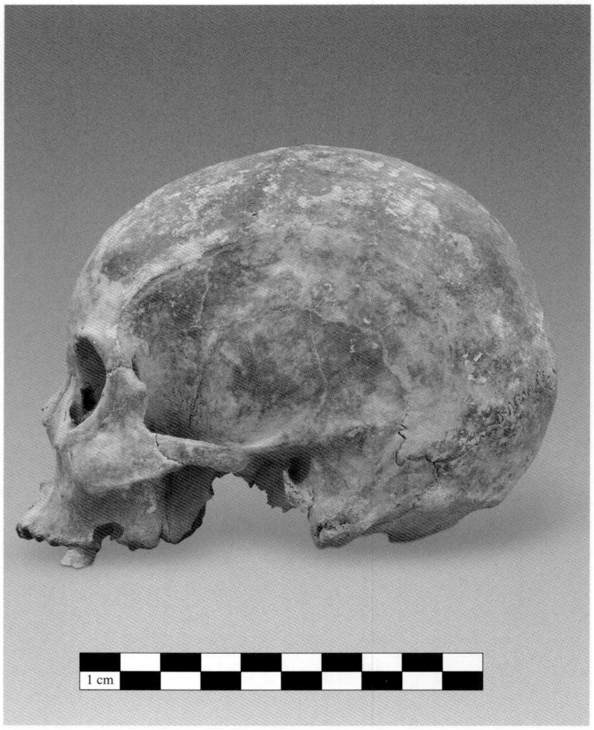

2. 侧视

3. 后视

4. 顶视

薛村颅骨汉代女性

(M11前室)

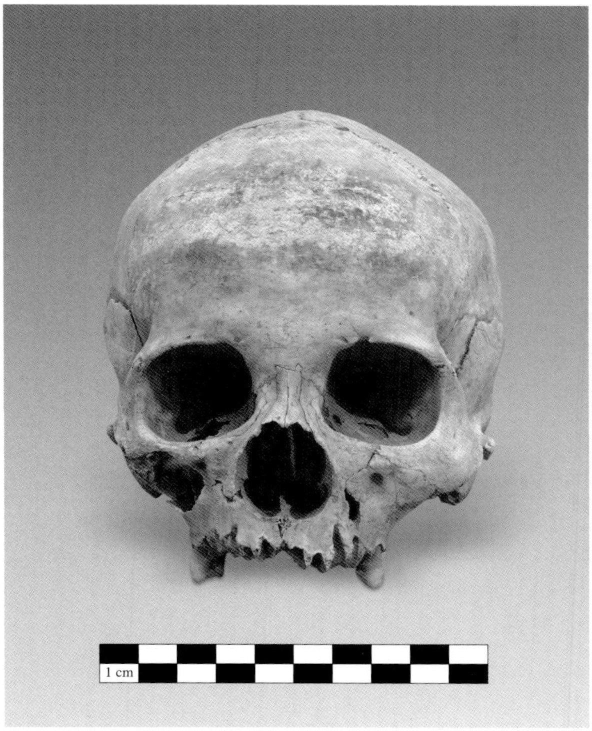

1. 正视

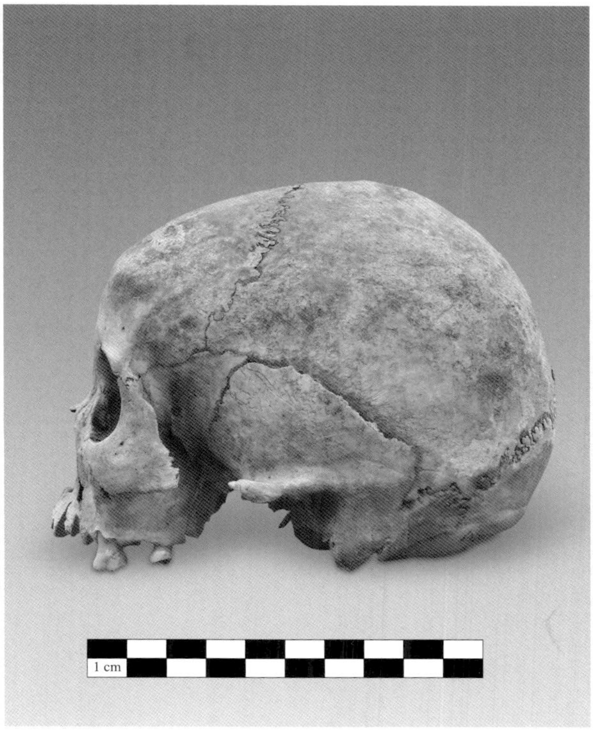

2. 侧视

3. 后视

4. 顶视

薛村颅骨汉代女性
(M19)

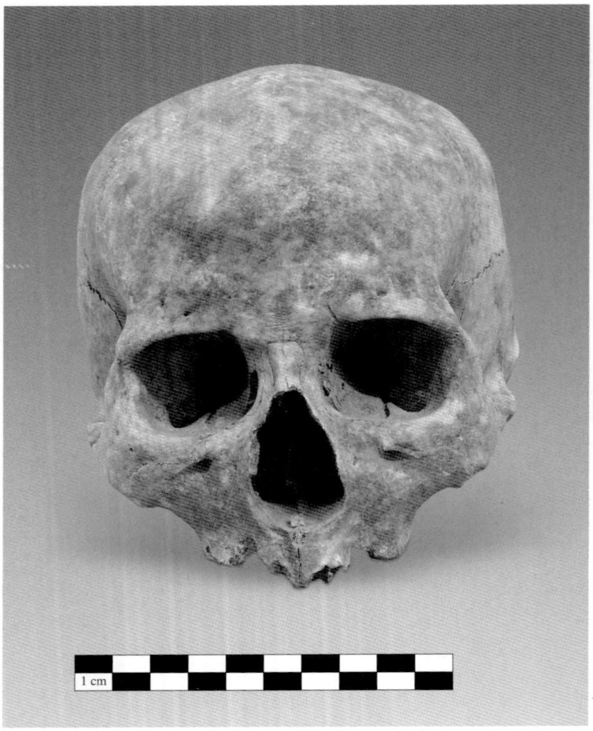

1. 正视

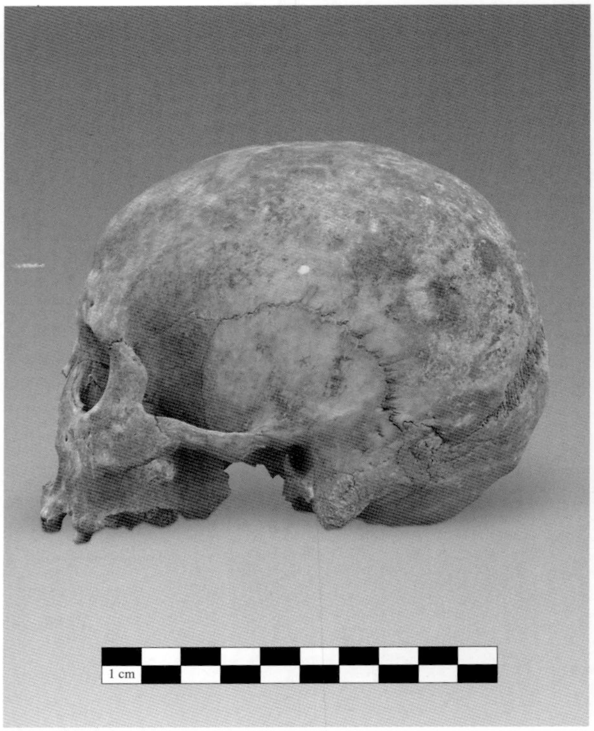

2. 侧视

3. 后视

4. 顶视

薛村颅骨汉代女性

（M65）

图版一七

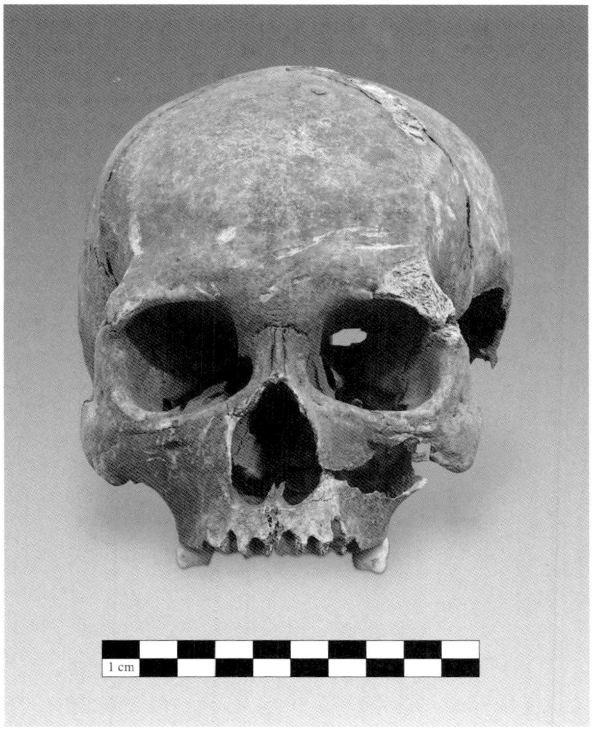

1. 正视

2. 侧视

3. 后视

4. 顶视

薛村颅骨汉代女性

(M77.5)

图版一八

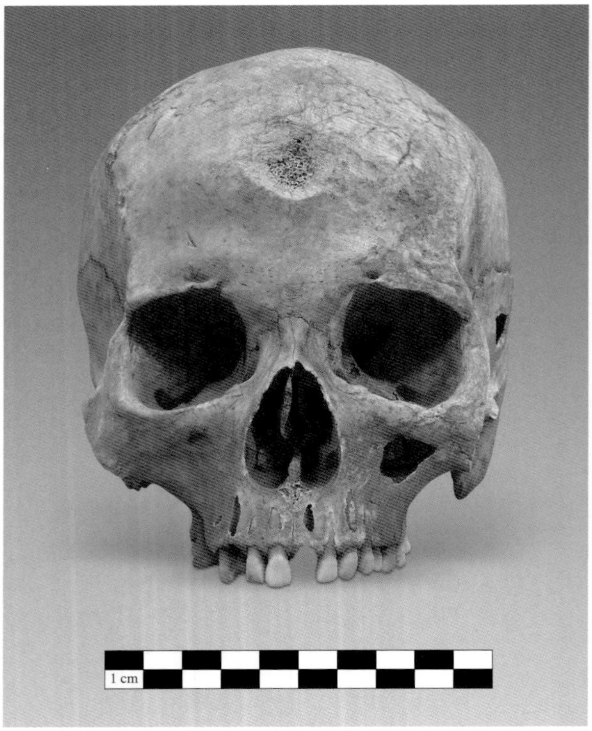

1. 正视

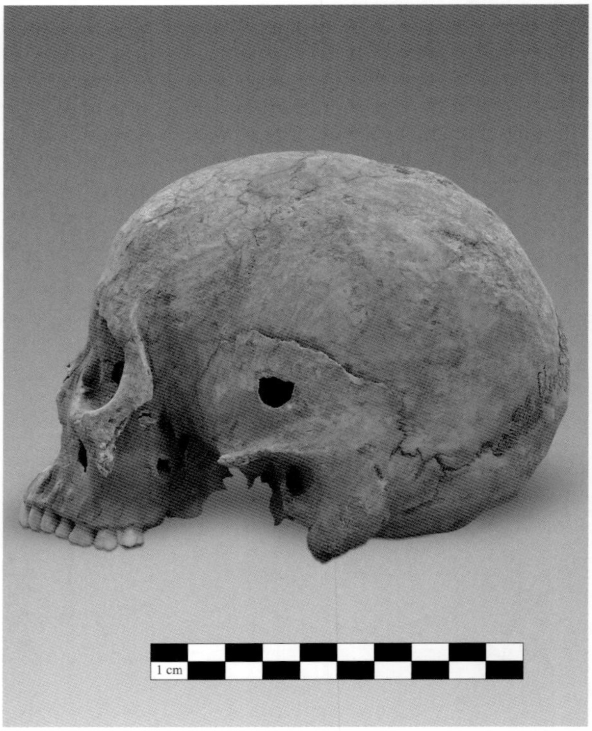

2. 侧视

3. 后视

4. 顶视

薛村颅骨汉代女性
（M2东墓室）

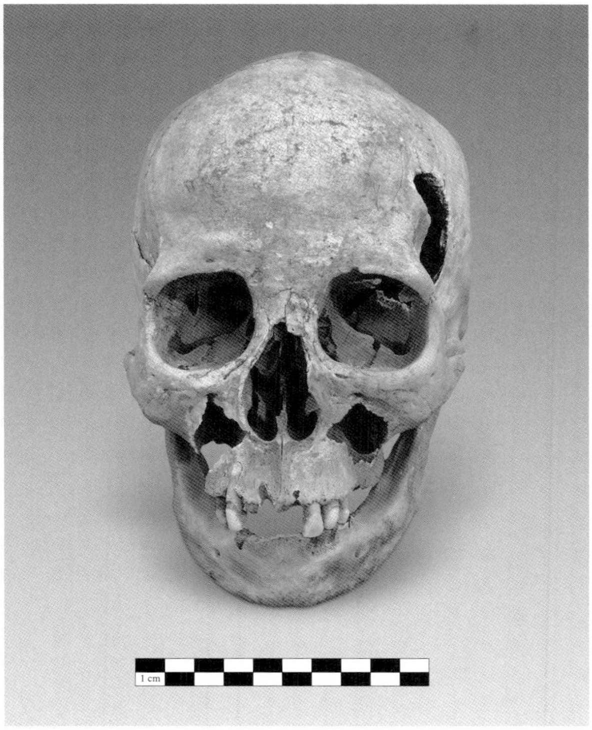

1. 正视

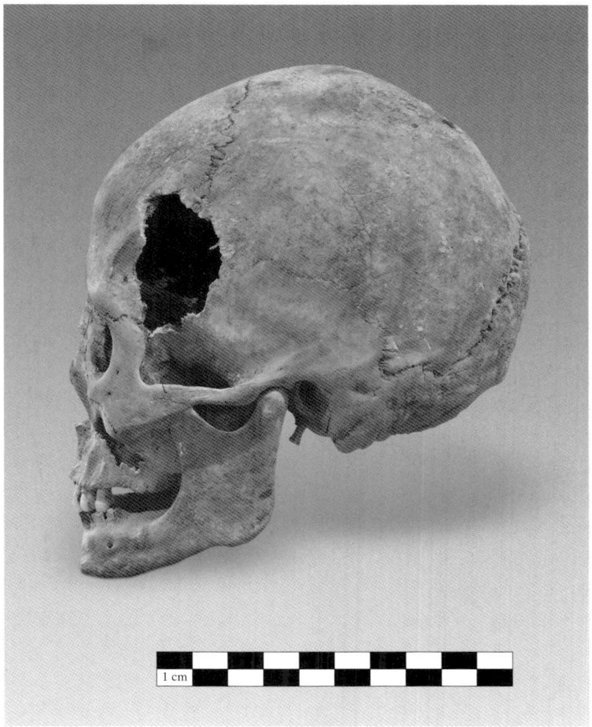

2. 侧视

3. 后视

4. 顶视

薛村颅骨汉代女性

（M243.2）

图版二〇

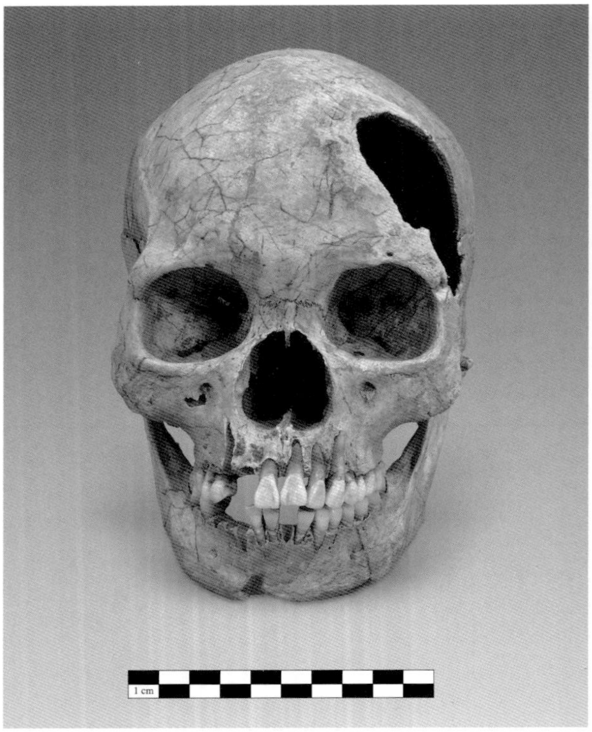

1. 正视

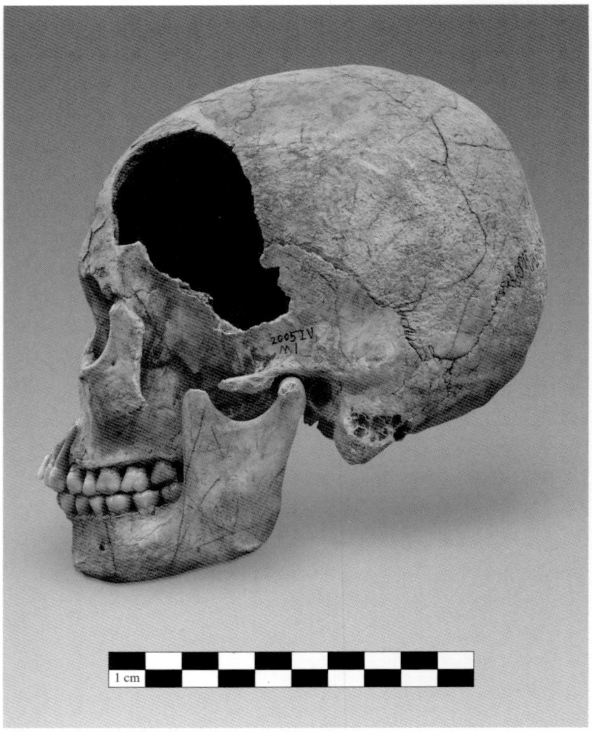

2. 侧视

3. 后视

4. 顶视

薛村颅骨汉代女性

(M1)

图版二一

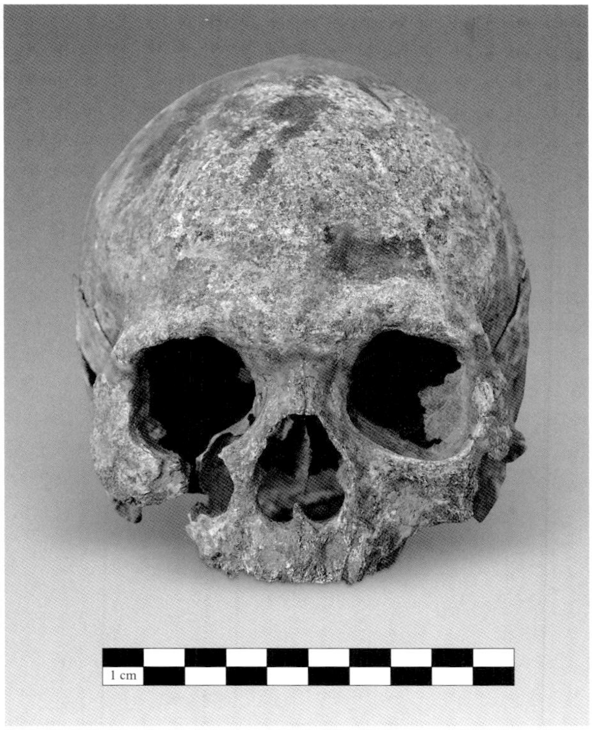

1. 正视

2. 侧视

3. 后视

4. 顶视

新郑颅骨汉代男性
（羚锐M6）

图版二二

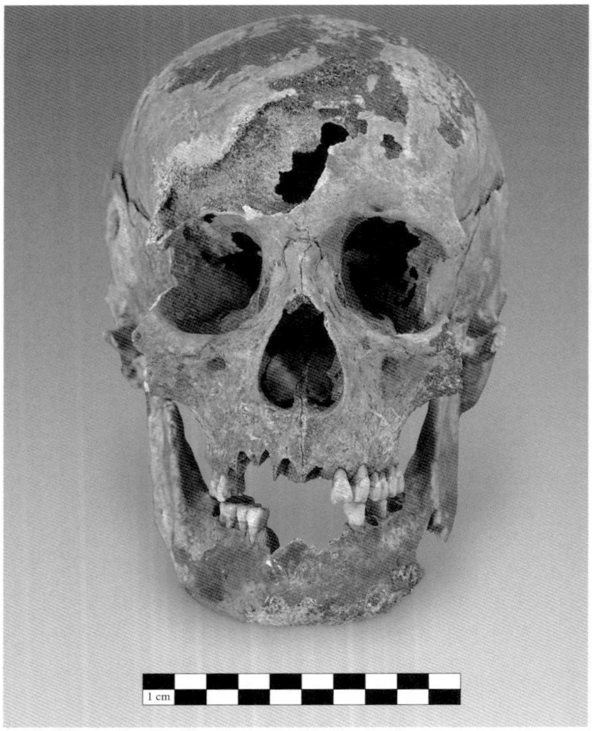

1. 正视

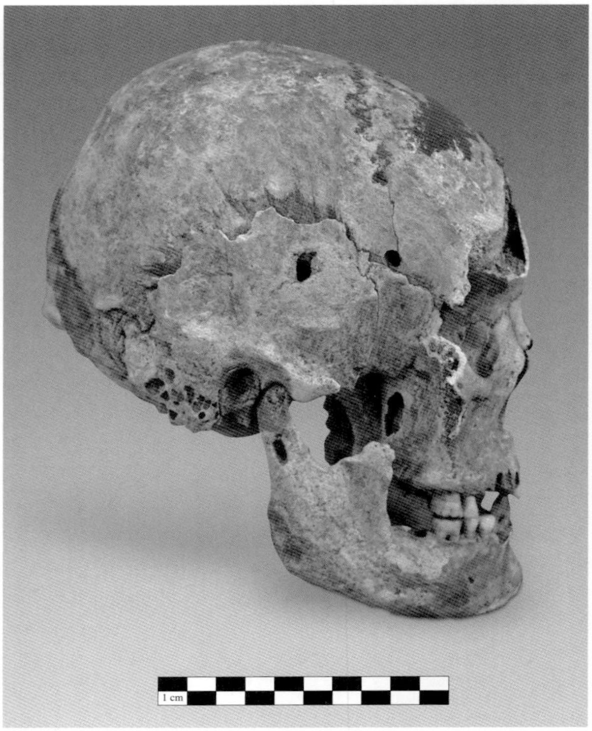

2. 侧视

3. 后视

4. 顶视

新郑颅骨汉代男性
（天成隔热M152）

1. 正视

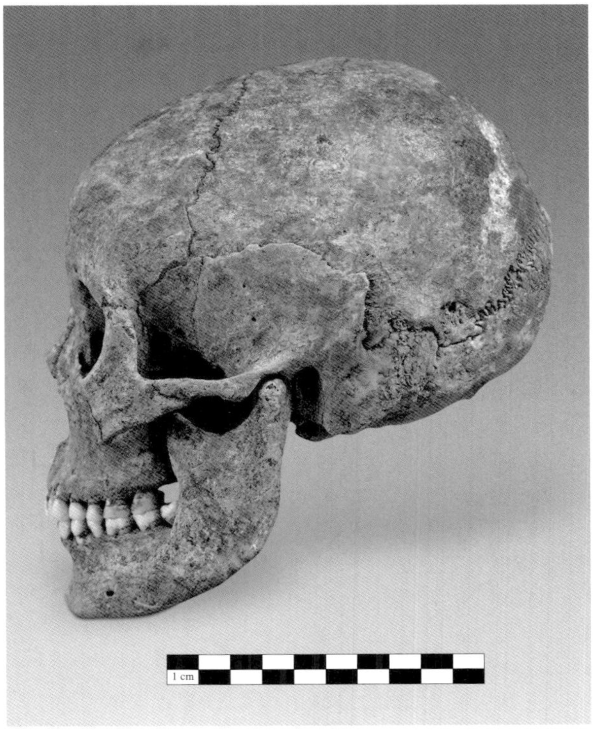

2. 侧视

3. 后视

4. 顶视

新郑颅骨汉代女性

（弓刘庄M5）

图版二四

1. 正视

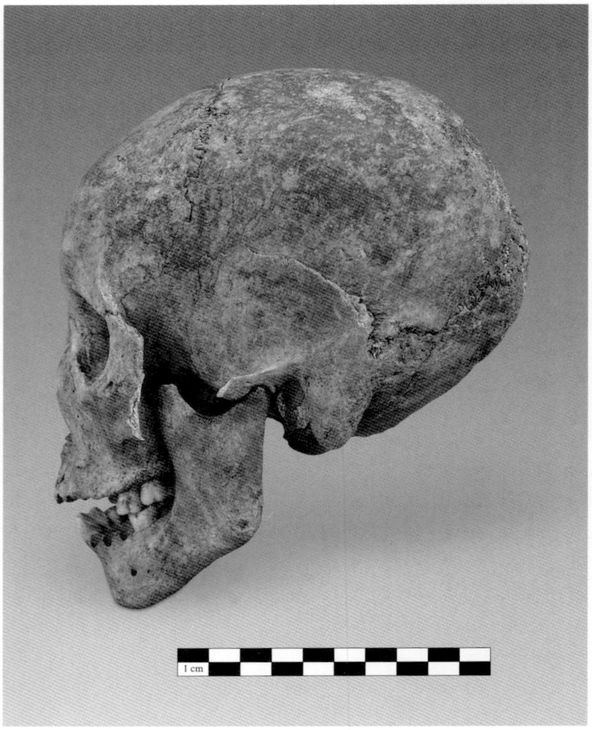

2. 侧视

3. 后视

4. 顶视

新郑颅骨汉代女性

（羚锐M7）

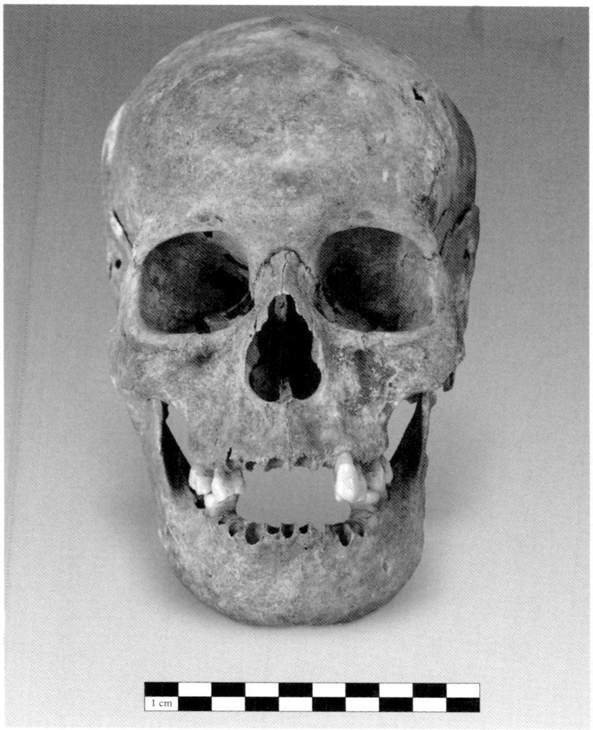

1. 正视

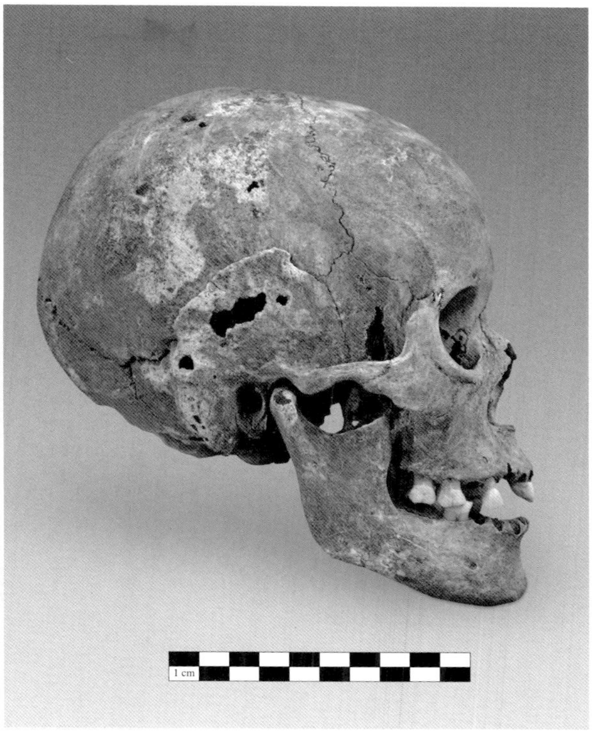

2. 侧视

3. 后视

4. 顶视

新郑颅骨汉代女性
(天成隔热M39)

图版二六

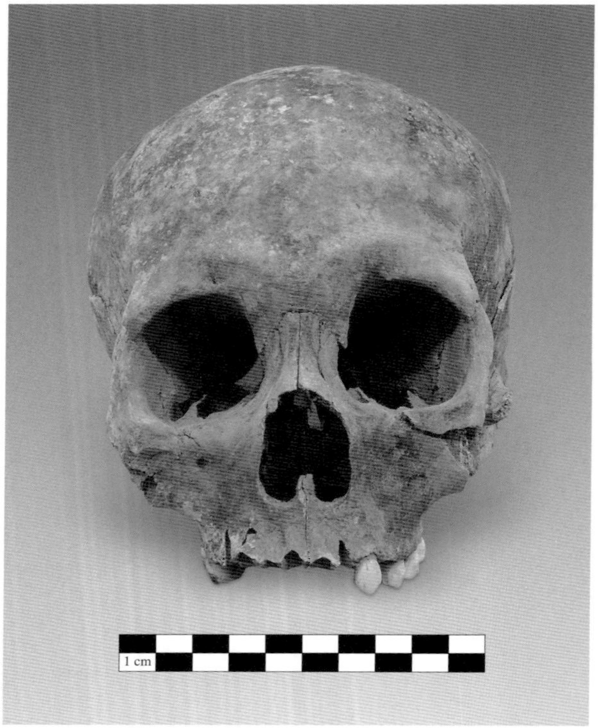

1. 正视

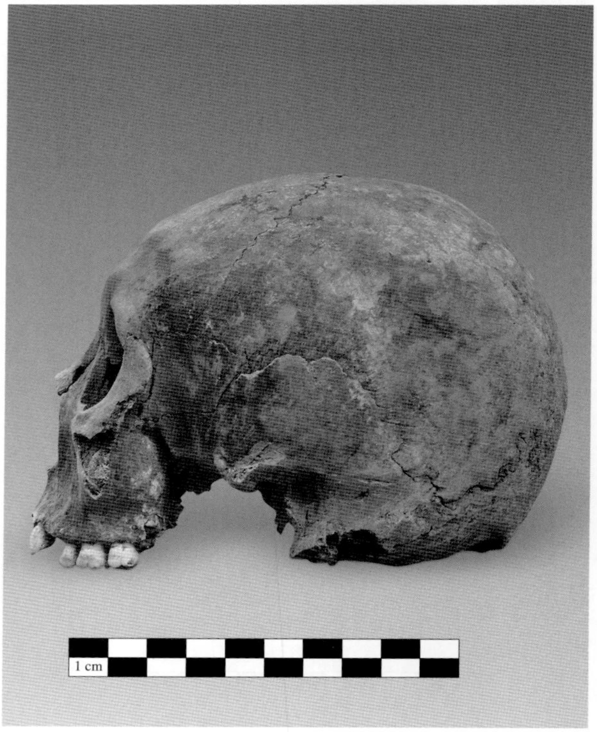

2. 侧视

3. 后视

4. 顶视

薛村颅骨唐代男性

(M36)

图版二七

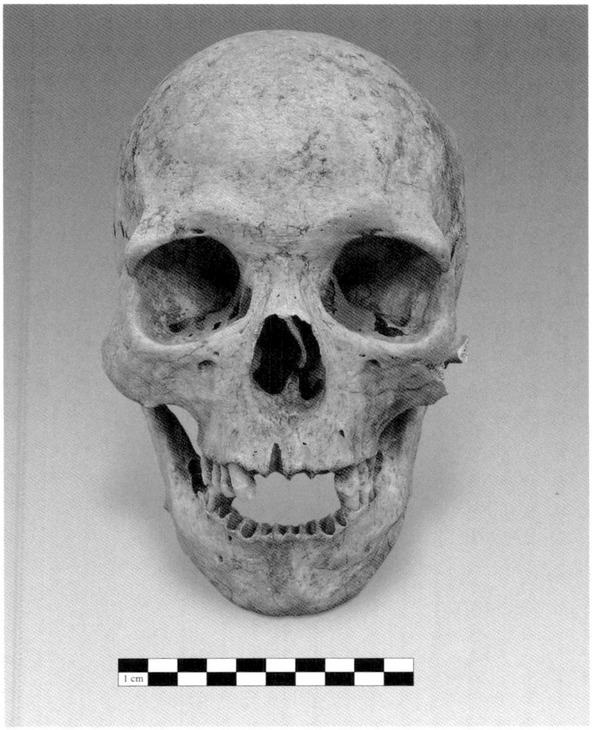

1. 正视

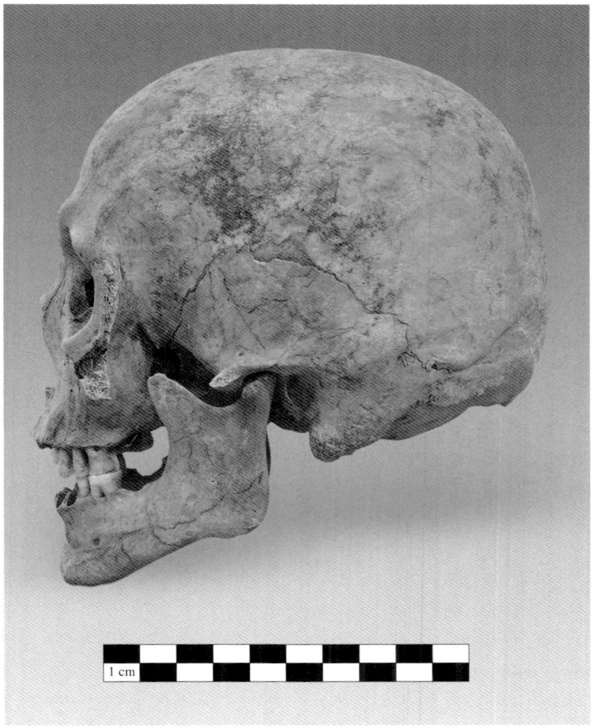

2. 侧视

3. 后视

4. 顶视

薛村颅骨唐代男性

（M100）

图版二八

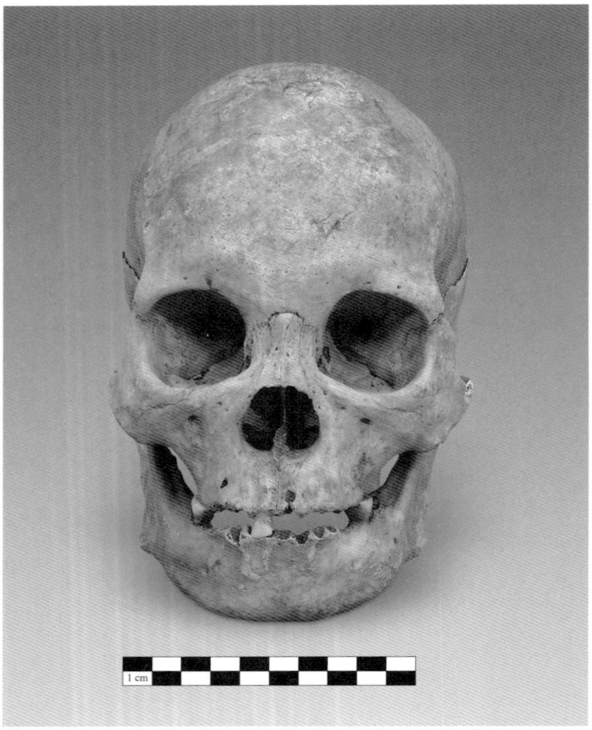

1. 正视

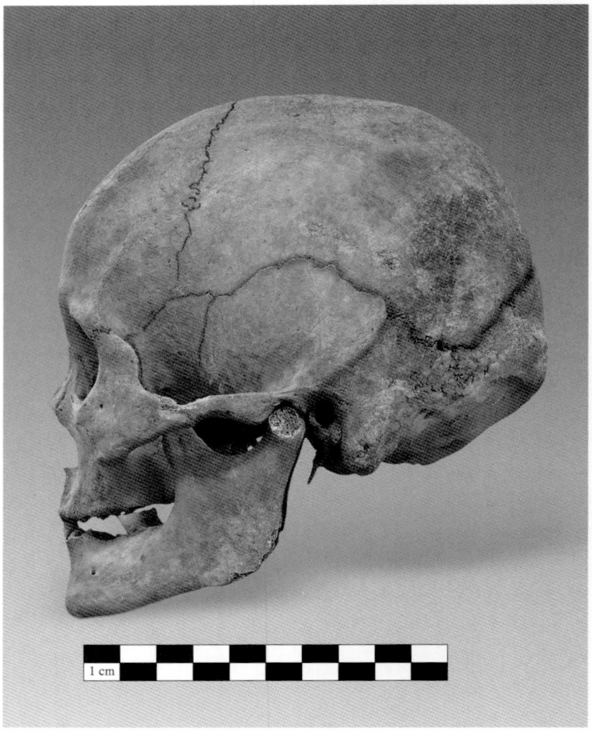

2. 侧视

3. 后视

4. 顶视

薛村颅骨唐代男性
(M112)

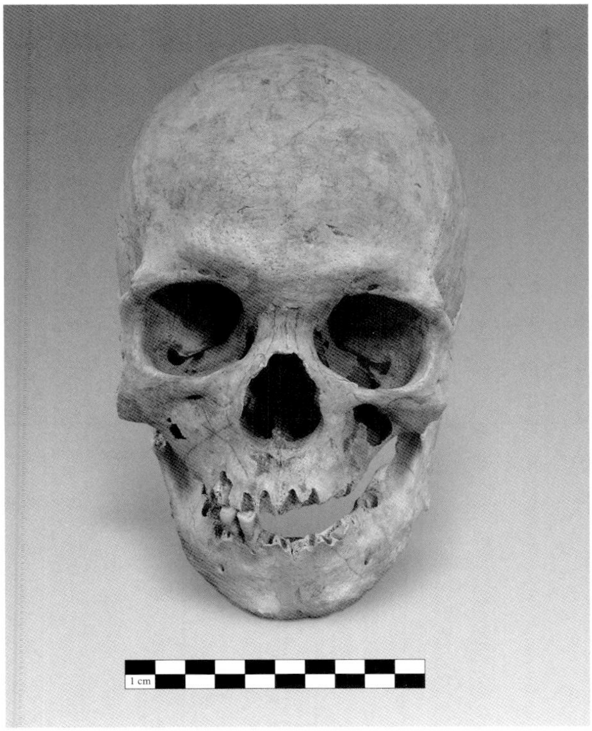

1. 正视

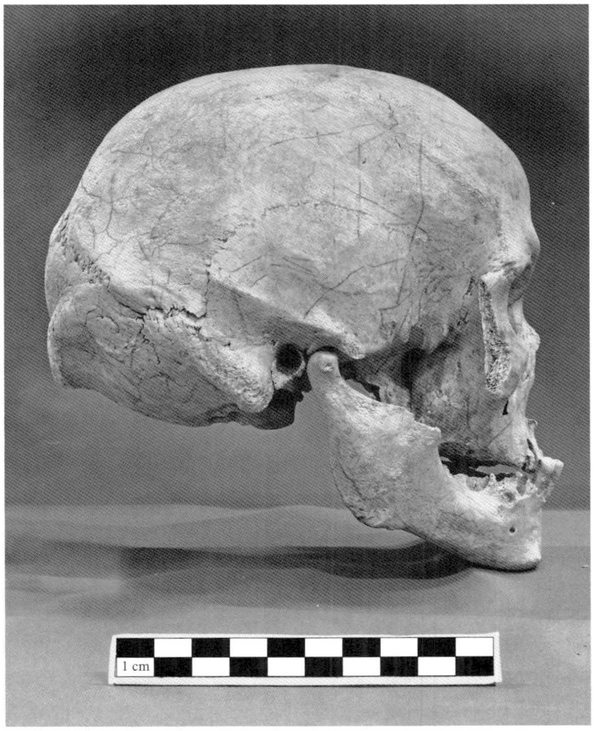

2. 侧视

3. 后视

4. 顶视

薛村颅骨唐代男性
（M164中间）

图版三〇

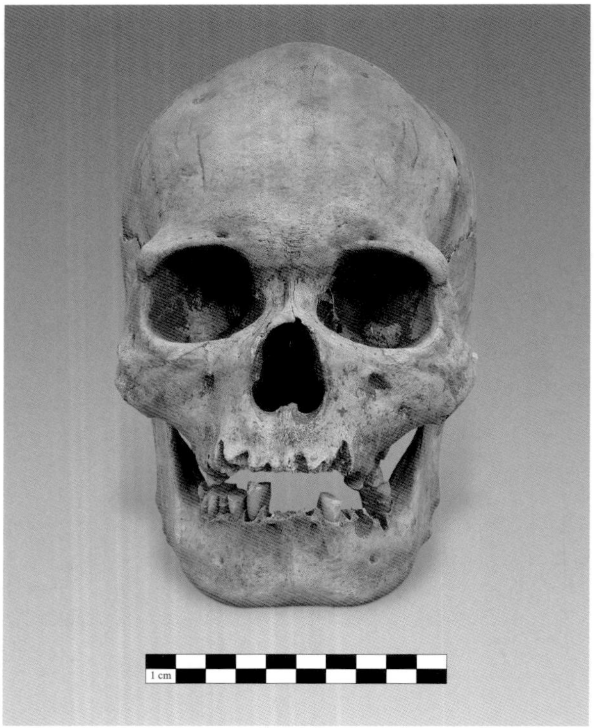

1. 正视

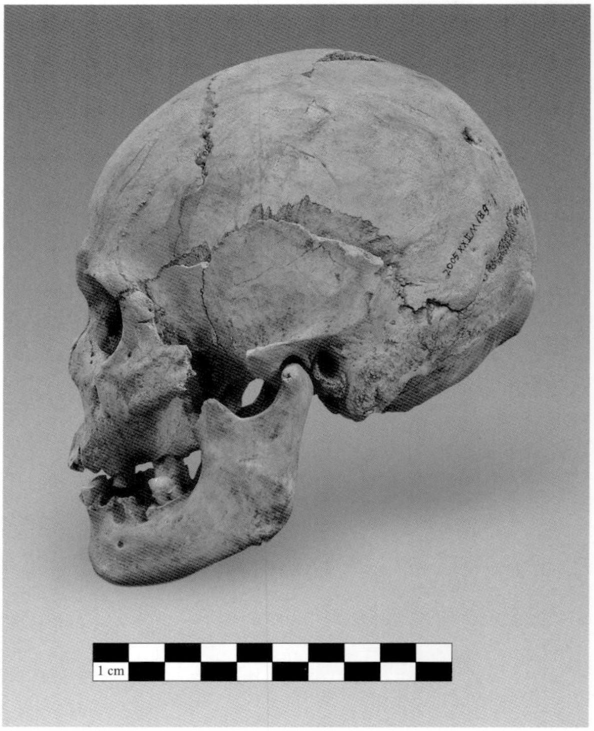

2. 侧视

3. 后视

4. 顶视

薛村颅骨唐代男性

(M189.1)

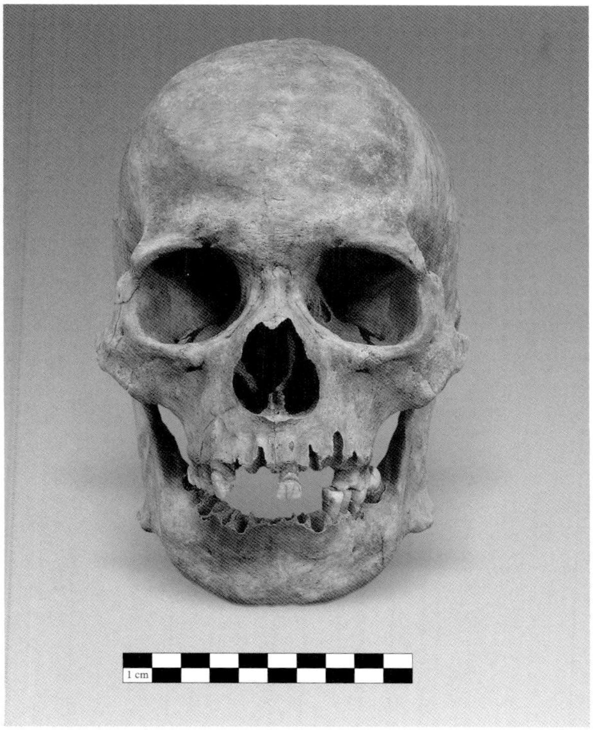

1. 正视

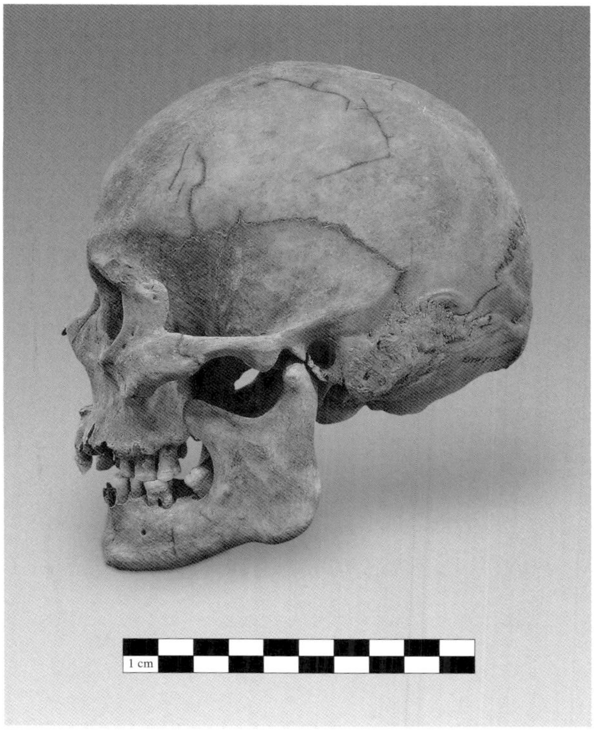

2. 侧视

3. 后视

4. 顶视

薛村颅骨唐代男性
(M253)

图版三二

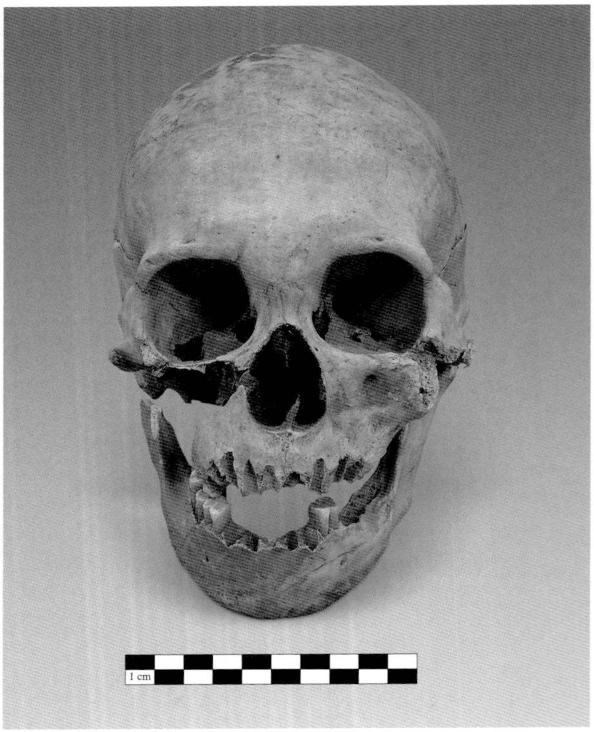

1. 正视

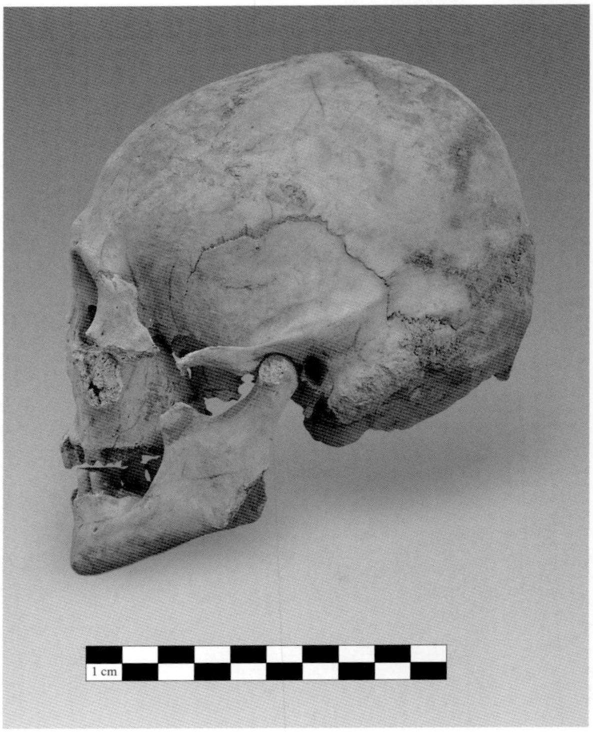

2. 侧视

3. 后视

4. 顶视

薛村颅骨唐代男性
（M2东）

图版三三

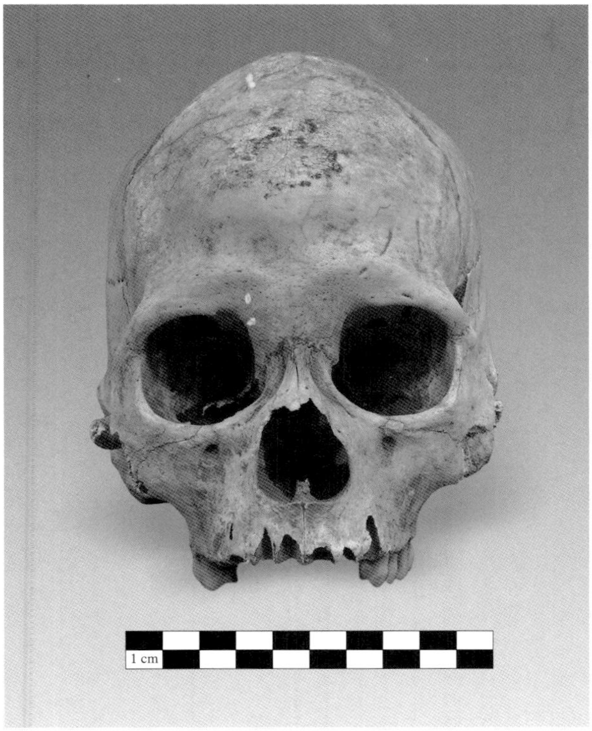

1. 正视

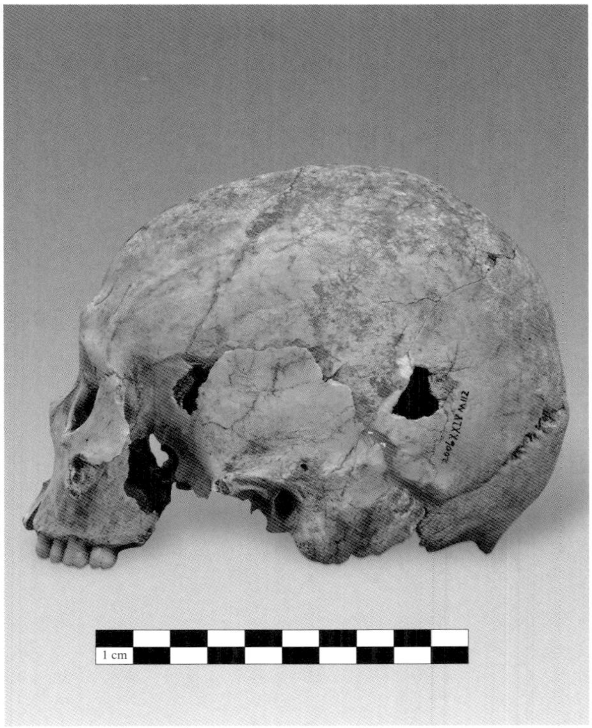

2. 侧视

3. 后视

4. 顶视

薛村颅骨唐代男性
（M112）

图版三四

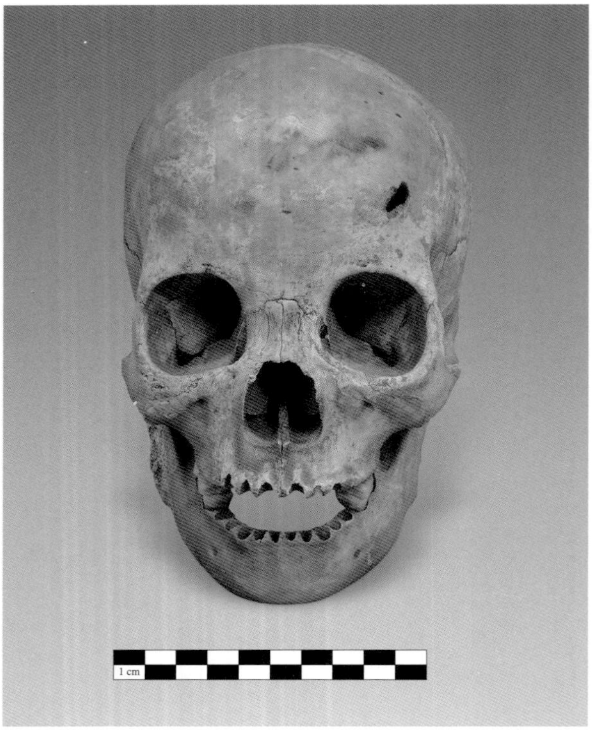

1. 正视

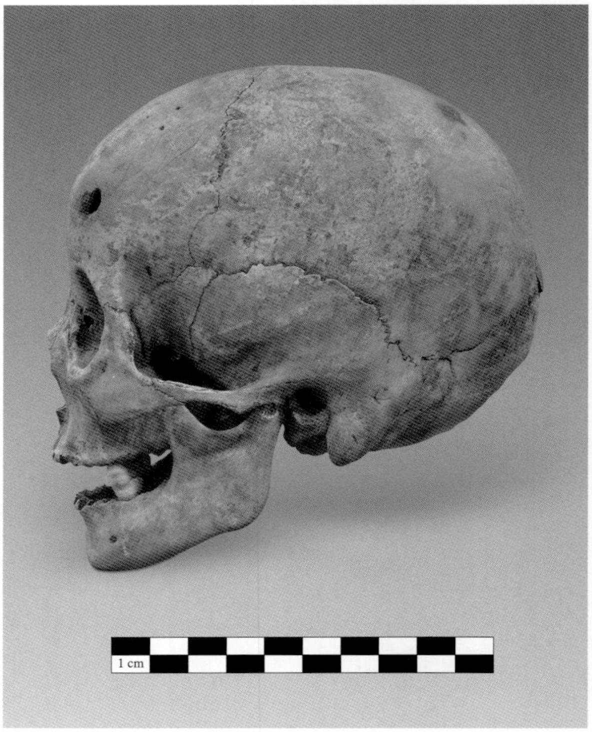

2. 侧视

3. 后视

4. 顶视

薛村颅骨唐代女性
(M68)

图版三五

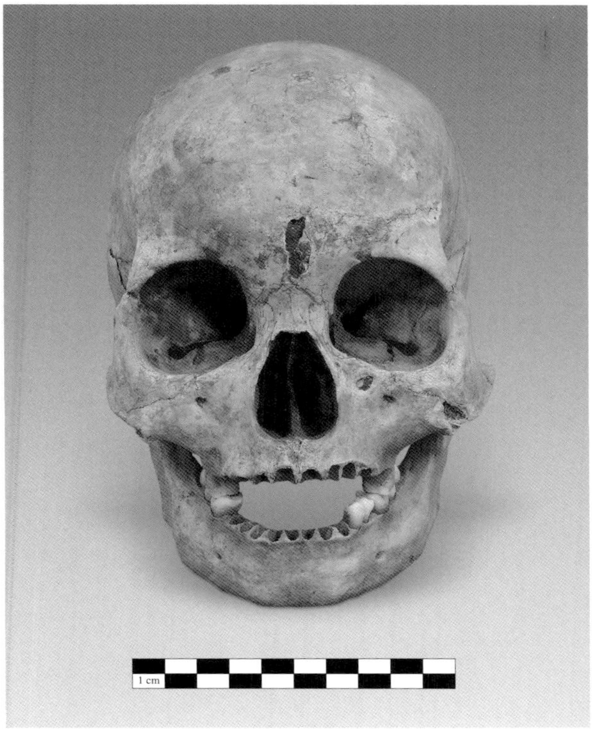

1. 正视

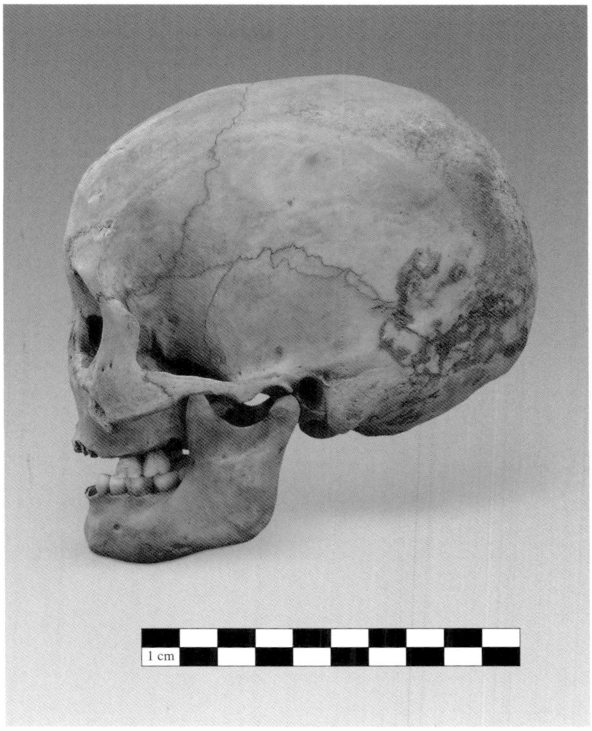

2. 侧视

3. 后视

4. 顶视

薛村颅骨唐代女性

（M88）

图版三六

1. 正视

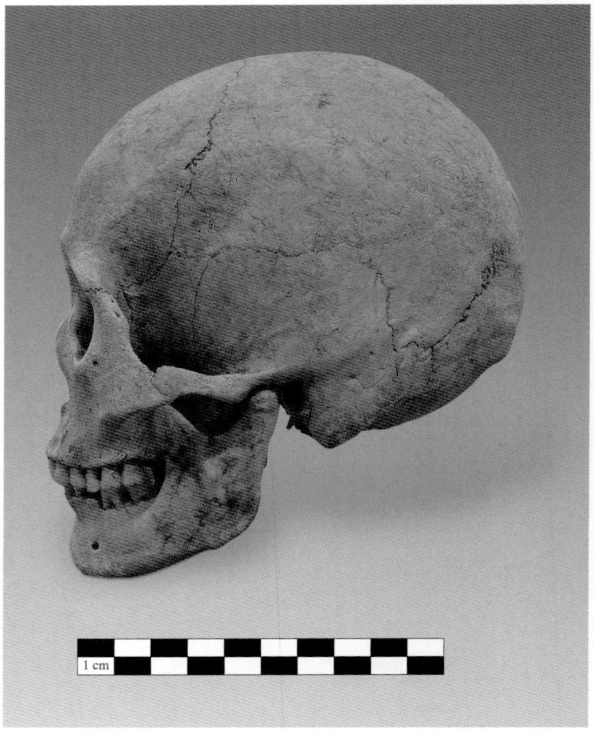

2. 侧视

3. 后视

4. 顶视

薛村颅骨唐代女性
(M121)

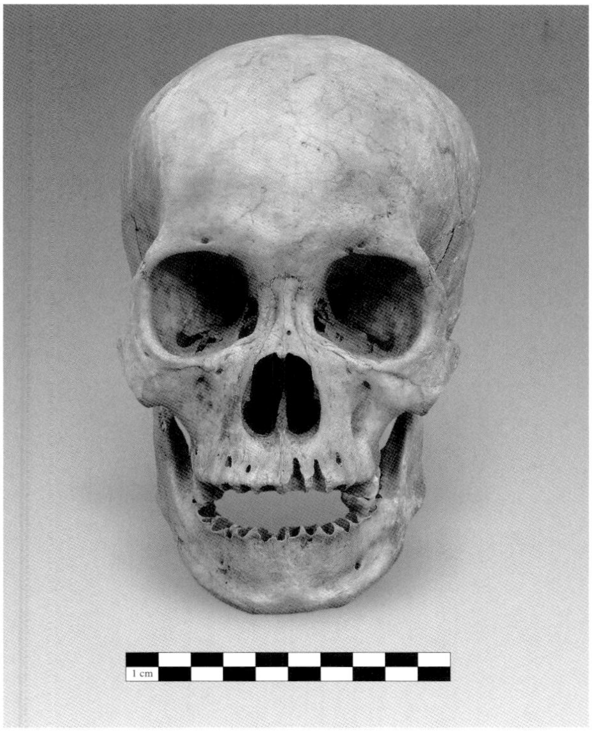

1. 正视

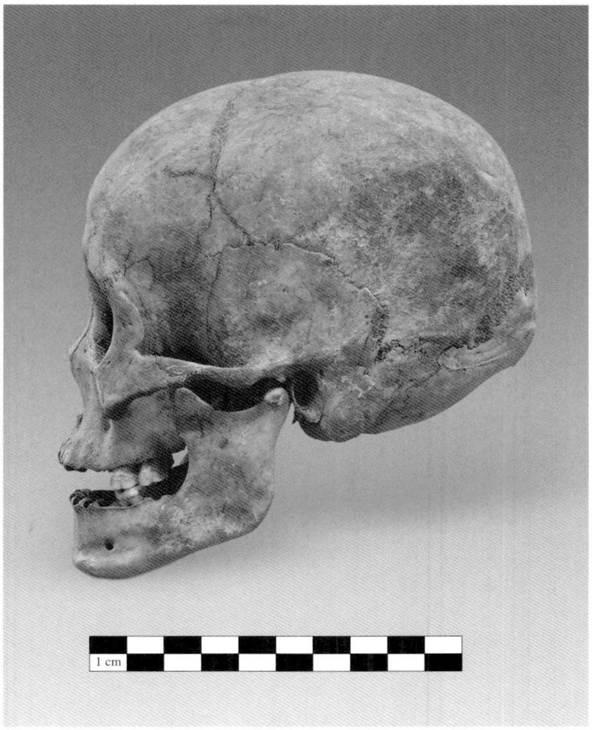

2. 侧视

3. 后视

4. 顶视

薛村颅骨唐代女性
(M123墓道填土)

图版三八

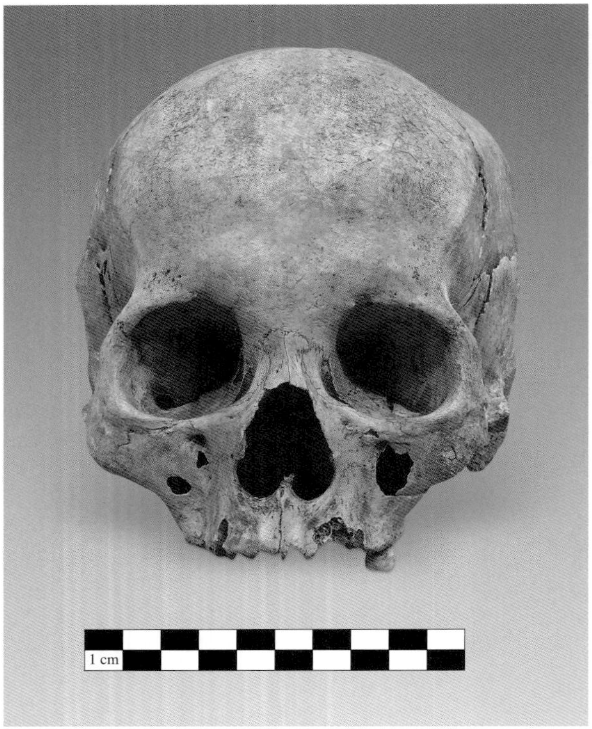

1. 正视

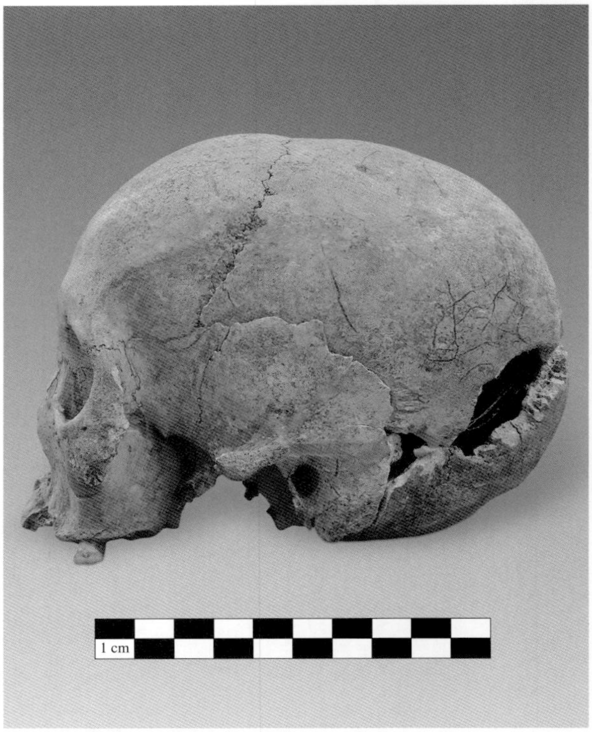

2. 侧视

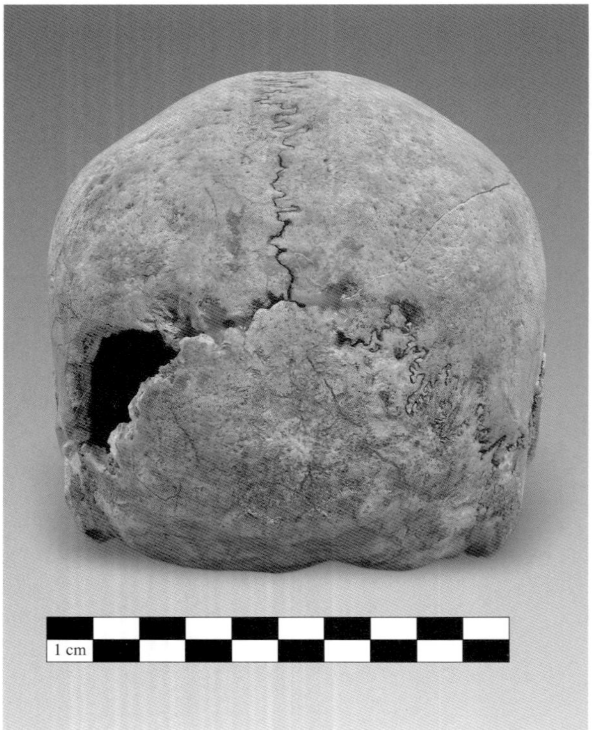

3. 后视

4. 顶视

薛村颅骨唐代女性

(M164右)

图版三九

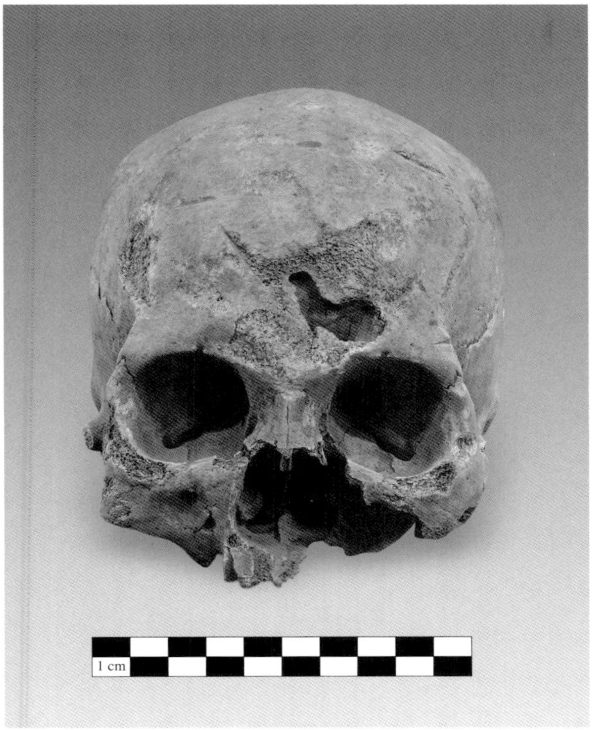

1. 正视

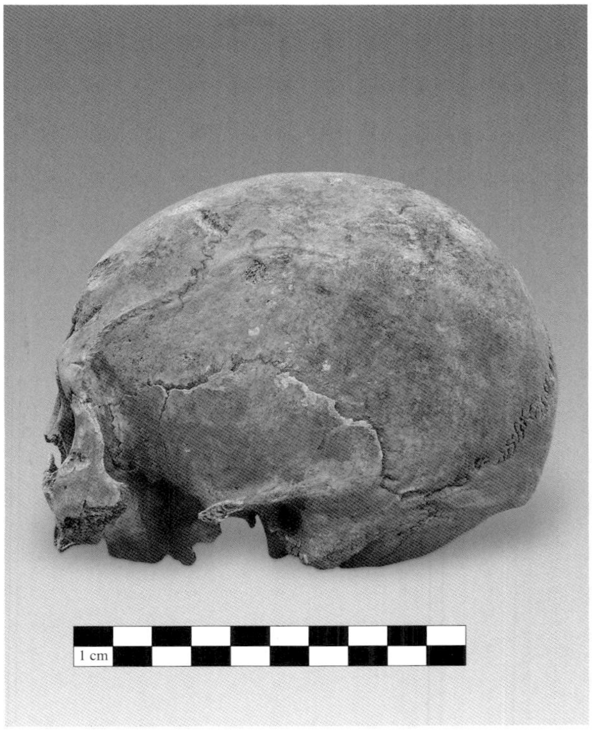

2. 侧视

3. 后视

4. 顶视

薛村颅骨唐代女性
（M233西）

图版四〇

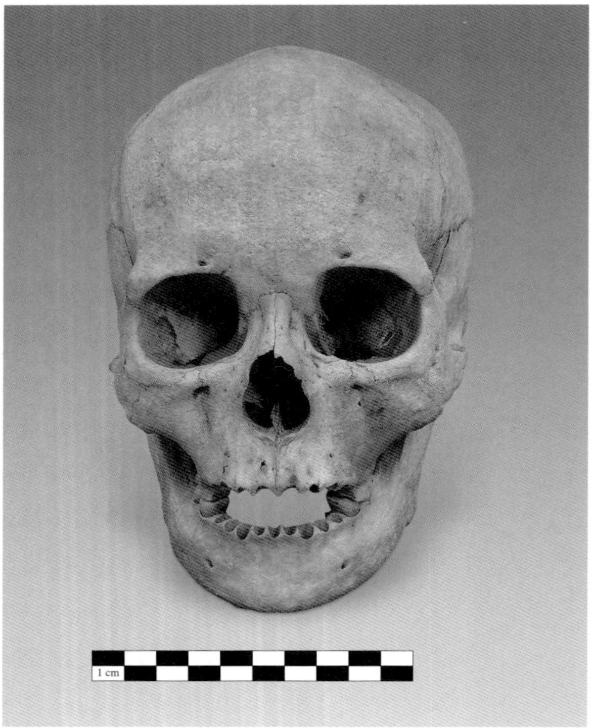

1. 正视

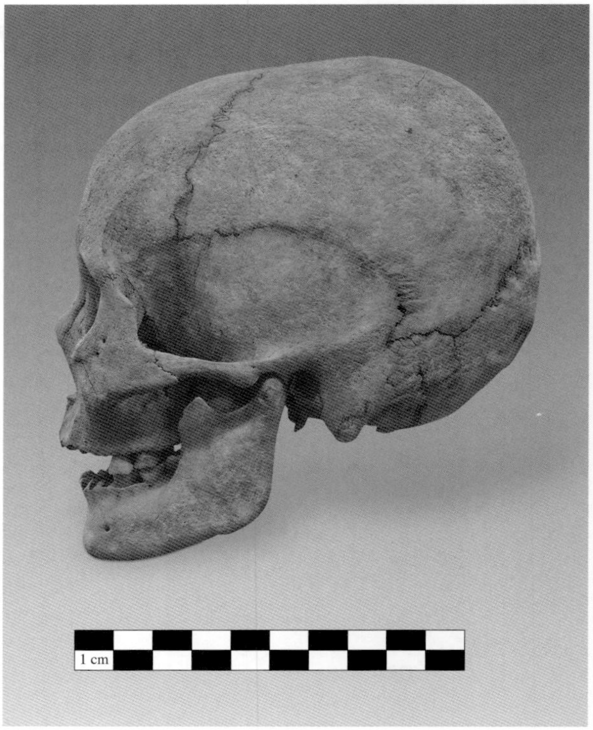

2. 侧视

3. 后视

4. 顶视

薛村颅骨唐代女性
(M263)

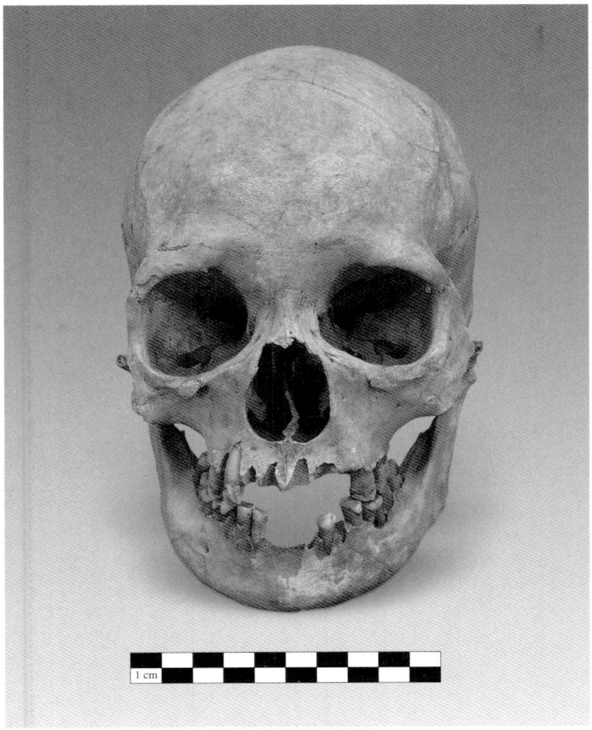

1. 正视

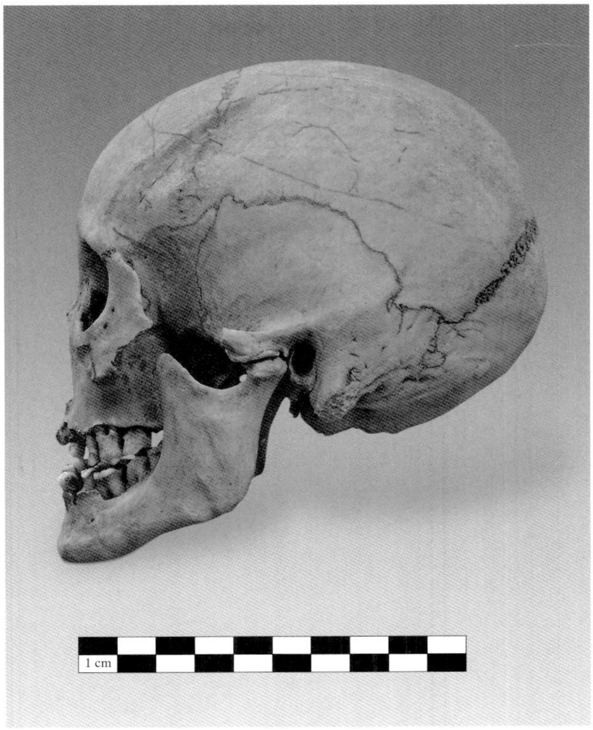

2. 侧视

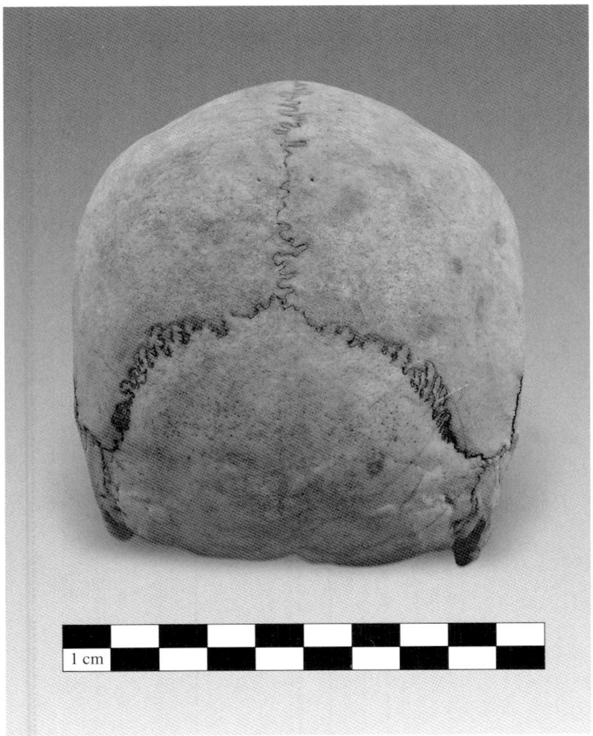

3. 后视

4. 顶视

薛村颅骨唐代女性
(M2西)

图版四二

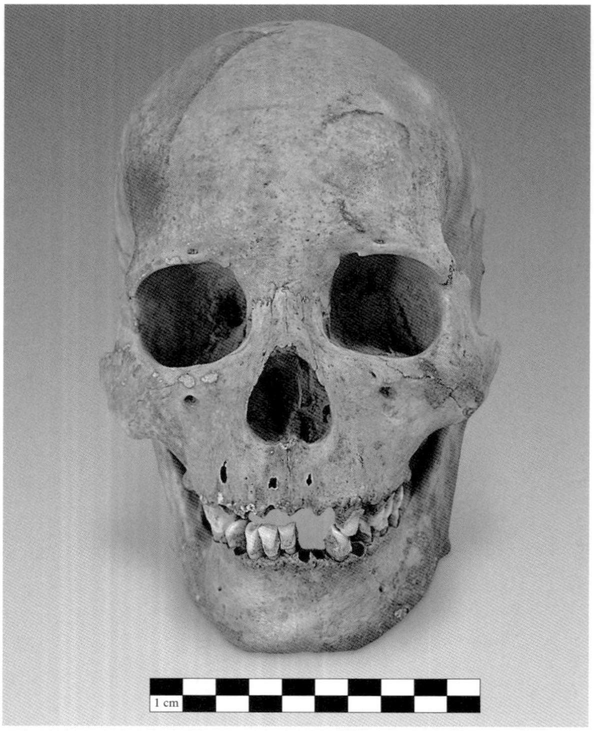

1. 正视

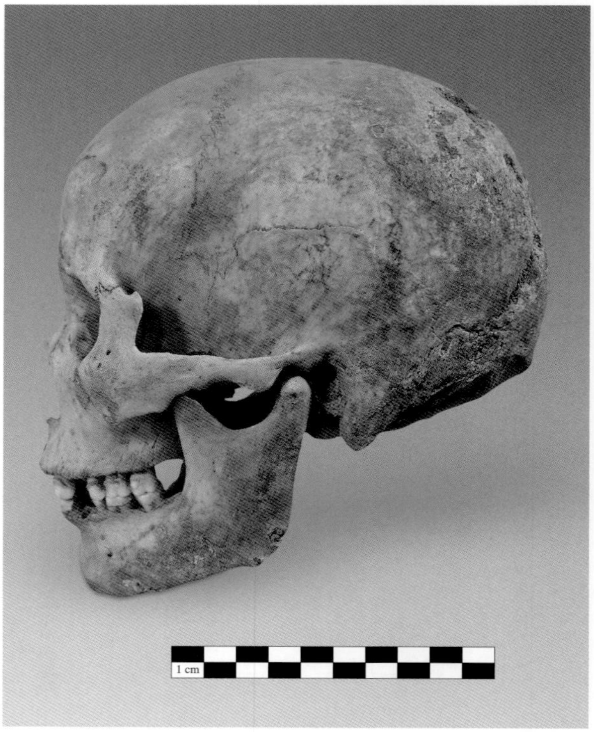

2. 侧视

3. 后视

4. 顶视

新郑颅骨唐代男性
（宏基M17左侧）

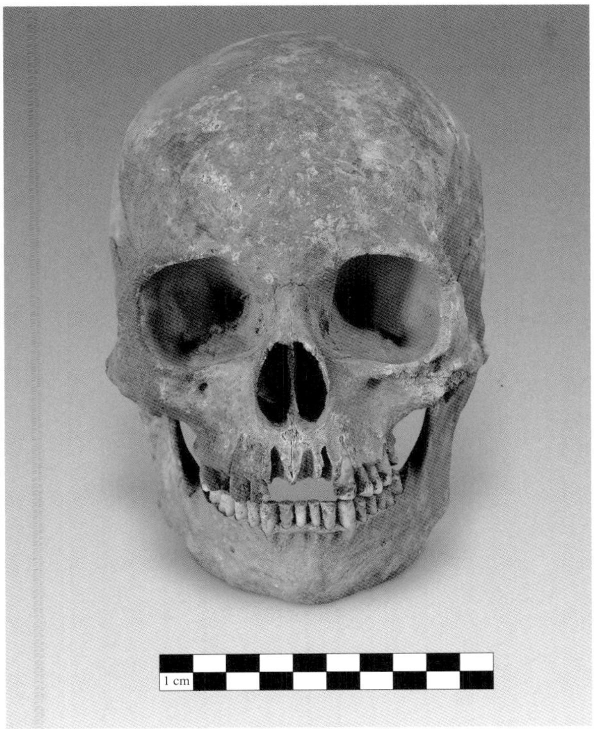

1. 正视

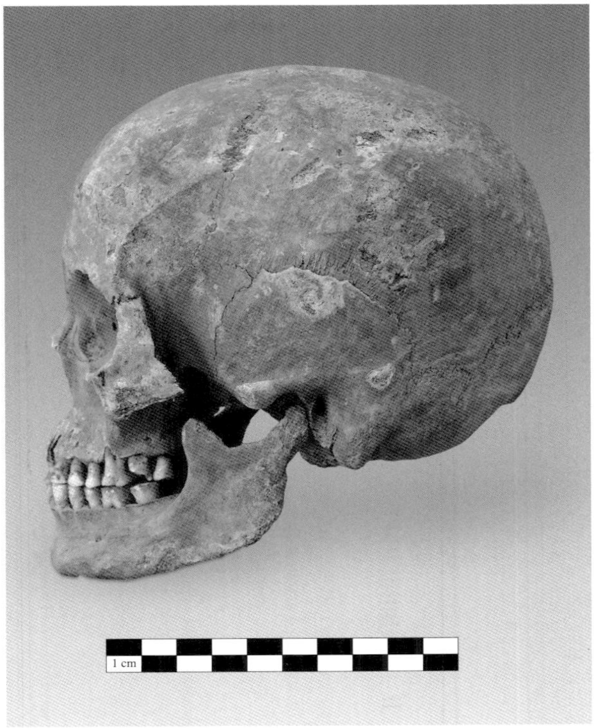

2. 侧视

3. 后视

4. 顶视

新郑颅骨唐代女性

（宏基M17右侧）

图版四四

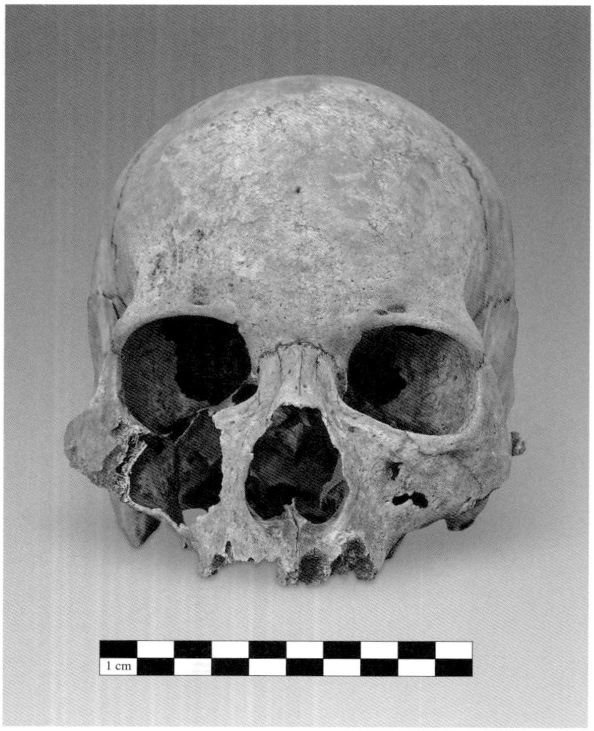

1. 正视

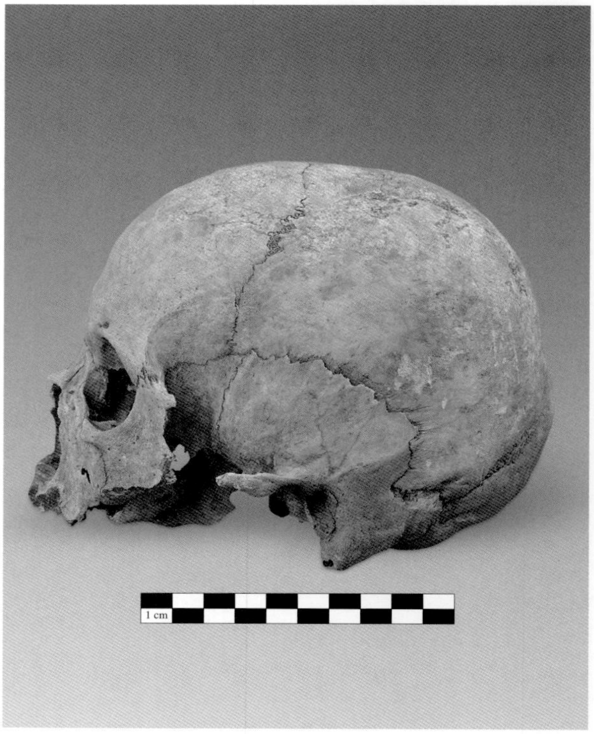

2. 侧视

3. 后视

4. 顶视

新郑颅骨宋代男性
（防疫站M13）

图版四五

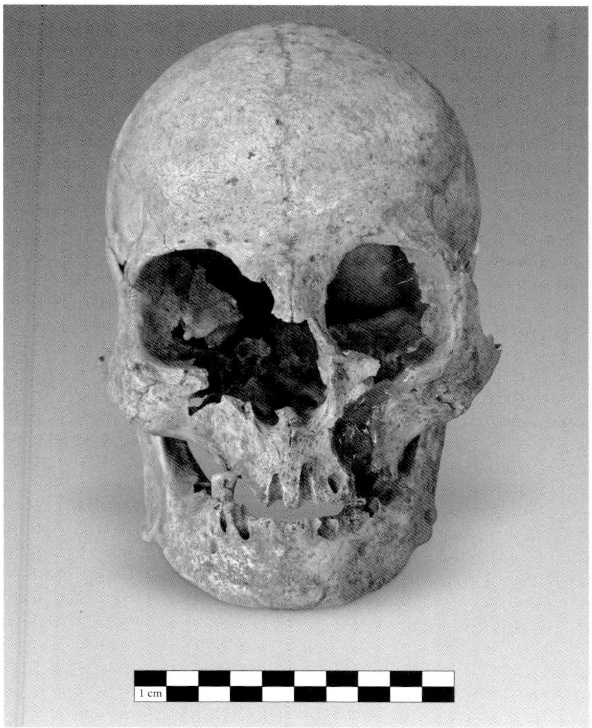

1. 正视

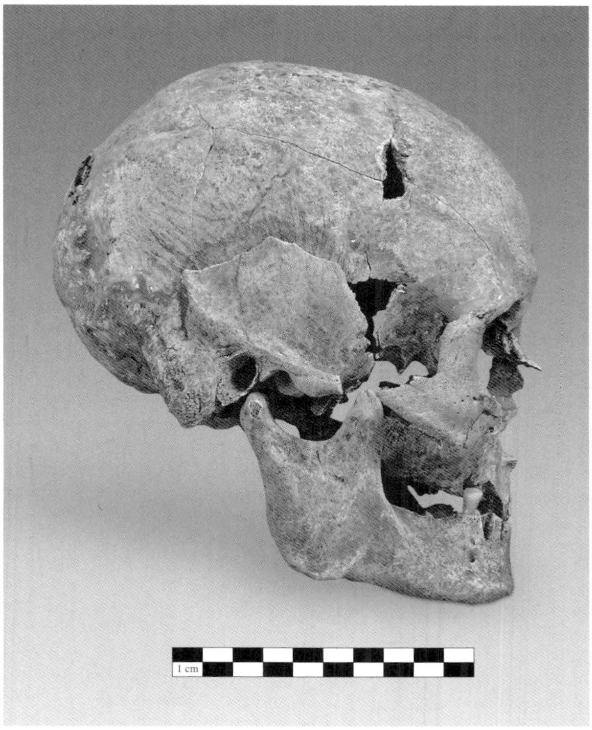

2. 侧视

3. 后视

4. 顶视

新郑颅骨宋代男性
（华联M50）

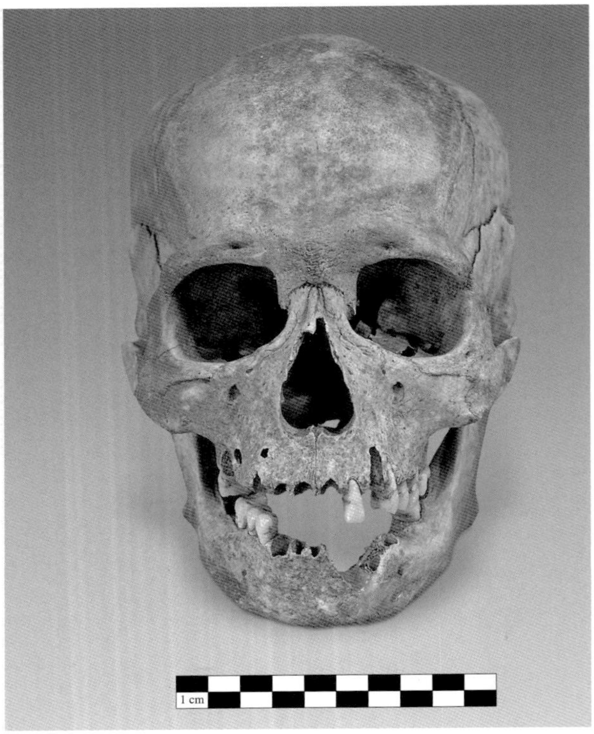

1. 正视

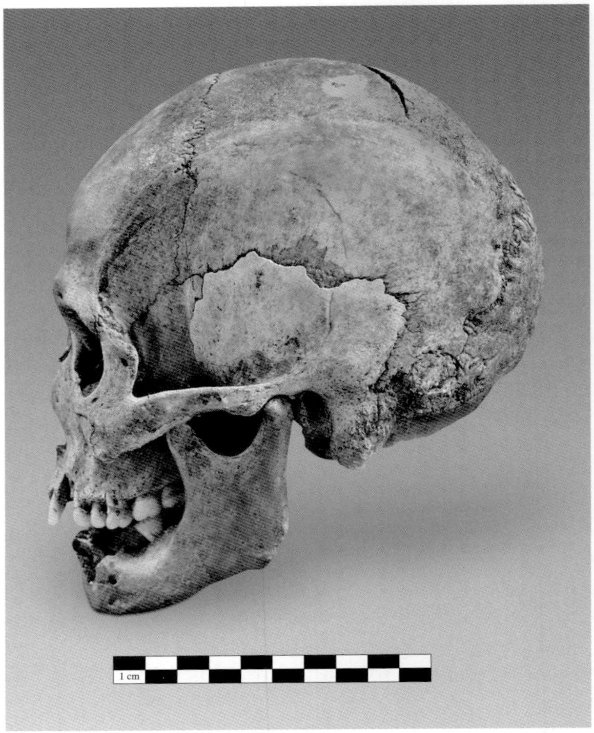

2. 侧视

3. 后视

4. 顶视

新郑颅骨宋代男性
（华联M100）

图版四七

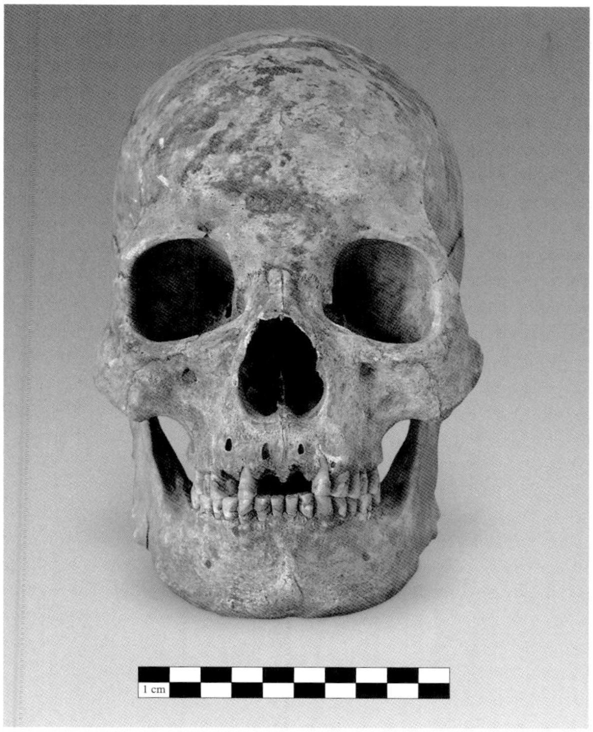

1. 正视

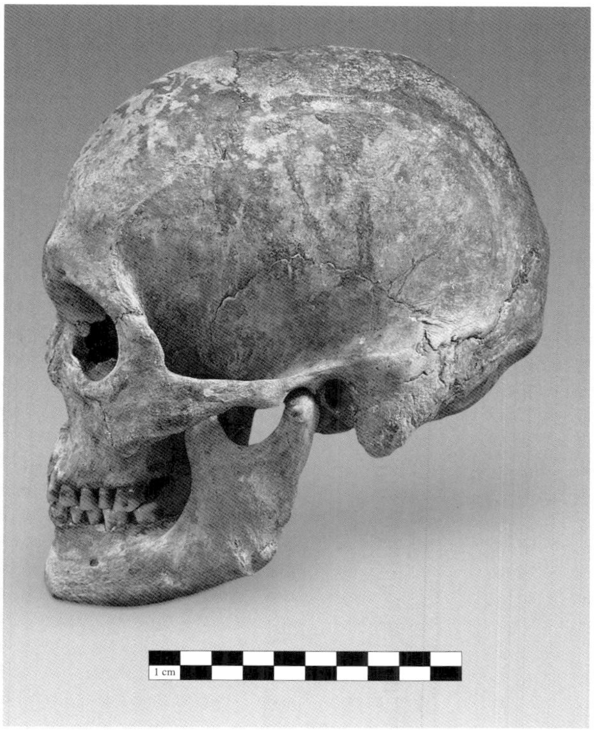

2. 侧视

3. 后视

4. 顶视

新郑颅骨宋代男性
（羚锐M2南侧）

图版四八

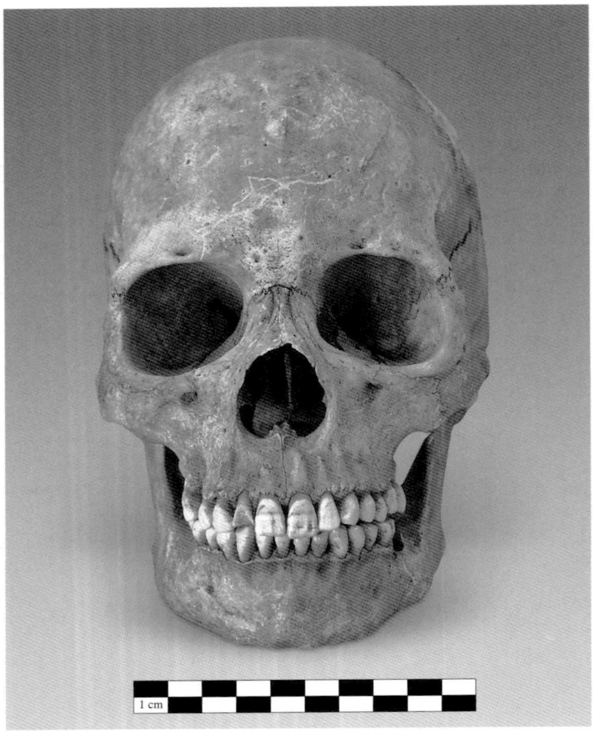

1. 正视

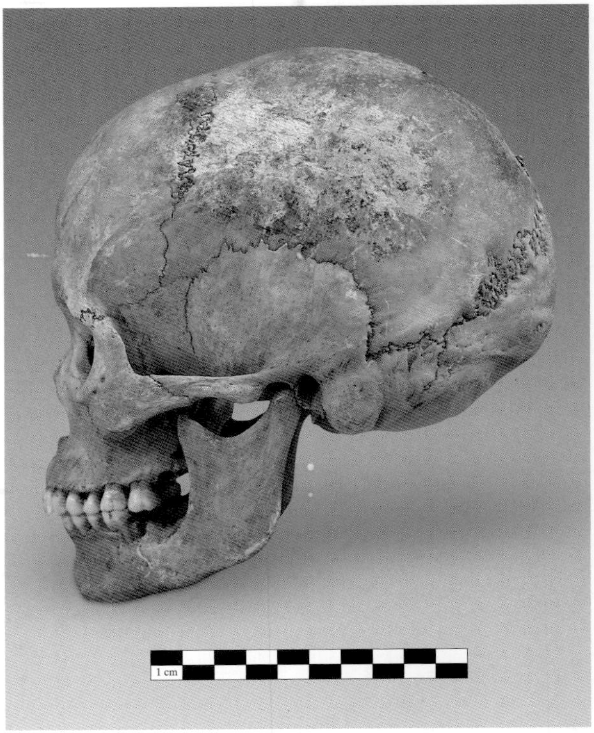

2. 侧视

3. 后视

4. 顶视

新郑颅骨宋代女性
(防疫站M15)

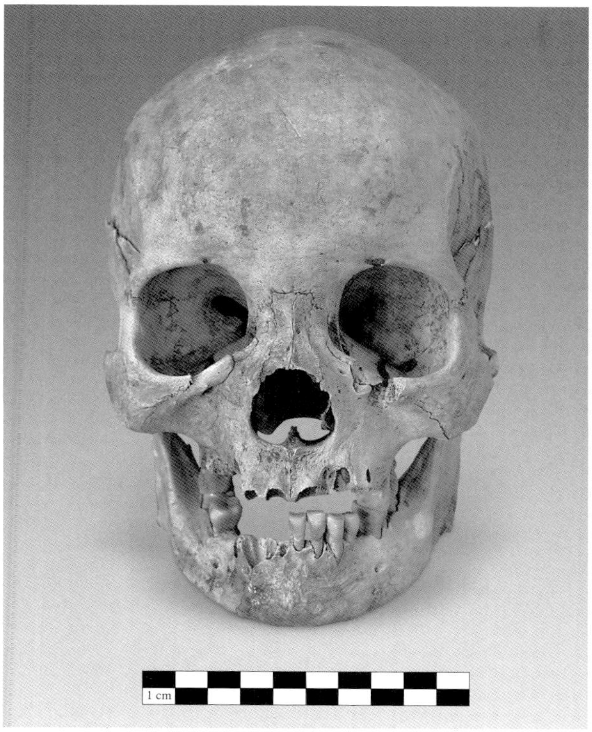

1. 正视

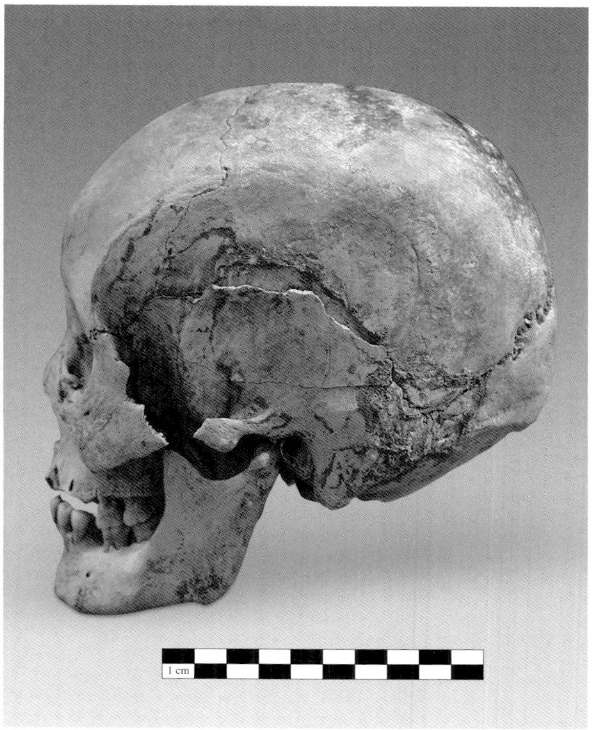

2. 侧视

3. 后视

4. 顶视

新郑颅骨宋代女性

（防疫站M17右东）

图版五〇

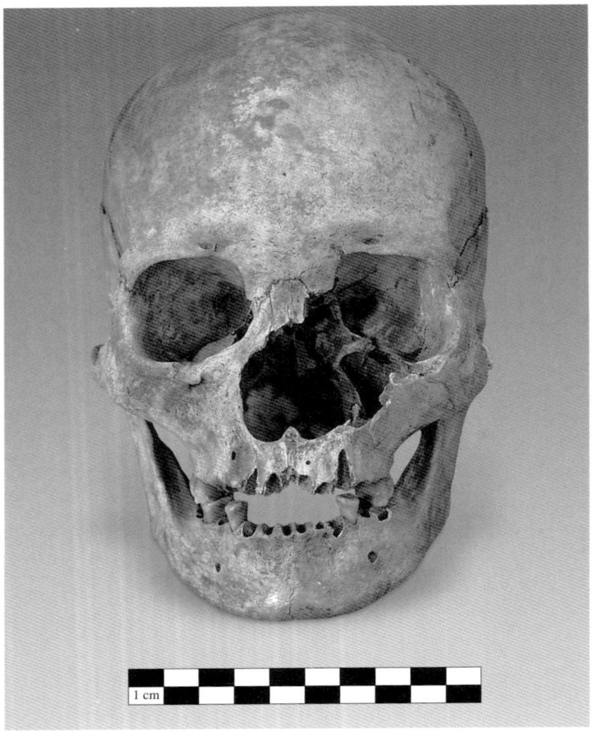

1. 正视

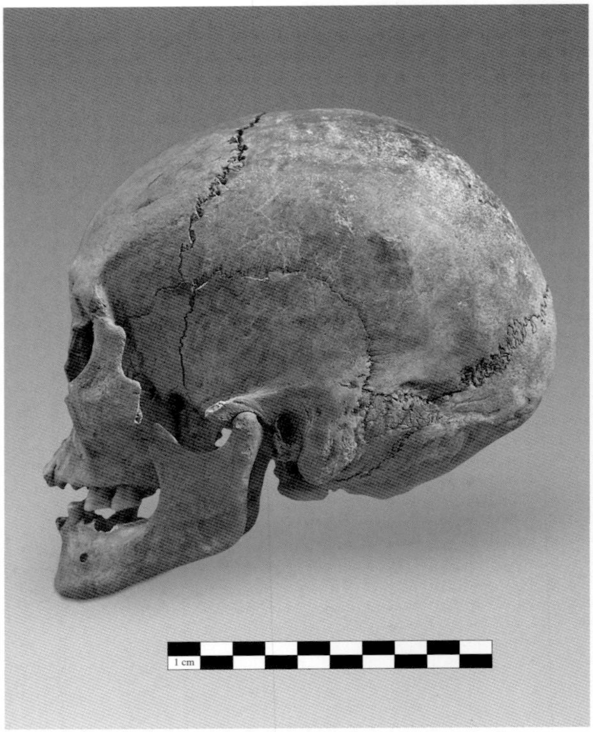

2. 侧视

3. 后视

4. 顶视

新郑颅骨宋代女性

(华联M3)

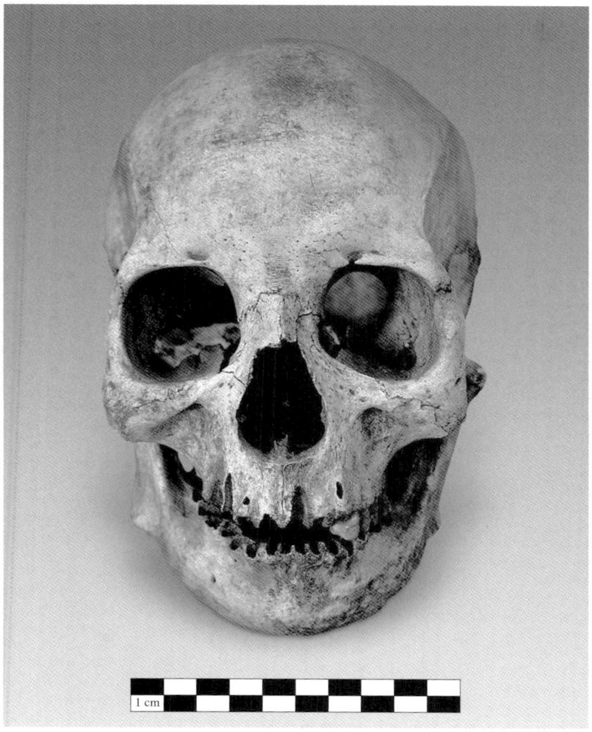

1. 正视

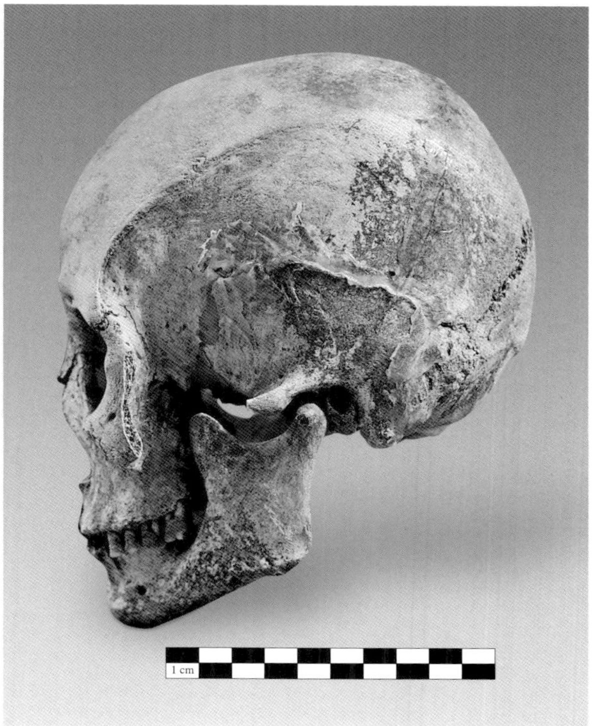

2. 侧视

3. 后视

4. 顶视

新郑颅骨宋代女性
（华联M62）

图版五二

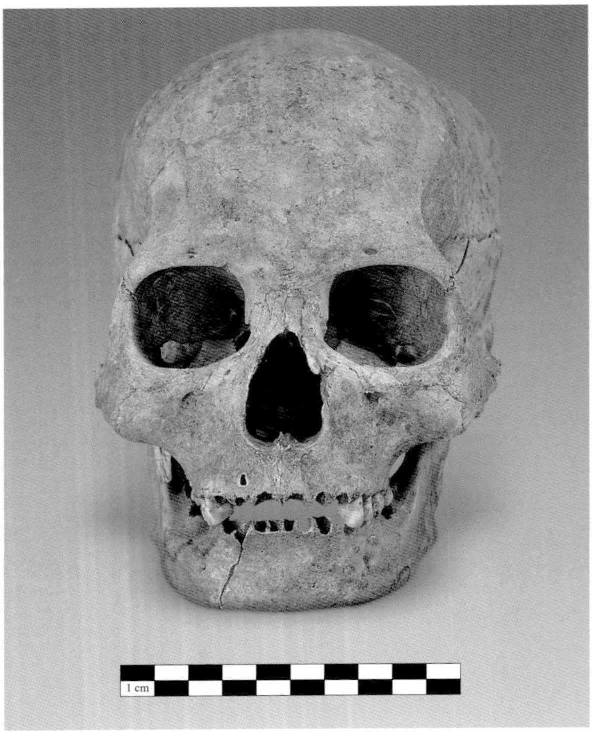

1. 正视

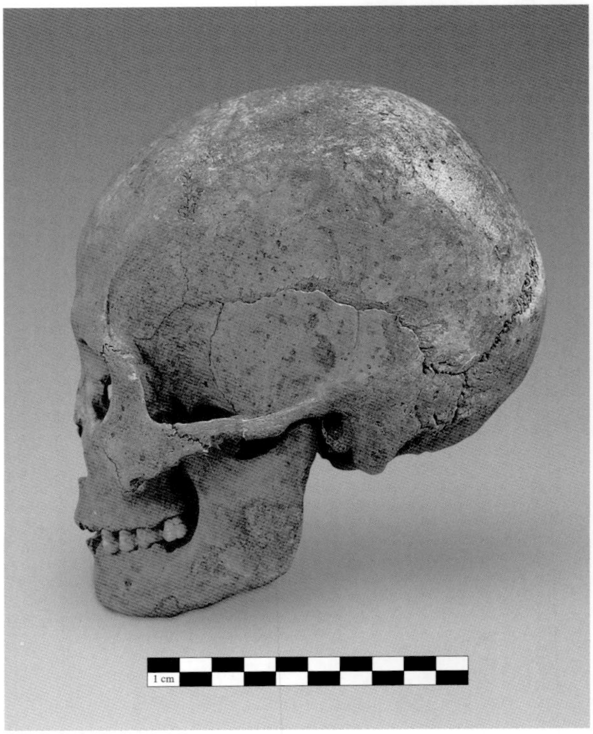

2. 侧视

3. 后视

4. 顶视

新郑颅骨宋代女性
(华联M84)

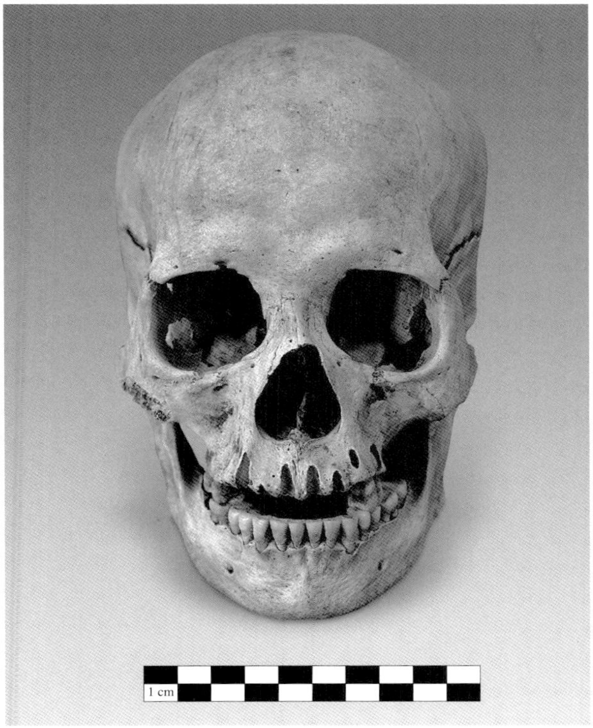

1. 正视

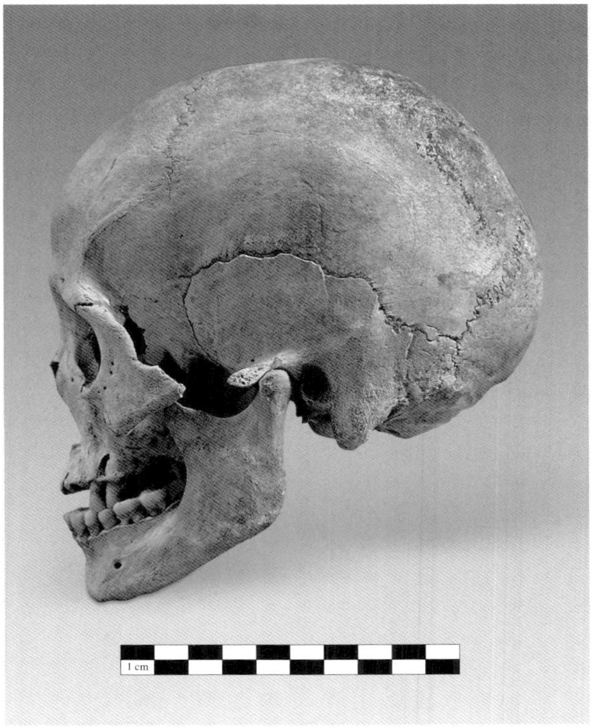

2. 侧视

3. 后视

4. 顶视

新郑颅骨宋代女性
（华联M88）

图版五四

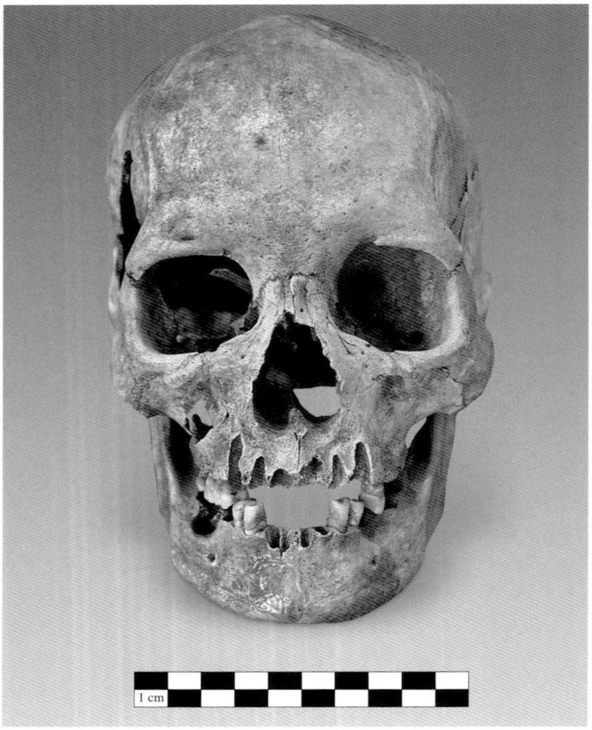

1. 正视

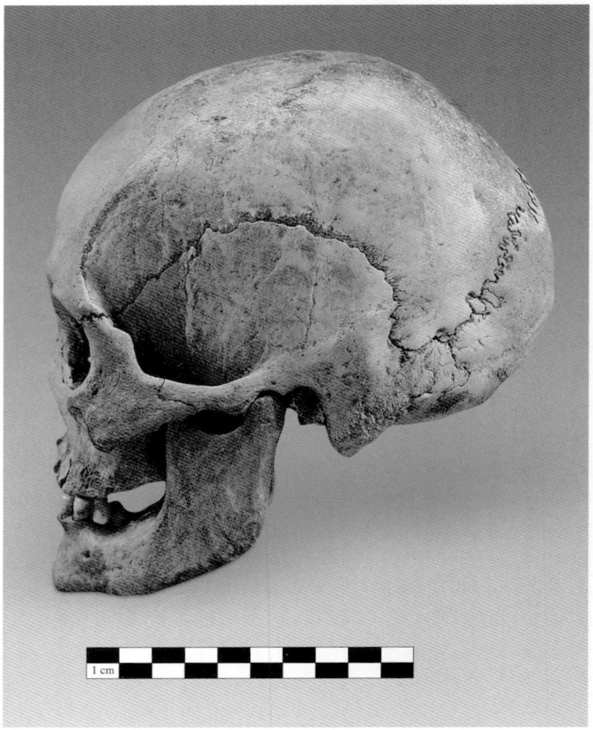

2. 侧视

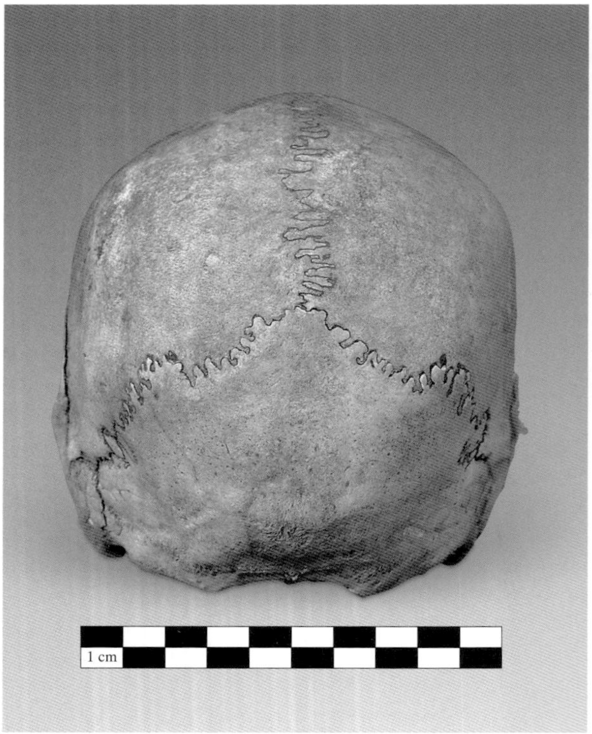

3. 后视

4. 顶视

新郑颅骨宋代女性
(华联M101)

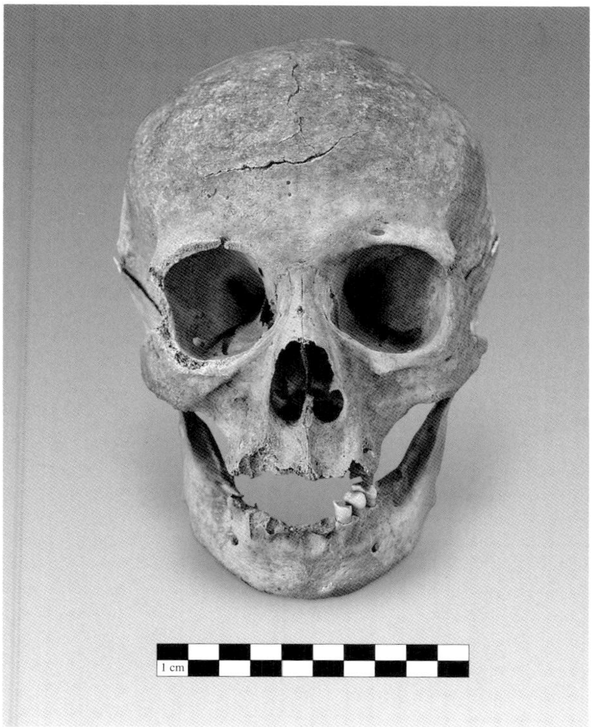

1. 正视

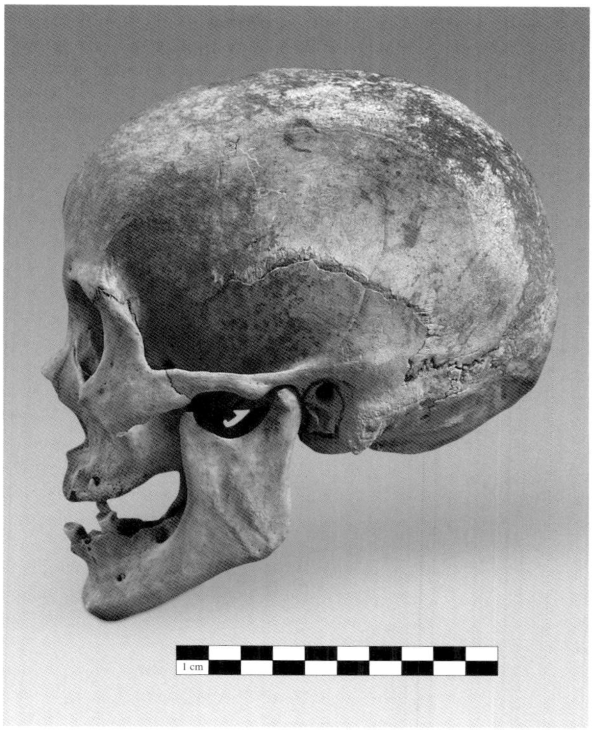

2. 侧视

3. 后视

4. 顶视

新郑颅骨宋代女性
（圣昊2区M13）

图版五六

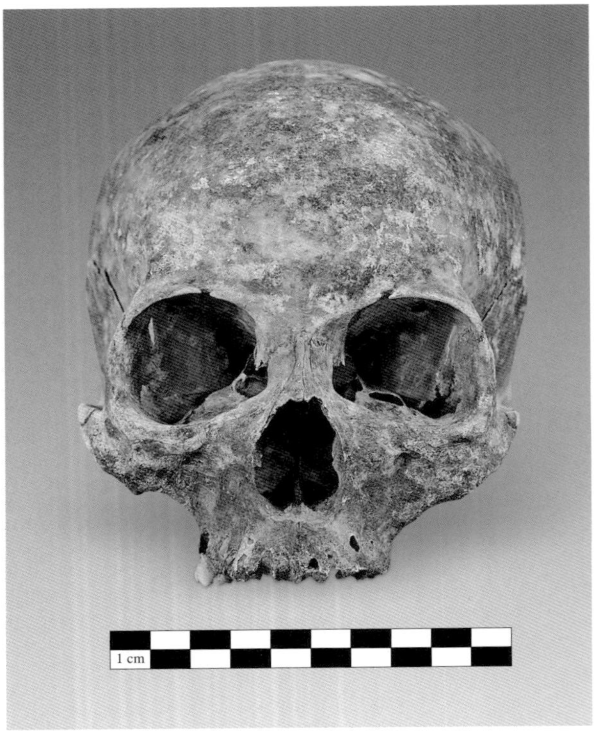

1. 正视

2. 侧视

3. 后视

4. 顶视

新郑颅骨宋代女性
（武大幼儿园M1）

图版五七

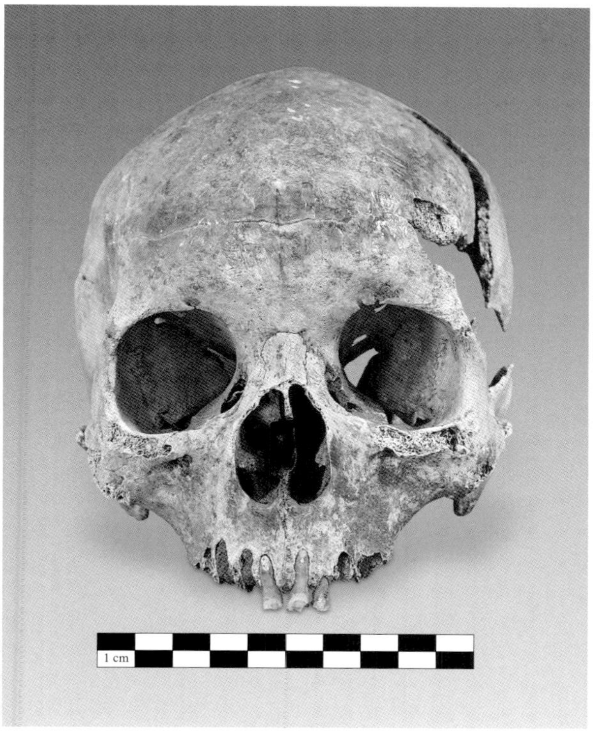

1. 正视

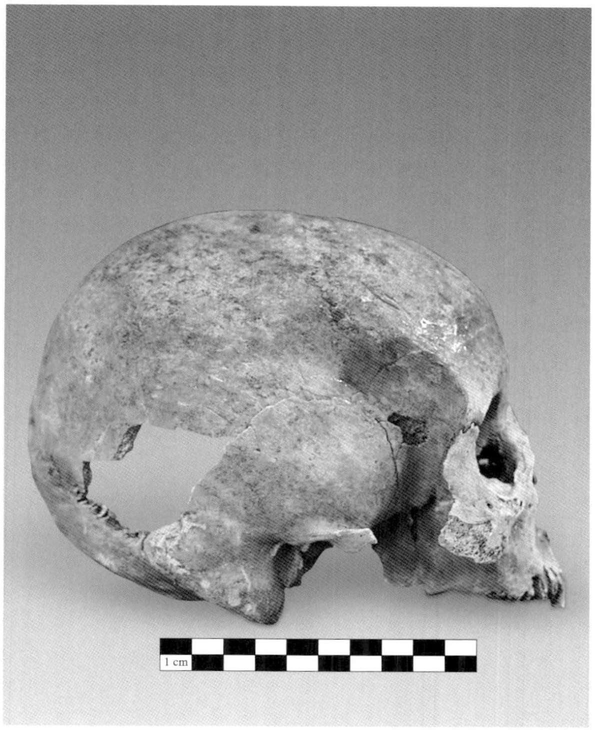

2. 侧视

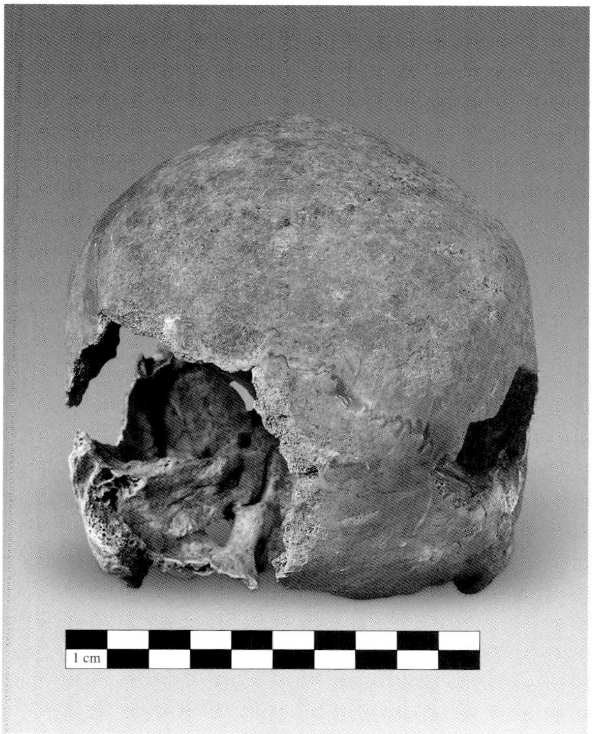

3. 后视

4. 顶视

新郑颅骨宋代女性
（中华北路M2女）

图版五八

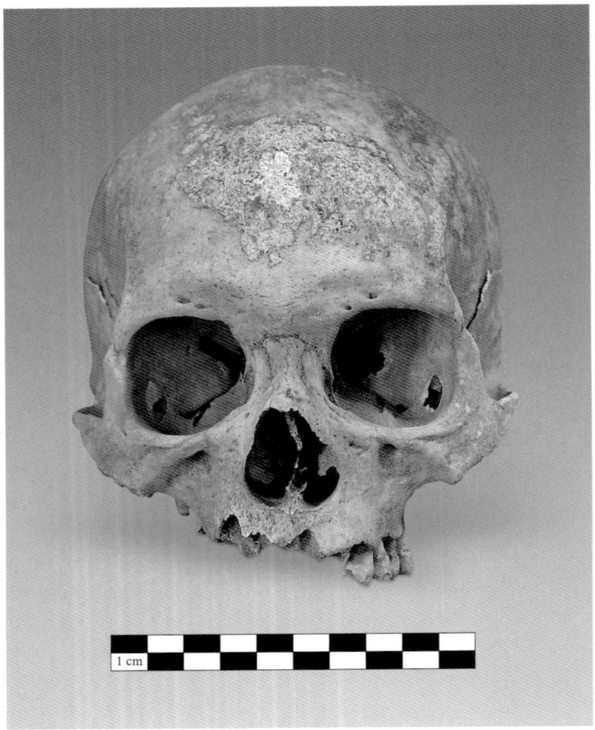

1. 正视

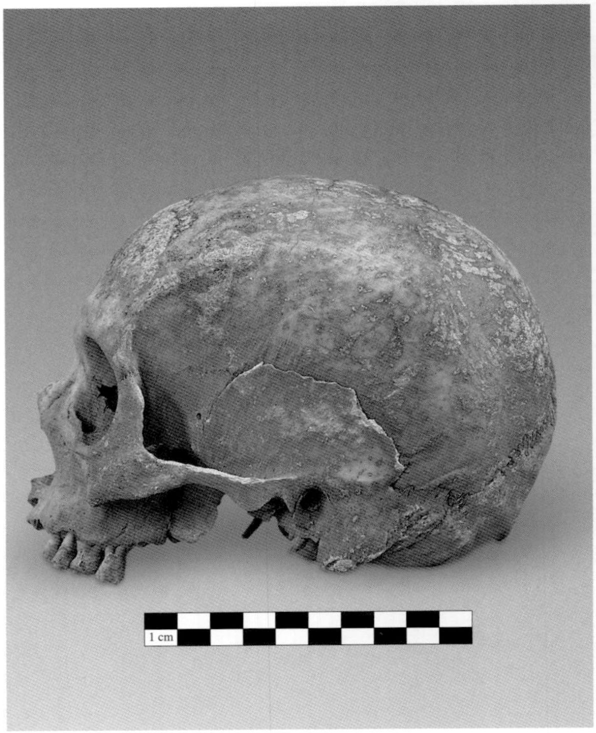

2. 侧视

3. 后视

4. 顶视

新郑颅骨宋代女性

（众康M3）

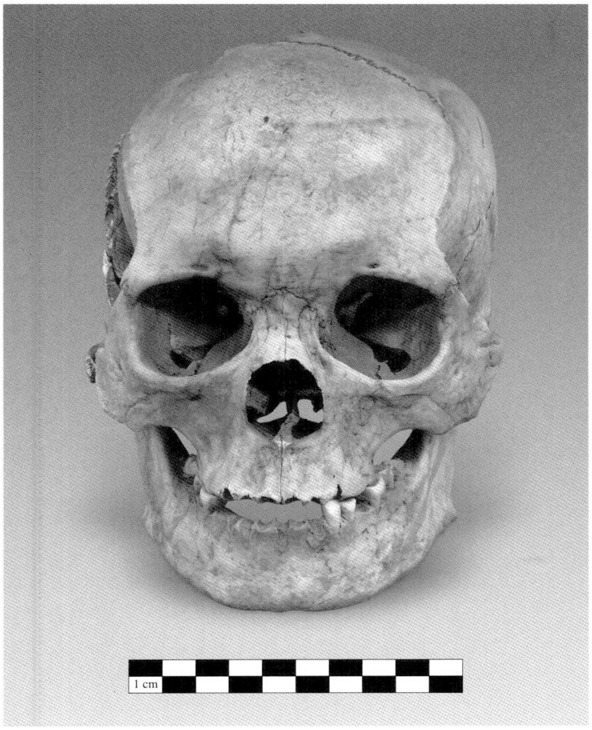

1. 正视

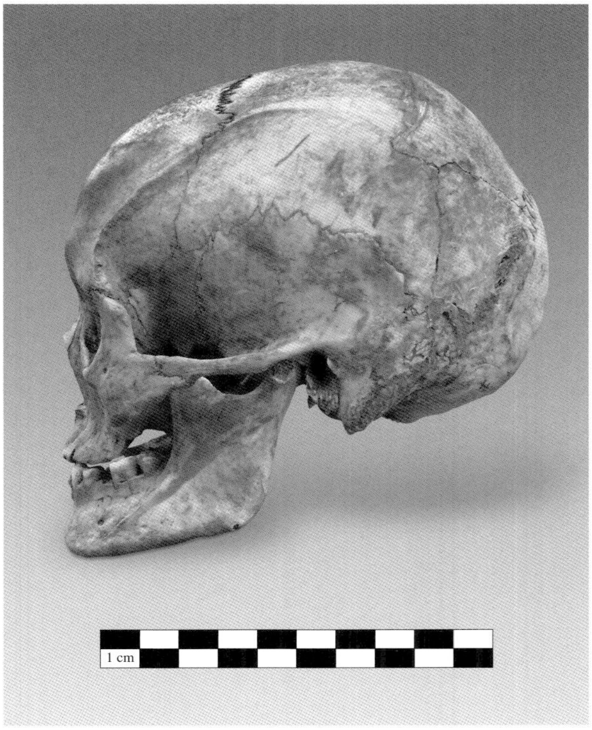

2. 侧视

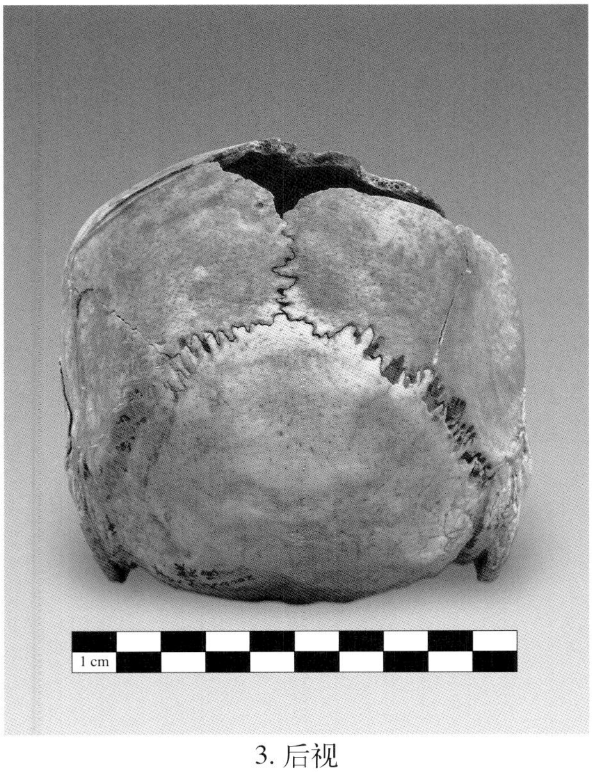

3. 后视

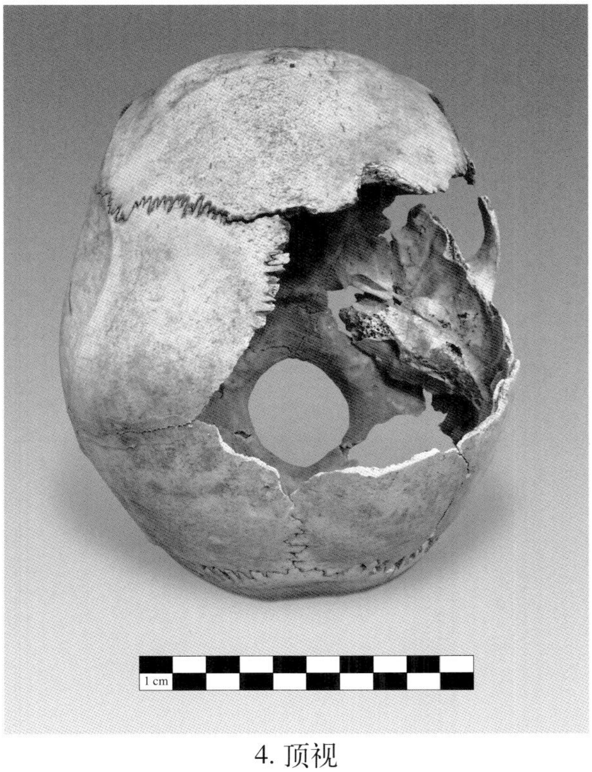

4. 顶视

薛村颅骨宋金元男性
(M44西)

图版六〇

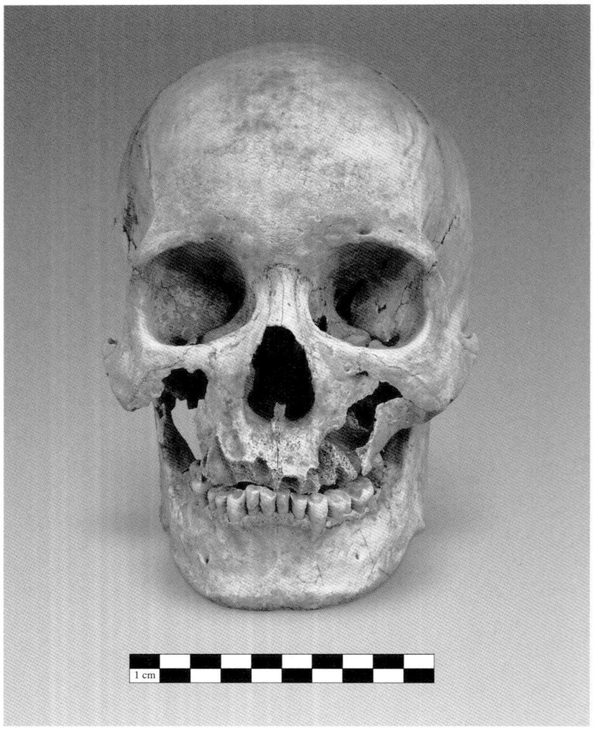

1. 正视

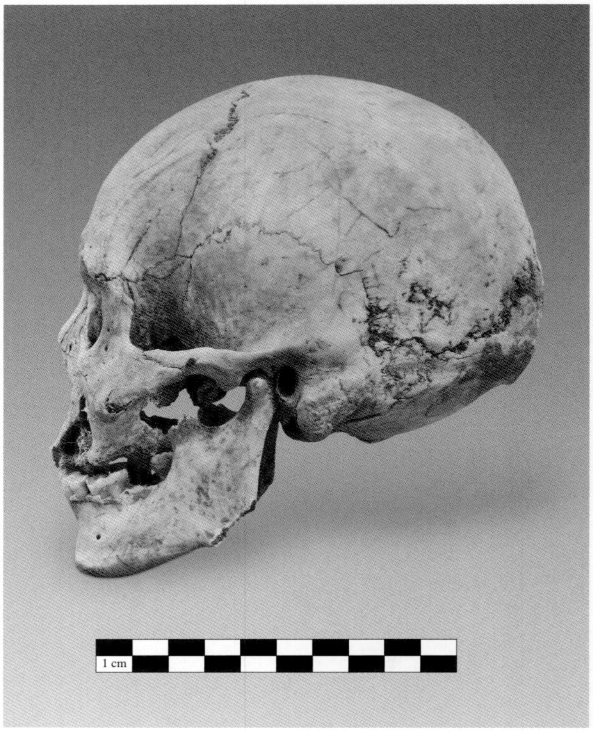

2. 侧视

3. 后视

4. 顶视

薛村颅骨宋金元男性
(M245东)

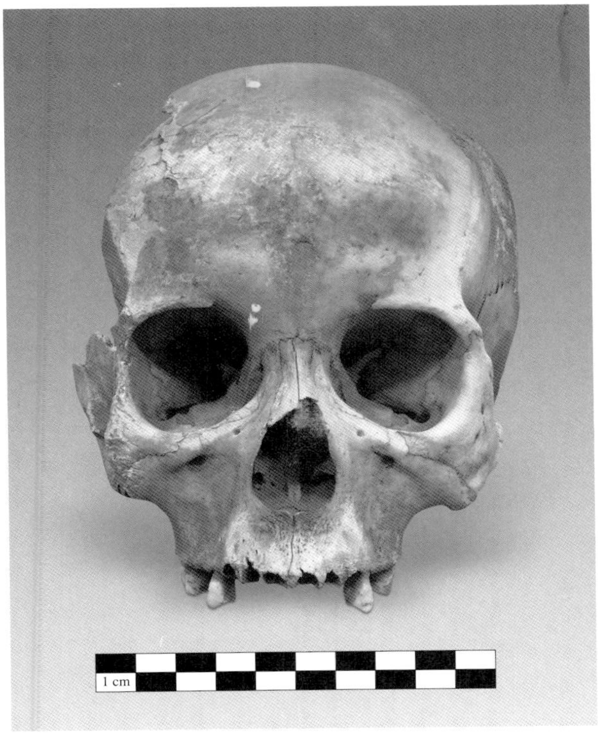

1. 正视

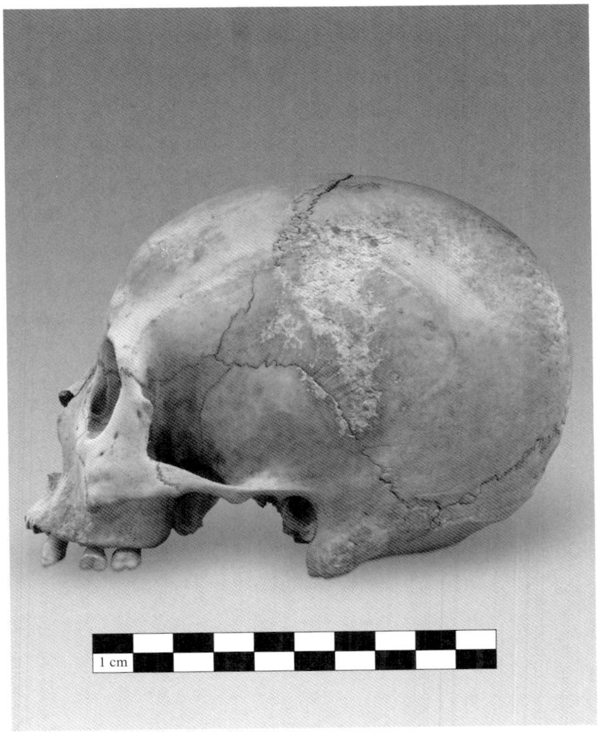

2. 侧视

3. 后视

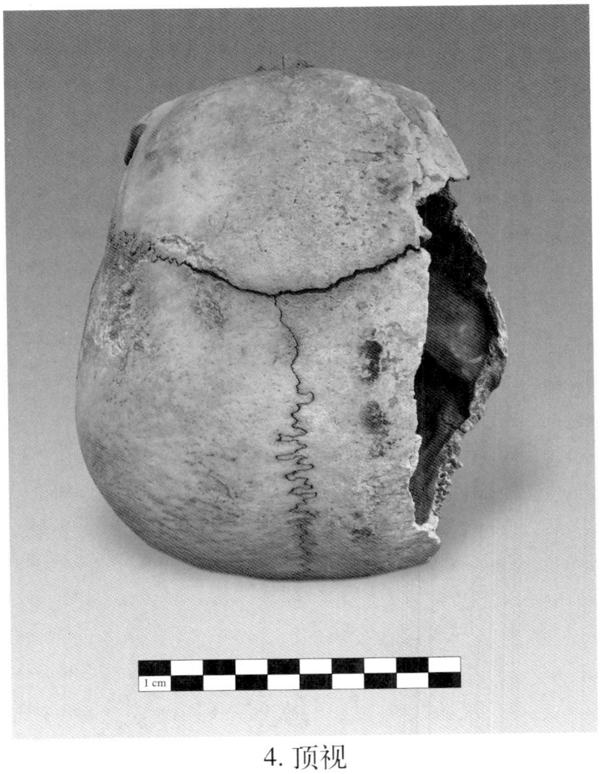

4. 顶视

薛村颅骨宋金元女性
(M127右侧)

图版六二

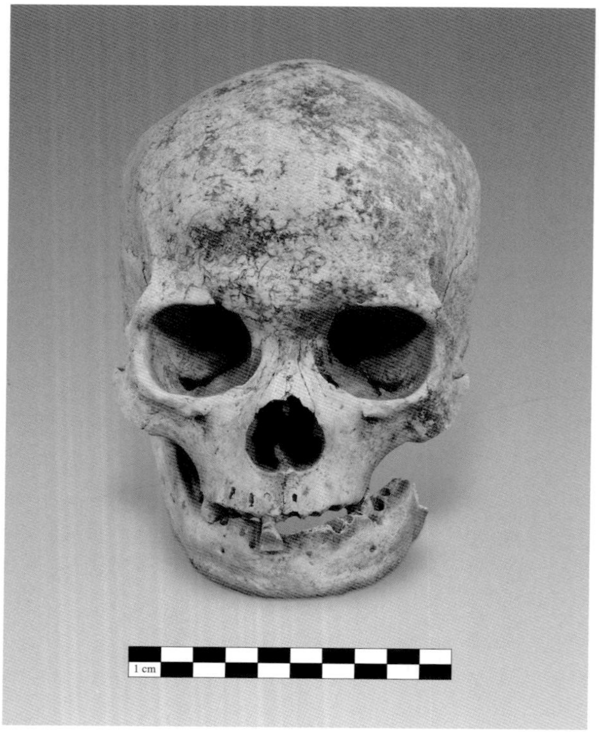

1. 正视

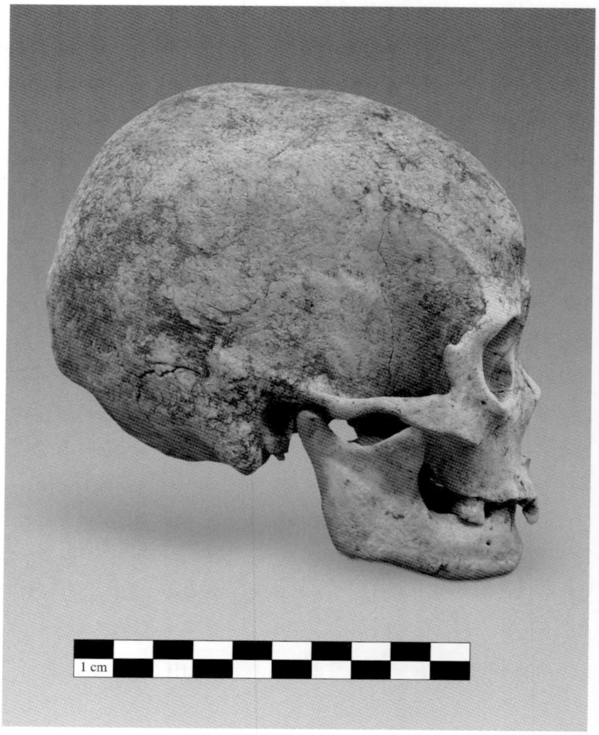

2. 侧视

3. 后视

4. 顶视

薛村颅骨宋金元女性
(M156)

图版六三

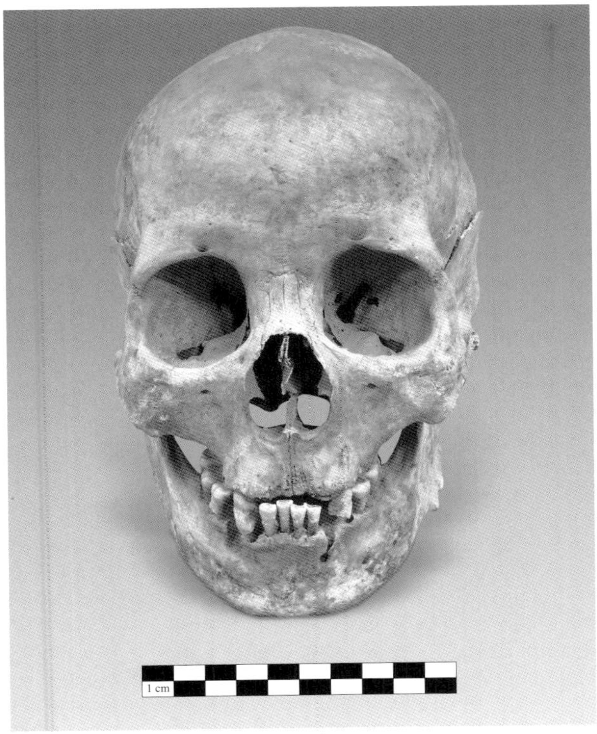

1. 正视

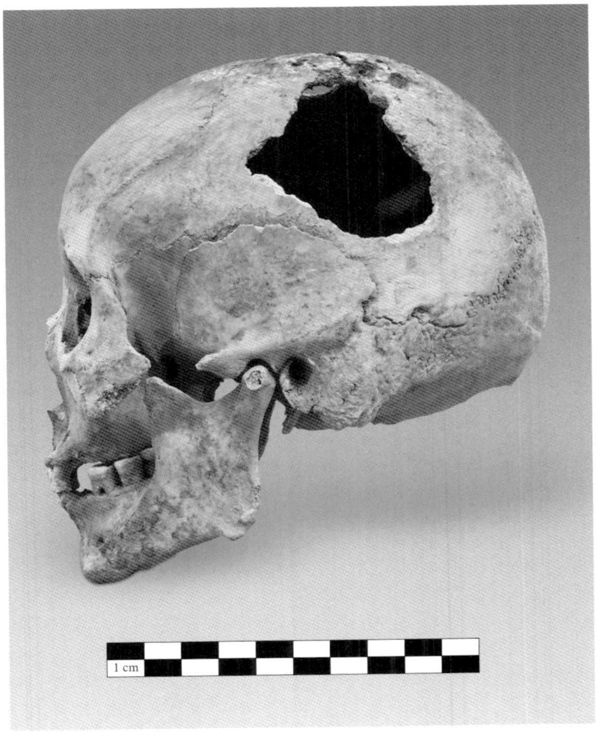

2. 侧视

3. 后视

4. 顶视

薛村颅骨明清男性

(M172)

图版六四

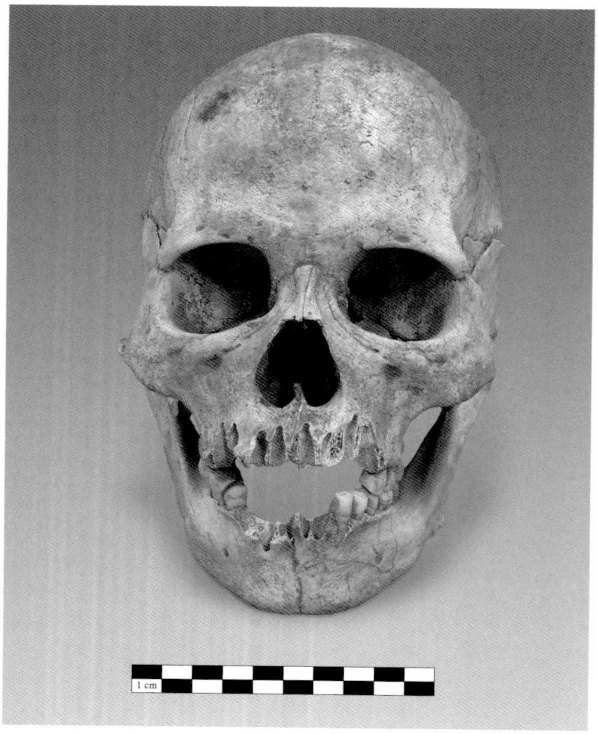

1. 正视

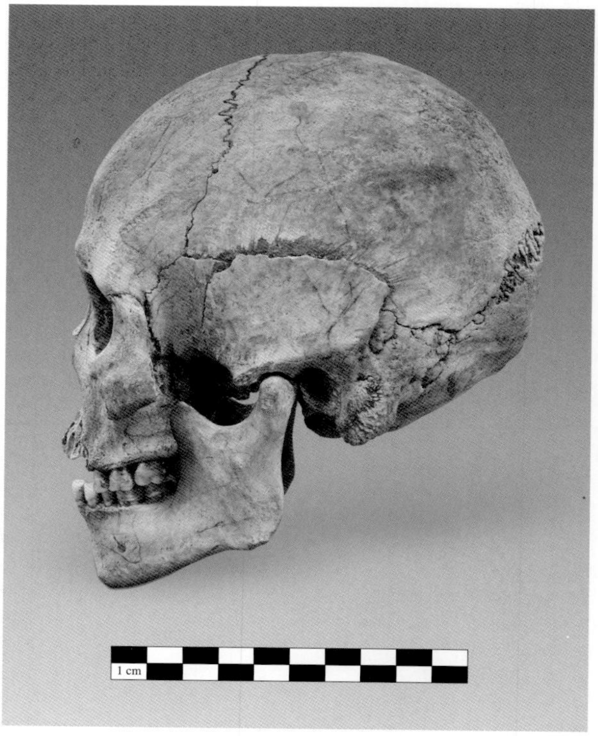

2. 侧视

3. 后视

4. 顶视

薛村颅骨明清男性
(M179)

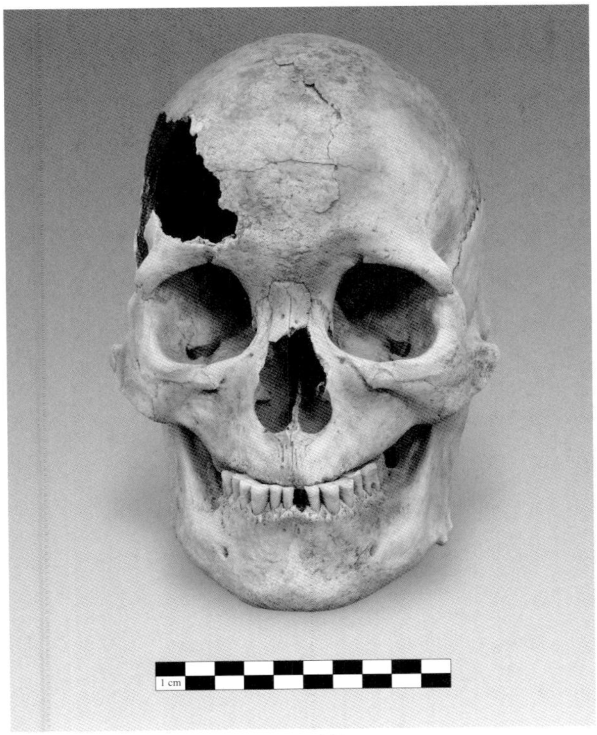

1. 正视

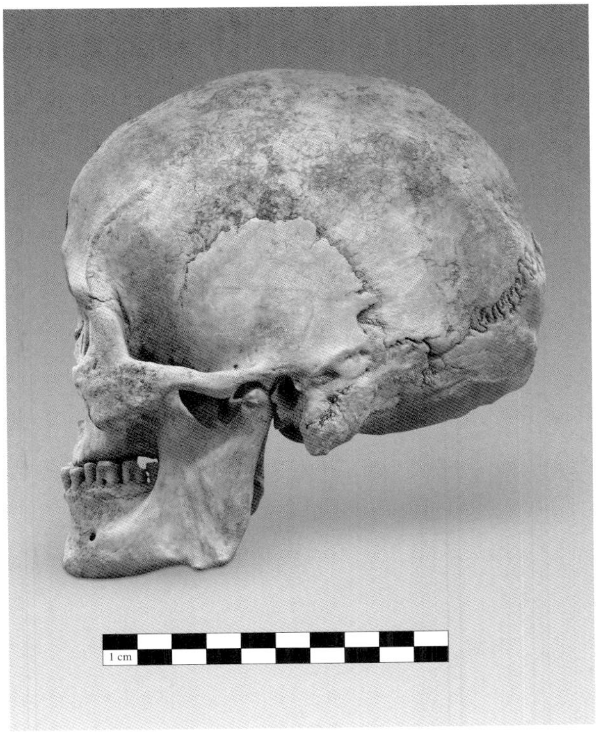

2. 侧视

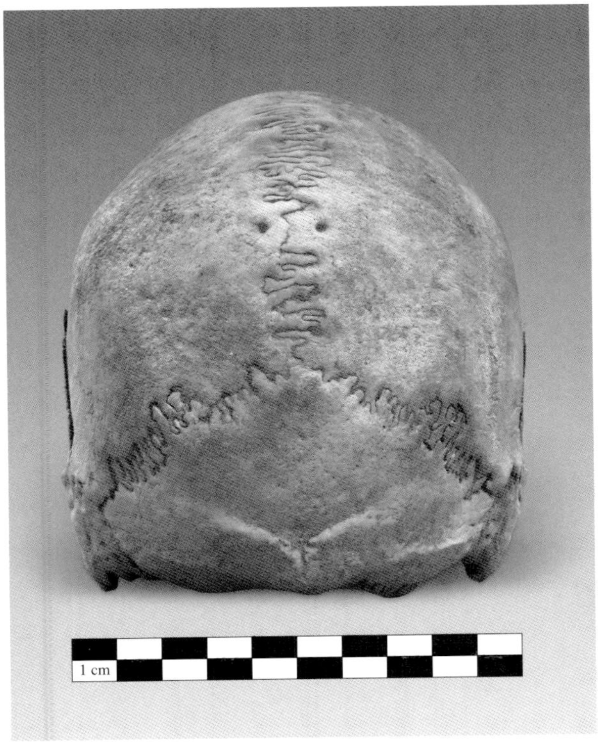

3. 后视

4. 顶视

薛村颅骨明清男性
（M208男）

图版六六

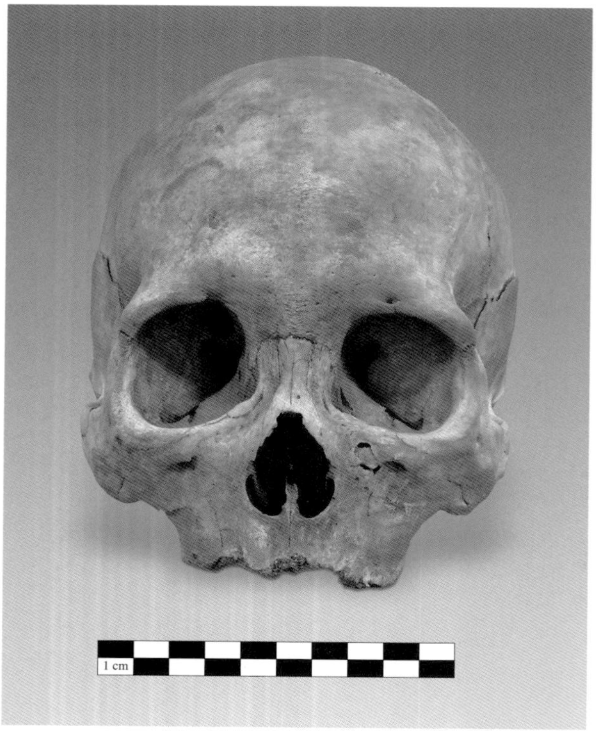

1. 正视

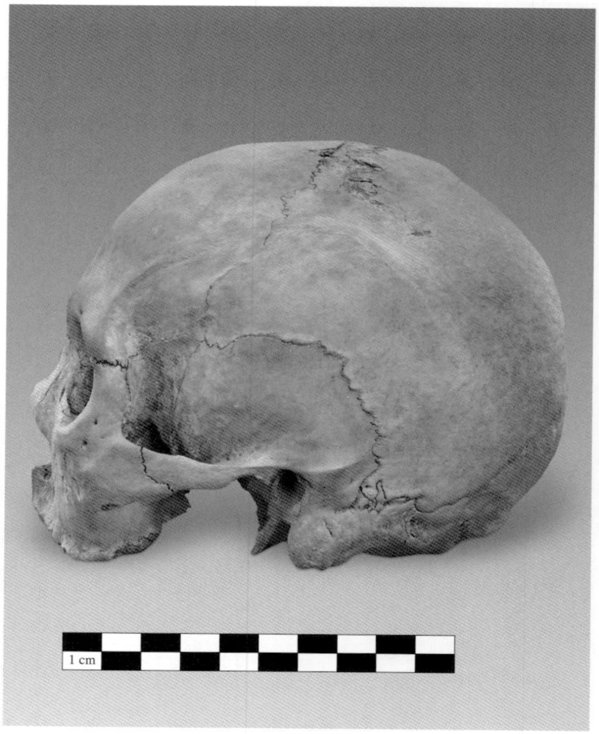

2. 侧视

3. 后视

4. 顶视

薛村颅骨明清男性
(M249.2)

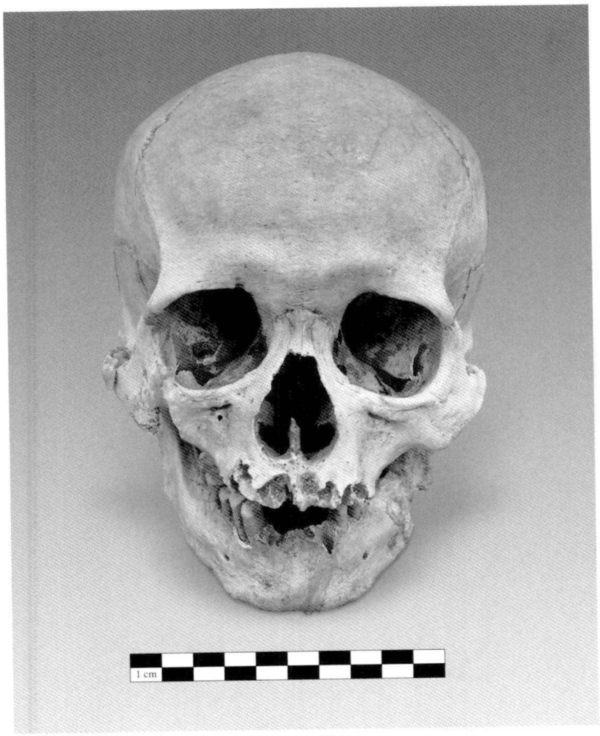

1. 正视

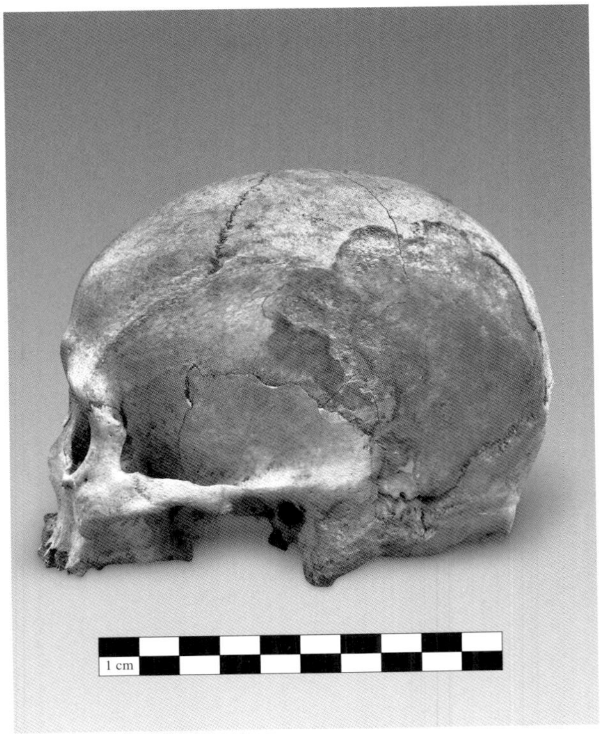

2. 侧视

3. 后视

4. 顶视

薛村颅骨明清男性
（M284棺内）

图版六八

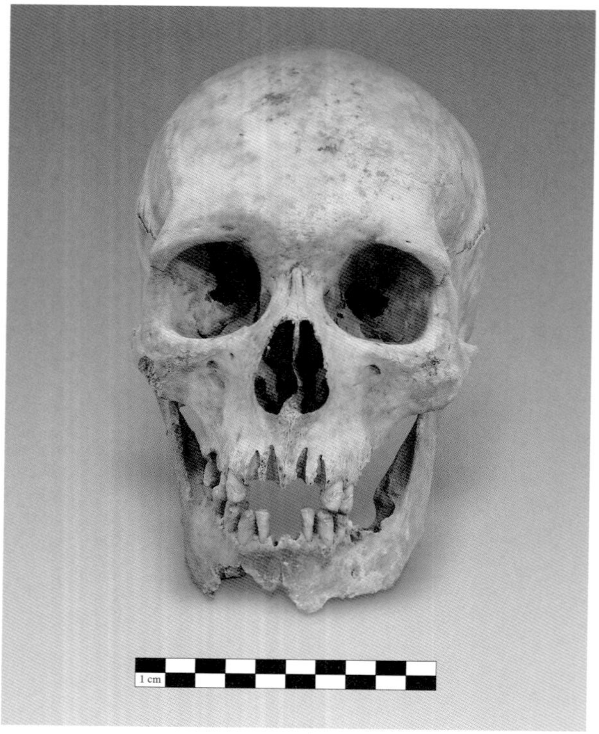

1. 正视

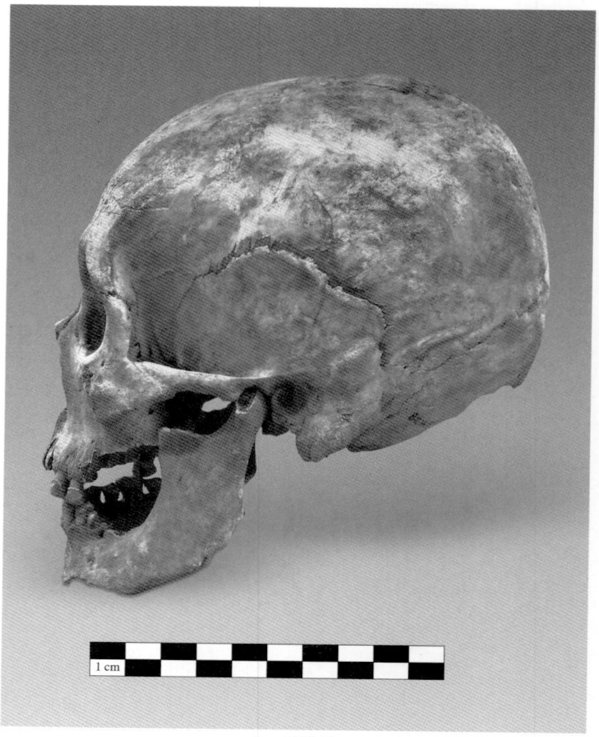

2. 侧视

3. 后视

4. 顶视

薛村颅骨明清男性
(M28)

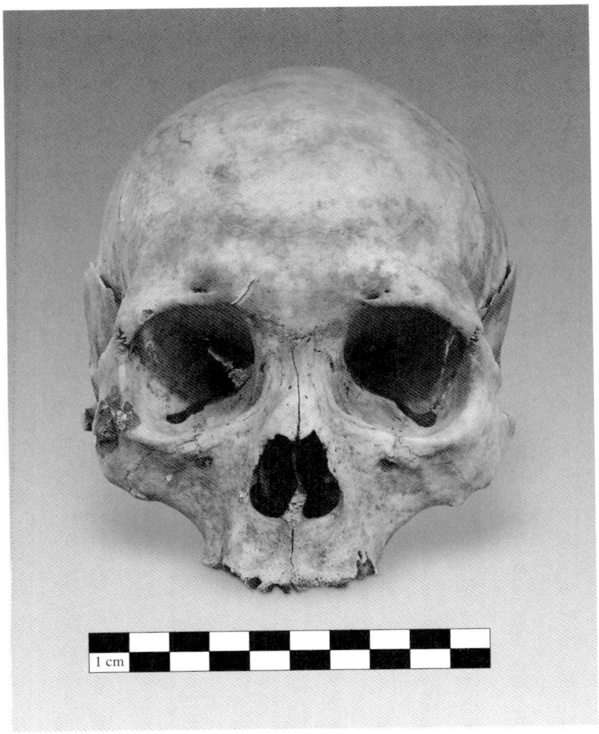

1. 正视

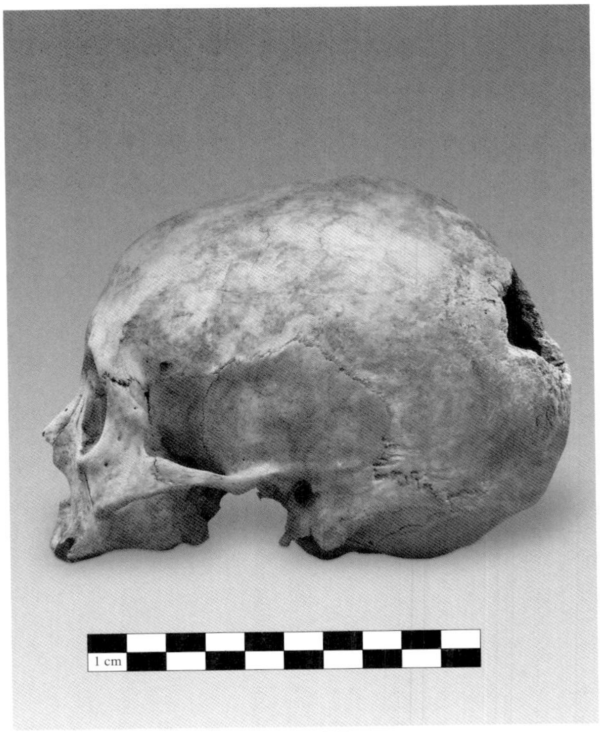

2. 侧视

3. 后视

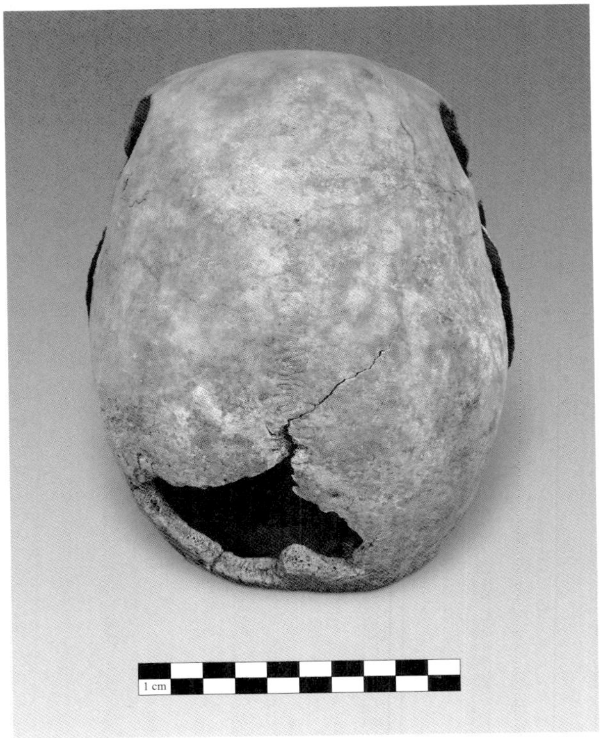

4. 顶视

薛村颅骨明清男性

(M34)

图版七〇

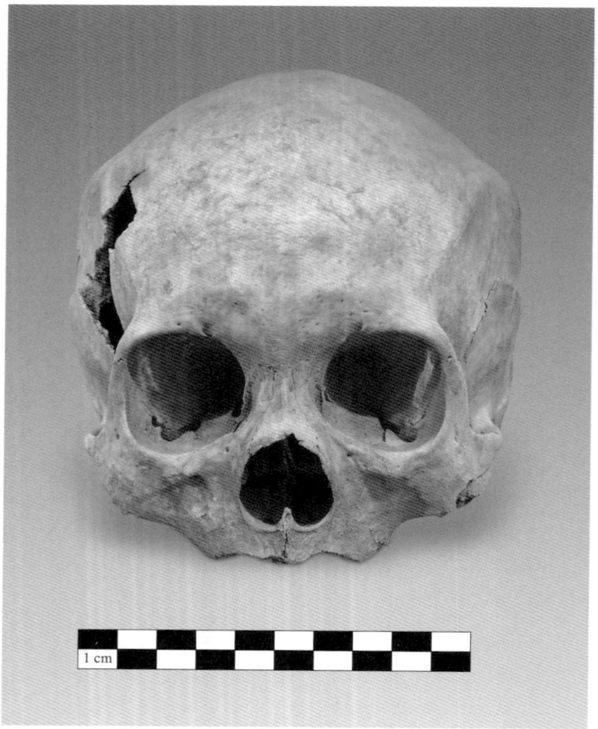

1. 正视

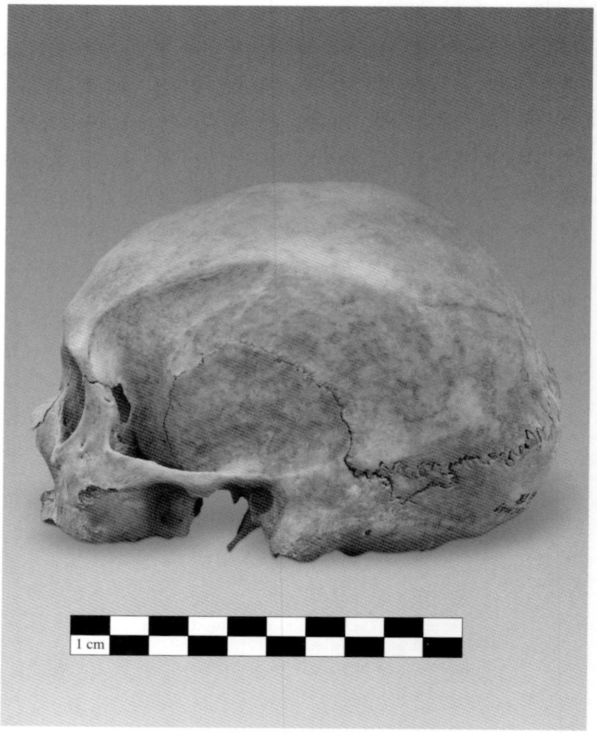

2. 侧视

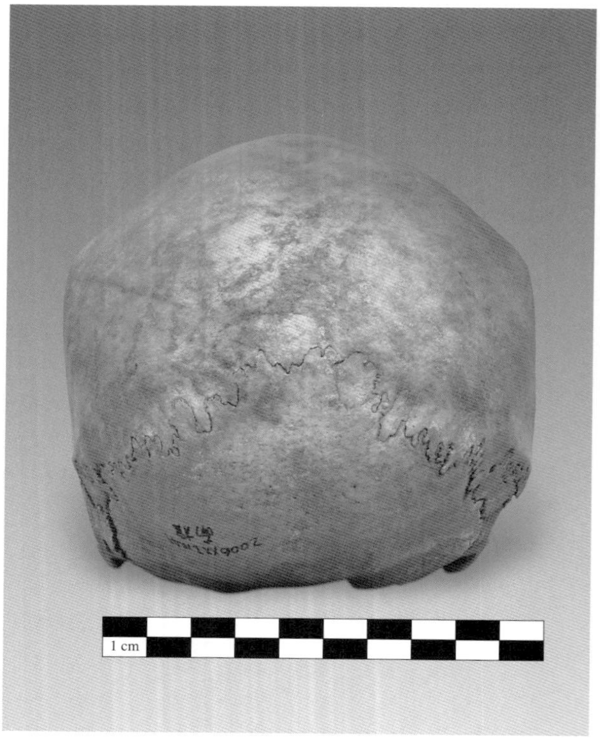

3. 后视

4. 顶视

薛村颅骨明清女性
（M49南棺）

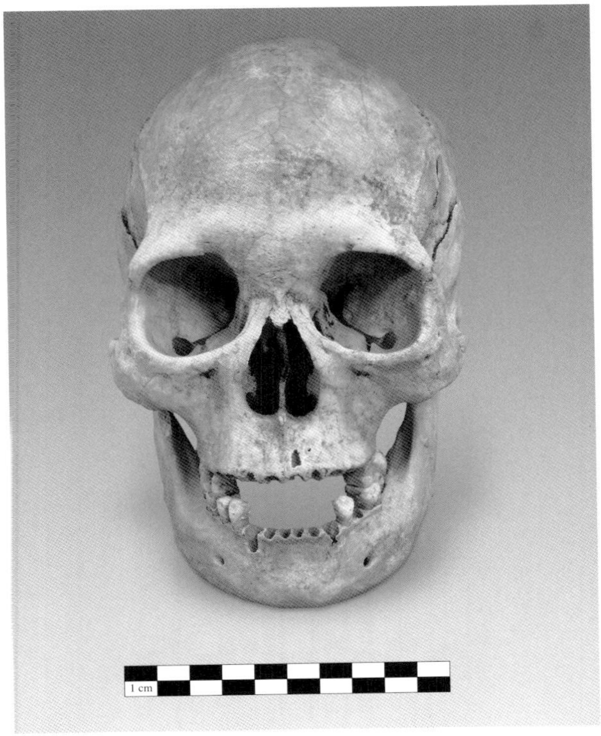

1. 正视

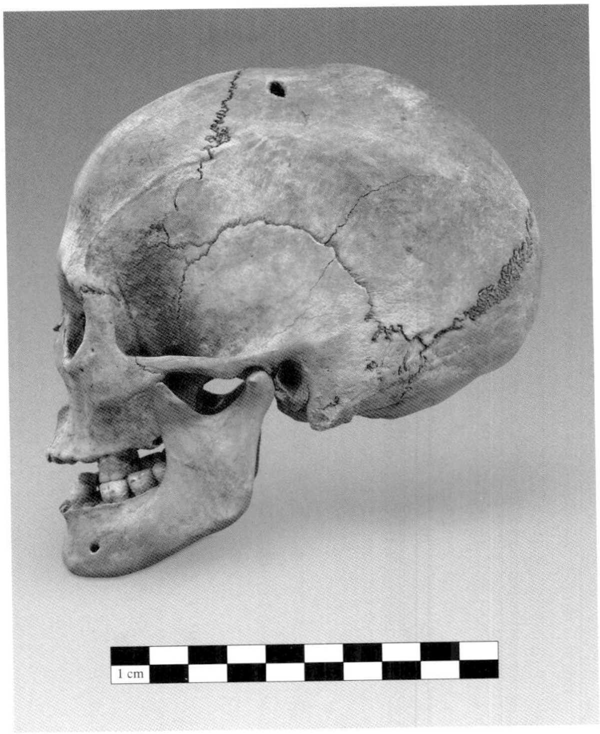

2. 侧视

3. 后视

4. 顶视

薛村颅骨明清女性

(M124)

图版七二

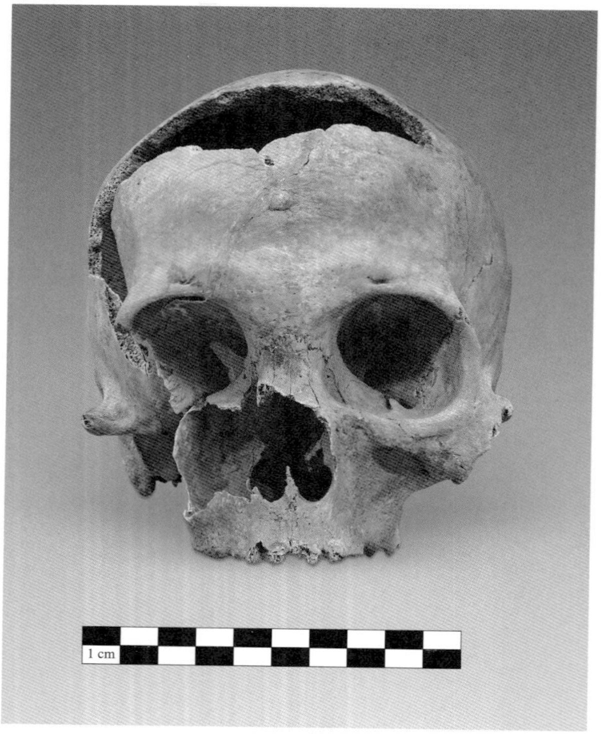

1. 正视

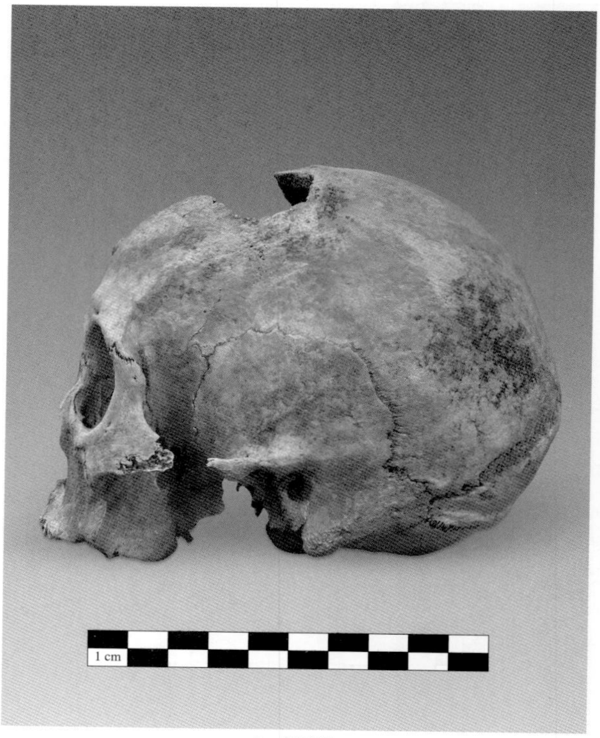

2. 侧视

3. 后视

4. 顶视

薛村颅骨明清女性

(M195.1)

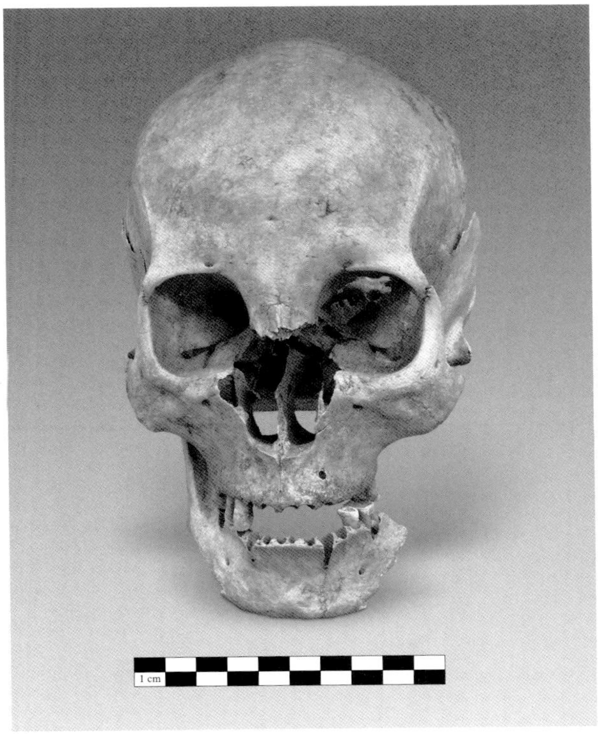

1. 正视

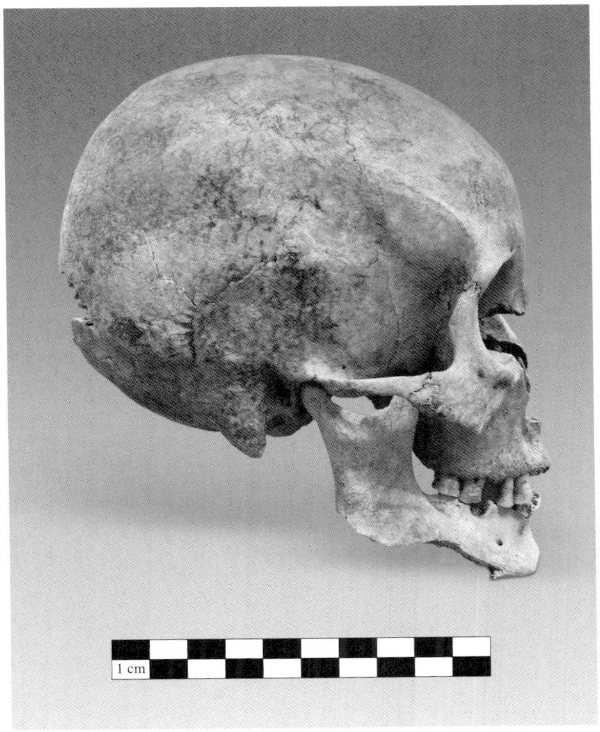

2. 侧视

3. 后视

4. 顶视

薛村颅骨明清女性

（M208女）

图版七四

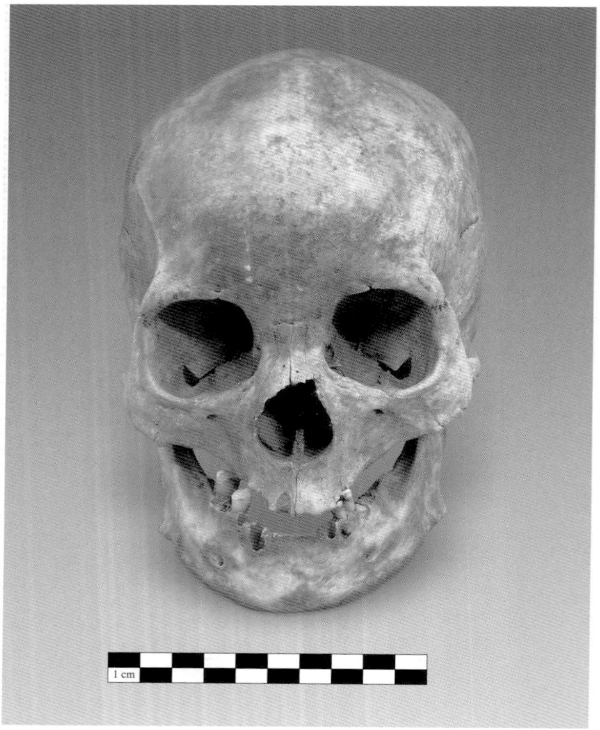

1. 正视

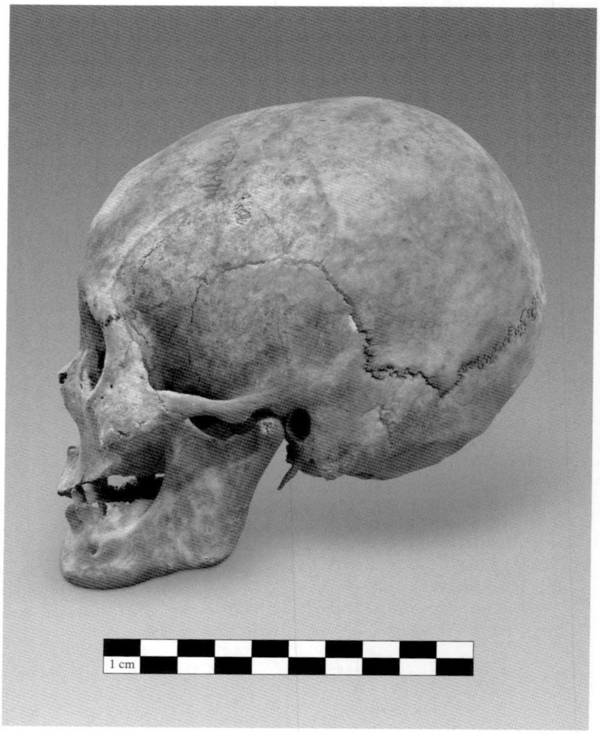

2. 侧视

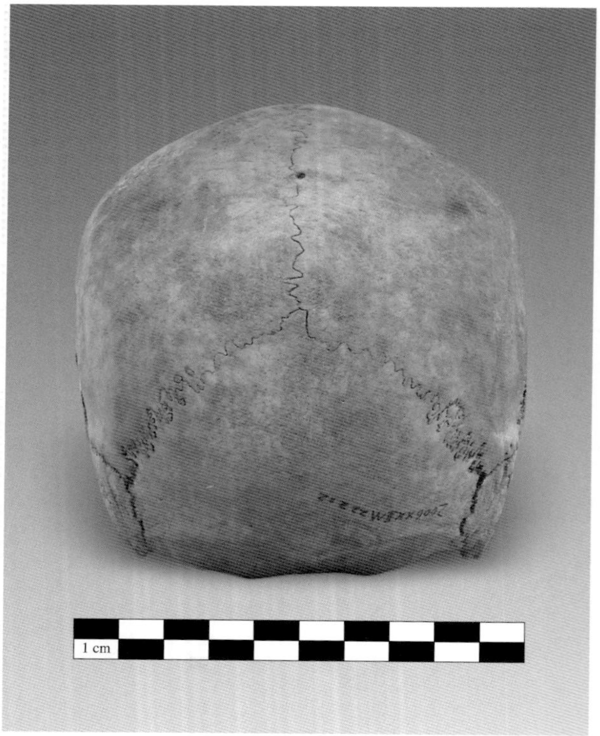

3. 后视

4. 顶视

薛村颅骨明清女性
（M222.2）

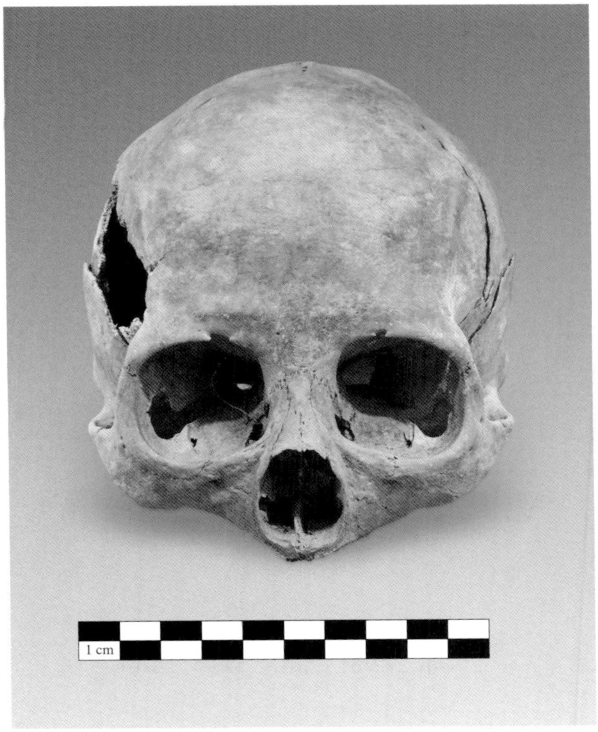

1. 正视

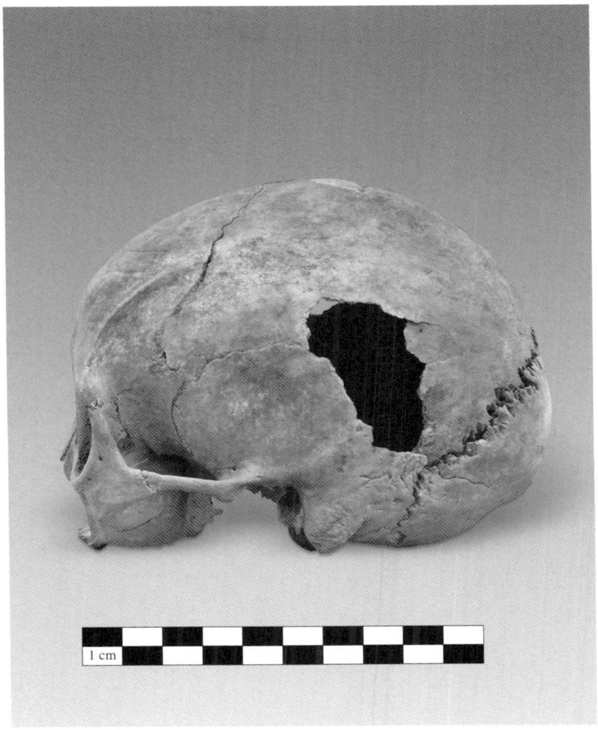

2. 侧视

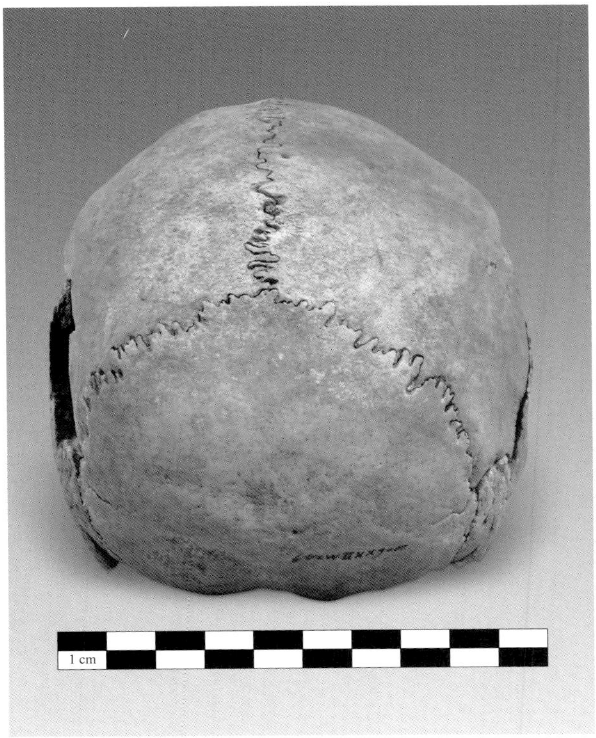

3. 后视

4. 顶视

薛村颅骨明清女性
（M249.3）

图版七六

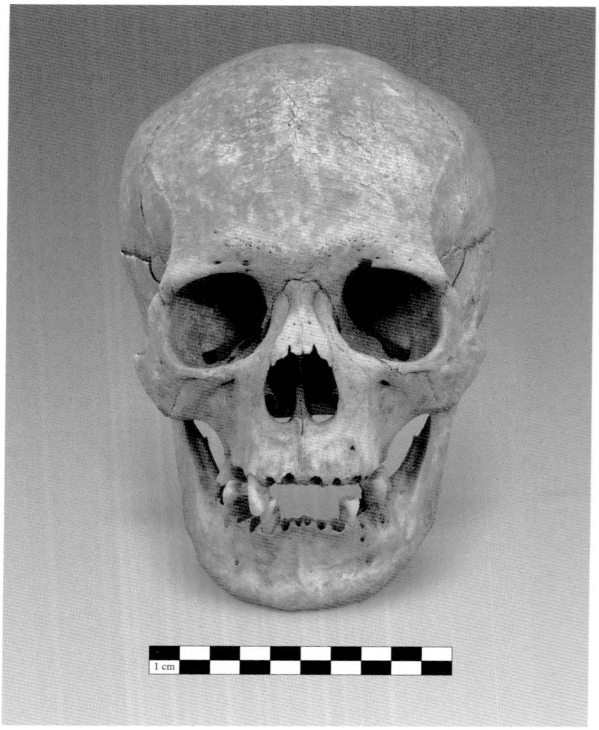

1. 正视

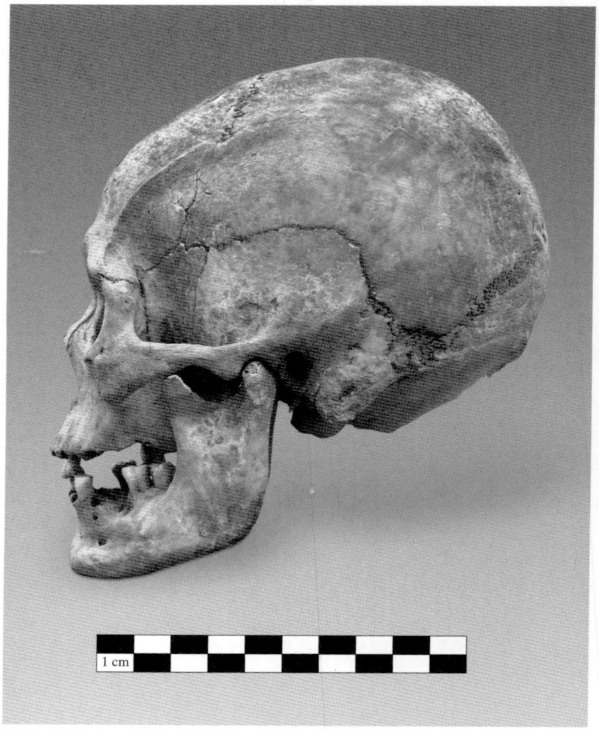

2. 侧视

3. 后视

4. 顶视

薛村颅骨明清女性

（M274东）